ENCYCLOPÉDIE
DES
TRAVAUX PUBLICS

Fondée par M.-C. Lechalas, Inspecteur général des Ponts et Chaussées
Médaille d'or à l'Exposition universelle de 1889

ARCHITECTURE & CONSTRUCTONS CIVILES

CHARPENTERIE
MÉTALLIQUE
MENUISERIE EN FER & SERRURERIE

PAR

J. DENFER

ARCHITECTE
PROFESSEUR A L'ÉCOLE CENTRALE

TOME SECOND

*PANS MÉTALLIQUES. — COMBLES
PASSERELLES ET PETITS PONTS. — ESCALIERS EN FER
SERRURERIE :
FERREMENTS DES CHARPENTES ET MENUISERIES, PARATONNERRES
CLOTURES MÉTALLIQUES
MENUISERIE EN FER, SERRES ET VÉRANDAS*

PARIS
GAUTHIER-VILLARS ET FILS, IMPRIMEURS-LIBRAIRES
DU BUREAU DES LONGITUDES, DE L'ÉCOLE POLYTECHNIQUE, ETC.
Quai des Grands-Augustins, 55

—

1894
Tous droits réservés

CHAPITRE VII

PANS MÉTALLIQUES

ENCYCLOPÉDIE
DES
TRAVAUX PUBLICS

Fondée par M.-C. LECHALAS, Inspecteur général des Ponts et Chaussées
Médaille d'or à l'Exposition universelle de 1889

ARCHITECTURE & CONSTRUCTONS CIVILES

CHARPENTERIE
MÉTALLIQUE
MENUISERIE EN FER & SERRURERIE

PAR

J. DENFER

ARCHITECTE
PROFESSEUR A L'ÉCOLE CENTRALE

TOME SECOND

PANS MÉTALLIQUES. — COMBLES
PASSERELLES ET PETITS PONTS. — ESCALIERS EN FER
SERRURERIE :
FERREMENTS DES CHARPENTES ET MENUISERIES, PARATONNERRES
CLOTURES MÉTALLIQUES
MENUISERIE EN FER, SERRES ET VÉRANDAS

PARIS
GAUTHIER-VILLARS ET FILS, IMPRIMEURS-LIBRAIRES
DU BUREAU DES LONGITUDES, DE L'ÉCOLE POLYTECHNIQUE, ETC.
Quai des Grands-Augustins, 55

ENCYCLOPÉDIE DES TRAVAUX PUBLICS

CHARPENTERIE MÉTALLIQUE

SOMMAIRE :

253. Des pans métalliques en général. — 254. Pans avec consoles réunies aux poutres. — 255. Pans de fers de remplissage sans contreventements. — 256. Pans à poteaux espacés. — 257. Pans métalliques de bâtiments à étages. — 258. Contreventement par tirants diagonaux. — 259. Palées de pieux en fer. — 260. Pans de fer de l'usine de Noisiel. — 261. Comparaison des pans métalliques et des murs dans les bâtiments à étages. — 262. Pans de fer des Magasins du Printemps. — 263. Pans de fer pour maison d'habitation. — 264. Contreventement par chaînes diagonales sur les planchers. — 265. Considérations sur les pans de fers des maisons d'habitation. — 266. Pans de la Caserne de l'île Louviers. — 267. Pans en fonte et fer. — 268. Pans de fer hourdés à grandes surfaces. — 269. Pignon d'un hangar à marchandises des chemins de fer de l'Ouest. — 270. Pans de fer des ateliers de Sotteville. — 271. Pan de l'Élévation d'eau de Bercy. — 272. Pans de fer de support. Palées. — 273. Palées larges ou piliers. — 274. Piles métalliques ou Beffrois. — 275. Beffroi en fer pour réservoir élevé. — 276. Beffroi en fonte et fer. Assemblages. — 277. Grands rideaux des Halles des chemins de fer. — 278. Rideau de la gare de Calais. — 279. Rideau de la gare du chemin de fer d'Orléans, à Paris. — 280. Pans métalliques à grande portée. — 281. Pans métalliques ornés. Pans de l'Hotel des téléphones.

CHAPITRE VII

PANS MÉTALLIQUES

253. Des pans métalliques en général. — Une pile en maçonnerie peut être remplacée par une colonne en fonte ou un poteau en fer ; une portion de mur peut être de même remplacée par une construction métallique que l'on nomme un pan.

Deux ou plusieurs colonnes en fonte réunies dans un même plan par une poutre horizontale, dite sablière, forment ainsi un *pan métallique*, auquel on donne plus généralement le nom de *pan de fer*, quelle que soit du reste la nature de la matière employée : fonte, fer, acier.

La *fig.* 480 représente un élément d'un pan métallique, composé comme il vient d'être dit.

Pour qu'une telle construction soit stable, il faut qu'elle soit : 1° indéformable ; 2° fixe et 3° suffisamment résistante pour porter les charges qui lui incombent.

Il est toujours facile de calculer les éléments pour qu'ils puissent résister aux efforts qui leur sont appliqués, et par conséquent pour satisfaire à la troisième condition.

Pour la première, il est indispensable d'assurer dans le plan du pan l'invariabilité d'un nombre suffisant des angles, par exemple des angles de la sablière et des supports verticaux. Dans les constructions en bois, on employait des liens ; dans les édifices en métal, on les remplace plus ordinairement par des consoles.

Dans l'exemple représenté, on a ajouté aux colonnes

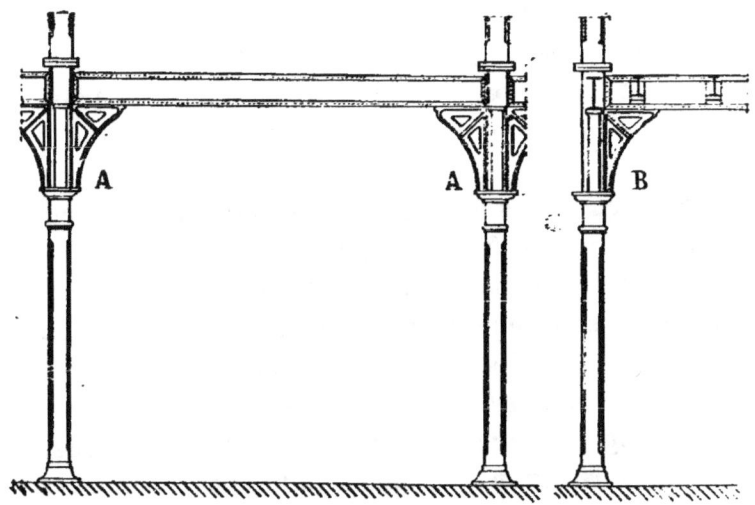

Fig. 480

des consoles en fonte A, A, boulonnées sur la partie carrée qui surmonte les chapiteaux, et que l'on fixe de la

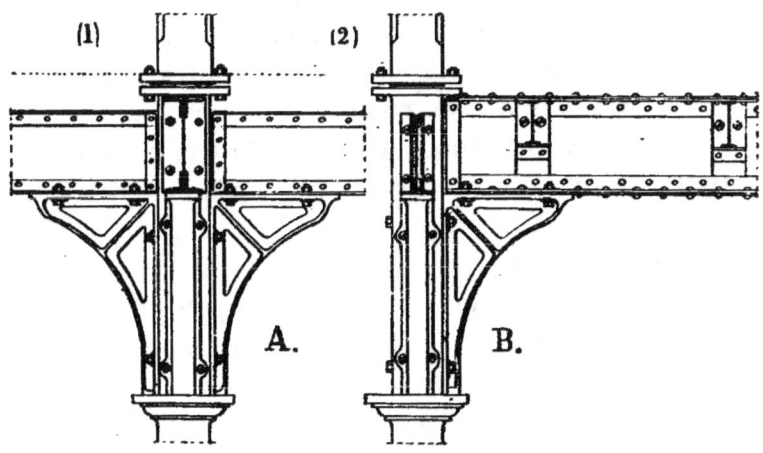

Fig. 481

même manière à la semelle inférieure de la poutre. Le détail de ces consoles est donné par le croquis (1) de la *fig.* 481.

Enfin, la seconde condition, celle de fixité, consiste à maintenir le pan dans son plan vertical, sans lui permettre le moindre déplacement. On la remplit en rendant invariables les angles que forment avec lui les charpentes qu'il est appelé à porter.

Dans l'exemple de la *fig.* 481, chaque colonne reçoit, perpendiculairement au pan, une poutre principale de plancher ; on rendra donc invariable l'angle de la colonne et de la poutre, et cela, au moyen d'une console B, parfaitement solidaire de ces deux pièces et dont le détail est donné dans le croquis (2) de la figure.

A ces conditions, le pan de fer peut remplacer un mur. La différence essentielle entre les deux est donc qu'en donnant au mur une épaisseur convenable, ce mur jouit par lui-même d'une certaine stabilité dont peuvent profiter les ouvrages voisins, tandis que le pan métallique, vu son peu d'épaisseur, n'a aucune stabilité par lui-même ; il ne la trouve qu'au moyen de la liaison convenablement étudiée de ses différentes pièces, entre elles d'abord, puis ensuite avec les charpentes adjacentes.

Il va sans dire que lorsque les charpentes à soutenir sont tout à fait stables par elles-mêmes, ou sont reliées à des constructions d'une fixité absolue, les contreventements de liaison peuvent être supprimés : mais encore faut-il y mettre toute prudence, et prévoir le cas où, les constructions voisines venant à disparaître par la suite, l'édifice que l'on élève devrait trouver en lui-même toute la stabilité dont il a besoin.

La *fig.* 482 donne un second exemple d'un pan métallique ; il est formé de deux travées inégales, l'une de $1^m,675$, l'autre de $7^m,15$. Les supports, entièrement en fer, soutiennent une sablière en tôles et cornières ; et, quoique cette sablière soit fortement scellée en C dans un bâtiment parfaitement fixe, on a néanmoins rendu les angles indéformables au moyen d'une console développée, qui diminue dans une certaine mesure la portée de la poutre.

Ces consoles de la grande travée sont formées d'une tôle ajourée, entourée d'une forte paire de cornières, qui se relient aux cornières du poteau et de la poutre. Dans la petite travée, on a rappelé la forme de ces consoles au moyen d'un arc qui a la même composition.

Deux pans de fer identiques, disposés à 6^m,00 l'un de l'autre, portent un plancher formé de solives à I de 0,22 ; des travées latérales se relient à des murs fixes, qui ont dispensé du contreventement perpendiculaire.

La hauteur du plancher est de 6^m,00 au-dessus du sol, et l'ouvrage a été établi pour porter une surcharge de

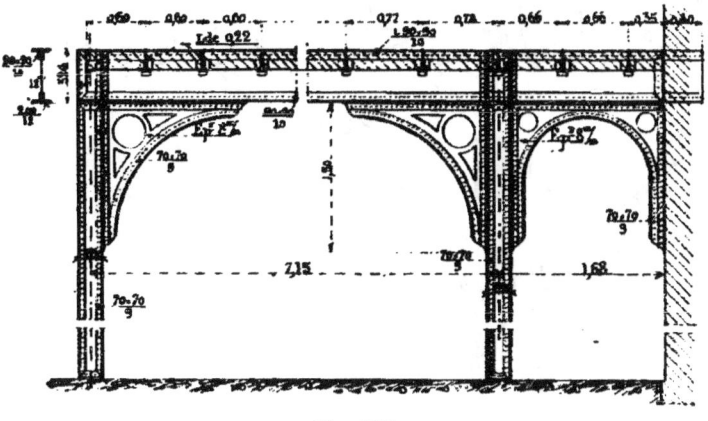

Fig. 482

1200 ^{k}. par mètre superficiel, en outre du hourdis plein qui garnit les intervalles des solives.

Quand on étudie des charpentes de ce genre, on facilite beaucoup les assemblages en prenant la même cornière pour la composition des pièces adjacentes : poteau, poutre et consoles.

Les charpentes avec lesquelles les supports du pan de fer doivent se relier ne sont pas toujours horizontales comme les poutres d'un plancher; elles peuvent former les arbalétriers d'un comble, ou telle pièce spéciale d'un arrangement quelconque.

La *fig.* 483 en donne un exemple ; elle représente la tête d'une colonne reliée à quatre pièces perpendiculaires entre elles, mais pas toutes horizontales ; l'une des deux pièces situées dans le plan du croquis est inclinée. Les consoles se prêtent par leur forme à toutes les inclinaisons.

Dans l'exemple qui est dessiné, les consoles sont un peu différentes des précédentes ; elles sont ajourées dans tout leur milieu et sont constituées seulement par un cadre en fer à simple T. Les jonctions dans les angles se

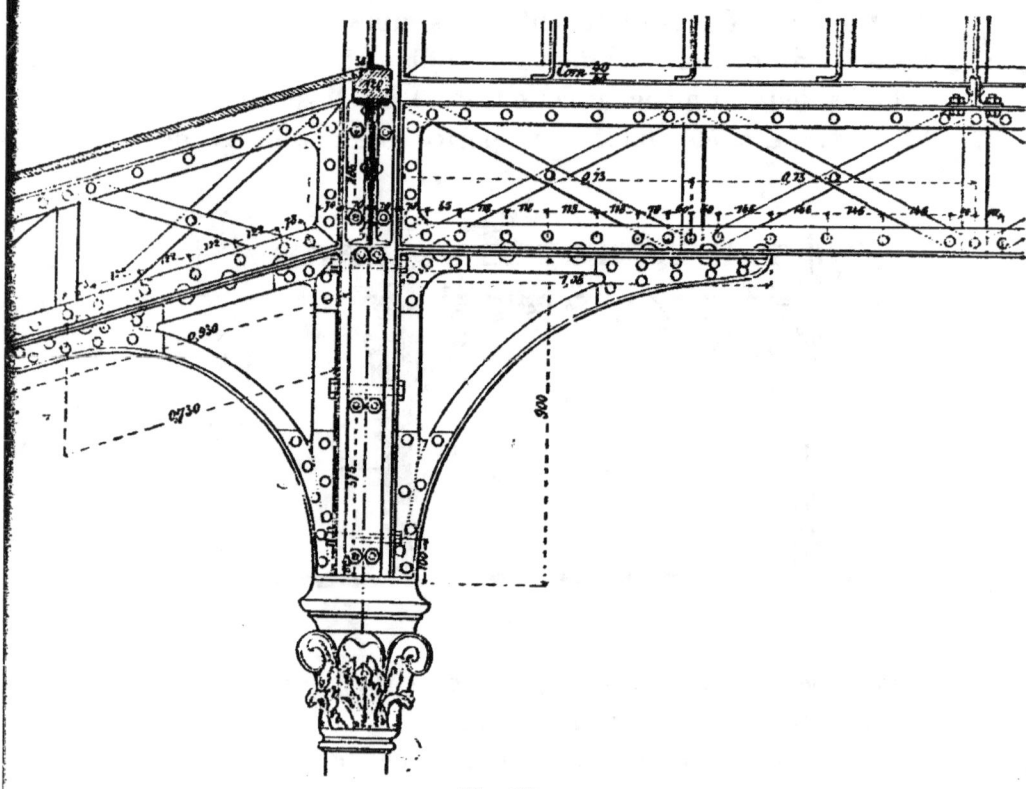

Fig. 483

font d'onglet et sont assurées par de doubles éclisses rivées, de formes convenables arrondies dans les angles, pour permettre de serrer les âmes et rendre la pièce indéformable. La table du fer à T est assez large pour pouvoir se relier facilement avec les cornières des poutres de charpente. Quant à la jonction avec la colonne, elle se fait sur l'une des faces planes de la partie carrée qui surmonte le chapiteau. Les consoles y sont opposées deux à deux et sont serrées par les mêmes boulons passant à travers la fonte.

254. Pans de fer avec consoles réunies aux poutres. — Quelquefois on simplifie la construction en formant une même pièce des poutres et des consoles ; autre-

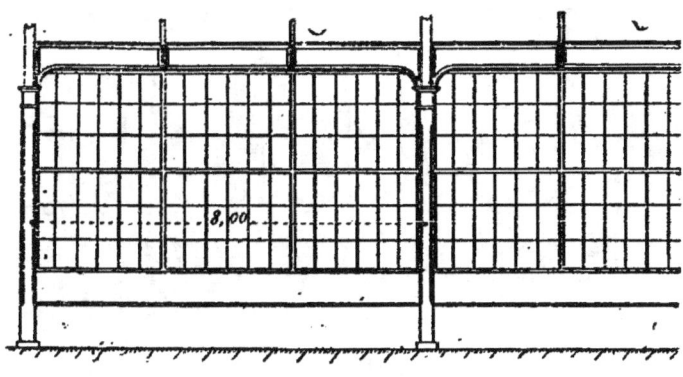

Fig. 484

ment dit, en arrondissant les sablières vers leur portée, ce qui augmente la hauteur de jonction avec le support vertical.

La *fig.* 484 donne la vue en élévation d'un pan métallique servant de cloture à un atelier ; les colonnes sont en fonte, à section carrée, et portent un chapiteau surmonté d'un fût carré.

Les sablières, qui ont une hauteur de $0^m,45$ à leur sec-

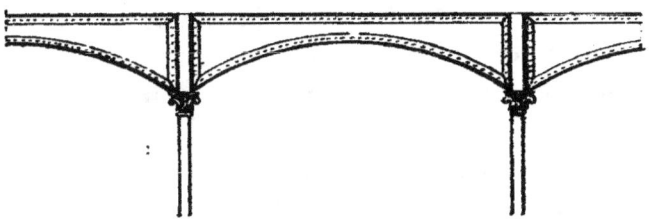

Fig. 485

tion courante, prennent à leur portée une dimension de 0,65, raccordée par un arrondi. C'est par leurs cornières verticales opposées, de chaque côté des colonnes, que l'assemblage se fait avec ces dernières, au moyen de boulons traversant la partie carrée du fût.

Les sablières réunies aux consoles pour des portées restreintes prennent facilement la forme d'arcs ; mais avec la précaution de les calculer pour qu'elles ne donnent pas lieu à des poussées horizontales, auxquelles les poteaux,

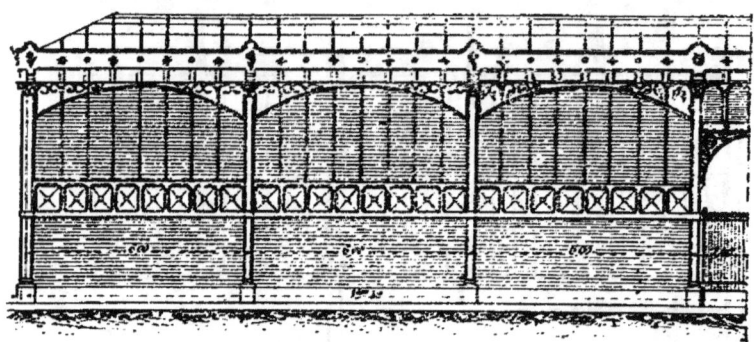

Fig. 486

lorsqu'ils sont en fonte, ne sauraient pas toujours résister. Avec cette restriction, les arcs présentent une forme rationnelle ; on détermine donc leur section à la clef pour présenter un moment de résistance en rapport avec la fatigue de la poutre droite que cet arc remplace. La *fig.* 486 donne l'aspect que présente l'élévation d'un pan métallique ainsi composé, dont on fait souvent l'application aux façades des halles, marchés, magasins, etc.

255. Pans de fer de remplissage sans contreventements. — Enfin, il est des cas où le pan de fer se trouve enserré entre des constructions existantes stables, de telle façon que la déformation dans son plan soit absolument impossible.

Ainsi le bâtiment de la Papeterie d'Essonnes, dont l'ensemble est représenté dans la *fig.* 487, est percé en pignon d'une grande baie de 17^m,00 sur 15^m,00, nécessaire pour un éclairage profond et que l'on a fermée par un pan métallique vitré. Il est évident que, dans ce cas, et tous autres analogues, il n'y a pas lieu de s'inquiéter de la déformation du pan dans son plan; la stabilité de la maçonnerie le maintient parfaitement.

Le pan métallique ne se compose alors que de ses éléments verticaux et horizontaux. Les éléments verticaux sont des colonnes ; ils portent le pan, tout en le divisant en compartiments plus petits. Les éléments horizontaux sont les sablières ; elles sont établies suivant les besoins intérieurs du bâtiment et correspondent aux charpentes motivées par ces besoins, en même temps qu'elles divi-

Fig. 487

sent le pan dans le sens de la hauteur. Tous les compartiments obtenus par ces divisions sont ensuite remplis au moyen de panneaux vitrés, qui complètent la clôture tout en permettant l'éclairage.

La *fig.* 488 donne une élévation partielle montrant la disposition de ce pan métallique de remplissage.

Les supports verticaux sont des colonnes en fonte, dont les détails sont donnés dans les croquis 489 et 490. Elles présentent les feuillures nécessaires pour recevoir les vitrages. Les sablières sont formées par des fers à I jumelés et doublés, séparés par quelques assises de briques, pour présenter l'épaisseur et l'aspect voulus.

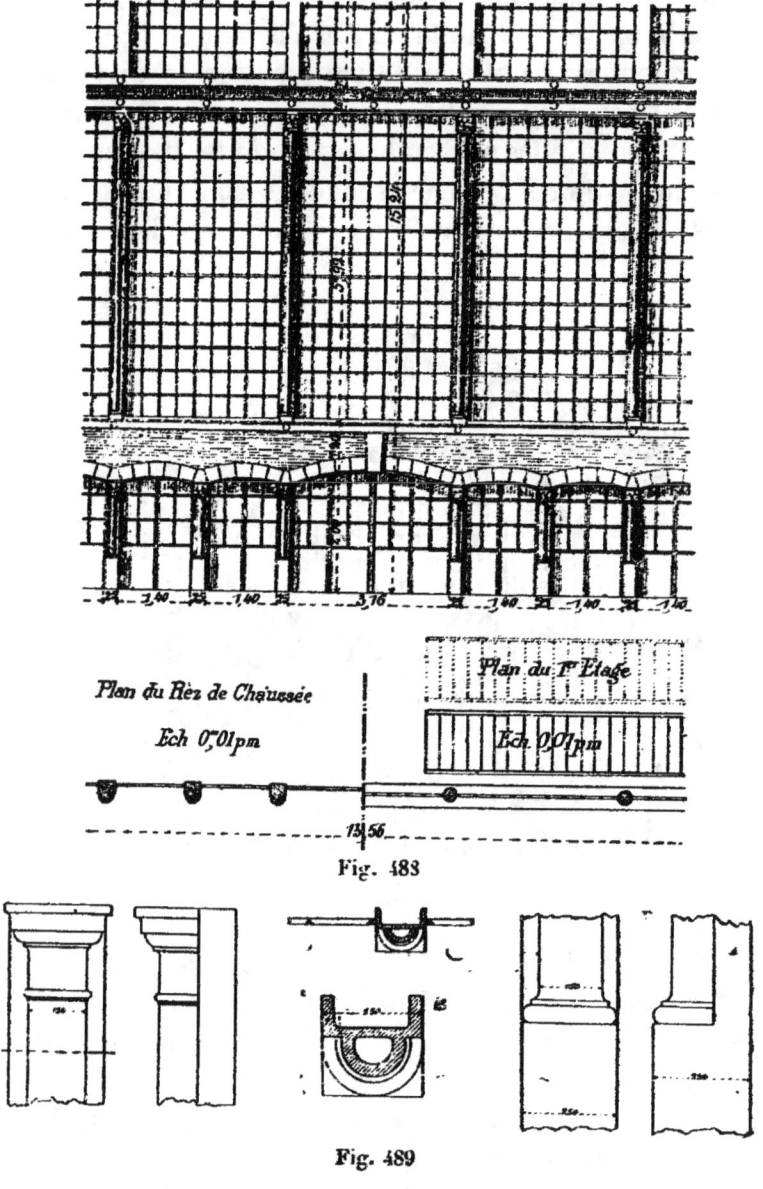

Fig. 483

Fig. 489

256. Pans de fer à poteaux espacés. — Les pans métalliques, composés comme il a été dit au N° 253 par une suite de supports isolés réunis par une sablière et reliés en arrière aux charpentes adjacentes, forment les façades de bien des bâtiments ouverts latéralement, appelés *hangars*, et que l'on rencontre en si grand nombre dans l'industrie.

Ces façades présentent beaucoup d'avantages sur la maçonnerie ; le principal est de pouvoir être très largement ouvertes.

Sur les pans de bois elles ont la supériorité d'une portée aussi grande qu'on le veut, et il n'est pas rare de voir les supports d'une même façade espacés de 8, 10, 12 mètres l'un de l'autre. Ils se prêtent aussi à une hauteur plus grande, qui n'a de limites que les exigences pratiques des programmes.

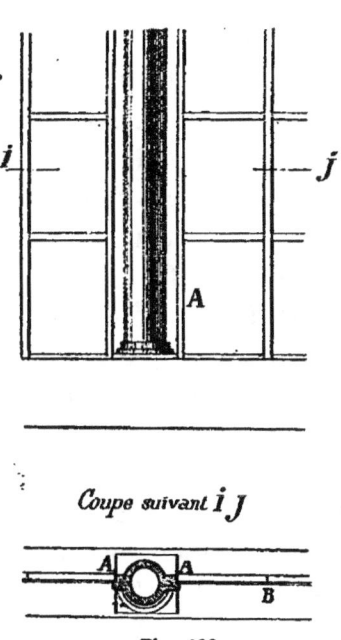

Fig. 490

Enfin, sur le bois, ils ont la supériorité de ne pas brûler, de présenter une durée plus longue et de se prêter à des efforts variés quelles que soient leur direction et leur intensité.

Quand les supports de ces façades sont ainsi espacés, il

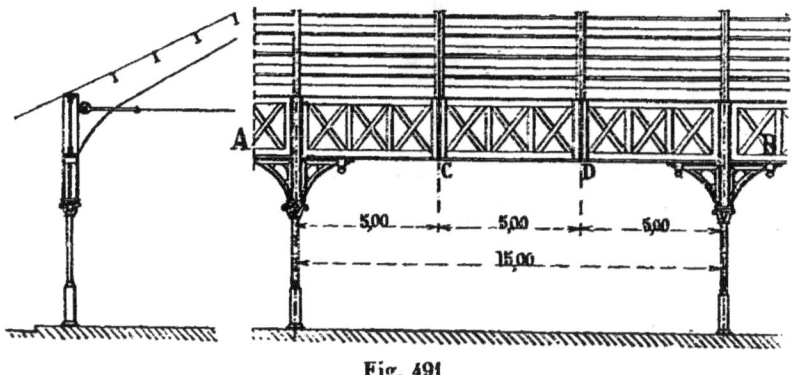

Fig. 491

est nécessaire de donner à la sablière une dimension considérable et un moment de résistance en rapport avec les charges. Or, ces charges se composent de 1, 2 ou 3 poutres du plancher, ou de 1, 2 ou 3 fermes des charpentes du comble.

L'entr'axe de ces charpentes de plancher ou de comble devient alors un sous-multiple des entr'axes de la façade.

La *fig.* 491 donne en coupe et en élévation l'ensemble d'un bâtiment dont les façades longitudinales sont ainsi composées de pans métalliques simples, à poteaux très espacés ; l'entr'axe est de $15^m,00$; les supports métalliques sont reliés à une sablière en treillis AB, assez haute pour supporter la charpente du toit. Celle-ci est formée de fermes correspondant aux piliers et de fermes intermédiaires C et D ; l'écartement des fermes est de $5^m,00$. Malgré le grande hauteur de la sablière, on a encore ajouté des consoles de contreventement afin d'augmenter la longueur de contact avec le support vertical.

Ces hangars sont souvent ouverts sur le côté ; d'autres fois on les ferme par une clôture légère en planches ou en maçonnerie, à laquelle ils donnent toute stabilité.

257. Pans de fer de bâtiments à étages. — Lors-

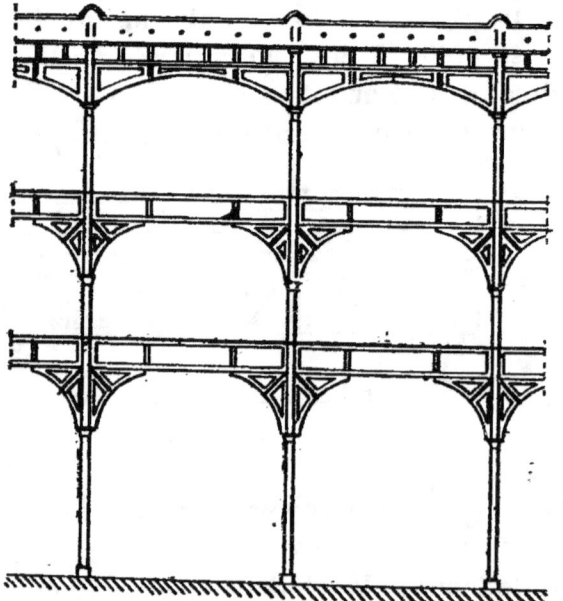

Fig. 492

qu'on n'a plus à faire un bâtiment à un seul rez-de-chaus-

14 CHAP. VII. — PANS MÉTALLIQUES

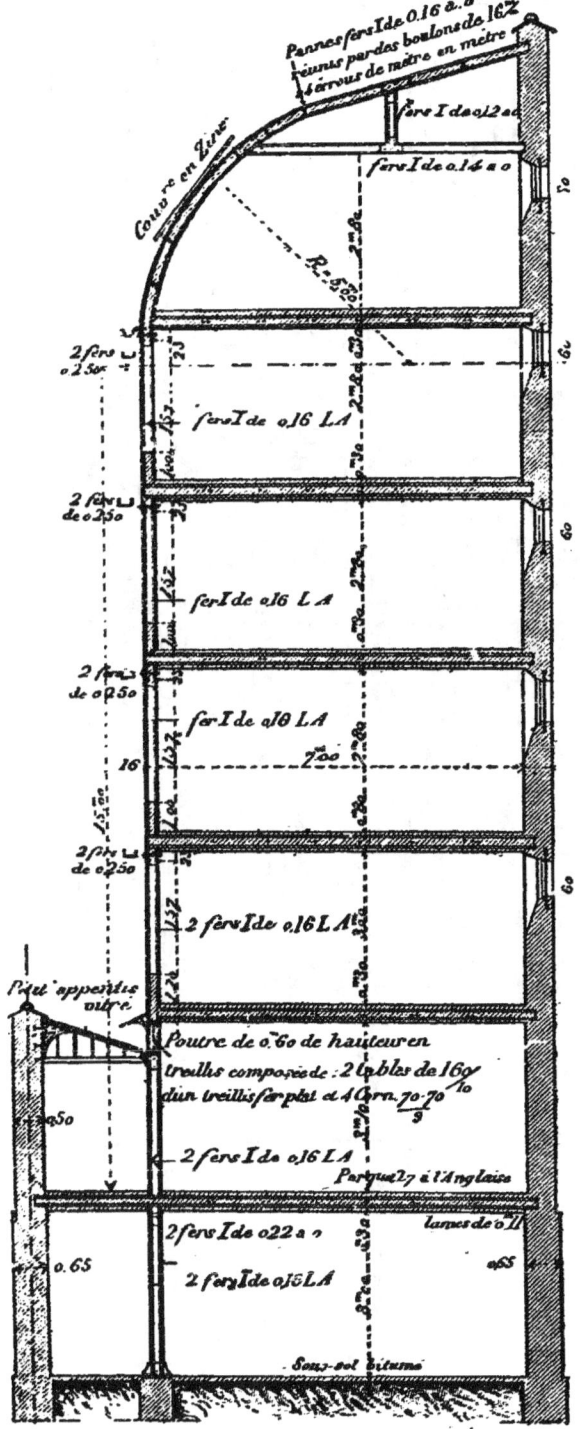

Fig. 493

Fig. 494

sée, mais un édifice de plusieurs étages, le principe à suivre est d'établir isolément chaque étage, de manière à ce qu'il ait sa stabilité propre et de les superposer en mettant les supports en prolongement suivant les mêmes axes verticaux.

Chaque étage aura donc ses supports, ses sablières et ses consoles de contreventement dans les deux sens perpendiculaires. Chaque plancher est considéré ainsi comme un nouveau sol pour l'érection de l'étage suivant. De telle sorte qu'un bâtiment à étages présente la forme de façade indiquée par la *fig.* 492.

Les composantes des forces obliques auxquelles le bâtiment peut être soumis sont atténuées par la résistance à la flexion des supports verticaux et leur moment le plus fort est à la naissance des consoles.

C'est donc sur la rigidité des supports que l'on doit compter pour résister au roulement du bâtiment.

Si les colonnes sont en fonte, on doit leur donner une section suffisante pour résister à la flexion et s'opposer à la déformation et au roulement. Si on les fait en fer, on a l'avantage d'obtenir plus facilement la résistance en question.

Si les colonnes sont en fonte, on pose simplement le pied de l'une sur la tête de la colonne inférieure, et on les maintient soit par simple superposition sans autre attache, soit par un emboîtement mieux assuré par des brides et des boulons.

Si les supports verticaux sont en fer, on donne beaucoup de fixité, de solidité et d'unité au bâtiment en constituant chaque file verticale par une pièce continue du haut en bas de l'édifice.

La forme à I convient très bien pour cet objet. Comme on l'a vu, elle se prête au mieux aux assemblages des charpentes; de plus, sans changer la hauteur du support, la section étant formée, à la partie haute, de l'âme et de quatre cornières, on peut renforcer le support, à chaque étage en contrebas, au moyen de deux tables nouvelles, qui représentent la résistance nécessaire pour la charge et la fatigue correspondantes.

Les *fig.* 493 et 494 donnent l'exemple d'un pan de fer

faisant la façade d'un atelier ([1]), et formé ainsi de poteaux continus dans toute la hauteur du bâtiment, et même se recourbant suivant la forme cintrée du comble pour en former les pièces principales. Ces supports sont composés de deux fers jumelés de 0,16 larges ailes, espacés de $0^m,25$ d'axe en axe. Ils portent la série des sablières des étages. Celle du bas, en haut du rez-de-chaussée, est une poutre en treillis de 0^m60 de hauteur; toutes les autres sont faites de fers en U jumelés.

Ces sablières viennent porter les solives des planchers. Elles soutiennent de plus les cloisons légères de clôture, faites d'un soubassement en briques surmonté d'un vitrage, le tout raidi par deux potelets verticaux intermédiaires.

Le contreventement dans le sens du plan même du pan métallique est peu développé; il est formé par des consoles sous la poutre en treillis et par les éclisses de jonction au croisement des poteaux et des sablières. On a restreint ce contreventement, parce que le pan se trouve enserré entre des constructions stables existantes, qui lui assurent la fixité en tous sens.

258. Contreventement par tirants diagonaux. — Les angles des supports verticaux d'un pan métallique avec leurs sablières peuvent encore être rendus invariables au moyen de chaînages diagonaux, en croix de Saint-André, placés dans les espaces rectangulaires ou trapézoïdaux formés par leurs croisements.

On prend cette disposition, la plus économique et la plus efficace de toutes, lorsque ces diagonales ne viennent pas gêner les ouvertures de baies, ou lorsque ces dernières sont totalement supprimées.

La *fig.* 495 donne un exemple de pan de fer ainsi contreventé.

---

[1] Pan de fer étudié pour un magasin du fg St-Antoine (MM. Denfer et Friésé, architectes).

Quelquefois les baies du rez-de-chaussée sont conservées et les chaînages diagonaux remplacés soit par des

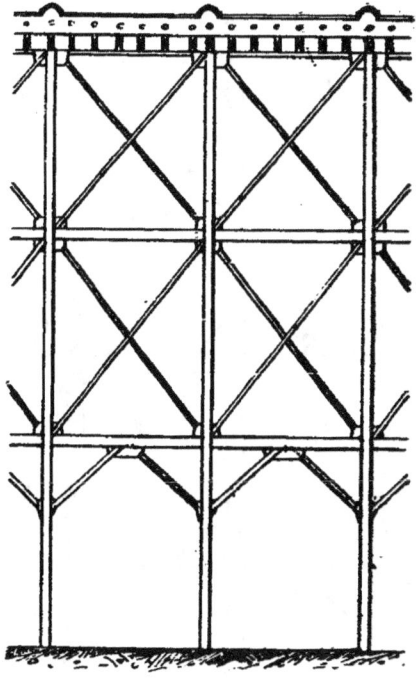

Fig. 495

liens comme le montre la figure, soit par des tôles cintrées formant arcs.

259. Palée de pieux métalliques. — Un exemple de ce genre de contreventement est donné par les palées de pieux métalliques, soit à vis, soit à disques, qui sont de véritables pans de fer.

Les pieux, enfoncés avec soin et guidés au mieux dans leur enfoncement doivent former un plan vertical aussi exact que possible. Ils sont réunis à leur tête supérieure par une sablière qui constitue une plate-forme, pour recevoir l'ouvrage à soutenir. A un niveau inférieur, ils sont reliés par une autre sablière qui les rend solidaires ; pour les empêcher de se déplacer dans leur plan, sous la pression de l'eau ou le choc des corps flottants, on établit dans les rectangles ainsi formés des chaînages diagonaux qui les rendent indéformables.

La *fig*. 396 donne la disposition d'une palée ainsi disposée, formant pile, pour soutenir les pièces principales d'un petit pont. Les trois pieux du milieu, plus hauts que les autres supportent la charge; les deux autres servent à éperonner l'ouvrage.

Les cinq pieux ont une sablière commune; les trois pieux principaux seuls se prolongent jusqu'au tablier, qu'ils re-

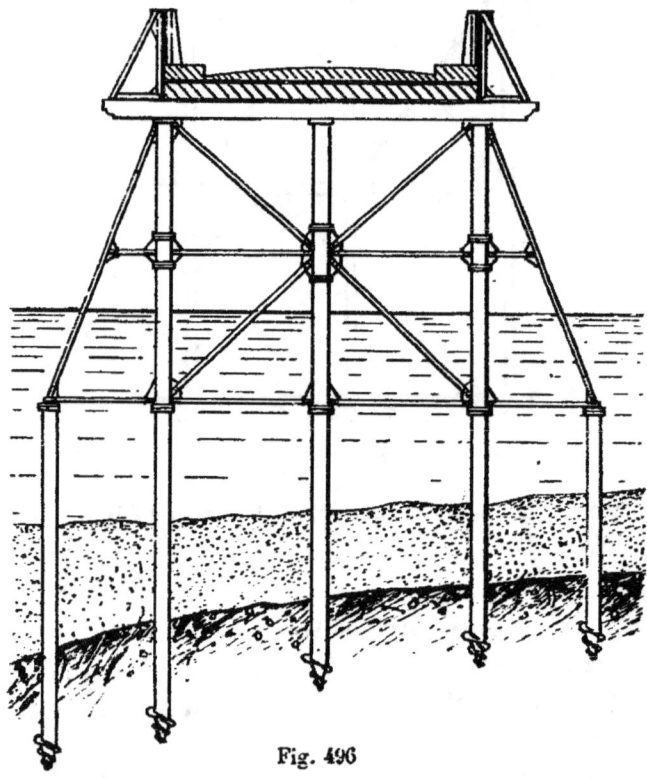

Fig. 496

çoivent sur une plate-forme; enfin, une sablière intermédiaire les relie et les rattache aux éperons inclinés. Le contreventement est fait par une grande croix de Saint-André solidement fixée.

Les pieux sont en fonte; ils présentent à la hauteur voulue les nervures, oreilles et saillies nécessaires pour les assemblages de toutes les pièces du contreventement.

260. Pans de fer de l'usine de Noisiel. — Un second exemple de chaînages diagonaux est donnée par les pans de fer de l'usine de Noisiel (¹). L'un de ces pans est représenté dans les deux croquis de la *fig.* 497. Il constitue l'une des quatre faces d'un bâtiment élevé au-dessus de la Marne, sur le restant d'anciennes constructions. Un cadre général, rectangulaire, en grosses poutres de tôles et cornières, sert

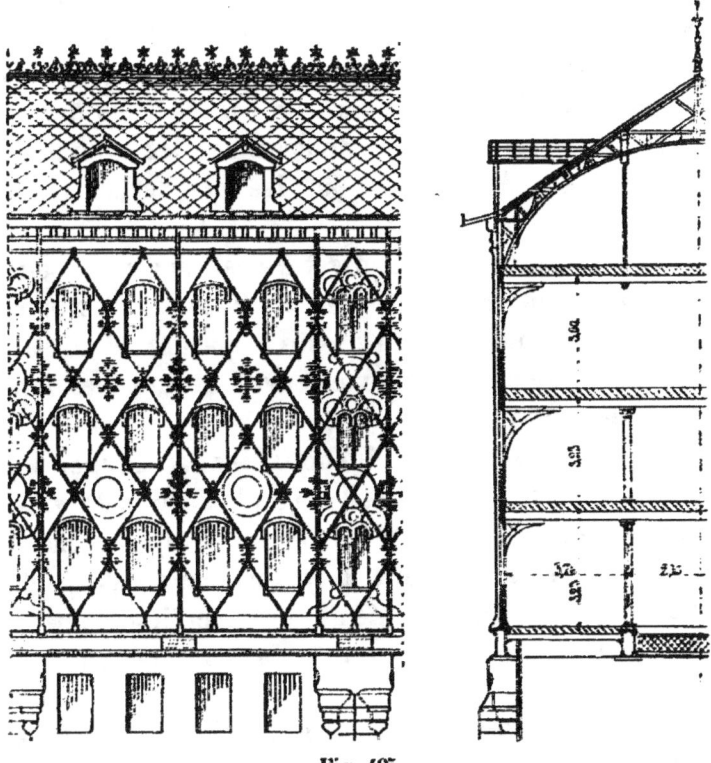

Fig. 495

de base aux parois extérieures, tandis que deux grandes poutres intermédiaires, parallèles aux façades longitudinales, portent les colonnes des planchers, les transmissions et le matériel lourd intérieur.

C'est du cadre extérieur que partent les supports de façade; ce sont de grands poteaux en tôles et cornières, montant d'une seule pièce jusqu'à la corniche; ils supportent les poutres des planchers par l'intermédiaire de fortes

---

(¹) Fabrique de chocolats de M. Menier (M. Saulnier architecte; 1872).

consoles figurées dans la coupe. A leur partie haute, ils sont également reliés à la charpente du comble, avec laquelle ils se trouvent contreventés. Leur plus grande résistance à la flexion a lieu dans le sens transversal du bâtiment; elle leur permet de résister au roulement, perpendiculairement aux longues façades.

Pour les maintenir verticaux et bien équidistants dans leur plan, on les a reliés par une série de chaînages biais, croisés dans deux sens, symétriques et régulièrement disposés. Leur arrangement est étudié de telle sorte que dans les losanges restés libres, ou puisse percer les baies nécessaires à l'éclairage et à l'aérage de l'édifice ; les bâtis fixes des croisées sont même tenus par les fers de ces chaînages.

Enfin, on a fermé toute cette ossature par un remplissage mince en maçonnerie de briques, enduite à l'intérieur, mais présentant au dehors un dessin apparent bien étudié et combiné avec les faces extérieures de tous les fers restées également visibles.

Les fers inclinés offrent l'inconvénient de couper en biais les murs de remplissage et d'exiger beaucoup de taille de briques ; mais ils présentent en même temps un parti de façade réussi et intéressant, bien qu'étrange d'aspect, surtout si l'on songe qu'à la date de son exécution les pans de fer n'étaient pas réellement entrés dans la pratique.

261. Comparaison des pans de fer et des murs dans les bâtiments à étages. — Si l'on examine la coupe transversale d'un bâtiment, celle de la *fig.* 498, par exemple, qui représente un édifice à étages superposés, on voit que les files transversales des colonnes et les poutres correspondantes des planchers forment un véritable pan métallique, qui doit par ses assemblages présenter non seulement la solidité nécessaire pour les charges verticales, mais encore la rigidité et la fixité convenables. Dans ce bâtiment, la rigidité dans le plan du pan métallique est obtenue par la stabilité propre des murs, stabilité qui dépend de leur épaisseur et quelquefois même est assurée par des contreforts extérieurs ou intérieurs. Malgré cela, on ajoute presque toujours des consoles, non seulement aux têtes des colonnes, mais encore à la retombée des poutres sur la paroi intérieure du mur ou du contrefort.

La *fig.* 499 représente le même bâtiment dans lequel le mur longitudinal est remplacé par un pan métallique.

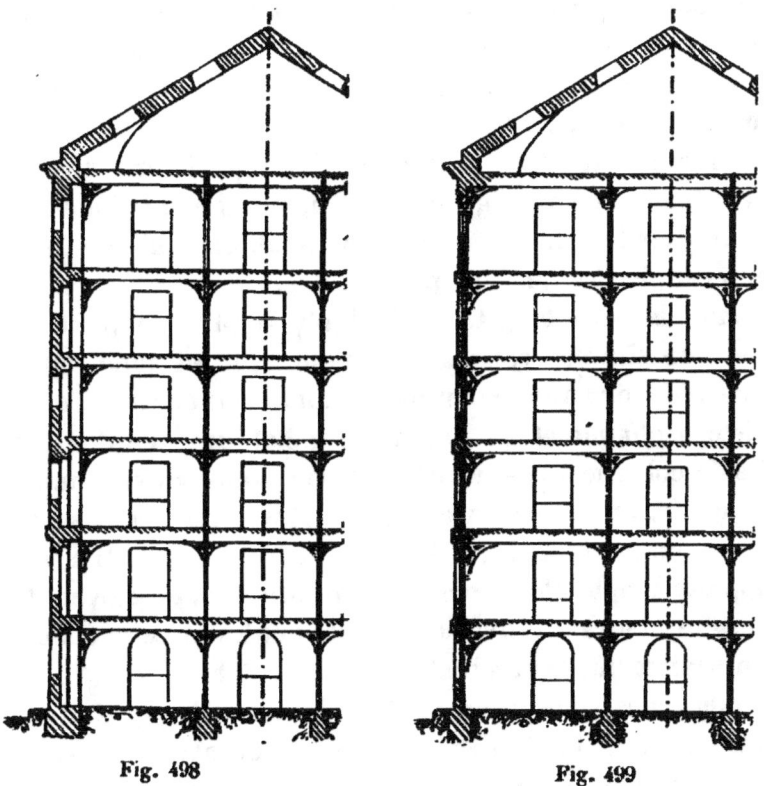

Fig. 498 Fig. 499

Il y a donc à chaque travée une file verticale de supports qui appartiennent à la fois au pan de façade et au pan transversal, et qu'il y a lieu de parfaitement contreventer dans les deux sens, pour que chaque pan trouve en lui-même la rigidité dont il a besoin.

Notamment pour le pan transversal qui nous occupe, le poteau de rive sera d'une seule pièce dans la hauteur. On le fera assez large pour résister à la flexion; les consoles seront plus développées et parfaitement attachées.

La clôture pourra encore être en maçonnerie; mais elle formera simple remplissage à chaque étage, sera portée et soutenue par la charpente en fer; elle ne devra avoir que l'épaisseur nécessaire, soit pour se porter elle-même, soit pour la solidité de la clôture, soit pour son étanchéité à l'humidité ou encore pour l'isolement qu'on en attend contre les variations de la température extérieure. Dans bien des cas, cette substitution de pans métalliques aux murs de façades est économique; de plus, elle ménage la place; enfi elle d)nne une grande unité à la construction du bâtiment.

Si maintenant nous examinons la coupe longitudinale, il est facile de nous figurer que chaque file de colonnes forme avec les planchers un pan métallique qui doit présenter toutes les qualités précédentes.

Dans le sens longitudinal, il n'y a plus de poutres, mais de simples solives de planchers, il est donc indispensable, pour que le pan longitudinal soit complet, qu'il existe à chaque étage une pièce métallique allant d'une tête de colonne à la suivante. Ce sera une solive simple ou double, ou au besoin une pièce plus forte que les solives courantes. Il sera de plus très utile de relier les supports à cette file de pièces longitudinales, au moyen de consoles assurant l'invariabilité des angles. A cette condition seulement, le pan métallique sera stable.

Nous avons vu déjà, en parlant des planchers, l'utilité qu'il y avait à établir cette pièce longitudinale, au point de vue de la facilité du montage; nous voyons ici qu'elle est indispensable, tant pour assurer la fixité de position des pans transversaux que pour former des pans longitudinaux complets.

Chaque file verticale de supports forme donc l'intersection d'un pan transversal et d'un pan longitudinal. Lorsque les pans transversaux et les pans longitudinaux sont reconnus indéformables, on peut assurer que le bâtiment ne subira aucun roulement, s'il est d'ailleurs parfaitement fondé.

Les contreventements doivent être plus développés et plus soignés lorsque les planchers des édifices ne sont pas hourdés en maçonnerie, ou sont garnis imparfaitement, par des remplissages incomplets en matériaux légers. C'est en effet sur la rigidité des angles que l'on compte alors pour la stabilité générale.

Lorsqu'au contraire un plancher est parfaitement chaîné et hourdé, il est indéformable dans son plan ; il forme une véritable planche, qui, assemblée avec les 4 parois rectangulaires de l'étage constitue une sorte de boîte rigide, indéformable déjà par elle-même, indépendamment des consoles, qui sont là comme par surcroît.

262. Pans de fer des Magasins du Printemps. — Dans les bâtiments à étages exécutés en pans métalliques, nous avons dit qu'on avait tout avantage à employer des poteaux d'une seule pièce dans la hauteur de la construction.

Un pan de fer intéressant, avec poteaux d'une seule pièce, est donné par la construction des Magasins du Printemps à Paris (M. Sédille, architecte). Nous avons déjà vu la forme et la section des piliers de ce pan, appelés, vu leur distance, la surface et le nombre des planchers qu'ils reçoivent, à soutenir des charges très considérables.

Montés sur des fondations invariables établies à l'air comprimé, les piliers commencent par une semelle inférieure à $0^m,30$ en contrebas du sous-sol.

Ils traversent celui-ci, de $3^m,30$ de hauteur, le rez-de-chaussée de $4^m,65$, l'entresol de $3^m,75$ et trois étages élevés successivement de $4^m,30$, $4^m,00$ et $3^m,80$. Au-dessus sont les combles.

La *fig.* 500 montre dans son croquis (2) l'élévation, et dans son croquis (1) la vue latérale de l'un des poteaux intérieurs qui limitent une cour couverte formant hall. Ce sont les tables qui sont en façade du côté de cette cour.

Le premier plancher porté est celui du rez-de-chaussée ;

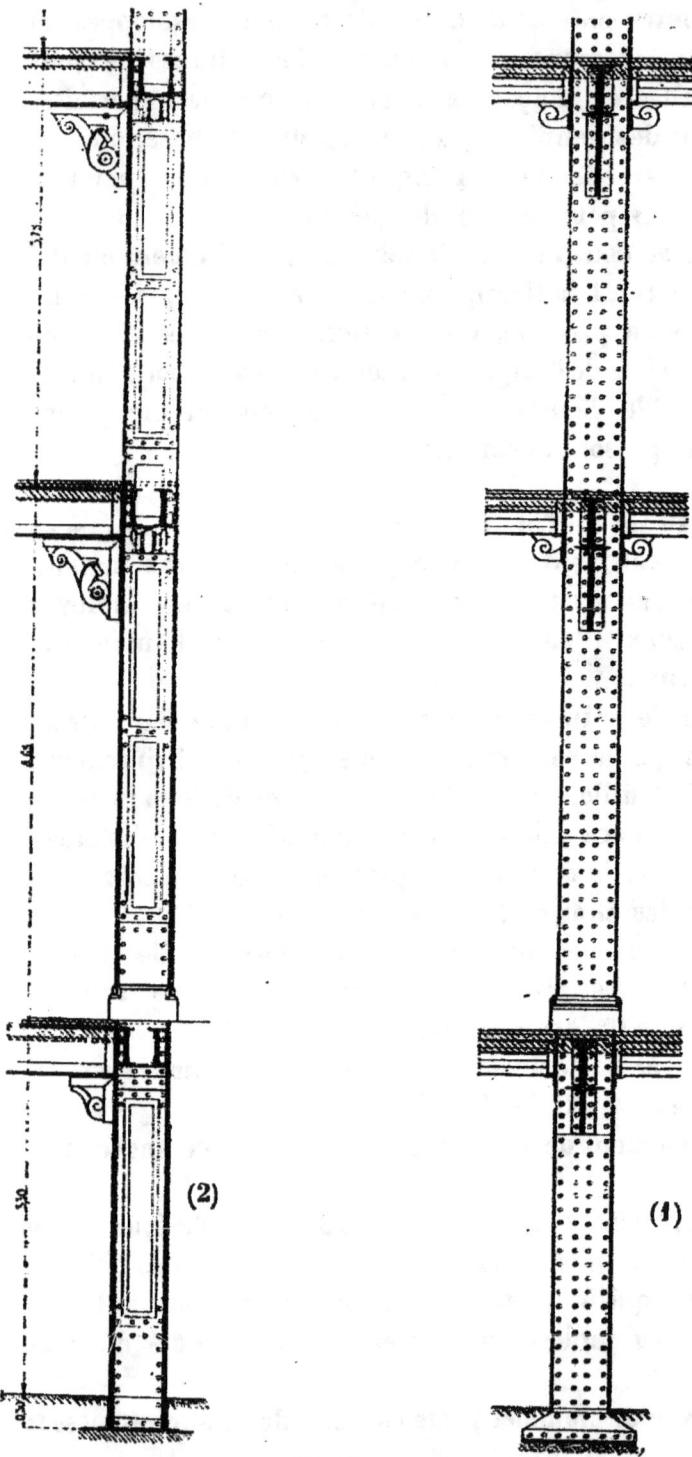

Fig. 500

comme il est rendu complètement fixe par les murs du sous-sol au pourtour du bâtiment, il n'a pas été pris de disposition spéciale pour son contreventement. Les poutres ou les entretoises qui viennent porter sur les 4 faces du poteau s'assemblent les unes sans consoles, les autres avec des consoles peu développées, dont le seul but est de permettre d'augmenter le nombre des rivets d'attache.

Le plancher haut du rez-de-chaussée n'existe pas du côté de la cour. Le poteau ne reçoit de poutres que sur 3 faces. Sur les faces latérales le contreventement était peu utile; on l'a presque supprimé, et les corbeaux qui servent de support aux poutres de rive sont plutôt là pour l'ornement.

La console de la poutre arrière est seule plus développée; elle est formée d'un gousset triangulaire en tôle formant âme, et de garnitures de cornières sur les rives d'équerre. Ces cornières servent à assembler la console avec la poutre d'une part, avec le poteau de l'autre.

Les trois planchers suivants sont assemblés de la même manière; l'un est représenté sur la *fig.* 500; les deux autres sur la *fig.* 501, qui est la suite de la précédente.

Le sixième plancher est celui de la base du comble. Si la console est moins développée, par contre, le poteau se prolonge au-dessus de la poutre pour se relier directement à l'arbalétrier qui lui fait suite, tout en se retraitant suivant le profil extérieur voulu.

A ce niveau est établi le comble vitré de la cour. Il est bordé sur son pourtour d'un large chéneau recevant les eaux extérieures, et le tout est porté par une grande console fixée sur la face externe du pilier de chaque travée.

A un étage en contrebas existe une seconde charpente vitrée, chargée de recevoir les condensations de la première ainsi que les fuites qui pourraient se produire. A cet étage est un second chéneau, mais de section un peu moins forte que celle du précédent.

Enfin, en-dessous, on voit les grands arcs ornés qui

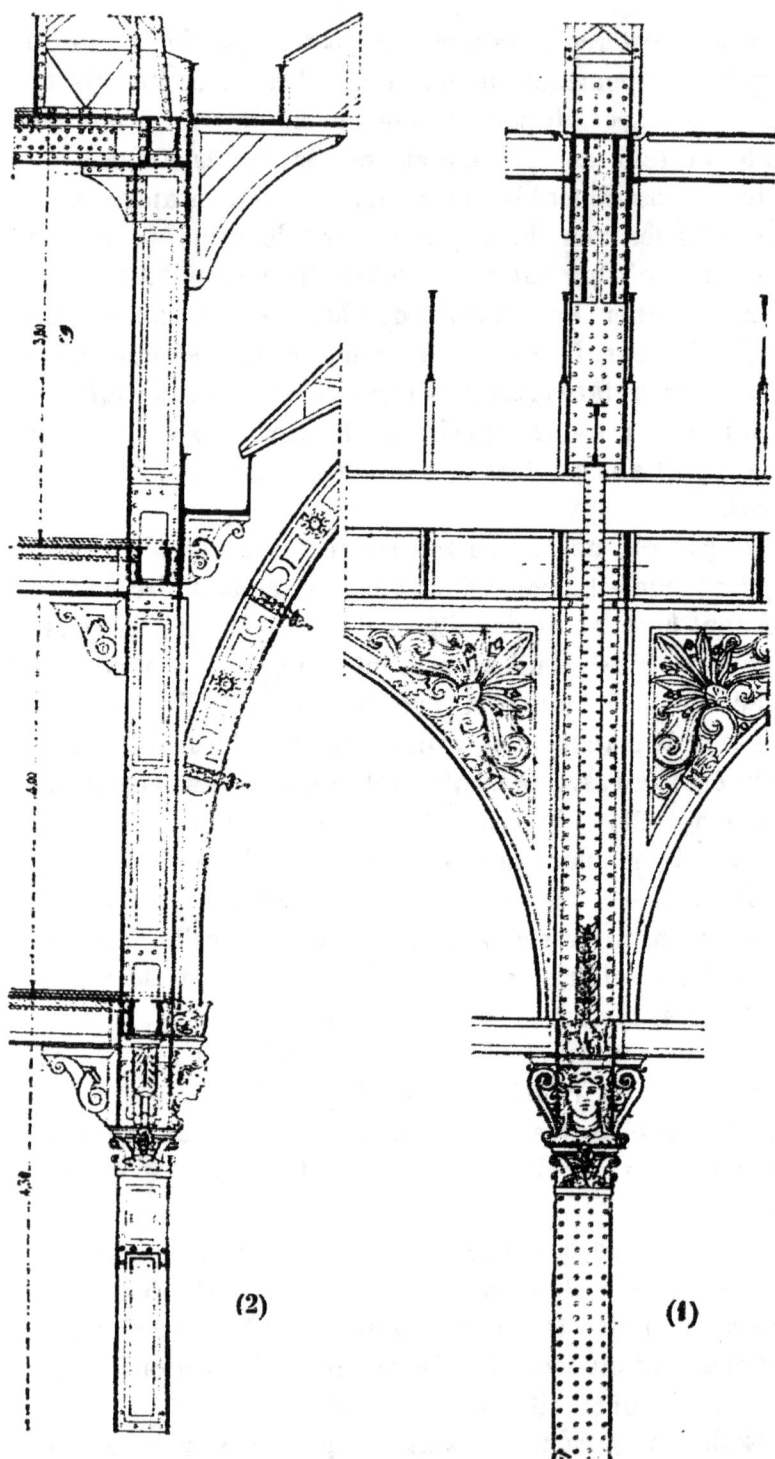

Fig. 501

relient la face d'un poteau à la face du poteau opposé, en traversant le hall.

Les retombées de ces arcs ont lieu au niveau du quatrième plancher, et se font sur des corbeaux saillants ornés de têtes, faisant office de chapiteaux et portant un tailloir mouluré.

Ces diverses dispositions sont représentées de face dans le croquis (1), et en vue latérale dans le croquis (2).

Dans le premier de ces croquis on voit les grandes consoles décorées largement, qui se développent dans chacune des travées du pan qui borde la cour ; elles prennent naissance au-dessus du chapiteau du quatrième plancher et, portent sur les poutres de rive, qui reposent elles-mêmes sur des consoles latérales.

Ces consoles, qui vont se joindre d'un pilier à l'autre, forment de grandes arcades décoratives, en même temps qu'elles produisent un contreventement très efficace dans le sens du plan même du pan métallique. Toute cette charpente établie sur ces grands piliers, d'une seule pièce dans toute la hauteur, présente une rigidité exceptionnelle, en même temps qu'elle produit un grand effet d'ensemble.

263. Pans de fer pour maisons d'habitation. — Après avoir, dans les maisons à loyers, remplacé le bois par le fer pour l'exécution des planchers, on a eu nécessairement l'idée de faire la même substitution du métal au bois dans les pans verticaux, et on a créé les pans de fer suivant la même méthode de construction.

De même que dans les pans de bois les parties portantes sont les huisseries de baies, de même on a établi des huisseries en fer et ces huisseries ont eu leurs montants assemblés avec les sablières sur lesquelles venaient poser les solives.

Le fer a présenté de suite sur le bois l'avantage de l'incombustibilité, et celui, peut-être encore plus important, d'une durée plus considérable. On a cherché à en obtenir une moindre épaisseur et on est arrivé à une construction à peine résistante par suite d'un excès de légèreté.

Les fers employés pour ces constructions sont des fers à planchers, et, par raison d'économie, on a pris les profils à ailes ordinaires, ce qui fait qu'ils ont tendance à se voiler dans le sens de la plus petite dimension de leur section. Mal-

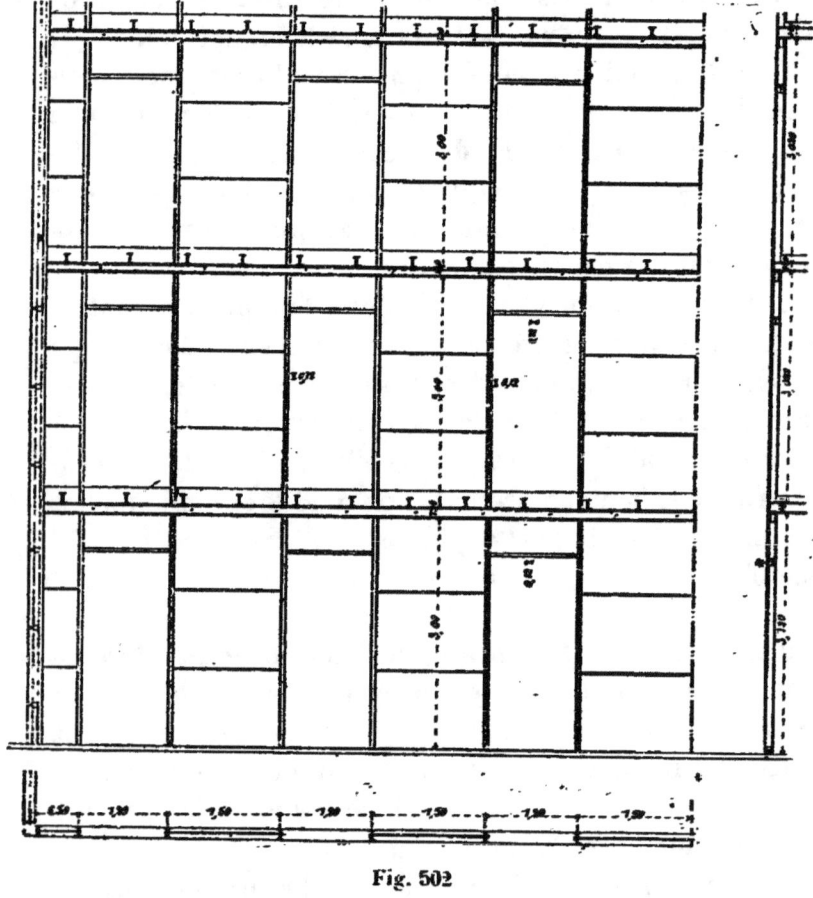

Fig. 502

gré cela, on les a employés isolément. Pour les empêcher de se cintrer, on les a réunis par des boulons d'entretoises, sans prendre même la précaution de les garnir de quatre écrous, et on a compté pour le maintien de l'ensemble sur la maçonnerie.

Cette maçonnerie, surtout à Paris, est faite, pour les hourdis de planchers, en plâtras et plâtre réunis grossièrement, et dans les pans de bois on avait l'habitude de faire ce qu'on appelle des hourdis creux, pour éviter la poussée du plâtre. On a employé le même système pour les premiers pans de fer.

Le croquis de la *fig.* 502 donne la vue en élévation d'un pan de fer ainsi composé. C'est l'encoignure d'une maison à loyers sur une hauteur de trois étages.

Les parties portantes sont : un poteau cornier et toutes les huisseries de baies formées chacune de deux fers à I A. O. de 0,12, réunis par une traverse en même fer mis à plat à hauteur de linteau.

Les deux fers d'un même trumeau sont reliés par deux boulons de 0,016 de diamètre.

Le poteau cornier, destiné à former l'angle de deux pans de fer, est composé, comme le montre la *fig.* 503,

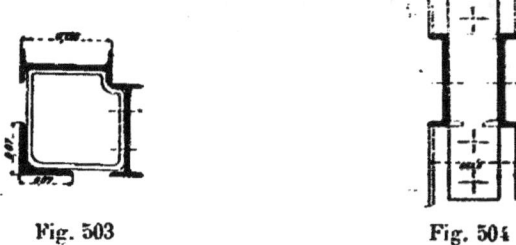

Fig. 503   Fig. 504

d'un fer à I dans chacun des pans, les deux fers se joignant par une rive et disposés chacun pour le pan correspondant, par conséquent s'évasant suivant l'inclinaison des façades; le support se complète par une grande cornière de $\frac{70 \times 70}{9}$ placée à l'angle. Ces trois pièces sont maintenues à un écartement constant au moyen de brides de forme spéciale, auxquelles elles sont reliées par des boulons.

Tous ces fers partent d'un soubassement en pierre, sur lequel ils sont posés par l'intermédiaire d'une sablière en fer plat de $\frac{130}{9}$, ou en fer en U de 120.

A part le poteau cornier qui monte d'une façon continue, tous les autres fers n'ont que la hauteur d'un étage ; ils vont jusqu'à la sablière haute de cet étage.

Cette sablière portant plancher doit résister à la flexion ; on la compose de deux fers de 0,120 ou de 0,140 à I A. O. posés de champ et maintenus écartés à la largeur extérieure du pan, soit 0,120 dans l'exemple qui nous occupe. Les ailes ayant 0,04 de largeur, on voit qu'il reste entre les deux fers de la sablière un faible intervalle de 0,04.

De plus les ailes ne sont pas assez en saillie sur les âmes pour permettre l'assemblage au moyen d'équerres avec la partie haute des poteaux.

On a commencé par affranchir bien d'équerre les bouts des poteaux et l'on a pris comme principe de l'assemblage la liaison de la tête du poteau du bas au pied du poteau qui lui est superposé, par une platebande traversant la

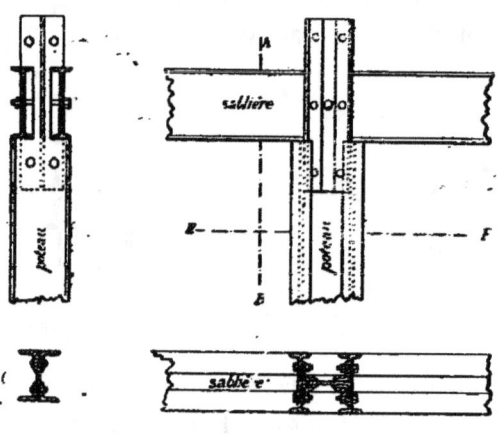

Fig. 505

sablière, chantournée dans cette traversée pour passer dans l'intervalle restreint des deux fers. D'autres fois, on a évité le chantournement en entaillant les ailes des fers jumelés, ce qui les affaiblit bien inutilement *fig.* 502. Il vaut mieux employer une platebande double plus épaisse et entailler cette platebande suivant la forme de la sablière.

Avec ces faibles dimensions des fers, le pan métallique a une stabilité très réduite ; il est indispensable de le cramponner fortement à tous les planchers et aux murs de refend que l'on rencontre. Malgré ces précautions, on a eu des mécomptes, qui ont retardé l'emploi des pans de fer, la maçonnerie de remplissage ne résistant pas suffisamment au roulement.

Le dessin représenté dans la *fig.* 507 montre la maçonnerie de remplissage d'un panneau exécuté en briques à plat, au lieu de la maçonnerie en plâtras et plâtre, trop souvent employée encore aujourd'hui.

Cette maçonnerie de briques s'impose dans la construction des pans de fer. Il faut se rendre compte qu'elle seule est chargée de remplacer les écharpes ou gueltes, si utiles pour la rigidité des pans de bois. Elle doit également remplacer les tournisses de remplissage. C'est elle seule qui assure l'invariabilité des angles de chaque trumeau, et non seulement il est nécessaire de l'exécuter en briques, mais il faut des briques de choix, bien cuites, bien entières, et surtout employées avec de bon mortier et par des ouvriers briqueteurs habiles.

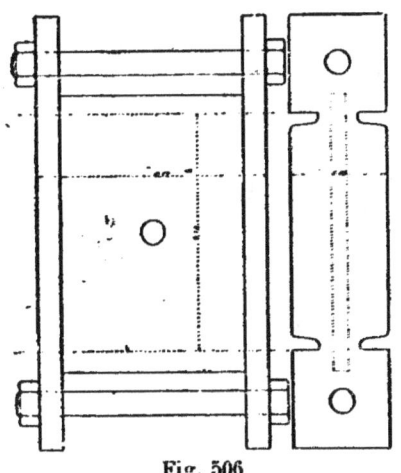

Fig. 506

Il est indispensable que les assises qui doivent comprendre les boulons soient entaillées avec soin, de manière à ne donner aucun affaiblissement en ce point au remplissage ; il faut surtout que les joints soient bien pleins, tant les joints des briques que les joints verticaux le long des fers.

Enfin, le modèle des briques doit être approprié à la hauteur de section de ces derniers.

Avec les fers de 0,14 à 0,16, il est indispensable d'employer des modèles spéciaux que l'on commande exprès ; on peut même dans ce cas avoir un modèle spécial pour les rives, avec la forme nécessaire pour l'emboîtage avec le fer. Avec les I de 0,12, on emploie la brique ordinaire de 0,11.

Ce n'est qu'à la condition que la maçonnerie forme une dalle indéformable, remplissant complètement les vides des trumeaux, qu'elle donnera au pan la rigidité voulue et remplacera les contreventements obliques absents.

La pratique a fait reconnaître que les poteaux des pans de fer, pour les maisons à étages, n'avaient de stabilité suffisante que lorsqu'ils étaient formés de deux fers à I A. O. jumelés, ou d'un seul fer, mais à larges ailes ; elle montre aussi que l'entretoisement doit être fait par des files de boulons à quatre écrous, permettant par un réglage facile d'avoir des poteaux bien droits et bien verticaux.

Les sablières doivent être conservées avec leur forme jumelée faite de deux fers à I A. O., maintenus à écartement constant au moyen de boulons à quatre écrous ; l'assemblage des poteaux et de la sablière peut suivre le principe indiqué, qui est la liaison à travers la sablière des extrémités adjacentes des poteaux superposés.

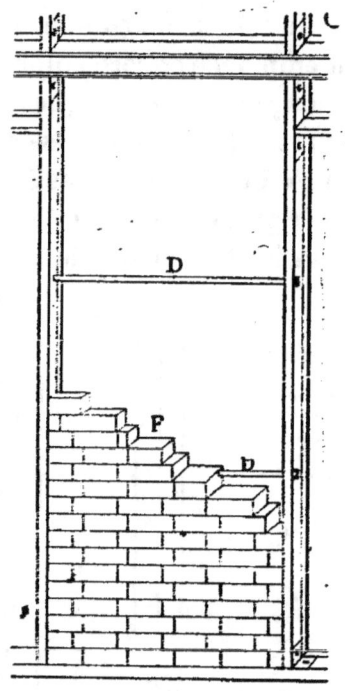

Fig. 507

Au lieu de se servir de plates-bandes isolées pour relier les poteaux jumelés, on a eu l'idée de les réunir par un fer perpendiculaire, composé de quatre cornières et d'une âme, les cornières étant entaillées à la demande, *fig.* 505. Comme cette forme était celle d'un I, on a substitué à ce fer composé un bout de fer à I L. A., *fig.* 506, dont on a coupé l'âme aux

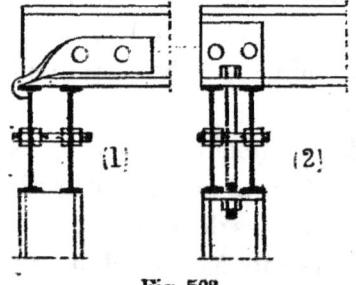

Fig. 508

deux extrémités, et que l'on serre par deux boulons.

Les solives viennent toujours se poser sur la sablière et elles se cramponnent avec elle par un des deux procédés de la *fig.* 508.

Dans le croquis (1), une simple platebande chantournée s'accroche à l'aile du fer.

Dans le croquis n° 2, la solive se termine par une double équerre, qui remplace l'aile inférieure enlevée au besoin

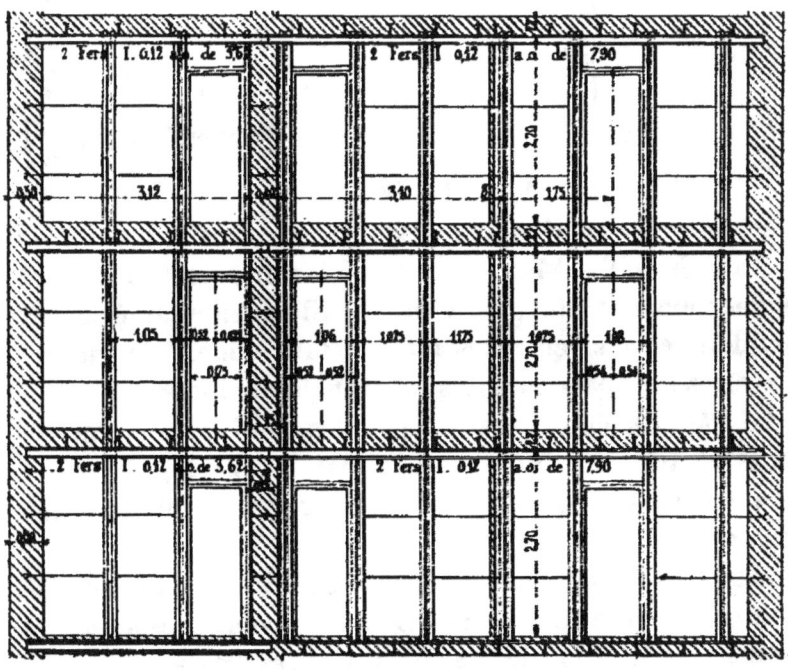

Fig. 509

sur l'épaisseur du pan de fer. Chaque équerre est traversée par un boulon passant à travers la sablière et se serrant sur une plaque de tôle inférieure ; ce dernier assemblage est bien préférable au précédent. Une troisième disposition à adopter, toutes les fois qu'on le peut, consiste à assembler les solives sur la face latérale de la sablière.

Un exemple de pan de fer à poteaux jumelés est donné dans la *fig.* 509 : le dessin représente, non plus un pan de façade mais un mur de refend longitudinal; le principe de construction est le même.

Dans le tracé de ces pans métalliques, il faut se rendre compte des dimensions à donner aux huisseries de baies pour avoir, en fin de compte, l'ouverture indiquée. Or, dans la baie réservée entre les fers, on a à loger un bâti

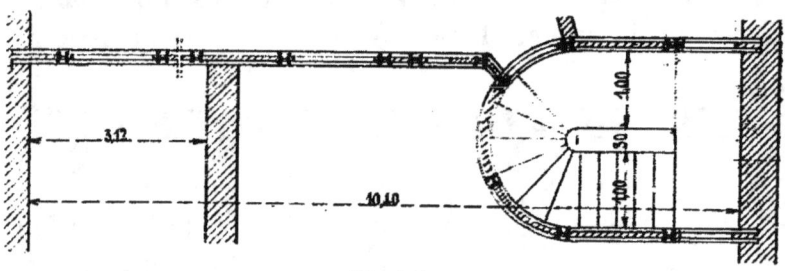

Fig. 510

d'encadrement soit de la croisée, soit de la porte qui fermera la baie. C'est le vide de ce bâti qui correspond aux dimensions du plan, et c'est sa dimension extérieure qui doit se loger entre les fers. Il faut donc déterminer d'avance les épaisseurs des bois qui le composent.

Le bâti de la baie se fixe par des boulons aux montants et traverses en fer; on le maintient dans sa position au moyen de cales convenables qui permettent de serrer les écrous.

Les pans de fer ainsi composés se prêtent à toutes les formes en plan que les bâtiments peuvent présenter et même aux formes circulaires des cages d'escalier.

La *fig.* 510 donne le plan d'une portion de bâtiment construit en pan de fer et présentant une cage d'escalier.

Les sablières de cette dernière sont cintrées à la demande et toujours composées de deux fers maintenus par des boulons à un écartement constant. Les poteaux sont répartis sur la longueur de ces sablières, en tenant compte de la position et des dimensions des baies, et les âmes des fers qui les composent sont établies normales à la courbure adoptée. Le surplus de la construction est identique, comme forme et assemblages, aux dispositions que nous avons données dans les numéros précédents.

Les pans de fer circulaires sont plus avantageux dans la construction que les ouvrages plans. Il résulte en effet de la stabilité due à la forme circulaire de la construction, qu'on peut les établir avec des dimensions réduites, des épaisseurs très faibles, et que l'économie sur la maçonnerie est considérable en même temps que la forme est parfaitement maintenue par la rigidité du métal.

Pour les ouvrages de section réduite, on aurait avantage à remplacer les sablières en fers jumelés par des fers à plat cintrés sur champ, plus résistants horizontalement, plus indéformables, et plus favorables aux assemblages avec les montants.

264. Contreventement par chaînes diagonales sur planchers. — On comprend que les pans de fer de maisons d'habitations ou analogues ne présentent aucune résistance aux déformations perpendiculaires à leurs plans, et qu'ils aient besoin de trouver, dans l'édifice même dont ils font partie, des planchers et des murs de refend capables de les retenir. Or, bien rarement, les

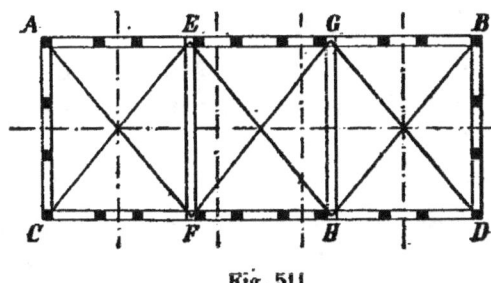

Fig. 511

planchers sont construits avec assez de soin pour être considérés comme indéformables, et les murs transversaux présentent des attaches d'une bien plus grande sécurité.

Quand ils viennent à manquer, on doit, ou bien constituer des planchers assez bien établis pour être indéformables, ou développer sur leur surface des chaînages diagonaux disposés comme l'indique la *fig.* 511. Dans le dessin qu'elle représente, ABCD est le plan d'un étage d'édifice dont les parois sont exécutés en pans métalliques minces. De A en B il n'y a aucun mur de refend.

On choisit sur les pans opposés des points E, F, G, H reliés deux à deux par des solives transversales, et en ces points on attache solidement les pièces des pans de fer avec les extrémités des solives.

On joint ensuite par des chaînes diagonales bien tendues les points CE et AF, FG et EH, GD et HB. Les points E, G, F, H, sont rendus parfaitement fixes par les chaînages dont nous venons de donner le tracé, et ne peuvent quitter le plan vertical de chaque pan.

C'est un moyen qu'il ne faut jamais négliger lorsque les murs de refend sont très écartés, et qui rend, avec une dépense très faible, les meilleurs services.

265. Considérations sur les pans de fer des maisons d'habitation. — Les pans de fer dans les constructions des villes ne se sont pas répandus ; leur emploi se restreint à des cas spéciaux où la surface est limitée et où l'on doit compter les centimètres que l'on peut gagner sur la construction. La raison en est très simple.

La pratique montre que les maisons à toute hauteur, de 15 à 20 mètres au-dessus du sol, peuvent être suffisamment solides avec des murs en bonnes briques et bon mortier de $0^m,22$ d'épaisseur (0,25 avec les enduits).

D'autre part, nous avons vu que les pans de fer, pour être suffisamment solides, exigent des épaisseurs de 0,14 à 0,16 (0,18 à 0,20 avec les enduits au minimum) et un remplissage en bonnes briques et bon mortier de 0,11 à 0,16 d'épaisseur. On gagne donc peu sur l'épaisseur, et la dépense du fer pour obtenir un bon travail fait plus que compenser la différence de cube de maçonnerie. Le pan de fer est toujours plus cher que le mur en briques qu'il remplace, et il présente des sujétions d'emploi que l'on n'a pas avec ce dernier.

Pour qu'un pan de fer puisse lutter comme construction

économique, il faut qu'il soit fait trop légèrement, et rempli de matériaux de maçonnerie qui ne présentent aucune garantie de solidité et de stabilité.

266. Pans de fer de la Caserne de l'Ile Louviers ([1]). — Les pans de fer peuvent devenir avantageux lorsqu'ils sont destinés à remplacer les murs mieux construits et plus chers que demandent les édifices publics.

Un exemple intéressant de ces pans de fer est donné par les constructions de la Caserne de l'Ile Louviers.

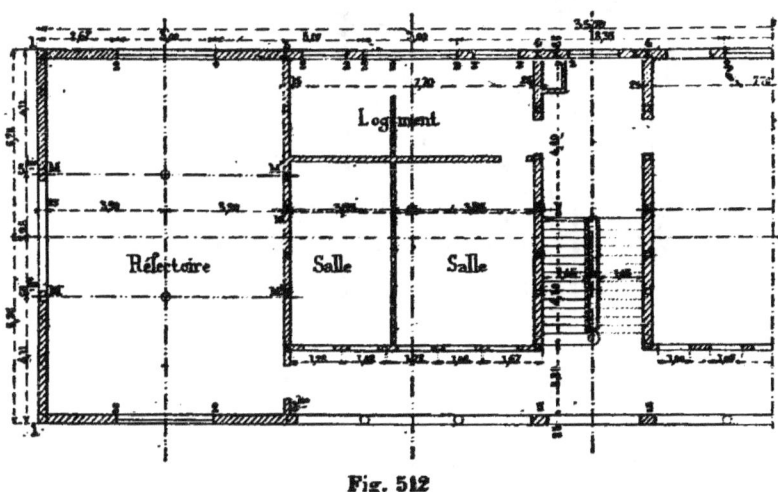

Fig. 512

Les murs y sont remplacés par des pans de fer de $0^m,25$ d'épaisseur pour les pans de façade et les principaux refends, et de 0,12 pour les séparations moins importantes. Le demi plan d'un de ces bâtiments est représenté dans la *fig.* 512 ; on y voit, non seulement la distribution des locaux, mais encore la position des différents supports verticaux qui forment l'ossature du pan de fer.

Avec une sablière de plateforme à la partie inférieure, les sablières d'étages, et une sablière haute portant le chéneau au moyen de consoles extérieures et formant couronnement, on complète la construction métallique.

---

[1] M. Bouvard, Architecte.

Les poteaux sont rendus bien verticaux et équidistants par une série d'entretoises en rond de 0,025 de diamètre, et le contreventement n'est fait que par le remplissage

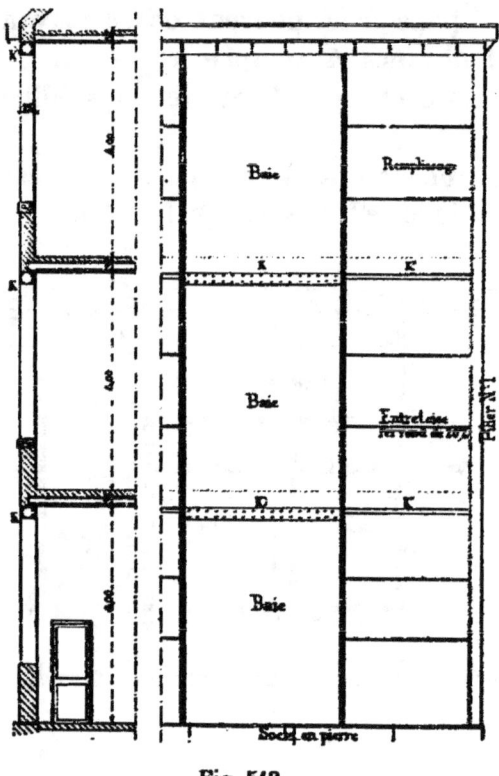

Fig. 513

soigné en maçonnerie de briques de 0,22 d'épaisseur, apparentes à l'extérieur.

Une portion de façade, avec la coupe correspondante, est donnée dans la *fig.* 513. On y voit que les poteaux montent d'une seule pièce dans la hauteur du bâtiment ; ils reçoivent les sablières sur leurs faces latérales et ces dernières sont en tronçons dans chacun des compartiments.

Ces sablières portent à leur tour les extrémités des solives des planchers.

Les neuf croquis de la *fig.* 514 donnent la composition et la forme des différentes pièces de l'ossature.

Le croquis (1) donne la coupe des poteaux de croisées de pignon marqués 5 *bis* au plan. Ils sont formés, comme tous les suivants, d'une pièce en caisson, dont une des faces est en treillis, pour permettre d'exécuter la maçonnerie de remplissage, et favoriser sa dessiccation.

Le croquis (2) donne la section d'un poteau des fenêtres de la façade longitudinale ; l'âme est faite d'une simple tôle, armée de trois cornières du côté de la brique et d'une

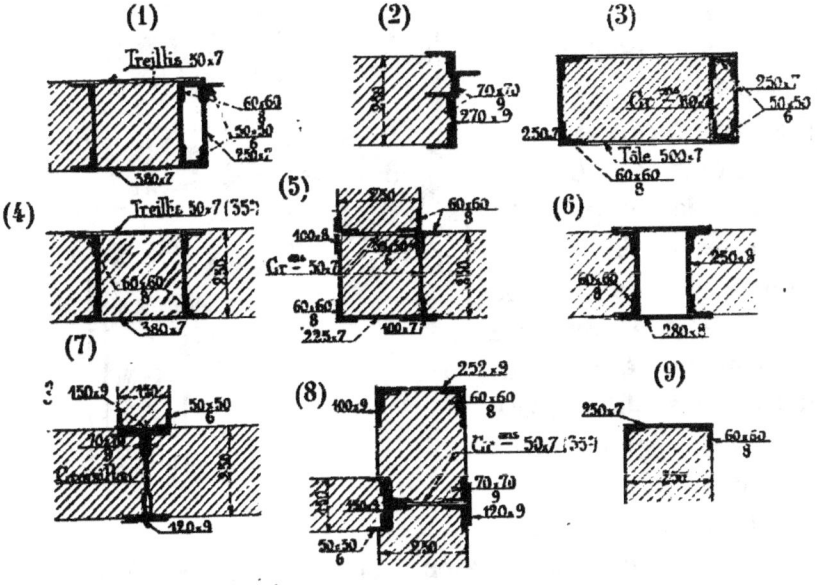

Fig. 514

cornière extérieure pour former la feuillure nécessaire à la menuiserie.

Le croquis (3) représente le poteau, numéroté 5 dans le plan, formant le piédroit de la porte d'entrée.

Le croquis (4) donne la section du poteau 5 *bis*, en un point où il n'existe plus de croisée et où il est entièrement compris dans la maçonnerie.

Le croquis (5) représente la section du poteau d'angle du bâtiment portant le numéro 1, tant dans le plan que dans l'élévation de l'ossature.

Le croquis (6) indique en coupe verticale la section de

l'une des poutres en caisson, MM', qui couvre le réfectoire; elle est portée par les pans opposés et par une colonne intermédiaire.

Le croquis (7) accuse la construction du poteau n° 3 du plan, qui fait partie de la façade et reçoit en même temps l'amorce de la cloison de refend de 0,15 d'épaisseur.

Le croquis (8) donne le poteau 3 bis, avec l'élargissement formant écoinçon du côté de la baie.

Enfin, le croquis (9) donne la section de la sablière K' de chaque étage, dans la traversée de la maçonnerie. Lorsque cette sablière passe au-dessus d'une large baie, dans la portion de façade où elle est intitulée

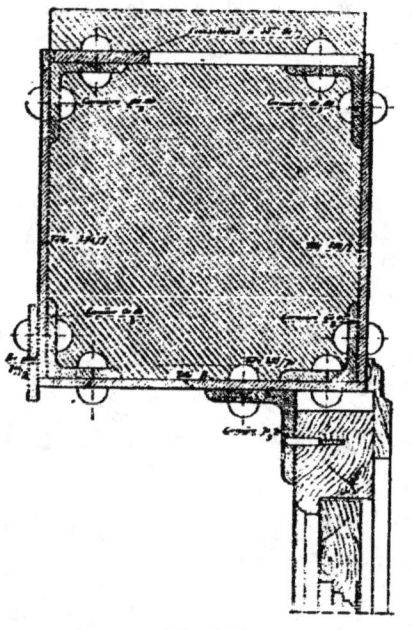

Fig. 515

K, elle a la forme d'un caisson et son profil est représenté par la *fig*. 515 ; la face supérieure du caisson est en treillis pour permettre le remplissage.

La même figure montre la manière dont la menuiserie des croisées est fixée dans la feuillure métallique chargée de la recevoir, et comment le joint extérieur est couvert et dissimulé par un champ mouluré.

267. Pans de fonte et fers. — Dans les habitations, les pans qui se trouvent maintenus à l'intérieur par une série de planchers successifs peuvent se réduire à une série de colonnes reliées à chaque étage par les charpentes des planchers, et entretoisées par des tirants noyés dans la maçonnerie de remplissage.

La *fig*. 516 représente, en plan et en élévation, le pan

circulaire qui soutient les planchers que nous avons décrits à l'art. 185, croquis 349 et 350. Ce pan est formé de colonnes en fonte superposées, qui montent depuis le dessus des piles du rez-de-chaussée jusqu'au comble.

A chaque étage, ces colonnes soutiennent, sur des consoles convenablement développées, les poutres très larges de la rotonde. Elles sont reliées au-dessous, à environ 0^m,60,

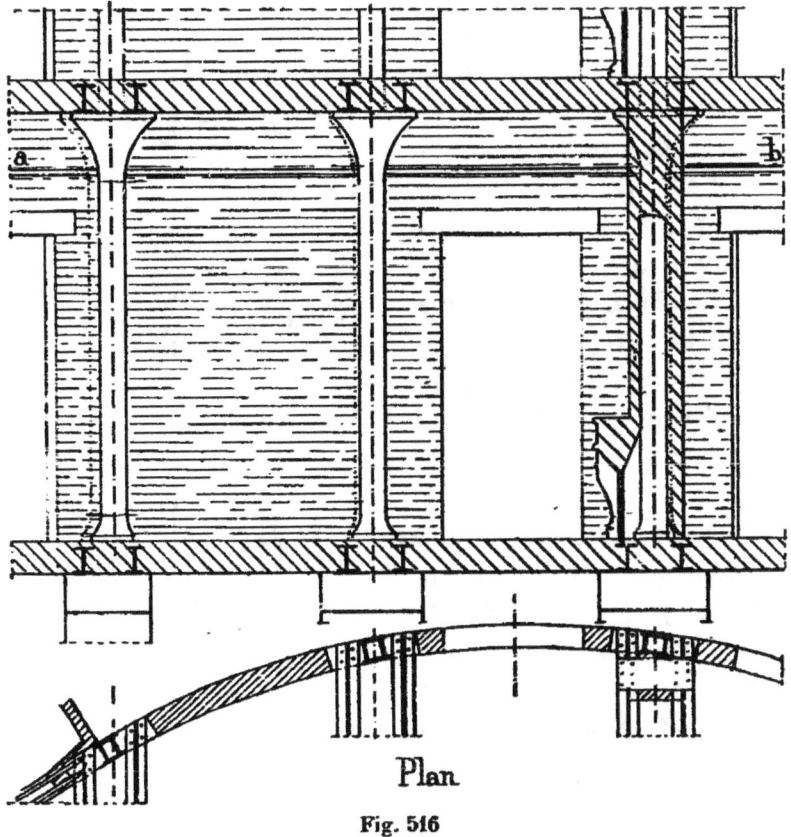

Fig. 516

par un chaînage $a\ b$ en fer en U mis à plat, cintré à la demande, placé sur une assise bien horizontale et dont les tronçons s'assemblent à équerres avec les faces latérales des supports. De plus, les extrémités des poutres, maintenues par les solives des intervalles, assurent également leurs extrémités. Les colonnes sont à section carrée et leur fût est creux dans toute la hauteur ; leurs faces extérieures se prolongent de 0^m,02 pour former sur les faces latérales la nervure d'emboîtement de la brique.

Ces nervures s'élargissent en haut en forme de consoles, pour soutenir la large tablette que comportent les poutres. En dessous du chapiteau, on voit, *fig.* 517, en *g*, une nervure saillante qui reçoit le fer en U. Au-dessus est le carré qui se place dans l'intervalle des poutres.

La colonne figurée est celle du premier étage, celle qui se place directement sur l'assise supérieure des piles. Les suivantes n'en diffèrent que par la base, qui présente un emboîtement pour entrer dans le vide du carré des colonnes sur lesquelles elles reposent.

Les pieds et têtes sont parfaitement dressés au tour afin de se superposer bien verticalement.

L'intervalle de deux colonnes consécutives est rempli par un mur en briques de 0,22, établi suivant le cintre du plan et bien liaisonné avec le métal. Les parements de cette maçonnerie sont enduits.

Les faces de la fonte, qui doivent recevoir leur part de cet

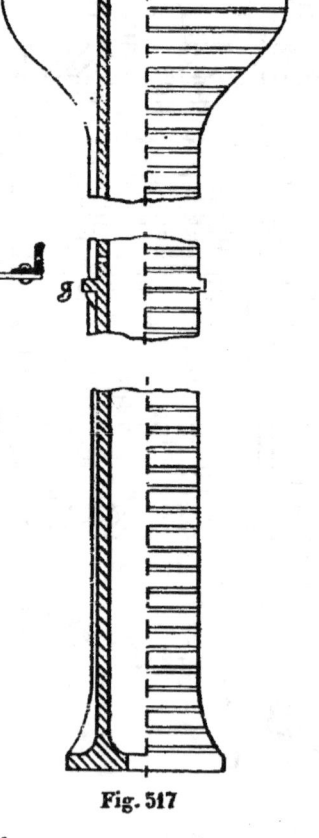

Fig. 517

enduit en sont recouvertes au moins sur 0^m,03; de plus elles sont striées pour mieux favoriser l'adhérence.

L'une des poutres reçoit un mur de refend largement évidé de deux portes et d'une baie au-dessus d'une cheminée interposée ; comme ce mur comporte peu de parties pleines, et qu'il est évidé par les tuyaux de fumée des cheminées de chaque étage, on l'a considéré comme incapable d'une stabilité propre et on l'a porté à chaque étage sur la poutre correspondante. C'est ce qui explique la présence de la coupe de ce mur dans le croquis, 514 et au fond la vue de la colonne du pan métallique qui supporte l'about de la poutre.

L'emploi d'un pan métallique, dans l'exemple qui vient d'être décrit, est tout à fait indiqué ainsi que son remplissage en briques de 0,22. La localisation des charges, aux extrémités des poutres à grande portée, n'aurait pas permis à un mur de 0,22 seul de les porter. Quelque soignée que fût sa construction, les colonnes étaient indispensables.

268. Pan de fer hourdés à grandes surfaces. — Les pans de fer hourdés trouvent leur application également dans les bâtiments industriels. Mais ici, dans la plupart des cas, ils forment de grandes surfaces abandonnées à elles-mêmes sans appui possible. Il n'y a ni planchers multipliés, ni refends intermédiaires qui permettent de les maintenir, et il faut qu'ils présentent dans leur composition les résistances nécessaires aux composantes horizontales des forces latérales qui peuvent leur être appliquées accidentellement. Ce peut être l'action du vent ou encore la pression de marchandises adossées, ou enfin des chocs imprévus. Aussi, les dimensions des pièces augmentent-elles dans une forte proportion ; ce sont tantôt des fers à I laminés à larges ailes, tantôt des pièces composées de tôles et de cornières.

269. Pignon d'un hangar à marchandises des chemins de l'Ouest. — Nous donnons, comme premier exemple de ces sortes de pans de fer, la composition d'un hangar à marchandises de la Compagnie des Chemins de fer de l'Ouest, construit par M. Joly à Argenteuil. Il est représenté en ensemble et dans ses détails dans les quatre croquis de la *fig.* 518.

L'ensemble montre la composition du pan métallique : entre les poteaux extrêmes de la façade, faits de caissons en tôles et cornières, sont établis sept montants pour une longueur de 20ᵐ00. Chacun d'eux s'appuie sur une fondation spéciale et s'enfonce au-dessous du sol intérieur ; leur espacement d'axe en axe est de 2ᵐ50. Ce sont des fers I L A. de 0,200. Ils sont en deux pièces dans la hauteur et sont reliés entre eux par une sablière horizontale, faite d'une poutre en tôles et cornières de 0,200 posée à plat. Cette poutre est composée d'une âme de 0ᵐ,005 et de quatre cornières $\frac{35 \times 35}{6}$; elle est placée à 4ᵐ 12 au-dessus du sol.

Le pignon est terminé suivant le rampant par une autre poutre de 0,200 posée à plat, et formée d'une tôle de 0ᵐ,006 et de deux cornières inégales de $\frac{90 \times 60}{8}$. Cette poutre sert de ferme de tête ; elle est reliée au surplus de la toiture par les pannes et le contreventement.

Les quatre travées du milieu, entre la sablière intermédiaire et les rives des pignons, sont occupées par un vitrage ; les autres vides sont remplis par des cloisons en briques.

On compte sur la maçonnerie de briques pour maintenir l'invariabilité de forme des panneaux ; mais les pièces des deux premières travées de chaque extrémité sont disposées pour recevoir des chaînages diagonaux provisoires, figurés en ponctué sur l'élévation, permettant de régler l'ensemble et d'obtenir la parfaite verticalité des montants. On n'enlève ces chaînages provisoires qu'après achèvement et durcissement des remplissages en briques, qui doivent être bien soignés.

Le croquis (2) de la même figure montre la forme de la partie supérieure du pan ; c'est la coupe suivant AB. La toiture avance sur le nu du pignon ; cette saillie est soutenue par des consoles en tôles et cornières, fixées à la partie haute des poteaux par quatre boulons ; elles portent une panne de rive à 1ᵐ,00 de distance de la paroi

CHAP. VII. — PANS MÉTALLIQUES

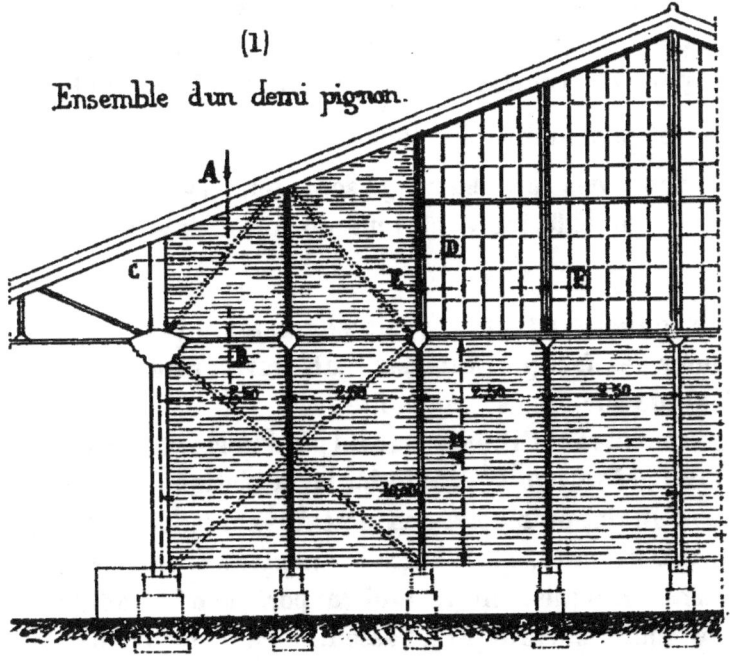

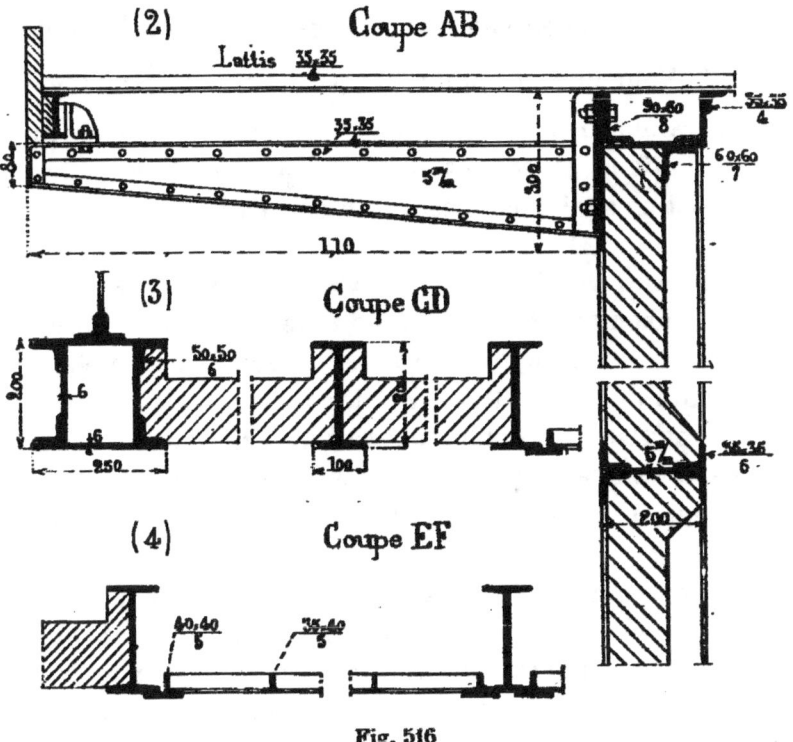

Fig. 516

extérieure du pignon. Le lattis du comble s'appuie sur cette panne, passe sur la ferme de tête qui couronne le pignon, s'y fixe par l'intermédiaire d'un chevron additionnel de $\frac{35 \times 35}{4}$, et se poursuit plus loin.

Les briques des derniers rangs sont comprises entre une tôle verticale extérieure et une cornière intérieure de $\frac{60 \times 60}{7}$.

La maçonnerie a $0^m,11$ d'épaisseur, mais elle est épaulée le long des fers par une surépaisseur formant solin, qui s'appuie sur leur seconde aile.

La coupe suivant CD, faite par un plan horizontal, est représentée par le croquis (3) ; elle donne la section du poteau caisson d'angle, puis celle des poteaux suivants en fer à I LA de 0,200 ; enfin, elle montre la maçonnerie interposée.

Le dernier croquis, enfin, celui qui porte le n° 4, indique, par une coupe suivant EF, l'assemblage d'une partie de vitrage avec les montants.

Le vitrage est contenu dans un cadre en cornières de $\frac{40 \times 40}{5}$. Pour former feuillure et permettre l'assemblage, on a préalablement vissé sur les montants et traverses du pan métallique un cadre fixe en fer plat, qui reçoit par une jonction analogue le cadre en cornières.

270. Pans de fer des ateliers de Sotteville. — Un autre exemple de pans de fer du même genre est donné par la *fig.* 519, qui représente la construction des ateliers du chemin de fer de l'Ouest à Sotteville.

Les croquis (1), (2) et (3) montrent les deux façades adjacentes ainsi que le plan d'un des bâtiments ; le croquis (3) indique la division du bâtiment et la dimension des entraxes.

Le pan de fer longitudinal est formé d'un poteau dans chaque travée, correspondant à l'axe de la ferme et portant l'extrémité de cette dernière. Ce poteau B est en tôles et cornières de 0,32 de hauteur d'âme ; celle-ci, faite d'une tôle de 0,010, est accompagnée de deux cornières extérieures de $\frac{80 \times 80}{9}$ et de 2 cornières intérieures de $\frac{80 \times 125}{12}$. A l'extérieur est rivé un fer en U de 0,25, formant pilastre de

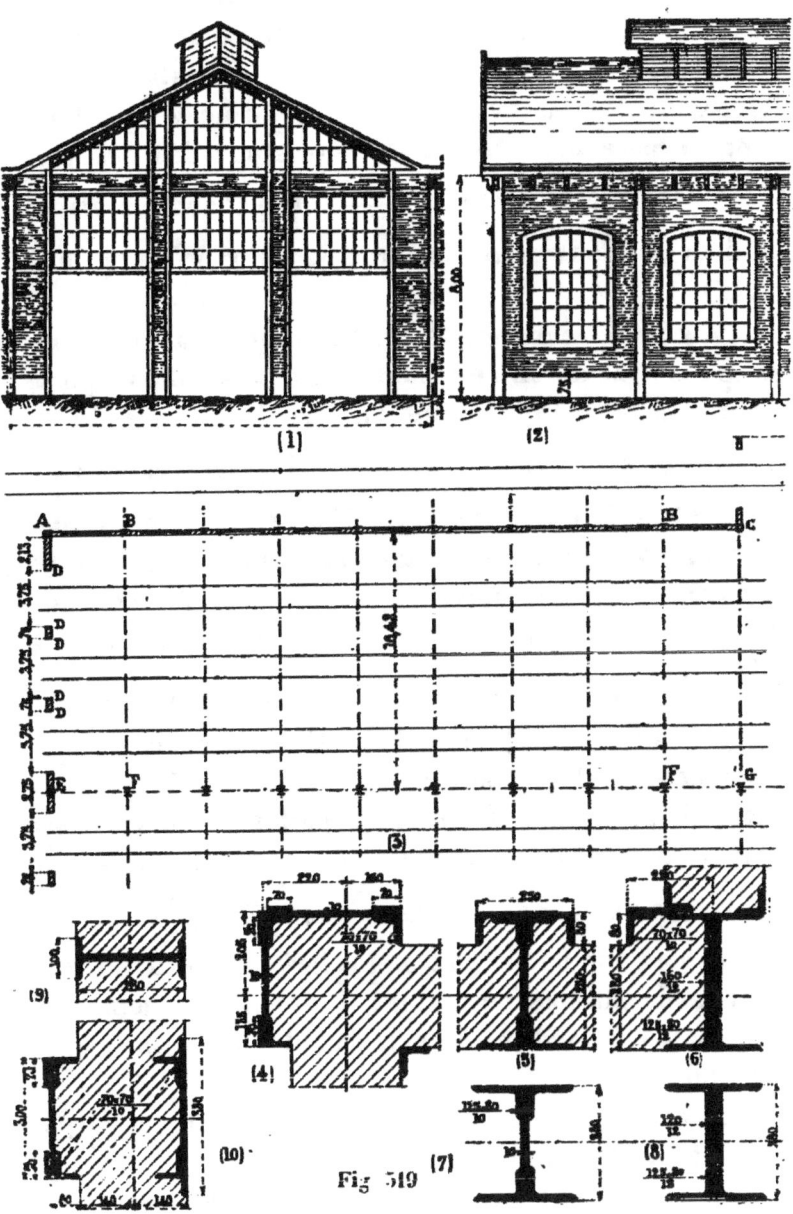

Fig. 519

toute la saillie de ses ailes, c'est-à-dire de 0,080 La section horizontale de ce poteau est donnée par le croquis n° 5.

Le remplissage en maçonnerie est exécuté en briques de 0,22 d'épaisseur, soit 0,25 avec l'enduit intérieur.

Le poteau d'angle A a une construction toute spéciale : il n'a rien à porter et doit représenter un pilastre saillant en fer de toutes faces vues. Il est donc formé de deux tôles à angle droit assemblées et terminées par des équerres de $\frac{70 \times 70}{10}$; une équerre de $\frac{80 \times 80}{9}$ forme l'angle rentrant intérieur des deux murs. Le croquis (4) représente cette section.

L'autre poteau d'extrémité du pan longitudinal forme l'intersection avec un mur en retour ; en même temps il porte ferme. Il est formé d'une âme en tôle de 0,32 sur 0,010, de quatre cornières $\frac{125 \times 80}{12}$ et de plates-bandes de 160×12 renforçant l'âme au milieu. Cette âme est placée dans l'axe du mur en retour et la maçonnerie de ce dernier est comprise entre deux cornières additionnelles de $70 \times 70 \times 10$. Enfin une tôle de 160×12, avec une cornière de $\frac{70 \times 70}{10}$, figure dans l'angle une portion de pilastre engagé. Le croquis (6) donne la section de ce poteau.

Aux poteaux B correspondent des poteaux F qui portent le chéneau entre deux travées semblables. Les poteaux F sont faits, croquis (7), d'une pièce composée d'une âme de 0,280 de hauteur de quatre cornières $\frac{125 \times 80}{10}$.

Le poteau G a besoin d'être plus fort, en raison de son rôle dans le bâtiment en retour ; il est composé comme F et renforcé de platebandes de 120/12 placées au milieu de l'âme (croquis 8).

Le croquis (9) représente l'un des fers D laminés, larges ailes, de 0,280 figurant dans le pignon.

Le croquis (10) donne le poteau E du pignon, séparatif des deux travées. Il est fait de deux tôles parallèles ; l'une,

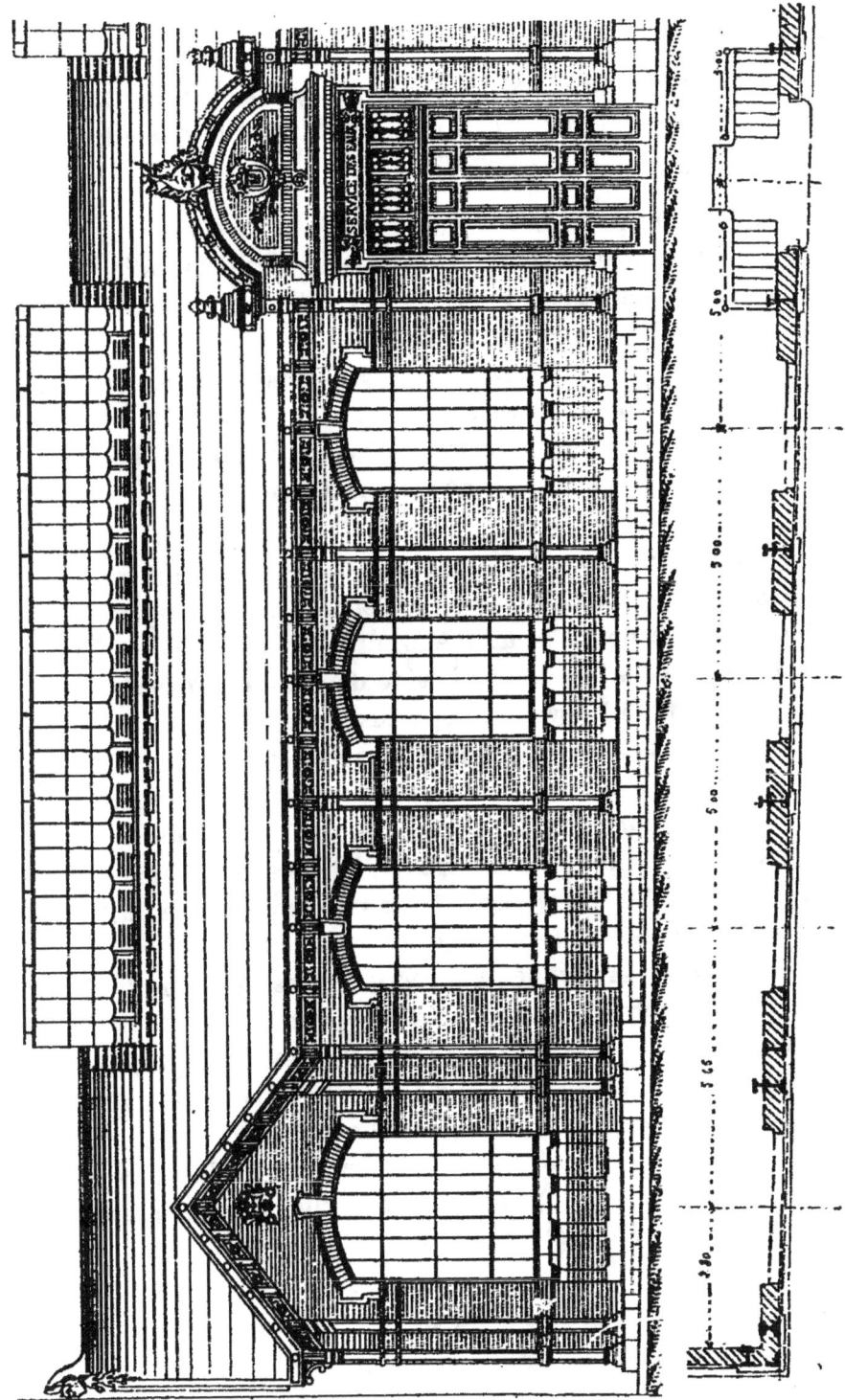

Fig. 520

extérieure, est renforcée de deux cornières $\frac{70 \times 70}{10}$ et de fers plats de 70 × 10, de manière à former pilastre saillant. L'autre tôle est intérieure et fait saillie dans la brique au moyen de 2 cornières de $\frac{70 \times 70}{10}$.

Les élévations montrent les sablières de la partie haute, entre lesquelles sont comprises, dans la façade latérale, des consoles soutenant la saillie du toit, ainsi qu'une panne de rive à l'extrémité de cette saillie.

Cet exemple est intéressant par les formes variées de ses divers supports verticaux.

L'ensemble de ces pans de fer a 8^m,00 de hauteur, plus la pointe de pignon dans la façade d'extrémité.

271. Pans de fer de l'élévation d'eau de Bercy. — Un pan de fer, qui rentre dans la catégorie des exemples précédents, est donné comme ensemble dans les *fig.* 520 et 521. Ce sont les façades de l'usine d'élévation d'eau de Bercy, quai de la Rapée. Les poteaux sont composés de poutres en tôles et cornières, disposées symétriquement à l'extérieur, pour donner une apparence convenable aux façades. Ces supports ont une section en I lorsqu'ils ne servent que de montants décoratifs, et ils sont compris dans les 0^m,22 du remplissage. Ceux qui sont chargés en outre de recevoir les fermes du bâtiment ont la forme d'un triple T, et la portion intérieure fait saillie dans la salle pour former le pied de la ferme de comble.

A chacune des élévations représentées dans les figures, correspond un plan du mur, avec la disposition des poteaux, de manière à bien montrer leur rôle ainsi que la distribution du fer, tant pour porter les fermes de charpente au dedans, que pour arriver à un arrangement symétrique au dehors et à un aspect satisfaisant.

272. Pans de supports. Palées. — Les supports de ponts légers et de passerelles peuvent être assez hauts, mais peu chargés. Il faut cependant leur demander une stabilité considérable dans le sens transversal de l'ouvrage à soutenir. On les compose de 2 ou 3 montants dans un même plan et on les contrevente convenablement. Ce sont

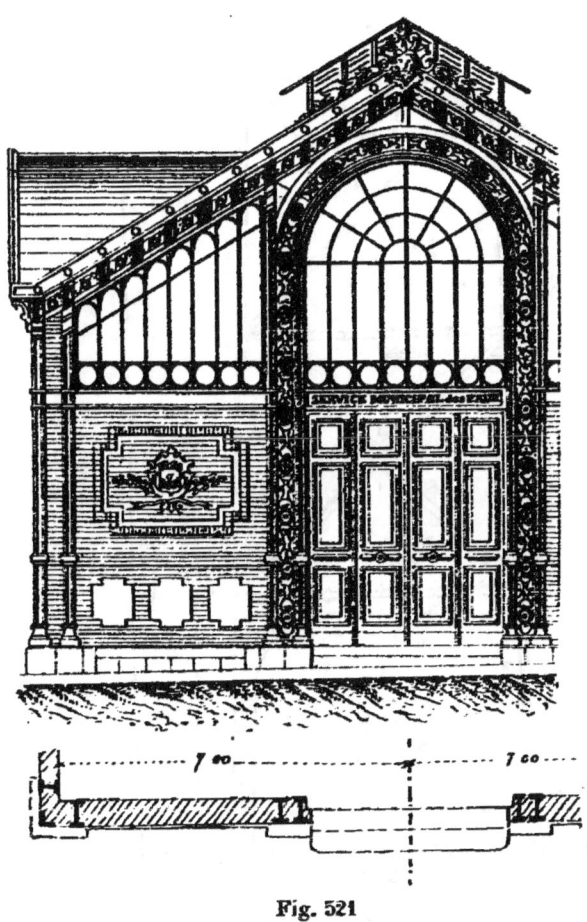

Fig. 521

de véritables palées.

Tel est le cas de la *fig.* 522, où une palée est représentée en vue de face et en élévation latérale.

Deux montants ayant un léger fruit forment membrures et limitent la palée. Ce sont les parties portantes, et leur section est calculée en vue de la charge, en tenant compte du rapport entre la hauteur et la dimension transversale la plus petite. Ces membrures sont ici composées de deux cornières $\frac{80 \times 80}{8}$, avec tôle interposée de 80×7 dans le haut et de 200×7 dans le bas, et enfin d'une table de 200×9.

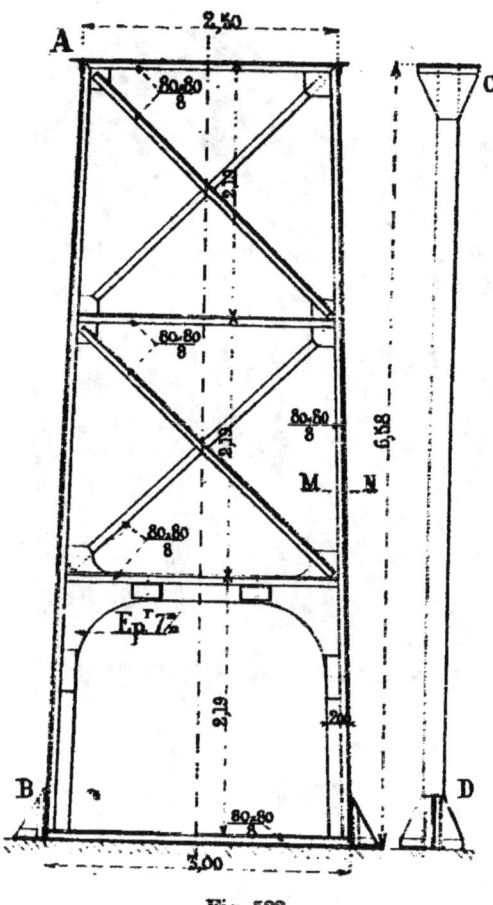

Fig. 522

Elles sont reliées au niveau du sol, puis en haut, puis en deux points intermédiaires par des traverses faites de deux cornières $\frac{80 \times 80}{8}$, avec goussets aux points de rencontre. Les deux vides supérieurs sont munis de croix de Saint-André en cornières simples $\frac{80 \times 80}{8}$, formant contreventement.

L'intervalle du bas reste libre, mais les tôles de 200 × 7, avec forts goussets arrondis, forment consoles dans les angles supérieurs, et donnent un contreventement suffisant.

Perpendiculairement au plan de la palée, les membru-

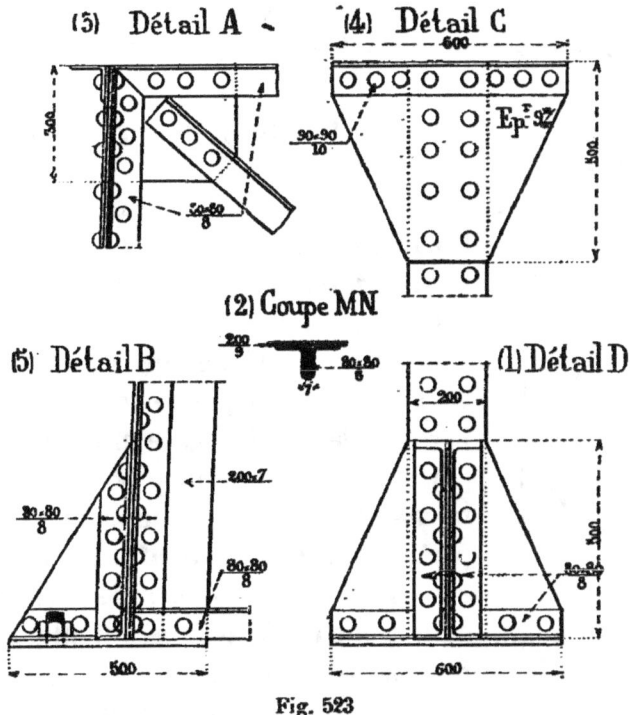

Fig. 523

res se relient à une cornière de 0,600 de longueur et de $\frac{90 \times 90}{10}$ qui se joint par boulons à la charpente supérieure. Dans le bas, des goussets de 0,500 × 0,600 sont assemblés par des cornières de $\frac{80 \times 80}{9}$ à des semelles horizontales posées sur la maçonnerie de fondation.

Le détail de la construction est représenté dans les cinq croquis de la *fig.* 523.

Le croquis (2) donne la coupe d'une membrure, et les détails A, B, C, D représentent les différents assemblages des points principaux de la palée.

273. Piles métalliques et beffrois. — Quatre pans de fer disposés en plan suivant un carré forme un *pylône* une *pile* ou *pilier* ou un *beffroi*. Ils servent d'échafaudages ou de supports ;

On leur donne ordinairement un légère inclinaison sur la verticale, de manière à augmenter leur base et par suite leur stabilité. Ce fruit varie de 0,03 à 0.10 par mètre, suivant les cas.

La *fig.* 524 représente en élévation, et en plan, l'un de ces supports.

Il se compose de quatre montants verticaux ou légèrement inclinés, et dans ce dernier cas concourants.

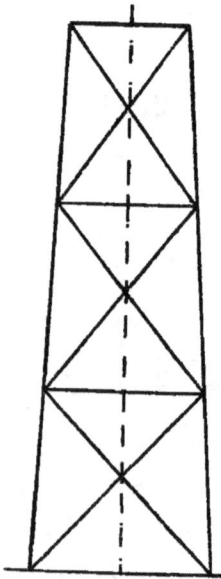

Ces montants sont placés en plan suivant un carré ou un rectangle, et réunis entre eux par un cours de traverses à la partie haute, un autre à la partie basse et un ou plusieurs intermédiaires, suivant la hauteur du support. Il en résulte quatre faces adjacentes, constituant le pilier, et chacune d'elle est décomposée en plusieurs rectangles ou trapèzes.

Pour rendre indéformable chacun de ces trapèzes, il suffit de le garnir de pièces diagonales, reliant les angles opposés deux à deux.

Le pilier ainsi constitué est suffisamment rigide si la section transversale n'est pas trop grande. Il le devient tout à fait, quelle que soit sa dimension transversale, si, dans chaque étage de traverses horizontales formant cadre, on ajoute les diagonales marquées en ponctué sur le plan.

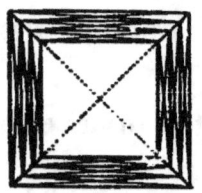

Fig. 524

Une pareille pile s'appuie à la partie inférieure sur des

semelles de largeur convenable, établies à la base de chaque poteau d'angle et placées sur des fondations en maçonnerie.

274. Palées larges ou piliers. — Lorsque la charge est considérable, on renforce les poteaux d'angle; lorsqu'en même temps la largeur ou la longueur, de la pile, ou les

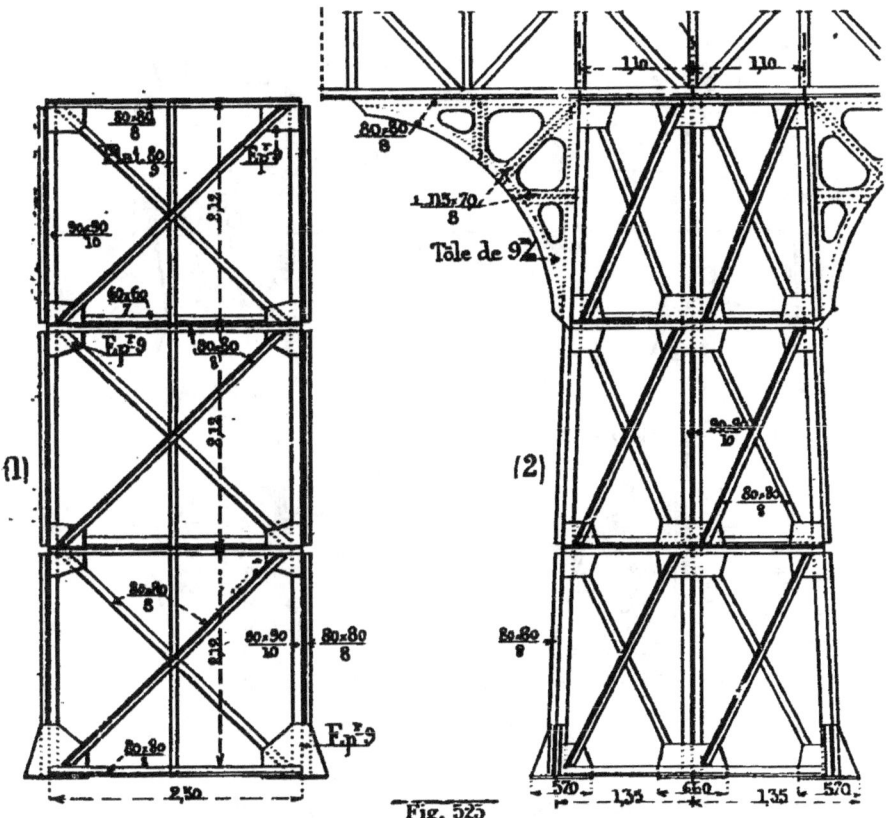

Fig. 525

deux dimensions transversales à la fois, varient et augmentent, on multiplie les supports partiels.

La *fig.* 525 représente une pile de $2^m,50$ de largeur à la base. Elle est chargée de soutenir une passerelle de $20^m,00$ de portée.

La pile est formée de huit montants, quatre aux angles

et quatre intermédiaires. Ils forment trois palées simples parallèles, réunies par des traverses horizontales et des croix de Saint-André dans tous les cadres formés.

Les poutres de la passerelle viennent reposer sur les faces extérieures et sont boulonnées avec leurs traverses ; pour maintenir l'invariabilité des angles, en même temps que pour diminuer la portée des poutres, on a établi de grandes consoles entre le support et la poutre ; l'une de ces consoles est figurée dans le dessin ; l'autre, identique,

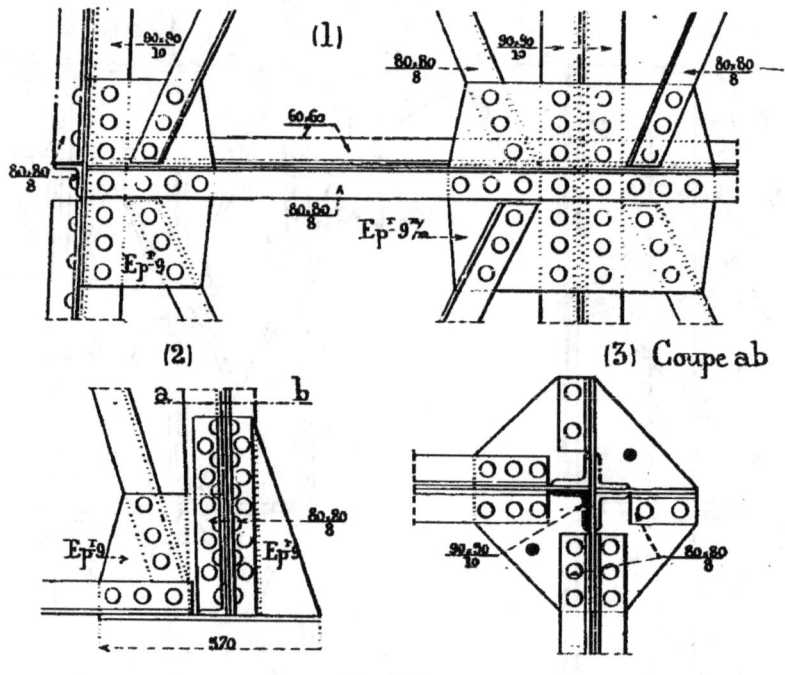

Fig. 526

se trouvant dans l'angle opposé, n'est qu'amorcée.

La *fig.* 526, dans ces trois croquis, donne les principaux assemblages des points de réunion des diverses pièces, en même temps que la section des fers qui les composent.

Le croquis (1) donne les jonctions de la traverse d'une face avec le montant milieu et avec un des montants d'angle ; on voit les goussets de réunion, qui reçoivent les attaches des diagonales des trapèses adjacents.

Le croquis (2) montre le pied d'un montant d'angle, ainsi que sa jonction avec la semelle en tôle, qui lui permettra de transmettre la charge partielle à une surface suffisante des fondations.

Le croquis (3), enfin, donne le plan de cette même base de poteau et l'arrangement des pièces qui la composent.

La *fig.* 527 donne le plan d'un chassis transversal in-

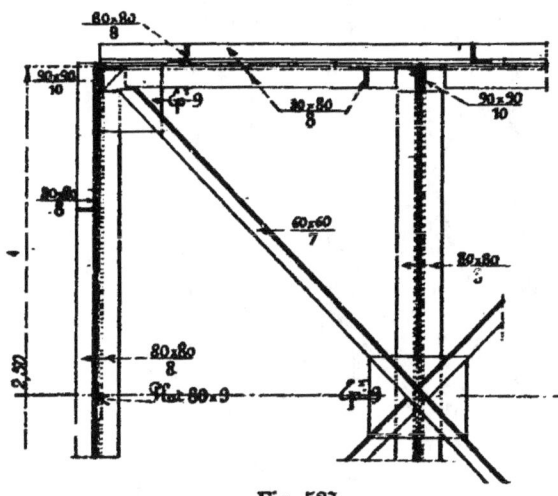

Fig. 527

termédiaire, avec le contreventement en croix de Saint-André formé par des cornières de $\dfrac{60 \times 60}{7}$ avec gousset au point de croisement.

Un contreventement semblable existe à la partie haute et à la hauteur de chacun des deux étages de traverses intermédiaires, et enfin au pied du pylône sur l'assise supérieure de la fondation.

Les piles des grands ponts, qui atteignent dans les vallées profondes des hauteurs considérables, ont leur construction établie sur les mêmes principes.

275. Beffroi en fer pour réservoir élevé. ([1]) — Comme exemple de pile, exécutée suivant les principes qui

---

([1]) Chemins de fer de la Vendée.

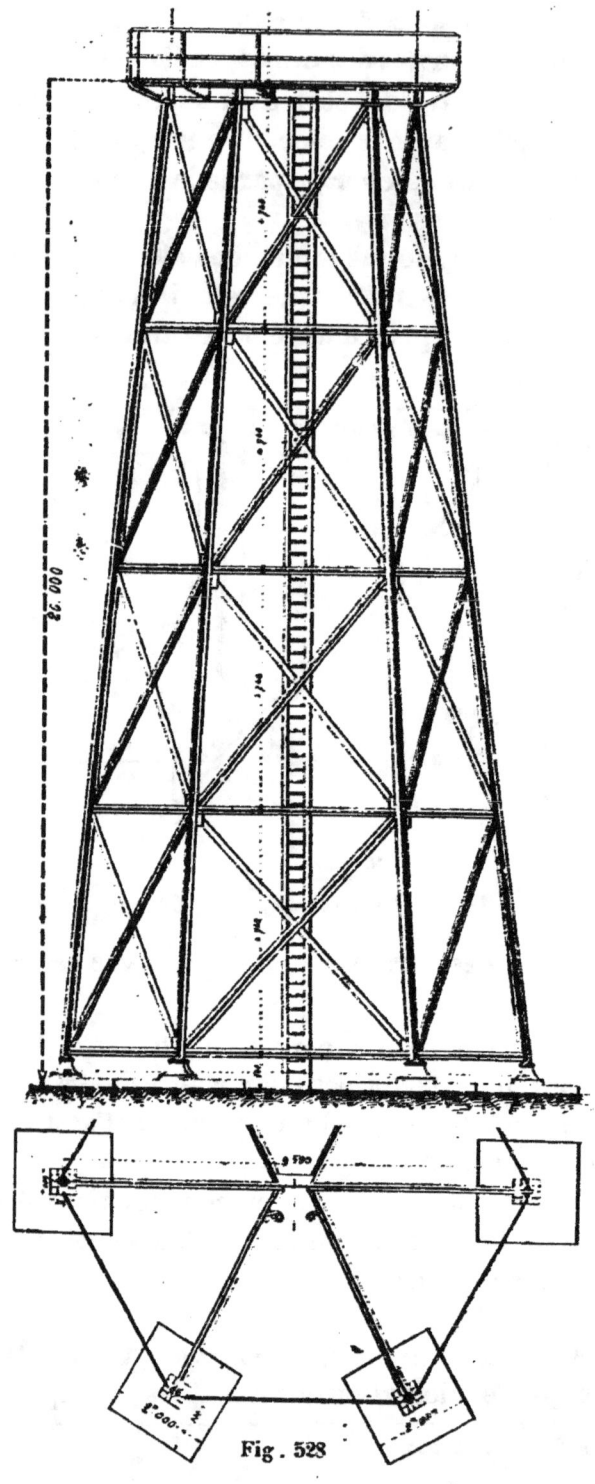

Fig. 528

viennent d'être énoncés, voici, représenté comme ensemble dans la *fig.* 528, un beffroi destiné à soutenir, à 20^m,00 de hauteur au-dessus du sol, un grand réservoir d'eau.

Le beffroi est hexagonal en plan ; il est formé de six montants inclinés, régulièrement disposés autour de l'axe vertical de la construction. Ces montants ont 20 mètres de hauteur totale.

Ils forment six faces égales ; chacune est divisée par des traverses horizontales en quatre trapèzes d'égale hauteur, et le pan de fer qui forme chaque face est rendu invariable de forme dans son plan au moyen de pièces diagonales convenablement assemblées.

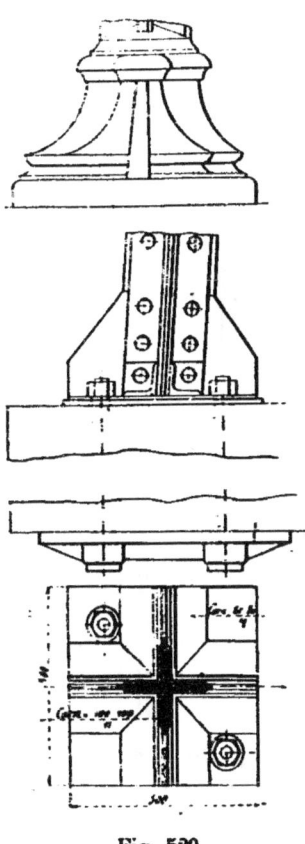

Fig. 529

Les traverses qui divisent les différentes faces sont à la même hauteur, et forment par leur réunion une série d'hexagones, réguliers comme celui de base.

Les dernières traverses hautes viennent former en dehors du réservoir une plate-forme saillante qui permet de circuler tout autour, de le surveiller et de le réparer au besoin.

Les détails de construction des différentes parties du beffroi sont représentés dans les figures suivantes. Le croquis n° 527 montre la forme du pied de chaque montant. La section de ce montant est en croix ; elle est formée de quatre cornières comprenant deux tôles perpendiculaires. Ces tôles s'élargissent en goussets venant reposer sur une plaque de fondation, à laquelle les relient des équerres ; deux boulons viennent s'ancrer dans la fondation à 0ᵐ,80 en contrebas et se serrer sur une contreplaque, Le tout est noyé dans une maçonnerie de ciment, qui protège le pied de la rouille et qui sort du sol, où elle est recouverte par une enveloppe en fonte moulurée. Le dessus de cette maçonnerie est terminé par un enduit en Portland.

Le poteau se poursuit avec la même section jusqu'à la

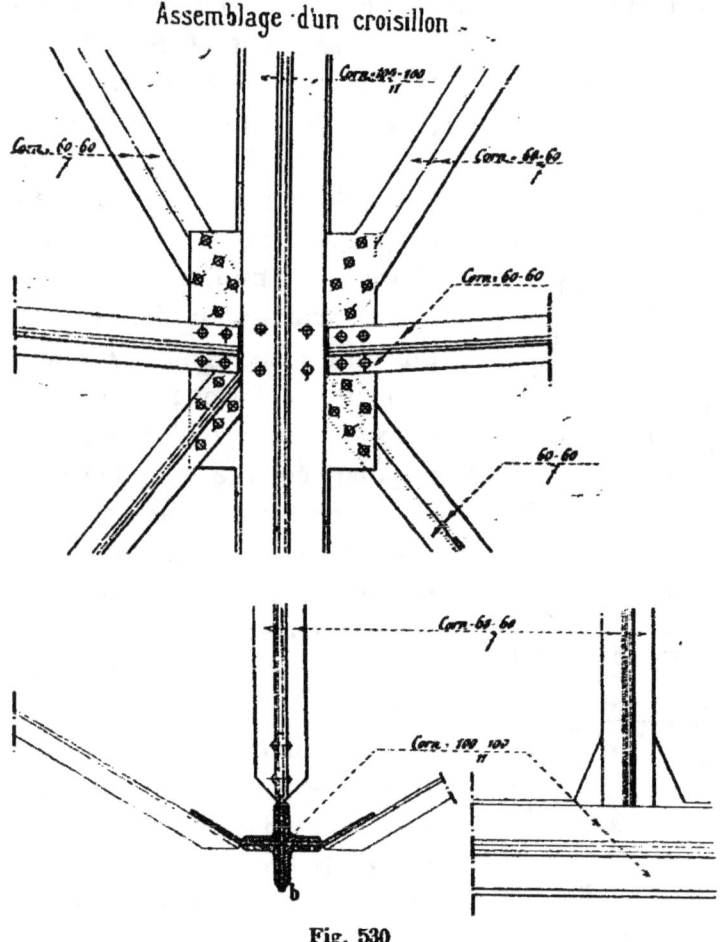

Fig. 530

partie haute ; il reçoit en chemin, à chaque croisement, les assemblages des traverses et des chaînages diagonaux des deux faces adjacentes. Ces assemblages se font par le moyen de grands goussets en tôle rectangulaires, dont l'un est figurée en élévation et en plan dans la *fig.* 530.

Les traverses, comme les diagonales qui forment chaque croisillon, sont composées de doubles cornières, adossées et rivées, formant par leur jonction un fer à T composé. La dernière traverse du haut forme, non plus un hexagone, mais une couronne circulaire correspondant à la base du réservoir.

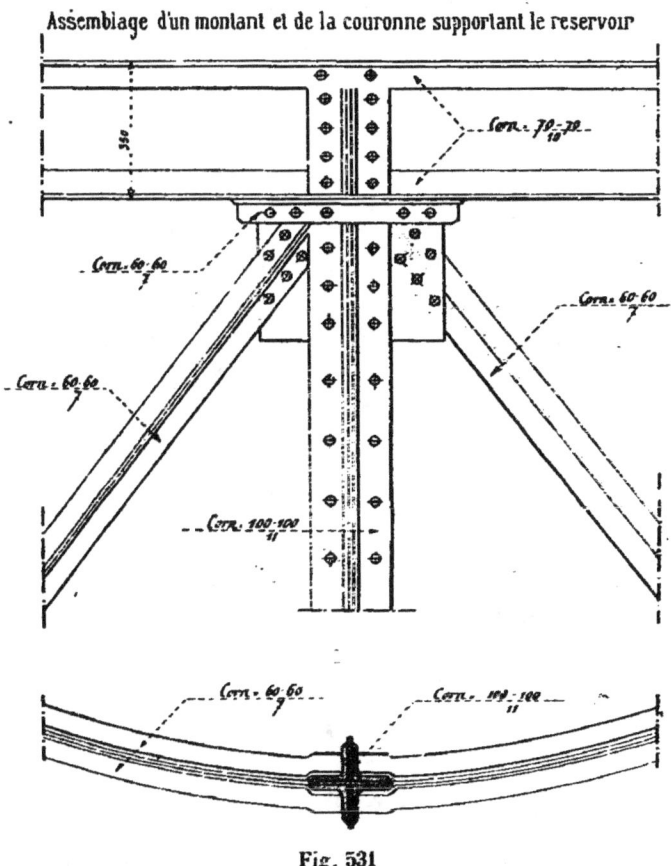

Fig. 531

Le point de jonction de la couronne avec chaque montant est figuré dans la *fig*. 531.

Un gousset comme les précédents reçoit les assemblages des extrémités des croisillons supérieurs des deux faces voisines. C'est sur cette couronne que vient s'appuyer la cornière extérieure de la base du réservoir, qui est à fond sphérique. Ce réservoir a un diamètre de 5ᵐ,00 et une hauteur de virole de 5ᵐ,00 ; il contient environ 100 mètres cubes. L'assemblage du réservoir et de la conronne supérieure est figurée dans le croquis n° 532.

Extérieurement, la couronne porte une série de consoles qui se terminent par les montants d'un garde-corps et reçoivent un plancher en tôle striée, formant la plateforme dont il a été parlé. Les détails qui viennent d'être

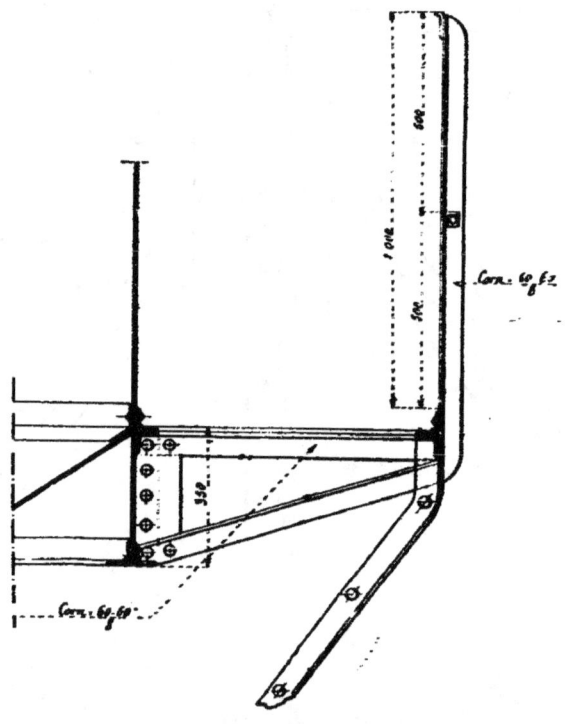

Fig. 532

décrits ne suffiraient pas pour assurer la parfaite stabilité de l'ensemble ; rien ne force en effet les divers hexagones, que forment les rangs de traverses, à rester réguliers et indéformables. Il reste dans chacun de ces hexagones à établir un chaînage de contreventement. Ce chaînage se relie en même temps à la construction d'une échelle verticale située dans l'axe, et servant à monter facilement à la plate-forme du haut.

La disposition du contreventement de chaque hexagone horizontal est indiquée dans le plan d'ensemble de la *fig*. 528. Les deux montants de l'échelle sont reliés par des pièces rayonnantes à tous les sommets de l'hexagone, ce qui lui fait une triangulation suffisante pour le maintenir.

La construction du contreventement est représentée

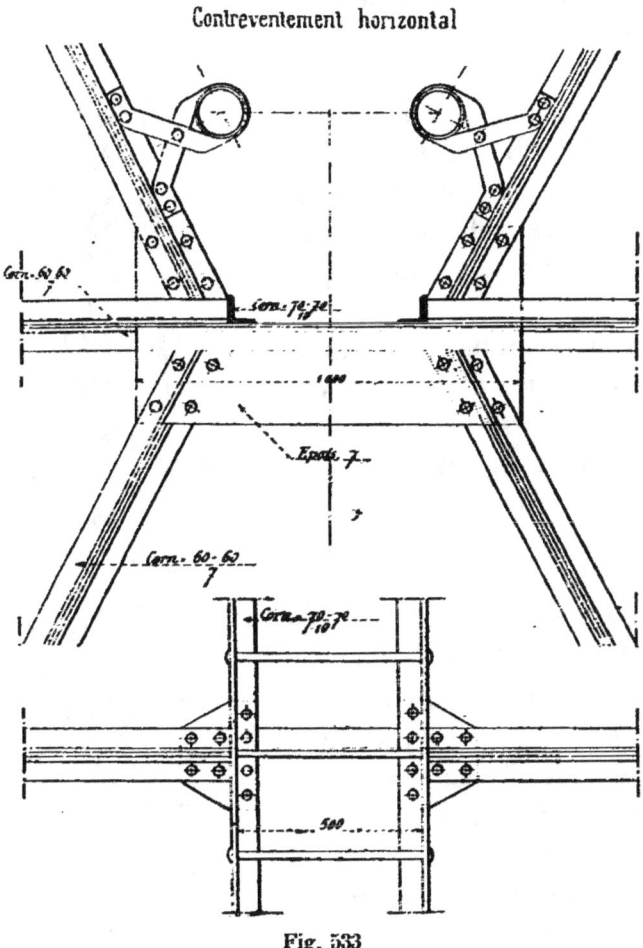

Fig. 533

dans la *fig*. 533, en plan et en dessous en élévation, avec tous les détails des assemblages.

Le dernier tronçon de l'échelle, à la partie haute, quitte la verticale, s'incline et vient aboutir, sur la plate-forme, à un vide qui permet la communication.

Les tuyaux d'alimentation et de distribution sont verticaux ; ils se trouvent reliés aux rayons de contreventement de chaque étage par des colliers boulonnés.

276. Beffrois en fonte et fer. — Assemblages. — Les pylônes ou beffroi peuvent être établis également en fonte ; ils se composent alors d'un certain nombre de colonnes, soit verticales soit inclinées suivant un léger fruit, et maintenues à écartement convenable par une série de contreventements appropriés.

Lorsque la hauteur est grande, on la divise en un certain nombre d'étages terminés par des cadres horizontaux, et on superpose les colonnes des étages successifs.

La *fig.* 532 représente un pylône hexagonal élevé à Lyon pour porter un réservoir d'eau de 25^{mc} environ, à une hauteur de 85 mètres au-dessus du sol. Les colonnes sont placées aux angles du pylône ; elles sont creuses et légèrement déversées, de manière à augmenter la largeur de base. Elles sont reliées par des cadres horizontaux, placés environ tous les 6 mètres, de telle sorte que chacune des faces est

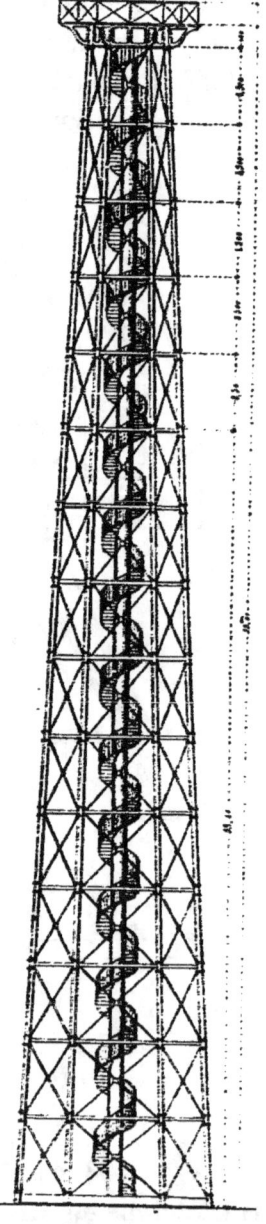

Fig. 534

formée d'une série de trapèzes successifs ; pour rendre ces trapèzes indéformables, on les a traversés par des chaînages diagonaux, attachés sur des nervures de formes appropriées.

Chaque face ne peut donc se déformer dans son plan ; mais il est nécessaire également de rendre invariables les angles dièdres que font entre elles les faces successives ; pour cela, on a rendu fixes les cadres hexagonaux de chaque étage au moyen de chaînage croisés, dont le plan *fig.* 535 donne la disposition. On ne les a pas établis directement suivant les diagonales afin de laisser libre la partie milieu. Le centre du pylône est, en effet, occupé par la colonne montante des eaux, autour de laquelle tourne en spirale un escalier de service, et deux colonnes descendantes de distribution.

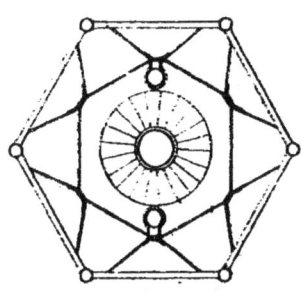

Fig. 535

Le chaînage horizontal se compose donc d'un hexagone en fer, plus petit que le périmètre du cadre, dont les sommets, correspondant au milieu des faces, sont reliés aux colonnes par des attaches qui les maintiennent.

Le pylône se termine à sa partie supérieure par une plate-forme assez large pour porter le réservoir et permettre de circuler tout autour, pour la surveillance et l'entretien.

277. Grands rideaux des halles du chemin de fer. — Les grands rideaux vitrés, qui ferment la partie haute des pignons des grandes halles de chemins de fer, forment de très intéressants pans de fer, et leur construction doit remplir un certain nombre de conditions spéciales.

En premier lieu, le nombre des supports sur le sol doit être très restreint. Souvent la construction franchit d'une seule volée toute la largeur de la halle ; d'autres fois, comme aux gares de Calais et de Paris (ligne d'Orléans), on ajoute deux colonnes supplémentaires.

Secondement, ils doivent résister aux pressions des

vents les plus violents de la localité où ils sont établis, et de l'exposition suivant laquelle ils se trouvent orientés.

Ces grands rideaux se trouvent ordinairement compris entre deux fortes têtes en maçonnerie, de pierre de taille ou d'autres matériaux solides; ils se terminent à leur rive haute par les arbalétriers d'une ferme de tête. A leur rive basse, ils sont bordés par une poutre verticale droite ou en arc, chargée de les porter dans l'intervalle des points d'appui verticaux.

Enfin, pour résister aux pressions du vent, on les compose d'une armature de pièces horizontales et verticales, présentant leur raide à ces pressions. La disposition de ces pièces varie suivant les conditions du programme et la manière dont le projet a été compris.

On va passer en revue successivement plusieurs exemples de ces pans métalliques.

278. Rideaux de la gare de Calais ([1]). —
Le premier rideau dont il va être question est celui de la gare de Calais; l'ensemble en est représenté par la *fig.* 536. Il se compose, comme ossature principale, de deux demi poteaux en fer, posés le long des piliers de tête en maçonnerie, de deux arbalétriers à la rive supérieure, disposés suivant le rampant du comble, enfin, de deux supports verticaux intermédiaires, partant du sol et allant jusqu'aux arbalétriers. Par ces derniers, les supports sont reliés fortement à la charpente de la halle; ils forment les maîtresses pièces chargées de maintenir la rigidité du pan de fer, malgré la pression du vent sur sa surface.

Le bas du rideau est soutenu par une forte poutre horizontale, allant d'un support vertical au suivant, et y trouvant son appui; cette poutre est établie avec une section convenable pour lui permettre de résister aussi bien à l'effort vertical que lui donne le poids du pan qu'à

---

[1] La gare de Calais a été construite par M. Dunnett, architecte de la Compagnie des chemins de fer du Nord.

l'effort horizontal du vent, qu'elle est chargée de transmettre aux piliers.

De la poutre horizontale partent une série d'aiguilles verticales en tôles et cornières, qui vont rejoindre la membrure basse des arbalétriers. Ces aiguilles divisent

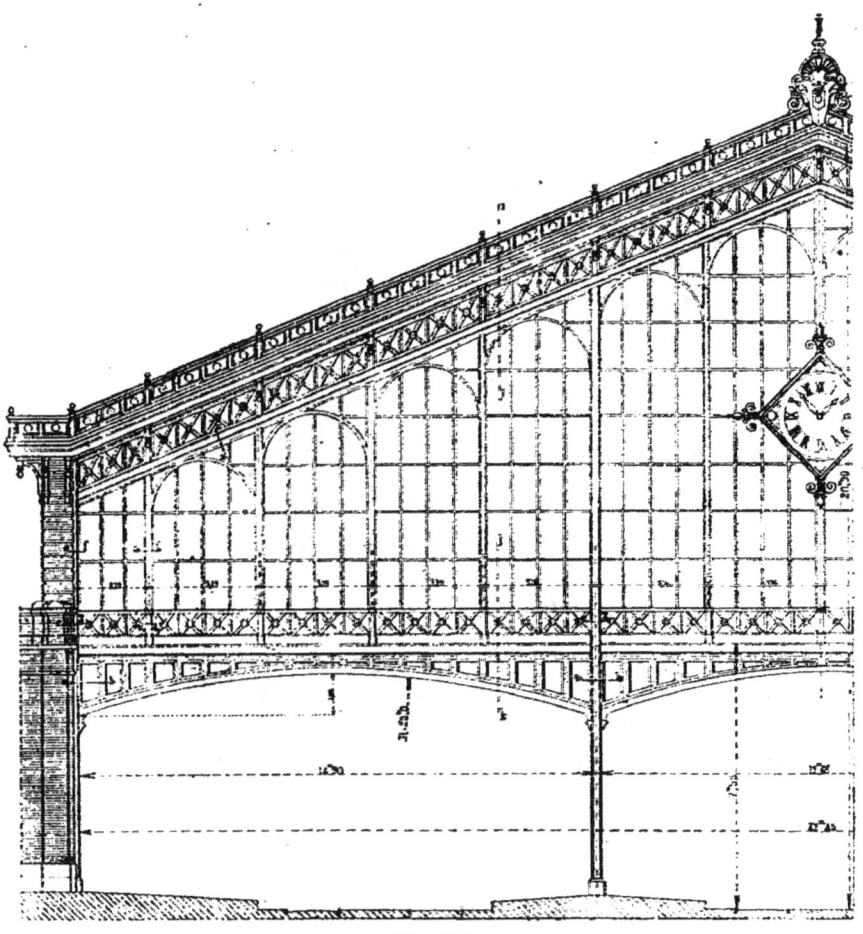

Fig. 536

ainsi la surface du pan en une suite de 14 trapèzes dont les vides sont remplis par des vitrages. Les aiguilles sont elles-mêmes capables de résister à l'effort du vent, reçu par les vitrages et qu'elles doivent transmettre à leur tour par leurs extrémités aux arbalétriers, d'une part, et à la poutre inférieure, de l'autre.

Enfin les panneaux vitrés de remplissage portent chacun un demi-cercle supérieur, et ces cintres, étagés suivant le rampant de la rive haute, forment une série d'arcatures qui produisent un effet décoratif satisfaisant.

Chacune des pièces qui viennent d'être énumérées va être étudiée d'une façon plus complète. Toutes sont représentées dans la série des croquis de détail figurés de 537 à 544.

Le premier croquis, celui de la *fig.* 537, donne la section du poteau intermédiaire et l'élévation de sa portion inférieure. Ce poteau est en croix ; il est formé de deux poteaux à I croisés. L'un, le plus haut, est celui qui maintient la rigidité du pan métallique ; il a $0^m,54$ de hauteur. Il est formé d'une âme de 0.011, de quatres cornières $\frac{80 \times 80}{10}$ et de doubles tables de $0,200 \times 0,010$. Le second poteau est dans le plan du rideau et il existe tant dans la partie libre au-dessous du pan métallique, où il sert à donner du raide, qu'au-dessus, où il contribue à la facilité des assemblages.

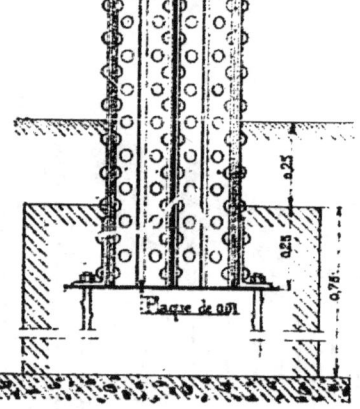

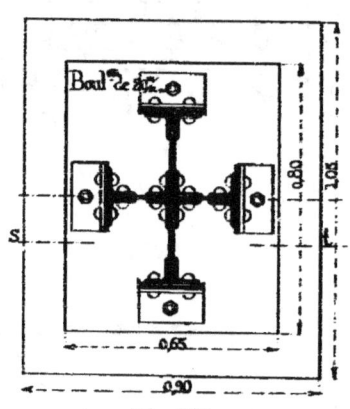

Fig. 537

Ces deux poteaux partiels sont réunis au point de croisement par quatre cornières de $\frac{80 \times 80}{10}$ et l'une des âmes est nécessairement faite en deux pièces.

Cette section est affranchie bien d'équerre et se relie à une plaque horizontale de fondation en tôle, 0,010 d'épaisseur et de $0^m,65$ sur $0^m,80$. Les tables sont, de plus, terminées par une forte équerre extérieure, qui reçoit les écrous de boulons à scellement, de 0,020 de diamètre, ancrés dans le massif de fondation, à 0^m,40 en contrebas. Cette maçonnerie a une section de 0,90 × 1,05 et une épaisseur de 0^m,75.

Le pied des poteaux descend ainsi à 0^m,50 en contrebas du sol du trottoir; pour conserver les assemblages du pied, et les préserver de la rouille on les a noyés dans une surélévation du massif d'environ 0,25 d'épaisseur, terminée horizontalement.

Le long des têtes en maçonnerie, le support métallique est formé d'après les mêmes principes. La branche perpendiculaire au rideau a toujours 0^m,54 de hauteur; mais, dans le sens du pan métallique, il n'y a qu'une demi-branche. La section de ce poteau de rive est donnée dans le croquis de la fig. 539. On voit que le support métallique vient se loger en partie, 0^m,06, dans une rainure préparée le long du contrepilastre de soutien.

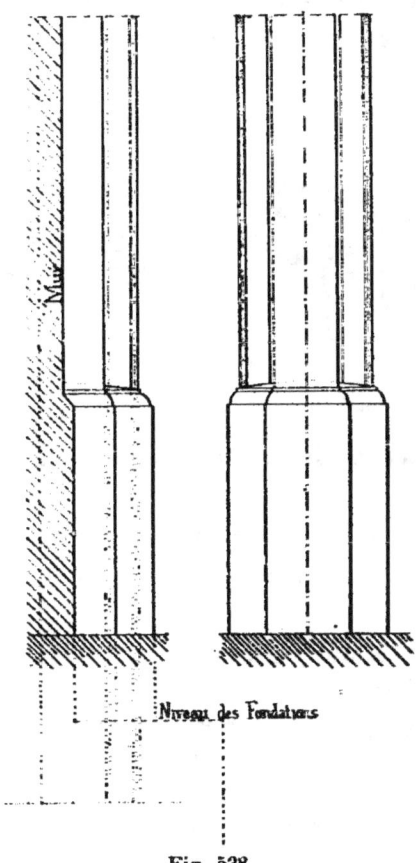

Fig. 538

Une fois les supports établis comme il vient d'être dit, on a rapporté au dehors de leur base un socle en fonte d'une seule pièce, posé sur la fondation à 0^m,25 au contrebas du sol et qui monte à environ 0^m,72 au-dessus.

Ce socle est représenté en élévation dans la *fig.* 538 et en plan dans la suivante.

Le vide qui reste entre la fonte et le fer est rempli de

maçonnerie de Portland bien pleine, terminée en contre-haut par un enduit.

Il en résulte que les fers sont complètement noyés dans cette maçonnerie et qu'aucune partie des fondations n'est sujette à s'oxyder sous l'influence de l'humidité du sol. Toutes ces précautions sont excellentes pour la conservation des parties métalliques les plus exposées de l'ouvrage.

La suite des poteaux se trouve représentée en vue laté-

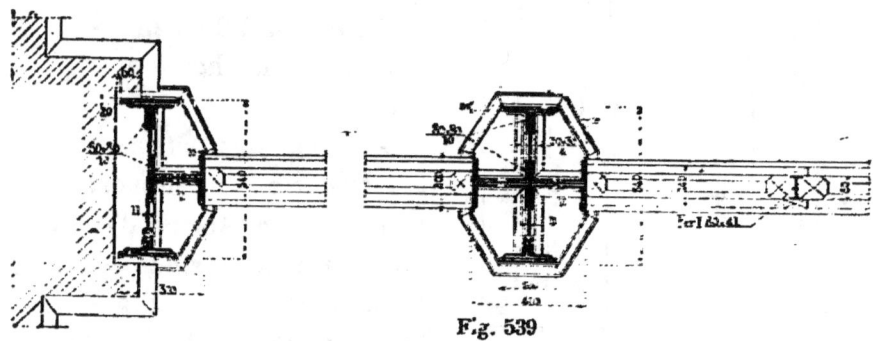

Fig. 539

rale dans la coupe transversale *lk* du pan de fer, donnée par la *fig.* 541.

On voit que la section se continue constante dans la hauteur; les assemblages des pièces latérales sont indiquées.

La poutre horizontale, notamment, y est dessinée par sa section. Elle est destinée à résister d'abord verticalement, pour porter le poids du rideau, et ensuite horizontalement pour parer à l'effort du vent. Aussi est-elle composée de deux poutres, l'une verticale et l'autre horizontale, rivées ensemble par leurs surfaces de contact.

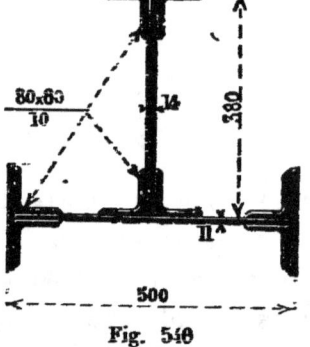

Fig. 540

La section de cette pièce est donnée dans la *fig.* 540 et on reconnaît bien sa position dans la coupe *lk* de la *fig.* 541.

En contrebas de la poutre, l'architecte a placé des arcs

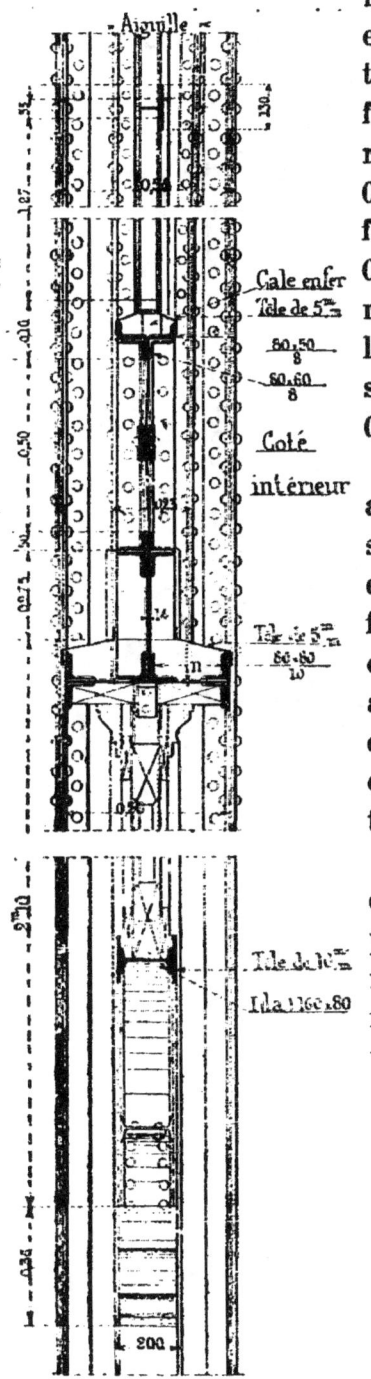

Fig. 541

massifs, imitant des cintres en fonte, et donnant du caractère à la façade. Ces arcs sont formés d'une courbe inférieure faite d'un I de $0,160 \times 0,080$ mis à plat, et renforcé de deux plates-bandes de $0,120 \times 0,01$. Cette courbe est reliée à la semelle inférieure de la poutre horizontale par une série de montants en fer I de 0,08, assemblés par équerres.

Pour donner du corps à cette armature suspendue au-dessous de la poutre horizontale, et obtenir l'aspect d'un arc en fonte pouvant soutenir la charge supérieure, l'architecte a habillé toutes les pièces de doublures en bois moulurés, qui, par la peinture, présentent l'aspect de la fonte.

Le détail de façade donné dans la *fig.* 542 indique la composition et la forme de cet arc mixte, qui termine très heureusement le rideau à sa partie basse.

La coupe horizontale de cet arc est donnée par la *fig.* 539. On y voit les membrures en bois qui doublent les pièces et forment cadres dans les vides successifs, et aussi les couvre-joints qui les relient et cachent complètement les montants en fer.

Si maintenant on reprend la poutre transversale, on

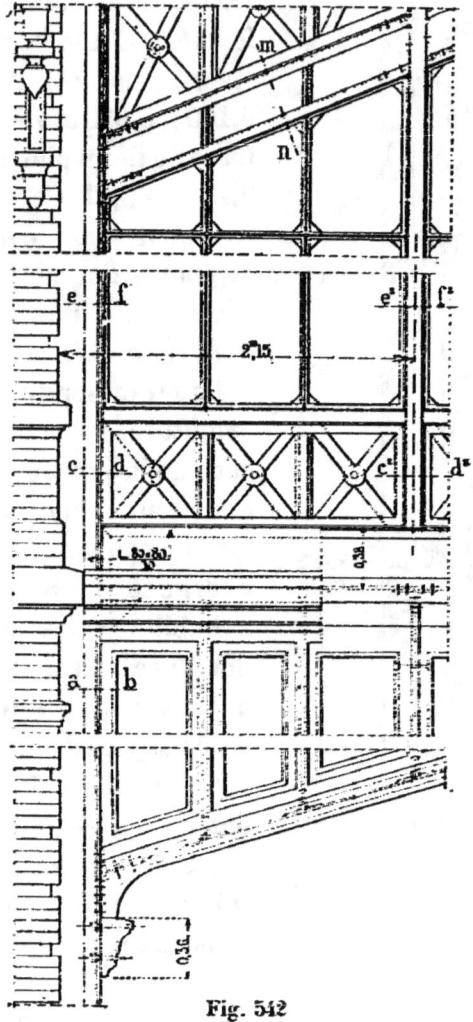

Fig. 542

voit qu'elle est surmontée d'une portion en treillis, à

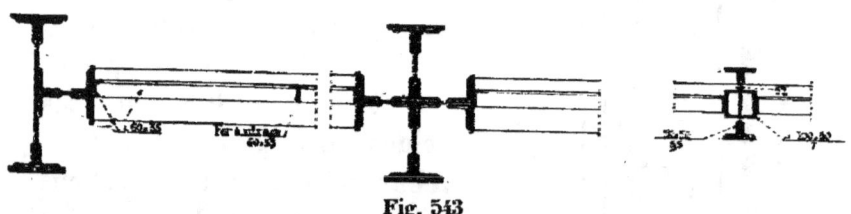

Fig. 543

âme verticale, qui relie la base de toutes les aiguilles verticales, au-dessous du vitrage.

Une coupe suivant l'axe de cette poutre, en $cd\ c^2 d^2$; est représentée dans la *fig.* 544. On voit que l'âme de la

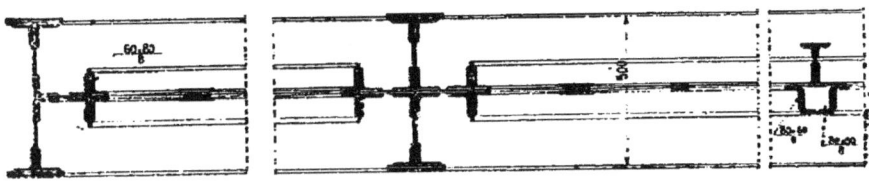

Fig. 544

poutre passe directement au droit des aiguilles, et que celles-ci, dans la hauteur de cette âme, sont formées:

au dehors, d'une saillie rectangulaire faite de deux cornières et d'une plate-bande, rectangle assemblé avec l'âme au moyen de deux autres cornières renversées par rapport aux premières;

au dedans, d'un fer composé en I fait de quatre cornières, d'une âme et d'une table.

L'aiguille, ainsi établie dans le passage de la poutre en treillis, change de forme dans la hauteur des vitrages, tout en conservant l'apparence d'une même bande verticale. La section comporte alors un fer composé en I, formé d'une âme, de quatre cornières et de deux plates-bandes. Pour obtenir une épaisseur convenable, on a doublé l'âme de deux fers en U, opposés par leurs vides; ils donnent du corps aux plats de l'aiguille. C'est sur les faces plates des fers en U que viennent se fixer les cornières d'encadrement des panneaux de vitrages. Ces dispositions sont représentées en détail dans la coupe suivant ef, $e^2 f^2$ de la

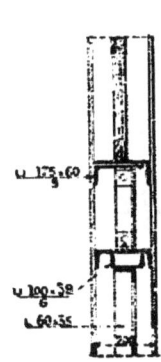

Fig. 545

fig. 543. Le long des poteaux, les faces plates des plates-bandes reçoivent les rives des vitrages contigus.

Ces rives sont faites en cornières de $\dfrac{60 \times 35}{4}$, tandis que le fer à vitrages des séparations est en T de $\dfrac{60 \times 55}{4}$.

Les panneaux de vitrages se terminent en haut le long

de l'arbalétier en treillis supérieur. La membrure basse de

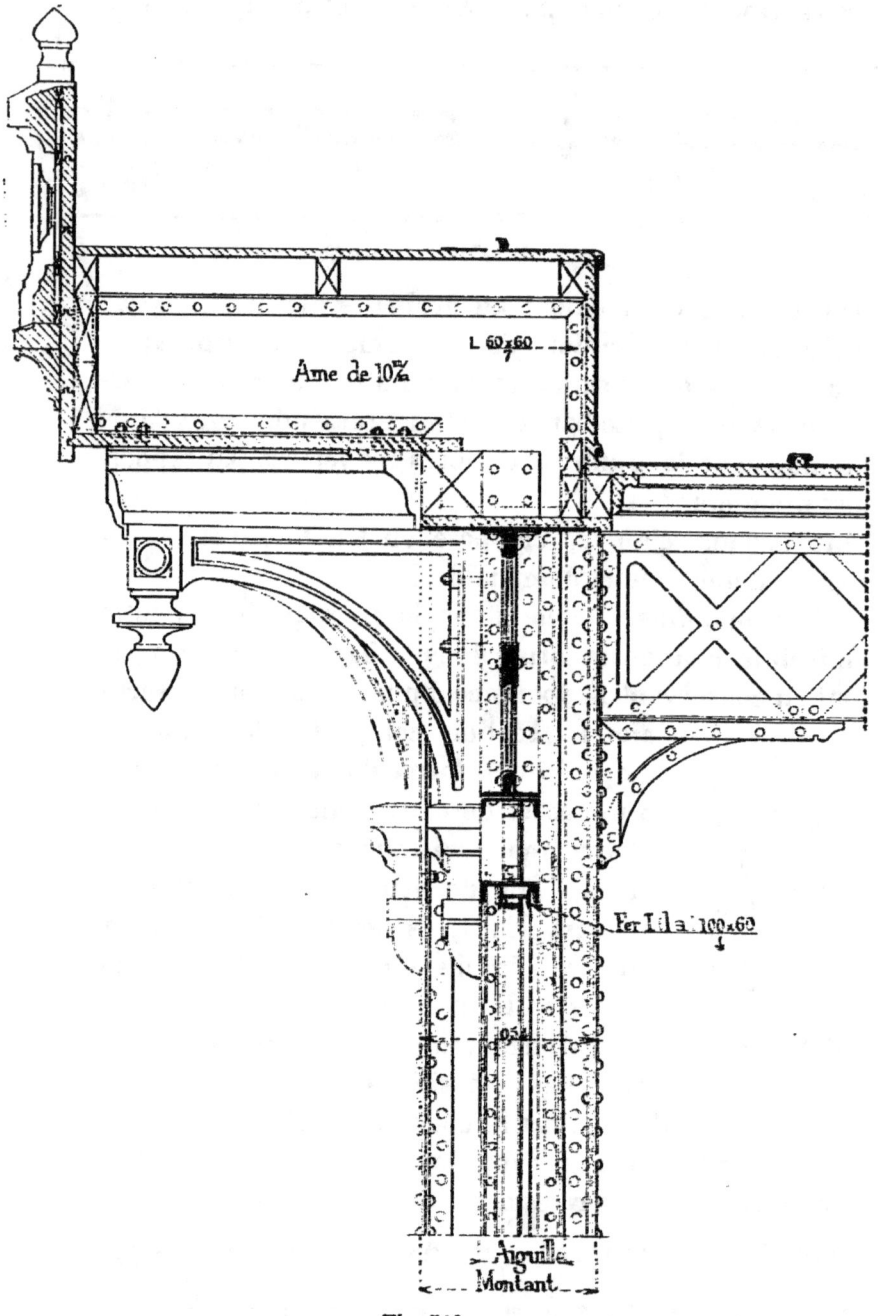

Fig. 546

cet arbalétier se compose d'un fer en U de $\frac{175 \times 60}{9}$, et c'est le long de son âme que le cadre en cornières du premier panneau vient se fixer. Pour les panneaux suivants, ils comportent un arc en fer cintré formé d'un fer en U de 200, auquel est opposé par son creux un second fer en U de $\frac{100 \times 39}{6}$. C'est le long de l'âme de ce dernier que vient se fixer à vis l'encadrement de la partie circulaire du vitrage ; l'intervalle entre l'arc et la membrure de l'arbalétrier reste vide, mais des fers à T traversent cet espace libre en formant le prolongement des montants de vitrage, ainsi que le montre la *fig.* 545, qui représente la coupe suivant *mn*.

Enfin la *fig.* 546 est la continuation par sa partie supérieure de la *fig.* 541 ; c'est la coupe suivant *lk*.

Elle montre comment se termine le rideau à sa partie supérieure.

On y voit la coupe complète de l'arbalétrier au-dessus du vitrage, et la manière dont s'assemble la panne qui correspond au montant.

A chaque division verticale vient s'assembler sur le dessus de l'arbalétrier une pièce en tôle, chargée de supporter la forte saillie de la toiture en avant du rideau.

Cette saillie est soutenue de distance en distance par de grandes consoles en fonte, fixées aux aiguilles ou aux montants, et les différentes pièces ainsi jointes sont garnies d'un revêtement en bois formant rive supérieure, toute revêtue de zinc par le haut.

On voit, en examinant la coupe, que l'architecte a pris grand soin d'organiser les traverses horizontales des rideaux, pour que, partout où cela est possible, elles soient faites de fers tournant leur convexité en haut, de telle sorte qu'en aucun point l'eau de pluie ne puisse séjourner sur les saillies. Lorsque ce n'était pas possible, par exemple, au droit de la grande poutre inférieure, il a rempli les creux en bois pour soutenir une tôle de 0,005 d'épaisseur recouvrant le tout, et préservant de l'accumulation des eaux.

279. Rideau de la gare du chemin de fer d'Orléans à Paris ([1]).

— La *fig.* 547 représente l'ensemble du rideau de la gare de Paris du chemin de fer d'Orléans, côté de l'arrière. Ce rideau part des deux rampants de la toiture,

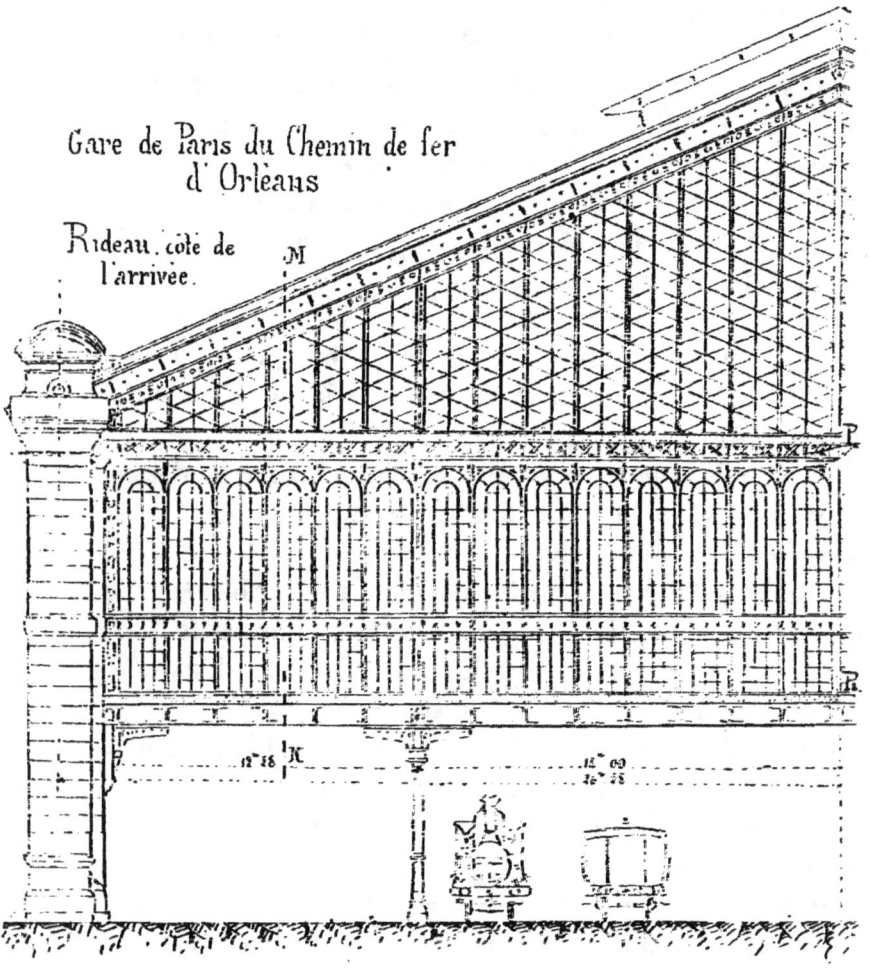

Fig. 547

pour venir se terminer à une horizontale à environ $6^m,00$ du sol. Il forme un immense pan de fer pentagonal, limité à des piliers massifs en pierre de taille, qui forment les pieds-droits latéraux en même temps que la tête des murs longitudinaux. Indépendamment de ces points

---

([1]) M. Renaud, architecte. Etablissements du Creusot, constructeurs.

d'appui extrêmes, il existe deux supports intermédiaires, formés par des colonnes en fonte placées à 14^m,00 à droite et à gauche de l'axe. Les travées latérales ayant à peu près 12^m,00, la largeur totale de la Halle est d'environ 52^m,00.

Les colonnes ne donnent que des points d'appui verticaux et ne peuvent travailler à la flexion en raison de leurs dimensions réduites. La résistance du rideau à la pression latérale du vent réside tout entière en deux poutres horizontales P_1 et P_2 de 52^m,00 de portée, prenant appui dans les piliers de tête.

La première poutre P_2 à partir du bas doit résister à la flexion d'abord dans le sens vertical, et ensuite dans le plan horizontal.

Elle est formée de deux poutres composées en I, perpendiculaires l'une à l'autre.

Leur coupe et leur mode de liaison sont représentées dans la section verticale de la *fig.* 549, et le croquis de façade correspondant montre leur élévation. La poutre verticale a une section constante, celle qui suffit pour porter le rideau ; son âme est pleine. La poutre horizontale est également à âme pleine ; elle présente une hauteur variable suivant la distance de ses points à l'appui, le maximum ayant lieu au milieu ; elle est représentée en plan dans le croquis (4) de la *fig.* 548. Sa résistance est calculée pour résister à la pression la plus violente que lui amène la surface pleine du rideau. Les deux poutres sont reliées l'une à l'autre, en dedans comme au dehors, par une série de consoles en fonte.

La seconde grande poutre transversale P_1 est parallèle à la précédente. Elle est combinée également à une poutre verticale, avec âme en treillis cette fois, qui forme un grand bandeau horizontal.

Comme les précédentes, ces deux pièces sont reliées par des consoles en fonte en dedans comme en dehors.

A la partie haute, le rideau est terminé par deux arbalétriers à âme pleine de 0,70 de hauteur, chargés de recevoir les pannes et de former ferme de tête.

Ces trois lignes transversales servent de points d'appui à une série d'aiguilles verticales pendantes, dont on voit

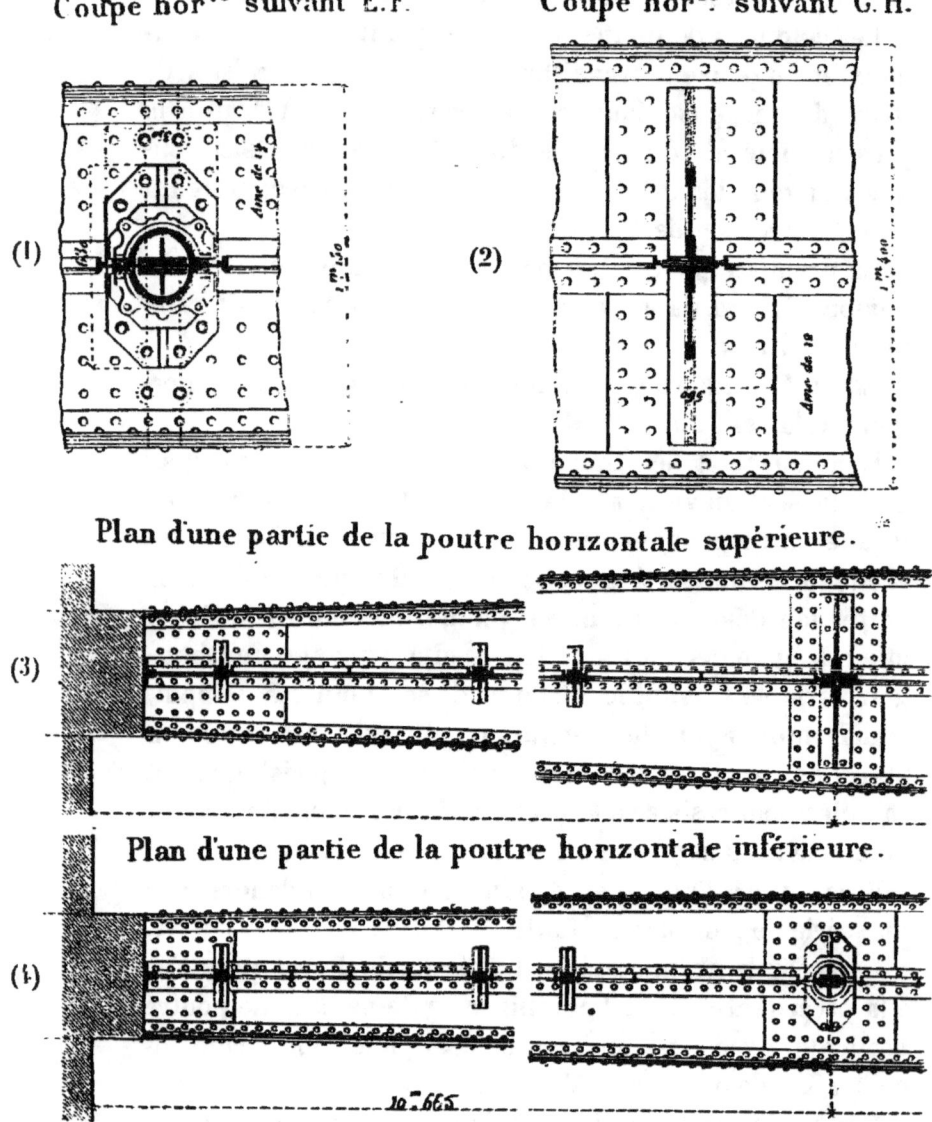

Fig. 548.

la construction dans les deux portions de coupes verticales des *fig.* 549 et 550.

Les aiguilles pendantes qui correspondent à l'aplomb

CHAP. VII. — PANS MÉTALLIQUES

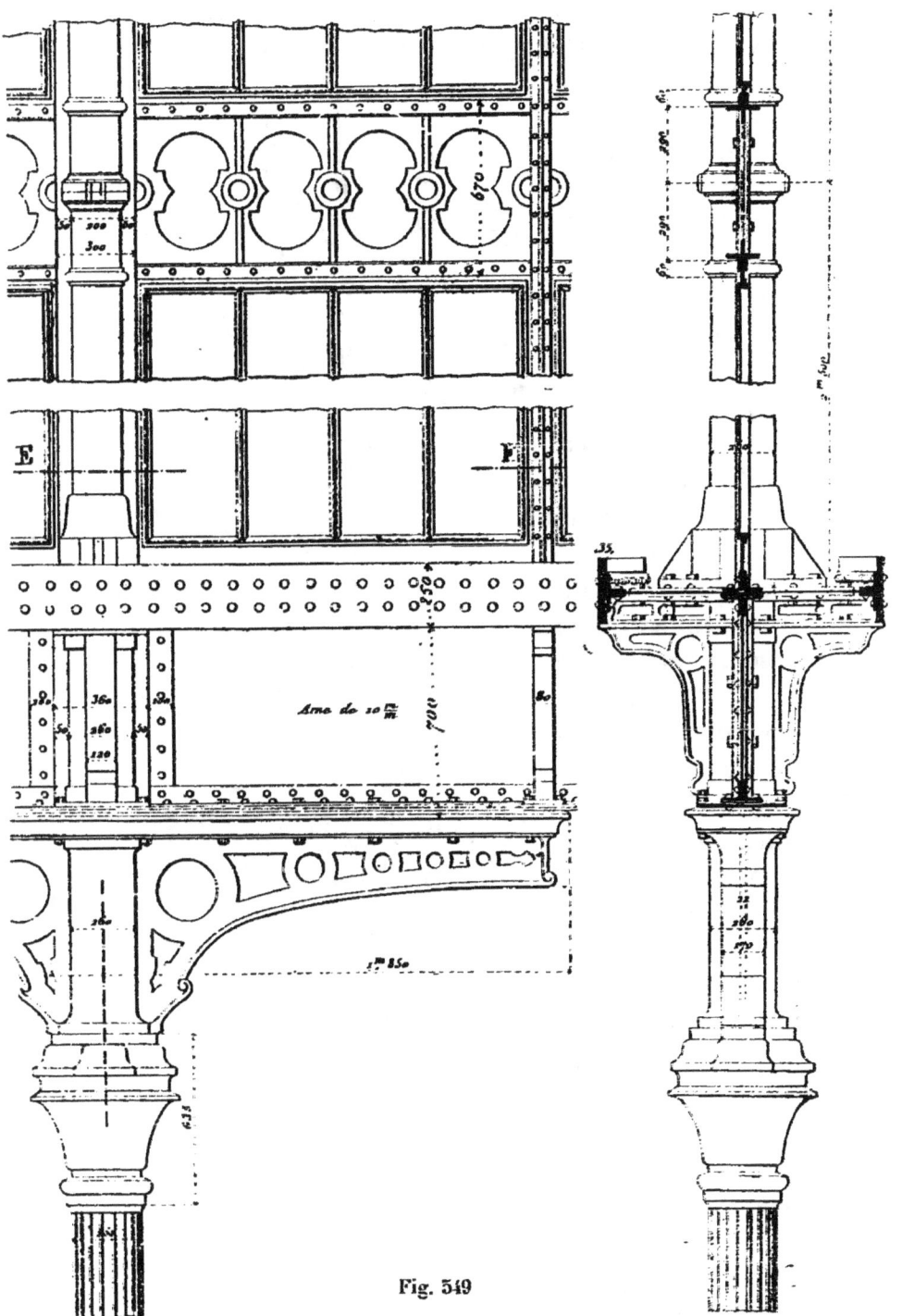

Fig. 549

des colonnes sont plus larges que les autres ; elles sont formées d'une tôle large et de quatre cornières ; ces dernières sont logées entre deux demi-colonnes en fonte ajoutées après coup, qui continuent l'aspect des supports du bas. Entre les deux poutres horizontales, les espaces rectangulaires limités par les aiguilles sont remplis et clôturés par des panneaux vitrés, agrémentés d'un cintre à leur partie supérieure. Ce vitrage est coupé en deux parties inégales par une double membrure en cornières, comprenant une tôle découpée de 0^m,58 de hauteur. Cette disposition vue d'ensemble dans la *fig.* 547 est détaillée dans l'élévation de la *fig.* 551.

La portion qui surmonte la poutre supérieure P$_1$ forme un pignon triangulaire vitré tout différemment. Les divisions de vitrages sont obtenues par des lignes très obliques, symétriques en deux sens différents par rapport aux aiguilles verticales et séparées encore par des fers intermédiaires. Il en résulte une série de losanges tous égaux et opposés deux à deux.

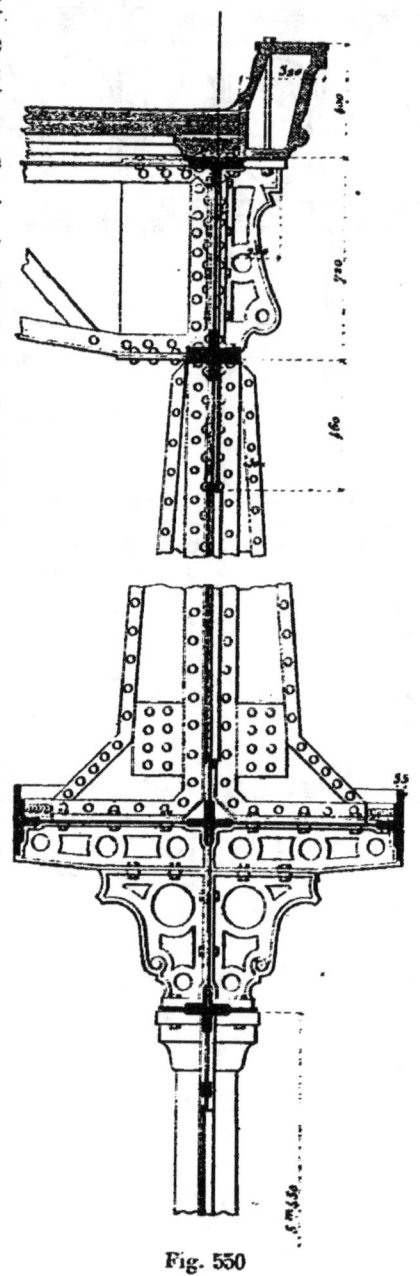

Fig. 550

82 CHAP. VII. — PANS MÉTALLIQUES

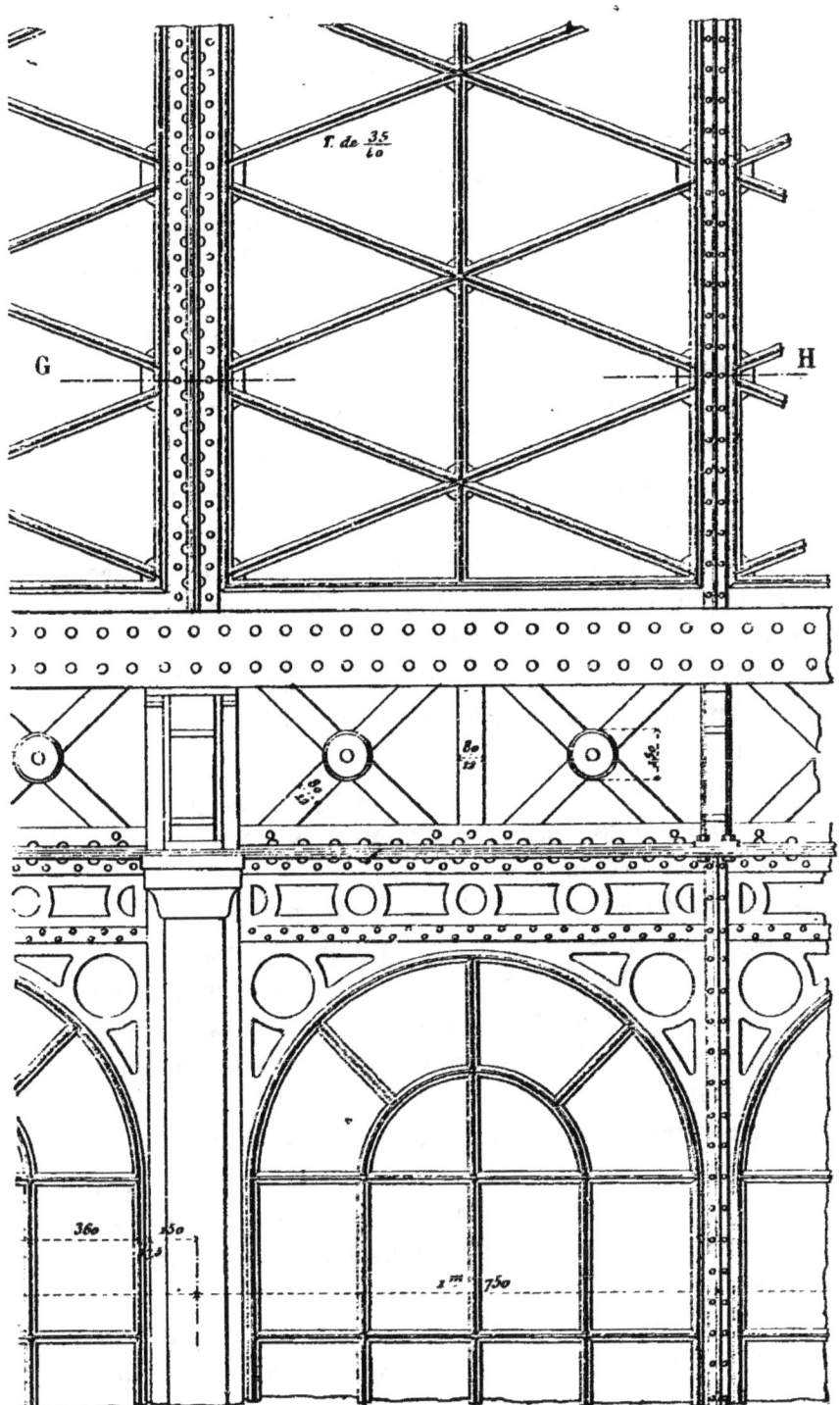

Fig. 551.

La portion d'élévation de la *fig.* 551 rend compte de cette disposition.

Le croquis (1) et (2) de la *fig.* 548 donnent l'un, la coupe horizontale du vitrage du bas suivant EF, et l'autre, la coupe horizontale du vitrage losangé suivant la ligne GH.

Les arbalétriers de la ferme de tête présentent des consoles en fonte largement développées, qui soutiennent une grande moulure de couronnement en bois de $0^m,400$ de hauteur, formant la rive de la couverture.

La dernière figure, n° 552, représente l'extrémité basse de l'un des arbalétriers.

Cet arbalétrier vient se joindre à l'extrémité de la poutre P, au moyen d'un large gousset triangulaire.

Le bout de la poutre P_1 est garni dans sa partie verticale d'un double sabot en fonte, donnant du raide à la portée et lui permettant de venir poser sur une des assises du pilier par une surface métallique suffisamment développée.

La forme du sabot est parfaitement représentée, tant dans l'élévation de la *fig.* 552 que dans la coupe horizontale suivant CD qui l'accompagne.

Le dernier compartiment vitré est séparé du pilier de tête par une bande verticale formant poteau de rive et garnie d'une tôle découpée.

La même disposition d'extrémité de poutre se renouvelle pour la poutre P_2, de telle sorte que l'assiette sur la maçonnerie de tout le rideau est parfaitement assurée en quatre points importants, et il reste assez de maçonnerie en avant de ces scellements pour assurer la stabilité parfaite de tout l'ensemble.

Les arbalétriers de tête sont divisés en compartiments par les consoles normales dont il a été parlé et qui portent la moulure de rive. Chaque compartiment est garni d'un encadrement et de rosaces disposées symétriquement.

Les saillies exposées à la pluie reçoivent l'eau et ne sont pas protégées comme celles de la gare de Calais. Seuls un certain nombre de trous percés dans les âmes horizontales

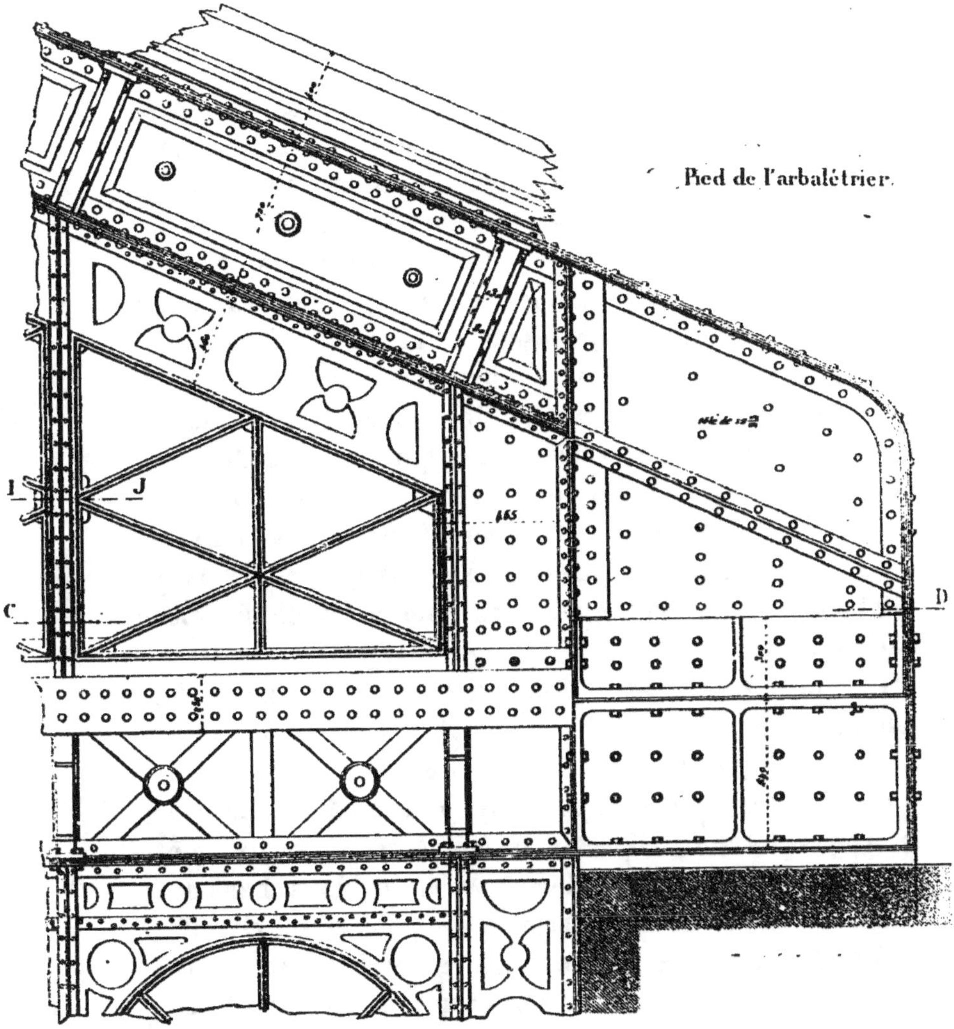

84   CHAP. VII. — PANS MÉTALLIQUES

Pied de l'arbalétrier.

Coupe horizontale suivant C.D.

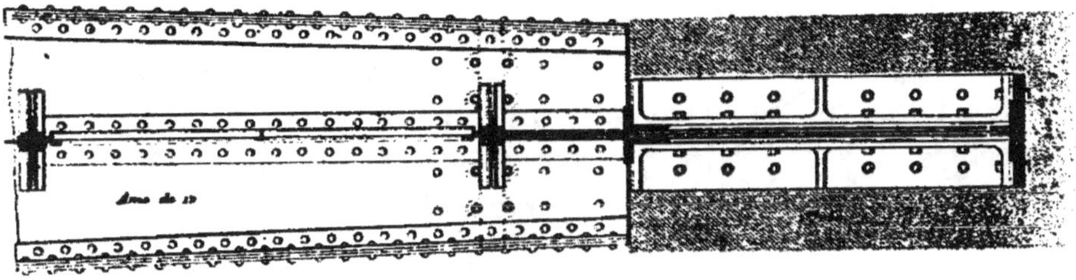

Fig. 552

donnent écoulement à l'eau, et s'opposent à son accumulation.

280. Pans métalliques à grande portée. — Les pans métalliques permettent de franchir de grandes distances sans points d'appui intermédiaires. On en a vu des exemples dans les rideaux de chemins de fer, mais ces derniers n'ont à porter que leur propre poids, tout en résistant à la pression latérale du vent. Voici un exemple d'un pan métallique n'ayant pour se poser que deux piles espacées de $22^m,86$ qui soutiennent ses extrémités [1]. Ce pan doit être complètement libre dans l'intervalle et soutenir cinq planchers successifs, qui en plus de leur poids propre lui amènent une surcharge de 200.000 Kilos.

Pour pouvoir porter cette lourde charge, tout en permettant l'éclairage de chaque étage au moyen des châssis vitrés, on a composé son ossature comme l'indique l'élévation de la *fig.* 553.

Un grand arc en acier, d'une flèche très considérable, tenant toute la hauteur de la construction, vient porter sur les deux points d'appui. Il repose sur l'un d'une manière fixe. Sur l'autre, il pose par l'intermédiaire de rouleaux permettant sa libre dilatation. A cet arc se trouvent suspendues, par des aiguilles pendantes de dimensions calculées en raison des charges, les poutres de rive des différents planchers, et ces poutres relient en même temps les branches de l'arc et lui servent de tirants à chaque étage.

Les compartiments laissés vides par cette ossature sont remplis par une clôture légère en briques de champ, avec les parties vitrées nécessaires pour l'éclairage. Quant aux planchers qui se trouvent immédiatement sous la couverture, ils sont éclairés par des châssis distribués sur la surface du comble aux points convenables.

---

[1] Ce pan a été exécuté à la Société Electrique du secteur de Clichy, sous les ordres de M. Friesé, architecte, par la maison Eiffel.

86 CHAP. VII. — PANS MÉTALLIQUES

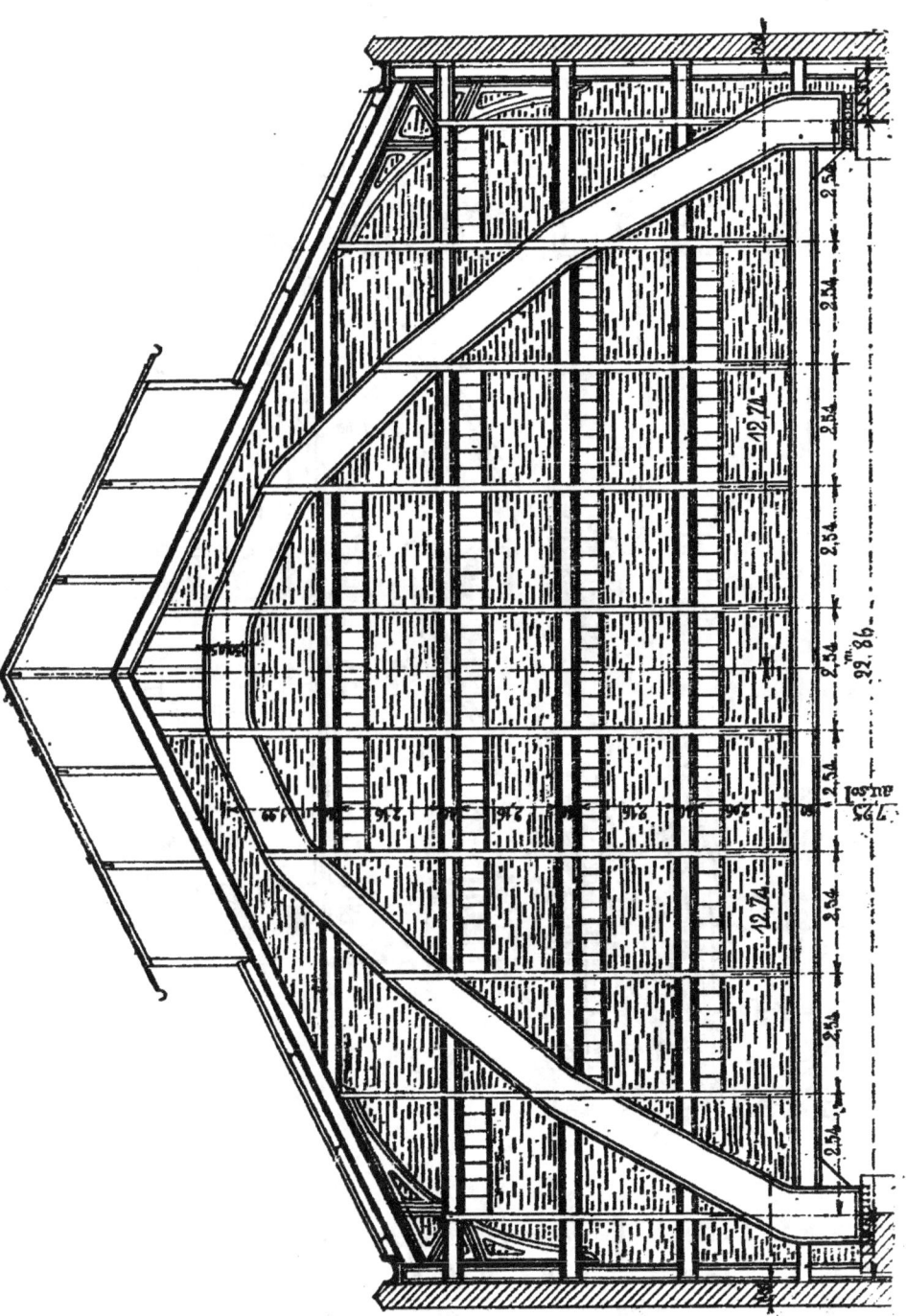

Fig. 553

Quant aux solives des planchers, elles sont perpendiculaires à la façade et viennent s'assembler sur les parois latérales des poutres de rive. Tel est l'ensemble de ce pan

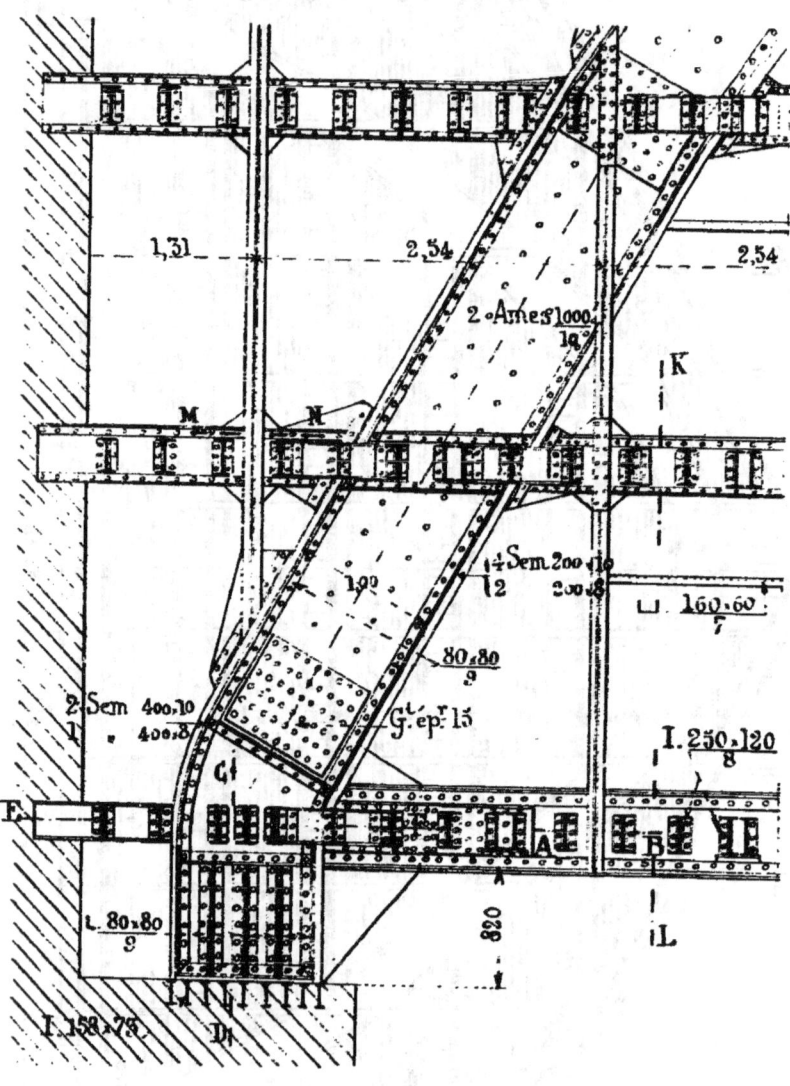

Fig. 554

de fer permettant de laisser complètement libre, en-dessous, l'espace réservé de 22 mètres.

Les détails principaux sont représentés dans les *fig.* 554 et 555.

La première montre la retombée de l'un des côtés de cet arc. Il est formé d'une section en I de $1^m,00$ de hauteur d'âme; celle-ci est composée de deux tôles juxtaposées de 0,010 d'épaisseur. Au moyen de quatre cornières de $\frac{80 \times 80}{9}$, l'âme est reliée à des tables faites de semelles variables aux différents points de la courbe; à la retombée, la table extérieure se compose de deux semelles de 400×10 et d'une de troisième 400×8, tandis que la table intérieure est faite de quatre semelles de 200×10 et de deux semelles de 200×8.

Pour répartir sur une surface suffisante de maçonnerie la pression amenée par l'arc, on a terminé celui-ci par une double semelle en tôle de 0,010 et de $1^m.00 \times 1.00$, avec laquelle il est relié par cinq doubles goussets en tôle et des cornières de $\frac{100 \times 100}{10}$.

La semelle reporte la charge à son tour sur une plateforme composée de neuf fers à I, larges ailes, parallèles, de 0,158 de haut et de $1^m,50$ de longueur.

Le pied de l'arc est représenté dans la *fig*. 554 et plus en grand par le croquis (2) de la *fig*. 555, qui donne la coupe verticale suivant CD.

La poutre de rive du plancher le plus bas comprend une âme double de 0,020 d'épaisseur totale, quatre cornières de $\frac{100 \times 100}{12}$ et des tables de 220×10. Les rives des autres planchers sont constituées par des poutres de 0,400 de hauteur d'âme. Cette dernière a 0,008 d'épaisseur et les membrures sont formées de quatre cornières de $\frac{60 \times 60}{7}$.

Les âmes de ces diverses poutres sont dans le même plan que l'âme de l'arc, de telle sorte que la liaison par prolongement des tôles et par cornières se trouve rendue très facile.

Les poutres de rives portent les solives des planchers correspondants. Le plus bas est composé de fers en I de

$\frac{250 \times 120}{8}$, écartés suivant la position des charges à porter.

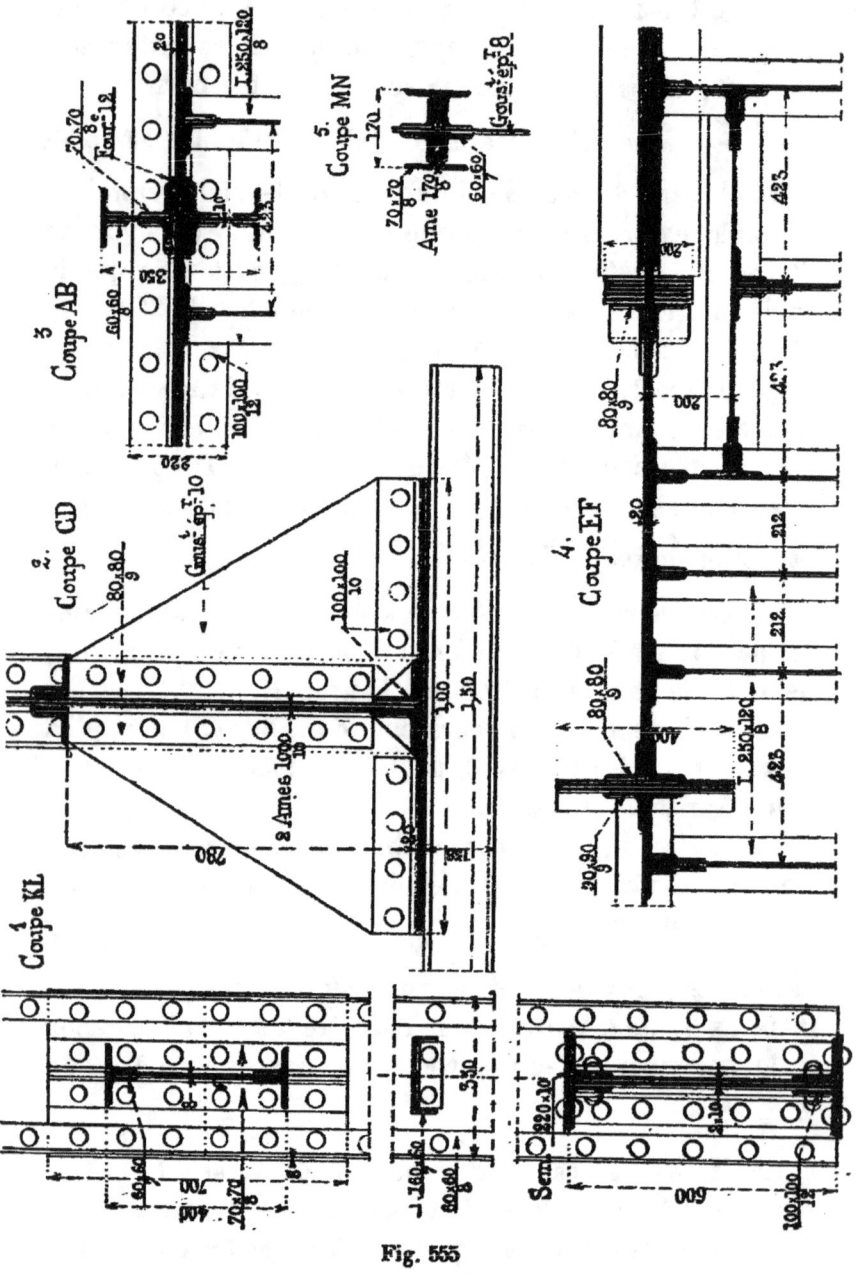

Fig. 555

La coupe suivant EF, croquis (4) de la *fig*. 555, montre l'assemblage de la poutre inférieure avec l'arc, et la manière dont sont reliées les solives adjacentes ; l'une d'elles, qui tomberait sur une semelle, est reçue par un chevêtre qui permet de faire facilement l'assemblage. Les autres poutres sont reliées de même, sauf qu'on a dû augmenter la longueur du contact en élargissant leur âme, en forme de goussets, au-dessus comme au-dessous de leur membrure.

Il ne reste plus, pour terminer la description de l'ossature, qu'à étudier la disposition des aiguilles pendantes. Celles-ci ont leur âme perpendiculaire au plan de l'arc ; elles sont faites d'une âme de 350/10 et de quatre cornières de $\frac{60 \times 60}{8}$.

Le croquis (3), *fig.* 555, représente l'assemblage de l'aiguille avec l'arc ; dans la hauteur de ce dernier, la tôle de l'aiguille est en deux pièces assemblées à l'âme de l'arc par quatre cornières de $\frac{70 \times 70}{8}$, avec fourrure de 0,012 d'épaisseur rachetant les cornières de ce dernier.

L'âme de l'aiguille est, de plus, interrompue au droit de la membrure inférieure de l'arc, de telle sorte que les cornières seules passent complètes et suffisent avec la portion de tôle interposée pour porter la charge.

Le surplus de l'aiguille est dessiné dans le croquis (1). La coupe suivant KL, dont il donne les détails, montre les assemblages avec l'aiguille de deux des poutres de rive, en même temps que d'un fer en U de $\frac{160 \times 60}{7}$, qui sert d'appui à l'une des parties vitrées.

Le croquis (5) donne la coupe suivant MN d'un poteau vertical extérieur à l'arc, chargé de porter les portions de planchers restées hors de son extrados.

284. Pans métalliques ornés. Façade de l'Hôtel des Téléphones à Paris. — L'ornementation des pans métalliques peut se faire simplement en accusant les saillies de l'ossature et les disposant judicieusement, en raison de leur importance et de la liaison des pièces. On peut prendre ensuite chacun des éléments en particulier et lui appliquer une décoration appropriée. Ainsi, les supports verticaux peuvent prendre la forme de colonnes avec bases, chapiteaux, cannelures. Ces colonnes peuvent être engagées plus ou moins ; elles peuvent aussi se trouver tout à fait indépendantes. Les sablières qui les réunissent affecteront également, avec des profils plus ou moins compliqués et moulurés, l'aspect de bandeaux, de corniches, d'arcs.

Les remplissages prendront l'apparence de panneaux décorés, de tôles découpées suivant des tracés étudiés, de vitrages dont les divisions auront des arrangements disposées harmonieusement avec le reste.

Dans chaque cas particulier, après avoir fait le tracé d'ensemble des pièces nécessaires à la stabilité, on étudie l'aspect extérieur et les formes que devront présenter les différentes parties de la construction. Ce n'est qu'après coup que l'on détermine définitivement les dimensions de chaque élément.

D'autres fois, pour des décorations très importantes, on pourra prendre pour principe de construire le pan métallique au moyen d'une ossature très simple, donnant toute la résistance dont on a besoin, et d'appliquer sur sa face vue la décoration métallique présentant toutes les saillies et les profils moulurés voulus.

Comme application de pans ornés, nous donnons dans les *fig.* 556 et suivantes le pan métallique orné formant la façade de l'hôtel des Téléphones à Paris [1].

La *fig.* 556 donne une travée de la façade métallique ; celle-ci composé de trois étages montés sur un rez-de-chaussée en pierre. L'entraxe est de 4,95.

Les deux étages inférieurs sont réunis pour former une seule ordonnance terminée par un entablement. Le troisième étage est traité en attique au-dessus.

La partie principale de la construction est une ossature

---

[1] M. Boussard, architecte.

CHAP. VII. — PANS MÉTALLIQUES

Fig. 556

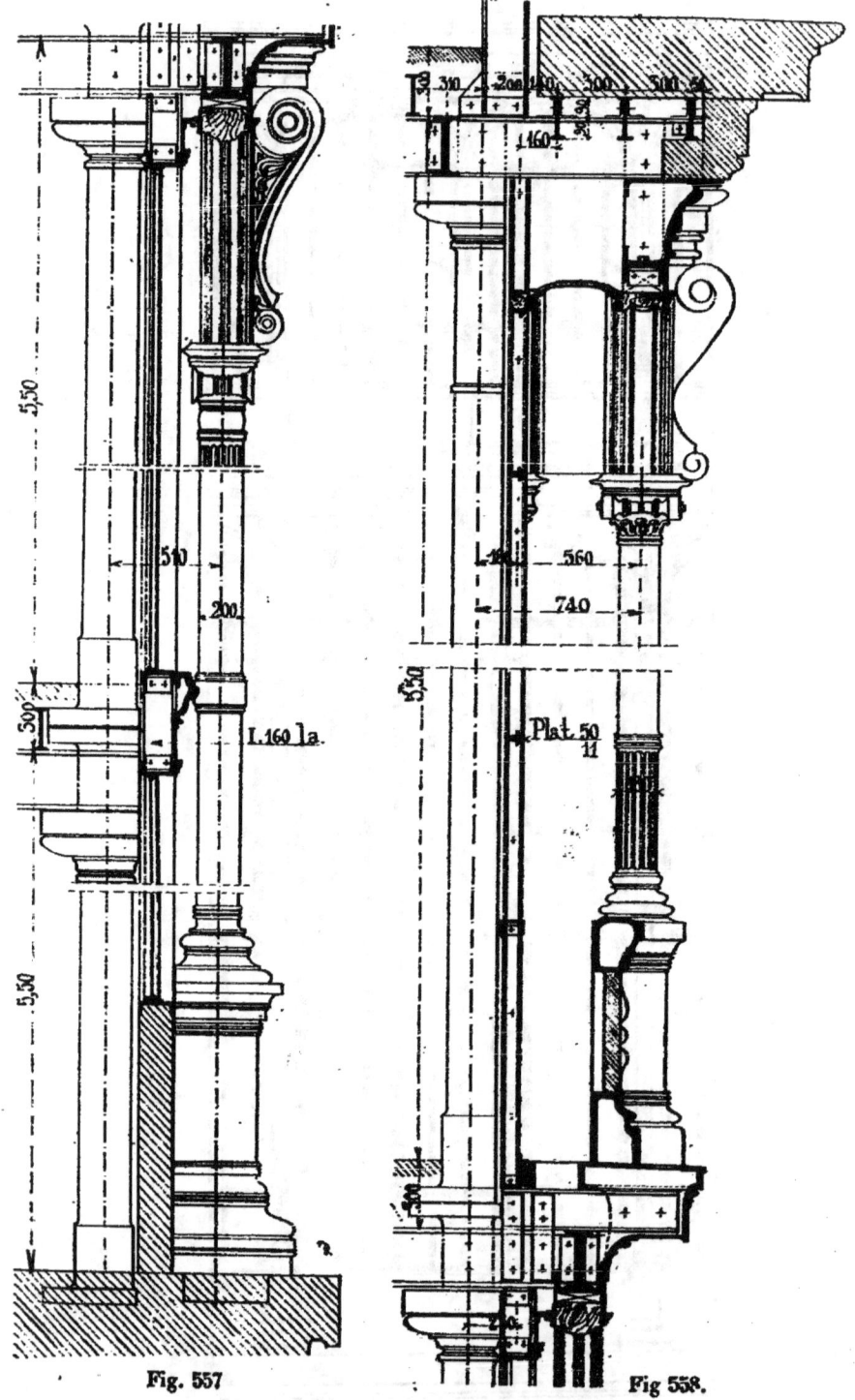

Fig. 557. Fig 558.

en fer, avec remplissage en briques des parties pleines. A ce pan de fer viennent s'ajouter :

A l'intérieur, une série de colonnes, placées dans chaque axe de trumeau, entièrement dégagées et portant les abouts des poutres principales des planchers.

A l'extérieur, une décoration en fonte avec fortes saillies. Cette décoration est formée dans chaque trumeau, en partant du rez-de-chaussée : 1° d'une série de colonnes métalliques comprenant deux étages, portées sur un piédestal mouluré. Ces colonnes, dégagées, ont une base, un fût orné et un chapiteau à volutes ; 2° d'un entablement porté sur des arcades retombant sur les chapiteaux. Cet entablement est profilé des moulures nécessaires ; il a une saillie considérable et est établi complétement en fonte ; 3° au-dessus, et dans la hauteur du troisième étage, d'une arcature posée sur petites colonnes montées sur piédestaux, avec une architrave en fonte ; enfin 4° d'une corniche en pierre couronnant le haut.

Toutes ces formes sont indiquées dans la coupe verticale, représentée en deux portions qui se superposent dans les *fig.* 557 et 558.

Le pan de fer formant l'ossature résistante est représentée dans les deux *fig.* 559 et 560, qui montrent l'une les deux étages inférieurs, l'autre l'étage d'attique.

Ce pan de fer se compose de parties pleines verticales, les trumeaux, séparés par de larges baies ; un linteau horizontal sépare la baie du 1ᵉʳ étage de celle du second, et celle-ci est fermée par un arc surbaissé en anse de panier.

La coupe d'un trumeau suivant OP est représentée dans la *fig.* 561 ; on voit qu'il est formé principalement de deux fers en U parallèles, posés aux tableaux des baies et qui ont $0,160 \times 0,060$.

Ils sont réunis par une tôle extérieure ; puis de distance en distance, au dedans, des goussets en tôle, assemblés par cornières, maintiennent la position relative des pièces. Des fers moulurés servent de chambranles au pourtour des baies.

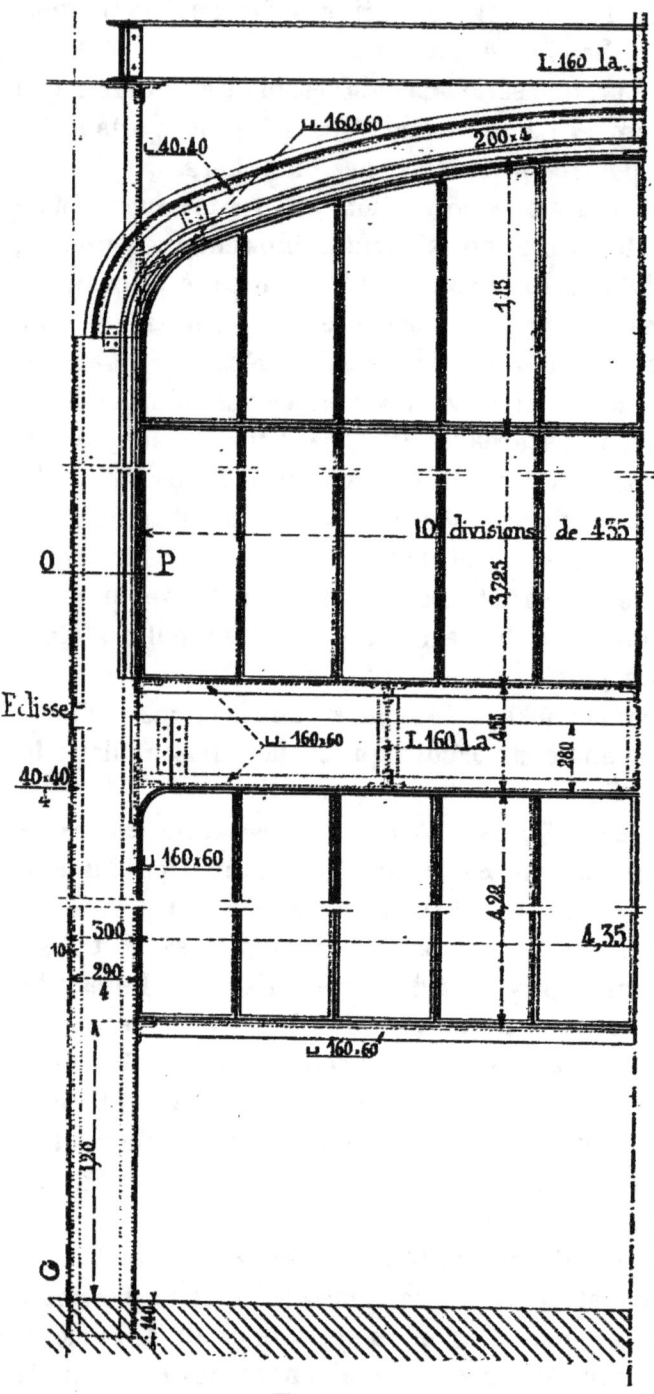

Fig. 559

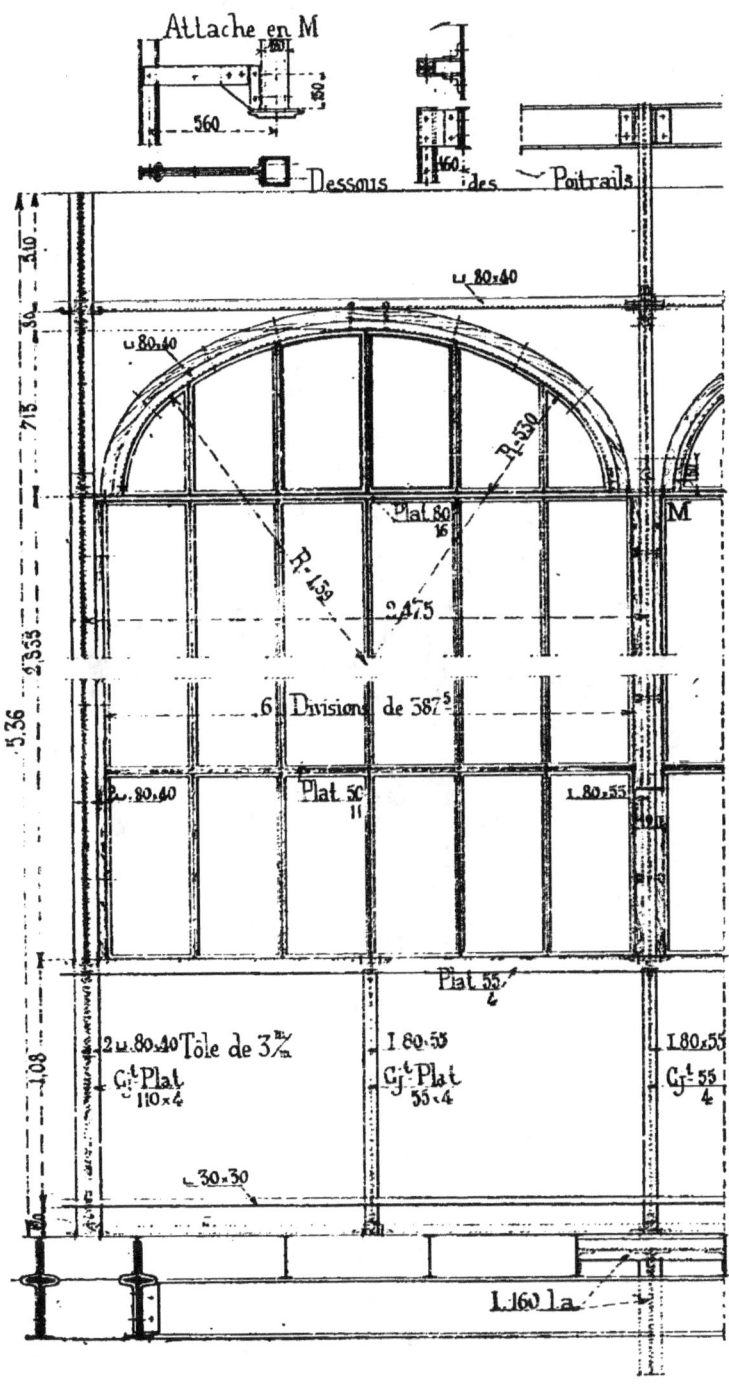

Fig. 560

C'est à travers le trumeau que se trouvent reliées les colonnes intérieures et extérieures. Chacune d'elles porte un prolongement plan, et les deux prolongements qui se correspondent sont jonctionnés par des éclisses boulonnées.

Le linteau séparatif des deux baies est formé par deux

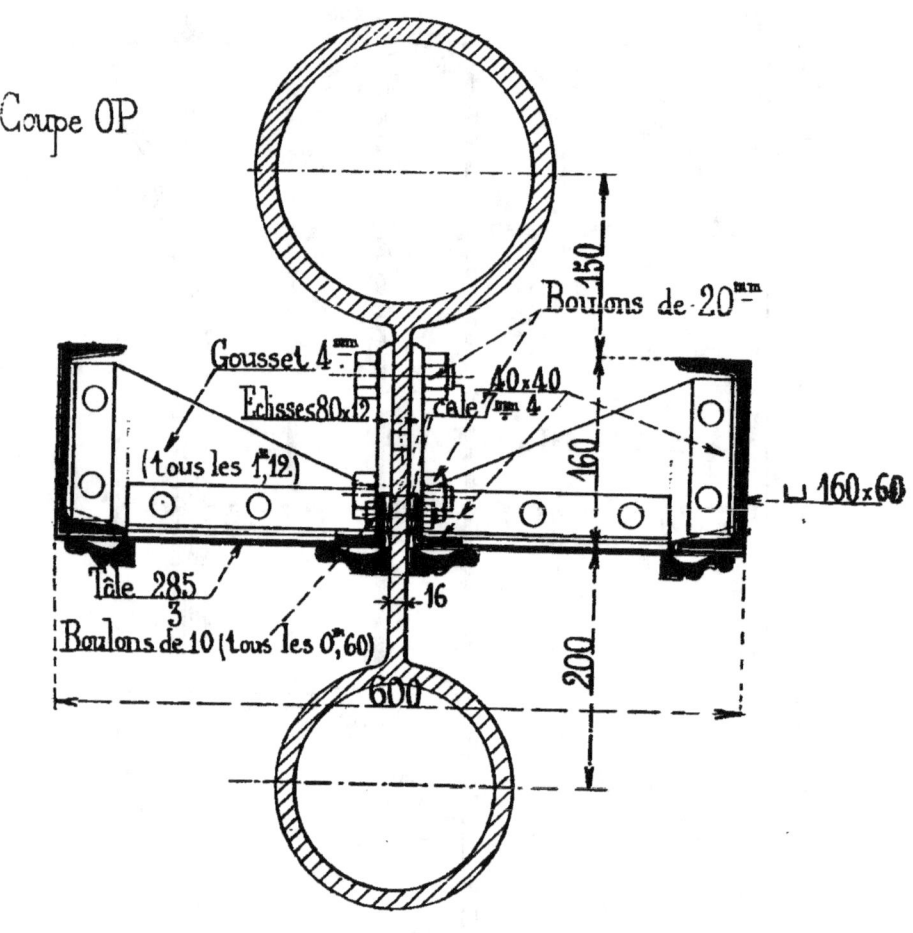

Fig. 561

fers en U mis à plat, de 0,160 × 0,060, et maintenus à distances régulières par des entretoises verticales en fer à I de 0,160 larges ailes ; des écoinçons arrondis raccordent les angles de la baie du bas. Les deux fers en U sont reliés extérieurement par une tôle surmontée d'une moulure profilée en fonte, servant d'appui à la fenêtre du second étage.

La fenêtre de cet étage est à son tour fermée par une partie en arc, faite d'un fer en U de même section que les précédents et cintré à la demande.

Au-dessus du plancher haut du 2ᵉ étage, le pan de fer se poursuit verticalement, mais avec une épaisseur moindre ; sur son parement intérieur vient s'appliquer la colonne du dedans. La composition du pan de fer ne varie que par la moindre épaisseur des trumeaux, qui ne sont composés que d'un montant de deux fers en U de 80 × 40, recouvert par un fer plat de 110 × 4.

Dans l'intervalle de deux montants, se trouve un montant intermédiaire composé d'un fer à I de 80 × 55, recouvert par un fer plat de 55 × 4. L'appui des baies géminées ainsi séparées est formé par un fer en U recouvert d'un fer plat de mêmes dimensions ; le cintre est composé pareillement. Les montants de ce pan de fer s'élèvent jusqu'au dessous des poutres du plancher haut du 3ᵉ étage, sauf le montant intermédiaire qui va trouver son appui sur une solive transversale. Le pourtour des baies du 3ᵉ étage est garni d'un chambranle en bois mouluré, ayant toute l'épaisseur du pan de fer, et recevant les châssis du vitrage.

Les figures qui viennent d'être passées en revue donnent les tracés des divisions des différentes baies d'une travée, ainsi que les dimensions des fers qui les composent. Reste à établir la manière dont la décoration extérieure a été exécutée.

La vue latérale et les profils du piédestal des colonnes inférieures sont dessinés dans la figure 562. On voit en ponctué l'encastrement de la partie basse du piédestal dans la pierre du bandeau ; il se trouve ainsi parfaitement établi. Le piédestal est ouvert à sa partie supérieure, pour servir d'enboîtement à un prolongement de la colonne qui le surmonte. Piédestal et colonne sont figurés dans les croquis nᵒˢ 562 et 563 ; on voit qu'au-dessus du chapiteau la colonne se poursuit par un fût carré allant se fixer jusque dans l'intervalle des deux pièces jumelées, formant la poutre du plancher haut du 2ᵉ, et qui se prolongent assez pour le recevoir. L'assemblage avec les fers, au moyen de boulons traversant les âmes et d'entretoises en fonte, est indiqué dans la *fig.* 563.

Les prolongements des poutres de chaque travée sont reliés par une solive extérieure que l'on voit en haut de la *fig.* 557, et qui reçoit un cintre en fer en U de 0,200 de hauteur, mis à plat. Une paroi composée d'une tôle verticale couvre les tympans vides restant entre les arcs et le prolongement de la colonne ; cette tôle reçoit une grande console en fonte soutenant une saillie contreprofilée par la cymaise inférieure de la corniche.

Les cintres des baies, ainsi disposés et reliés à la colonne, sont garnis de courbes en bois moulurés, qui s'amortissent sur l'élargissement du chapiteau. Si

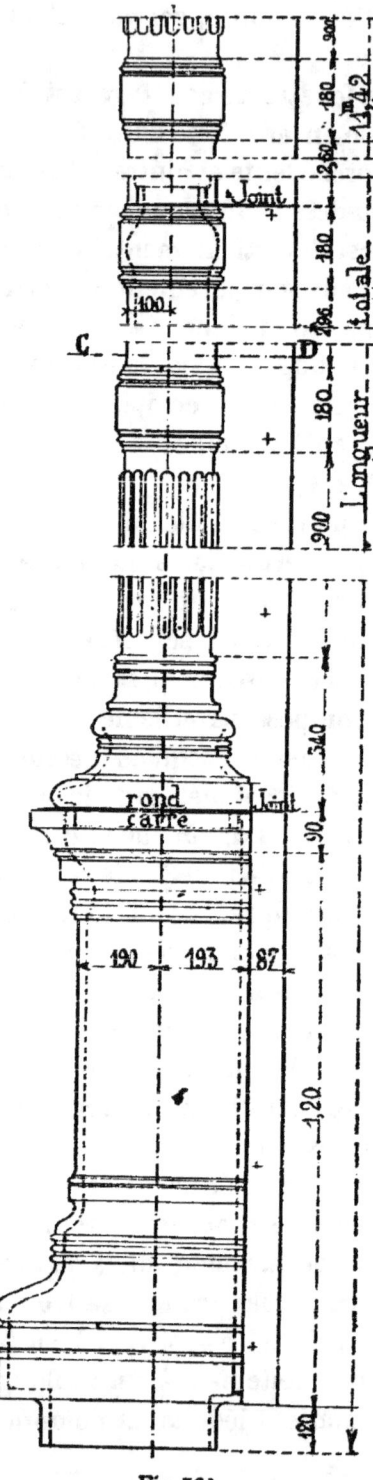

Fig. 562

maintenant on se reporte à la partie basse de la *fig.*, 558 on voit le profil des pièces de fonte de ce premier entablement et la manière dont elles sont reliées aux pièces jume-

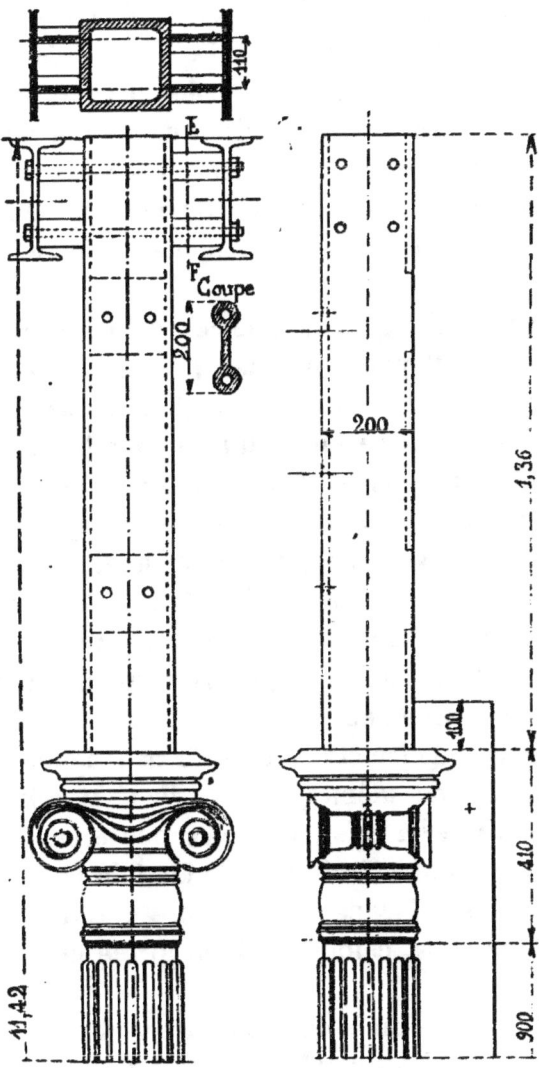

Fig. 563

lées de la poutre par des bouts de fer remontés, assemblés par doubles plates-bandes verticales.

La corniche en fonte fait une forte saillie ; son profil est maintenu par des nervures verticales intérieures, et ces nervures sont boulonnées aux âmes des fers dont il vient d'être question, de telle sorte que la stabilité de cette corniche est assurée. Elle est couverte d'une tôle faisant le sol du balcon ainsi formé.

La décoration en fonte du troisième étage est établie assez en avant pour permettre à la rigueur de circuler entre elle et le pan de fer. Les colonnes ont leur piédestal approché jusque près du listel de la corniche inférieure. Une balustrade réunit les piedestaux ; elle est faite d'un socle en fonte creuse, d'une main courante disposée de même, et d'un remplissage en terre cuite d'ornement.

Les colonnes, prolongées comme celles du dessous, vont trouver un point d'appui entre les poutres jumelées du plancher haut, qui forment un prolongement saillant, ou entre les solives transversales qui, au nombre de trois, les réunissent d'une travée à l'autre. Les cintres sont exécutés en U doublés de bois profilés, et les typmans revêtus de tôles reçoivent de grandes consoles en fonte ; le tout s'amortit sur les saillies des chapiteaux. Au-dessus, se pose une architrave moulurée en fonte. Enfin, la charpente supérieure en saillie reçoit la corniche en pierre qui forme le couronnement.

Les arcs du pan de fer et les arcs du pan de fonte, qui est en avant, sont de même gabarit ; ils sont reliés par une voussure creuse en bois décorée de moulures, dont on voit le profil et la vue latérale dans le haut de la *fig.* 558.

En résumé, cette façade se compose de trois pans métalliques parallèles ; celui du milieu forme la véritable clôture.

Celui du dedans, réduit à des colonnes verticales, porte la charge des fers des planchers, en même temps qu'il contribue à l'ornementation intérieure.

Le pan du dehors est celui qui sert à la décoration seule. Il est attaché à la charpente en saillie et porté par elle. Il est en fonte et tôle dans toute les parties exposées à la pluie, ainsi que dans les arcades de la partie haute des ordonnances ; il est complété par des cintres moulurés et profilés en bois, auxquels par la peinture on donne l'apparence de surfaces métalliques.

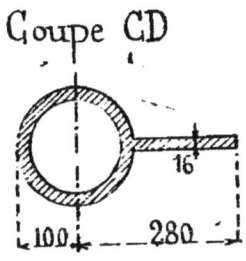

Fig 564

La *fig.* 564 donne la coupe horizontale suivant CD de la colonne du bas ainsi que de la nervure qui la réunit au nu vertical de la façade, et qui permet, de distance en distance, de la jonctionner avec la colonne correspondante intérieure.

Cette construction donne en ses diverses parties un grand nombre de moyens ingénieux et de détails d'exécution qui peuvent trouver en bien des cas leur application.

CHAPITRE VIII

DES COMBLES

§ 1. — *Des couvertures et de leurs soutiens.*
§ 2. — *Appentis et marquises.*
§ 3. — *Combles à deux pentes.*
§ 4. — *Rotondes et coupoles.*

SOMMAIRE :

§ 1. — *Des couvertures et de leurs soutiens* : 285. De la pente des toitures. — 286. Choix d'une pente pour une toiture. Poids des matériaux. — 287. Evaluation des surcharges de vent et de neige. — 288. Voligeage sur chevrons en bois. — 289. Voligeage sur pannes. Voligeage double. — 290. Voligeage sur chevrons en fer. — 291. Voligeage sur hourdis. — 292. Hourdis creux, double hourdis. — 293. Lattis sur chevrons en bois ou sur voligeage. — 294. Lattis en fer, différentes formes. — 295. Lattis hourdé. — 296. Lattis ménagé par la maçonnerie. Plâtre et bardeaux. — 297. Chevronnage. Sections, mode de fixation sur les pannes. — 298. Surfaces vitrées des combles. Qualité des verres qu'on y emploie. — 299. Pose de verres entre chevrons, masticage et contremasticage. Coupes et joints. Pentes. — 300. Grillage de protection en dessus et en dessous. — 301. Réparations. Supports d'échelles. Chemins de circulation. — 302. Récolte de la condensation intérieure. — 303. Pannes. Portées. Assemblages et formes diverses.

§ 2. — *Appentis et marquises* : 304. Appentis de faibles portées. — 305. Modifications pour portées plus grandes. — 306. Exemple d'appentis sur colonnes. — 307. Appentis en porte à faux. Auvents. Marquises. — 308. Auvents extérieurs des hangars. — 309. Appentis avec auvents relevés. — 310. Portique de départ de la gare d'Orléans à Paris. — 311. Marquise de la gare de Bordeaux.

§ 3. — *Combles à deux pentes* : 312. Fermes à deux pentes. — 313. Combles simples, fer et bois. — 314. Contreventement des fermes de combles. — 315. Repos des fermes sur leurs points d'appui. — 316. Hangars avec fermes simples, portées. — 317. Charpente du marché de la Villette. — 318. Comble des Docks du Hâvre. — 319. Combles avec arbalétriers réunis aux consoles. — 320. Fermes en trapèze. — 321. Fermes avec contrefiches. — 322. Fermes avec faux entrait. — 323. Combles relevés. — 324. Combles avec fermes anglaises. — 325. Fermes en treillis. — 326. Combles avec points d'appui intermédiaires. — 327. Comble des magasins généraux de Bercy. — 328. Des croupes dans les combles en fer. — 329. Combles hourdés. — 330. Combles portant planchers. — 331. Combles portant de fortes charges. — 332. Combles à la Mansard. — 333. Combles Mansard à deux étages. — 334. Combles Mansard avec fermes. — 335. Combles Mansard à rampants courbes. — 336. Combles Mansard, fer et bois. — 337. Même construction appliquée au comble d'un pavillon. — 338. Combles Polonceau. — 339. Comble Polonceau à une bielle, gare de Lorient. — 340. Comble des ateliers Joly à Argenteuil. — 341. Autre exemple d'un comble de 25 mètres de portée. — 342. Combles Polonceau de la gare Saint-Lazare. — 343. Comble à 3 bielles. Gare de Vienne. — 344. Comble de la gare de Paris du chemin d'Orléans. — 345. Combles Polonceau mixtes, fer et bois. — 346. Faux plafonds lumineux. — 347. Combles en arc. — 348. Combles en arc sans tirants. — 349. Comble de l'Elévation d'eau de Bercy. — 350. Combles de Dion. — 351. Fermes de la gare de Calais. — 352. Comble de la gare de Lille. — 353. Combles en arc avec rotules. Comble du palais des Beaux-Arts à l'Exposition de 1889. — 354. Comble de la Galerie des Machines. — 355. Sheds en fer, disposition avec fermes. — 356. Sheds avec double plafonnage. — 357. Autres dispositions des fermes. — 358. Fermes posées sur chéneaux. — 359. Sheds avec fermes symétriques. — 360. Sheds sans fermes sur chéneaux en fonte. — 361. Sheds avec points d'appui écartés. — 362. Dispositions spéciales des combles.

§ 4. — *Rotondes et coupoles* : 363. Des rotondes. — 364. Couverture d'un pavillon octogonal. — 365. Comble de l'Hippodrôme. — 366. Plazza de toros. 367. Rotonde à locomotives du chemin de fer de Lyon. — 368. Rotonde à locomotives de Noisy-le-Sec. — 369. Coupoles sur plan circulaire. Val de Grâce. — 370. Coupoles sur pendentifs. Saint-Augustin. — 371. Coupoles de la Bibliothèque Nationale. — 372. Grande coupole de l'Exposition.

CHAPITRE VIII

DES COMBLES

§ 1. — DES COUVERTURES ET DE LEURS SOUTIENS

285. De la pente des toitures. — La pente de la paroi supérieure des charpentes de combles dépend de

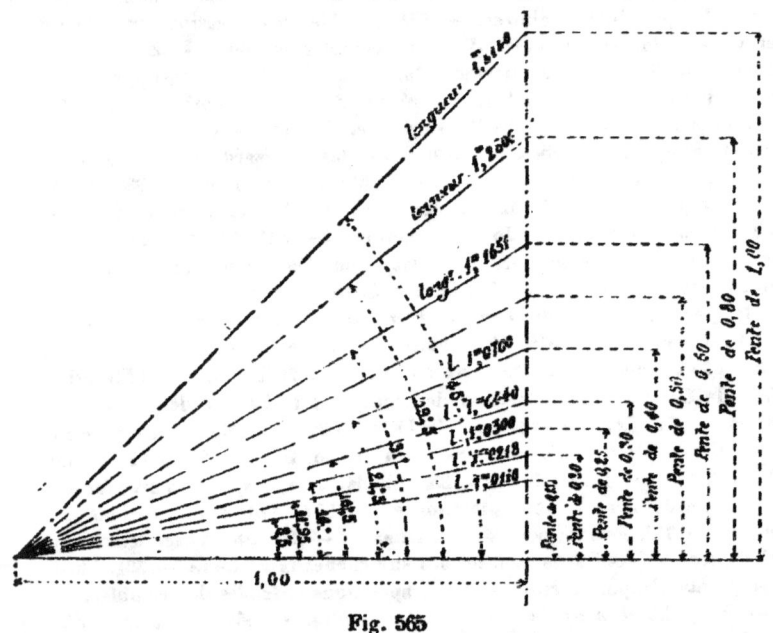

Fig. 565

la couverture adoptée; elle est utile pour écouler les eaux et permettre aux matériaux de sécher vivement, ce qui les

Tableau de la correspondance des degrés et des pentes par mètre, avec le développement des toitures par mètre de projection horizontale.

Degrés	Pente par mètre	Développement par mètre de projection	Degrés	Pente par mètre	Développement par mètre de projection
1°	0m,0175	1m,0004	46°	1m,0355	1m,4395
2	0, 0349	1, 0006	47	1, 0724	1, 4663
3	0, 0524	1, 0014	48	1, 1106	1, 4945
4	0, 0699	1, 0024	49	1, 1504	1, 5243
5	0, 0875	1, 0038	50	1, 1918	1, 5557
6	0, 1051	1, 0055	51	1, 2349	1, 5890
7	0, 1288	1, 0075	52	1, 2799	1, 6243
8	0, 1405	1, 0098	53	1, 3270	1, 6616
9	0, 1584	1, 0125	54	1, 3764	1, 7013
10	0, 1764	1, 0154	55	1, 4281	1, 7435
11	0, 1944	1, 0187	56	1, 4835	1, 7883
12	0, 2126	1, 0223	57	1, 5399	1, 8361
13	0, 2309	1, 0263	58	1, 6003	1, 8871
14	0, 2493	1, 0306	59	1, 6645	1, 9416
15	0, 2680	1, 0353	60	1, 7320	2, 0000
16	0, 2868	1, 0403	61	1, 8045	2, 0627
17	0, 3057	1, 0457	62	1, 8808	2, 1301
18	0, 3249	1, 0515	63	1, 9626	2, 2030
19	0, 3443	1, 0576	64	2, 0503	2, 2813
20	0, 3640	1, 0642	65	2, 1445	2, 3664
21	0, 3839	1, 0711	66	2, 2450	2, 4584
22	0, 4040	1, 0785	67	2, 3559	2, 5593
23	0, 4245	1, 0864	68	2, 4750	2, 6692
24	0, 4452	1, 0947	69	2, 6051	2, 7903
25	0, 4663	1, 1034	70	2, 7474	2, 9239
26	0, 4877	1, 1126	71	2, 9042	3, 0717
27	0, 5095	1, 1223	72	3, 0777	3, 2360
28	0, 5317	1, 1326	73	3, 2709	3, 4203
29	0, 5448	1, 1433	74	3, 4874	3, 6280
30	0, 5774	1, 1547	75	3, 7321	3, 8638
31	0, 6009	1, 1666	76	4, 0108	4, 1338
32	0, 6249	1, 1792	77	4, 3315	4, 4457
33	0, 6494	1, 1924	78	4, 7047	4, 8098
34	0, 6745	1, 2062	79	5, 1446	5, 2410
35	0, 7002	1, 2208	80	5, 6712	5, 7589
36	0, 7265	1, 2361	81	6, 3137	6, 3928
37	0, 7536	1, 2521	82	7, 1154	7, 1853
38	0, 7813	1, 2690	83	8, 1443	8, 2057
39	0, 8098	1, 2868	84	9, 5144	9, 5666
40	0, 8391	1, 3054	85	11, 4301	11, 4739
41	0, 8693	1, 3250	86	14, 3007	14, 3355
42	0, 9004	1, 3457	87	19, 0811	19, 1077
43	0, 9325	1, 3673	88	28, 6367	28, 6534
44	0, 9657	1, 3902	89	57, 2900	57, 2982
45	1, 0000	1, 4142	90	∞	∞

Tableau des pentes nécessaires aux divers matériaux de couverture

Désignation des matériaux de couverture	Pente minimum en degrés	Pente minimum par mètre de projection	Pente maximum en degrés	Pente maximum par mètre de projection	Poids par mètre développé de couverture	Observations
Ardoises clouées	40°	0^m,83	90°	verticale	20 à 30	
Ardoises à crochets	30	0, 58	90			
Pierres taillées	30	0, 58	90	d°	variable	
Enduit de ciment	3	0, 05	90	d°	d°	
Mastic d'asphalte	4	0, 07	60	1^m,75	d°	
Tuiles plates de Bourgogne, grand moule	40	0, 84	60	1, 75	90^k	
Tuiles plates de Bourgogne, petit moule	45	1, 00	60	1, 75	88	
Tuiles du pays	45	1, 00	60	1, 75	88	
Tuiles creuses	27	0, 50	60	1, 75	100	
» flamandes	27	0. 50	60	1, 75	100	
Les mêmes maçonnées, en plus					36	
Tuiles mécaniques Courtois	37	0, 75	60	1, 75	45	
» Jossou, grand moule	31	0, 60	60	1, 75	51	
» Jossou, petit moule	37	0, 75	60	1, 75	40	
» Gilardoni	20	0, 36	60	1, 75	40	
» Muller	20	0, 36	60	1, 75	45	
» Royaux	27	0, 50	60	1, 75	35	
» Boulet	37	0, 75	60	1, 75	32	
» Suisse, dite de montagne	37	0, 75	60	1, 75	40	
Verre double, avec joints	10	0, 17	90	verticale	5 à 6	
» sans joints	4	0, 07	90	d°	5 à 6	
Terres à reliefs, en plus	»	»	»	»	10	
Glaces brutes, en plus	»	»	»	»	18 à 20	
Zinc à ressauts	5	0, 09	90	verticale	10	
» agrafé	10	0, 18	90	d°	10	
Plomb sans joints	5	0, 09	60	1, 75	35	
» avec joints	10	0, 18	60	1, 75	35	
Cuivre	10	0, 18	90	verticale	10	
Tôle galvanisée	9	0, 16	90	d°	10 à 12	
Ardoises métalliques	17	0, 30	90	d°	10	

rend insensibles aux gelées subséquentes : La pente des toitures s'évalue tantôt en degrés mesurant l'angle du pan avec le plan horizontal, tantôt par la hauteur verticale correspondant à $1^m,00$ de la projection de la ligne de plus grande pente ; dans ce dernier cas, c'est la pente par mètre.

On a souvent à juger la pente d'après un tracé donné. Aussi la *fig.* 565 donne des lignes inclinées sur l'horizontal de $0^m,015$ à $1^m,00$ par mètre, par intervalles assez espacés, en même temps que la hauteur du rampant mesurée suivant la pente et les degrés correspondants.

Ce croquis est suivi d'un tableau p. 106 qui le complète, et qui donne la correspondance de degré en degré des diverses inclinaisons, avec les pentes par mètre, et à chaque résultat le développement du rampant. Souvent on puise dans ces documents, croquis et tableaux.

286. Choix d'une pente pour une toiture. Poids des matériaux. — Pour permettre de décider de la pente qu'une charpente doit présenter en vue d'une couverture déterminée, on a dressé le tableau, p. 107, des pentes nécessaires aux divers matériaux. Chacun d'eux est accompagné du poids de la couverture qu'il compose par mètre carré de surface de rampant, ce qui est un élément de la charge de la charpente.

287. Évaluation des surcharges de vent et de neige. — Le tableau suivant, p. 109, donne des évaluations de vitesse des différents vents, ainsi que les pressions correspondantes exercées sur une surface normale, pression ramenée au mètre carré.

Au moyen de ce tableau, et à l'aide des renseignements que donne la pratique, on peut se rendre compte dans chaque localité des plus grands vents possibles, de la pression qu'ils sont susceptibles d'exercer sur une surface verticale, et, par suite, de la composante de cet effort qui agirait normalement sur la couverture.

En France, sauf pour les points élevés et le bord de la mer, on néglige le plus souvent l'influence du vent, dont la vitesse moyenne n'est que d'environ 7ᵐ,00.

Tableau des différents vents

Désignation des vents	Vitesse par seconde	Pression par m. carré
Vent faible.	2ᵐ,00	0ᵏ,54
Vent frais ou brise (tend bien les voiles)	6, 00	4, 90
Vent le plus convenable aux moulins	7, 00	6, 00
Bon frais (convenable pour la mer)	9, 00	11, 00
Grand frais (fait serrer les hautes voiles)	12, 00	20, 00
Vent très fort.	15, 00	30, 00
Vent impétueux	20, 00	54, 00
Tempête	24, 00	78, 00
Tempête violente.	30, 00	122, 00
Ouragan	36, 00	176, 00
Grand ouragan	45, 00	277, 00

Il ne doit pas négliger le poids de la neige; elle peut s'accumuler sur une épaisseur de 0ᵐ,50, surtout sur les pans de faibles inclinaisons. Comme elle pèse dix fois moins que l'eau, cette couche peut arriver à peser 50 kilos par mètre carré.

En France, on peut compter sur cette surcharge de 50 kilogs par mètre carré de couverture développée, quelle que soit l'inclinaison de la toiture, pour le vent et la neige réunis, en remarquant que les pans très raides où la neige ne peut tenir sont surtout très exposés au vent, tandis que pour les toits très plats, le vent a peu d'action, c'est surtout la neige qui les charge.

Outre son poids propre, et celui de ses remplissages, la charpente aura donc à porter : 1° les matériaux de couverture et 2° la surcharge de vent ou de neige.

Le calcul de toutes les pièces de l'ossature s'en déduira facilement.

288. Voligeage sur chevrons en bois. — Le comble est le dernier plancher haut d'un bâtiment; il est disposé de manière à recevoir les matériaux imperméables de la couverture. Ceux-ci exigent que la surface sur laquelle ils s'appuient présente une pente plus ou moins forte pour faciliter l'écoulement des eaux.

Le comble se termine ordinairement par une surface de plancher continue en bois, nommée *voligeage*, du nom des frises étroites qui le composent et qui sont les *voliges*.

Le voligeage sert à rendre la toiture bien close, en même temps qui lui permet de recevoir et de retenir la couverture.

Si on le fait en bois, et c'est le cas le plus général, il faut l'attacher sur des lambourdes ; comme on le forme de frises disposées suivant les horizontales du pan de toiture, les lambourdes sont établies suivant la plus grande pente.

Les lambourdes peuvent être des chevrons en bois d'une section ordinaire de $0,08 \times 0,08$ et espacés de $0^m,40$ à

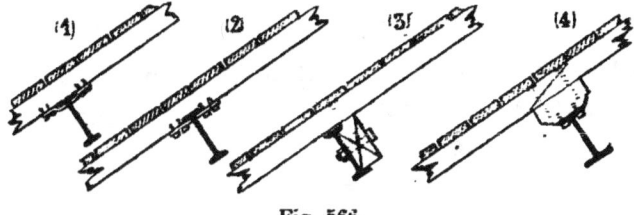

Fig. 566

$0^m,70$ d'axe en axe. Les chevrons reposent sur les pannes et l'assemblage du bois sur le fer peut prendre l'une des quatre dispositions de la *fig.* 566.

Le voligeage a $0^m,011$ à $0^m,015$ d'épaisseur ; il est en peuplier dans les constructions ordinaires, en sapin dans les travaux soignés ; les frises sont posées à plat joint avec un léger vide entre elles. Dans le croquis (1) les chevrons sont posés sur les pannes et retenus par des pattes légèment coudées fixées par des tirefonds. Dans le croquis (2) l'assemblage est préférable, le bois porte une entaille pour loger l'aile supérieure du fer, et les pattes sont droites. La disposition qui porte le n° 3 est très employée : la panne en fer est doublée latéralement d'un morceau de bois fixé avec des boulons, servant de lambourde et sur lequel on cloue les chevrons. Dans le n° 4, la panne est en fer larges ailes; elle porte une lambourde, souvent moulurée, sur sa table supérieure, et cette lambourde soutient les chevrons.

289. Voligeage sur pannes. Voligeage double. — Lorsque le voligeage est destiné à être apparent en dessous, on modifie la disposition précédente pour obtenir une

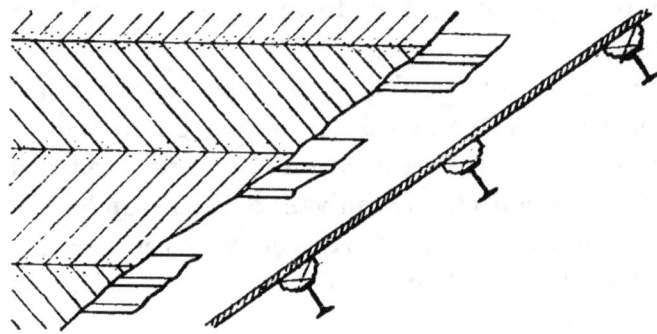

Fig. 567

meilleure apparence; on supprime les chevrons, on rapproche les pannes, on augmente un peu l'épaisseur du voligeage, et on pose ce dernier à point de Hongrie directement sur les pannes. Avec un voligeage de 0,018 à 0,020 d'épaisseur on peut écarter les pannes à environ 1 mètre d'axe en axe. La *fig.* 567 rend compte de cette disposition.

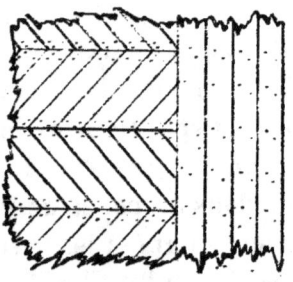

Fig. 568

On peut établir le voligeage avec des portées plus grandes en le doublant. Le premier plancher, appareillé en point de Hongrie, forme plafond et se voit par dessous; il est assemblé avec baguettes sur joints et presque toujours les rives des frises sont jonctionnées à languettes et rainures. Il faut alors avoir bien soin de le garantir de la pluie jusqu'à ce que la couverture soit posée, sous peine de voir le gonflement désorganiser sa surface.

La seconde couche, clouée par dessus, est perpendiculaire aux pannes, et se trouve par suite dirigée suivant la plus grande pente du rampant. Cette dernière surface n'étant pas apparente au dehors, son parement est moins soigné et la plupart du temps elle n'est ni rainée, ni blanchie.

Lorsque les deux épaisseurs sont rendues solidaires par une clouûre convenable et bien uniformément répartie, le voligeage est très solide et l'écartement des pannes peut atteindre $1^m,50$ à 2 mètres. L'aspect de la surface, vue de dessus pour chaque couche, est figuré dans le croquis n° 568.

290. Voligeage sur chevrons en fer. — Le voligeage peut être porté sur des chevrons en fers à T, disposés la table en bas, de manière à présenter les feuillures nécessaires au soutien du bois.

Les frises peuvent être posées à plat joint, ou mieux

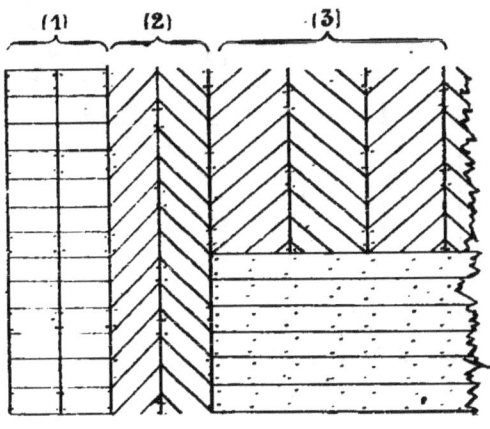

Fig. 569

rainées ; on en visse quelques-unes aux les ailes des chevrons. On peut les appareiller de diverses manières indiquées dans le croquis 569.

On peut les disposer comme en (1), dans chaque travée, suivant les horizontales du rampant ; leur portée est de

0^m,40 à 0^m,60 et leur épaisseur varie de 0^m,013 à 0^m,018 ; elles sont ou rainées ou simplement à plat joint.

Un second arrangement est figuré en (2) : l'espacement des chevrons est le même, mais les frises sont posées à point de Hongrie. Il faut que le bois soit asssez épais, ou le chevron assez bas, pour que le fer ne fasse aucune saillie sur la surface produite.

Enfin, on peut espacer les chevrons à 0^m,80, 1 mètre ou 1^m,50, en employant un double voligeage, comme en (3).

291. Voligeage sur hourdis. — Le voligeage peut être porté sur un hourdis en maçonnnerie remplissant les intervalles des pannes, rapprochées à 1 mètre ou 1^m,25 ; on l'y fixe par l'intermédiaire de lambourdes scellées sur l'aire et consolidées de distance en distance par des pattes à scellement d'autant plus nombreuses que la pente est plus forte. Les lambourdes employées dans cette circon-

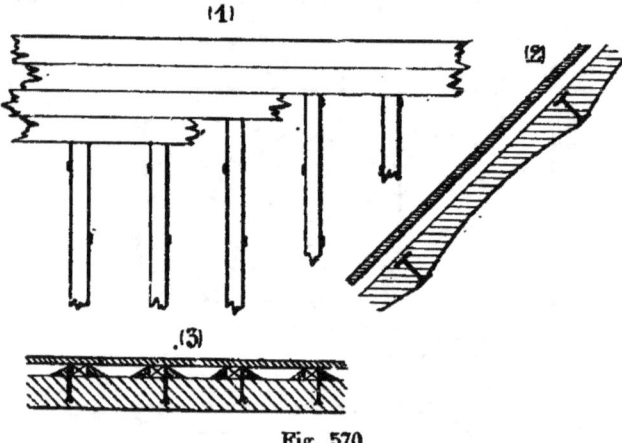

Fig. 570

stance ont ordinairement 0,04 × 0,08 de section ; elles sont mises à plat. Le bois employé est le sapin dans les travaux ordinaires, le chêne dans les ouvrages soignés.

Les hourdis peuvent également s'exécuter entre les chevrons lorsqu'ils sont en fers à I espacés de 1 à 1^m,25. Il est bon de disposer les lambourdes dans le même sens que les fers, pour que les voliges soient dirigées suivant les horizontales du rampant. Elles ne portent la plupart du temps que sur le hourdis, mais ce dernier est assez fort pour les soutenir. Les lambourdes sont faites d'une seule pièce dans la hauteur du rampant, toutes les fois qu'on le peut, et on les arrête à la base sur une pièce de bois inférieure horizontale contre laquelle elles butent.

Lorsque les chevrons sont rappochés à $0^m,40$ ou $0^m,50$ l'un de l'autre, on les forme de fers à T, la table en bas, de manière à former des feuillures dans lesquelles reposent des bardeaux en terre cuite. Ils forment sans enduit le plafond inférieur, et leur face du haut constitue l'aire sur laquelle on scelle la lambourde du voligeage.

Comme le bardeau est peu résistant, si l'on veut mettre la volige horizontale, on scelle les lambourdes à 45° sur la surface supérieure du hourdis; de la sorte, elles reposent sur les fers en les croisant à tout instant, et l'ensemble est parfaitement solide. La disposition dont il vient d'être question est figurée dans le croquis n° 571 ci-contre, qui montre les chevrons a, les bardeaux d'entrevous b, les lambourdes à 45° c et enfin la volige d. Il n'y a que les solins du scellement des lambourdes qui n'ont pas été représentées pour ne pas compliquer le dessin.

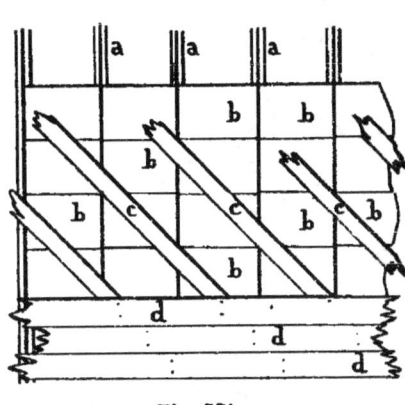

Fig. 571

292. Hourdis creux, double hourdis. — Lorsque les locaux couverts par les combles le comportent, les hourdis sont constitués à leurs parements intérieurs par des matériaux solides apparents, tels que des briques bien appareillées et jointoyées ou des bardeaux; l'absence d'enduit au plafond est surtout à recommander dans les locaux industriels humides.

Lorsque les locaux couverts sont chauffés, on évite la déperdition de chaleur de deux manières : ou bien en faisant des hourdis épais, avec des matériaux creux et légers, tels que les poteries et les briques creuses, ou bien en disposant la charpente pour permettre l'établissement d'un double hourdis mince fait de bardeaux creux et emprisonnant un matelas d'air isolant.

La *fig.* 572 donne l'une des dispositions que l'on peut prendre en cette circonstance : *pp* sont les deux pannes successives d'un rampant représenté en coupe transversale

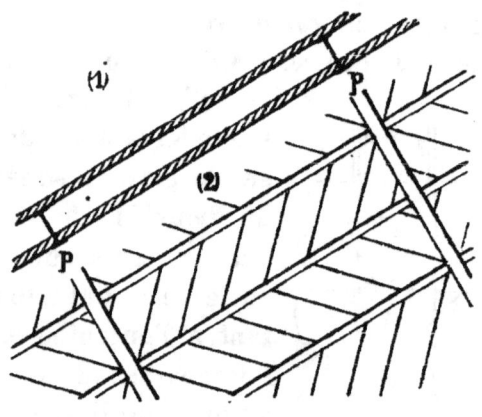

Fig. 572

dans le croquis (1). Ces pannes portent sur leur aile supérieure une série de chevrons avec entrevous hourdés en bardeaux creux qui forment l'aire supérieure recevant les lambourdes et le voligeage. En contre-bas, sur leurs ailes du bas, ces mêmes pannes portent un nouveau système de fers à T, la table disposée en double feuillure, et, dans leurs entrevous, de nouveaux bardeaux disposés pour faire plafond apparent. Le croquis (2) montre la vue par dessous de ce plafond, avec l'un des arrangements possibles.

293. Lattis sur chevrons en bois ou sur voligeage. — Certains matériaux de couverture, les tuiles notamment, exigent pour s'accrocher des arêtes saillantes, disposées presque toujours horizontalement et espacées d'une quantité régulière, variable pour chaque modèle, qui correspond au *pureau*. On forme ces arêtes saillantes par des pièces horizontales de petite section posées sur les chevrons et que l'on nomme des *lattes ou liteaux*. L'ensemble de toutes les lattes d'un rampant porte le nom de *lattis*.

Le lattis peut être en bois ; les lattes sont alors en chêne refendu pour les tuiles plates, et en sapin de sciage pour les tuiles mécaniques qui exigent plus de régularité. Ces dernières portent plus spécialement le nom de *liteaux*. Elles ont $0,025 \times 0,025$ pour des écartements de chevrons de 0,50 à 0,60 d'axe en axe ; on leur donne $0.040 \times 0,025$ pour des écartements plus grands.

Lorsqu'on emploie les lattis en bois, le chevronnage est

Fig. 573   Fig. 574

également en bois et les lattes sont clouées sur les chevrons.

Si le comble n'a pas besoin d'être étanche en temps de neige, ou bien clôturé, on se contente du lattis et des tuiles au-dessus des chevrons. Si l'on veut une clôture meilleure, on ajoute un voligeage en bois ou un hourdis. En cas de voligeage, il s'interpose entre les chevrons et le lattis comme dans l'exemple de la *fig.* 574.

On peut encore, si on l'établit après coup, clouer les voliges en plafond sous les chevrons, dans les intervalles des pannes. On peut enfin adopter un double voligeage en combinant les dispositions précédentes, si l'on a besoin d'un isolement plus complet contre le refroidissement.

Le lattis peut s'établir sur l'aire des combles hourdés ; on remplace alors les chevrons par des lambourdes disposées exactement comme celles dont nous avons parlé à propos du voligeage.

294. Lattis en fer, différentes formes. — Dans les combles métalliques non voligés, on exécute très fréquemment le lattis en fer. On prend des fers laminés de petites sections, ordinairement des fers fentons, des cornières, ou des fers à T, et on les soutient à intervalles plus ou moins rapprochés par les chevrons.

Les lattis en fers fentons peuvent rendre des services dans certains cas; on emploie des carillons de 0,010 à 0,015 et on les soutient par des chevrons espacés de 0,50 à 0,60. L'âme de chaque chevron est entaillée suivant la forme du fenton, on enfonce celui-ci légèrement à force et on achève de le tenir par quelques coups de marteau qui rivent sur la latte les lèvres de l'entaille. Cette disposition est représentés *fig.* 575, particulièrement avantageuse lorsqu'il s'agit de porter de la tuile plate ou des

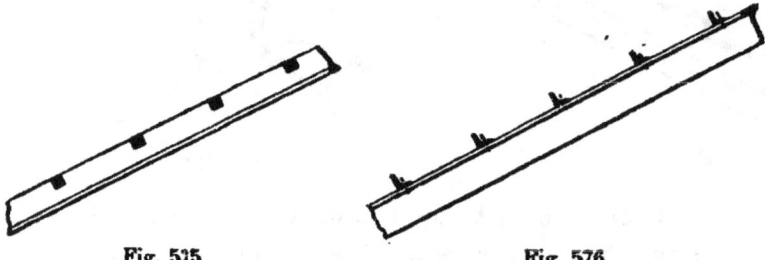

Fig. 575   Fig. 576

tuiles mécaniques à petits pureaux. On emploie aussi quelquefois comme lattes des fers plats fixés de champ.

Mais presque toujours le lattis est formé de cornières ou de fers à T. On emploie les cornières de préférence avec les petits échantillons, parce qu'elles donnent plus d'espace sur leur table pour les vis de jonction. Pour les sections plus fortes, on peut prendre des fers à T ou des cornières au choix.

Les pièces qui reçoivent le lattis, ordinairement des chevrons et quelquefois des arbalètriers, lui présentent leurs tables et l'assemblage des deux faces l'une sur l'autre se fait soit avec des vis, soit avec de petits boulons, en ininterposant entre les surfaces en contact du mastic de minium et de céruse.

Si l'on applique le calcul à la détermination des dimensions à donner aux lattes dans le cas le plus fréquent, celui où elles sont destinées à supporter des tuiles à emboîtement grand modèle, Muller, Gilardoni ou analogues, on doit compter sur :

1° Une charge de tuile de 50 kilos par mètre carré;
2° Une surchage vent ou neige de 50 kilos.
Soit ensemble 100 kilos.

Le lattis étant espacé de 0^m,33 environ, la charge par mètre de lattes est de 33 kilogs et si on cherche la dimension que doit présenter la latte pour des portées de 1 à 3 mètres, on arrive au tableau suivant :

Portée entre deux chevrons	Moment fléchissant maximum au milieu de la portée $M = \frac{pl^2}{8}$	Travail du métal. $R = 6 \times 10^6$		Travail du métal. $R = 8 \times 10^6$	
		Module de résistance $\frac{I}{V}$ de la section nécessaire	Cornières à employer	Module de résistance $\frac{I}{V}$ de la section nécessaire	Cornières à employer
1,00	4,12500	0,000 000 687	25 × 25 × 4	0,000 000 516	25 × 25 × 4
1,10	4,99125	0,000 000 832	30 × 30 × 4	0,000 000 624	25 × 25 × 4
1,20	5,94000	0,000 000 990	30 × 30 × 5	0,000 000 743	30 × 30 × 4
1,25	6,44531	0,000 001 074	30 × 30 × 5	0,000 000 806	30 × 30 × 4
1,30	6,97125	0,000 001 161	35 × 35 × 5	0,000 000 871	30 × 30 × 4
1,50	9,28125	0,000 001 537	35 × 35 × 5	0,000 001 160	35 × 35 × 5
1,75	12,63281	0,000 002 105	40 × 40 × 5	0,000 001 579	40 × 40 × 5
2,00	16,50000	0,000 002 750	45 × 45 × 6	0,000 002 063	40 × 40 × 5
2,25	20,88281	0,000 003 480	50 × 50 × 6	0,000 002 610	45 × 45 × 6
2,50	25,78125	0,000 004 297	55 × 55 × 7	0,000 003 223	50 × 50 × 6
2,75	31,19531	0,000 005 199	55 × 55 × 7	0,000 003 899	50 × 50 × 6
3,00	37,12500	0,000 006 188	60 × 60 × 7½	0,000 004 641	55 × 55 × 7

Pratiquement, le cas le plus avantageux se présente pour une portée de 1^m,20 entre chevrons; au-delà, dans les conditions ordinaires, le poids de métal par mètre carré augmente avec la portée et cela assez rapidement.

Pour cette portée de 1^m,20, on emploie la cornière $\frac{30 \times 30}{4}$ dont le module de résistance $\frac{I}{V}$ est de 000 000 883.

Cette cornière remplit les conditions du tableau précédent jusqu'à des portées de $1^m,30$ en supposant un travail de 8 kilos qui n'a rien d'exagéré.

Avec ce lattis de $\frac{30 \times 30}{4}$ on emploie une cornière de bordure, dite chanlatte, de $\frac{60 \times 40}{4 \text{ à } 5}$, pour fixer le bord du premier rang de tuiles en lui gardant l'inclinaison du restant de la toiture. L'égout du toit est alors construit ainsi que le représente en coupe verticale parallèle aux chevrons la *fig.* 577.

La position des cornières de lattis n'est pas indifférente, on peut les disposer des deux façons représentées par les n°° 1 et 2 de la *fig* 578. Si l'on se rend compte de la résis-

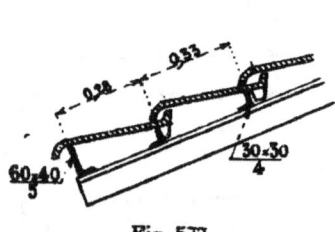

Fig. 577

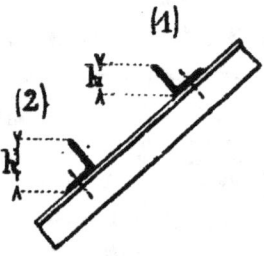

Fig. 578

tance qu'elles présentent à l'effort vertical de la couverture, on trouve que dans la position (1) la hauteur h est faible et la résistance médiocre, tandis que dans la position (2) la hauteur h' est bien plus grande et par suite le raide est beaucoup plus considérable. Par la même raison, les cornières sont plus avantageuses que les fers à T correspondants.

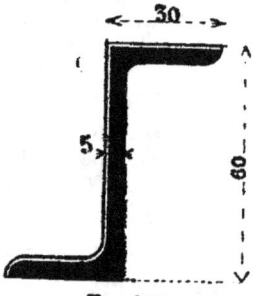

Fig. 579

Dans un certain nombre de bâtiments, et notamment dans ceux de quelques gares de chemins de fer, on a employé comme lattis un fer en Z. qui offre l'avantage d'une plus grande résistance à la flexion. Le seul inconvénient qu'il présente est de ne se faire que dans un nombre restreint de forges, tandis que partout on trouve les profils des cornières dont on a besoin. Lorsque, par suite du programme, les fermes d'un bâtiment sont espacées de 3 mètres au plus, on peut avoir avantage à

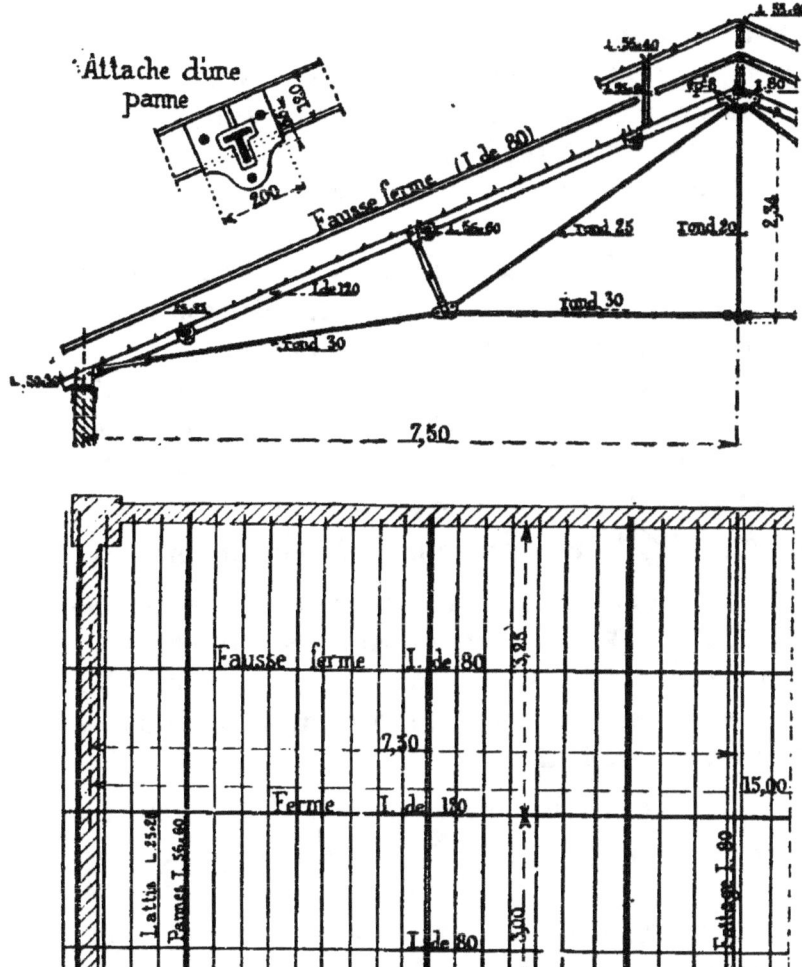

Fig. 580

supprimer les pannes et les chevrons et faire porter directement les lattes sur les fermes en arrivant aux sections du tableau du n° 294, page 118.

Mais la plupart du temps on considère comme insuffisamment reliées des fermes qui ne sont rendues solidaires que par le lattis ; on rétablit les pannes afin de mieux réunir les divers arbalétriers et maintenir leur écartement, et on les fait servir en même temps à porter une fausse ferme intermédiaire qui soutient les milieux des lattis, empêche leur déversement et permet, en employant un échantillon moindre, de faire une notable économie sur le lattis ; cette fausse ferme constitue alors un véritable chevron.

Un exemple de cet arrangement est donné par la *fig.* 580, qui représente un comble de 15 mètres de portée, très léger, employé à la cristallerie de Sèvres.

La pièce d'arbalétrier est un fer à I de 0.12, armé inférieurement à la Polonceau ; l'espacement des fermes est de $3^m,25$. L'écartement de deux arbalétriers successifs d'un même pan est maintenu par 3 pannes intermédiaires en fers à T de $\frac{56 \times 60}{6}$, plus par celle du faîtage. On profite de ces pannes pour soutenir en leur milieu une faussse ferme en fers à I de 0,08 et les pannes sont assez baissées pour que le dessus des fers à I de 0,08 soit dans le même plan que le dessus des arbalétriers, ces deux systèmes de pièces devant soutenir le lattis.

Les lattes sont en fer cornières de $\frac{23,25}{3,5}$. Ce comble est comme on le voit établi avec une extrême légèreté.

295. Lattis hourdé. — La *fig.* 581 représente la coupe transversale d'un comble comportant un double hourdis, avec isolement intermédiaire formant matelas d'air.

Les pannes sont en fer à I ; elles portent, par l'intermédiaire de chevrons, des lattes en fer à T de 30 millimètres, posées l'aile en bas de manière à faire deux feuillures, et dans ces feuillures on pose des bardeaux de 0,015 d'épaisseur ; le fer dépasse encore assez pour former arête d'accrochage des tuiles.

Sur leur table inférieure, les pannes portent d'autres

chevrons rapprochés, soutenant un plafond en bardeaux apparents appareillés à point de Hongrie.

Le plafond d'un rampant de ce comble, vu par dessous,

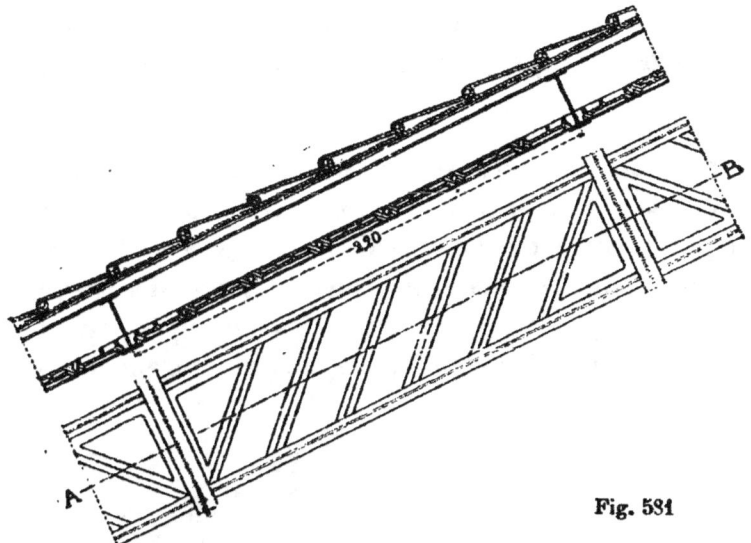

Fig. 581

se trouve représenté dans la *fig.* 582. Sous le chéneau, comme sous le chemin que recouvre le lanterneau, les

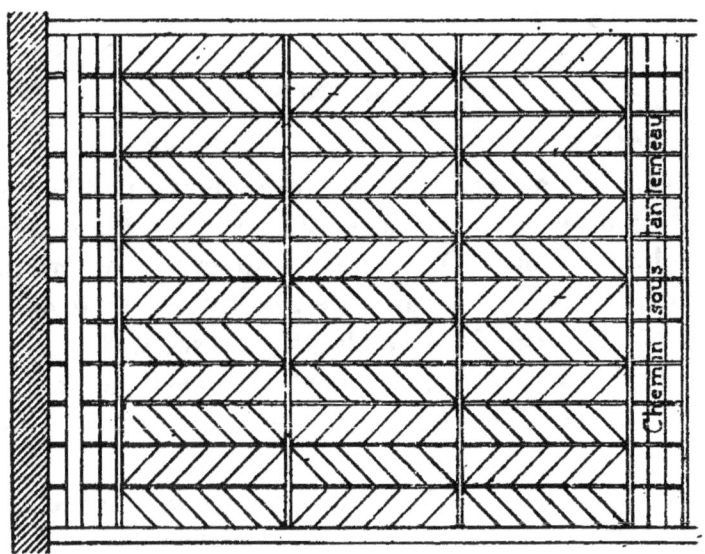

Fig. 582

bardeaux sont appareillés en long. L'espace intermédiaire,

divisé par les pannes en trois travées principales et sectionné par les fers à T, est rempli par les bardeaux appareillés à point de Hongrie et retournés d'une travée à l'autre. On évite ainsi les enduits, tout en obtenant un plafond d'apparence très convenable. Le matelas d'air s'oppose à une trop grande déperdition du calorique de la pièce couverte.

296. Lattis ménagé par la maçonnerie. Plâtre et bardeaux. — Sur les combles hourdés on peut encore produire par la maçonnerie elle-même les arêtes de lattis nécessaires pour accrocher les tuiles. Le premier moyen est représenté par la *fig.* 583. Sur la partie supérieure du hourdis on produit le long d'une règle, provisoirement éta-

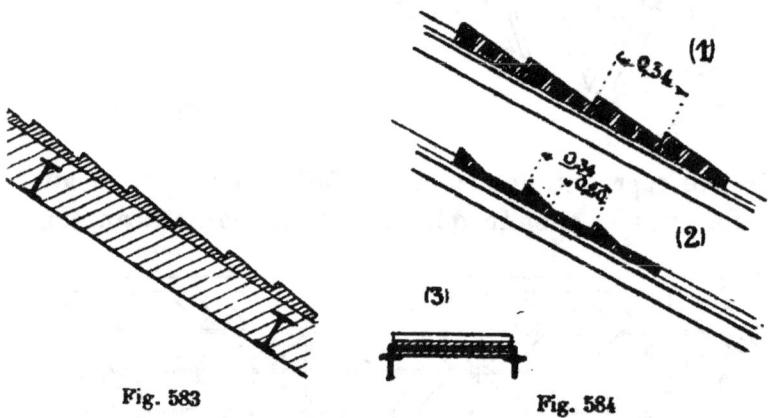

Fig. 583. Fig. 584.

blie suivant les lignes de division convenables, une série de solins en plâtre, dont les arêtes sont destinées à recevoir les crochets des tuiles. Il en résulte un enduit en forme de crémaillère tel que celui qui est représenté en coupe.

Pour que le plâtre de cet enduit tienne sur le hourdis, il faut que les deux ouvrages soient faits presque simultanément, afin qu'il n'y ait aucune poussière ou mousse interposée.

On peut produire le même résultat lorsque le remplissage est formé de bardeaux placés dans l'entrevous des chevrons.

On n'a qu'à régler leurs dimensions sur celle du pureau de la couverture, et leur donner une forme trapézoïdale comme il est dessiné dans la *fig.* 584. Il en résulte des arêtes horizontales qu'on peut aligner convenablement et qui font office de lattis.

297. Chevronnage, sections, mode de fixation sur les pannes. — Les chevrons destinés à soutenir les lattis et quelquefois les voligeages, ainsi qu'on l'a vu, s'établissent suivant la ligne de plus grande pente des toitures; ils sont parallèles et équidistants; on a indiqué, à propos des lattis, la portée qu'il convenait de leur donner et qui correspond à l'espacement des chevrons.

Dans les conditions ordinaires, des fer à T conviennent pour constituer les chevrons; ils sont préférables aux cornières, en raison de leur symétrie qui évite toute tendance à la torsion et au voilement; d'un autre côté, les cornières donnent une plus grande commodité d'assemblage. Que ce soient des fers à T ou des cornières, dans les combles destinés à porter simplement de la tuile, la section à laquelle on arrive est de $\frac{50 \times 50}{5 \text{ à } 7}$ ou $\frac{60 \times 60}{6 \text{ à } 8}$, pour des écartements de pannes variant de 1^m,60 à 2^m,10. D'autres constructeurs adoptent de plus grands écartements de pannes et préfèrent pour les chevrons les sections en I ou en U de 0,08 de haut et 0,04 de largeur de tables.

Quelquefois, on a choisi pour les chevrons la section en Z que nous avons déjà citée pour les lattes et qui a le grand avantage d'un assemblage facile soit avec les pannes soit avec les lattes.

On a vu dans la *fig.* 574 un exemple où les chevrons ont leur table à la partie basse et reçoivent les lattis sur leur tranche verticale; mais, la plupart du temps, il y a une grande simplification des nombreux assemblages des lattis, lorsque ce dernier est fait en cornières, à mettre la table des chevrons à la partie haute comme dans la *fig.* 575. Les deux tables sont alors juxtaposés, et jonctionnées simplement par des vis ou des boulons.

Les assemblages avec les pannes sont moins simples mais aussi moins nombreux, et, en fin de compte, on y trouve de l'économie.

Un premier moyen consiste à établir les pannes avec une section en U travaillant de champ, et à les jonctionner avec les chevrons par l'intermédiaire d'un bout de cornière verticale rivée, qui s'applique le long de l'âme du chevron et s'y boulonne. La *fig.* 585 représente cet assem-

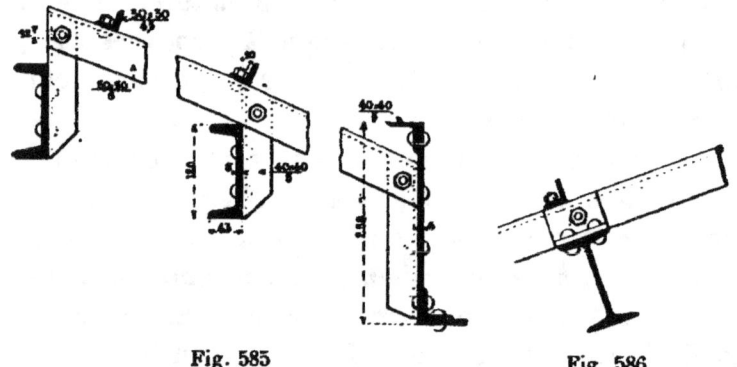

Fig. 585   Fig. 586

blage appliqué à la construction de la halle à voyageurs de la gare de Châlons-sur-Marne.

Les pannes sont espacées de $1^m,40$ suivant la pente; elles sont en fer à U de $\frac{120 \times 43}{8}$ et placées verticalement. Les chevrons sont espacés de $1^m,333$. Ils sont en cornières $\frac{50 \times 50}{6}$; le lattis est en cornières $\frac{30 \times 30}{4,5}$ et est fixé sur les chevrons avec des boulons de 10 millimètres.

Un second moyen d'attache consiste à employer des pannes en fer à I larges ailes, à les incliner normalement à la toiture et à assembler les chevrons par le moyen d'équerres comme le montre la *fig.* 586.

Enfin, un troisième procédé consiste à faire la jonction des chevrons et des pannes par l'intermédiaire de pièces spéciales en fonte malléable. Ces pièces sont munies à leur partie inférieure d'une pince fixe qui a la forme de la table haute de la panne. Il y a assez de jeu pour lui permettre de glisser. On en enfile, avant la pose de la panne, le nombre voulu pour la jonction des chevrons qu'elle doit porter. Les mêmes pièces comportent une âme sur laquelle s'appuie la branche verticale du chevron et un boulon fixe le croisement. Enfin le haut est terminé par

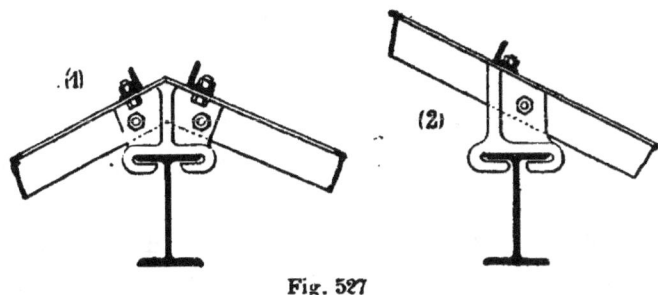

Fig. 527

une rive biaise sur laquelle est fixée, d'une façon précise, l'autre branche du chevron. Les croquis 1 et 2 de la *fig.* 527 donnent la forme de ces pièces appliquées à une panne de faîtage et à une panne courante.

298. Surfaces vitrées des combles, qualités de verres qu'on y emploie. — L'éclairage des espaces couverts par les combles nécessite souvent l'emploi de surfaces vitrées plus ou moins considérables. Lorsque les surfaces sont faibles, disséminées sur les rampants, on se sert soit de tuiles en verre, soit de châssis vitrés. Si les surfaces sont très importantes, on constitue avec les feuilles de verre de véritables parties de couverture, souvent très étendues.

Les feuilles de verre employées sont prises, soit dans les dimensions du commerce, soit dans les dimensions extra, ou *hors mesure*, comme l'on dit.

Les verres à vitres du commerce rentrent dans les quinze mesures suivantes :

$1^m,32 \times 0^m,30$	$1^m,02 \times 0^m,45$	$0^m,78 \times 0^m,63$
$1, 26 \times 0, 33$	$0, 96 \times 0, 48$	$0, 75 \times 0, 60$
$1, 20 \times 0, 36$	$0, 90 \times 0, 51$	$0, 72 \times 0, 63$
$1, 14 \times 0, 39$	$0, 87 \times 0, 54$	$0, 72 \times 0, 66$
$1, 08 \times 0, 42$	$0, 81 \times 0, 57$	$0, 69 \times 0, 66$

Les épaisseurs varient suivant trois catégories :

Les verres simples ont environ 0^m,001 d'épaisseur.
Il y a 60 feuilles verre simple à la caisse.

Les verres demi doubles ont 0^m,0015 d'épaisseur.
Il y a 40 feuilles verre demi double à la caisse.

Le verre double a 0^m,002 d'épaisseur.
Il y a 30 feuilles verre double à la caisse.

Lorsqu'on emploie le verre à vitre du commerce à la couverture, on adopte toujours le verre double, il résiste convenablement à la grêle et supporte mieux les nettoyages.

Indépendamment des dimensions qui viennent d'être indiquées, on peut avoir des verres plus grands qui sont un peu plus chers au mètre superficiel, mais qui présentent l'avantage de la surface ; ce sont les verres *hors mesure*.

Les dimensions courantes hors mesure sont les suivantes :

0^m,30 sur 1^m,29 à 1^m,47			0^m,72 sur 0^m,72 à 2^m,34		
0, 33 » 1, 29 » 2, 07			0, 75 » 0, 75 » 2, 28		
0, 36 » 1, 23 » 2, 07			0, 78 » 0, 78 » 2, 22		
0, 39 » 1, 17 » 2, 07			0, 81 » 0, 81 » 2, 16		
0, 42 » 1, 11 » 2, 19			0, 84 » 0, 84 » 2, 10		
0, 45 » 1, 05 » 2, 28		Variations de 0^m,03 en 0^m,03	0, 87 » 0, 87 » 2, 04		Variations de 0^m,03 en 0^m,03
0, 48 » 0, 99 » 2, 52			0, 90 » 0, 90 » 1, 98		
0, 51 » 0, 93 » 2, 52			0, 93 » 0, 93 » 1, 92		
0, 54 » 0, 90 » 2, 52			0, 96 » 0, 96 » 1, 86		
0, 57 » 0, 84 » 2, 49			0, 99 » 0, 99 » 1, 80		
0, 60 » 0, 78 » 2, 46			1, 02 » 1, 02 » 1, 74		
0, 63 » 0, 75 » 2, 43			1, 05 » 1, 05 » 1, 71		
0, 66 » 0, 72 » 2, 40			1, 08 » 1, 08 » 1, 65		
0, 69 » 0, 69 » 2, 37			1, 11 » 1, 11 » 1, 62		

Les tarifs donnent le prix de la feuille en verre simple, quoique pour certaines de ces feuilles la faible épaisseur de 0,001 ne soit pas toujours pratique. A qualité égale les verres demi-doubles sont payés moitié en plus et les verres doubles deux fois le prix du verre simple. Ce sont, comme on l'a vu pour les vitres du commerce, les verres doubles que l'on réserve pour les toitures. Au point de vue de la qualité, on choisit d'ordinaire le verre de 4e choix (3e choix du bâtiment); il présente des défauts et bouillons sensibles et de légers défauts de coloration, qui dans cette application sont sans importance.

On fait maintenant un usage de plus en plus grand dans les combles des verres dits à *relief*. Ce sont, non plus des verres soufflés, mais des verres coulés; leur épaisseur est de 4 à 6 millimètres; l'une de leurs faces est lisse, l'autre est brute et munie de reliefs disposés en stries parallèles, ou arrangés en losanges réguliers. Ces reliefs cachent leurs imperfections et leur donnent une apparence de grande régularité. Les feuilles peuvent s'obtenir en grandes surfaces et leurs dimensions vont jusqu'à 1 mètre de largeur et 2^m70 en longueur; ce qui permet d'éviter tous les joints. Leur poids est d'environ 12 à 14 kilos par mètre carré. Ces verres, beaucoup plus solides que les verres lisses soufflés, sont particulièrement avantageux pour les toitures; en dehors de la résistance, ils offrent le grand avantage de diffuser les rayons solaires d'une façon remarquable, et d'en atténuer la gêne.

Enfin, un dernier produit qui rend de très grands services est la *glace brute*, également coulée et irrégulière, mais fabriquée sur 11 à 13 millimètres d'épaisseur; elle se présente avec une solidité plus grande encore. Elle coûte environ le double des verres à reliefs et peut s'obtenir sous des surfaces encore plus grandes. Son poids au mètre carré de feuille est de 25 kilos environ.

299. Pose des verres entre chevrons, masticage et contremasticage, coupes et joints, pentes. — Lorsque l'on veut établir un vitrage fixe sur un comble, on commence par rapprocher dans cette partie les chevrons à une distance de $0^m,40$ à $0^m,70$, et on les élève d'une certaine quantité au-dessus du restant de la couverture. On les place la table en bas pour former double feuillure; c'est dans cette feuillure qu'on placera les verres.

Les chevrons sont terminés à leur partie inférieure d'une façon spéciale : la table est relevée dans la hauteur de l'âme, d'équerre, afin de former arrêt et d'empêcher la vitre de glisser (1) *fig.* 588. Souvent on perce des trous dans l'âme de distance en distance, pour y mettre des chevilles qui retiendront le verre. Ce dernier ne pose pas directement sur le fer dans la feuillure du chevron ; on commence par garnir cettte feuillure de mastic de vitrier, on

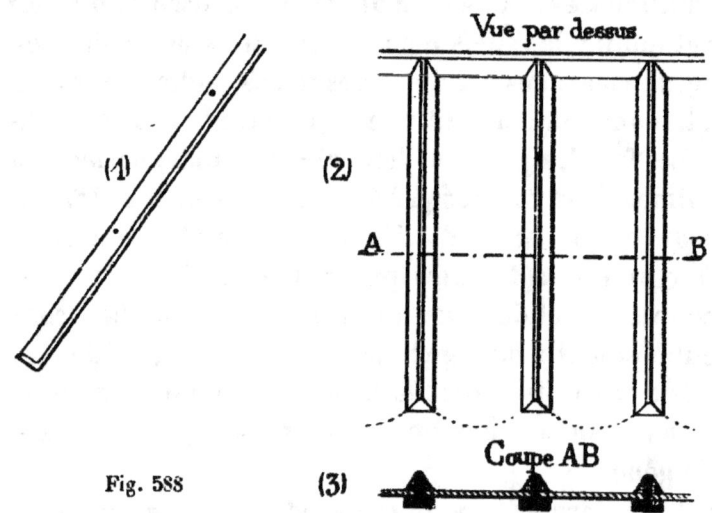

Fig. 588

pose la feuille sur ce mastic, on appuie pour en égaliser l'épaisseur, enfin, on complète par deux solins de mastic par dessus qui maintiennent le verre et font un joint complètement étanche. Il est bon de peindre à l'huile, de suite après la pose, ces solins de mastic, afin qu'ils ne soient pas délayés par la pluie tant que leur durcissement n'est pas complet.

La coupe inférieure du verre est arrondie, pour ramener l'eau au milieu de la travée et toujours l'éloigner des mastics.

Si une même travée de vitrage est garnie, par plusieurs verres imbriqués et superposés, les verres du dessus ont une coupe cintrée convexe qui ramène toujours l'eau au milieu ; les verres du dessous ont une coupe concave parallèle.

Lorsque les travées sont remplies dans toute leur hauteur par une seule feuille de verre sans joint, on peut se contenter d'une pente de 0m,07 par mètre. S'il y a des joints, il faut porter cette pente à au moins 0,17 par mètre, avec un recouvrement de 0m,07 à 0m,08 ; on diminue le recouvrement jusqu'à le réduire à 0,04, si la pente devient de plus en plus forte.

Les chevrons qui reçoivent les verres sont d'ordinaire des fers à simple T de 36 × 40 ou de 40 × 45, et on espace les pannes qui les reçoivent à environ deux mètres l'une de l'autre.

Lorsque le vitrage est apparent en dessous à faible distance, on remplace les fers à T par des fers à vitrages moulurés, de 0,060 à 0,070, qui peuvent suivant les cas franchir des intervalles de deux à trois mètres. La *fig*. 589 indique deux des nombreux profils qui se trouvent disponibles pour cet usage.

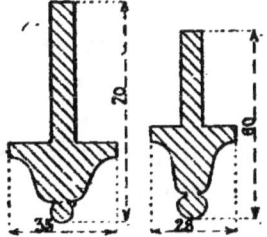

Fig. 589

Pour des portées de trois à quatre mètres, on peut employer des fers en croix ou mieux les petits rails qu'ont adoptés, pour les vitrages des halles à voyageurs, les grandes Compagnies de chemins de fer.

Les types le plus couramment employés sont donnés par les trois croquis de la *fig*. 590. Les patins reçoi-

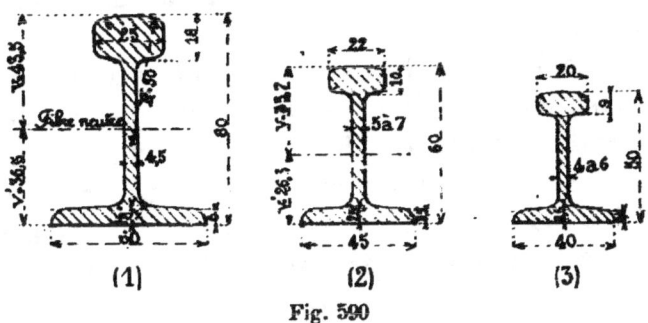

Fig. 590

vent les vitrages, tandis que les boudins concourent à la résistance considérable qu'on obtient.

Les valeurs de $\frac{I}{V}$ de ces trois profils sont les suivantes :

N° 1 avec âme de 4^{mm},5 $\frac{I}{V}$ = 0,000 024
» 2   »   5   » » 0,000 011
» 2   »   7   » » 0,000 012
» 3   »   4   » » 0,000 007
» 3   »   6   » » 0,000 008

On peut donc, avec ces chiffres et en tenant compte de la charge, ainsi que de la surcharge possible, déterminer le profil à adopter ou la portée à admettre. Ordinairement, avec le poids du vitrage et la demi-charge d'un homme au milieu de la portée, pour un écartement de pannes de quatre mètres,

le type n° 2 avec âme de 5 millimètres travaille à 5^k,82
»   3   »   4   »   8^k,98

Pour une portée de sept mètres entre pannes, le type n° 1 travaille à 6^k,7.

300. Grillages de protection en dessus et en dessous. — Lorsque les vitrages sont dominés par des endroits habités, il est bon de les garantir par des grillages. Ceux-ci sont exécutés en panneaux facilement maniables, maintenus soulevés par des supports ayant la forme de fourches, retenus par des goupilles. Ces grillages sont établis parallèlement aux pans vitrés, à une distance 0,15 à 0,20 au-dessus.

Lorsqu'on emploie les verres striés ou la glace brute en grandes dimensions, la chute des morceaux en cas de bris peut être dangereuse pour les locaux qu'ils abritent. On évite tout accident en plaçant en feuillure, sur les chevrons, dans toute l'étendue de la travée, un grillage solide à mailles larges, dont les bords sont noyés dans le mastic. Au-dessus on met le verre, et on achève par les solins de mastic; le grillage ainsi pris dans le mastic est assez solide pour retenir en place tous les éclats. Le grillage le plus employé dans cette circonstance est le grillage Rodes en cuivre, sans torsion, fil carré et ondulé, mailles de 0,03 à 0,04.

301. Réparations, supports d'échelles, garanties. — Il est bon, toutes les fois qu'on le peut, de prévoir sur les toitures des chemins de circulation à proximité des surfaces vitrées; de plus, on prépare pour les réparations des supports d'échelles.

La *fig.* 591 rend compte d'une des dispositions que l'on adopte dans la plupart des cas. Elle représente une partie vitrée en haut d'un comble à deux pentes. Sur la panne

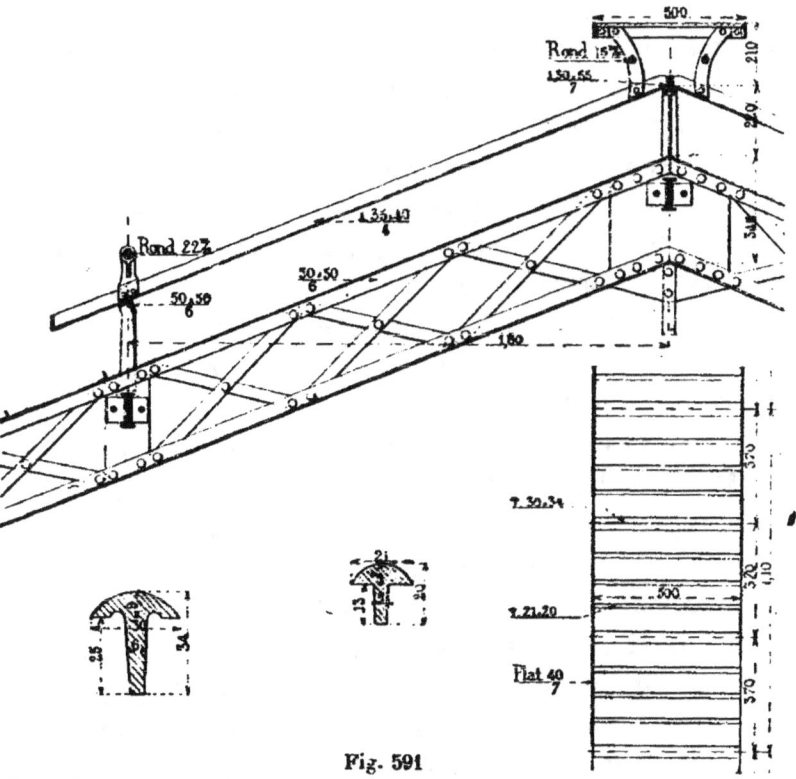

Fig. 591

de faîtage et les deux voisines, on a établi des supports en fonte malléable, qui soutiennent à hauteur voulue de fausses pannes parallèles, en cornières ou en fers à T. Sur ces fausses pannes viennent porter les chevrons. Ces derniers sont dans cet exemple en T de $\frac{35 \times 40}{4}$ avec un écartement de 0^m,37.

La surface vitrée avance au-dessus de la partie pleine de la couverture d'une quantité suffisante pour que la pluie poussée par le vent ne puisse pénétrer dans l'intérieur et cette quantité dépend de la distance qu'on laisse entre le verre et la couverture. La distance peut être réduite à quelques centimètres dans le cas de clôture complète, ou atteindre des dimensions de 0ᵐ,50 à 1 mètre et plus. Si on veut profiter de ce changement de matériaux pour établir une baie de ventilation, une paroi vitrée à châssis mobiles ferme alors l'intervalle.

Au faîtage, on a disposé un chemin de circulation en fer et à claire-voie. Ce chemin est formé de deux lisses longitudinales en fer plat de 40 × 7, réunies tous les 0ᵐ,37 par des fers à T à table bombée de 0,034 de hauteur ; entre ces fers, trois autres T de 0,020 remplissent les intervalles. Les traverses sont terminées par un tenon rivé à chaque bout et sont alors assez rapprochées pour former un chemin continu de 0,50 de largeur. Ce chemin est supporté par des cornières cintrées, fixées de distance en distance aux chevrons de vitrage. Quelquefois, on ajoute d'un côté une rampe légère, qui permet l'accès de la couverture aux personnes inexpérimentées.

En plus de ces chemins de circulation, on réserve des supports d'échelle, établis dans le sens perpendiculaire aux chevrons, et soutenus de distance en distance, ordinairement au-dessus des pannes. On en met au moins deux sur chaque pan, afin de soutenir les extrémités de l'échelle qui permettra les réparations. Dans le croquis ci-dessus, l'un de ces supports est en fer rond de 0,022 au-dessus de la panne ; l'autre, porté par les supports plus rapprochés du chemin, est en fer rond de 0,015.

Une échelle munie de crochets par le haut peut être ainsi établie suivant le rampant, au-dessus du vitrage, en un point donné ; elle permet de peindre ou réparer les mastics ou de remplacer une feuille brisée.

La *fig.* 592 donne un autre exemple, pris dans le même

bâtiment (Ateliers du Vieux-Chêne) et appliqué à une partie d'appentis; le principe est exactement le même.

Les chemins de circulation peuvent être disposés suivant la pente; ils dépendent alors du système de couvertures employé. Si ce sont des tuiles, on peut faire fondre de doubles tuiles en fonte, s'emboîtant avec les tuiles courantes et portant les marches successives d'un escalier, auquel on adjoint même une rampe s'il ne se trouve pas

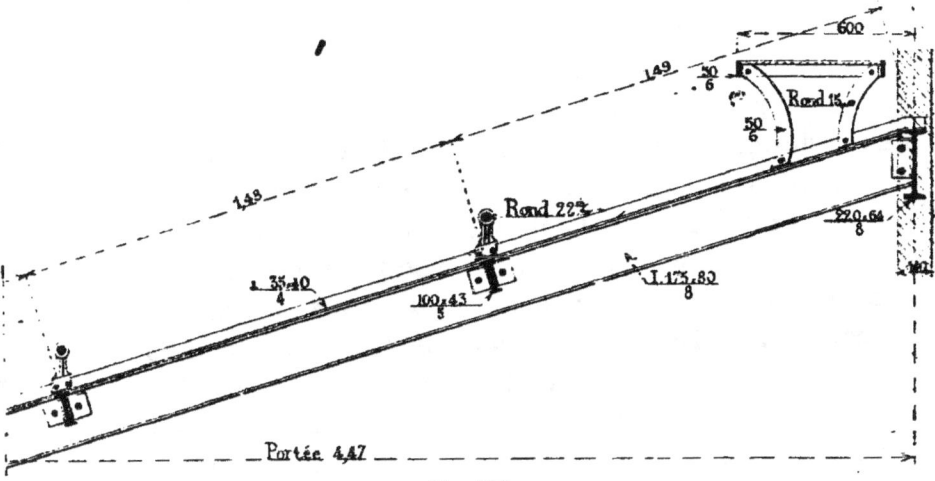

Fig. 592

établi le long d'un mur plus élevé. Si la couverture est en zinc, on accroche dans le chevronnage des marches coulées en zinc, qui de plus sont soudées après les feuilles superficielles du métal de la toiture. Enfin, on a encore la possibilité de fixer des échelles en fer galvanisé, qui se tiennent par leurs deux extrémités. On les emploie principalement soit pour circuler parallèlement aux pans d'ardoises soit pour accéder aux souches de cheminées pour les ramonages ([1]).

302. Récolte de la condensation intérieure. — La condensation de l'humidité intérieure, le long des surfaces vitrées, est souvent une gêne; l'eau produite

---

([1]) Voir notre ouvrage sur la *Couverture des Édifices*.

coule le long des saillies des rampants et, si elle rencontre un obstacle ou si la pente est faible, elle tombe dans l'intérieur. Pour éviter cet inconvénient, on peut s'arranger de manière à la recueillir et on a bien des moyens à sa disposition, surtout si on la prévoit en étudiant la construction. Si le vitrage va jusqu'à un chéneau, on peut le disposer pour que l'eau y trouve son écoulement direct. Si le vitrage est surélevé au-dessus de la couverture, on profite de la surélévation pour établir une gouttière ayant écoulement au dehors.

Dans certains cas, dans les serres, par exemple, on est arrivé à changer la position des pannes et à les mettre au-dessus des chevrons et à l'extérieur, afin d'éviter qu'elles n'arrêtent la condensation et ne la déversent en un point donné. Enfin, dans notre traité de la Couverture, nous avons donné une solution ingénieuse, imaginée par M. André, constructeur à Neuilly, applicable aux vitrages ayant peu de pente. Il choisit les verres fondus striés, les coupe de telle sorte que les stries soient au moins à 45°, et les dispose en point de Hongrie dans les travées successives. La condensation suit les stries et se réunit sur les chevrons de deux en deux. Sous ces chevrons on suspend de petites gouttières qui récoltent l'eau ainsi amassée.

Dans les usines, cette condensation est souvent très importante. Soit dans les salles de chaudières, soit dans les ateliers chauds et humides, elle risque d'imprégner tout le plafond de dessous de la couverture. Il faut prévoir la construction en conséquence, si l'on ne veut pas être obligé plus tard, pour la combattre, d'échauffer le plafond au moyen de tuyaux suspendus, dans lesquels circule constamment une certaine quantité de vapeur.

303. Pannes, portées, assemblages et formes diverses. — Les chevronnages qui portent les couvertures ne peuvent, ainsi qu'on l'a vu, franchir de grandes portées ; on les soutient par les pannes, sortes de solives établies parallèlement à la longueur du bâtiment, et disposées suivant les horizontales des pans de toiture. Ces pannes peuvent franchir des espaces de 3 mètres à 6, 8 ou même quelquefois 10 mètres et plus; d'ordinaire, leur portée se restreint à 5 ou 6 mètres. Leurs extrémités peuvent poser sur des murs de refend, s'il en existe dans le bâtiment; dans ce cas, elles sont simplement scellées dans les rampants qui les terminent.

Mais il est rare que les murs de refend soient aussi nombreux que le demanderaient les pannes; on supporte alors ces dernières par des fermes de charpente qui remplacent les murs absents.

Il y a analogie complète entre une charpente de combles ainsi disposée et un plancher formé de poutres et de solives. Les pannes forment les solives et les fermes de charpente forment de véritables poutres, franchissant l'intervalle des murs et chargées de porter les pannes.

Les pièces inclinées des fermes s'appellent les arbalétriers et ce sont ces pièces qui soutiendront les extrémités des pannes. Dans les combles ordinaires, à petites portées et à intervalles des fermes de 3^m,50 à 6 mètres, on emploie comme pannes des fers laminés à simple T, à I, ou en U. Suivant les conditions à remplir, et la disposition qu'on adopte pour la charpente, on les pose sur des arbalétriers ou bien on les assemble avec ces derniers.

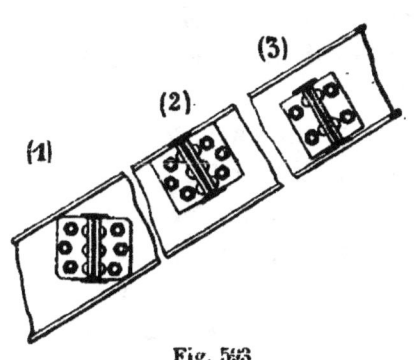

Fig. 593

Deux systèmes sont en présence, que l'on emploie pour ainsi dire indifféremment dans la pratique. Dans l'un, on met les pannes bien verticales, en remarquant qu'elles sont établies pour résister à une pression verticale, au poids de la couverture (croquis (1) de la *fig.* 593).

Dans le second, on les établit de telle sorte que leur axe soit perpendiculaire à la direction de l'arbalétrier et normal au pan de toiture; elles ont alors à résister à la composante normale des poids à soutenir. On a soin que la composante parallèle à l'arbalétrier soit contrebalancée et annulée, soit en accrochant les chevrons au faîtage avec les chevrons d'un autre pan, ou de toute autre manière, soit en leur donnant à leur pied un point de butée suffisant. Les croquis (2) et (3) de la *fig.* 593 montrent ainsi des pannes normales à la direction de l'arbalétrier qui les porte.

Cette dernière disposition rend, en général, les assemblages plus commodes que la première, et au point de vue de la résistance les deux méthodes se valent. Si on n'a ni point d'accrochage ni point de butée, on peut encore remplacer le fer unique, qui forme la panne dans les exemples précédents par une pièce faite de deux fers jumelés dont l'intervalle boulonné est hourdé. On forme ainsi une pièce présentant une résistance donnée pour recevoir la composante normale des charges, et offrant aussi, dans le sens de la pente, toute sécurité contre un voilement transversal.

Fig. 594

Lorsque les pannes s'assemblent avec les âmes des arbalétriers, on emploie pour les jonctionner des équerres analogues à celles employées pour fixer les solives aux poutres des planchers, ainsi qu'on le voit aux 3 croquis de la *fig.* 593.

Quelquefois, on arase le dessus des pannes avec le dessus des arbalétriers; il est bon alors de multiplier les boulons de jonction des équerres, puisqu'ils ont à porter tout le poids de la panne. D'autres fois, faisant jouer à l'arbalétrier le rôle de chevron, on baisse les pannes de l'épaisseur de ces derniers. Il est bon de combiner autant que possible les dimensions de toutes ces pièces pour que la panne repose sur l'aile inférieure de l'arbalétrier, soit directement, soit par l'intermédiaire d'une cale ; les boulons ne sont plus soumis au cisaillement et on peut réduire leur nombre à ce qui est strictement nécessaire pour l'attache, *fig.* 593, croquis (3).

On est quelquefois obligé d'avoir recours à des équerres de forme spéciale ou à des pièces de fonte, lorsque la panne doit être baissée plus bas que l'aile inférieure de l'arbalétrier ; on en a eu un exemple dans le détail de la *fig.* 580.

Lorsque l'arbalétrier est en treillis, on doit d'avance déterminer la position des pannes dont on a besoin pour porter la couverture ; on trace une division régulière ; aux points obtenus on met une partie d'âme pleine, de largeur suffisante pour les assemblages, et un treillis de forme convenable remplit les intervalles. La *fig.* 591 donne une disposition ainsi arrangée.

D'autres fois, lorsque l'arbalétrier a une grande hauteur par rapport à la panne, on établit celle-ci au croisement

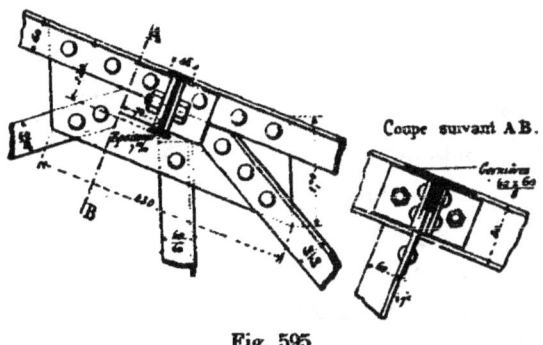

Fig. 595

du treillis sur un des goussets d'assemblage, auquel on donne une dimension suffisante pour la jonction, *fig.* 595.

Lorsque les pannes doivent dans une toiture supporter une partie pleine et une partie vitrée, on doit soulever le vitrage d'une certaine hauteur au-dessus du restant de la couverture. On fait porter par les pannes correspondantes de fausses pannes en cornières, soutenues par des potelets en fer, ou en fonte malléable ou par des balustres en fonte. Il est avantageux dans ce cas d'adopter la position verticale pour les pannes, ainsi que le montre encore cette même *fig.* 591.

Dans cet exemple, les chevrons et les arbalétriers s'arasent dans la partie haute, afin de porter le lattis et, par suite, les tuiles. A la jonction entre les tuiles et le vitrage est une ligne de pannes, et au-dessus une ligne de fausses pannes; la même répétition existe au faîtage.

Les fausses pannes sont faites en cornières $\frac{50 \times 50}{6}$ et cette faible section suffit pour porter les chevrons de vitrage, parce que les potelets en fonte malléable, portés par la vraie panne, soutiennent la cornière en des intervalles d'environ 1 mètre à 1m,50. Au faîtage, la cornière est remplacée par un T de $\frac{50 \times 55}{7}$ présentant une feuillure pour chaque pan.

Lorsqu'on place les pannes au-dessus des arbalétriers, ce qui est le cas le plus rare, on les assemble par l'intermédiaire de sortes de chantignolles en tôle et cornières, disposées suivant l'angle du rampant, si la panne doit être verticale, comme l'indique la *fig.* 596.

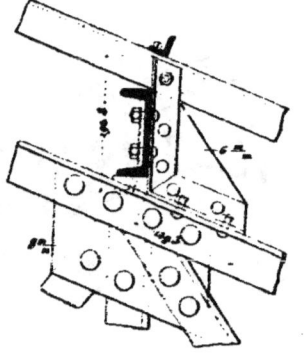

Si la panne est perpendiculaire à la direction du pan, on remplace cette forme de chantignolle par une plus simple, faite d'un bout de grande cornière que l'on boulonne avec les deux pièces.

Enfin, si le comble est hourdé et si la ferme comporte un arbalétrier de deux pièces dont l'intervalle soit rempli de maçonnerie, on peut former les chantignolles de bouts de fers à T simplement scellés, très suffisants pour retenir les pannes.

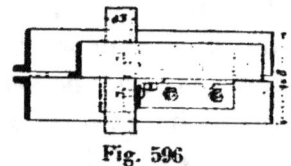

Fig. 596

Quant à la section même des pannes, elle varie autant que peut varier celle des solives d'un plancher, suivant la charge et la portée qui se présentent dans chaque cas. Pour les petites dimensions, on se contente de fers laminés à T, à I ou en U. Pour des résistances plus grandes, on a recours aux poutres en tôle et cornières, à âmes pleines ou en treillis, et quelquefois aussi on prend des poutres armées. On verra des exemples de toutes ces formes dans les divers combles qui vont être représentés dans ce chapitre.

§ 2. — APPENTIS, MARQUISES

304. Appentis de faible portée. — Lorsqu'un comble n'a qu'une seule pente, il se nomme un appentis. Il est ordinairement adossé à un bâtiment plus élevé, dont la paroi verticale lui sert de point d'appui. En avant, il trouve

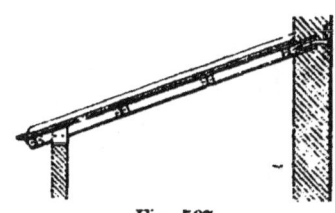

Fig. 597.

un second point d'appui dans une paroi verticale, mur ou pan de charpente.

Pour les petites portées, la construction est très simple. On pose les chevrons d'un mur à l'autre, en les espaçant régulièrement, et l'espacement est rendu facile par deux sablières, l'une en haut, cramponnée dans le mur d'ados, l'autre couronnant longitudinalement le mur de face.

Si le comble est en vitrages, on peut prendre, comme limites de la portée du fer, les portées que nous avons vues pour les fers à vitrages soit 1^m,50 à 2 mètres pour les fers en croix, 4 à 7 mètres pour les petits rails.

Si on ne peut prendre cette disposition, par suite du trop grand écartement des murs, on arrive à l'arrangement de la *fig.* 597. De distance en distance, on établit un fer à I incliné suivant le rampant, c'est l'*arbalétrier*. Il est placé dans l'axe de chaque partie pleine. D'un arbalétier au suivant, on met des pannes suivant des horizontales du pan, et on crée ainsi les points d'appui nécessaires pour les chevrons.

Il est indispensable d'ancrer la partie haute des arbalétriers, afin de permettre à leur scellement de résister à l'arrachement que peuvent tendre à produire l'inclinaison et le poids de la couverture.

305. Modifications pour portées plus grandes. —
Si la portée est grande, on remplace l'arbalétrier par une véritable ferme, formée d'un arbalétrier et d'un entrait, ainsi que le montre un exemple figuré dans le croquis 598.

La distance des points d'appui augmentant encore, la ferme se prête avec l'addition de quelques pièces, comme

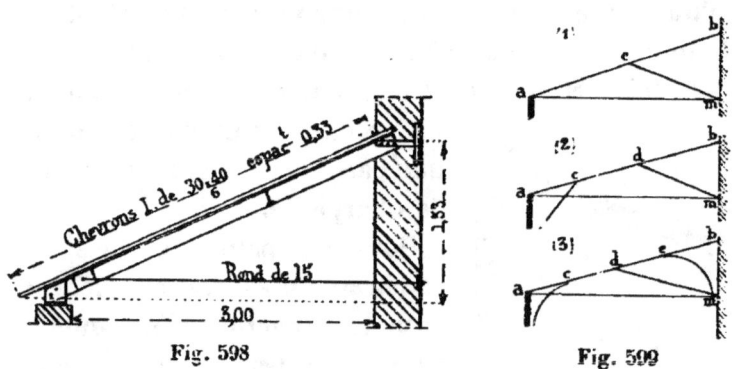

Fig. 598   Fig. 599

des contrefiches ou des consoles, à la consolidation de l'arbalétrier. Comme l'indiquent les trois croquis successifs de la *fig.* 590, on peut facilement obtenir un, deux, ou trois points d'appui intermédiaires sur la longueur de l'arbalétrier, et on fait volontiers coïncider les lignes de pannes avec les points solides ainsi obtenus.

En (1), l'arbalétrier ab est soutenu en son milieu c par la contrefiche cm et l'écartement des points a et m est rendu fixe par un entrait.

En (2), l'arbalétrier est divisé en 3 portions égales et aux points d et c aboutissent soit des contrefiches droites, soit des consoles courbes.

Enfin en (3), au moyen de ces mêmes pièces employées concurremment, on trouve les 3 points d'appui intermédiaires c,d,e.

Les détails de construction de ces diverses fermes se

retrouveront dans le § 3, à propos des combles à 2 pans ; nous y renvoyons le lecteur.

306. Exemple d'appentis sur colonnes. — Nous donnerons seulement ici, comme exemple non seulement

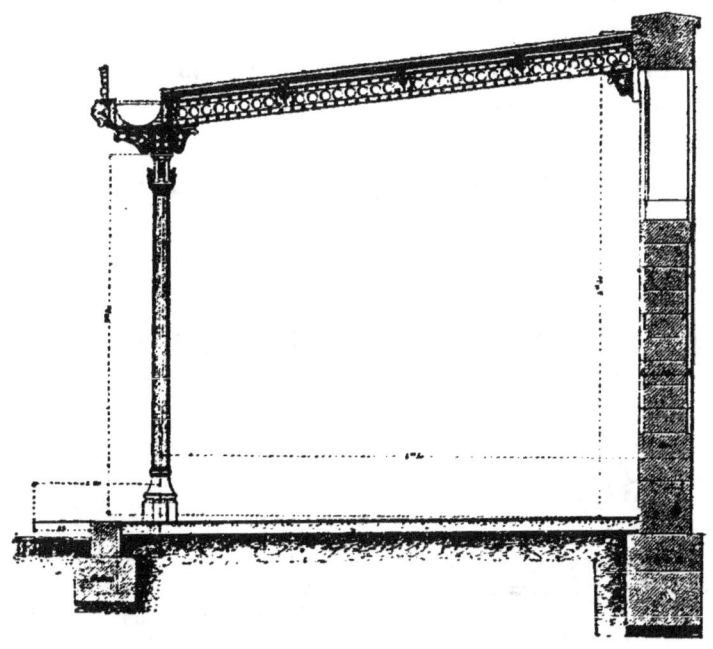

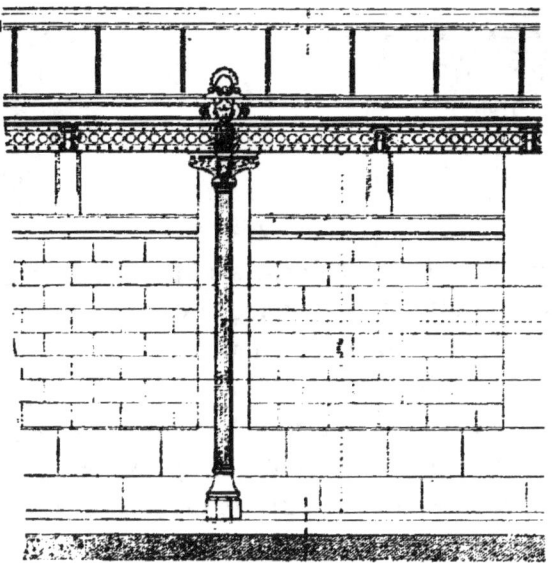

Fig. 600

de construction mais encore de décoration, la galerie de la gare de Paris des chemins de fer d'Orléans. L'appentis qui la forme a 4ᵐ,50 de largeur ; il est adossé à un mur de fond. Le pan de façade est métallique et formé de colonnes consécutives espacées de 10 mètres, réunies au moyen de larges chapiteaux à une sablière courante.

Aux colonnes correspondent des arbalétriers en poutres composées à âme découpée.

Dans l'intervalle sont d'autres arbalétiers moins importants en fer I L. A. de 0,150, qui forment avec les pannes une division en caissons réguliers, dont le fond est le voligeage ; ce dernier est placé sur des lambourdes moulurées qui surmontent toutes ces pièces.

Le chéneau est large ; il est en saillie sur le pan de façade et porté de distance en distance sur des consoles en

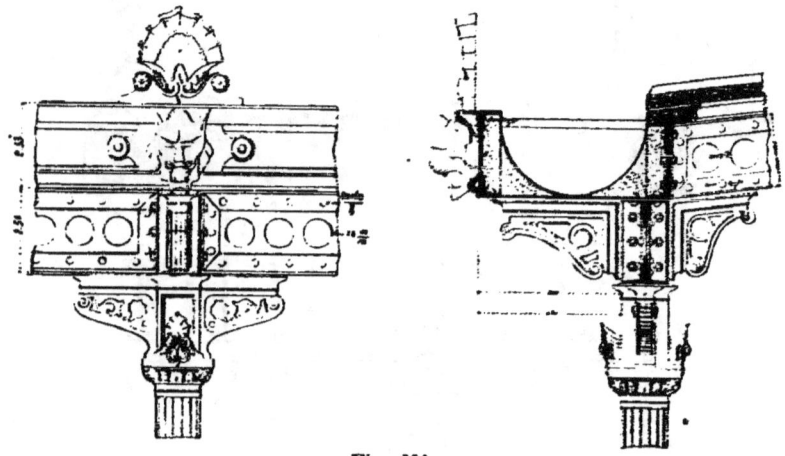

Fig. 601

fonte adossées soit aux colonnes soit à la sablière. Pour la plus grande commodité du chéneau, en même temps que pour l'aspect, la sablière est double ; la poutre du bas est seule visible de l'extérieur, la seconde est un peu déviée en dedans et se développe dans la hauteur du chéneau.

Toutes ces dispositions sont indiquées en coupe transversale et en façade extérieure dans le croquis d'ensemble de la *fig.* 600.

Les détails d'exécution ont été très étudiés et nous les donnons dans les figures suivantes. Le croquis 601 donne la représentation de face et de côte de la tête de colonne, ainsi que la jonction de cette dernière avec les pièces adjacentes, la sablière et l'arbalétrier. Il montre aussi la dispo-

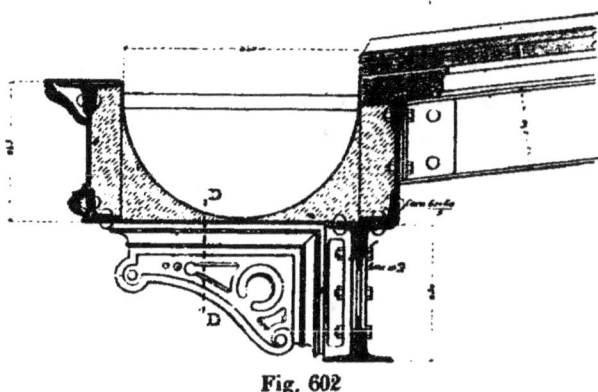

Fig. 602

sition ainsi que la forme du chéneau et des consoles qui le soutiennent.

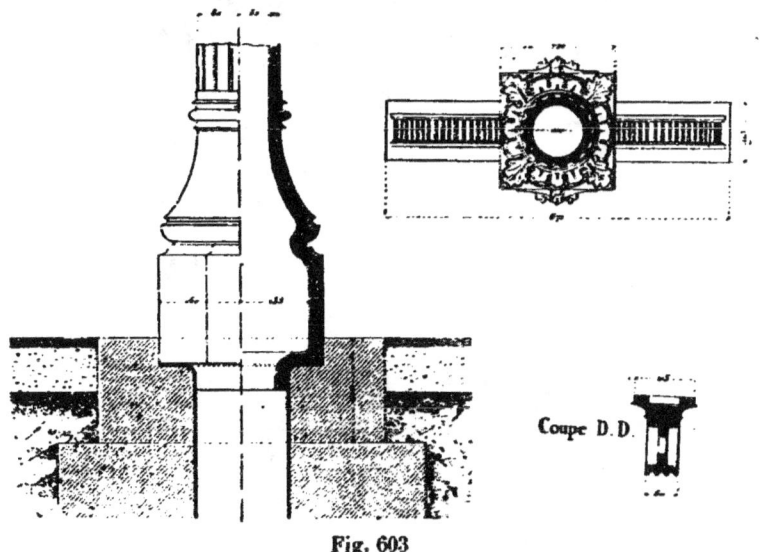

Fig. 603

Une coupe plus grande du chéneau est représentée *fig.* 602. Ce chéneau n'est pas étanche. Sa section est prévue pour recevoir une garniture en bois et plâtre recouverte en plomb. Cette même coupe est faite un peu au-delà d'une colonne et montre un arbalétrier intermédiaire entre deux pièces principales. Des fers moulurés se trouvent fixés à la rive extérieure pour compléter l'effet d'une corniche. La coupe suivant DD est indiquée au bas de la *fig.* 603. Celle-ci donne en même temps la coupe verticale et l'élévation du pied de la colonne; on voit que celle-ci sert d'écoulement aux eaux. Une coupe horizontale, vue de dessous, montre la forme du chapiteau, ainsi que les grandes consoles qui soutiennent la sablière.

Les trois croquis de la *fig.* 604 donnent enfin la partie supérieure de l'arbalétrier principal, ainsi que l'attache des pannes sur sa longueur. Le haut de l'arbalétrier est en

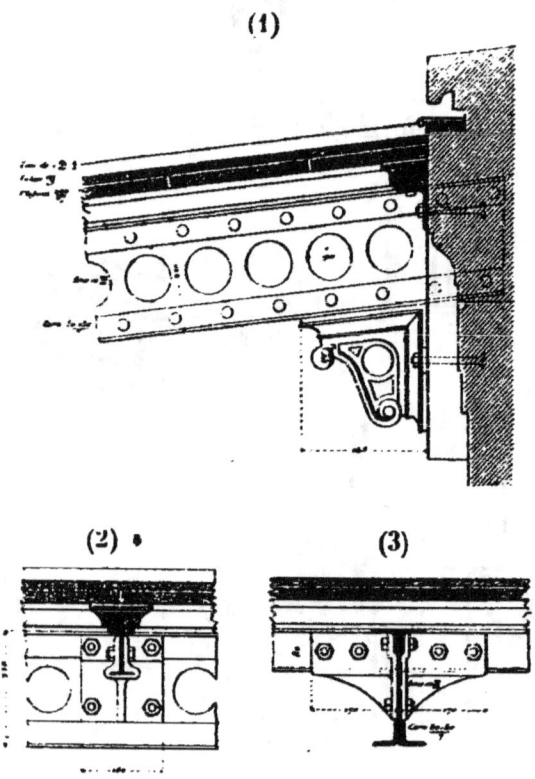

Fig. 604

scellement dans le mur; de plus, il est accompagné d'une console décorative faisant face à celle qui le réunit à la colonne.

On voit par les différents dessins que nous venons d'en donner que cette construction a été étudiée dans les moindres détails, et que l'aspect en est très réussi.

307. Appentis en porte à faux. Auvents et marquises. — Pour les petites portées, ou lorsque les supports sont gênants, on supprime les pans ou murs de façade des

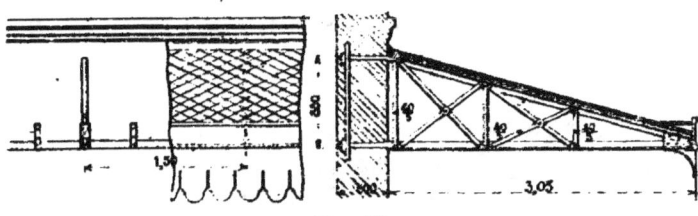

Fig. 605

appentis, et on dispose leur charpente pour qu'elle soit suffisamment solide par sa seule fixation dans le mur d'ados.

Un exemple de cette disposition est figuré dans le croquis 605.

Dans les trumeaux du bâtiment, à la distance des entraxes choisis, on met une série d'arbalétriers formés chacun d'une poutre en porte à faux bien scellée dans un mur solide. C'est surtout la membrure supérieure, soumise à une forte traction, qu'il est utile de bien ancrer.

Ordinairement on fait l'arbalétrier en treillis, lorsque la pente est faible et la portée considérable.

Le détail de la *fig.* 606 donne l'arrangement de l'extrémité de la poutre qui forme l'ossature de l'appentis ci-dessus.

Si la pente est forte, on fait une véritable ferme, composée de toutes les pièces nécessaires pour une construction rationnelle, stable et économique.

Ces sortes d'appentis portent souvent le nom de *marquises*. Les marquises sont pleines ou vitrées, suivant les circonstances. Elles sont plus ou moins ornées, suivant les constructions auxquelles on les applique.

Pour les maisons d'habitation, elles sont de dimensions

restreintes et peuvent affecter deux formes principales représentées dans les croquis (1) et (2) de la *fig.* 607.

Dans le croquis (1), deux pièces principales horizontales scellées dans le mur forment poutres et tiennent par leur encastrement dans la maçonnerie, en travaillant à la flexion ; elles sont réunies par une pièce horizontale parallèle à la façade.

Bien souvent ces pièces sont les chéneaux mêmes qui doivent recueillir les eaux ; on les accompagne de con-

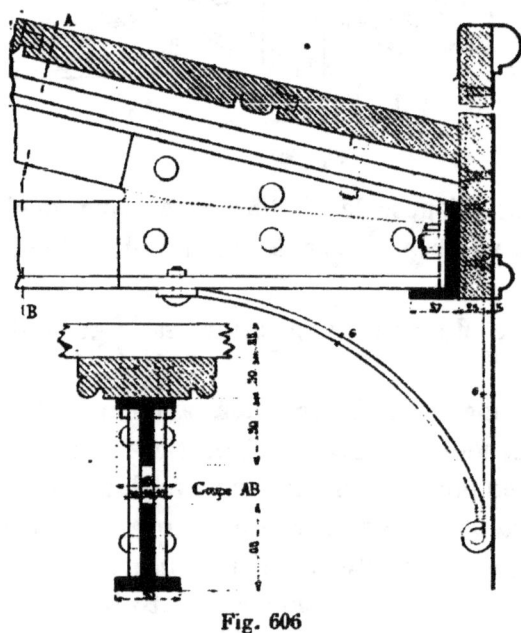

Fig. 606

soles en fer forgé, qui ne sont à cette place que pour l'ornement, sans ajouter à la résistance.

Sur ces chéneaux, on établit directement les chevrons de vitrage ; ils sont disposés, soit sur un pan seulement, soit suivant trois pans séparés par des arêtiers.

Le croquis n° 2 présente une forme toute différente. Les chevrons sont dans un même plan, dont la pente est renversée sur le bâtiment, et les eaux sont recueillies par un chéneau le long du parement du mur. Une grande ceinture courbe, ramenée des deux côtés perpendiculairement à la façade, y trouve les scellements nécessaires à la stabilité

Fig. 607

de l'ensemble, en même temps que deux consoles très développées les accompagnent pour l'ornement.

La disposition n° 1 est la *marquise à égout* ;
La disposition n° 2 est la *marquise relevée*.

308. Auvents extérieurs des hangars. — Les appentis en porte à faux sont dans bien des cas annexés aux combles des hangars, ils forment auvents extérieurs au delà des poteaux de rives pour protéger les façades, ou créent une travée extérieure d'abri pour des manutentions qui doivent se faire à couvert. Les fermes sont en prolongement des fermes du comble et s'attachent soit aux supports verticaux soit aux sablières de rive.

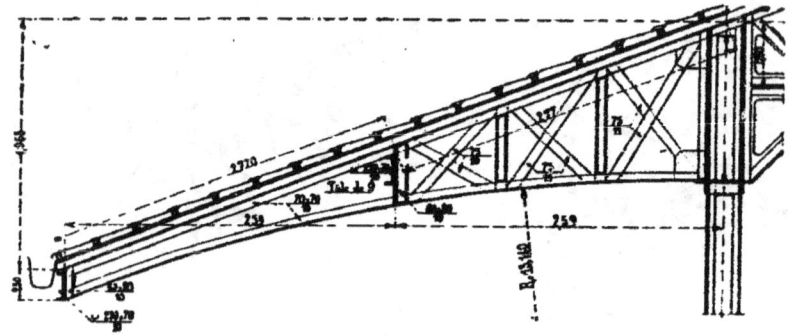

Fig. 608

Ces fermes portent un certain nombre de pannes qui

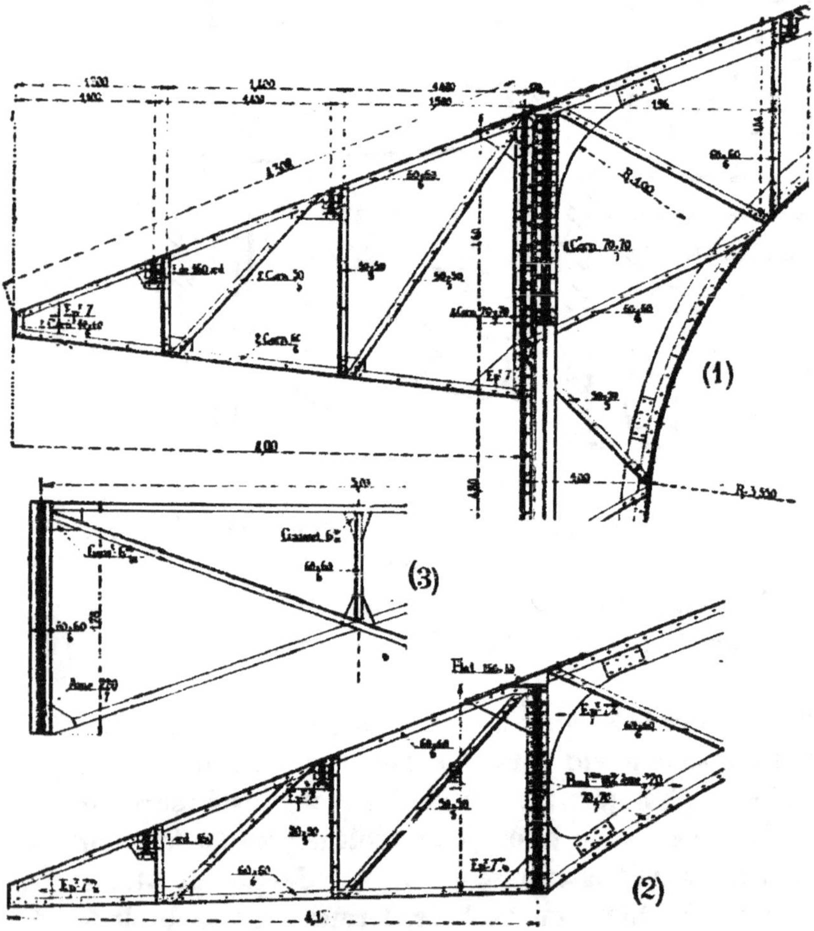

Fig. 609

reçoivent la couverture. Le croquis 608 donne un exemple de ces appentis ; c'est celui qui continue la charpente d'un hangar à marchandises de 10 mètres de portée, et dont nous donnons l'ensemble plus loin à propos des combles en arc

Un autre exemple de ces appentis en auvent accompagnant des hangars est représenté dans la *fig.* 609.

Il s'agit de la construction dont nous avons donné l'ensemble dans la *fig.* 478.

Le croquis (1) montre la composition d'une ferme correspondant à un poteau.

Le croquis (2) se rapporte à une ferme portée sur sablière et correspond aux fermes intermédiaires du comble.

Le croquis (3) n'a plus rapport à l'auvent, il a trait au contreventement des poinçons de deux fermes successives dans l'axe longitudinal du hangar.

309. Appentis avec auvents relevés. — On combine souvent les deux dispositions d'un appentis avec égout avec un auvent relevé au-delà des points d'appui.

Nous en donnons un exemple dans les abris de voyageurs de la station de Montargis.

Ces abris peuvent affecter deux formes : ou bien ils sont adossés à un mur plein, comme le représente le premier croquis de la *fig.* 610 ; ou bien ils sont isolés et ouverts sur toutes faces. On double alors la première disposition et on arrive à la forme du second croquis.

La façade et le plan de la charpente de l'abri double sont représentés, vus par-dessus, dans les deux croquis de la *fig.* 611. Ils montrent que l'entraxe des fermes est de 10 mètres et donnent la disposition des pannes, ainsi que les chéneaux qui sont placés au-dessus des lignes des points d'appui. On y voit également que les sablières qui réunissent deux colonnes successives portent deux fermes intermédiaires, ce qui permet de réduire la portée des pannes.

Les détails de construction de ces abris sont dessinés dans les dix croquis de la *fig.* 612.

APPENTIS AVEC AUVENTS RELEVÉS

Le croquis n° 1 donne la coupe transversale près d'une colonne et montre la ferme qui se trouve dans l'axe du support. Des consoles, faites d'un fer en croix recourbé, sont assemblées par éclisses avec les fers à simple T qui

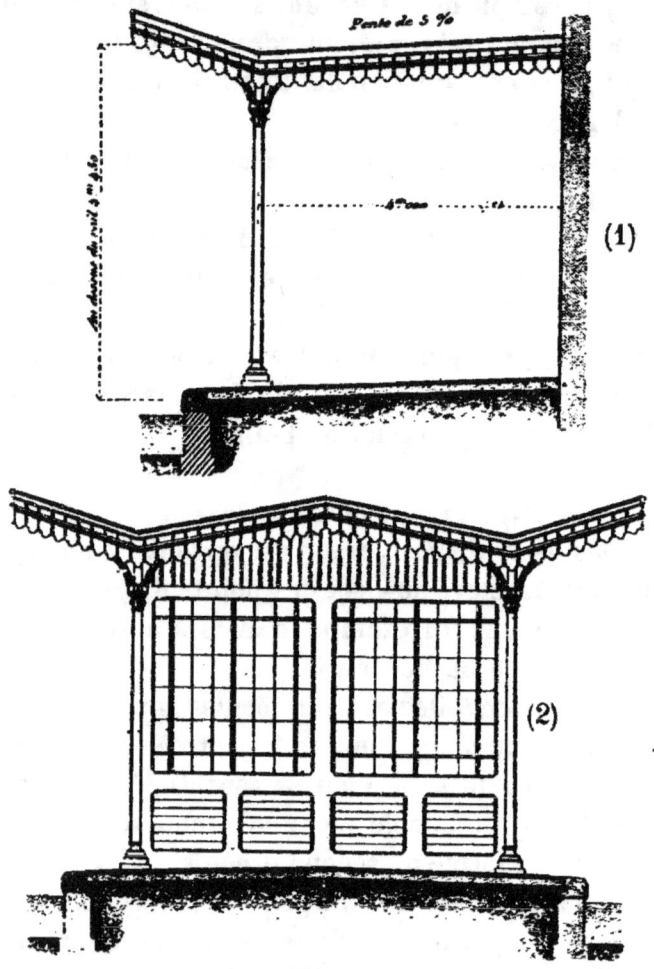

Fig. 610

forment les arbalétriers. Les pannes sont également en même fer à T; elles sont surmontées de lambourdes en bois recevant le voligeage.

Le croquis (2) montre la même coupe transversale, mais faite près d'une travée de sablière. En (3) on a la coupe suivant GH de l'assemblage de cette ferme intermédiaire avec la sablière, et en (4) on voit la coupe suivant KL de la jonction de la partie haute de la console ; le croquis (5) indique la section de l'arbalétrier et des pannes ; (6) est la section du fer d'une console.

(7) donne l'élévation d'une partie de sablière ainsi que sa jonction avec la tête de la colonne.

Le croquis (8) indique la coupe verticale suivant EF de

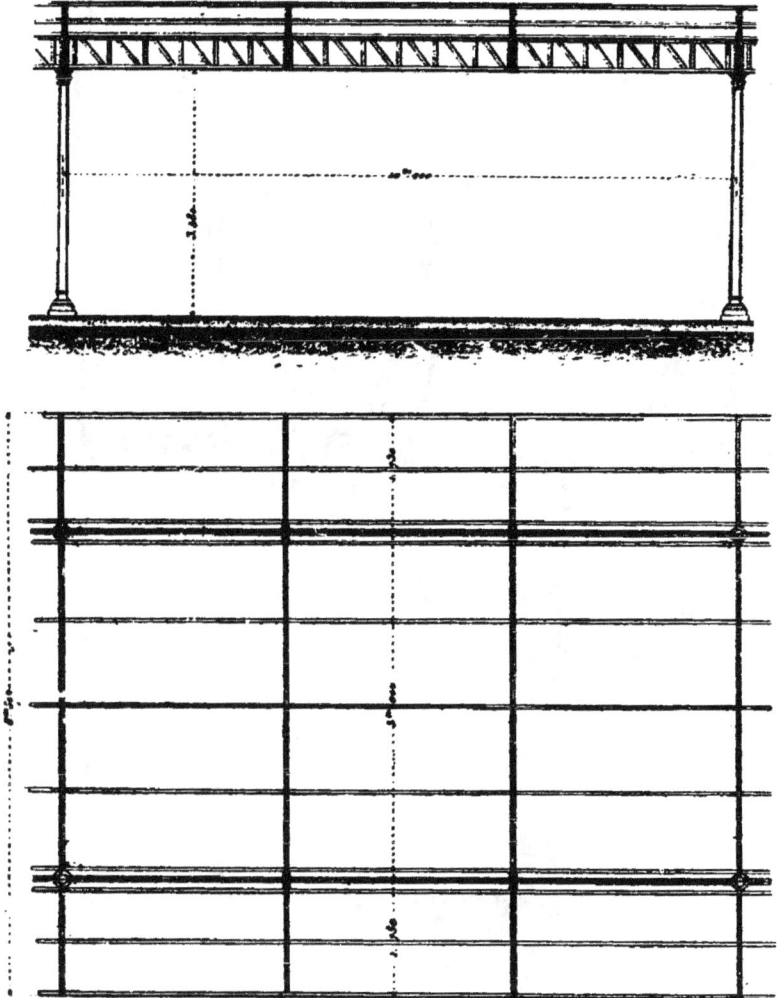

Fig. 611

la tête d'une colonne ; celle-ci est en deux pièces dont on voit l'assemblage. En (9), on a la coupe horizontale suivant AB et en (10) la coupe suivant CD de cette même colonne.

APPENTIS AVEC AUVENTS RELEVÉS

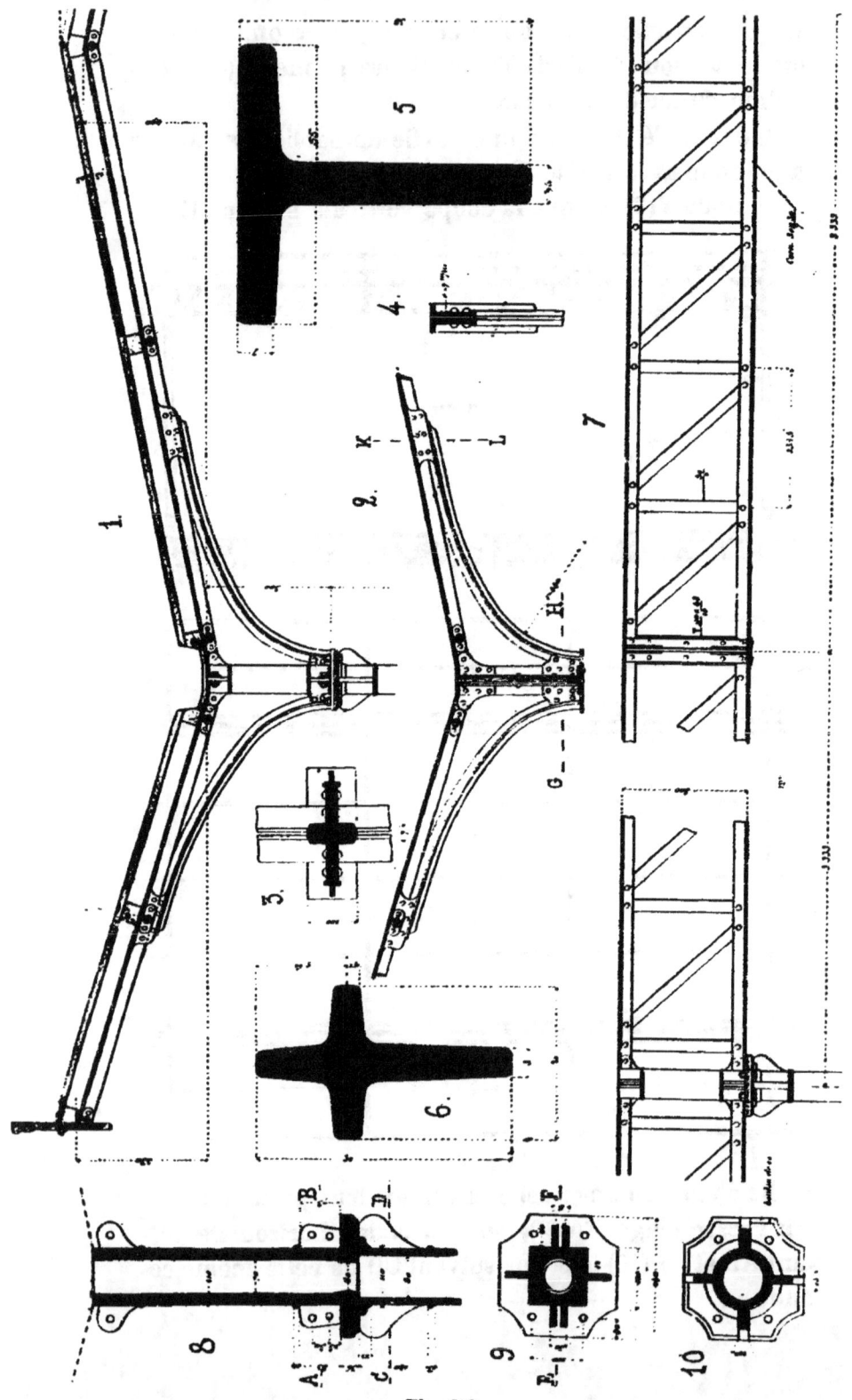

Fig. 612

310. Portique de départ de la gare d'Orléans à Paris. — Le portique de départ de la gare de Paris du chemin de fer d'Orléans est d'une construction remarquable ; nous en donnons, dans les trois croquis qui vont suivre, les dispositions principales. Il forme un appentis dont le pan de façade est formé d'une série de colonnes espacées de 10 mètres, réunies par des arcs métalliques. Au-dessus

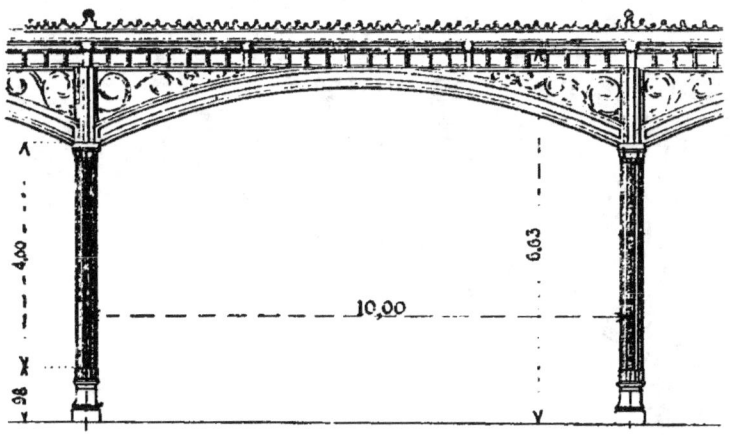

Fig. 613

des arcs sont des consoles, recevant d'une part le pied de l'arbalétrier de l'appentis ; de l'autre, le prolongement extérieur de ce dernier forme l'auvent avancé ; entre les deux, se trouve établi le chéneau, dont l'encaissement est réservé juste dans l'axe de la file de colonnes.

Une tôle verticale ornée forme la rive extérieure de la partie relevée.

La *fig.* 614 donne à plus grande échelle le tympan de l'arc, qui est fait en tôle découpée suivant dessins, et une portion de façade correspondante.

L'appentis est terminé par une couverture pleine, dont la paroi extérieure est en plomb. La partie extérieure est relevée et vitrée. Les vitrages sont exhaussés, au-dessus du prolongement de l'arbalétrier, de la hauteur du chéneau, et un remplissage à jour, en fer forgé, forme hausse au-dessus de l'arbalétrier afin de rejoindre le chevron correspondant.

Le tout est indiqué dans la *fig*. 615, qui représente la coupe transversale du portique.

Cette même coupe donne en détails, à plus grande échelle :

1° la coupe verticale (2) de l'arc fait d'une membrure

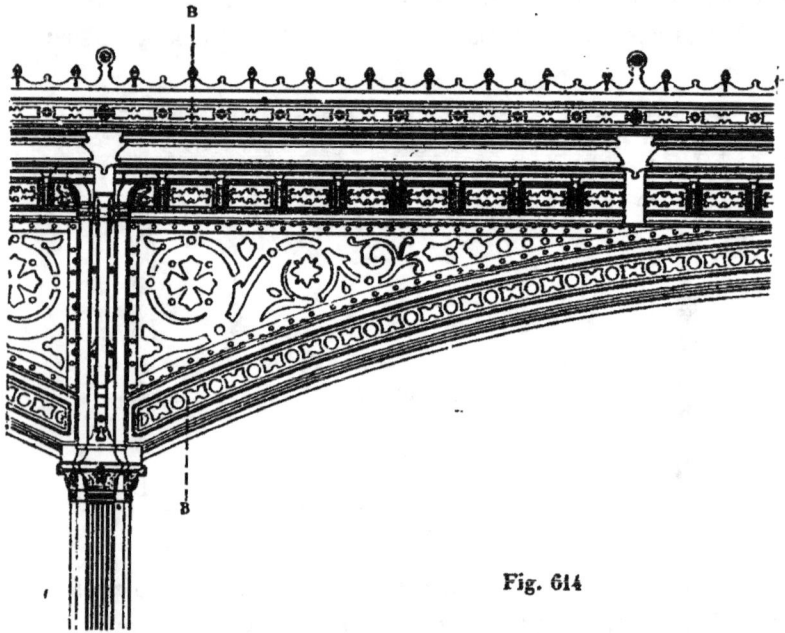

Fig. 614

droite à sa partie haute, d'une membrure courbe en bas, et d'une tôle à jour, découpée à la scie entre les deux. Chaque membrure est en forme d'I, composée en tôles et cornières ; elle est accompagnée de moulures en fer qui lui donnent une apparence très décorative ; une autre moulure accompagne de même la table inférieure et la même disposition est prise à l'intérieur ;

2° dans le croquis n° 3, la manière dont l'âme de la sablière, renforcée convenablement, passe dans une encoche ménagée dans la tête de la colonne ;

3° la coupe de la tête de colonne suivant EE en (4) ;

4° dans le croquis (5), deux coupes du fût, à des hauteurs différentes.

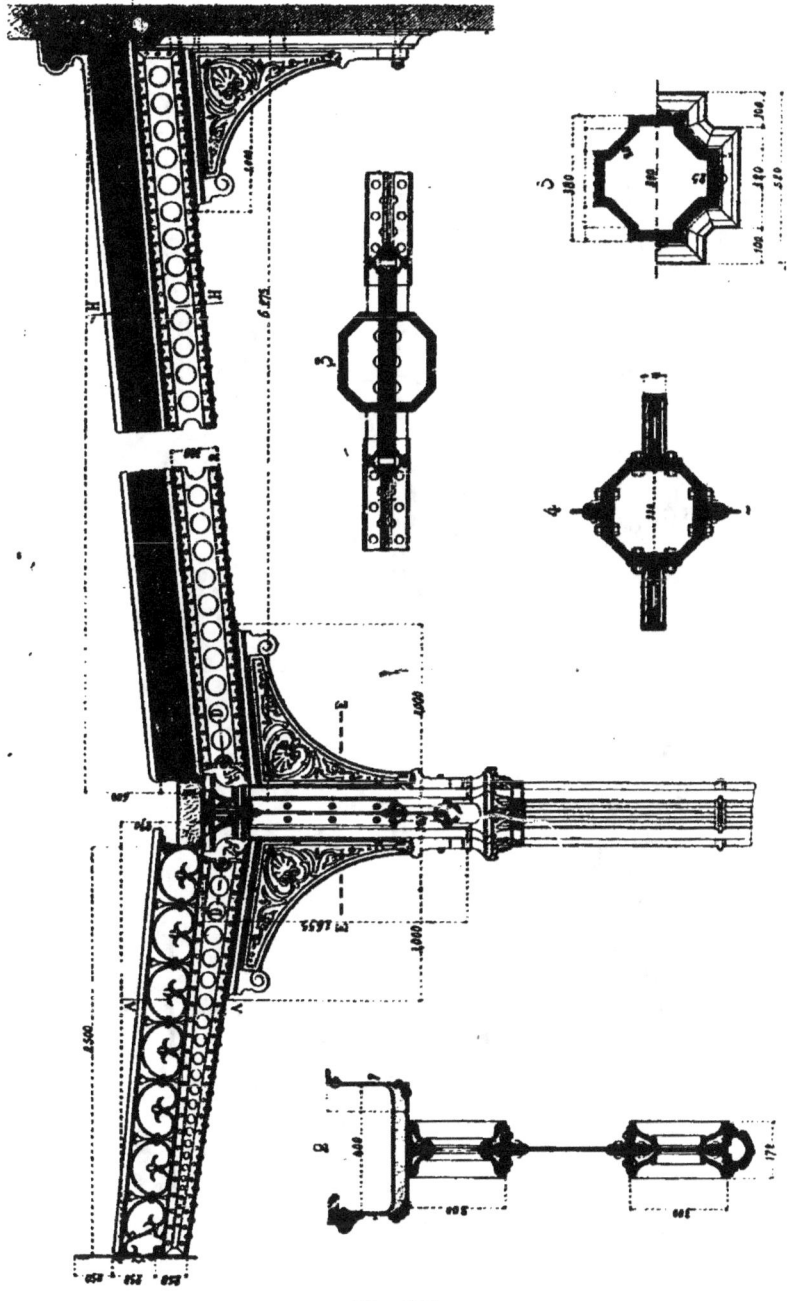

Fig. 615

311. Marquise de la gare de Bordeaux. — La marquise de la gare de Bordeaux, construite par M. Izambert

APPENTIS AVEC AUVENTS RELEVÉS

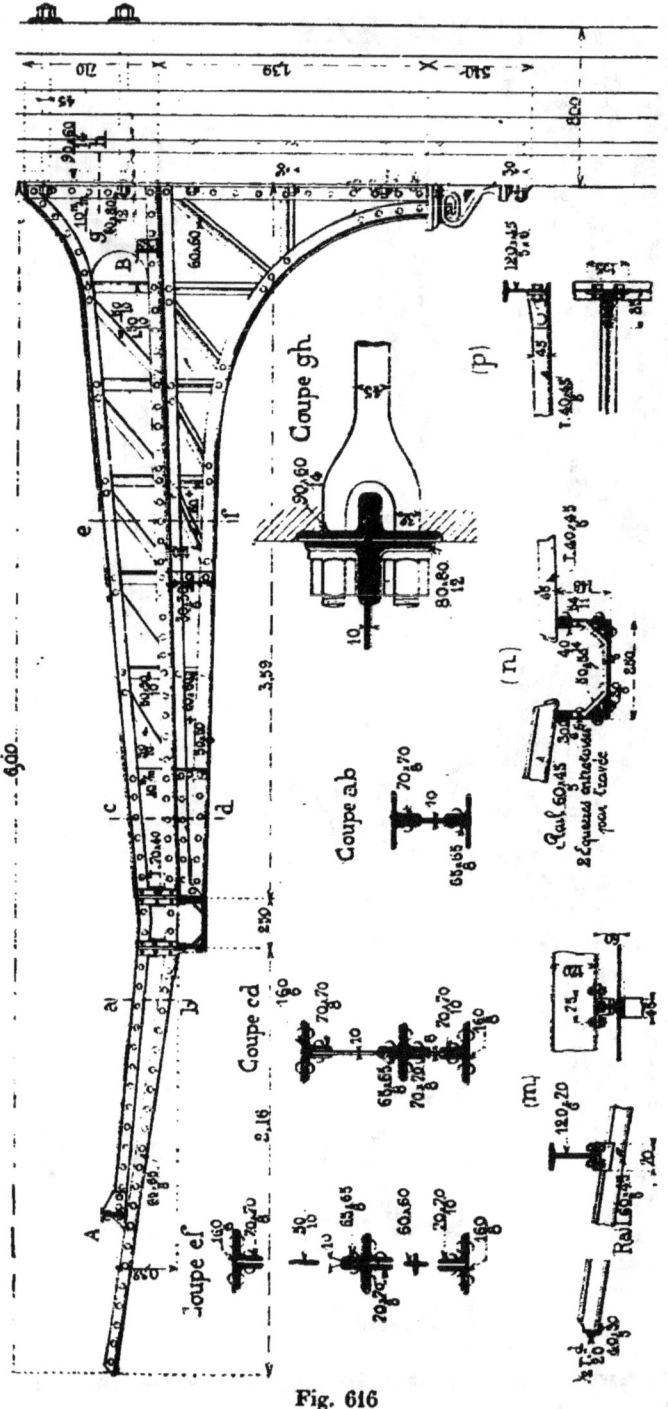

Fig. 616

pour la Compagnie d'Orléans, se compose d'un appentis plein aboutissant à un chéneau en bout, au-delà duquel se trouve un auvent vitré relevé. Le tout a 6 mètres de portée, et se trouve mis complètement en porte à faux depuis la façade de la gare. La *fig.* 617 représente l'ensemble d'une travée en plan. L'entraxe est de 4,64, c'est celui du bâtiment; les fermes sont au milieu des trumeaux. Chacune d'elles est composée d'une grande console dessinée

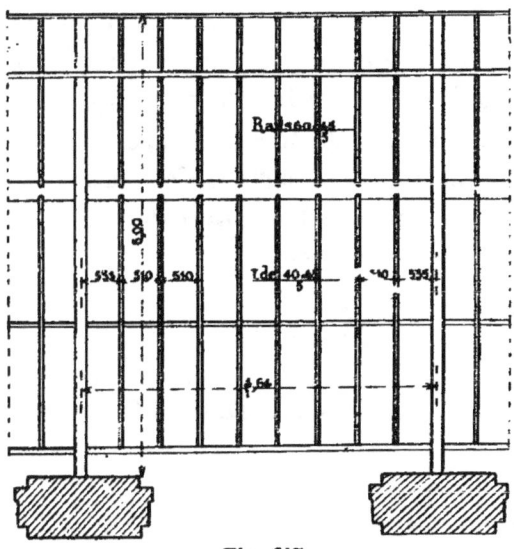

Fig. 617

dans la coupe transversale de la *fig.* 616. Cette console est double, une partie est visible par dessous; elle porte la panne du milieu qui est assemblée avec un montant. L'autre partie située au-dessus fait une saillie sur la couverture supérieure, en donnant le complément nécessaire de résistance. Il résulte de cette disposition une apparence très légère puisqu'une partie seulement de la ferme est visible.

L'auvent qui fait suite est soutenu par un prolongement convenable de la ferme au-delà du chéneau. Il porte une panne intermédiaire A surélevée.

Les croquis annexes, donnant les coupes *ab*, *cd*, *ef*, *gh*, permettent de se rendre compte de la construction de la ferme en tous ses points.

Le croquis (*n*) donne la coupe transversale du chéneau. Il montre les chevrons des deux pans qui y aboutissent. Ces chevrons, du côté du pan plein, sont des fers à T de $\frac{40 \times 45}{5}$.

Du côté du vitrage, ils sont faits en petits rails de $\frac{60 \times 45}{5}$. Leur espacement est le même dans les deux pans, soit 0,51.

Le croquis (10) montre l'assemblage du haut des chevrons à T vers la panne haute du rampant plein.

Le croquis (*m*) indique la jonction des rails de vitrage et de la panne qui les supporte. On remarquera que cette panne est mise par-dessus, hors de vue, et laisse le plafond vitré entièrement libre à la partie inférieure.

Nous retrouverons cette disposition dans la construction des serres où elle rend de sérieux services.

§ 3. — COMBLES A DEUX PENTES

312. Ferme simple à deux pentes. — Lorsqu'on peut donner deux pentes à la toiture d'un bâtiment, la forme des fermes faisant office de poutres devient rationnelle. Le triangle formé présente une grande résistance en raison de sa grande hauteur au milieu de la portée.

Pour les petites portées, cette ferme se compose de deux

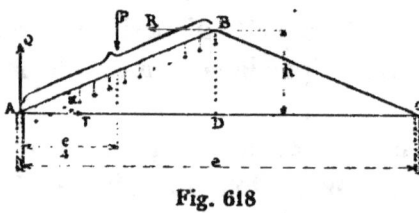

Fig. 618

arbalétriers et d'un entrait, et la différence avec les fermes des charpentes en bois réside dans la suppression du poinçon, qui était commode pour la jonction des arbalétriers.

La ferme la plus simple se compose donc, dans la charpente en fer, de deux arbalétriers AB, BC et d'un entrait AC.

On profite du point de butée B, qui est solidement établi, pour faire descendre une aiguille pendante qui soutient le milieu de l'entrait en un point D. Mais si l'entrait était par lui-même suffisamment léger, ou bien était soutenu, d'ailleurs, par les distributions intérieures de l'espace couvert par exemple, cette aiguille pendante serait inutile.

Les trois pièces du triangle travaillent différemment : les arbalétriers AB et BC, sont comprimés et l'entrait est tendu, et il est facile de se rendre compte des intensités de compression ou de tension de ces pièces.

Soit P la résultante des charges uniformément réparties que donne la couverture à l'arbalétrier AB. R la pression qu'exerce l'arbalétrier de droite sur l'extrémité B de AB, T la tension de l'entrait, Q la réaction de l'appui A sur le bas de la ferme. On peut chercher l'équilibre de l'arbalétrier AB sous l'action des forces extérieures qui le sollicitent et qui sont : P, R, T, Q.

La projection sur axe horizontal donne $R = T$.

La projection sur un axe vertical donne $Q = P$.

Les moments par rapport au point A donnent :

$$R = \frac{Pl}{4} = Th \quad \text{d'où :} \quad T = \frac{Pe}{4h}$$

ce qui fait connaître la tension de l'entrait et permet de déterminer sa section.

Les arbalétriers travaillent à la flexion sous l'effort de la composante normale de la couverture, qui est uniformément répartie sur toute la longueur, et, de plus, à une compression longitudinale augmentant du sommet à la base.

La charge totale uniformément répartie qui produit la flexion est $P \cos \alpha$ et le maximum de compression longitudinale qui s'ajoute à la fatigue précédente est $P \sin \alpha$. Connaissant ces forces, il est facile de déterminer les dimensions de l'arbalétrier. Si l'aiguille pendante amène en B une charge importante ; il faut en tenir compte dans le calcul.

Dans une ferme ainsi composée, l'entrait a une section quelconque, qui peut être déterminée par d'autres considérations. On le fait souvent en fer rond. Quelquefois, pour lui donner plus de ra'de à la flexion, on le forme d'un fer à I, ou bien de deux fers en U, ou encore de deux cornières. Quant aux arbalétriers, on leur donne presque toujours la forme d'un I ; on les fait, pour les petites portées en fers laminés larges ailes, résistant mieux au voilement latéral que les fers à ailes ordinaires. Pour des portées plus grandes, on emploie des poutres en tôles et cornières avec âmes pleines ou en treillis.

313. Combles simples fer et bois. — Les combles fer et bois sont fréquemment employés dans les construc-

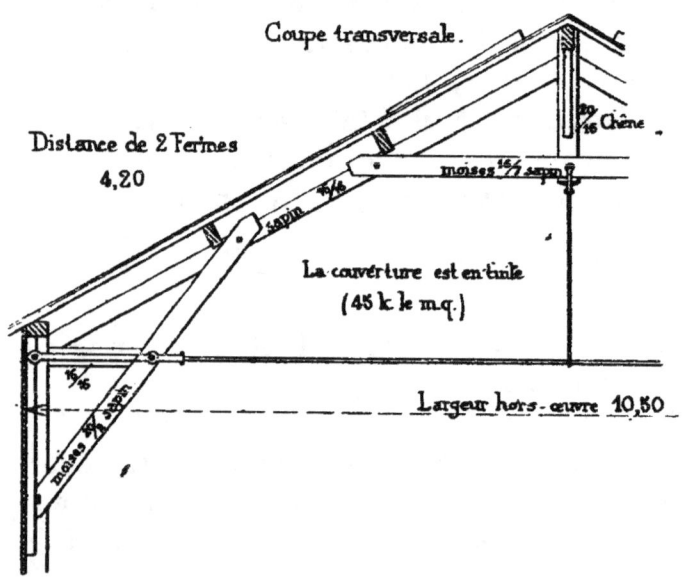

Fig. 619

tions économiques. La première pièce des combles en bois qu'il convient de remplacer par du fer est l'entrait. On prend presque toujours un fer rond, mais ce n'est pas indispensable ; on pourrait aussi bien le remplacer par deux cornières, ou deux fers en U, ou un ou deux fers à I. Lorsqu'on prend un fer rond, on peut l'attacher de bien des façons à ses extrémités. La manière la plus ordinaire consiste à faire une fourche embrassant le pied de l'arbalétrier et dont la traverse est percée d'un trou pour le passage de l'entrait. Cette fourche doit être à talons et ses deux branches sont boulonnées à travers le bois;

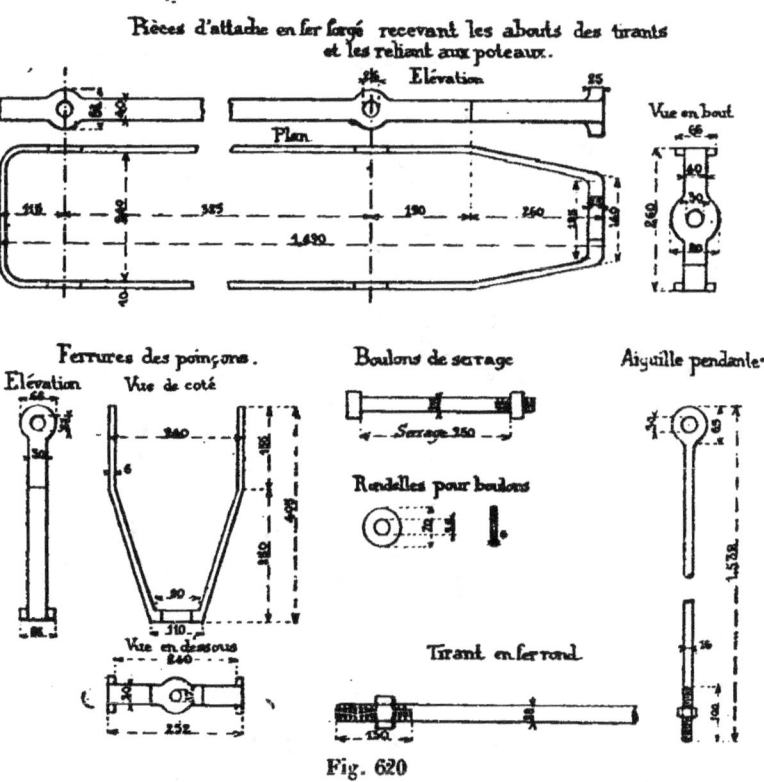

Fig. 620

lorsqu'on le peut, il est préférable de munir l'arbalétrier d'une contrefiche et d'un blochet, et d'établir au niveau de cette dernière pièce une ceinture d'attache en fer forgé, reliant les abouts des tirants aux poteaux.

La pièce en fer est alors préparée comme le montre la *fig.* 620, dans le croquis du haut. Les autres croquis donnent la disposition de l'aiguille pendante partant du poinçon ainsi que la manière dont elle soutient le milieu de l'entrait.

314. Contreventement des fermes de combles. — Les fermes des combles en fer doivent être suffisamment reliées aux autres parties des bâtiments, ou entre

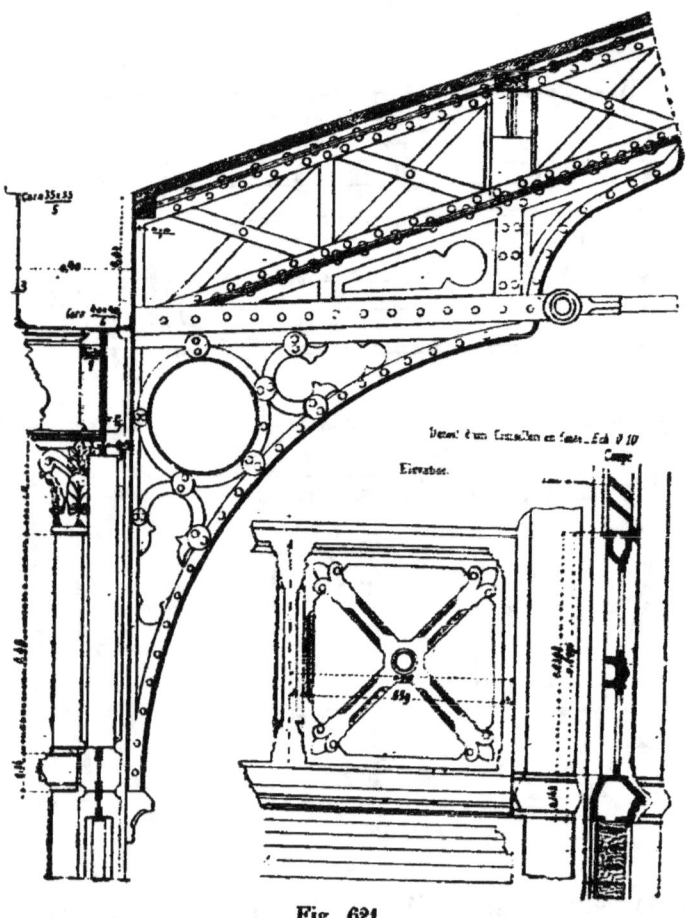

Fig. 621

elles, pour présenter une stabilité complète. Les moyens qui assurent cette stabilité constituent ce que l'on nomme le *contreventement*.

Pour qu'une ferme soit fixe, il faut qu'elle soit indéformable dans son plan, et de plus qu'elle ne puisse quitter le plan vertical qu'on lui assigne. Lorsque les bâtiments qui les portent ont des murs suffisamment épais et contrebutés les uns par les autres, les fermes qui les surmontent ne risquent pas de se déformer dans leur plan. Il en est autrement si les murs sont minces et isolés, ou s'ils sont remplacés par des supports métalliques isolés, poteaux ou colonnes ; il y a lieu dans ces derniers cas de rendre invariable l'angle de l'arbalétrier et du support. On y arrive, comme on l'a vu, par des consoles métalliques qui relient les deux pièces. La *fig.* 621 représente un contreventement de ce genre. C'est l'assemblage du pied d'une des fermes du Marché Saint Honoré avec la partie haute de la colonne qui le soutient.

La console est composée d'un cadre triangulaire en cornières, dont les deux côtés droits adjacents s'assemblent avec la colonne d'une part et avec l'arbalétrier de l'autre. Quant au côté libre, il est ordinairement courbe et sa forme est en rapport avec l'aspect et la disposition des pièces voisines.

La console, ainsi reliée à l'arbalétrier, sert souvent à l'assemblage de l'entrait, comme dans l'exemple dont il s'agit. Quant au triangle même de la ferme, il est par lui-même indéformable. Si le support vertical est un mur mince, on peut fixer la console après un fer à I vertical, scellé dans le mur, et prenant toute son épaisseur sur une hauteur convenable. On peut encore établir, soit dans le mur, soit le long de sa face interne, un poteau de toute sa hauteur recevant la console.

Une fois la ferme consolidée dans son plan, il faut l'empêcher de quitter sa position verticale, ce qu'elle ne peut faire qu'en tournant autour de l'entrait. On n'a plus, comme dans les combles en bois munis de poinçons, la faculté d'établir des liens entre ces dernières pièces et les pannes de faîtage ; on remplace cette disposition par un chaînage diagonal dans le plan du chevronnage.

Soient AB et CD, *fig.* 622. les deux murs parallèles d'un bâtiment représenté en plan ; EF, GH, IK, BD sont les fermes successives de la charpente, et MN est la ligne de faîtage ; on établit dans les longs pans du toit des chaînes en fer, telles que PE, PI, PF, PK, qui relient dans chaque travée le faîtage P d'une ferme aux pieds des fermes voisines. On forme ainsi quatre haubans qui maintiennent ce faîtage en équilibre et l'empêchent

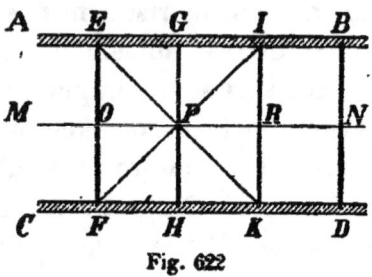

Fig. 622

d'une façon absolue de se déverser à droite ou à gauche. On peut établir ces fers au niveau des chevrons, suspendus par dessous. Quelquefois, pour simplifier, on ne pose ces

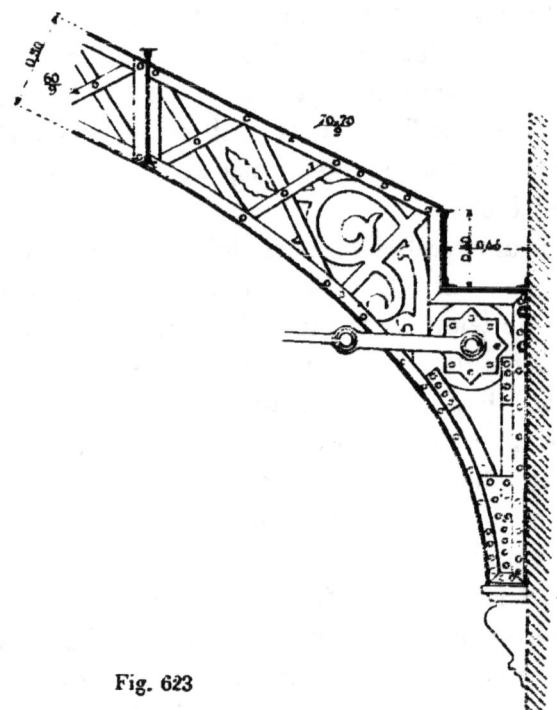

Fig. 623

chaînages que de deux en deux travées, une ferme bien maintenue retenant ses voisines par la liaison des pannes.

315. Repos des fermes sur leurs points d'appui.
— On a vu dans la *fig.* 621 la manière très simple dont se

fait l'assemblage du pied d'une ferme sur un support métallique. Le chéneau se place, soit au-dessus des supports, soit en saillie en dehors. La disposition du chéneau n'est pas aussi simple lorsque la ferme vient s'adosser à un mur, surtout lorsque le mur s'élève plus haut que le comble. On est alors obligé de faire, comme l'indique la *fig.* 623, une encoche convenable dans le haut de l'arbalétrier, quitte à courber celui-ci pour lui conserver une section suffisante. D'autres fois, c'est dans la console que l'on fait l'encoche, en avançant en saillie l'assemblage de l'arbalétrier.

On emploie encore cette disposition d'encoches dans les membrures supérieures, lorsque deux fermes en prolongement doivent se poser sur le même support avec chéneau interposé; on en verra plus loin des exemples.

316. Hangars avec fermes simples. Portées. Pour des portées de 10, 12 et 14 mètres, on peut construire

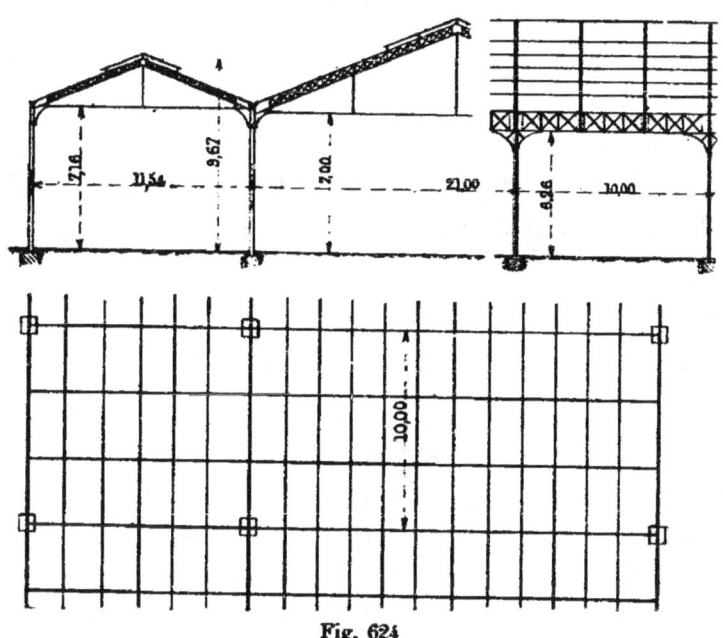

Fig. 624

des fermes simples avec arbalétriers en fers I, L.A. de 0,14 à 0,16 environ de hauteur, portant la charge ordinaire des couvertures. Pour des portées plus grandes jusqu'à 20 ou 25 mètres, on peut adopter la même disposition, en prenant des arbalétriers en tôles et cornières. Les pièces hautes à âme pleine ont un aspect la plupart du temps trop lourd et pour ces dernières on adopte les treillis.

Un exemple de ces sortes de hangars est celui qui est représenté en ensemble, plan, et coupes longitudinale et transversale, dans la *fig.* 624. Ce sont les ateliers que nous avons élevés pour l'établissement du Vieux Chêne ([1]). Le croquis représente deux travées voisines contiguës, l'une de $11^m,54$ de largeur, l'autre de $21^m,00$. Dans le sens longitudinal, les points d'appui, formés de poteaux en fer dont nous avons donné la forme, sont espacés de $10^m,00$.

A cette portée, les pannes seraient trop longues, on a préféré rapprocher les fermes.

Il y a une ferme par poteau et deux fermes secondaires dans l'intervalle longitudinal de deux poteaux successifs.

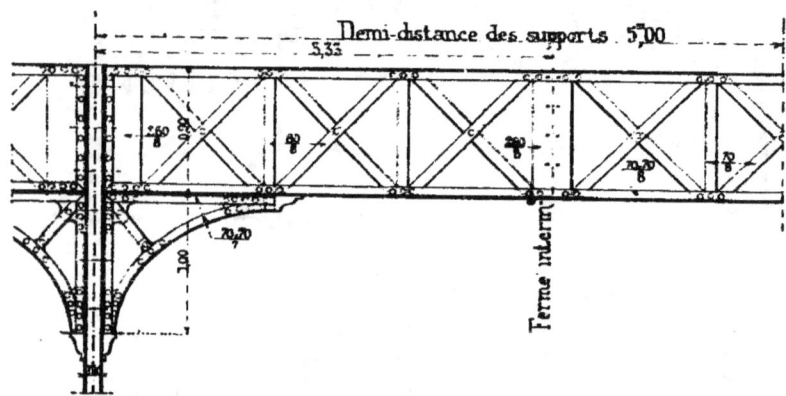

Fig. 625

Pour porter ces fermes, on a relié chaque file de poteaux par une sablière de $0^m,90$ de hauteur en tôles et cornières avec âme en treillis, figurée dans le croquis n° 625.

Ces sablières, divisées en trois parties d'un support à l'autre, portent aux points de division des tôles verticales

---

([1]) M. Moisant, constructeur.

de 280 × 8 sur lesquelles viendront s'assembler les pieds de fermes. La *fig.* 626 montre en coupe verticale le mode de liaison adopté.

Le croquis (1) représente les pieds des deux fermes contiguës venant reposer sur un pilier en fer.

Deux grandes consoles en tôles et cornières à âmes pleines s'assemblent avec le poteau et font partie de la construction des pieds des arbalétriers, la même tôle formant les âmes de ces deux pièces.

Le croquis (2) montre en coupe la sablière ainsi que la

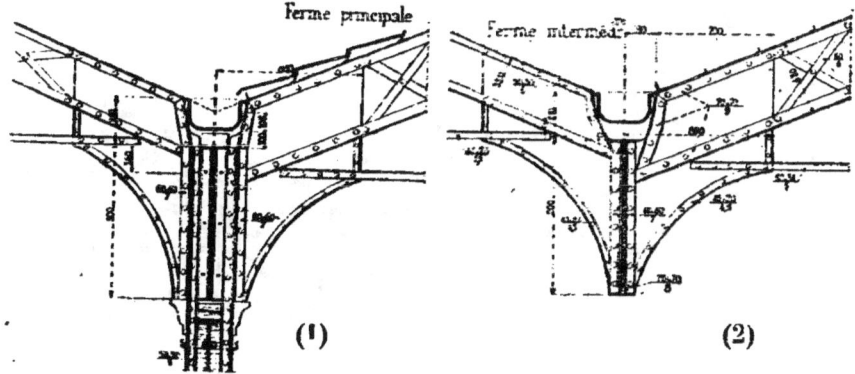

Fig. 626

manière dont elle reçoit l'assemblage des consoles qui accompagnent les pieds des fermes intermédiaires.

Entre les deux arbalétriers contigus, on a laissé la place du chéneau, qui repose en tous ses points sur la table haute de la sablière.

Maintenant nous passons à la composition des fermes, en commençant par la plus petite. La portée est de $11^m,54$. On aurait pu former les arbalétriers de fers à I laminés du commerce; mais, pour donner de l'unité à la construction, on a adopté les poutres composées, cette solution s'imposant pour la grande nef; et pour donner de la légèreté, on a pris des âmes en treillis.

L'arbalétrier du petit comble est fait d'une poutre de 0,320, dont les membrures sont constituées par de doubles cornières $\frac{50 \times 50}{6}$. Il est divisé en trois par des tôles verticales de 150 × 6 auxquelles se fixent les pannes; les intervalles sont remplis par des treillis en fer de 40 × 6 formant trois X croisés.

L'entrait de ce petit comble au lieu d'être en fer rond est formé de deux cornières jumelées de $\frac{45 \times 20}{5,5}$. Elles sont fixées à leurs extrémités sur les joues des consoles, et soutenues en leur milieu par une aiguille pendante. Cette forme donne plus de raide que l'emploi d'un fer rond; de plus, elle permet, dans le cas de

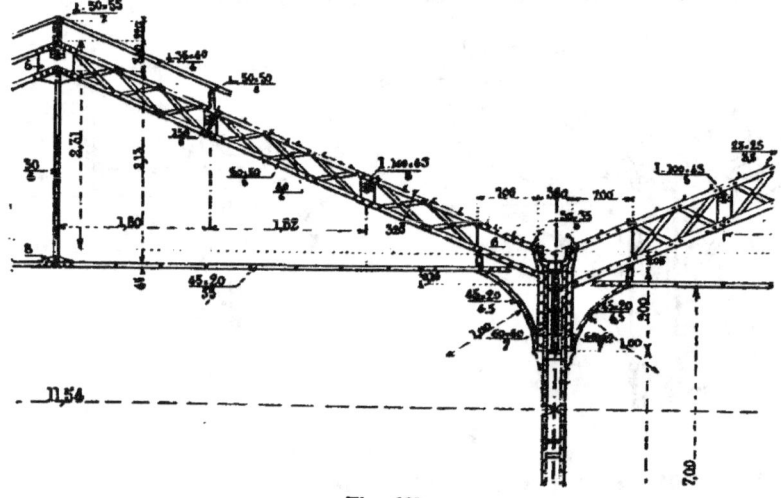

Fig. 627

réparation, de poser de doubles planches sur les entraits et de constituer ainsi, d'une façon économique, un échafaudage léger, suffisant pour un entretien de peinture.

La grande ferme est constituée d'une façon analogue; on voit le pied de l'arbalétrier dans la *fig.* 627 et le surplus de la ferme dans le croquis suivant. L'arbalétrier est fait d'une poutre de 0,450 de hauteur, dont les membrures sont de doubles cornières de $\frac{70 \times 70}{9}$. Il est divisé en six parties et aux points de division sont placées des tôles verticales, reliant les membrures et recevant l'assemblage des pannes. Chaque intervalle est rempli de treillis en fers de 50 × 6, formant trois X croisés.

L'entrait de ce comble est formé de doubles cornières de $\frac{50 \times 35}{5}$, pour les mêmes raisons que dans la petite nef. Elles sont soutenues par trois aiguilles pendantes venant des arbalétriers.

Ces derniers jouent le rôle de chevrons dans le plan de

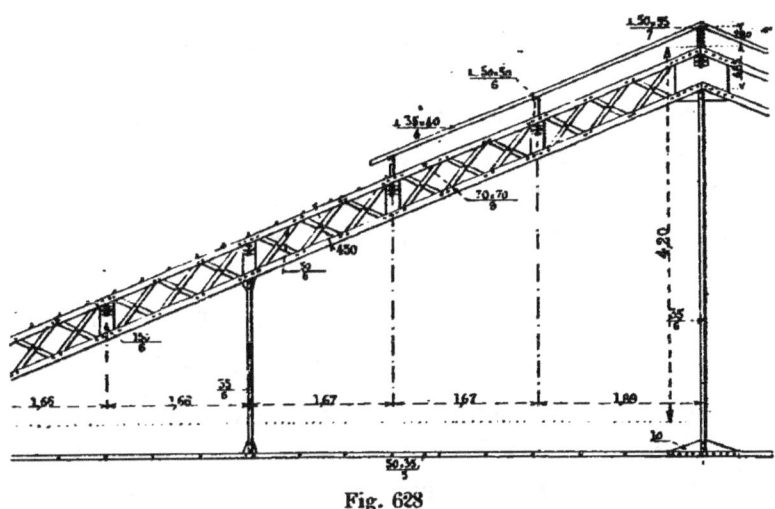

Fig. 628

la ferme et reçoivent directement le lattis. Dans l'intervalle de deux fermes, le lattis est soutenu par deux chevrons et les pannes sont baissées suffisamment pour les

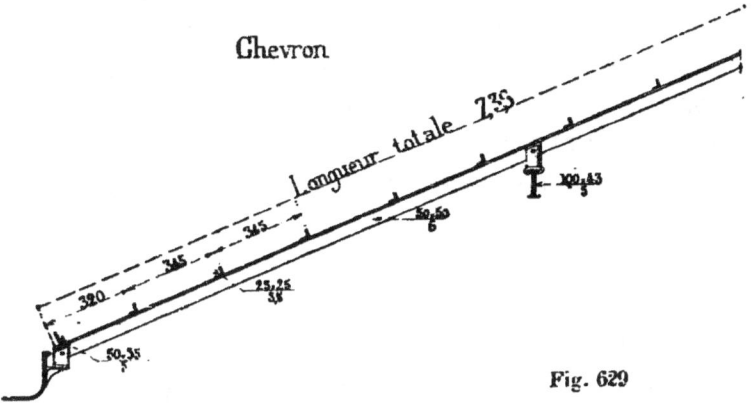

Fig. 629

recevoir par l'intermédiaire de pièces spéciales en fonte malléable. Les détails donnés dans les *fig.* 591 et 592 appartiennent à ce comble.

317. Charpente du marché de la Villette. — Un autre exemple de ces sortes de combles est représenté dans la *fig.* 630. C'est la charpente du marché de la Villette, construit par M. Joly.

Ce marché a 36^m,50 de largeur en trois nefs ; la nef milieu a 12^m,17 de largeur, et les bas côtés en appentis chacun 12^m,16.

Le comble milieu est fait de deux arbalétriers en tôle et cornières de 0,35 et d'un entrait en fer rond de 0,046. Ces dimensions sont plus que suffisantes pour franchir l'espace à couvrir ; elles se justifient par la nécessité de former un bâtiment durable, d'une stabilité absolue, comme doivent l'être toutes les constructions municipales.

Les membrures des arbalétriers sont composées de doubles cornières $\frac{60 \times 60}{7}$ et d'un fer plat de 70 × 4. Une aiguille pendante vient soutenir le milieu de l'entrait.

Les pieds des fermes sont reçus par de grandes colonnes verticales et l'assemblage s'opère par l'intermédiaire de grandes consoles avec âmes en tôle découpée. Une partie pleine est réservée pour l'assemblage de l'entrait.

Les fermes sont espacés de 6,08 d'axe en axe, et cette dimension est un sous-multiple de la dimension du bâtiment dans chaque sens, ce qui simplifie la construction des croupes dont le plan de la *fig.* 630 donne la disposition. Les pannes, placées à 2^m,03 d'axe en axe, sont en fers à I de 160 × 70 ; elles portent un double voligeage par l'intermédiaire de lambourdes fixées sur leurs tables supérieures.

Les nefs latérales sont en contrebas d'environ 2^m,00 ; elles sont couvertes par des combles en appentis portés à la fois sur les colonnes précédentes et sur des colonnes extérieures plus basses. Les arbalétriers correspondant aux colonnes sont faits chacun d'une poutre en treillis de 0^m,50 de hauteur. Les membrures se composent de doubles cornières de $\frac{90 \times 90}{11}$, et d'une table de 200 × 9. Deux grandes

172   CHAP. VIII. — DES COMBLES

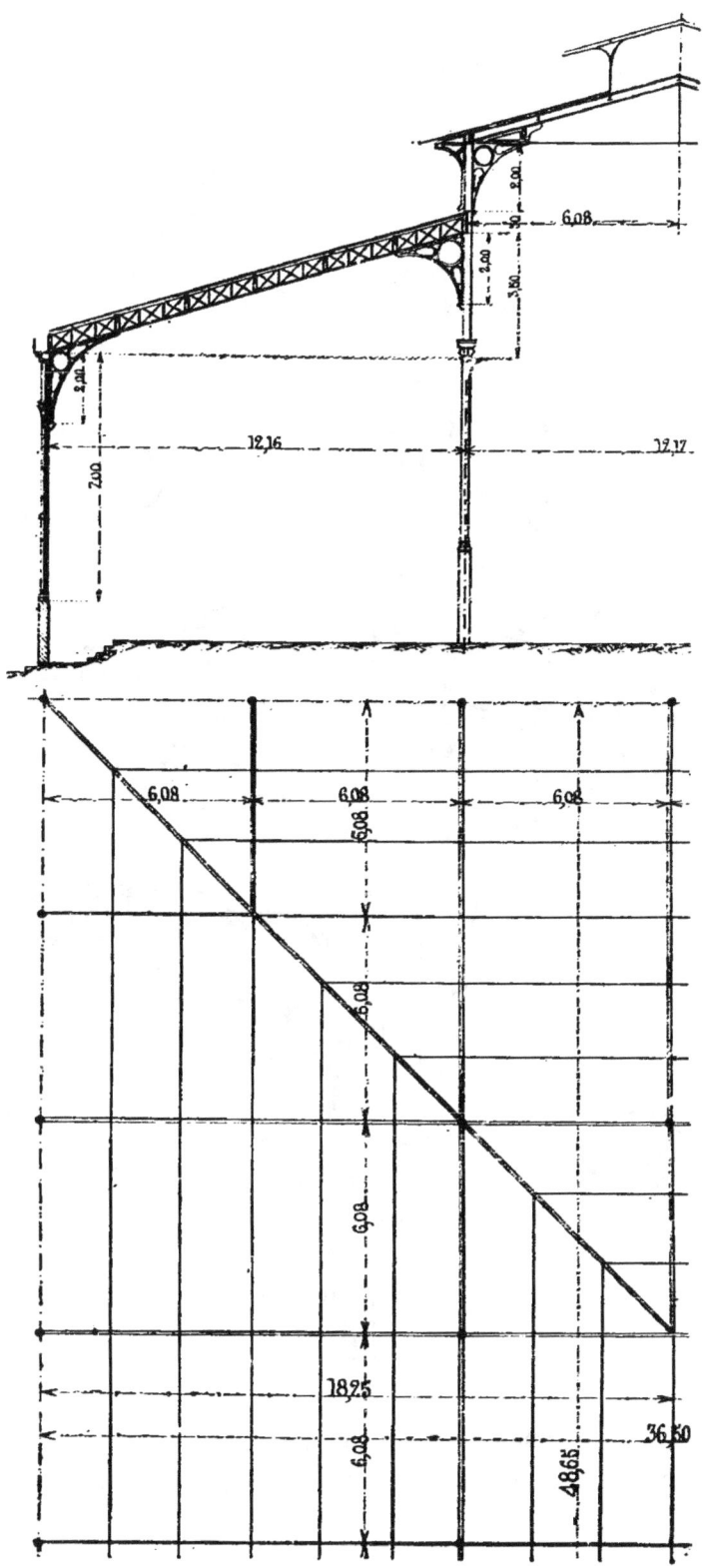

Fig. 630

consoles permettent l'assemblage avec les colonnes, tout

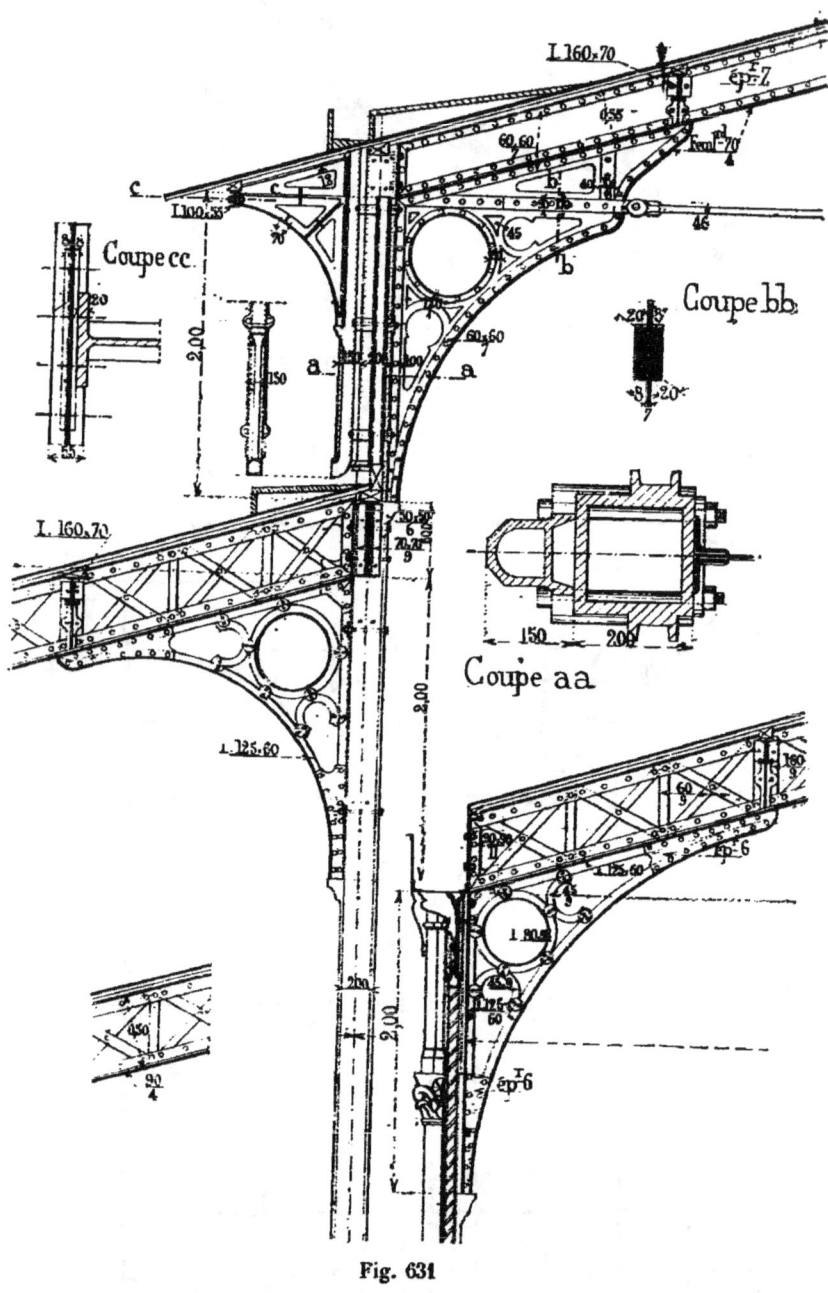

Fig. 631

en formant un contreventement énergique ; elles sont formées de fers à T formant cadre, de doubles éclisses de jonction aux angles, et de **remplissages** évidés en fers plats fixés par doubles agrafes.

La *fig*. 631 montre, dans son principal croquis, l'assemblage d'une colonne intérieure, tant avec le pied de la

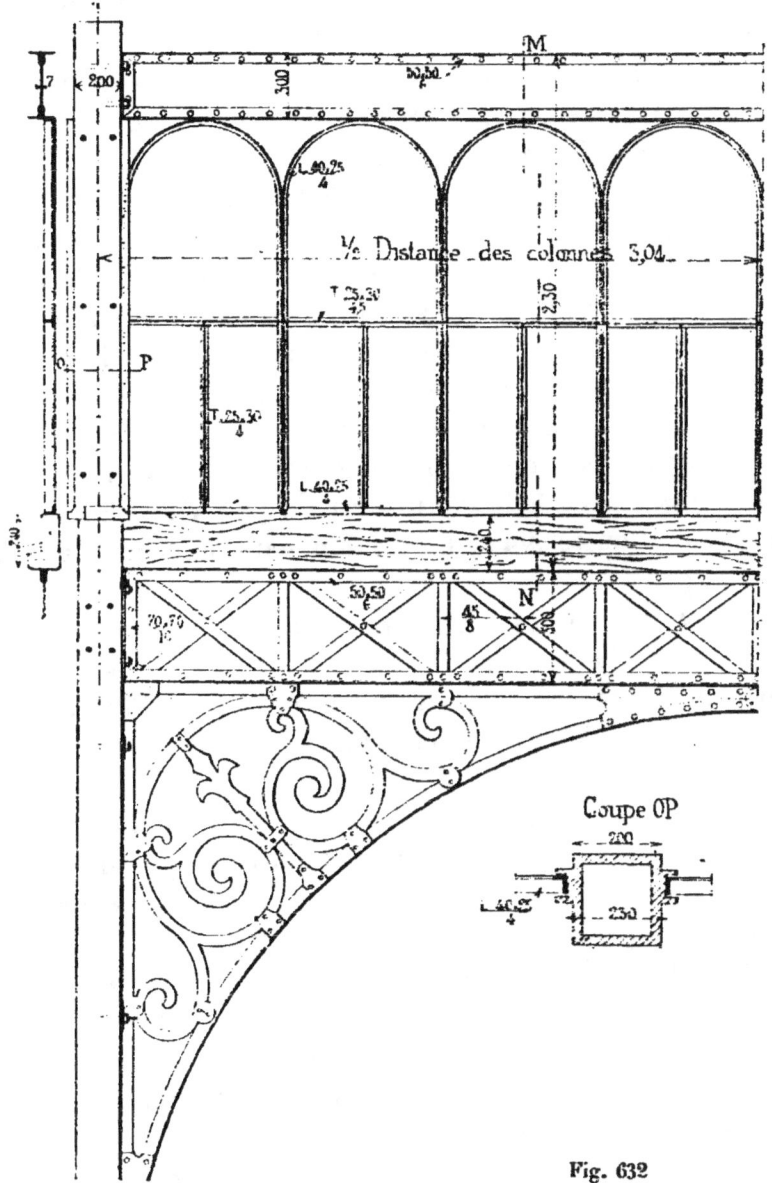

Fig. 632

ferme milieu qu'avec le haut de l'arbalétrier de l'appentis. Dans un second croquis, on a représenté le pied de l'appentis et sa jonction avec le haut d'une colonne extérieure. Un dessin montre la hauteur de l'arbalétrier du bas côté et sa composition. Un autre donne la coupe suivant aa de la colonne et la forme de cette dernière, qui permet l'assemblage facile avec les pièces voisines. Enfin deux petits croquis donnent : l'un, une coupe cc, indiquant l'assemblage de la panne de l'auvent ; l'autre, une coupe verticale suivant bb, représentant l'attache de la double barre de l'entrait, sur l'âme de la console par l'intermédiaire d'une double fourrure.

Les colonnes intérieures sont reliées les unes aux autres par une série de sablières en tôles et cornières de 0,500 de hauteur. Soutenues et contreventées au moyen de grandes consoles, ces sablières sont établies au niveau de la partie haute des arbalétriers des bas côtés, dont elles arrêtent la couverture ; de plus, elles supportent la clôture de l'espace vertical qui remplit l'intervalle entre les deux couvertures. Cette clôture est un pan vitré. Toute cette disposition est vue en élévation dans le croquis de la *fig.* 632.

Une ceinture de sablières analogues, mais de 0,300 seulement de hauteur, et à âmes pleines, relie les colonnes intérieures à leur partie haute, et fait office de pannes dans le plan de ces colonnes.

318. Comble des Docks du Hâvre. — La *fig.* 633 représente l'ensemble d'un comble de $16^m,00$ de portée rentrant dans la même catégorie. Il couvre une des cours de réception des Docks entrepôts du Hâvre.

Il est formé de fermes parallèles espacées de $3^m,00$ d'intervalle. Chaque ferme est faite de deux arbalétriers en treillis de 0,50 de hauteur venant buter contre des sabots en fonte et ce sont les sabots qui portent les attaches de l'entrait. Ils sont de plus fortement boulonnés dans les murs de face des bâtiments adjacents. Une partie du comble reçoit une couverture pleine en zinc ; la portion milieu est vitrée.

La composition d'un arbalétrier est la suivante : les

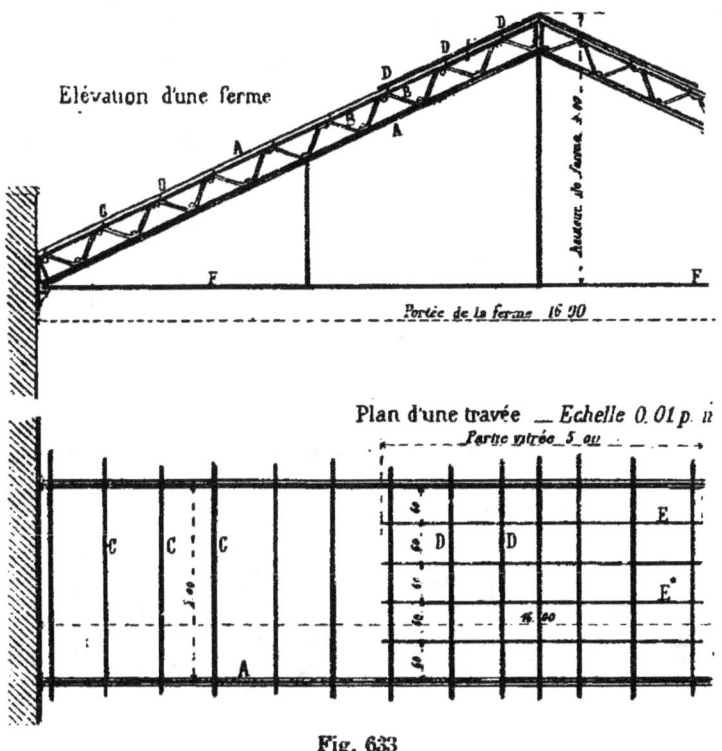

Fig. 633

membrures sont formées de fers à T simple, A, pesant

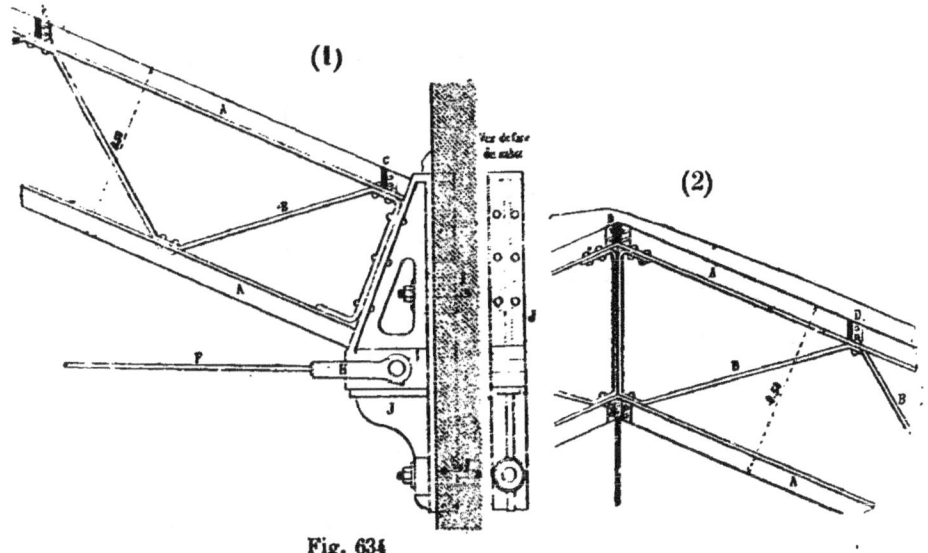

Fig. 634

6^k,60 le mètre, posés de telle sorte que la table soit tournée vers l'intérieur. Ces tables opposées sont reliées par un simple fer plat B de 55 × 9 incliné à environ 45°, coudé aux points de rencontre et rivé, ainsi que le montrent les croquis de détail de la *fig.* 634. L'entrait F a 0^m,025 de diamètre. Les pannes D de la partie vitrée sont en fer plat de 65 × 10; celles C de la partie opaque ont 52 × 10. Ces derniers fers ne sont pas à recommander, ni comme section, ni comme disposition. La seule partie intéressante de cet ouvrage est la manière originale dont sont composés le treillis et les membrures.

319. Combles avec arbalétriers réunis aux consoles. — Dans un grand nombre de cas, on trouve avan-

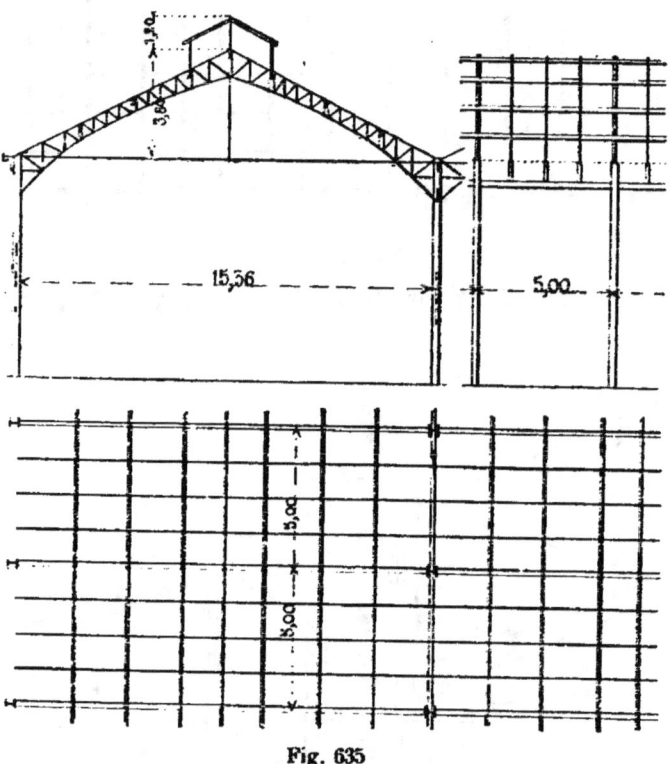

Fig. 635

tage à courber dans le bas la membrure inférieure d'un arbalétrier en treillis, de manière à augmenter la hauteur d'attache avec le support métallique.

C'est en somme l'arbalétrier et la console que l'on construit d'une seule pièce.

La *fig.* 635 en donne un exemple dans la représentation de la charpente des ateliers de Sotteville. Les fermes ont 15ᵐ,36 de portée ; elles sont distantes d'un entraxe de 5 mètres. Les détails de construction sont donnés dans le croquis complémentaire n° 636 : En arrondissant également le haut de l'arbalétrier, et en donnant un léger cintre à la nervure inférieure, on arrive à former une sorte de comble en arc. Ce comble forme donc une transition

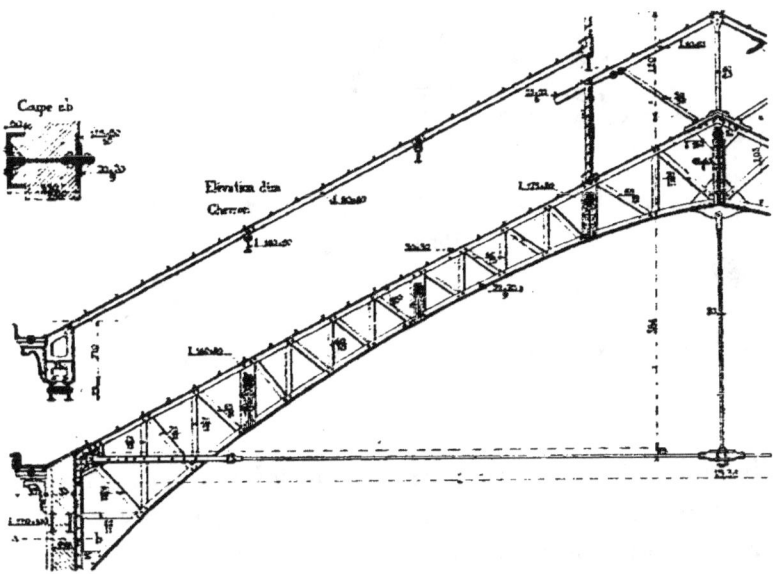

Fig. 636

entre les arbalétriers droits et les arbalétriers courbes que nous verrons plus loin. Cette *fig.* 636 indique, dans un premier croquis, la composition de la ferme, l'indication des pannes et la construction du lanternon. Un second croquis donne la forme d'un chevron, et enfin la coupe *ab* montre le pied de la ferme et sa jonction avec un poteau en fer noyé dans le mur.

320. Fermes en trapèze. — Lorsqu'un comble triangulaire doit porter un lanternon en son milieu, il peut y avoir avantage à tronquer le triangle à son sommet et à le transformer en trapèze ; c'est une disposition assez fréquente ; les deux arbalétriers butent alors l'un contre l'autre par l'intermédiaire d'un faux entrait horizontal comprimé.

Un exemple est représenté *fig.* 637 ; il s'agit d'un comble de 15^m,56 de portée. Par suite des exigences du programme, les fermes ne sont distantes que de 2^m,60.

Chacune d'elles est formée de deux arbalétriers, n'ayant comme longueur que la hauteur suivant la pente de la

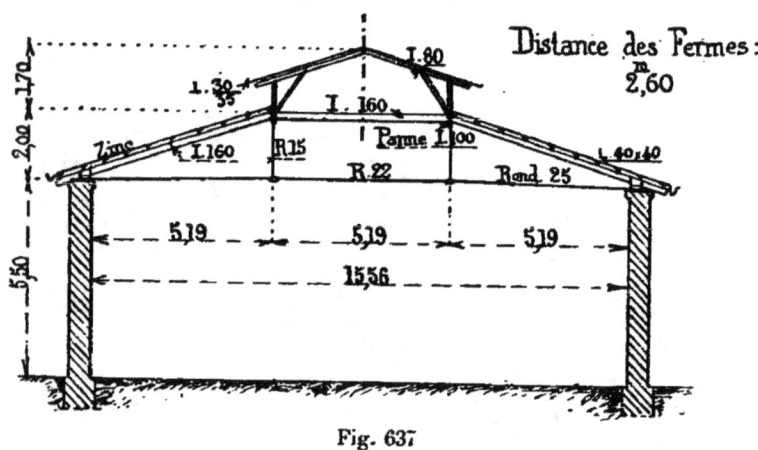

Fig. 637

partie pleine de la couverture. Ils sont faits de fers à I de 0,160, *a. o.* Le faux entrait qui réunit leurs sommets, dans la traversée du lanternon, est également en fer de 0,160 ; l'entrait est en fer rond de 25 millimètres.

Aux points brisés, sommets supérieurs du trapèze, s'élèvent les supports du lanternon ; de ces points également partent les aiguilles chargées de soutenir l'entrait.

On a profité de la faible distance des fermes pour leur faire porter le lattis directement : sans autre soutien. On a donc supprimé les chevrons et on a soutenu directement les cornières de $\frac{40 \times 40}{5}$ sur les arbalétriers. Ces cornières reçoivent directement les ardoises métalliques.

Cette disposition en trapèze trouve souvent son application dans l'organisation des hangars des **marchés publics**, on en trouve un exemple dans la *fig.* 638, pour une portée de 12ᵐ. Les arbalétriers et le faux entrait sont faits de pou-

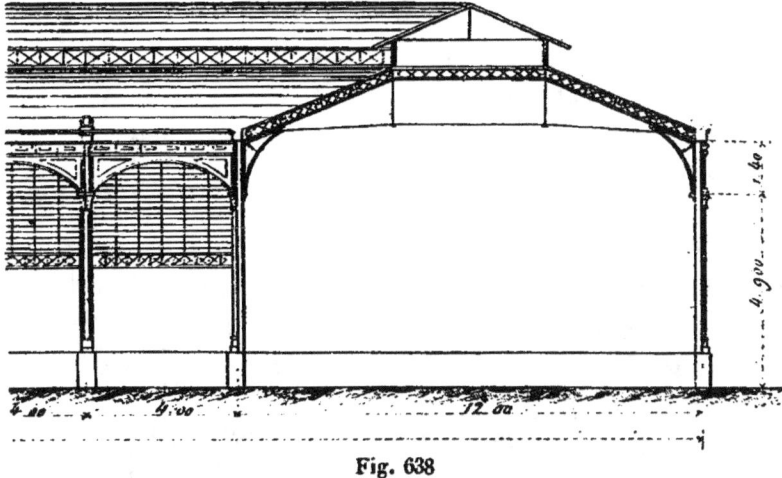

Fig. 638

tres en treillis et le lanternon est porté, comme dans le cas précédent, sur les sommets du trapèze de chaque ferme.

Les détails de construction de ce comble sont donnés

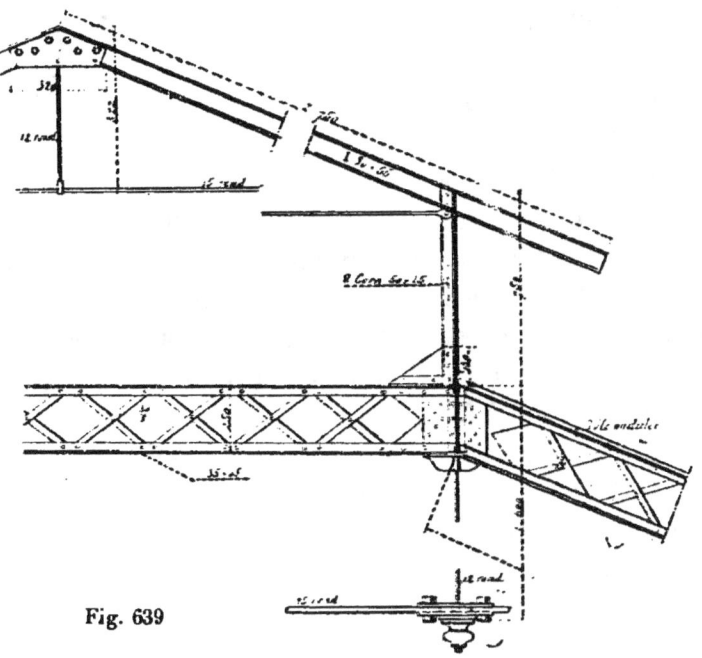

Fig. 639

dans les deux figures suivantes ; le croquis 639 montre la

partie haute de la ferme. Les arbalétriers sont faits de poutres en treillis de 0ᵐ,250 de hauteur et il en est de même du faux entrait qui les réunit; la liaison est assurée par des éclisses sur les parties d'âmes pleines.

L'entrait inférieur est un fer rond de 0,025 de diamètre; il est soutenu par des aiguilles partant des sommets du trapèze.

Deux grandes sablières en treillis de 0,250 de hauteur, assemblées aux points de brisure, réunissent les fermes successives; trois pannes intermédiaires supportent la partie pleine de la couverture faite de tôle ondulée.

Des extrémités du faux entrait partent les supports du lanternon, constitués par deux cornières de 50 × 35. Ces cornières portent à leur tour la petite ferme supérieure.

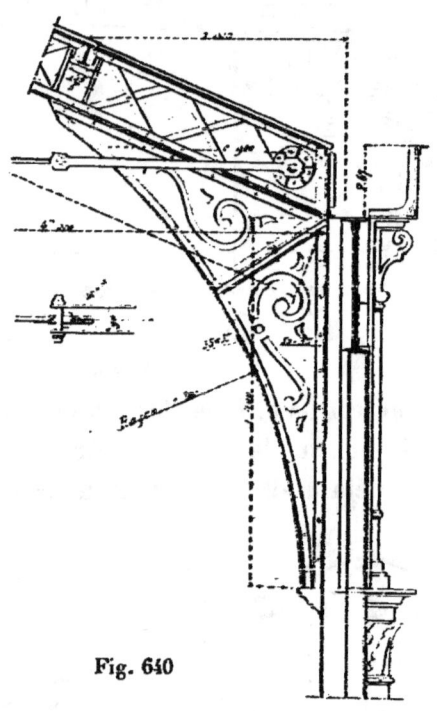

Fig. 640

La *fig.* 640 représente l'assemblage de la partie inférieure de la ferme avec le haut de la colonne. Comme précédemment, cet assemblage s'exécute par le moyen d'une grande console formant contreventement. Le pied de l'arbalétrier est à âme pleine sur la longueur nécessaire à l'attache de la fourche qui finit l'entrait.

Dans cette coupe transversale, on voit également la tôle qui divise l'arbalétrier, et forme une portion d'âme pleine destinée à recevoir la jonction de l'about de chaque panne.

321. Fermes avec contrefiches. — On peut diminuer la section de l'arbalétrier en le soutenant en son milieu par une contrefiche, à la manière des combles en bois. On prend son point d'appui au bas de l'aiguille pendante servant de poinçon, à sa rencontre avec l'entrait. Cette disposition est indiquée dans la *fig.* 641 ; elle convient

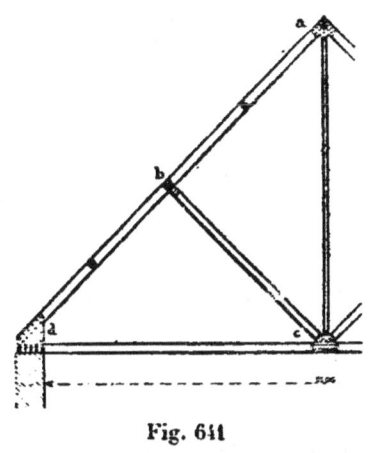

Fig. 641

surtout lorsque la pente est très raide et que la contrefiche se trouve voisine de la normale à l'arbalétrier.

Dans l'exemple figuré, les arbalétriers sont en fer à I de 0,200, l'entrait est un I de 0,18, le poinçon un I de 0,08 et les deux contrefiches sont en I de 0,14. Tous ces fers, à ailes ordinaires, sont assemblés par éclisses à leurs points de rencontre, ainsi que le re-

présente la *fig.* 643. Dans ce croquis, on voit l'assemblage en *a* au faîtage, et celui en *c* au milieu de l'entrait, point où viennent concourir un certain nombre de pièces.

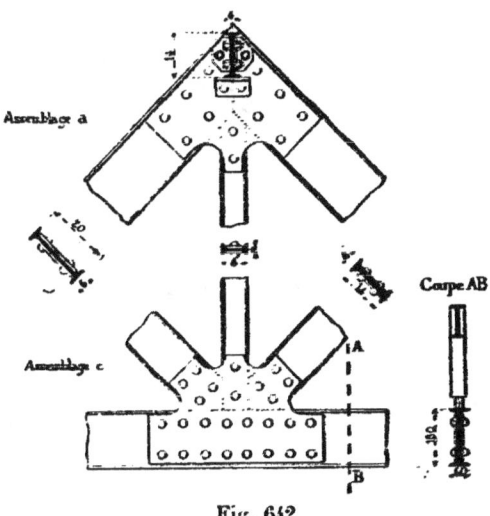

Fig. 642

Les détails sont complétés par les croquis (1) et (2) de la *fig.* 643. L'un représente la disposition du pied de la ferme, au point où elle vient reposer sur le mur, et la jonction au moyen de plaques éclisses du pied de l'arbalétrier avec l'extrémité de l'entrait. Une coupe suivant GH complète le dessin. Le croquis (2) montre l'assemblage

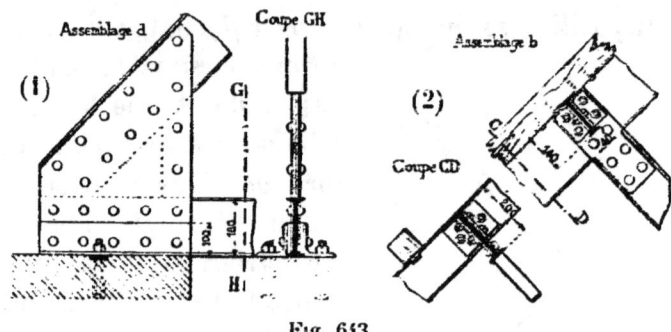

Fig. 643

du sommet de la contrefiche avec le milieu de l'arbalétrier et la fixation d'une panne sur les plaques de jonction, au moyen d'équerres, à la manière ordinaire.

322. Fermes avec faux entrait. — Un autre moyen de soutenir les arbalétriers en leurs milieux consiste à les

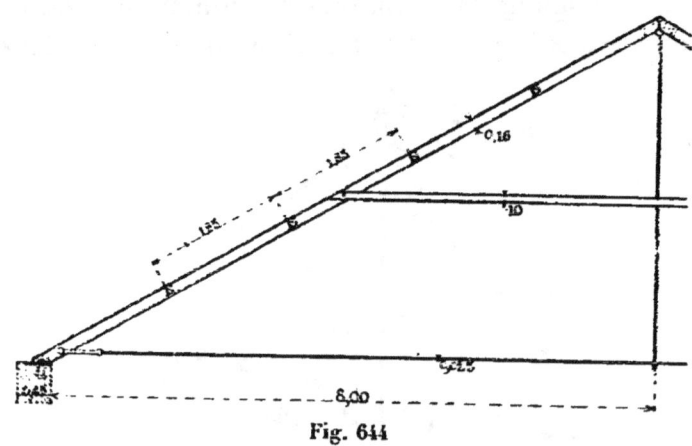

Fig. 644

réunir horizontalement, à moitié de leur hauteur par un faux entrait.

La *fig.* 644 en donne un exemple. Il s'agit d'un comble de 16 mètres de portée, soutenu sur les murs d'un bâtiment stable. Les fermes sont écartées de 4 mètres; les arbalétriers de chacune d'elles sont faits de fers de 0,160 larges ailes, et ils sont réunis en bas par un entrait formé de deux fers à I jumelés de 0,10. Ces derniers sont munis d'encoches qui correspondent aux ailes des pièces obliques, et forment un assemblage très solide, dès qu'ils sont boulonnés. Une aiguille pendante, partant du faîtage, soutient à la fois les deux entraits.

323. Combles relevés. — Lorsque les combles ont une pente assez raide, on peut avoir une hauteur de grenier importante en employant la disposition de la *fig.* 645. Elle consiste à surélever la ferme, à la relier à l'entrait par l'intermédiaire d'une contrefiche. L'entrait dans ce cas est la

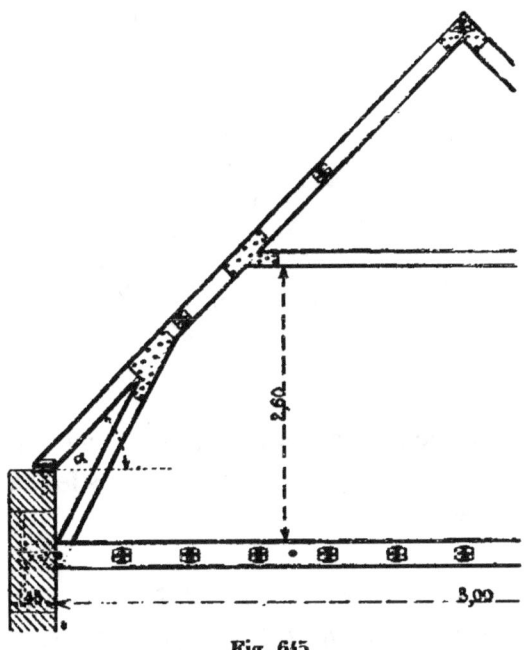

Fig. 645

poutre même du plancher de ce grenier. Il est encore préférable de réunir le pied de l'arbalétrier et la contrefiche par une pièce horizontale rappelant le blochet des combles en bois.

Les détails de ce comble sont donnés dans la *fig.* 646.

Les divers fers sont à I à ailes ordinaires, et ils se trouvent réunis aux points de jonction par des assemblages à éclisses.

On peut combiner l'emploi des contrefiches avec celui des faux entraits afin d'obtenir plusieurs points de soutien des arbalétriers. En général, toutes les dispositions que nous avons vu employer dans la charpente en bois peuvent

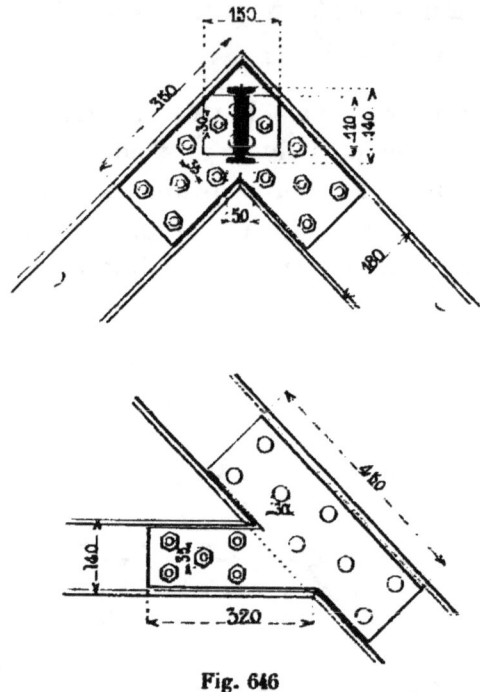

Fig. 646

se répéter avec la construction en fer, soit avec des pièces simples à I, AO et mieux LA, soit avec des fers à I, AD, jumelés, boulonnés et hourdés.

324. Combles avec fermes anglaises. — Partant du comble représenté en (1) *fig.* 647, on peut, considérant le point D et son symétrique comme des points solides, en faire partir une tringle DI, croquis (2), et du point I ainsi fixé, faire partir une nouvelle contrefiche ID', qui soutiendra l'arbalétrier en D'. On obtient ainsi une ferme présentant pour l'arbalétrier deux points intermédiaires de soutien entre le faîtage et le pied de la ferme.

Le croquis (3) montre le schema d'une disposition analogue, mais pour 3 points d'appui. On peut ainsi en généralisant la méthode, obtenir le nombre que l'on voudra de supports intermédiaires.

Ces fermes sont dites *fermes anglaises* ; elles se sont développées en effet d'abord en Angleterre, puis en Allemagne,

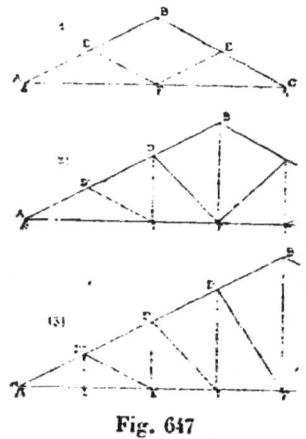

Fig. 647

et se sont depuis généralisées partout. Elles forment de véritables poutres en treillis triangulaires et la multiplicité des points d'appui permet de n'établir ces derniers qu'à l'endroit des pannes, de telle sorte que l'arbalétrier n'est plus fléchi ; il n'est soumis qu'à la seule compression longitudinale.

Ces fermes sont très légères, les charpentes qu'elles donnent n'arrivent qu'à un poids de 10 à 20 kilos par mètre carré de surface couverte, pour des portées variant de 10 à 20 mètres.

Le type n° 1, à 2 divisions d'arbalétrier, ou *à 2 panneaux*, s'emploient pour les portées de 8 à 10 mètres. Le type

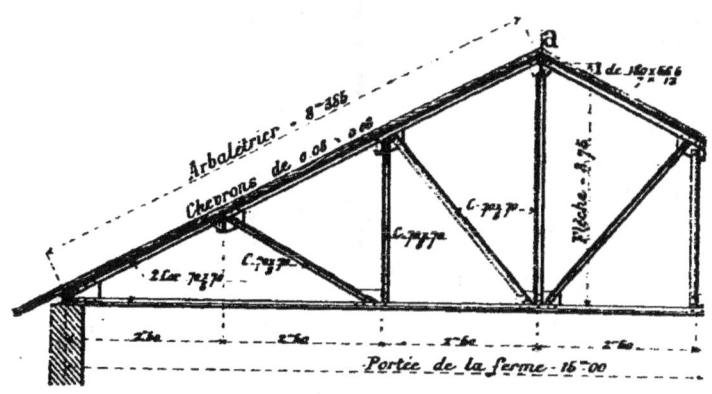

Fig. 648

n° 2, à 3 panneaux, permet de franchir des bâtiments de 11 à 15 mètres. Le type n° 3 va de 16 à 20 mètres.

La mécanique donne facilement les tensions et compressions des diverses pièces d'un comble de ce genre et

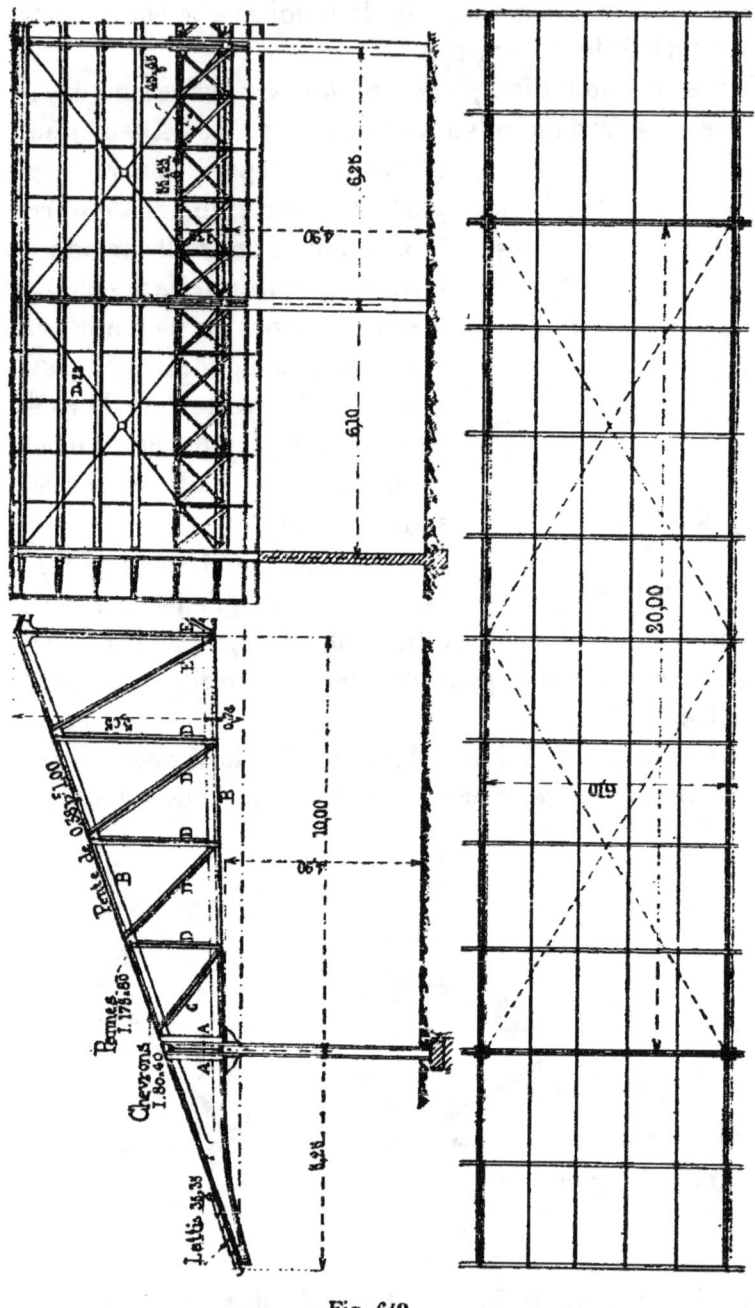

Fig. 649

quant aux assemblages ils sont ceux d'une poutre à treillis très espacés. Voici par exemple *fig.* 648 une ferme du type n° 2, les arbalétriers et l'entrait sont composés chacun de deux cornières jumelées ; entre ces cornières sont des goussets appropriés, qui permettent de fixer les extrémités des barres comprimées ou tendues, et ces goussets doivent prévoir en même temps la place nécessaire aux équerres des pannes qu'ils doivent aussi soutenir.

La *fig.* 649 donne la disposition d'un hangar à marchandises du Chemin de fer de l'Ouest, à la gare de Batignolles. C'est une ferme anglaise du type n° 3, qui a été adopté ; sa portée est de 20 mètres et l'entraxe de 6^m,10. Les poteaux de façade longitudinale sont réunis par une haute sablière de 1^m,35, et, à la naissance, la ferme a cette même

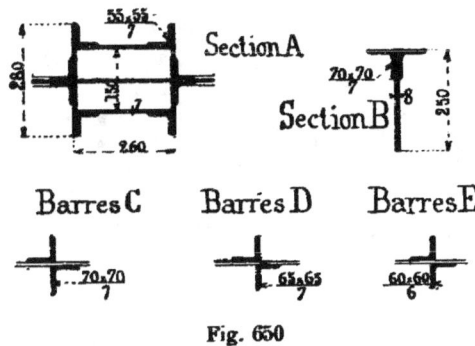

Fig. 650

hauteur. En dehors, la charpente se prolonge en porte-à-faux, formant auvent sur une longueur de 5^m,25. Le troisième croquis représente le plan d'une travée.

Ces sortes de fermes, en raison de leur faible résistance transversale et de l'exiguité des membrures qui forment les arbalétriers et l'entrait, ont une grande tendance au voilement et demandent à être fortement contreventées perpendiculairement à leur plan. On obtient un premier contreventement par un chaînage diagonal dans le plan des chevrons ; de plus, profitant de ce que les tiges verticales qui occupent la place du poinçon peuvent avoir une certaine rigidité, on les réunit d'une ferme à l'autre par de grands chaînages en croix de Saint-André qui sont figurés dans la coupe longitudinale.

Les sections des différentes pièces d'une ferme de ce comble sont données dans la *fig.* 650.

Un exemple d'un comble avec fermes anglaises à cinq panneaux est représenté dans la *fig.* 651. C'est le comble de la halle de puddlage des usines du Creusot.

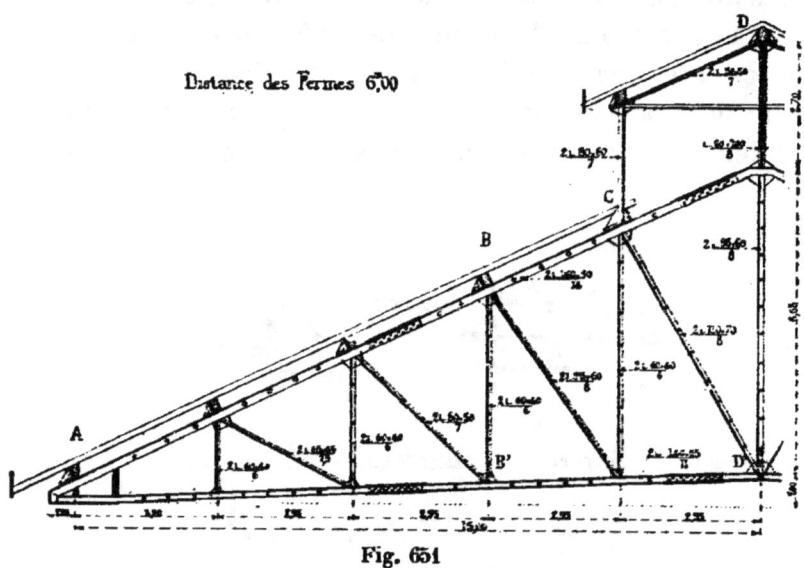

Fig. 651

La portée est de 30 mètres; la hauteur du comble est de $6^m,65$ lanternon non compris. L'arbalétrier est fait de deux cornières $\frac{160 \times 90}{14}$, l'entrait de deux fers en U de $\frac{140 \times 55}{11}$, et les différentes barres droites et inclinées ont des sections qui sont notées au dessin.

Le lanternon correspond aux deux panneaux voisins du faîtage.

Si maintenant on passe aux détails d'exécution, on les trouve réunis dans les quatre croquis de la *fig.* 652. Le croquis (1) donne le pied de la ferme et son repos sur le mur du bâtiment. Le croquis 2 montre un montant vertical et toutes les pièces attenantes, avec leur mode d'assemblage.

Le détail 3 représente la jonction en C au pied du lanternon, et enfin le 4º croquis indique la construction de

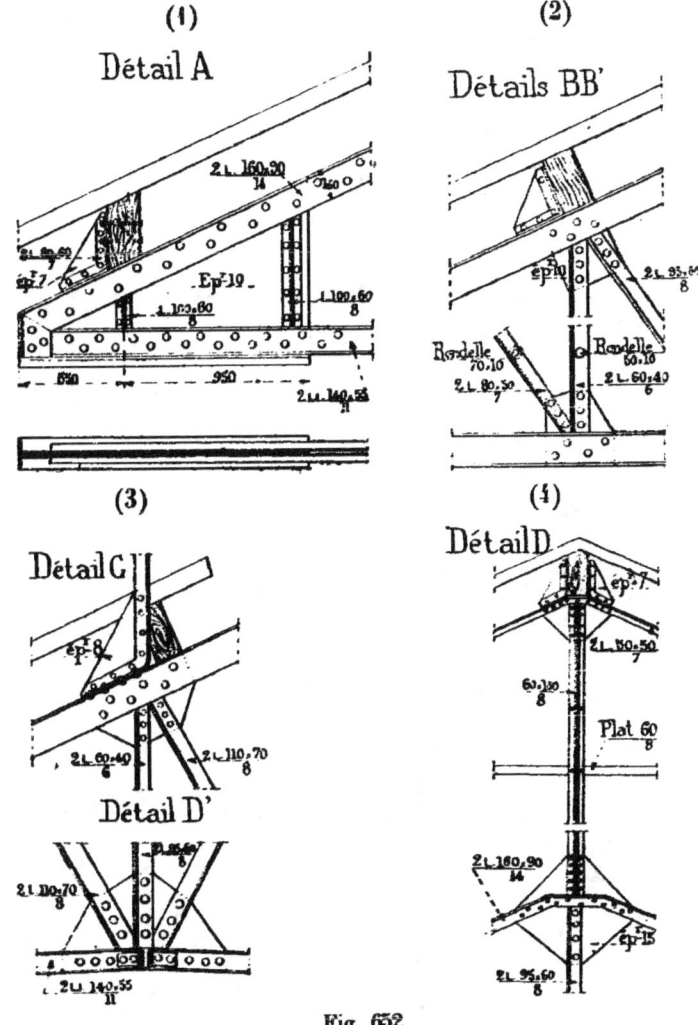

Fig. 652

la partie haute du lanternon et la manière dont il pose sur le faîtage de la ferme.

325. Fermes en treillis. — La ressemblance des fermes anglaises avec une poutre en treillis a amené à former la ferme d'une poutre triangulaire dont les membrures sont faites de barres en X croisés. La halle de transbordement de la gare de Belfort, représentée par la *fig.* 653,

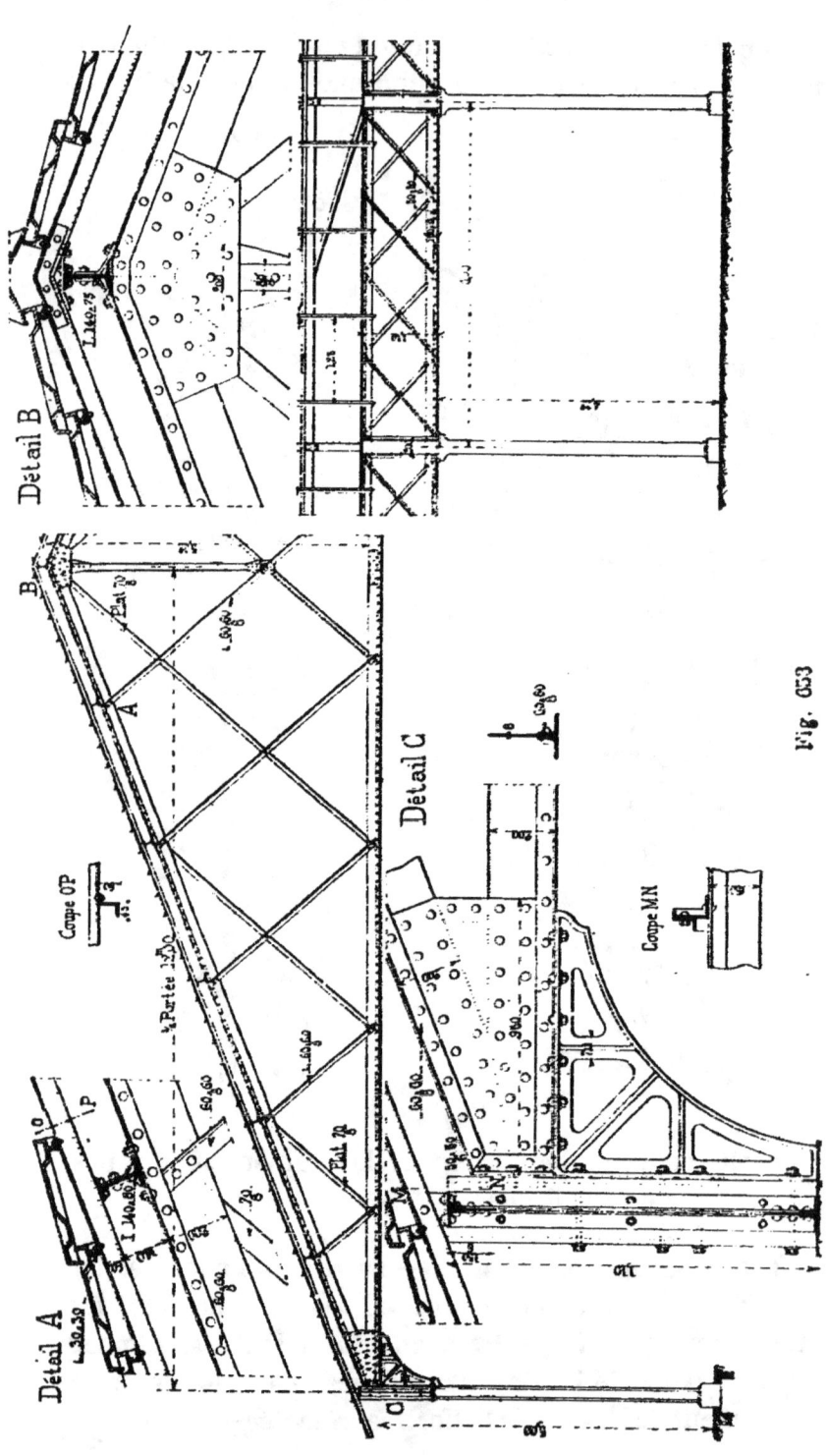

Fig. 653

est établie sur ce principe. Les fermes sont espacées de 5,00, la portée est de 24 mètres, et la poutre est faite de membrures en tôles verticales de 200 × 8, armées d'une double cornière de $\frac{60 \times 60}{8}$.

Le croisement des treillis est tel que les barres aboutissent sur le rampant exactement aux points de support des pannes.

Les détails de cette construction sont donnés dans les croquis qui accompagnent l'ensemble.

326. Combles avec points d'appui intermédiaires. — Dans bien des circonstances, on peut diminuer la largeur des espaces à franchir d'une seule volée,

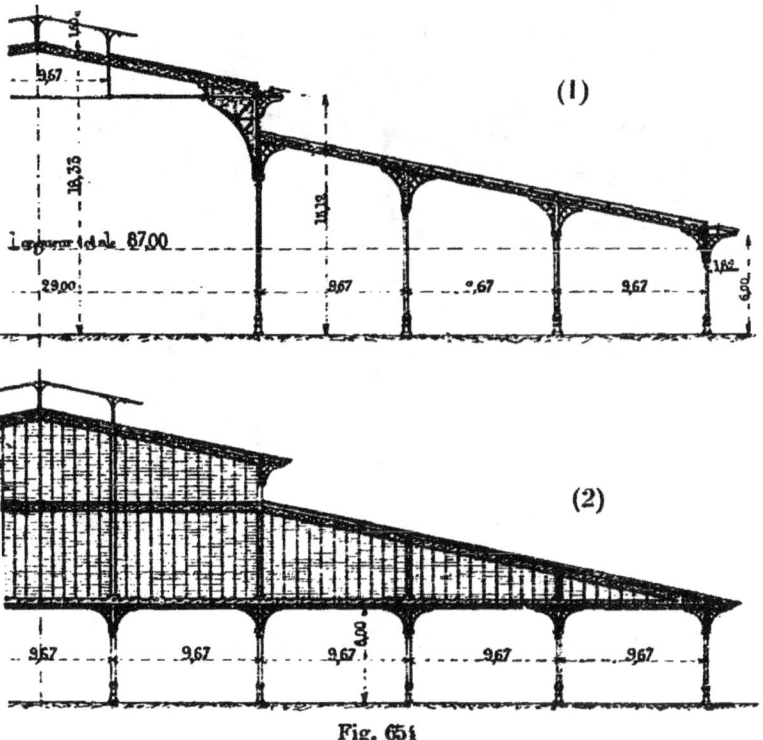

Fig. 651

en créant des points d'appui intermédiaires qui réduisent à la fois la portée et la section des pièces ; il peut y avoir dans cette disposition une très notable économie.

Cette disposition peut être rationnelle, dans les bâtiments à simple rez-de-chaussée, lorsque les piliers ou colonnes ne risquent pas de gêner.

C'est ainsi que le bâtiment du parc aux bœufs, au marché à bestiaux de la Villette, est formé, comme l'indique la coupe transversale de la *fig.* 654, d'une nef milieu de $29^m,00$ de portée, et de bas côtés de même largeur, divisés en trois travées de $9^m,67$ par deux rangs de colonnes intermédiaires.

Les arbalétriers avec cette portée réduite n'ont plus qu'une section faible et le bâtiment est économique. Les supports ont leur place marquée au croisement des sépa-

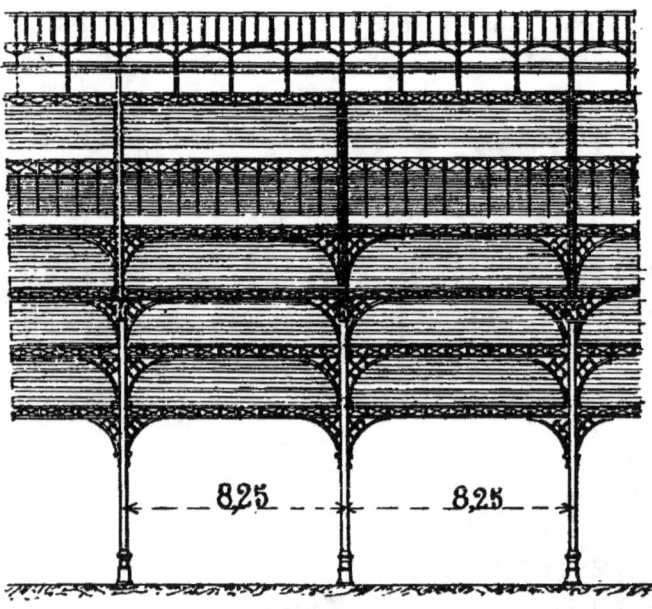

Fig. 655

rations demandées par le programme, et, loin de nuire, elles servent à donner à ces barrières toute la solidité voulue.

Chaque support se jonctionne avec l'arbalétrier au moyen de consoles développées, et d'autres consoles se relient à des lignes de sablières dans le sens longitudinal.

Le second croquis de cette même figure représente le pignon d'extrémités de ce même bâtiment, ainsi que l'élévation du rideau vitré qui en ferme toute la partie supérieure.

La *fig.* 655 donne une coupe longitudinale suivant l'axe, de cette construction. On voit que les fermes sont espacées de 8^m, 25 d'axe en axe. Ce même croquis indique également les lignes de pannes-sablières correspondant aux files de colonnes intermédiaires, ainsi que les consoles de contreventement, qui s'opposent à toute déformation longitudinale.

La nef milieu n'a pas de support dans sa largeur de 29^m,00 ; cet espace est franchi transversalement par une ferme triangulaire, avec arbalétriers en treillis et entrait en fer rond soutenu par deux aiguilles pendantes ; des consoles très développées diminuent la portée dans une certaine mesure, tout en formant un contreventement très énergique.

Dans les bâtiments à étages que l'on construisait autrefois en bois, on pouvait craindre les tassements ; on avait pris comme principe de ne poser le comble que sur les murs longitudinaux, quelle que fut d'ailleurs la largeur de la construction.

Avec le fer, employé comme supports et comme planchers, on n'a pas à craindre cet inconvénient. Lorsque la surface en plan est divisée en travées par de nombreuses lignes de supports, on a presque toujours avantage à prolonger ces supports jusqu'à la toiture, à travers le grenier du haut, et à s'en servir pour soutenir le comble en des points convenablement choisis. Ces points d'appui réduisent les espaces à franchir d'une volée et permettent de notables économies.

Voici comme exemple la Halle de Corbeil, grand magasin à étages dépendant des moulins et dont nous avons donné déjà plusieurs détails. La coupe de la charpente du comble est donnée en plan et coupes dans la *fig.* 656. On voit que les planchers sont portés par des files longitudinales de colonnes et que les entraxes sont pour la plupart de 3^m,70 ; dans quelques parties du bâtiment, ils varient sui-

FERMES AVEC POINTS D'APPUI INTERMÉDIAIRES 195

vant les exigences du programme. Dans la hauteur du comble, un dernier plancher sert à porter les transmissions ainsi qu'un certain nombre d'outils ; les colonnes du milieu doivent donc se prolonger jusqu'à son niveau.

La coupe transversale montre que l'on s'est servi utilement, pour porter les pièces du comble et simplifier économiquement sa construction, de quelques-uns des points fixes que l'on avait ainsi à portée. — Pour éviter les con-

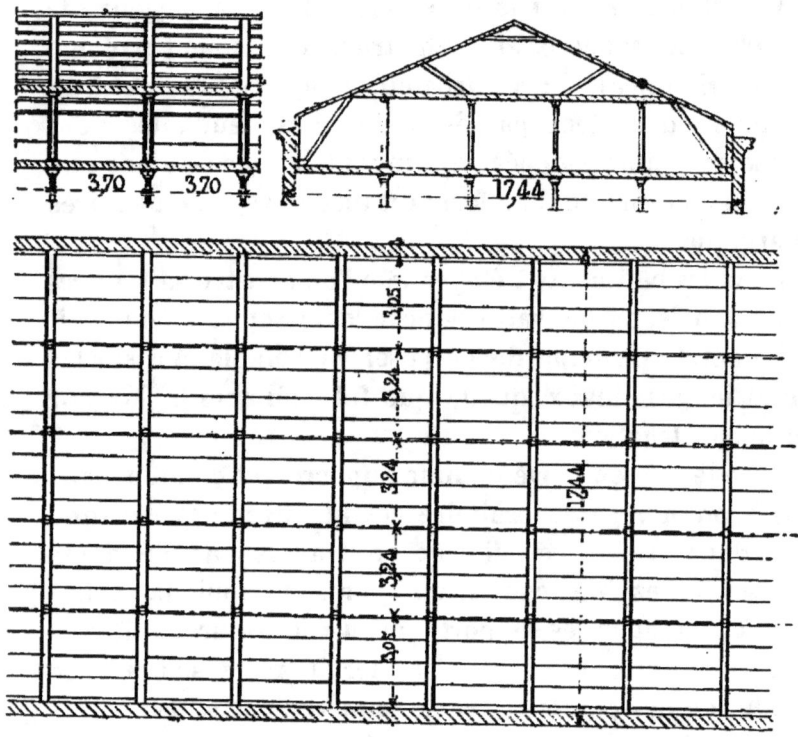

Fig. 656

soles et contreventer le comble par lui-même, c'est au moyen de pièces obliques, dont les pieds reposent sur les deux files de colonnes milieu, que l'on a pris ces points d'appui. La poussée longitudinale qui peut en résulter est contrebalancée par la poussée en sens contraire de la contrefiche de rive.

Le détail à plus grande échelle de la *fig.* 657 donne la composition de ce comble, fait uniquement de fers à I assemblés par doubles éclisses dans le plan de la ferme ; toutes les pièces sont jumelées, maintenues à un écarte-

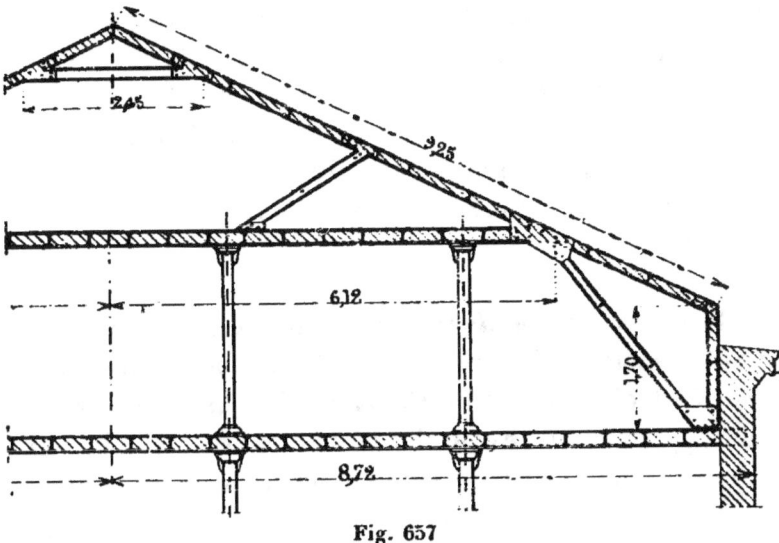

Fig. 657

ment de 0ᵐ,30 par des boulons et cet intervalle est hourdé en maçonnerie de plâtras et plâtre bien exécutée.

Une disposition presque analogue est figurée dans le croquis 658. Il représente le comble d'un bâtiment que

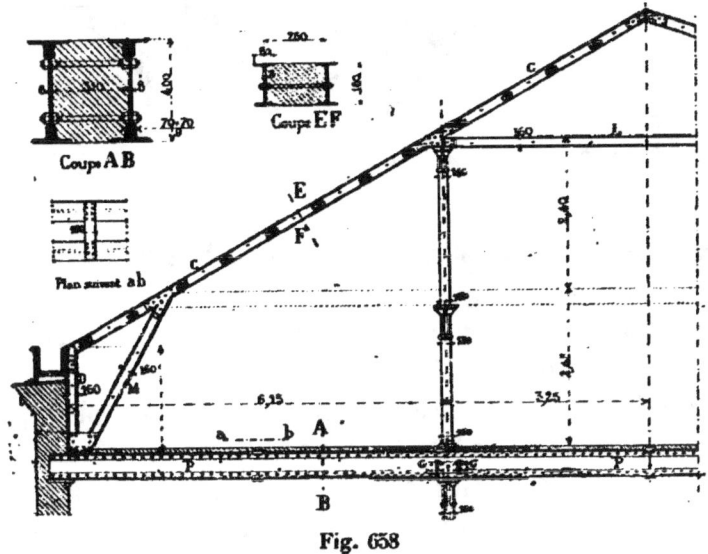

Fig. 658

nous avons étudié pour la société des Moulins de Prouvy

près Valenciennes. L'appui sur les files de colonnes est encore plus direct et plus marqué que dans l'exemple précédent.

Les files de colonnes montent jusqu'au rampant, qu'elles croisent en un point ou l'on établit un faux entrait ; ce dernier ne sert plus alors qu'à maintenir leur écartement. Les deux lignes ponctuées indiquent un plancher possible, dont l'exécution est réservé pour plus tard, et pour le soutien duquel on a ménagé sur les colonnes des consoles d'attente.

327. Combles des Magasins généraux de Bercy. — Un autre exemple du même procédé est représenté dans la *fig.* 370 (vol. I, p. 451.) Il s'agit des Magasins généraux de Bercy, dont nous avons donné la coupe d'ensemble en étudiant les planchers de cette construction. Le comble

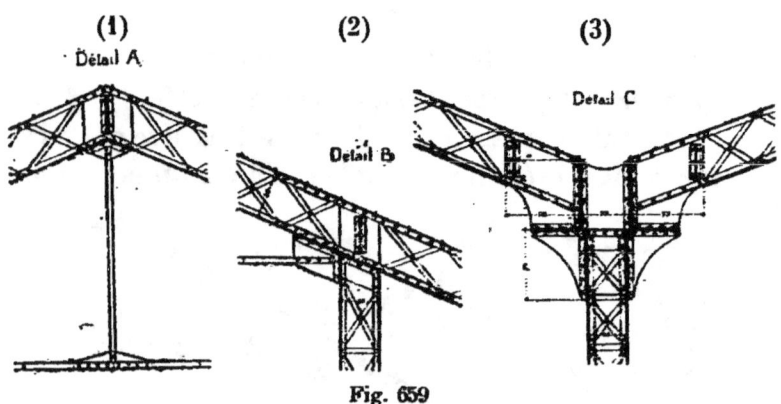

Fig. 659

est représenté dans cette même coupe, à la rencontre de deux bâtiments contigus.

Dans l'un, celui de gauche, les quatre files de colonnes intérieures se prolongent jusqu'au toit pour en soutenir les arbalétriers. Dans le comble de droite, il n'y a plus que deux files de colonnes et elles sont utilisées de même. La jonction des différentes têtes de supports avec les arbalétriers est détaillée dans les trois croquis de la *fig.* 659, relatifs au bâtiment de droite ; et cette construction se répète partout. Le détail A est celui du faîtage ; il montre la butée des arbalétriers, leur assemblage et l'aiguille pendante qui soutient le milieu d'un petit entrait. Le détail B donne la jonction d'une tête de support avec l'arbalétrier en un point quelconque de sa longueur ; la tôle verticale, qui sert à assembler la ligne des pannes, descend assez bas pour former l'âme de la tête du poteau ; un gousset d'angle, fixé à cornières, sert pour l'attache de l'extrémité de l'entrait.

Le détail C montre la tête du poteau commun aux deux bâtiments qui reçoit les pieds des deux arbalétriers. Ceux-ci étant écartés pour permettre de loger le chêneau, on a dû élargir le haut du support au moyen d'une double console, sur laquelle viennent se boulonner les bases élargies des deux pièces obliques.

L'ensemble des Magasins généraux de la Loire, figuré au chapitre V, page 455, donne encore une application d'un comble ainsi porté par les supports intérieurs d'un bâtiment.

328. Des croupes dans les combles en fer. — Les croupes dans les combles en fer sont très faciles à exécuter, à la condition de faire les mêmes études préliminaires que pour les combles en bois. Il est indispensable de tracer préalablement une épure, rigoureusement exacte, en vraie grandeur, permettant de rabattre chaque partie et d'en obtenir la forme précise, ainsi que celle des pièces d'assemblage.

Quant à l'exécution, elle est bien plus facile que dans les combles en bois, parce que les moyens de jonction dont on dispose sont plus rigides et plus solides et que les pièces peuvent plus facilement résister à tous les genres d'efforts. Quant à l'ornementation, elle est simple et très facile à déterminer. Elle consiste toujours dans la forme des poutres constituant les pièces de charpente et dans leur liaison par des consoles appropriées.

Nous donnons, comme exemple de croupe ornée, la charpente vitrée qui couvre la grande cour de la Caisse des dépôts et consignations (¹). La *fig.* 660 donne en plan et en coupe longitudinale l'ensemble de cette charpente. La longueur de la cour couverte est de 31ᵐ,59, sa largeur de 17,75. Le bandeau du rez-de-chaussée sert de corniche à la

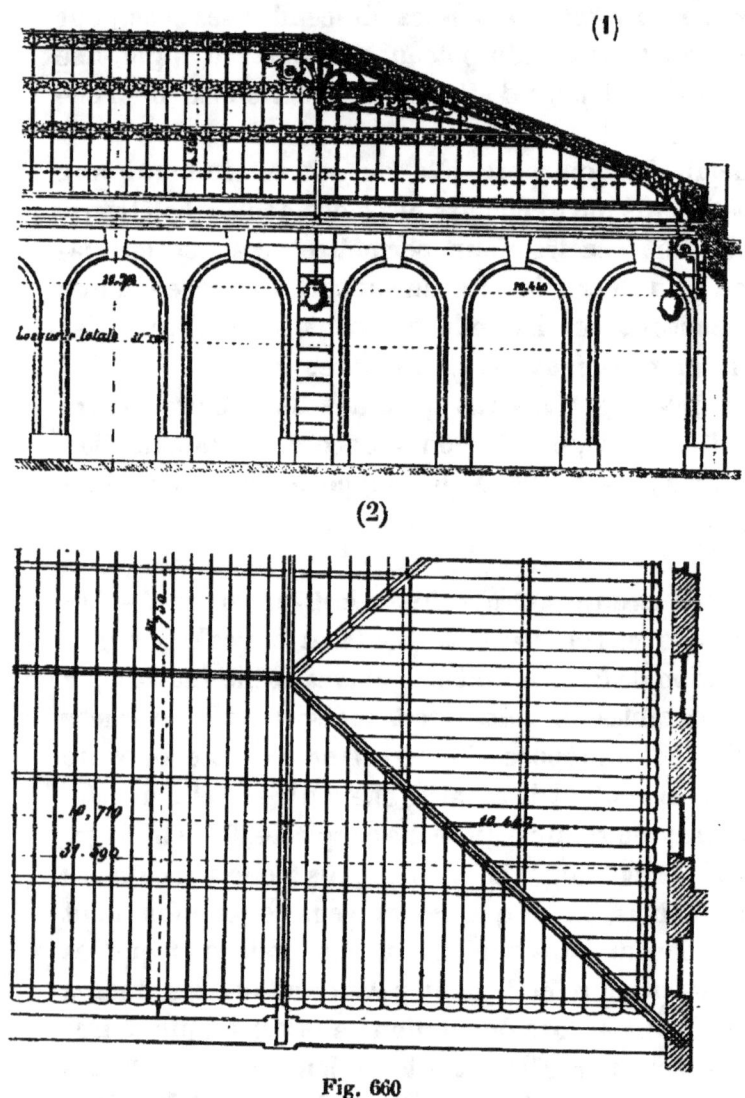

Fig. 660

salle ainsi obtenue ; sur ce bandeau on établit le chéneau

(¹) M. Eudes, architecte. MM. Leturc et Baudet, constructeurs.

qui recueillera les eaux de la toiture et cette dernière, devant s'araser horizontalement tout autour de ce chéneau, présente nécessairement des croupes à ses deux extrémités.

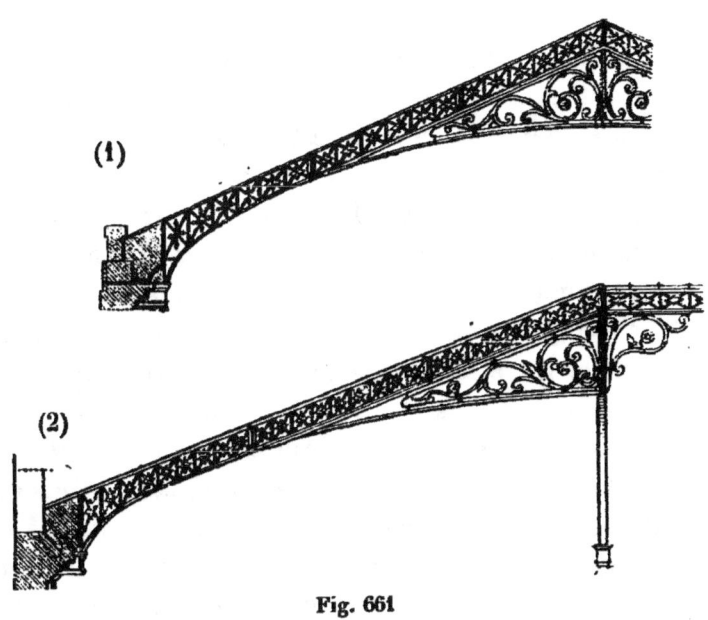

Fig. 661

Deux fermes de croupe sont établies à environ 10 mètres des extrémités de la salle ; ce sont elles qui portent toute la charge. Elles correspondent au milieu des trumeaux principaux, accusés par des pilastres en pierre. Ces deux fermes de croupes, distantes l'une de l'autre de $10^m,71$, reçoivent dans cette portée des pannes en treillis qui les réunissent et les contrebutent. Il y a ainsi deux pannes dans chaque rampant.

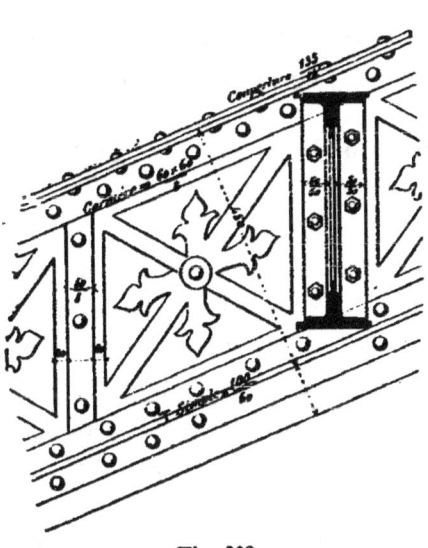

Fig. 662

Chaque ferme est formée de deux arbalétriers en treillis réunis par un arc, avec tympans remplis de fers contournés à la forge. Ces arcs, et ces remplissages ne servent pas à la solidité de la ferme ; ils ne sont là que pour la décoration.

L'entrait de chaque ferme est supprimé, la résistance du mur étant considérée, à cause de la stabilité des constructions auxquelles le comble est adossé, comme suffisante pour recevoir et annuler la poussée des arbalétriers.

Le croquis (1) de la *fig.* 661 donne la vue transversale du comble, et l'élévation de l'une des fermes de croupe.

La demi-ferme qu'on n'aurait pas manqué de mettre dans l'axe longitudinal, si la construction eût été en bois, est supprimée. Il ne reste que les arêtiers qui viennent concourir aux sommets des deux fermes ; on voit l'un d'eux représenté dans la coupe longitudinale croquis (2) de la *fig.* 664. Ils sont butés contre les murs et soutenus en apparence par des demi-arcs de même hauteur que ceux des fermes. De plus, pour paraître contrebuter ces arcs, il a été nécessaire de former une sorte de console ornée, partant du milieu de l'arc principal de chaque ferme et reliant cette dernière à la panne de faîtage.

La *fig.* 662 donne le détail d'un arbalétrier, sa composition et la manière dont il reçoit l'extrémité d'une panne.

Le poids par mètre superficiel de cette charpente est en moyenne de $66^k,600$.

329. Combles hourdés. — Dans les bâtiments industriels où l'on a besoin de conserver la chaleur, comme aussi dans les constructions destinées à l'habitation, on est souvent conduit à hourder la partie supérieure du comble, afin d'obtenir un espace complètement fermé. Chaque rampant devient un véritable plancher en fer, dont les arbalétriers sont les poutres, et où les pannes figurent les solives. Remplissant le même rôle, il est naturel de donner à ces dernières la même disposition. On met les pannes normales au rampant; on les espace de 1ᵐ,00 à 1ᵐ,20; on les

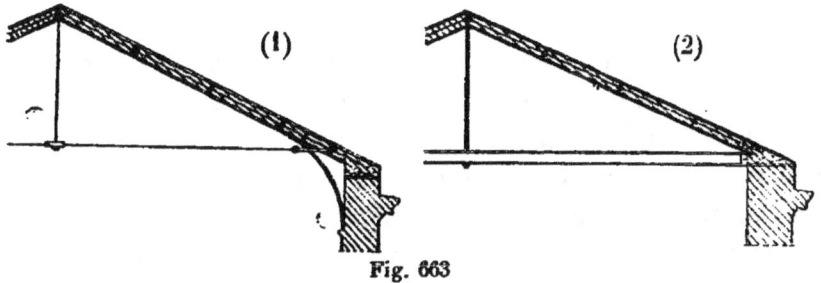

Fig. 663

réunit par des files de boulons d'entretoises et on exécute le hourdis, exactement comme pour un plancher ordinaire.

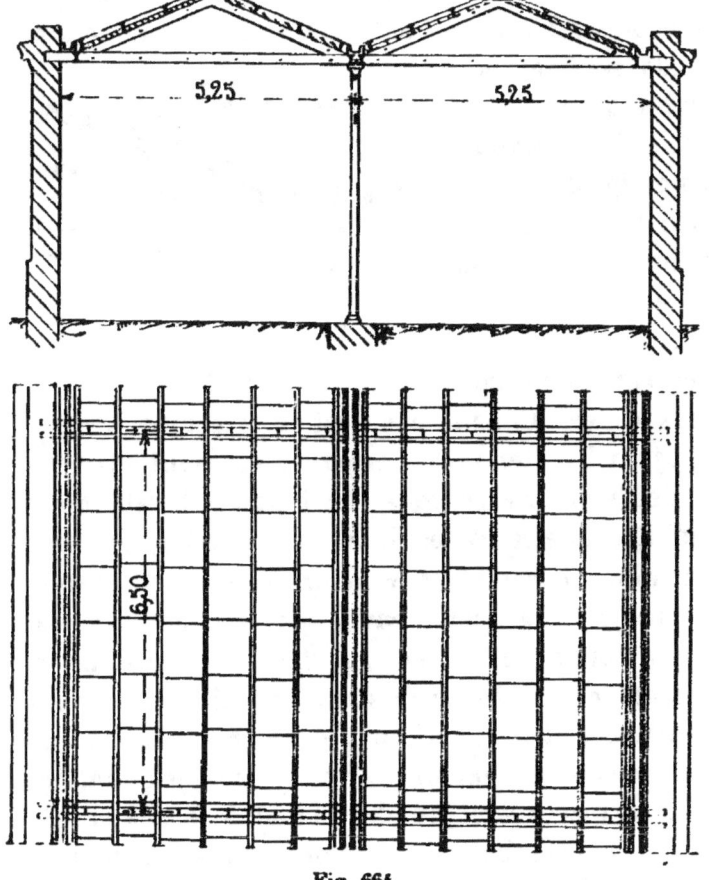

Fig. 664

On cherche à alléger ce hourdis autant que possible

pour diminuer les sections des arbalétriers et du tirant ; on réduit son épaisseur, ou mieux on le fait en matériaux creux.

La *fig.* 663 représente en (1) un comble de ce genre ; les fermes successives sont formées chacune de deux arbalétriers et d'un tirant, avec aiguille pendante. Des consoles forment liaison avec les murs, s'il est nécessaire. Les pannes, rapprochées, sont réunies par des files de boulons à 4 écrous ; celle de faîtage est verticale, les autres sont normales au rampant. Elles sont toutes assemblées par équerres sur les faces latérales des arbalétriers.

Dans les combles des constructions industrielles, on a souvent avantage à remplacer l'entrait en fer rond par une pièce plus raide en fer à I. Cet entrait peut rendre des grands services pour soutenir soit des transmissions, soit des marchandises. La coupe du comble est alors celle du croquis 2 de la même figure. Dans bien des cas même, on est amené à faire des fermes bien plus rigides en dou-

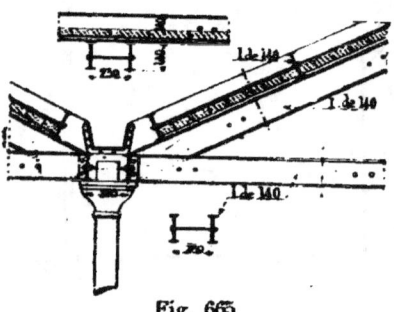

Fig. 665

blant tous les fers. Chaque pièce est alors formée de deux barres à I jumelées, tenues à écartement constant de 0,30 à 0,40 par des boulons à 4 écrous, et cet intervalle est hourdé en bonne maçonnerie. Tel est le comble d'atelier que nous donnons comme ensemble, par un plan et une coupe transversale, dans la *fig.* 664. Il fait partie des constructions de la filature que nous avons édifiée pour MM. Féray à Essonnes. La portée est très faible, en raison d'une file de colonnes divisant l'atelier et nécessitée par le programme. Les travées sont couvertes chacune par une ferme triangulaire dont toutes les pièces, sont jumelées et hourdées. Les pannes sont posées sur les arbalétriers, réunies par des boulons à 4 écrous ; elles forment un véritable plancher en fer avec son organisation habituelle ; enfin, la surface totale est hourdée avec briques apparentes en plafond. La *fig.* 665 donne le détail du point de concours de deux fermes voisines sur la tête de la colonne ; on voit l'espace ménagé pour le chéneau, et le commencement de remplissage des parties pleines.

330. Combles portant planchers. — Dans les maisons d'habitation et nombre de constructions, la partie basse du comble, au niveau du pied des arbalétriers, doit former un plancher sur toute la surface du bâtiment. On crée ainsi un grenier qui rend souvent de grands services. Le plancher ainsi ajouté est presque toujours très léger. En raison des faibles charges qu'il est destiné à porter, on l'établit en constructions légères et on lui donne le nom de *faux-plancher*.

Malgré cette légèreté, sa construction doit se relier à celle du comble, et, s'il n'a point d'appui inférieur convenable, c'est au comble qu'il faut demander ses soutiens.

La disposition la plus ordinaire est celle-ci : on compose le plancher de poutres transversales au bâtiment et de solives. Les poutres sont établies dans l'axe même des

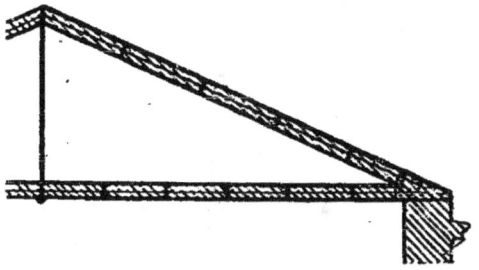

Fig. 666

fermes, dont elles forment les entraits ; les solives perpendiculaires franchissent les entraxes, et, si l'on a besoin de points d'appui intermédiaires pour la poutre, on la soutient au moyen d'aiguilles pendantes venant des points solides des arbalétriers. La *fig.* 666 montre un comble de ce genre, présentant un plancher hourdé à sa partie inférieure et hourdé lui-même de manière à former un grenier clos.

La poutre du plancher est en fers à I de section en rapport avec la charge ; elle est soutenue en son milieu par une aiguille venant du point de butée des arbalétriers ; bien entendu, il faut tenir compte, pour fixer la dimension de ces derniers, de la tension de cette aiguille qui augmente dans des proportions très importantes leur compression longitudinale.

331. Combles portant de fortes charges. — Les fermes de combles constituent de véritables poutres en

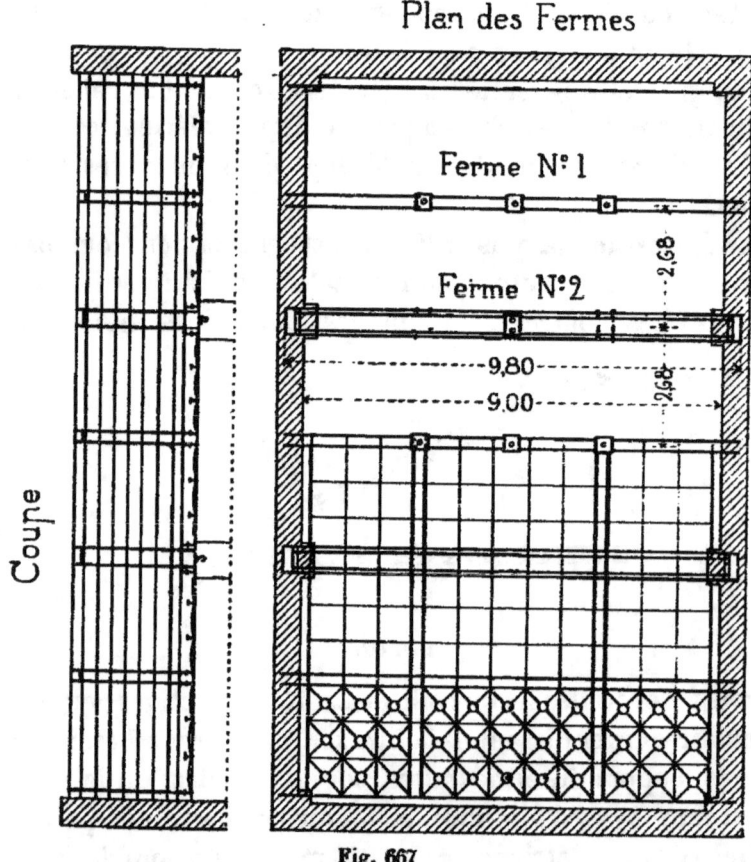

Fig. 667

treillis auxquelles on peut facilement, malgré la portée,

donner une grande puissance. On peut, en les composant convenablement, les rendre capables de supporter des poids considérables en des points déterminés, en dehors de la charge propre du comble.

On a déjà vu des exemples de combles supportant des faux planchers ou même des planchers d'habitation ou de destination quelconque.

Dans certains cas spéciaux on peut suspendre aussi aux pièces d'un comble plusieurs planchers successifs, par

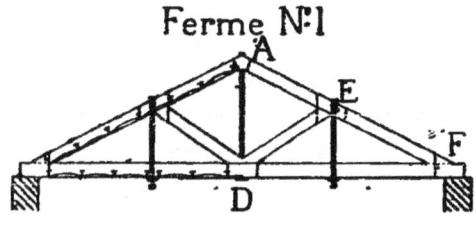

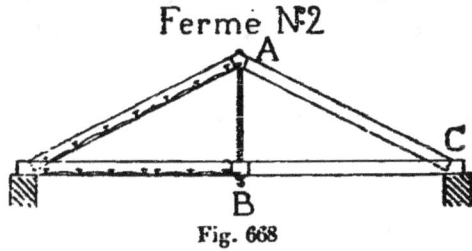

Fig. 668

exemple, si les points d'appui venaient à gêner à l'étage du rez-de-chaussée. D'autres fois, comme dans les salles destinées à loger des moteurs importants ou des outils de grandes dimensions et de forts poids, on peut établir au-dessus des pièces lourdes de 10, 15, 20 000 kilogs des crochets solides fixés au comble, permettant de faire facilement le premier montage au moyen de moufles et de treuils, et ensuite d'opérer commodément les réparations. Pour donner un exemple de ce genre d'application, nous représentons, *fig.* 667 le plan et la coupe longitudinale du comble qui couvre la salle de la machine à vapeur de la filature de MM. Feray à Essonnes. ([1]) La ma-

---

([1]) J. Denfer, architecte.

chine est du système Corliss de 200 chevaux à deux cylindres conjugués, actionnant un même arbre avec volant unique. Le programme comportait de permettre de suspendre au comble de poids déterminés de 9 à 10 000 kilos et les points d'application étaient indiqués au-dessus des pièces qu'on était susceptible de démonter et de soulever.

Les crochets étant ainsi à des points fixes, on en a déduit la position des fermes du comble et on voit dans le plan les cinq fermes qui couvrent la salle. On a donné une importance apparente aux fermes n° 2 et 4, et elles s'appuient sur des pilastres saillants, cela au point de vue décoratif.

Si maintenant nous prenons séparément les fermes, nous voyons qu'on les a composées en fers laminés à I du commerce pour les pièces principales, arbalétriers entraits et contrefiches, et en fers ronds pour les pièces verticales tendues. Chaque pièce est double, formée de deux barres jumelées, de manière à résister à des efforts latéraux, à des tractions obliques des cordes de moufles ; l'écartement est variable et dépend de raisons décoratives ; l'intervalle est hourdé en bonne maçonnerie.

Certaines fermes sont très simples, comme le n° 2 par exemple parce qu'elles n'ont à porter qu'un crochet au milieu. D'autres, comme la ferme n° 8, sont armées de contrefiches, ayant à soutenir deux crochets symétriques par rapport à l'axe.

Voyons maintenant les assemblages que les circonstances du programme nous ont fait adopter.

L'assemblage en A de la ferme n° 2 devait réunir deux arbalétriers doubles et deux aiguilles pendantes en fer rond de 41^{mm}, ayant à porter chacune 10 000 kilos.

Le détail de la *fig.* 669 montre qu'on a choisi un assemblage par sabot en fonte. Ce sabot est formé de deux tubes verticaux pour le passage des boulons et de deux joues obliques, normales aux rampants qui reçoivent la butée des 4 fers d'arbalétriers entre des ergots appropriés ; des nervures réunissent toutes ces portions et en font une pièce unique très solide.

Pour la ferme n° 1 plus étroite, moins chargée, il n'y a qu'une aiguille; mais la construction, modifiée dans sa forme par cette circonstance, est établie sur le même principe.

Les deux aiguilles de la ferme n° 2, écartées de 0,30, devaient soutenir le milieu de l'entrait formé de deux fers à I de 0,26 L. A, espacés de 0,50. Elles le font par l'intermédiaire d'une plaque de fonte, représentée dans la *fig*. 670 et placée sous les fers. En ce point il était utile de bien maintenir l'écartement des entraits; on les a liaisonnés transversalement au moyen de deux barres de 0,26 assemblées à équerres, de telle sorte que la plaque de fonte appuie sur l'entrait par tout son pourtour, et sur le hourdis interposé par le restant de sa surface.

Une plaque de fonte toute pareille est posée au-dessus des mêmes fers d'entrait ; elle reçoit le crochet principal faisant suite à un boulon de 0,061. La *fig*. 671 complète la précédente par la vue du crochet dans deux coupes de l'entrait perpendiculaires entre elles.

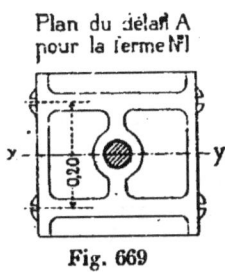

Fig. 669

Les deux entraits ayant un écartement différent de celui des arbalétriers, dans la ferme n° 2, on a dû faire l'assemblage de pied de ferme, au moyen de sabots en fonte, et la *fig*. 672 donne le détail complet de l'un d'eux. Il est formé d'une table horizontale au niveau du bas de l'entrait, d'une joue relevée normalement à la toiture pour la butée de l'arbalétrier, de joues extérieures pour l'assemblage avec les âmes de l'entrait, et de nervures reliant convenablement les parties ci-dessus. Cinq gros boulons transversaux marient le sabot et l'entrait et présentent au cisaillement la section de sécurité voulue.

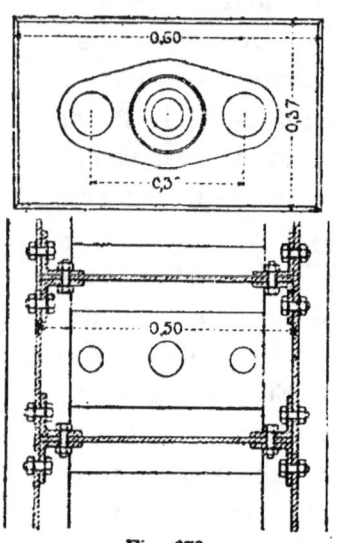

Fig. 670

Le détail de la ferme n° 1 varie un peu dans les formes des assemblages ; le pied de l'aiguille pendante unique ne soutient que le milieu de l'entrait qui ne présente pas de crochet, mais reçoit à son tour le pied des contrefiches obliques, *fig.* 673. Les deux pièces de l'entrait, en fer à I de 0,26 *a. o.* sont reliées par deux bouts transversaux en même fer et l'ensemble vient en dessous appuyer sur une plaque de fonte recevant la tête de l'aiguille. Les contrefiches sont établies dans le plan des

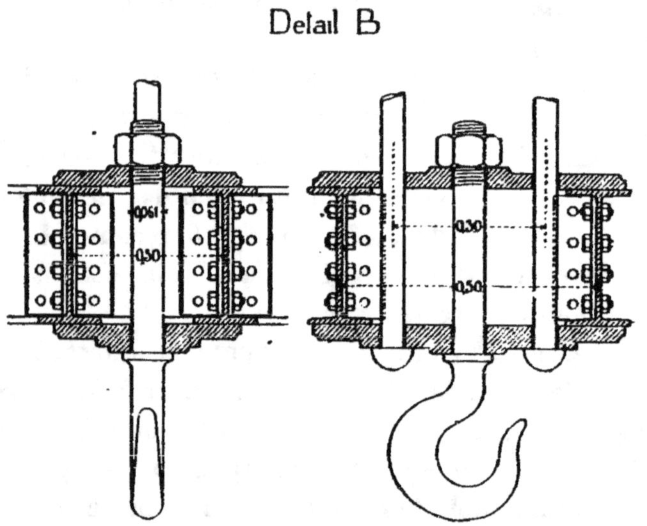

Detail B

Fig. 671

pièces de l'entrait et reliées avec elles par de grandes

éclisses boulonnées et rivées. — Les contrefiches sont en

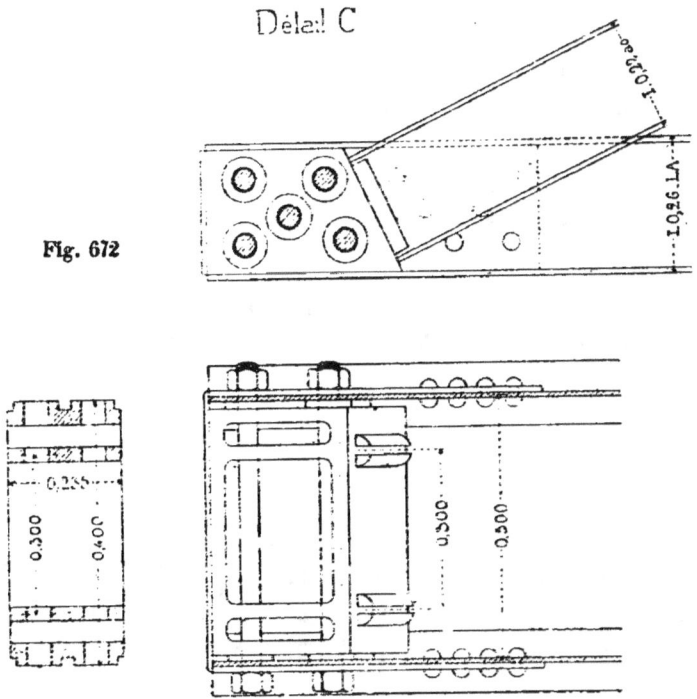

Fig. 672

fer à I de 0,16 à ailes ordinaires.

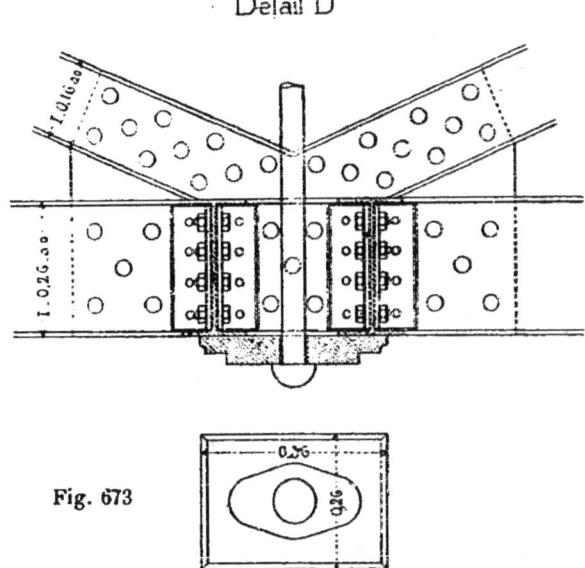

Fig. 673

L'assemblage du haut des contrefiches avec les arbalétriers se fait au moyen d'entailles dans les tables, les âmes étant dans un même plan, et le tout est maintenu en place par un serrage énergique, par boulons sur l'extérieur des joues d'un sabot en fonte, chargé de recevoir et de transmettre la traction des crochets et des aiguilles qui les surmontent. Ce sabot, réglé à 0,19 de largeur extérieure, est formé de deux flasques parallèles ayant la forme des profils des fers adossés. Ces flasques sont réunies par des tables en haut et en bas et par une cloison transversale renflée au milieu et évidée pour former le tube de passage du boulon. La *fig.* 674 rend compte de cette disposition.

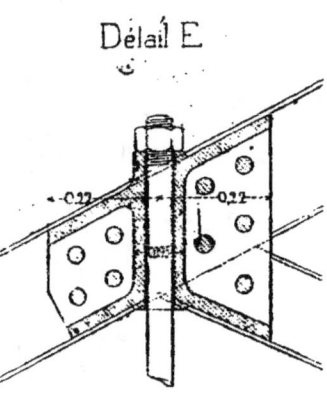

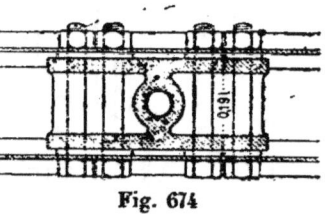

Fig. 674

Quant à l'assemblage au pied de la ferme, entre les arbalétriers doubles de 0,22 et les entraits de 0,26, *a, o*, il est très simple à exécuter directement, puisque les pièces à joindre sont deux à deux dans un même plan. De doubles éclisses en tôles boulonnées en font une seule et même pièce. Quelques boulons traversent tout l'entrait et sont à deux filetages et à

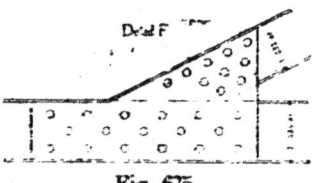

Fig. 675

4 écrous afin d'assurer la fixité de l'écartement des pièces jumelées. *fig.* 675.

Le comble étant ainsi constitué, on a établi entre les entraits un faux plancher en fers apparents, avec divisions en compartiments réguliers recevant des panneaux de terre cuite. Cette division en compartiments est indiquée au plan de la *fig.* 667 et la première travée représente les panneaux de remplissage.

332. Combles à la Mansard. — Les combles dits à la Mansard ont pour but de donner des espaces intérieurs assez développés pour permettre d'y établir des logements commodes, hauts d'étage sur toute leur surface. Ils se composent de deux parties : La première, la plus importante, comprend les logements à établir. Les parois sont très raides à l'extérieur, et presque verticales, ou même tout à fait verticales au dedans. La seconde est un simple toit triangulaire plat qui couvre la précédente.

La partie raide de la toiture se nomme le *bris*, la partie plate au-dessus s'appelle le *terrasson*.

Lorsqu'on veut établir ces combles en bois, surtout lorsqu'ils sont accompagnés de croupes aux extrémités, l'encombrement des bois restreint beaucoup l'espace utilisable. Il n'en est pas de même avec la construction en fer, qui donne partout des parois minces et est toute indiquée pour ce genre d'ouvrages.

Une première manière de construire ces combles consiste à les composer de pans successifs, traités comme de véritables planchers en fers que l'on hourde pour former les parties pleines, après les avoir reliés par une ossature solide.

Nous en donnons un exemple dans le comble d'une petite maison que nous avons construite à Draveil *fig.* 676. Le comble se termine par deux croupes aux extrémités. Il est formé :

1° des arêtiers de bris a. en fer à I de 12. Ces arêtiers descendent jusqu'au plancher, avec les pièces duquel ils sont reliés :

2° d'une sablière inférieure en fer plat de 90×9, qui court le long du mur de face du bâtiment, à quelque distance au-dessus du plancher, immédiatement au-dessus de la corniche.

3° d'une sablière de bris, formée d'un fer à I mis à plat, de 120 de hauteur.

4° d'un certain nombre de fers à I de 0,08, disposés dans des plans verticaux normaux à la surface du bris et reliant les sablières, avec lesquelles ils s'assemblent à équerres.

Ces sortes de chevrons sont de véritables solives de plancher ; ils sont reliés par des files de boulons à 4 écrous et leurs intervalles sont hourdés. Leurs écartements sont irréguliers ; ils sont déterminés par les vides à ménager

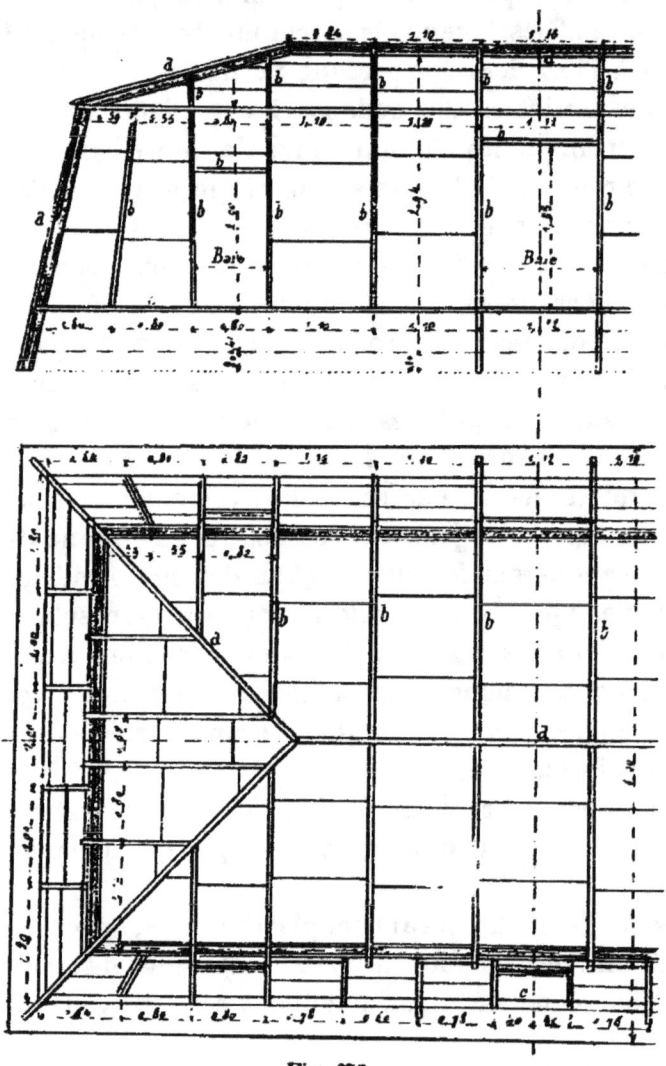

Fig. 676

pour les lucarnes. Les deux fers du milieu se prolongent au-dessous de la sablière afin de se relier avec deux solives correspondantes du plancher inférieur. Telle est l'organisation des parois du bris, ainsi qu'on le voit dans l'élévation longitudinale de la figure, comme aussi dans l'élévation en bout représentée dans le croquis n° 677.

Le terrasson est formé d'une manière analogue : Des angles de la sablière partent les arêtiers, qui forment

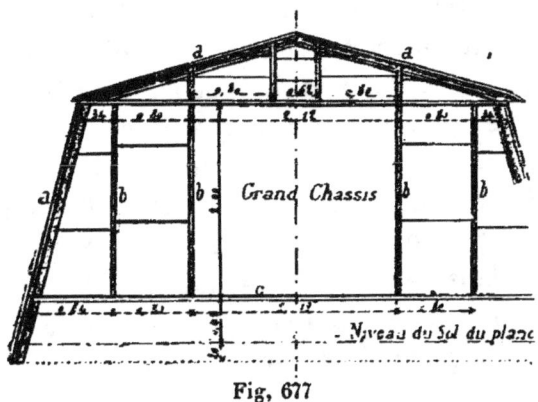

Fig. 677

avec la panne de faîtage une ossature indéformable ; chaque pan de ce terrasson est rempli par un cer-

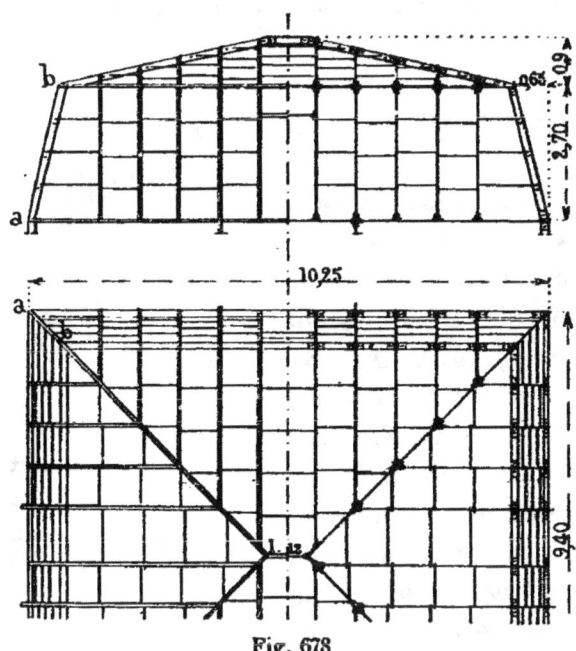

Fig. 678

tain nombre de chevrons, assemblés avec les pièces ci-dessus et avec la sablière de bris, et traités comme les précédents. Ils forment solives de planchers en fer, sont boulonnés et hourdés ; leur hauteur est de 0,08. On voit quelle légèreté on peut donner à ces combles qui sont très économiques.

La seule partie déformable est la sablière de bris. Il est important de se rendre compte des points de soutien qu'elle peut trouver dans sa longueur, dans les murs de refend par exemple, et de lui donner dans les intervalles une hauteur suffisante pour la rigidité. Si les murs de refend sont rares, on y supplée en reliant l'une à l'autre et d'une façon fixe les deux sablières opposées par des fers rigides logés dans l'épaisseur des cloisons.

On voit que dans ce comble il n'y a pas de plancher de terrasson ; le plafond suit les rampants jusqu'au faîtage.

La *fig.* 678 donne le plan et l'élevation d'un comble de même genre appliqué à une maison presque carrée. C'est le comble que nous avons étudié pour la maison de Direction de la filature de Corbeil. Avec des variantes de formes, il est établi suivant les mêmes principes que le comble précédent. Les arêtiers sont des fers à I 0,12 a, o, et tous les remplissages sont en I de 0,08 a. o.

La coupe transversale de ces sortes de combles est représentée dans la *fig.* 679. On voit la manière dont les chevrons de bris sont fixés, et aussi l'assemblage avec la sablière de bris des chevrons de terrasson. On les taille de telle sorte que l'encoche ménagée à leur table inférieure vienne buter contre

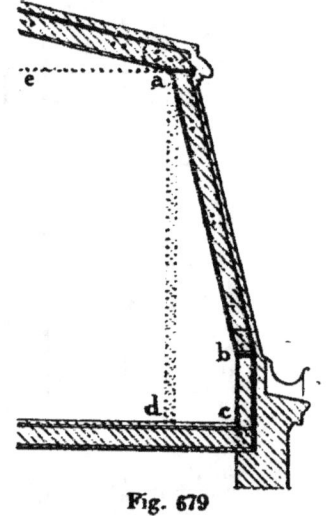

Fig. 679

la sablière ; par ce moyen on évite que les équerres ne fatiguent trop ainsi que leurs boulons. Dans cette même figure, on se rend compte de la position de la sablière *b* par rapport au plancher, et de la poussée qu'exerce sur le haut du mur la pression légèrement oblique des pieds de chevrons. De là la nécessité de prolonger quelques-uns d'entre eux de *b* en *c*, en les coudant au besoin à la forge, et de les ancrer avec les solives du plancher.

Suivant l'importance des locaux que l'on dispose dans les combles, on fait l'enduit intérieur suivant la ligne brisée *a b c*, ou bien on redresse le bris par une cloison légère verticale *a d* qui rétrécit la pièce mais l'équarrit. De même, on ajoute souvent à la construction un plafond horizontal *a e*, qui nécessite un faux plancher spécial. Ce dernier est fait de solives légères posées d'une sablière à l'autre, entretoisées par des boulons et légèrement hourdées. Cette disposition est représentée dans la *fig.* 680; elle a pour second avantage de parfaitement relier les sablières parallèles et de donner au comble une grande rigidité.

Fig. 680

333. Comble Mansard à deux étages. — Ce genre de comble se prête à des dimensions plus grandes en hauteur et peut permettre d'établir deux étages utilisables superposés, ainsi que le montre la *fig.* 681. C'est le comble que nous avons disposé pour le château de Malabry. Le croquis représente une demi façade longitudinale et la portion de plan correspondant.

La construction se compose de la cage principale faite d'arêtiers et faîtage en fer I a. o de 0,12, d'une sablière inférieure en fer plat de 108 × 9, d'une sablière de bris en I de 0,12 mis à plat et de remplissages.

Ces derniers sont en fers de 0,08 dans le bris à cause de leur position presque verticale. Quant à ceux du terrasson, il est nécessaire de prendre un profil de 0,10 de hauteur en raison de leur travail à la flexion. Pour porter le plancher intermédiaire, on a dû établir une sablière entre les deux précédentes, à hauteur convenable; elle est formée de bouts successifs placés entre les chevrons, portés par eux

DISPOSITIONS A LA MANSARD

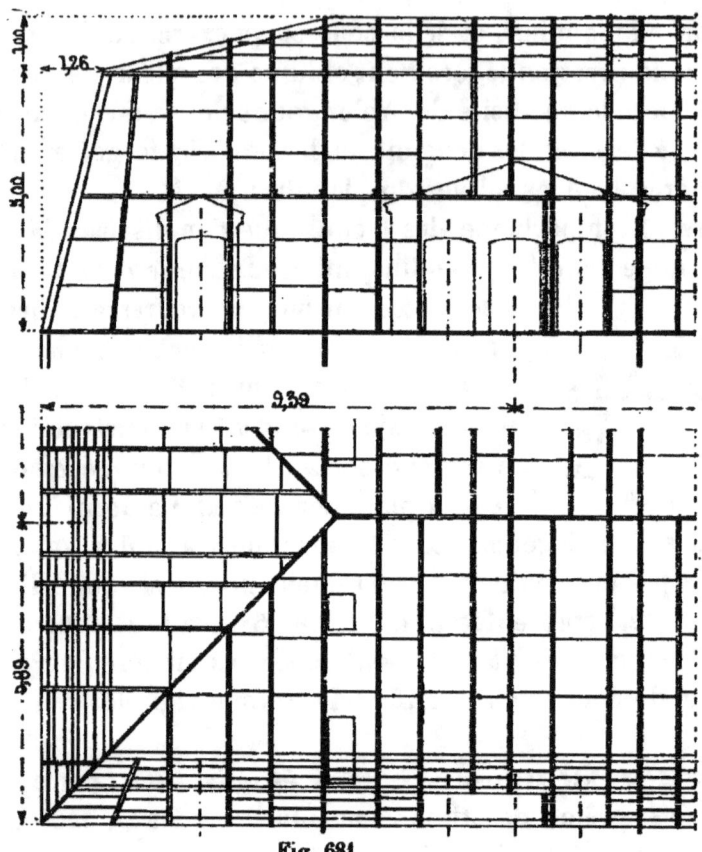

Fig. 681

et assemblés à équerres. Cette sablière en I de 0,08 reçoit les solives disposées dans le sens transversal du bâtiment.

Ces solives suivent l'écartement des chevrons de bris, de manière que chacune d'elles vienne toujours s'appliquer le long d'une de ces pièces, avec laquelle on la boulonne. Il en résulte un entretoisement complet de la charpente.

La coupe transversale du comble est représentée dans le croquis 682, qui montre en

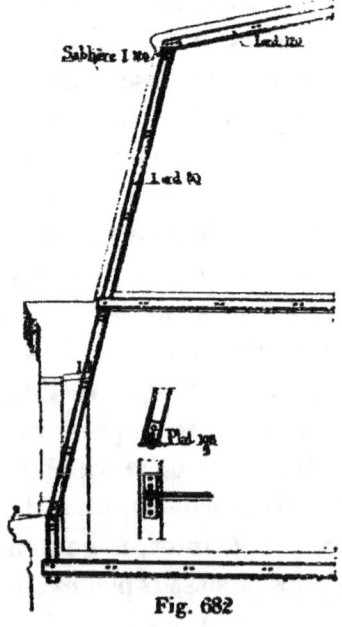

Fig. 682

même temps le profil de la surface extérieure de la couverture et des lucarnes. Ce comble, excessivement léger et économique, présente une certaine élasticité ; le montage fait, il est nécessaire de le maintenir avec quelques boulins servant d'étais, afin de le mettre en position exacte jusqu'à ce que le hourdin soit exécuté. Une fois la maçonnerie faite, il présente la fixité la plus absolue.

334. Combles Mansard avec fermes. — Un autre mode de construction des combles à la Mansard consiste à établir à chaque entraxe du bâtiment une ferme convenable, capable de recevoir les pannes de terrasson, les pannes de bris, les solives du faux plancher, et les so-

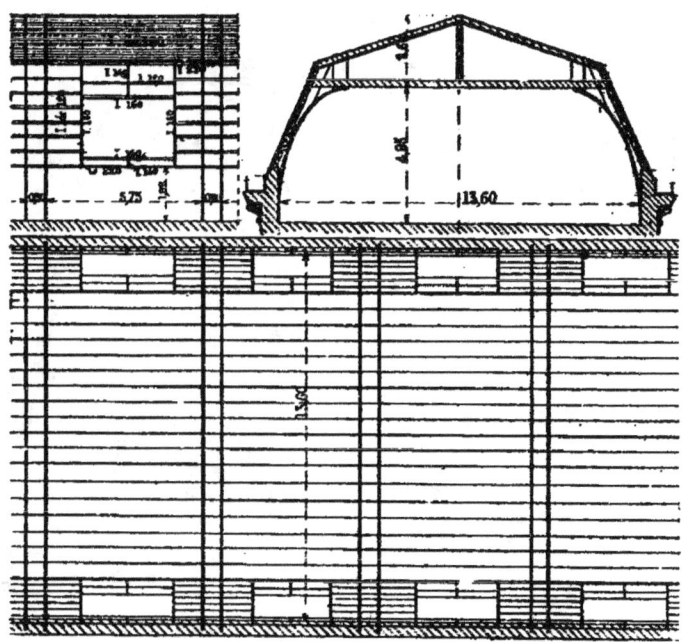

Fig. 683

lives du plancher inférieur, s'il y a lieu. Ces fermes peuvent s'exécuter suivant la portée et les charges, soit en fers à I laminés, soit en pièces composées de tôles et cornières.

Comme exemple d'un comble de ce genre appliqué à un monument public, voici, *fig.* 683, l'ensemble du comble nous avons adopté pour l'École Centrale des arts de manufactures [1].

Le bâtiment a 13m,60 de largeur et il s'agissait de trouver dans les combles de larges locaux destinés aux laboratoires, tout en logeant les conduits de ventilation des refends des étages inférieurs. Un comble Mansard a permis de trouver des salles de 4m,25 de hauteur et d'une longueur compatible avec le programme. La coupe

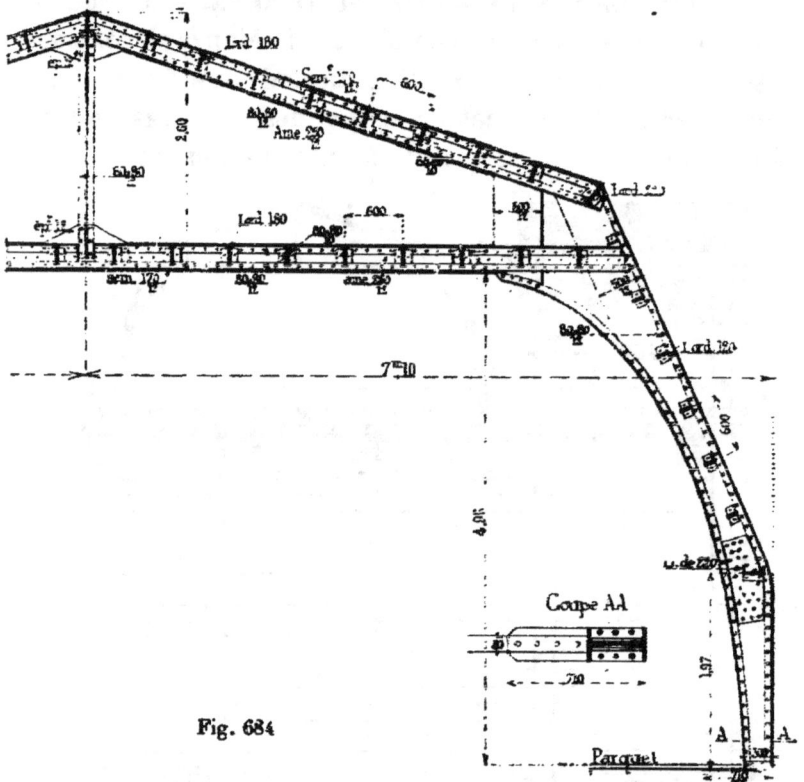

Fig. 684

transversale et la portion de coupe longitudinale montrent la forme choisie et le principe de construction adopté. Les entraxes sont de 6m,25; tous les 6m,25 il y a une ferme, et cette ferme est double, composée de deux charpentes jumelées identiques, maintenues à un écartement constant de 0,50. L'espace compris entre ces deux charpentes est utilisé pour la ventilation, tant des locaux

---

[1] MM. Baudet Donou et Cie, constructeurs.

inférieurs de l'École, que des laboratoires du comble, et la canalisation d'air se réunit dans des collecteurs établis dans le vide du terrasson. La construction du comble a dû prévoir de très grands châssis d'éclairage ; pour cela les pannes de bris sont disposées avec des chevêtres permettant ces ouvertures. Il y a ainsi des pannes de 0,22, des chevêtres de 0,16 et des remplissages de 0,12. Les pannes du terrasson, sont entières et faites de solives à I a. o. de 0,18. Il en est de même des solives du faux plancher.

Quand à la ferme en elle-même, la *fig*. 684 en donne la construction complète.

Le bris est incliné extérieurement sur presque toute sa hauteur. Il se redresse verticalement dans le bas. Il est courbe sur toute sa paroi interne. La pièce qui forme ce bris est en tôles et cornières ; elle est faite d'une âme de 0,012 et de 4 cornières de $\frac{80 \times 80}{12}$, sa section est variable et l'âme est prise dans une bande en tôle de 0,500. Une autre bande de 500 × 12, posée verticalement un peu plus loin, forme la partie haute de la console et la relie à l'arbalétrier supérieur du terrasson.

Ainsi que l'on a vu au chapitre V, les poutres du plancher de ce bâtiment sont posées longitudinalement ; on n'a donc pu s'en servir en qualité d'entraits. On a dû relier les pieds des arbalétriers de chaque ferme par un entrait spécial en fer plat, étendu sur le hourdis du plancher, et dont la coupe AA montre l'attache.

L'arbalétrier du terrasson a 0,250 de hauteur ; il est fait d'une âme de 0,012, de 4 cornières $\frac{80 \times 80}{12}$, et de semelles de 170 × 12. Le faux plancher est soutenu par une poutre de même composition, qui sert d'entrait à la ferme du terrasson, et est soutenu en son milieu par une aiguille faite de 4 cornières $\frac{80 \times 80}{12}$. La figure indique la disposition des pannes et des solives.

Il y a à observer d'une façon générale, lorsqu'on établit des combles Mansard avec fermes et pannes, que le remplissage de bris est préférablement rempli par des solives établies suivant la ligne de plus grande pente, allant de la sablière supérieure à la sablière qui couronne le mur de face. Les pièces presque verticales fatiguent moins et peuvent avoir une section considérablement réduite. Dans les intervalles élargis convenablement se placent les lucarnes, s'il y a lieu.

335. Combles Mansard à faces courbes. — Dans les maisons à loyer des villes, la hauteur est souvent limitée par un règlement, ainsi que cela existe à Paris, et le profil de la maison doit être inscrit dans un gabarit formé d'un arc de cercle de rayon déterminé. Pour pouvoir profiter aussi amplement que possible de l'espace autorisé, on a été amené à faire des combles Mansard à surfaces cylindriques avec génératrices horizontales. Un exemple de cette disposition est représenté dans les *fig.* 685 et 686 et qui donnent en plan et en coupe transversale le comble d'une maison que nous avons construite à l'angle du Boulevard Saint-Germain et de la rue du Bac, à Paris.

La distribution de la maison n'a pas permis d'avoir les murs longitudinaux parallèles.

La coupe transversale indique en ponctué les arcs de cercles limites et la manière dont l'espace qu'ils comprennent a été utilisé.

Du côté de la rue, le mur se retraite au-dessus du balcon, forme un attique plus mince porté par le plancher inférieur, et soutenant le plancher du 6e étage. Sur ce plancher est une sablière en fer plat; en haut et parallèlement il y a un faîtage en I de 0,140, et entre les deux on a placé une série de chevrons en I de 0,12, cintrés au rayon voulu, et constituant les solives d'un plancher courbe de remplissage.

Du côté de la cour, sur le plancher du 5e est une sablière légèrement en retrait; plus haut, est une seconde sablière en U de 120 et, entre les deux, on a assemblé un plancher de remplissage avec des I de 100 *a. o.* posés suivant la pente.

A l'étage au-dessus, on a répété le pan cintré de l'autre versant, et c'est entre les deux faîtages divergents que se perd le biais des deux façades. On a établi d'un faîtage

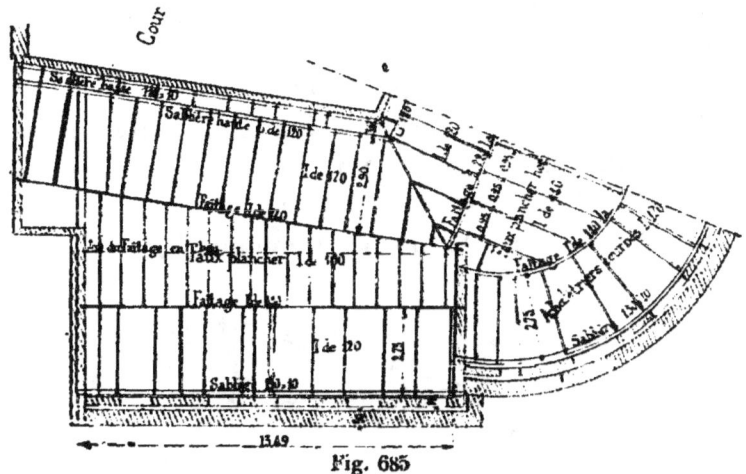

Fig. 685

à l'autre un plancher horizontal et, au-dessus, avec des chevrons en bois, on a fait un petit terrasson à deux pentes.

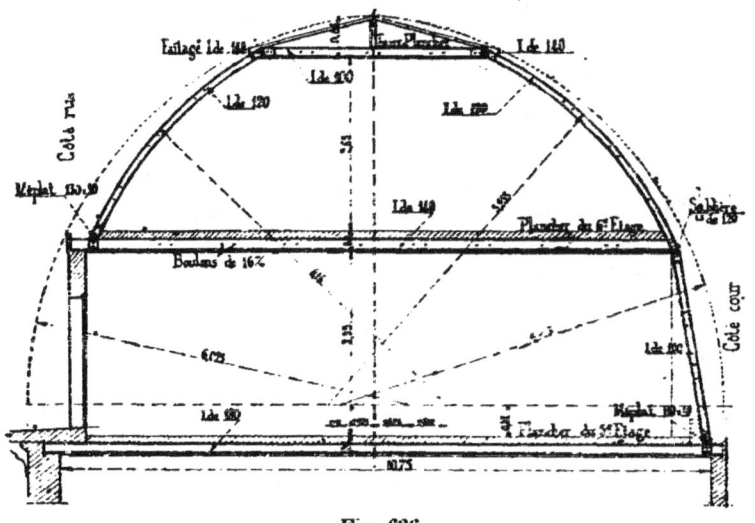

Fig. 686

Le plancher du 6ᵉ étage porte, d'une part sur le haut de l'attique de la rue, et d'autre part, du côté cour sur la sablière en U de 120 qui couronne le bris du 5ᵉ étage.

Ces différentes pièces du comble sont indiquées en projection horizontale dans le plan de la *fig.* 685.

336. Comble Mansard, fer et bois. — Nous avons disposé pour une maison d'habitation de Cormeilles en Parisis, un comble Mansard, de construction mixte, qui peut servir de type dans bien des circonstances analogues.

Le principe de la construction est de faire en métal toute la partie de charpente qui doit porter charge ou se relier à la maçonnerie, et de composer en bois les pièces qui doivent porter la couverture. Celle-ci y trouve des attaches plus faciles et l'ensemble est économique.

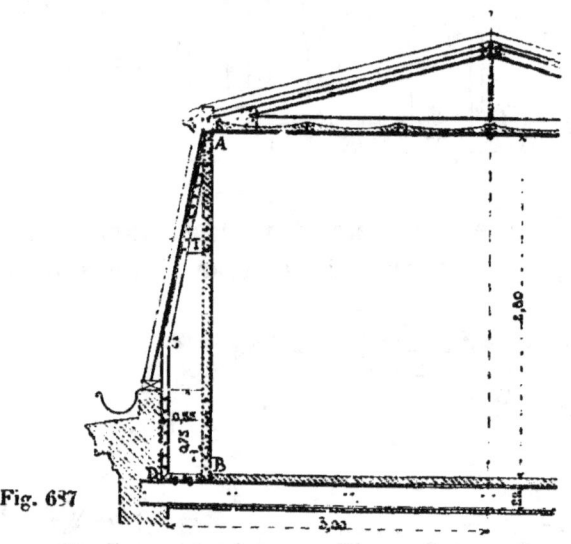

Fig. 687

Dans l'application dont il vient d'être parlé et qui est détaillée dans la *fig.* 687, la maison à couvrir est simple en profondeur; elle a 6 mètres de largeur intérieure. Le plancher du comble est fait de solives à I de 0,22 à ailes ordinaires. L'une de ces solives est mise dans l'axe de chaque trumeau et dans cet axe on met une ferme. La ferme se compose de deux poteaux AB et d'un terrasson supérieur. Les poteaux en tôles et cornières sont posés aux extrémités de la solive de 0,22, et portés par elle. L'un de ces poteaux est vu par sa face latérale dans le croquis; il est formé d'une tôle haute T, d'une tôle basse T', de deux cornières verticales $\frac{70 \times 70}{9}$ posées suivant AB, enfin, de deux autres cornières ACD et qui se retournent horizontalement en bas suivant DB.

Ce poteau, assemblé avec le fer de 0,22 qui le porte, est très solide. Il soutient une sablière en fer à I mis à plat et, au-dessus, la ferme triangulaire du terrasson. L'entrait forme poutre pour le faux plancher, dont il reçoit les solives par assemblages latéraux ; il est soutenu en son milieu au moyen d'une aiguille pendante, venant du point de butée des arbalétriers. Ceux-ci portent à leur tour la panne de faîtage qui est en fer à I, doublée de deux lambourdes en bois.

Telle est la partie métallique formant ossature générale, entourant immédiatement les locaux habités, et recevant la maçonnerie, tant la cloison de redressement que le hourdis et l'enduit du plafond.

Tout ce qui a trait à la couverture est complété économiquement en bois, les chevrons de bris comme ceux de terrasson. Pour les recevoir, outre les lambourdes de la panne de faîtage, il y a en A une panne de bris en bois et sur le mur une sablière de même matière.

337. Même construction appliquée au comble d'un pavillon. — Nous avons appliqué cette même construction à un comble à double pan d'un pavillon, et, dans bien des circonstances, elle peut s'employer pour les combles raides à deux pentes. La *fig.* 688 représente le comble dont il s'agit. De chaque côté, posés sur le plancher, sont deux poteaux en tôles et cornières, de formes et de résistance appropriées. Ils ont la hauteur de l'étage, soit 2^m,85. Ils se font face et portent deux sablières parallèles, plus une ferme triangulaire faite d'un entrait et de deux arbalétriers. L'entrait sert de poutre pour le faux plancher. Les deux arbalétriers portent une panne de faîtage en fer à I à plat doublé d'une panne en bois.

Les deux sablières sont également doublées d'une panne en bois. La membrure intérieure des poteaux est établie suivant le redressement du comble et s'aligne avec des poteaux à I de 0,08 de même forme placés entre les fermes.

On hourde toute la partie qui correspond à l'habitation, on revêt de chevrons en bois appropriés les portions extérieures qui doivent porter la couverture et, en fin de

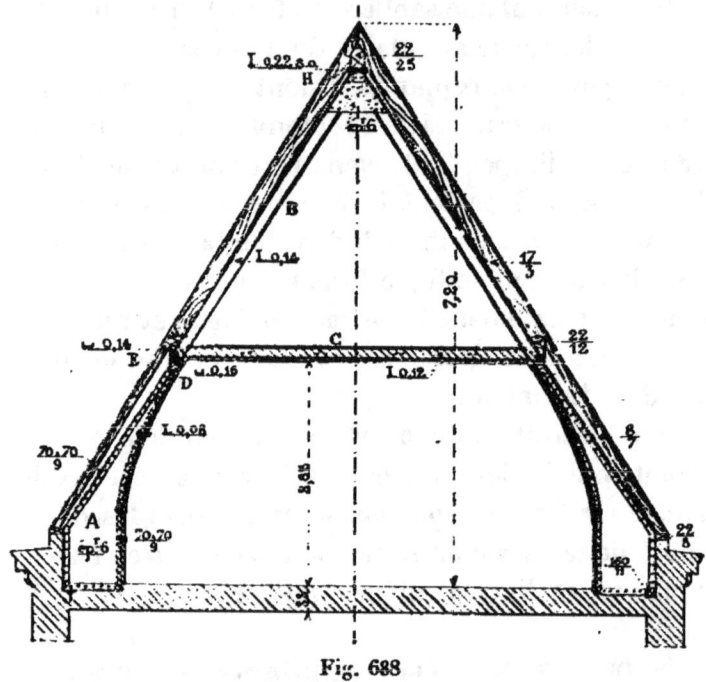

Fig. 688

compte, on a un ouvrage très solide, très convenable pour la destination et très économique.

338. Combles Polonceau. — Un moyen de diminuer la section de l'arbalétrier, pour les combles à grande portée, consiste à le composer d'une poutre armée, et parmi les systèmes de poutres armées, on a fort employé celui des bielles et sous-tendeurs.

Cette application ingénieuse est due à Polonceau et constitue les combles qui portent son nom.

Au lieu de laisser l'entrait, à sa place ordinaire, relier horizontalement les pieds de la ferme, croquis (1) de la *fig.* 689, on le combine avec les sous-tendeurs du bas, on le remonte au niveau des bielles, et on a la forme du comble Polonceau, croquis (2).

Nous donnons dans la *fig.* 690 la coupe d'un hangar

composé de trois nefs, dont celle du milieu, de douze mètres de portée, est couverte d'un comble du système Polonceau. L'entrait y est horizontal et s'aligne avec les directions des sous-tendeurs du bas. Il est mieux de relever un peu les bielles, de telle sorte que les sous-tendeurs inférieurs fassent avec l'horizontale un angle d'environ 5°. Les combles Polonceau se sont très répandus, même pour des portées restreintes comme celle de l'exemple ci-dessus; mais ils ne sont guère avantageux qu'à partir de 15 à 16 mètres. On peut les employer pratiquement jusqu'à la portée de 30 à 40 mètres et plus.

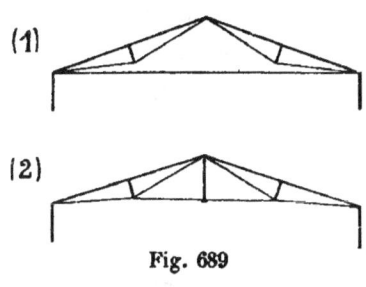

Fig. 689

Dans les fermes Polonceau, les arbalétriers sont ordi-

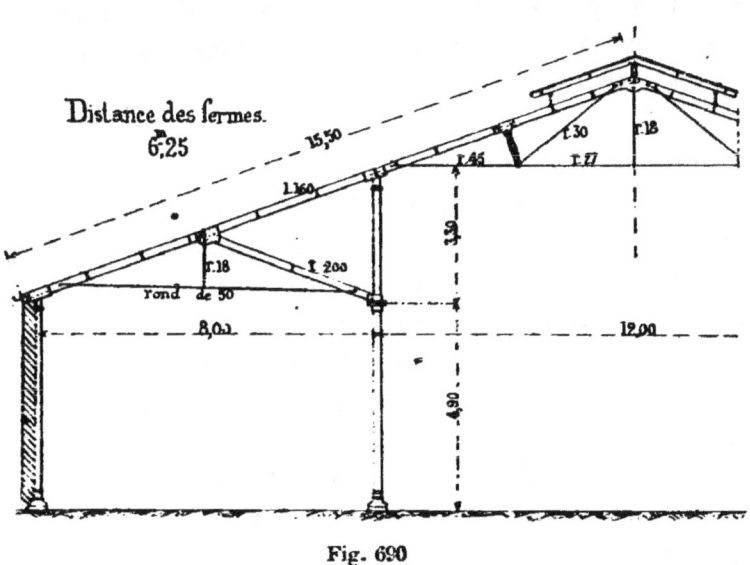

Fig. 690

nairement d'une section à I, obtenue, soit au moyen d'un fer laminé, soit avec des pièces composées en tôles et de cornières à âmes pleines ou en treillis, suivant les circonstances, portées, entraxes et charges.

Les bielles sont la plupart du temps en fonte; elles sont

perpendiculaires à l'arbalétrier et soutiennent son milieu. Le bout libre de la bielle reçoit l'assemblage des sous-tendeurs et de l'entrait, et chacune de ces pièces a une section différente, en rapport avec la tension à laquelle elle est soumise. Les sous-tendeurs s'assemblent d'autre part avec les extrémités des arbalétriers par une fourche symétrique.

Il est commode dans la pratique de se réserver le moyen de régler la charpente lorsqu'on en fait le levage ; pour cela on met sur le milieu de l'entrait un tendeur à vis permettant de faire varier sa longueur et de la fixer exactement à sa dimension précise. Comme ce tendeur a un certain poids, et que l'entrait en fer rond ne saurait se soutenir horizontalement sans rondir sous son propre poids, on rattache son milieu au faîtage par le moyen d'une aiguille pendante.

Telle est la disposition générale de ces combles dont nous allons voir la construction en détail dans les quelques applications citées ci-après comme exemples.

339. Comble Polonceau à une bielle, gare de Lorient. — On a déjà vu à la *fig.* 580 l'ensemble du plan et la coupe transversale d'un comble Polonceau couvrant les ateliers de la cristallerie de Sèvres. Cette charpente très légère a comme portée 15 mètres ; les arbalétriers sont en I de 0,120, et les pannes, n'ayant comme longueur que le faible entraxe de $3^m,25$ sont en fer à simple T.

La *fig.* 691 donne un autre comble Polonceau de 17 mètres de portée, exécuté à la gare de Lorient. L'espacement des pannes est de 2 mètres environ. L'arbalétrier est un fer à I de $\frac{0,140 \times 78}{10}$, et les tirants sont respectivement de 30, 30 et 40 millimètres de diamètres. La bielle est en fonte, à section en croix renflée au milieu ; elle est représentée en détail, ainsi que les assemblages de ses extrémités avec les pièces voisines, dans la *fig.* 692. Sa tête s'aplatit et passe entre deux éclisses serrant l'âme de l'arbalétrier avec interposition de fourrures, et le tout est serré par

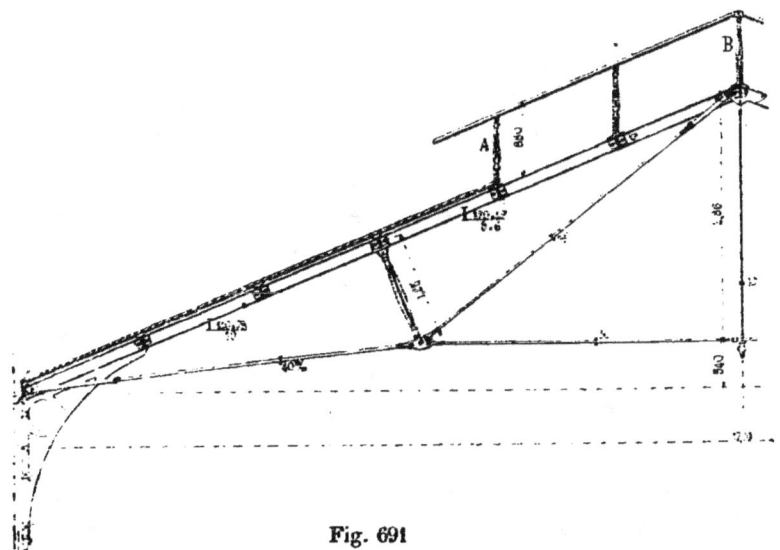

Fig. 691

un boulon de fort diamètre.

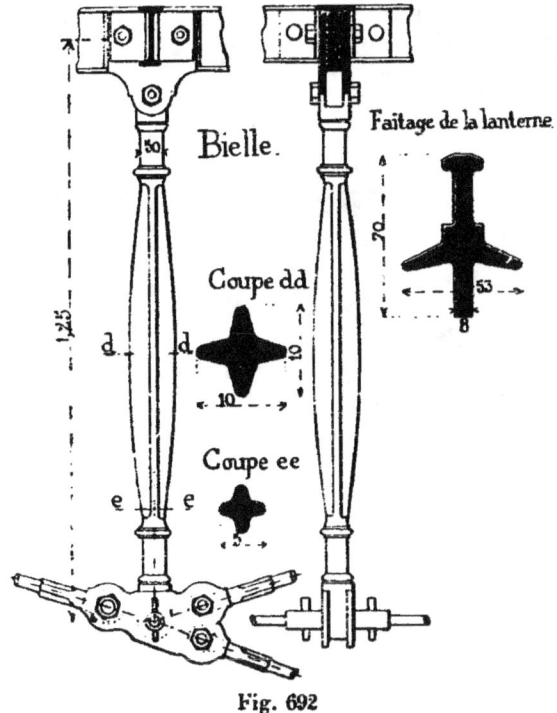

Fig. 692

Le pied de la bielle s'aplatit de même ; il vient concourir

avec trois tirants en un point unique. Les pièces s'arrêtent toutes à une certaine distance de ce point; elles sont serrées entre deux plaques de tôle formant éclisses, avec lesquelles elles sont boulonnées. Enfin, le même assemblage reçoit perpendiculairement les abouts de chaînages en fer rond, qui relient cet assemblage aux assemblages similaires des fermes voisines. Cette disposition maintient l'écartement exact des parties basses des fermes.

Le lanternon est supporté par des balustres en fonte appuyés sur les fermes et les pannes et se relie avec ces pièces par des assemblages appropriés.

La *fig.* 693, donne la forme de ceux qui s'appuient sur les arbalétriers : l'un est un balustre A de rive, l'autre un balustre B de faîtage. Ces balustres soutiennent de fausses pannes établies verticalement au-dessus des vraies pannes

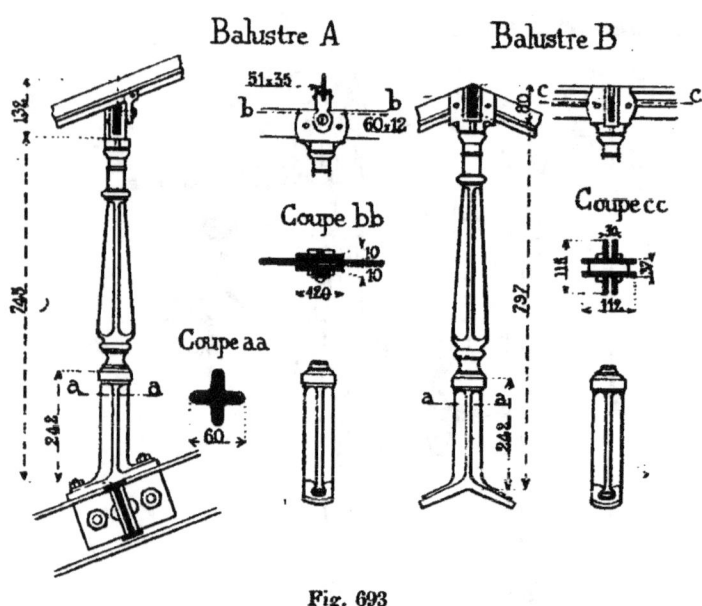

Fig. 693

et faites de fers plats de 60 × 12. Ces pannes porteront les chevrons de vitrages. Le faîtage de la lanterne est formé par un fer spécial, dont le profil est donné dans le croquis de droite de la *fig.* 692.

340. Combles des ateliers Joly à Argenteuil. — Un comble Polonceau de 27ᵐ,44 de portée couvre les ateliers de MM. Joly, constructeurs à Argenteuil. — Les fer-

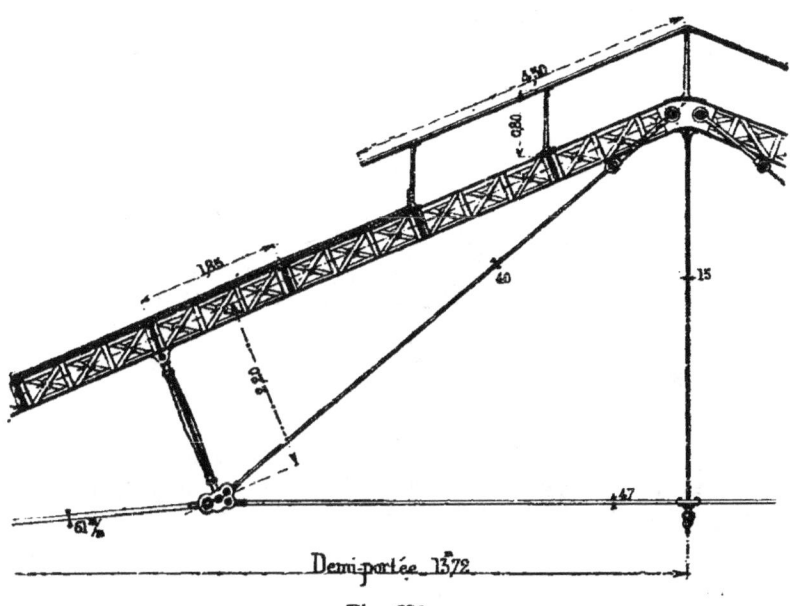

Fig. 694

mes sont bien étudiées et l'une d'elles est représentée comme ensemble dans la *fig.* 694. L'arbalétrier est une

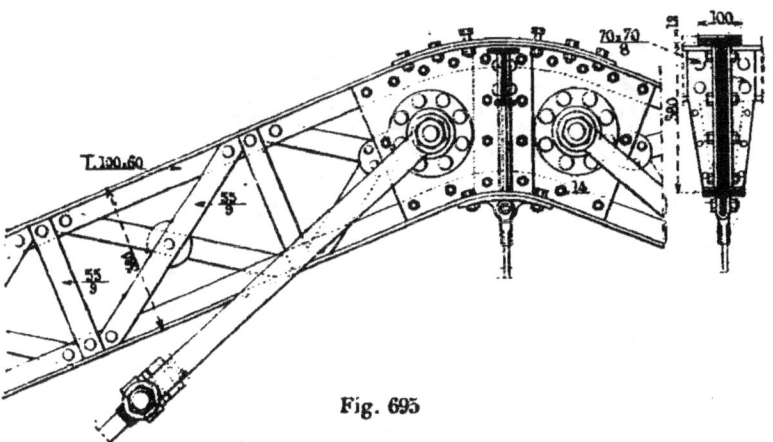

Fig. 695

pièce composée à I, de 0,38 de hauteur, avec âme en treillis. Elle est soutenue par une bielle en fonte et deux sous-tendeurs.

La longueur de l'arbalétrier est divisée en 8 travées de $1^m,35$ chacune, séparées par les pannes nécessaires au soutien de la couverture. Les deux travées du haut correspondent à un lanternon vitré.

L'entrait, en fer rond de 0,047, est muni d'un tendeur et

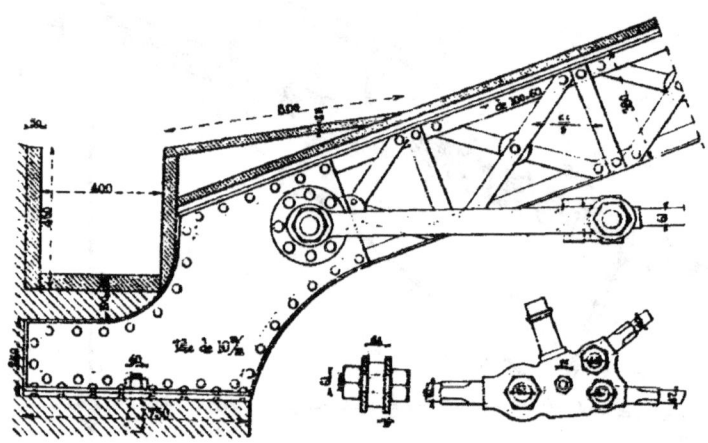

Fig. 696

soutenu par une aiguille pendante. Voici maintenant les détails de construction de cette ferme :

Le point de butée des arbalétriers est représenté dans

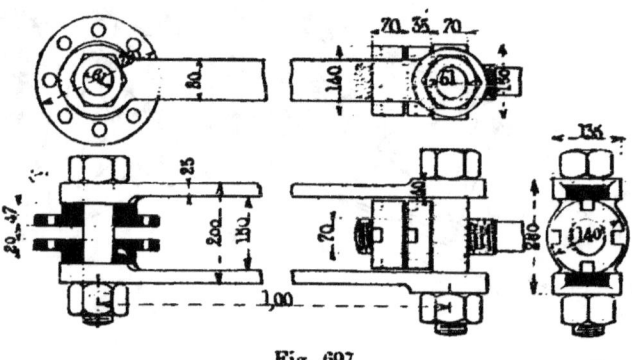

Fig. 697

la *fig*. 695. La composition de chacune de ces deux pièces comporte deux membrures en fer à T de 100×60 et des treillis en X croisés et montants intermédiaires de 55×9. Près de l'extrémité, l'âme devient pleine afin de permettre l'attache des sous-tendeurs. Des platebandes posées sur les tables en haut et en bas fixent l'un avec l'autre les deux arbalétriers. Sur cette âme pleine et dans l'axe, viennent s'assembler les équerres des pannes adjacentes de faîtage. Dans l'axe de la ferme et en dessous, se trouve l'attache de l'aiguille pendante ; enfin, on voit dans ce croquis la fourche d'extrémité du sous-tendeur du haut.

La partie basse de l'arbalétrier est figurée dans le cro-

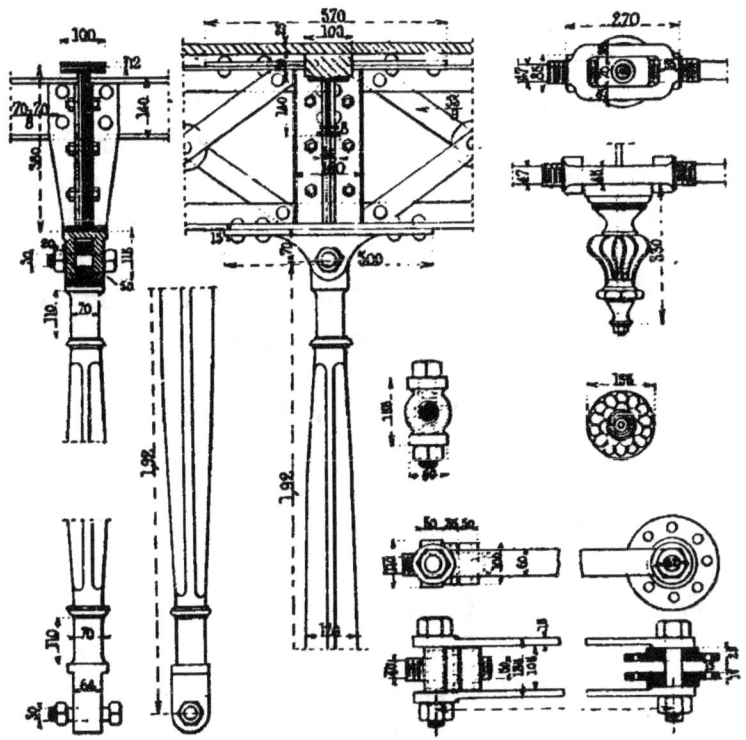

Fig. 698

quis 696. Le treillis s'arrête à une petite distance de l'extrémité, et l'âme devient pleine pour permettre l'attache du sous-tendeur du bas ; la pièce se recourbe, se creuse en dessus pour faire la place du chéneau, et se termine par une plateforme horizontale permettant un repos et une fixation convenables sur la maçonnerie. Les constructions voisines donnant toute la stabilité désirable, on n'a pas eu à prévoir de contreventement dans le plan de la ferme, et on n'a mis aucune console entre l'arbalétrier et le mur.

Dans le croquis 697 on a représenté, en détail et à plus grande échelle, les fourches des sous-tendeurs du bas. Une sorte de tubulure en fonte à bride se place au point d'attache, de chaque côté de l'âme de l'arbalétrier, et rachète la saillie de la membrure. Les deux sont rivées au pourtour. Sur ces tubulures viennent se placer les branches de la fourche qui sont indépendantes, et un boulon transversal leur sert d'axe au point d'attache. A leurs autres extrémités, elles sont réunies par une traverse terminée par des filetages et deux écrous. En son milieu, la traverse est renflée et percée pour laisser passer le tirant ; ce dernier, terminé par un filetage, reçoit un écrou et un contre-écrou permettant de régler la tension ; les deux branches de la fourche sont écartées assez pour permettre le serrage de ces boulons ; on réduit l'écartement en se servant d'écrous à encoches, manœuvrés par une clef spéciale.

L'attache du tendeur du haut, déjà indiquée en élévation dans la *fig.* 695, est représentée en détail dans le croquis 698. Le mode de construction est identique à celui de la précédente ; il a lieu au moyen d'une fourche attachée de même.

Cette *fig.* 698 donne le détail de la bielle en fonte. Elle a une section en croix, renflée au milieu, et se termine par deux têtes appropriées aux assemblages des pièces voisines. Du côté de l'arbalétrier, elle est disposée en forme de joue plate passant entre les nervures d'un sabot boulonné à la membrure inférieure ; un boulon traverse et fixe le tout.

A l'autre bout, la bielle, les deux sous-tendeurs, et l'entrait viennent concourir et s'assembler au même point. On termine toutes ces pièces par une tête renflée, percée d'un trou et aplatie à une dimension commune ; on les comprend entre deux *joues* ou *flasques* en tôle, d'épaisseur convenable, percées à la demande : enfin, on traverse chaque pièce par un boulon le reliant aux joues. Cet assemblage est figuré en élévation dans le croquis d'ensemble, et aussi dans le détail annexe de la *fig.* 696.

Dans cette même figure 698 on voit encore : 1° la disposition d'un montant de la poutre, qui est assez large pour recevoir l'assemblage d'une panne, 2° le moufle de tension de l'entrait, formant écrou double à filets opposés, et qui, tourné dans un sens ou dans l'autre, permet d'allonger ou raccourcir la pièce.

Ce comble est surmonté d'un lanternon vitré, situé

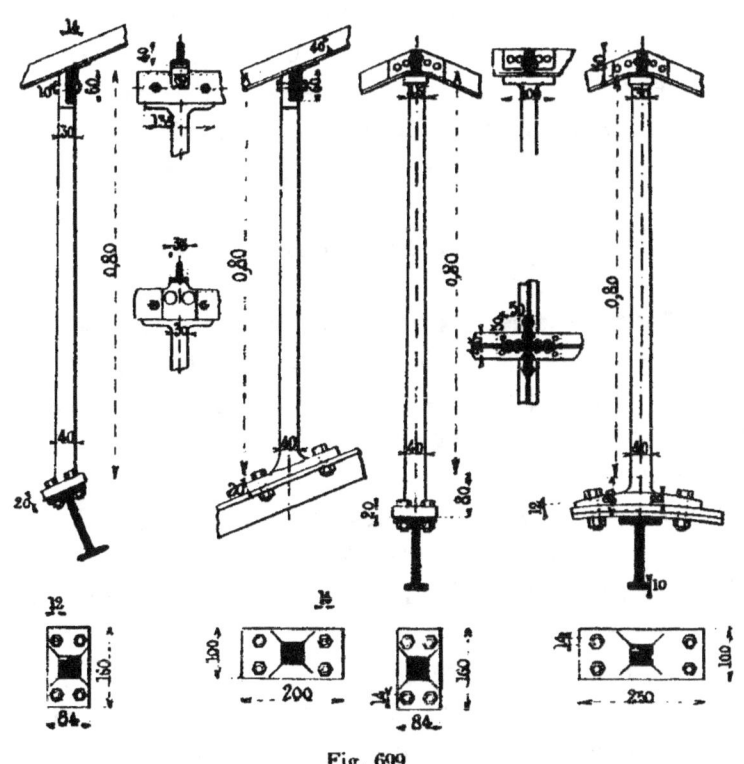

Fig. 699

parallèlement au pan de couverture et surélevé d'environ $0^m,80$ afin de permettre un aérage convenable de l'atelier. Ce lanternon est fait de chevrons en fers à T, posés la table en dessous. Ces derniers sont reliés et portés par de fausses pannes en fer plat, posées de champ, placées verticalement au-dessus des vraies pannes correspondantes du comble. Ces fausses pannes sont soutenues par des supports en fer, sortes de potelets carrés prenant attache, d'une part sur les arbalétriers des fermes, et d'autre part, dans les intervalles, sur les vraies pannes correspondantes.

Les assemblages relatifs à ce lanternon sont représentés dans la *fig.* 699.

Les deux potelets de gauche correspondent à une panne et à un arbalétrier. Ils sont en fer carré ; leur section est carrée et a 40 à la base, ils sont munis d'un patin assez large pour recevoir les 4 boulons d'attache. Le fût de ces potelets s'amincit en fuseau pour arriver à 30×30 en haut ; là, ils portent une encoche pour recevoir les fausses pannes, et s'évasent en bride pour s'assembler avec elles.

Les deux potelets de droite sont ceux de faîtage, portés l'un sur la panne, l'autre sur la ferme. Ils sont composés comme les précédents, avec les variantes de formes nécessitées par la variation même des pièces adjacentes.

341. Autre exemple d'un comble de 25 mètres de portée. — Voici, *fig.* 700, une autre application d'un comble Polonceau pour une portée analogue, et qui donne quelques variations intéressantes dans le détail de la construction.

Les arbalétriers sont toujours en treillis, soutenus en leur milieu par une bielle en fonte, et armés de deux soustendeurs, l'un de 50 millimètres de diamètre, l'autre de 70 millimètres.

Chaque arbalétrier porte sur sa table haute les pannes nécessaires à la couverture et celles-ci reçoivent le lattis par l'intermédiaire des chevrons. Un lanternon existe, sur la largeur de trois travées, de chaque côté du faîtage et un chemin de circulation couvert en zinc longe la partie haute des rampants et facilite les réparations. Au-dessus des chevrons de vitrage sont des tringles transversales pour porter les échelles.

Dans cette même figure, en dehors de l'ensemble, sont représentés : 1° une fourche du sous-tendeur du haut et ses attaches ; 2° une bielle en fonte avec sa section en

ab; 3° la vue en bout de l'attache du sous-tendeur du bas; 4° la réunion des pièces concourant à l'extrémité basse de la bielle; 5° enfin, le support au faîtage des chevrons du lanternon.

La *fig.* 701 montre le détail du sommet de la ferme. Les

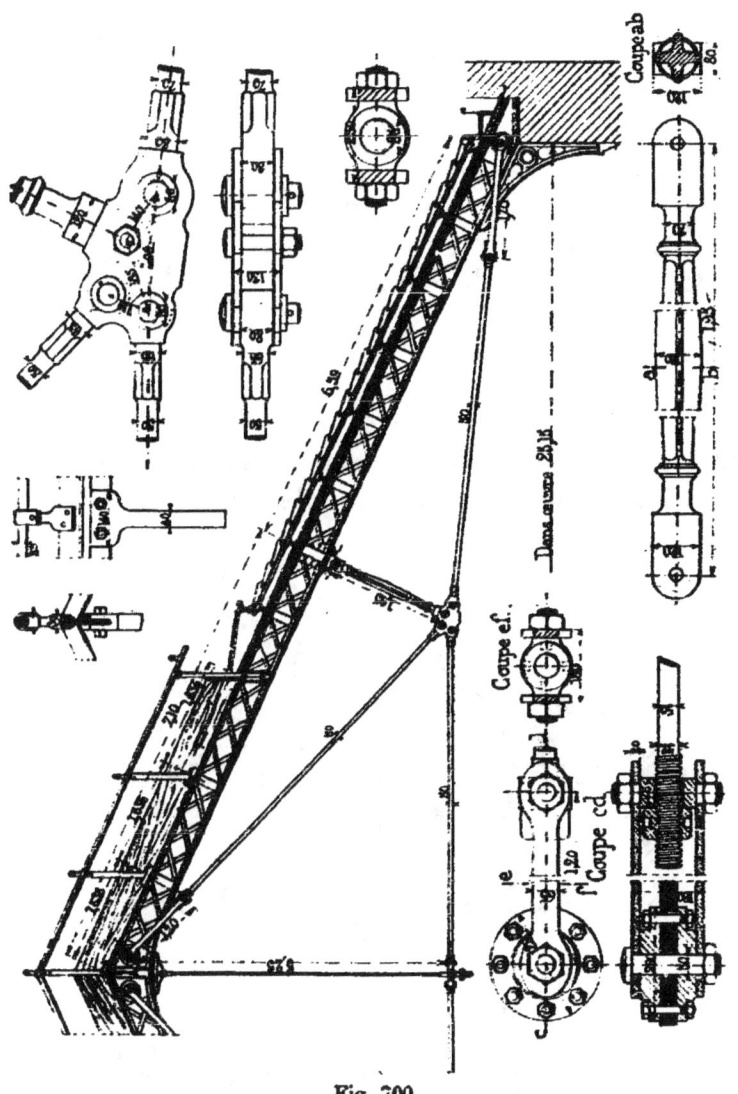

Fig. 700

deux arbalétriers sont terminés chacun par une tôle pleine, servant à la fois à les fixer l'un à l'autre et à attacher les fourches des tendeurs du haut; la membrure inférieure est arrondie afin d'augmenter la hauteur en ce point ; une double platebande jonctionne les deux membrures supé-

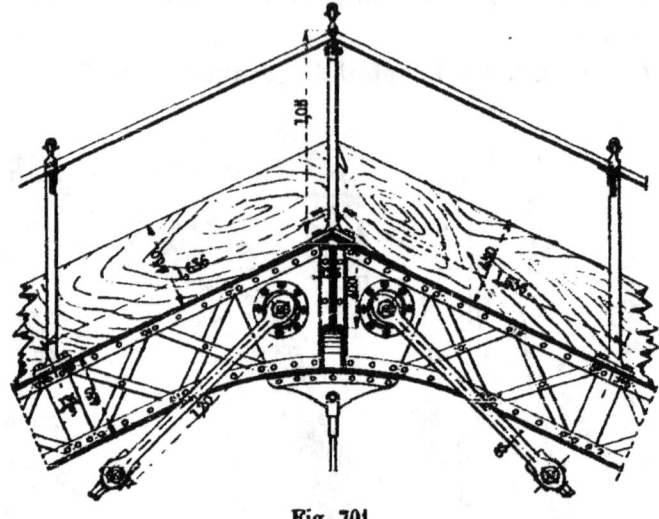

Fig. 701

rieures ; deux cornières réunissent les membrures basses, tout en comprenant un bout de tôle qui sert d'attache à

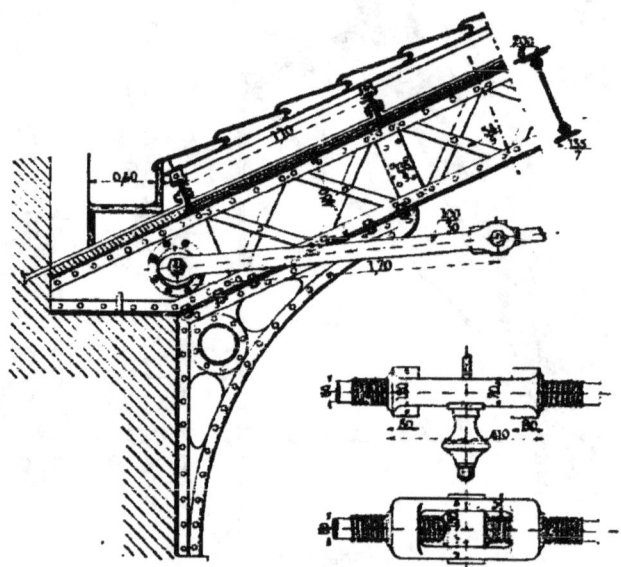

Fig. 702

l'aiguille pendante. Des balustres à pied, en fer carré, soutiennent le lanternon ; ils viennent s'appuyer sur l'arbalétrier au point de division des pannes. D'autres balustres, en alignement avec les premiers, s'appuieront sur ces mêmes pannes afin de soutenir, verticalement au-dessus, les fausses pannes correspondantes.

Le lanternon n'existe pas sur toute la longueur du comble ; il se trouve fermé en pignon, à la partie basse de

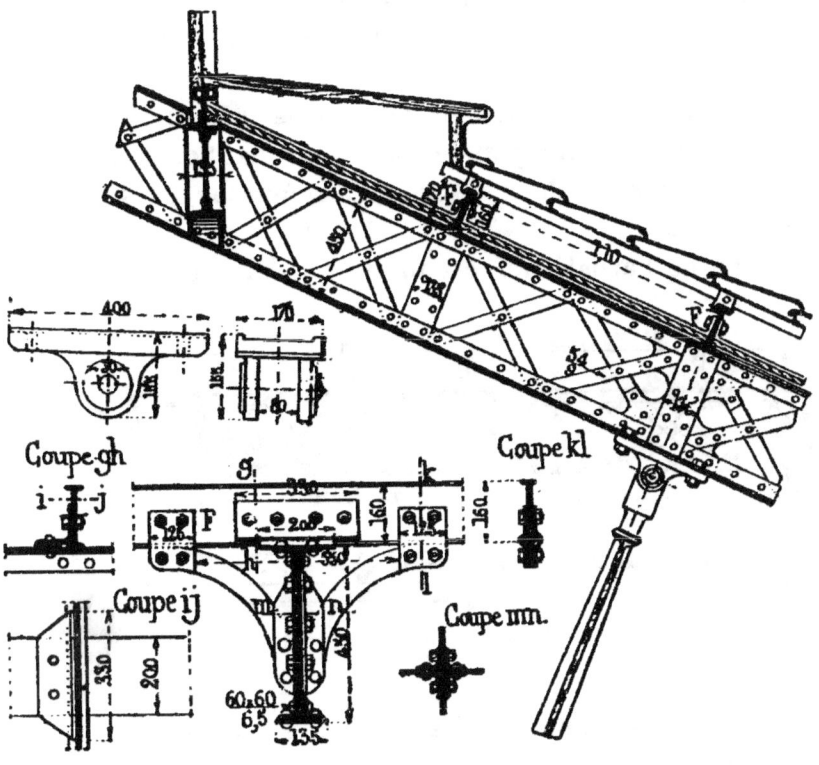

Fig. 703

l'espace libre, par une planche en bois en plusieurs frises, de 0^m,45 de hauteur totale.

L'arbalétrier est une poutre composée de 4 cornières $\frac{60 \times 60}{9}$, d'un treillis interposé et de semelles ou *couvertures* inégales ; l'une a 135×7 à la partie basse ; l'autre, celle du haut a 200×8.

L'arbalétrier est divisé en 12 intervalles de 1^m,10, et, à chaque intervalle, existe un montant en tôle, formant âme de l'arbalétrier, et réunissant les membrures. Entre deux montants successifs, le treillis forme deux X, et est fait en fer plat de 54 × 9.

La *fig.* 702 donne le détail du pied d'un arbalétrier et de la manière dont il vient reposer sur la maçonnerie du mur latéral. Le chéneau profite pour se loger de l'espace donné par la hauteur des pannes au-dessus de l'arbalétrier. La partie pleine de l'âme, au bas de ce dernier, se termine horizontalement en plateforme pour poser sur le mur et un contreventement dans le plan de la ferme est établi par le moyen d'une grande console. Le haut de cette console passe entre les deux branches de la fourche, allongées à cet effet.

Le milieu de l'arbalétrier est figuré en détail dans la

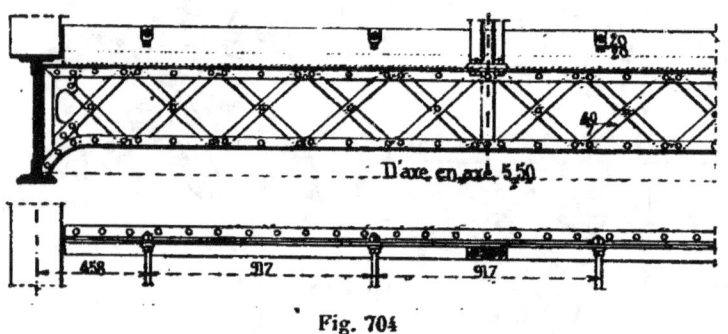

Fig. 704

fig. 703. Ce croquis donne la tête de bielle et sa jonction, en même temps que la panne de support de la rive du lanternon. Cette panne diffère des autres par sa composition et son attache ; elle est faite en tôles et cornières avec âme en treillis ; elle a 0^m,30 environ de hauteur. Elle est posée verticalement et le montant d'arbalétrier avec lequel elle s'assemble a pris également cette direction, en modifiant légèrement les X des treillis voisins.

La perpendicularité des pannes et des arbalétriers est assurée par deux fers plats cintrés, fixés par cornières aux deux pièces, indépendamment des équerres qui attachent l'âme de la panne avec la membrure supérieure.

Plusieurs coupes de détail données dans la *fig*. 703 permettent de se rendre compte de ces assemblages.

La *fig*. 704 donne enfin l'élévation de la panne spéciale de rive du lanternon ; elle a comme longueur l'entraxe des fermes 5™,50 et est divisée en trois parties. Aux points de division sont établis les balustres verticaux qui soutiennent la fausse panne correspondante. A chacun de ces points correspond également un montant dans le treillis de l'âme, le restant étant composé d'X successifs. Aux extrémités, cette panne se recourbe en consoles, pour s'appuyer sur l'aile inférieure de l'arbalétrier. Au-dessus, on voit la planche qui ferme le bas du vide, ainsi que les attaches du chemin qui borde le lanternon.

342. Comble Polonceau de la gare Saint-Lazare. — Les combles Polonceau ont comme principal défaut

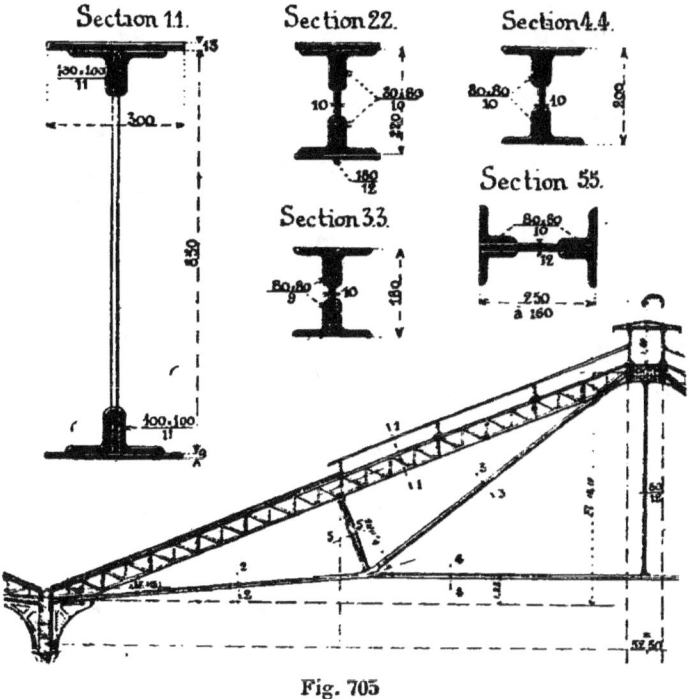

Fig. 705

l'emploi de pièces de forge pour la confection de toutes leurs articulations, et ces pièces exigent des ouvriers très adroits et beaucoup d'attention et de surveillance. De plus, il est très difficile de vérifier leur qualité. A part ce point, lorsque les pièces sont bien forgées, ces combles sont très stables et rendent d'excellents services. A la gare Saint-Lazare, où l'on a construit pour le hall à voyageurs un comble de $52^m,50$ de portée, dont l'ensemble est représenté dans la *fig*. 705, on a voulu éviter les pièces de forge, en même temps qu'on a cherché à raidir les sous-tendeurs et l'entrait. On a composé toutes ces armatures avec des poutres composées en tôles et cornières ; tous les assemblages sont faits par éclisses, de manière que l'on puisse déterminer leur résistance d'une façon pratique précise et absolue.

Au-dessus de l'ensemble de la ferme, la *fig*. 705 donne les sections de ces diverses pièces ; l'arbalétrier est en treillis de 0,850 de hauteur ; ses membrures sont formées de deux cornières de $\frac{100 \times 100}{11}$ et de tables de 300×13 en haut et de 300×9 en bas.

La bielle est renflée en son milieu ; son âme et l'âme de l'arbalétrier sont dans un même plan ; elle a au milieu une hauteur de section de $0^m,250$ et aux extrémités seulement $0^m,160$; elle est faite d'une âme de 0,12 et de 4 cornières de $\frac{80 \times 80}{10}$.

Le sous-tendeur du haut est un I de 0,180 fait, d'une âme de 10 et de 4 cornières $\frac{80 \times 80}{9}$; le sous-tendeur du bas est un I de 0,224 fait d'une âme de 10 et de 4 cornières $\frac{80 \times 80}{10}$; le tirant est un I composé de 0,200 fait, d'une âme de 10 et de 4 cornières $\frac{80 \times 80}{10}$.

Cette disposition, qui malgré ses avantages ne s'est pas répandue, peut dans certains cas rendre des services importants.

343. Comble de la gare de Vienne. — A partir de 30 mètres de portée, on peut avoir avantage à remplacer la poutre armée des combles précédents par une poutre à 3 contrefiches. Sa disposition prend alors la forme figurée dans le croquis n° 706.

L'application dont il est question est celle de la gare de

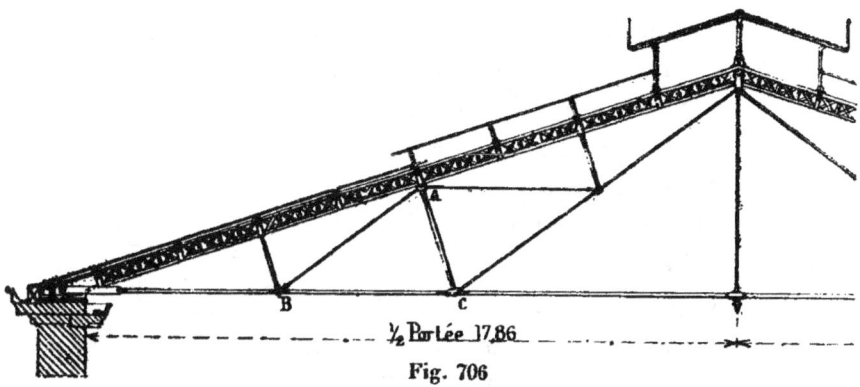

Fig. 706

Vienne, dont la portée est de 35^m,72 entre murs. La couver-

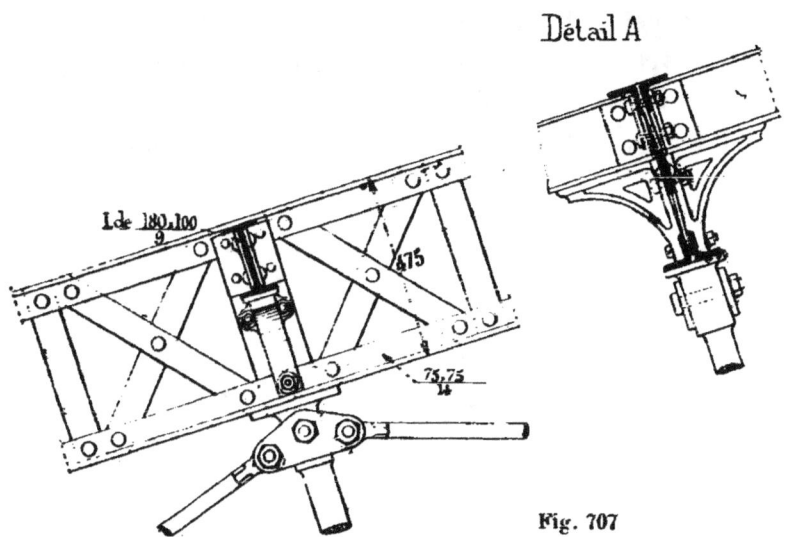

Fig. 707

verture est en métal ; les fermes sont espacées de 5 mètres. Dans chacune d'elles l'arbalétrier est en treillis, de 0^m,475 de hauteur ; il a comme membrures, en haut et en bas, de doubles cornières de $\frac{75 \times 75}{14}$.

Il est divisé en huit travées de pannes, ces dernières soutenues de deux en deux par les bielles.

La première travée à partir du faîtage est couverte par une partie pleine, les trois suivantes sont vitrées, les dernières sont pleines.

La *fig.* 707 montre la composition de l'arbalétrier, la tête de la bielle du milieu et l'une des pannes, son attache et les consoles qui la maintiennent sur l'arbalétrier, enfin, l'attache des deux sous-tendeurs adjacents. Le détail A montre toute cette organisation en coupe.

Le détail B, figuré dans le croquis 708, montre le point de concours du bas des petites bielles ; les sous-tendeurs en prolongement sont d'une seule pièce et renflés à la forge suivant une forme spéciale qui leur permet de recevoir : 1° le bout inférieur de la petite bielle, et 2° une chape qui termine le sous-tendeur symétrique.

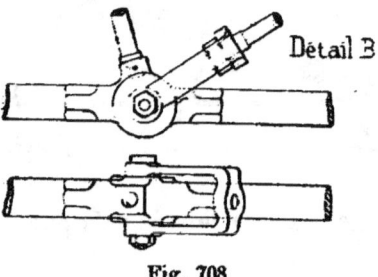

Fig. 708

Le détail C, représenté dans la *fig.* 709, ne fait que reproduire la disposition déjà vue pour le point de concours au

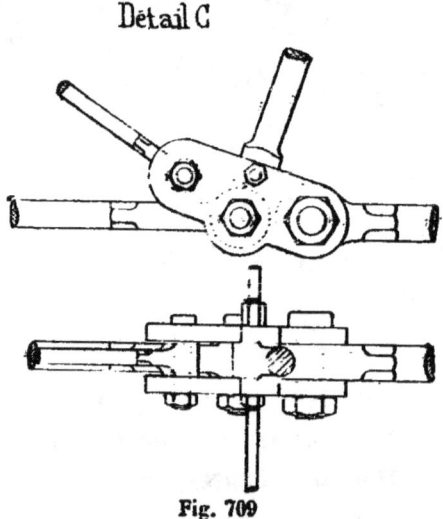

Fig. 709

point bas des grandes bielles ; toutes les armatures concourantes, renflées et percées sont aplaties à une même épaisseur. On les comprend entre deux éclisses en tôle de forme appropriée, et on les relie par le nombre voulu de boulons transversaux.

Une bonne précaution à prendre consiste à réunir ces assemblages concourants les uns aux autres, d'une ferme à l'autre, par une suite de boulons de chaînage perpendiculaires aux plans des fermes; on empêche ainsi le déversement des poutres armées, ou tout au moins le déplacement latéral de leurs armatures.

344. Comble de la gare du chemin de fer d'Orléans. — Le comble de la gare de Paris du chemin de fer d'Orléans a environ 52 mètres de portée, sans points d'appui intermédiaires. Les entraxes sont de 10 mètres; la longueur totale est de 280 mètres. Cette construction est représenté en coupe et, sur une partie de la longueur, en plan dans la *fig.* 710. Le bas des rampants reçoit une couverture métallique, et, en haut, sur un quart de la portée, existe un lanternon vitré, qui sert à la fois à l'éclairage et à la ventilation.

Les fermes sont du système Polonceau à 3 contrefiches, et l'angle que fait l'arbalétrier avec la paroi verticale des maçonneries de support est rendu invariable par une grande console très développée. Tel est l'ensemble de ce comble, remarquablement construit dans les usines du Creusot.

Voici le détail des différentes parties de la construction.

Le haut de la ferme est donné dans la *fig.* 711. On voit que les arbalétriers ont $0^m,70$ de hauteur. Ils sont composés d'un treillis en X avec montants, de cornières $\frac{80 \times 80}{10}$ et de tables de 170 avec épaisseur variable. Les extrémités sont à âme pleine; elles reçoivent à la manière ordinaire l'assemblage des fourches des sous-tendeurs et de l'aiguille pendante. Sur les arbalétriers sont placés les balustres en fonte qui soutiennent le lanternon. Les pannes sont normales à la couverture; elles trouvent pour les recevoir des montants de treillis plus forts, avec lesquels elles s'assemblent. Elles sont espacées de mètre en mètre le long de l'arbalétrier. Entre deux pannes consécutives il y a deux croisillons de treillis.

La *fig*. 712 montre les bielles, la grande et la petite, avec les assemblages de toutes les pièces contiguës. Ici, la jonc-

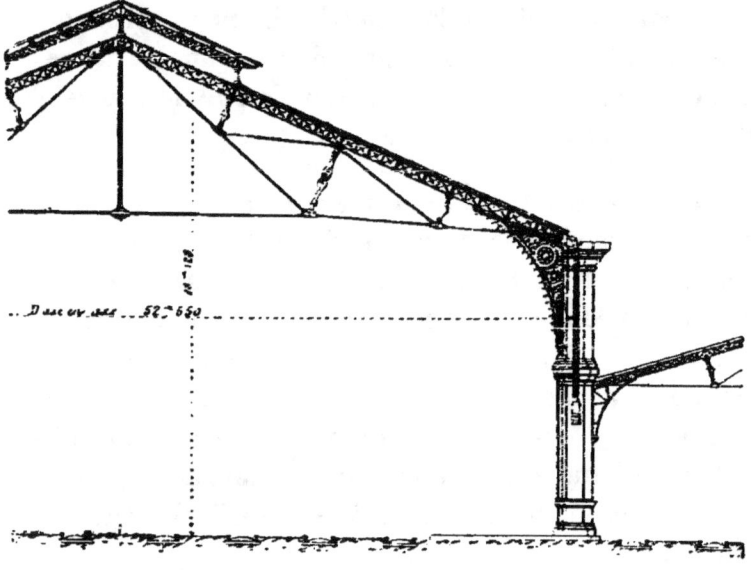

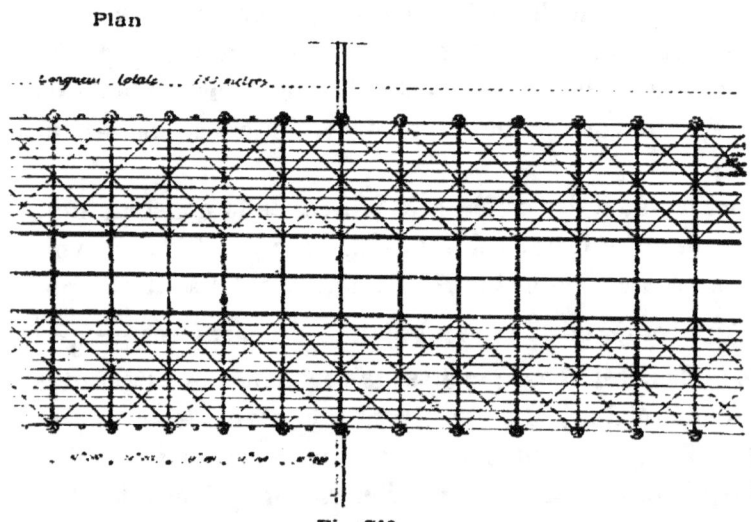

Fig. 710

tion des armatures qui concourent au bas de la petite bielle se fait de la même manière que celle des pièces qui se relient au bas de la grande.

On se sert des joues jumelées dont l'emploi est si commode.

Le pied de l'arbalétrier est représenté dans la *fig*. 713.

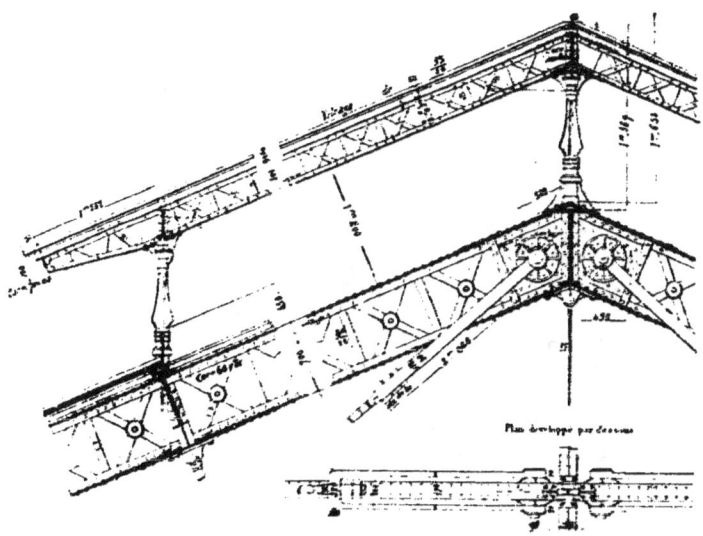

Fig. 711

En ce point, son âme est pleine, renforcée de plusieurs

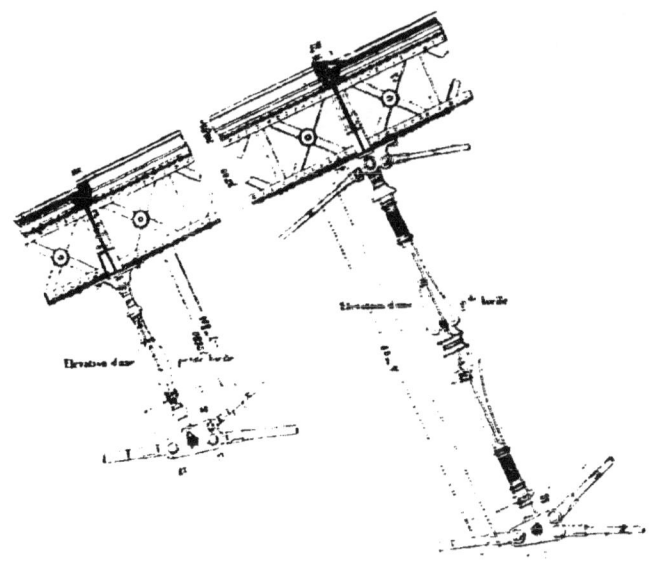

Fig. 712

épaisseurs de tôles rivées, et elle se termine par une surface horizontale de repos, qui porte sur le mur par l'intermédiaire d'une forte plaque de fonte.

Une grande console en fonte, de 4 mètres environ de

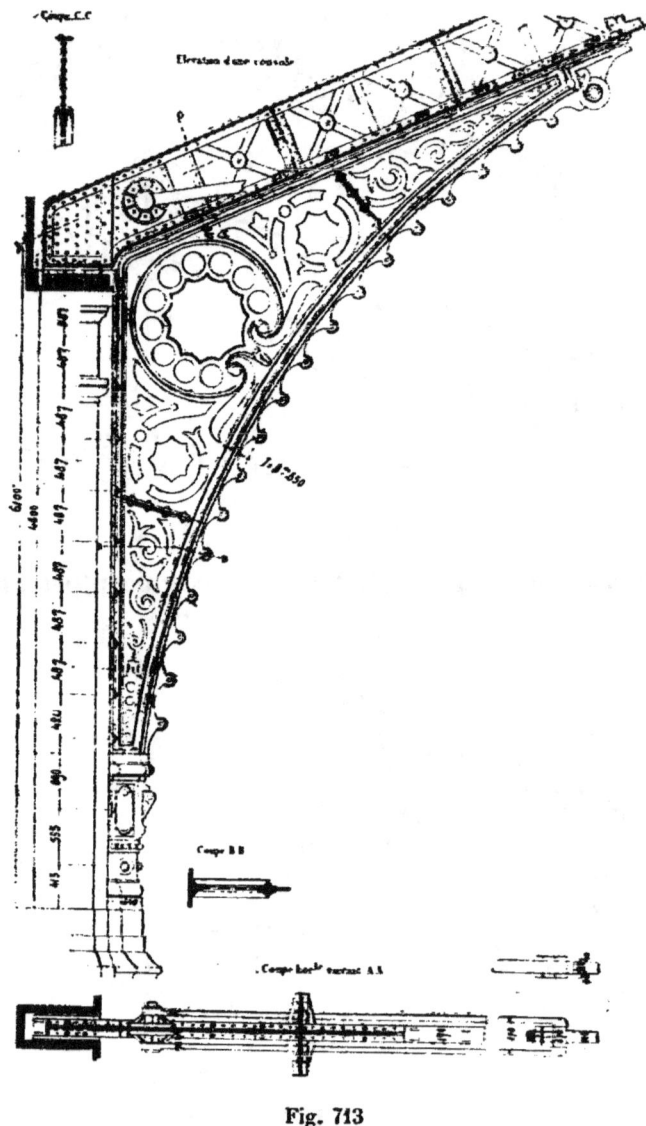

Fig. 713

longueur de branches, s'assemble avec l'arbalétrier, longe verticalement la maçonnerie et vient encore reporter une partie de la charge sur un contrepilastre saillant. Elle est fondue en trois pièces, réunies par des assemblages à brides et boulons.

Le même croquis donne différentes coupes de cette construction, suivant CC, suivant BB et, enfin, une grande coupe longitudinale de l'arbalétrier suivant AA. Cette dernière montre le développement que doit prendre la fourche du tendeur du bas afin de pouvoir comprendre entre ses branches la partie haute de la console.

345. Combles Polonceau mixtes, fer et bois. — Les combles Polonceau peuvent s'exécuter en construction mixte, fer et bois. Le bois est tout indiqué pour former les arbalétriers de la ferme, la fonte sert à exécuter les bielles, et le fer est choisi pour les sous-tendeurs et leurs fourches, ainsi que pour l'entrait. Pour faciliter la jonction des sous-tendeurs et des extrémités des arbalétriers, on fait péné-

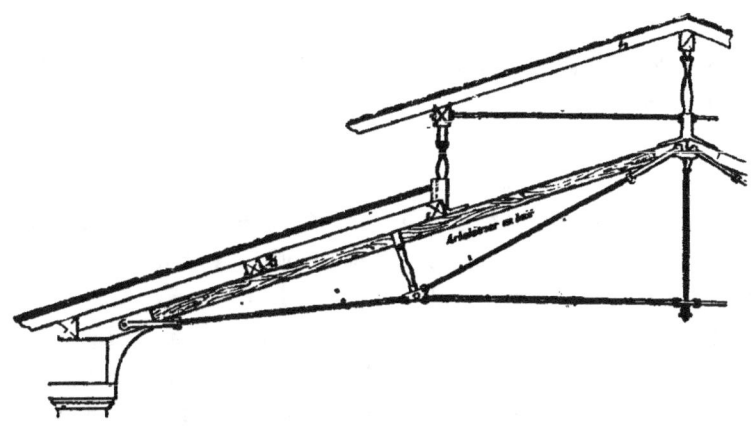

Fig. 715

trer ces derniers dans des sabots en fonte reliés aux armatures par des boulons. La disposition est prise, comme l'indique le croquis de la *fig.* 714, pour des portées de 20 à $25^m.00$ et comme celui de la *fig.* 715, lorsqu'il s'agit de portées de $30^m.00$ environ.

Dans le premier cas, l'arbalétrier est armé d'une contre-fiche et des sous tendeurs correspondants. Dans le second cas, l'armature est à 3 contrefiches.

Du moment que l'on a choisi le bois pour exécuter l'arbalétrier, les mêmes raisons motivent l'emploi de cette

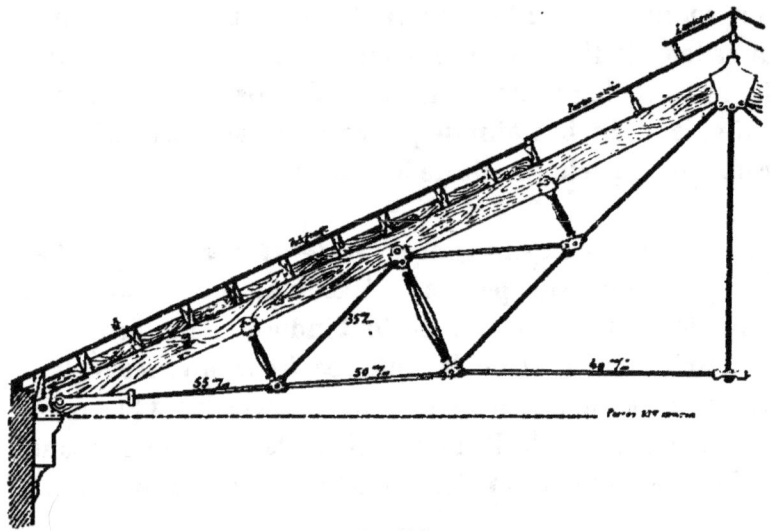

Fig. 716

même matière pour les pannes et chevrons nécessaires à la couverture.

346. Faux plafonds lumineux. — On est souvent amené à éclairer par le plafond de grandes salles, surtout dans les établissements où le public se réunit, comme les bureaux des administrations ou les hall de magasins. On doit chercher à garantir les locaux ainsi couverts du froid, de la condensation de l'eau et des rayons directs du soleil. Un moyen très convenable d'obtenir ce résultat consiste à mettre un comble complètement vitré au-dessus de l'espace en question et à établir un peu plus bas un plafond vitré tamisant et régularisant le jour. On donne souvent à ce dernier le nom de faux plafond. Entre les deux surfaces vitrées est un espace où l'air est confiné, et qui forme un excellent isolant du froid extérieur. Si on veut exécuter une ventilation, on peut dans cet espace prévoir une cheminée d'évacuation, terminée au-dessus du toit par une lanterne et débouchant au niveau du plafond vitré par une grille, avec valve de réglage. Pour éviter les rayons directs du soleil, on les diffuse en choisissant des verres striés pour vitrer la surface diaphane supérieure et des verres doucis ou dépolis pour le faux plafond.

Le plafond lumineux est formé par une surface plus ou moins horizontale en fers légers, soutenue partout où be-

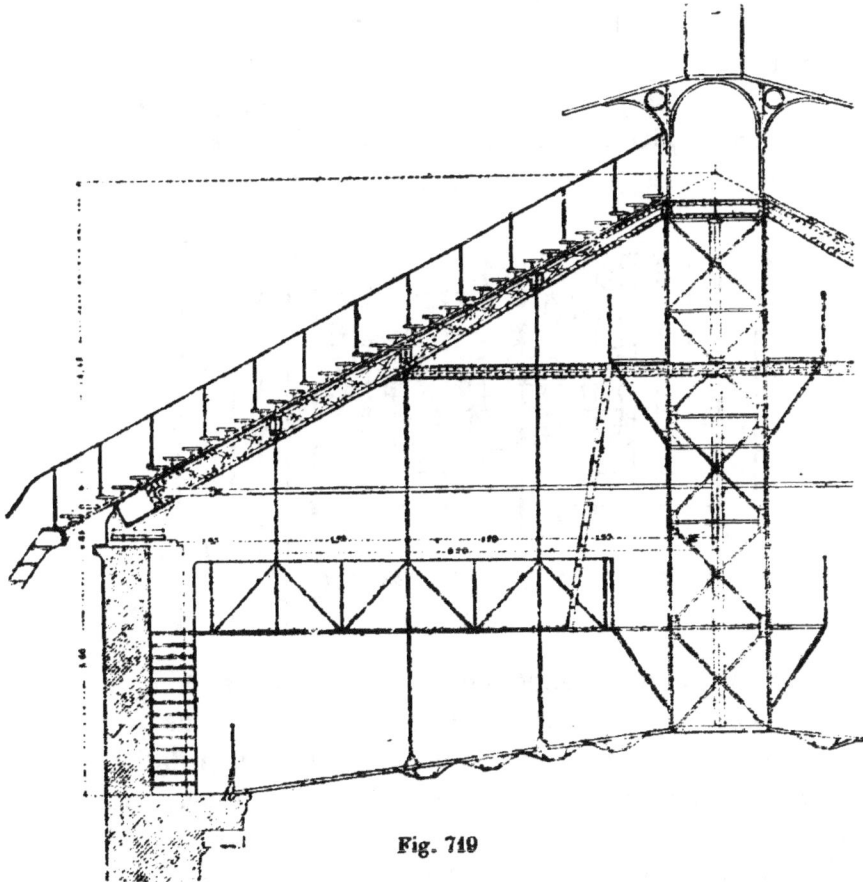

Fig. 719

soin est au moyen de tringles de suspension venant des pièces de charpente du comble supérieur.

La figure 716 donne un exemple de cette sorte d'éclairage : c'est la coupe transversale de la grande salle du comptoir d'Escompte à Paris [1]. Elle montre la disposition d'une ferme du comble supérieur, établie sur la petite di-

---

(1) M. Moisant, constructeur.

mension, 16^m,80, de la salle. Cette ferme est formée de deux arbalétriers, butant l'un contre l'autre par l'intermédiaire d'une petite pièce horizontale de 1^m,50 de longueur, d'un faux entrait réunissant les arbalétriers au milieu de leur longueur, enfin, d'un entrait en fer rond.

Les fermes ainsi établies sont espacées de 3^m,50 d'axe en axe, de telle sorte qu'il s'en trouve sept dans la longueur de la salle. Près de 6^m,00 en contrebas se trouve un bandeau, au niveau duquel on a établi le faux plafond. Il est formé de compartiments de fers à T disposés par pièces principales et pièces secondaires, suivant un arrangement très étudié. Les pièces principales sont suspendues aux

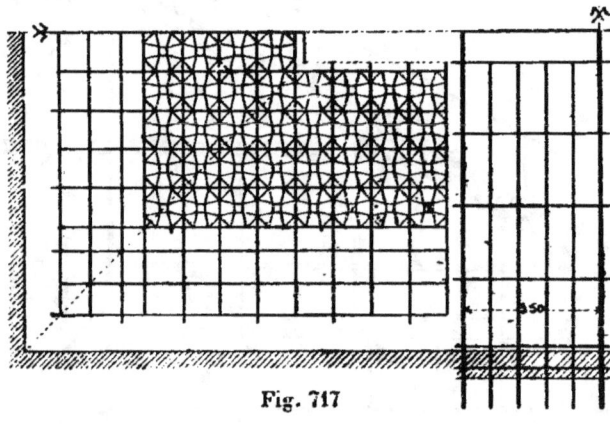

Fig. 717

pannes du comble supérieur au moyen de tringles en fer. Les 4 tringles du milieu, contreventées dans tous les sens, forment l'ossature d'une cheminée de ventilation, qui part d'une grille au niveau du plafond inférieur, traverse l'espace intermédiaire entre les deux surfaces vitrées, et se termine au dehors par une lanterne couverte au-dessus et ouverte latéralement.

Des passages et des échelles permettent de circuler au-dessus du plafond vitré pour les nettoyages et les réparations et des rampes de protection bordent tous les passages.

Le plan de cet ouvrage intéressant est donné par la *fig.* 717. Il montre deux fermes consécutives du comble supérieur, avec leur écartement de 3^m,50, et, à côté, la disposition des compartiments du plafond inférieur. Certains de ces compartiments sont eux-mêmes divisés par des petits fers en portions faisant saillie sur l'ensemble.

La *fig.* 718 donne la coupe transversale d'une construction analogue exécutée au Bon Marché. Le plafond n'est

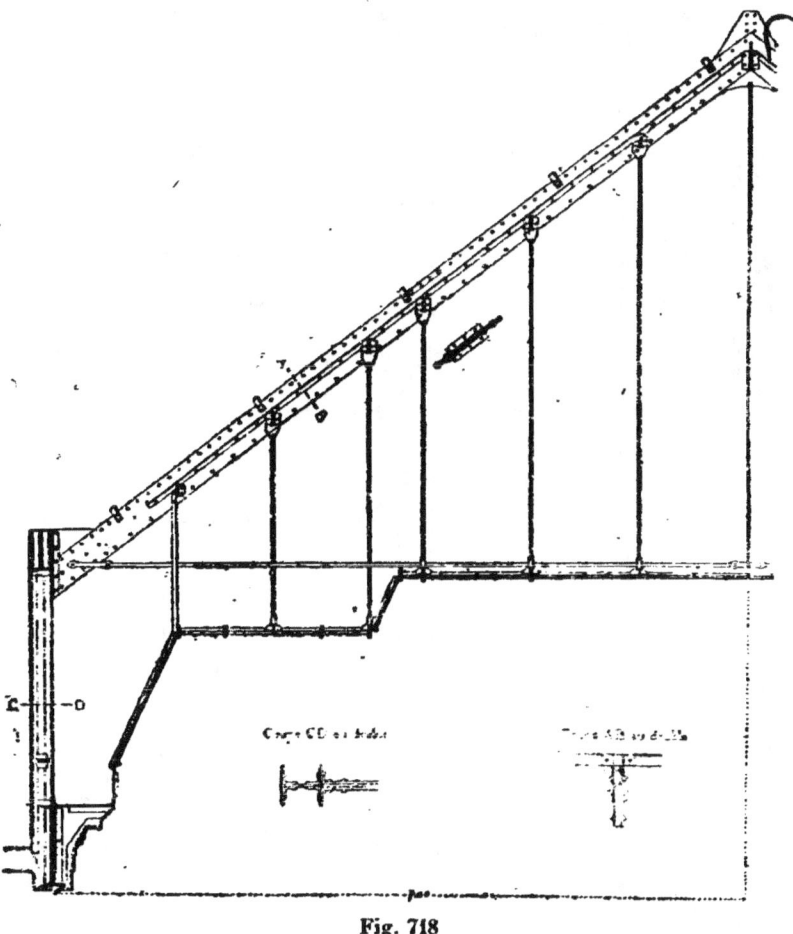

Fig. 718

pas établi suivant un seul et même plan horizontal, il est formé de deux plans étagés, l'un encadrant l'autre et raccordés par une partie biaise. Un autre raccord biais se relie au chéneau intérieur formant corniche. Le même mode de suspension qu'on a déjà vu est employé pour le soutenir, et les tringles viennent s'attacher aux pannes dont les intervalles sont disposés à cet effet. Le plan de la *fig*. 719 montre les arrangements des divers compartiments pour le quart de la salle. Combinant le dessin des fers avec les variations de teintes des vitrages dépolis qu'ils supportent, on arrive à des effets très décoratifs.

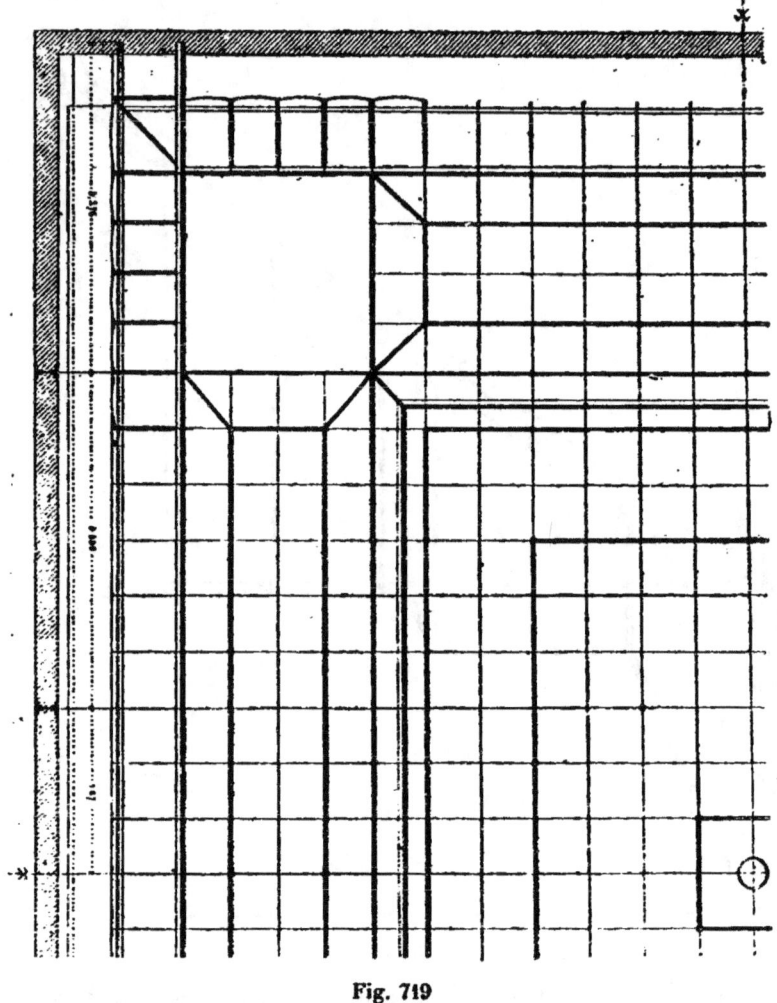

Fig. 719

Lorsqu'on étudie ces sortes d'ouvrages, il faut avoir soin de prévoir les fuites qui peuvent se produire dans le comble du haut, et de récolter les condensations, qui ont lieu sur la face inférieure de ses vitrages. De plus, il y a lieu d'établir au-dessus du plafond du bas, les chemins et circulations nécessaires pour effectuer facilement le nettoyage constant de leur face supérieure et y entretenir la propreté rigoureuse obligatoire. Enfin, il est indispensable que les vitrages du plafond soient assez opaques pour ne pas permettre de voir au travers les pièces de charpente qui doivent rester masquées.

347. Combles en arc. — Les combles en arc s'établissent de bien des façons différentes. Une des formes les

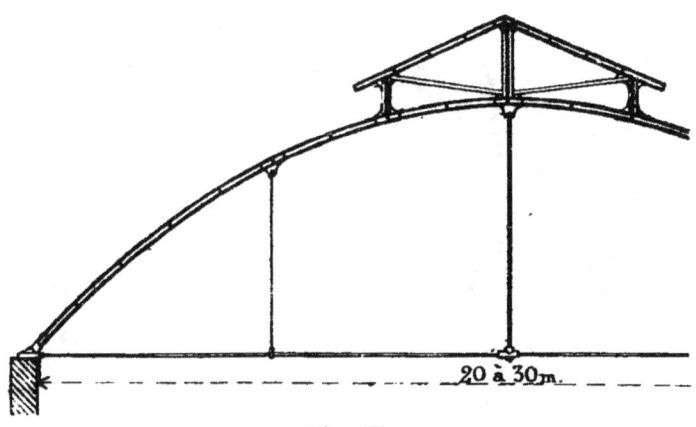

Fig. 720

plus économiques, lorsque l'espace est libre, consiste à

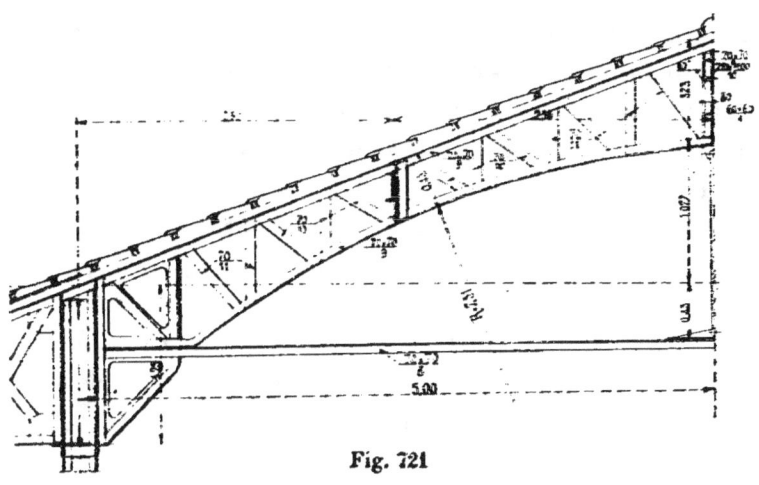

Fig. 721

cintrer les arbalétriers et contrebuter leur poussée par un entrait. La couverture suit le cintre extérieur. Avec de faibles sections on franchit facilement de grandes portées de 25 à 30 mètres, comme l'indique la *fig.* 620. On peut même avantageusement prendre pour la courbure un tracé parabolique, qui donne la plus grande stabilité et correspond au minimum de section. L'arbalétrier ne travaille alors qu'à la compression dans toute son étendue.

Une autre disposition consiste à prendre un arbalétrier fait d'une poutre composée, dont la membrure supérieure

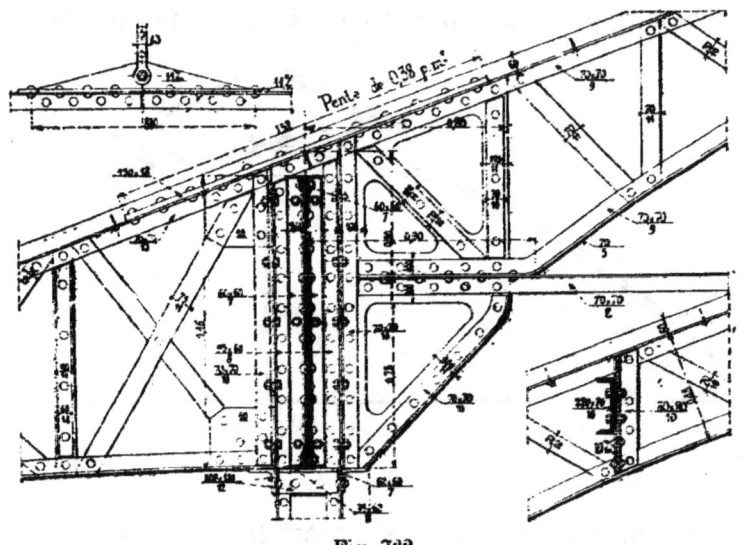

Fig. 722

corresponde à un rampant droit et dont la membrure inférieure soit en arc ; un entrait maintient l'écartement.

C'est ainsi qu'on a exécuté le comble d'un hangar à marchandises des Chemins de fer de l'Ouest, figuré dans le croquis 721.

La portée est de $10^m,00$, l'espacement des fermes est de $7^m,00$. Extérieurement le comble se prolonge par des auvents en porte à faux de $5^m,00$ de saillie.

L'arbalétrier est en treillis en N, dont les montants verticaux sont renforcés de cornières aux points où ils doivent recevoir les pannes. L'assemblage des pannes est figuré dans un détail de la *fig.* 722 montrant une vue latérale de l'arbalétrier, ainsi que dans la *fig.* 723 représentant une coupe perpendiculaire.

L'entrait est fait de doubles cornières de $\frac{70 \times 70}{8}$; il est soutenu en son milieu par une aiguille pendante.

L'assemblage de la ferme avec le poteau est intéressant : il est représenté dans la *fig.* 722. L'arbalétrier se réunit à une console évidée de manière à s'aligner avec le bas de la sablière : Le tout se jonctionne avec un poteau composé, au-delà duquel se poursuit la partie en porte à faux qui continue la ferme.

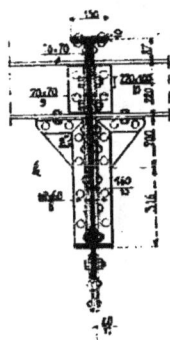

Quant à la sablière qui réunit les poteaux de rive, elle est formée d'une grande poutre en treillis de 1^m,16 de hauteur, dont les montants sont disposés pour se continuer au besoin verticalement si l'on veut fermer le hangar par une clôture. Cette sablière est figurée en élévation dans le croquis 724.

Fig. 723

Cette disposition d'arcs avec tirants peut s'étendre à des

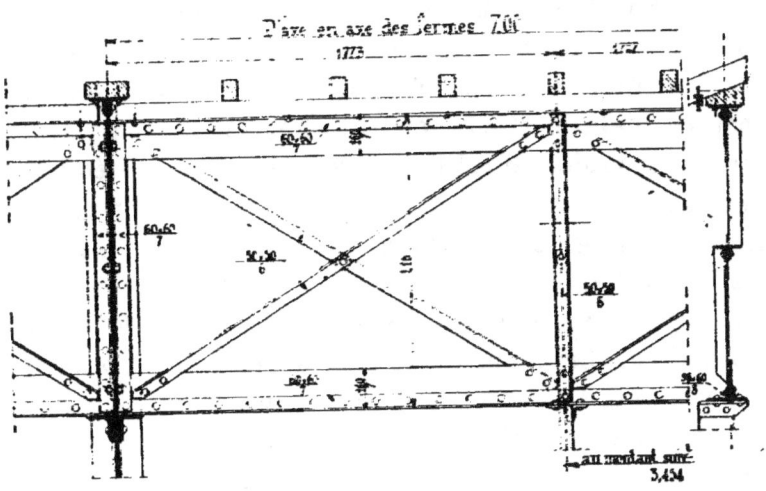

Fig. 725

parties aussi grandes qu'on le veut, et la forme de l'arc elle-même peut varier suivant les circonstances.

Voici, *fig.* 725, la disposition d'ensemble de la gare de Saint-Pancras à Londres. Les fermes sont faites de grands arcs de 73^m,15 de portée et de 29^m,26 de flèche ; ils reposent au niveau du sol des rails et l'entrait se trouve logé dans

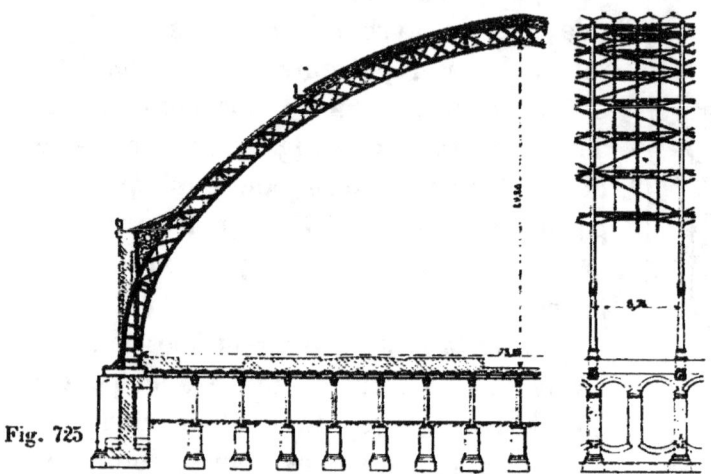

Fig. 725

l'épaisseur du plancher qui sépare ce sol d'un étage souterrain. Les fermes sont espacées de 8^m,4.

348. Combles en arc sans tirants. — La forme en arc peut être simplement donnée à la membrure inférieure d'une poutre formant la ferme du comble, afin de satisfaire à une question d'aspect et faciliter une décoration. La poutre, malgré cette forme travaille, à la flexion et est calculée de manière qu'elle n'exerce aucune poussée sur les poteaux chargés de la soutenir. Telle est la ferme du comble de la gare de Châlons-sur-Marne, représentée dans la *fig.* 726.

La membrure inférieure a une flèche de 1^m,84 et la forme adoptée donne beaucoup de légèreté à l'ensemble, tout en laissant au milieu une hauteur de poutre de 2^m,05. Cette hauteur est bien suffisante pour franchir l'espace de 18 mètres qui existe entre les supports. Les fermes de ce comble sont espacées de 4^m,00, quoique les supports soient dans une même façade écartés de 12 mètres. Entre deux fermes correspondant à des colonnes consécutives, il y a donc deux fermes intermédiaires soutenues sur les sablières.

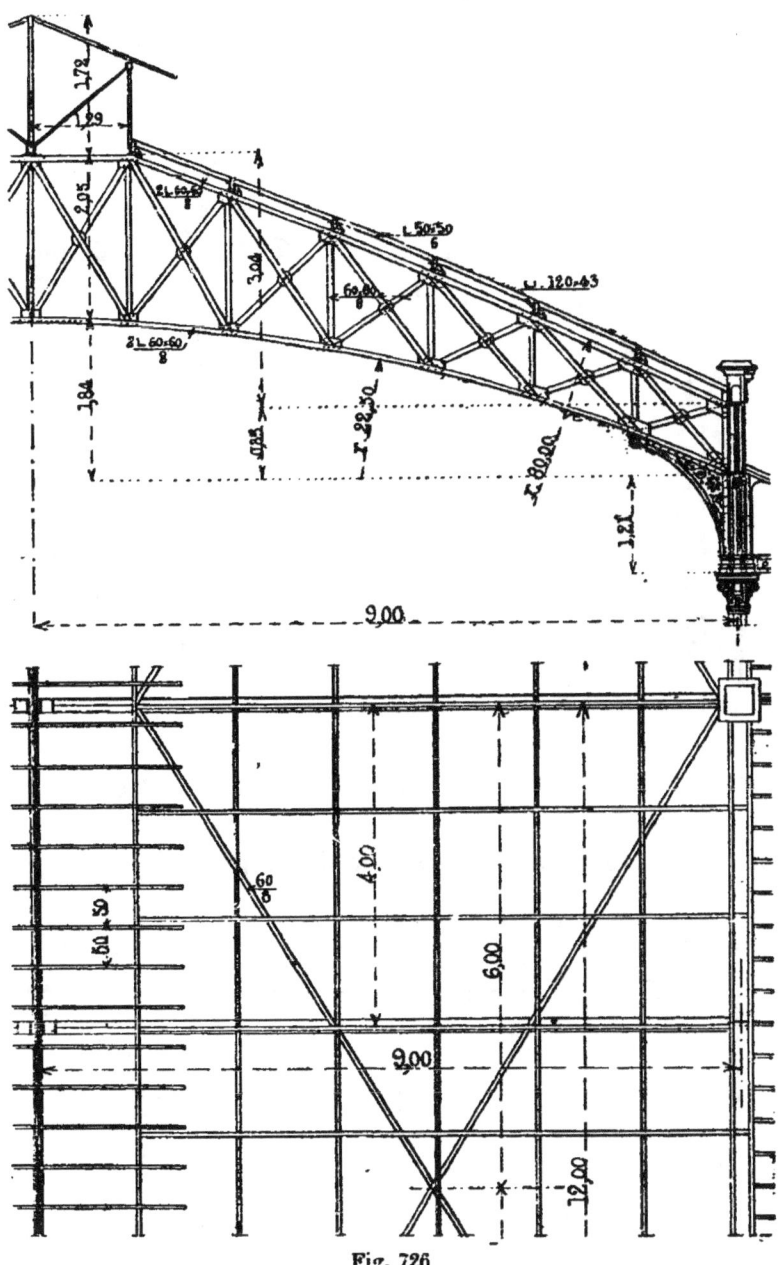

Fig. 726

Le plan indique ces dispositions, ainsi que le contreventement diagonal qui relie les fermes. C'est encore une poutre de ce genre qui a recouvert à l'Exposition de 1889 le Bâtiment des expositions diverses. La coupe du comble montrant la ferme en élévation, est donnée dans la *fig.* 727. La portée est de 25ᵐ,00 ; la membrure supérieure de

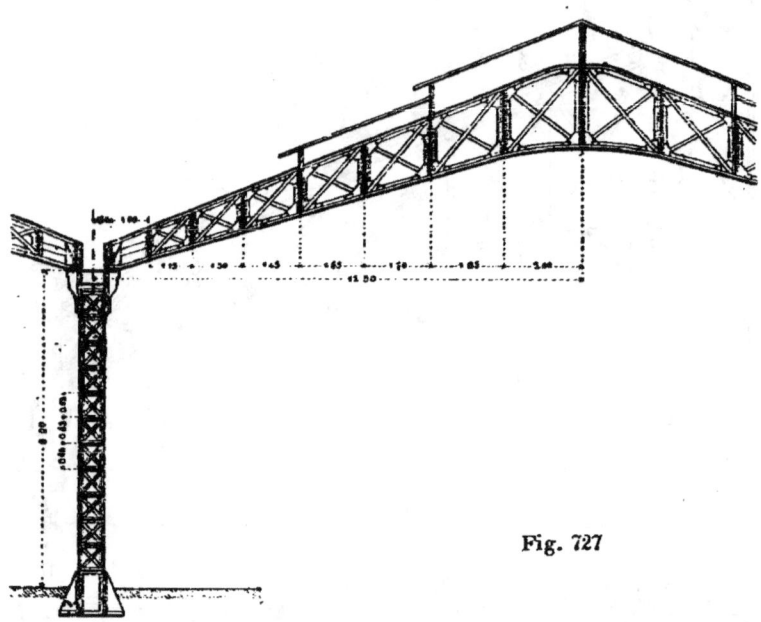

Fig. 727

la poutre est droite ; celle inférieure est d'abord droite, puis raccordée par une courbe ; le treillis est en X, avec montants interposés correspondant aux pannes.

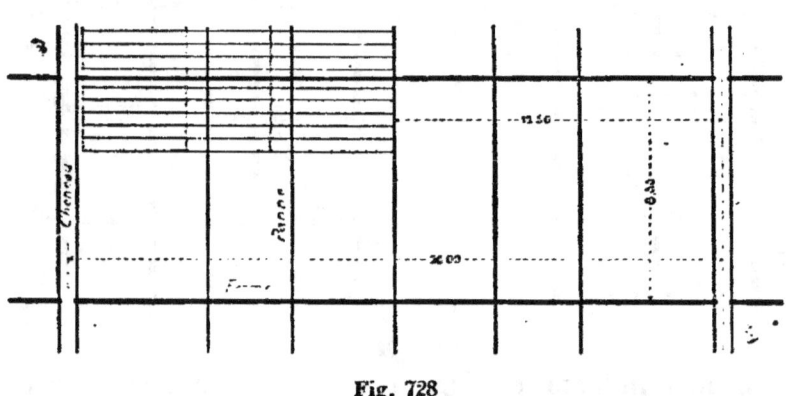

Fig. 728

Cette poutre est simplement posée sur le poteau, sans exercer sur lui d'autre action qu'une pression verticale.

Le plan schématique de ce comble est donné dans la *fig.* 728, il montre que l'espacement des fermes est de 8ᵐ,33. Il indique en même temps les pannes, ainsi que la disposition des chevrons, tant de la partie vitrée que de la partie de couverture pleine des côtés.

349. Comble de l'élévation d'eau de Bercy. — Le bâtiment de l'usine élévatoire de Bercy donne un exemple d'un comble en arc sans entrait, mais exerçant sur les poteaux une action latérale qui tend à déplacer leur base.

La membrure de l'arbalétrier à l'extérieur est droite et dirigée suivant le rampant du comble; la membrure inférieure est en demi cercle; elle se raccorde tangentiellement au poteau, qui continue pour ainsi dire la ferme et qui doit être solidement fixé après la maçonnerie de fondation afin d'éviter toute déviation.

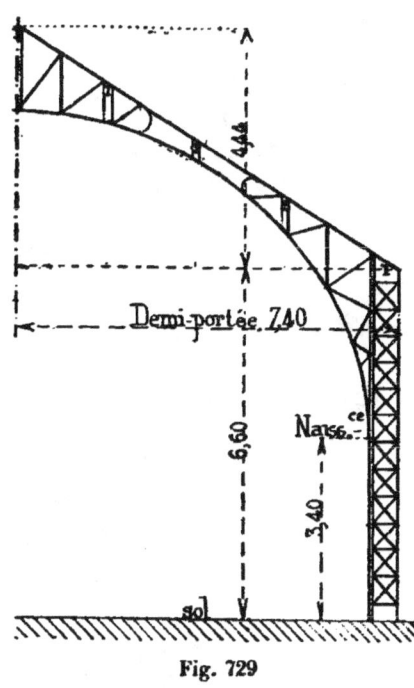

Fig. 729

La figure schématique 729 donne le tracé de la demi ferme et du poteau.

On pourrait considérer cette ferme comme composée de deux parties : l'une suffisamment raide, sans poussée, comprise entre les sections réduites des reins, l'autre de chaque côté, faite d'une console faisant corps avec le poteau et qui reçoit la première en porte à faux, de telle sorte que le poteau ne se trouve pas chargé suivant son axe.

Les croquis (1) (2) et (3) de la *fig.* 730 donnent les détails de construction des différentes parties de la ferme :
En (1), le faîtage jusqu'aux reins de l'arc, avec l'indication

des pannes et de leur soutien; en (2), le haut du poteau avec la console qui continue l'arc; en (3), le poteau et la

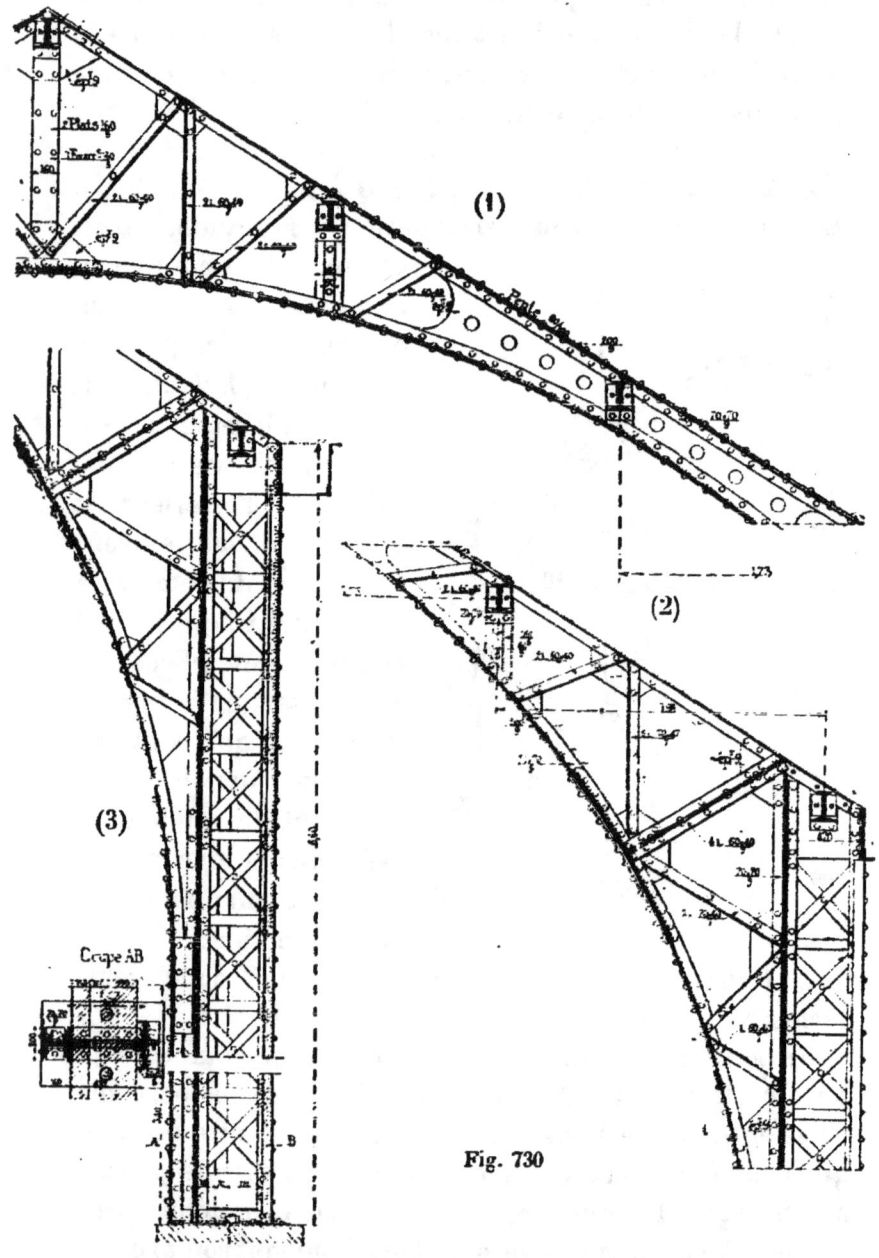

Fig. 730

partie inférieure de l'arc qui descend en pilastre saillant jusqu'au sol. La coupe AB donne la section du poteau, du pilastre et du hourdis de remplissage du pan de façade, ainsi que la section du pilastre extérieur correspondant du bâtiment.

Des boulons de fondation fixent le pied du poteau sur un massif de fondation calculé pour résister à la composante horizontale de la pression produite.

350. Combles de Dion. — Une autre forme de fermes qui rentre dans la catégorie des fermes en arc a été appliquée par M. de Dion, ingénieur, à un certain nombre

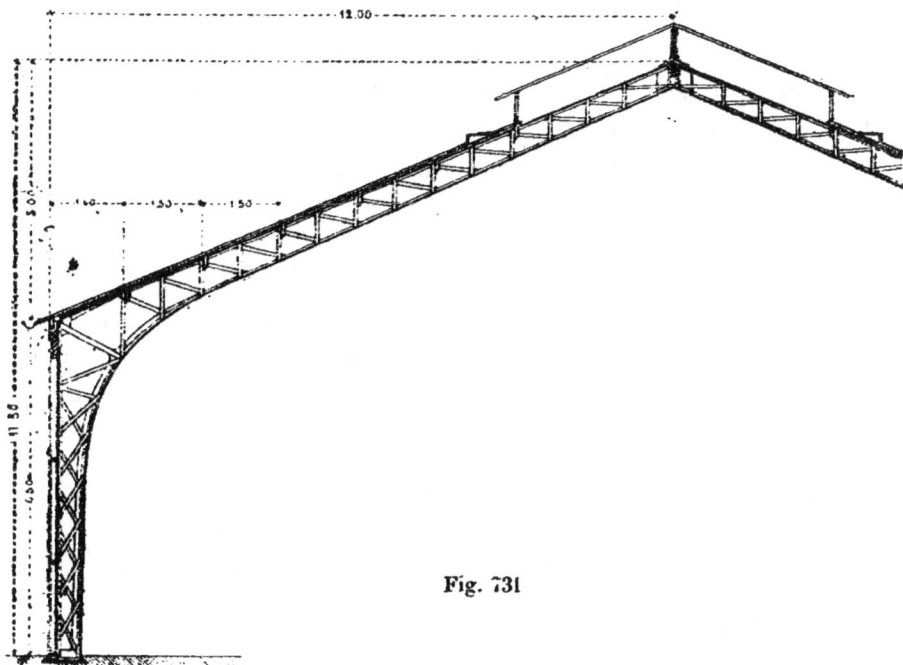

Fig. 731

de bâtiments de l'Exposition de 1878. Nous donnons comme exemple de ces fermes celle de la galerie des Machines, annexe du Champ de Mars. Le plan de deux travées consécutives de ce comble est représenté *fig.* 732.

La portée est de 24^m,00; la toiture est pleine sur une largeur de 8^m,90 de chaque côté, et vitrée pour le reste, près du faîtage. L'écartement des fermes est de 5^m,00. Les pannes sont distantes l'une de l'autre de 1^m,50 en plan.

La coupe transversale du bâtiment est donnée par la

fig. 731. La ferme est composée de deux parties symétriques par rapport à l'axe, et chacune de ces parties est faite

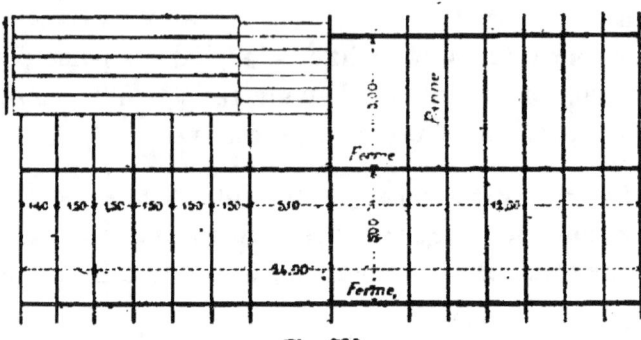

Fig. 732

d'un arbalétrier et d'un poteau, en poutres en treillis, le tout en un seul morceau.

La section de l'arbalétrier augmente de hauteur, du faî-

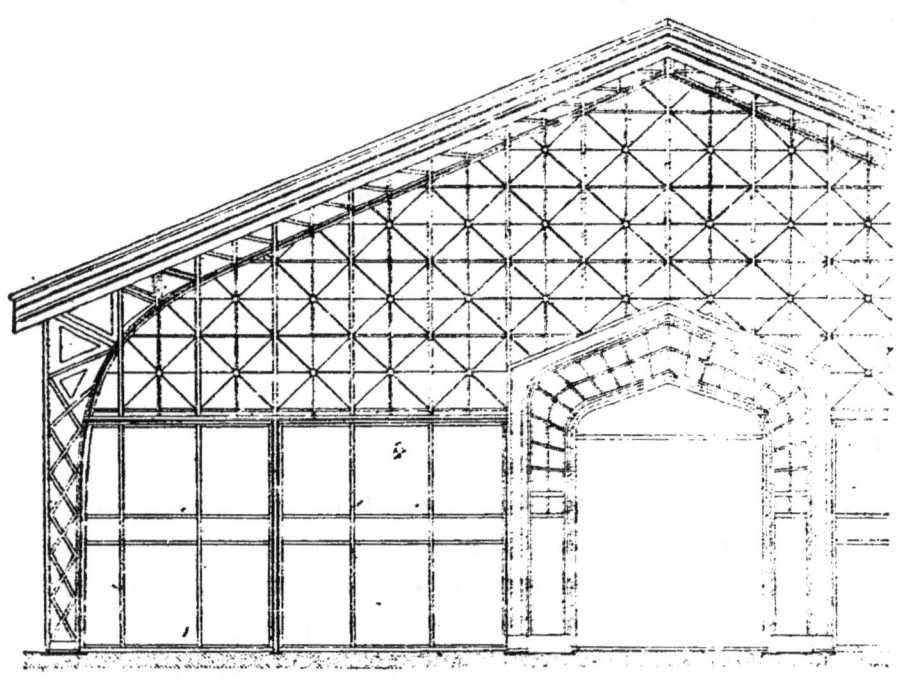

Fig. 733

tage à sa base ; la largeur du poteau augmente de la base au sommet, et les deux membrures inférieures se raccordent suivant un arc de cercle qui donne une grande hauteur au point de jonction.

La pièce unique, formée du poteau et de l'arbalétrier, est calculée de telle sorte qu'elle n'éprouve aucune déformation sous la charge et que le travail des matériaux ne dépasse pas la limite de sécurité de 7 kilos par millim. c.

Le pied du poteau exerce sur sa fondation une poussée oblique importante, dont il faut tenir compte pour la détermination des dimensions de cette maçonnerie. Il est bon de boulonner convenablement le pied du poteau pour assurer sa position. Le treillis des fermes est en N et combiné pour recevoir les assemblages des pannes.

Nous donnons en même temps dans les *fig*. 733 et 734 l'élévation et la coupe verticale d'un pignon terminant le bâtiment, et de la porte réservée dans le pan de fer de ce pignon.

Les poteaux verticaux de division de ce dernier correspondent de deux en deux aux barres verticales du treillis de la ferme de tête, et vont jusqu'au sol. A hauteur du pied-droit de la porte, se trouve une sablière horizontale qui coupe le pan de fer en deux parties. La surface supérieure est vitrée, la partie du bas est complètement pleine et remplie par une maçonnerie de briques. La partie vitrée est divisée, par des barres secondaires verticales, horizontales et inclinées à 45°, en une série de vides triangulaires recevant les vitres.

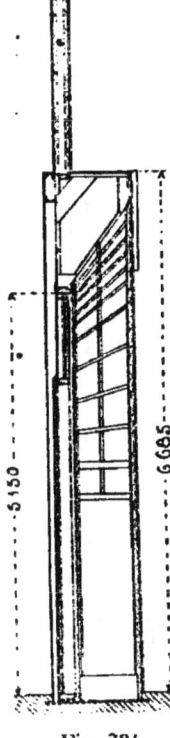

Fig. 734

La partie pleine est séparée par deux lisses horizontales intermédiaires.

Le comble avance d'une quantité notable en saillie sur le nu du pignon, de manière à produire une ombre importante. La porte est faite d'une construction en saillie notable, contenant un ébrasement extérieur en fer, orné de panneaux de terre cuite et formant un large encadrement important tout autour du vide de l'entrée.

351. Fermes de la gare de Calais. — La Halle à voyageurs de la gare de Calais, due à M. Dunnet, architecte, est encore un exemple de ce même genre de combles, mais sur une portée de 42^m,66 entre les points d'appui.

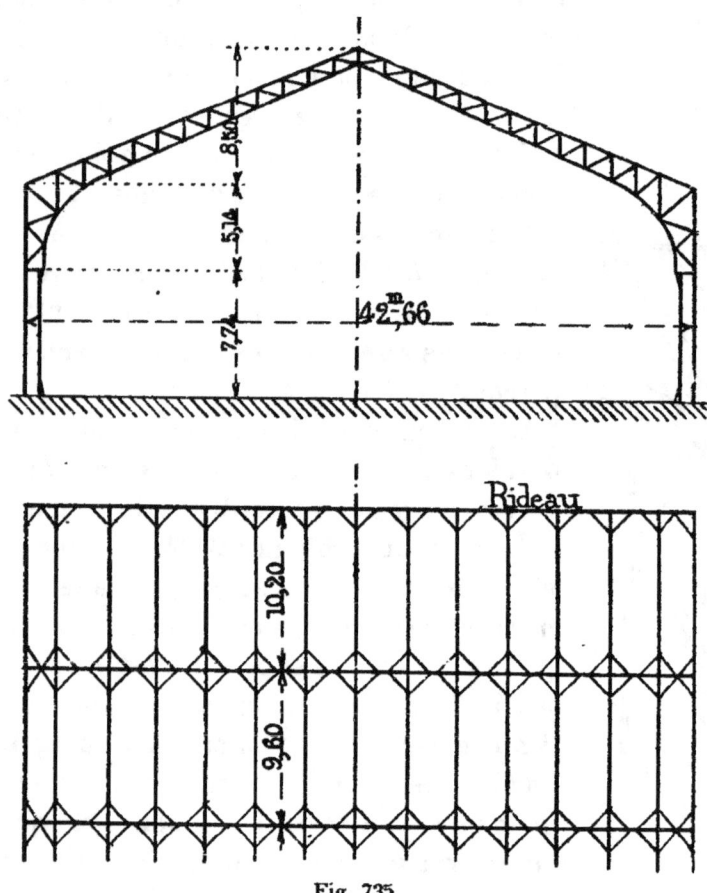

Fig. 735

La *fig.* 735 donne en coupe transversale et en plan la disposition d'ensemble qui y est adoptée; les fermes sont espacées de 10^m,20 et 9^m,60.

Comme précédemment, les poteaux font suite aux arbalétriers, et l'angle est arrondi pour donner plus de résistance en ce point ; mais, plus bas, ils se rétrécissent brusquement, pour se terminer par un fût vertical de section constante.

Les dimensions des différentes parties de la ferme, ainsi que les détails de sa construction, sont données dans la *fig.* 736. On voit que la partie inférieure du poteau est

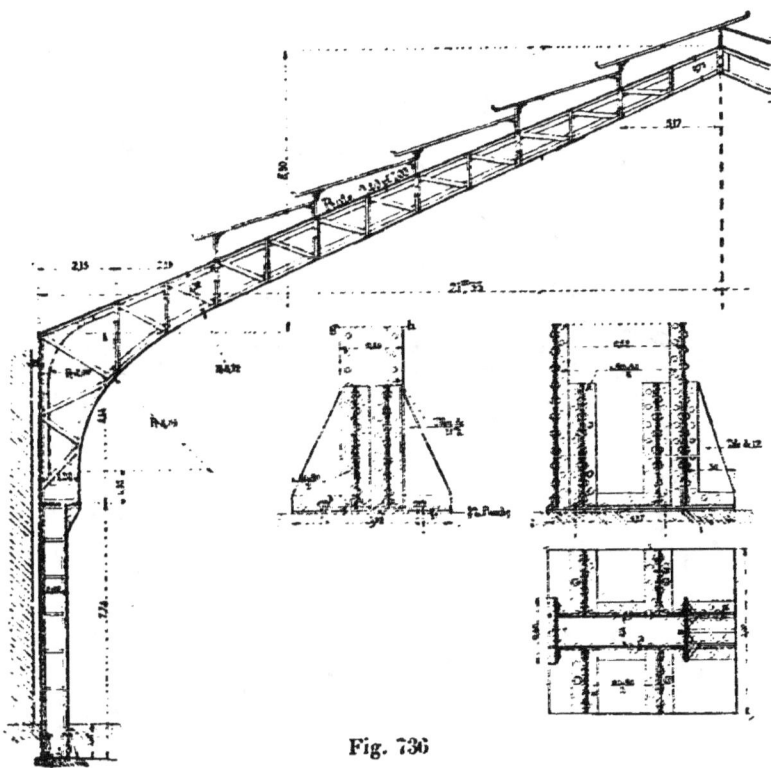

Fig. 736

formée de deux pièces jumelées, formant caisson, de 0,82 de largeur constante et de 0^m,40 de largeur de table. Le pied du poteau est figuré dans le croquis du détail.

Le poteau s'élargit à 1^m,20 à sa tête ; il se termine par une tôle horizontale sur laquelle vient se boulonner le pied de la ferme. Celle-ci est simple, nullement jumelée et faite de deux membrures réunies par un treillis en N. La membrure extérieure, d'abord verticale jusqu'à l'angle, suit ensuite en ligne droite la direction du rampant du toit. La membrure intérieure, partant d'abord à 1^m,20 de la première, s'arrondit largement dans l'angle et va en-

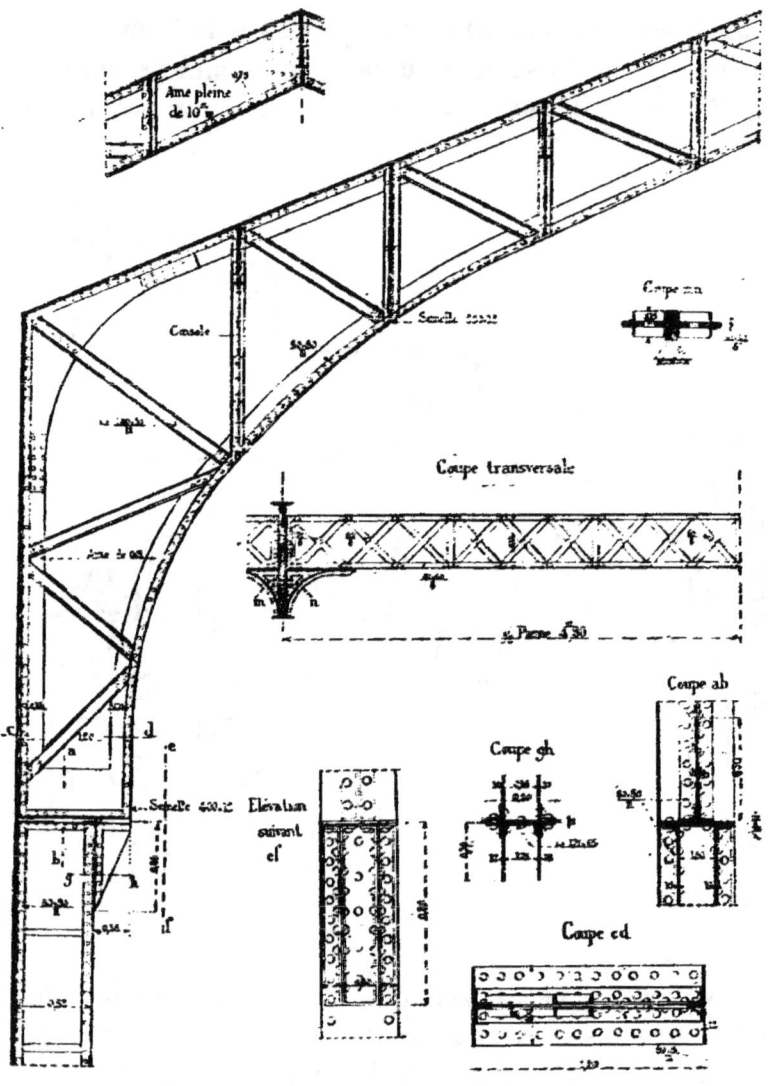

Fig. 737

suite en ligne droite au faîtage, en se rapprochant lentement jusqu'à 0^m,75 de la première.

Les montants verticaux du treillis correspondent de

deux en deux à la position des pannes qu'ils sont chargés de recevoir.

La surface d'éclairage est formée de vitrages étagés, sectionnant et répartissant sur une plus large surface les orifices verticaux de ventilation.

Le contreventement dans le plan des chevrons, au lieu d'être fait de grandes croix de St-André, est constitué par des tirants plus courts fixés dans tous les angles des arbalétriers et des pannes.

Les détails d'exécution des différents points intéressants de ce comble sont dessinés dans la *fig*. 737. On voit le bas de l'arbalétrier et la jonction de la tête du poteau avec les divers assemblages de ces pièces. Les coupes suivant ab, cd, ef, gh, rendent compte des dispositions adoptées. Cette même figure montre l'assemblage au faîtage des deux parties symétriques de la ferme.

Les pannes sont en treillis, assemblées sur l'arbalétrier par équerres et des consoles viennent maintenir les angles et répartir la charge sur la membrure inférieure. La coupe perpendiculaire à l'arbalétrier donne l'élévation d'une demi panne, tandis que la coupe suivant mn sectionne les consoles qui aident la jonction et la rendent rigide.

352. Comble de la gare de Lille. — Le comble de la Halle à voyageurs de la gare de Lille, due, comme celle de Calais, à M. Dunnet, architecte de la Cie du chemin de fer du Nord, est un peu différente comme forme. La membrure inférieure est cintrée suivant une courbure continue du faîtage jusqu'à 6^m,43 du sol. La portée des fermes est de 59^m,12; la hauteur au sommet de 23^m,75. L'entraxe est de 10 mètres. Comme on le voit, la ferme descend jusqu'au sol et est doublée d'un poteau vertical extérieur, avec lequel elle s'assemble. Le croquis schématique de la *fig*. 738 indique la courbure de la membrure du bas et la forme des compartiments du treillis. Ce dernier est toujours en N. et les barres verticales correspondent aux divisions des lignes de pannes, de deux en deux. Dans cette figure on a numéroté les barres de treillis pour pouvoir en donner plus loin la section.

La coupe transversale du comble, donnant l'élévation de la ferme, est représentée dans la *fig.* 739. Les vitrages et les orifices de ventilation sont disposés comme on l'a vu plus haut dans la gare de Calais ; la coupe suivant AB montre qu'ils n'occupent qu'une portion de chaque travée

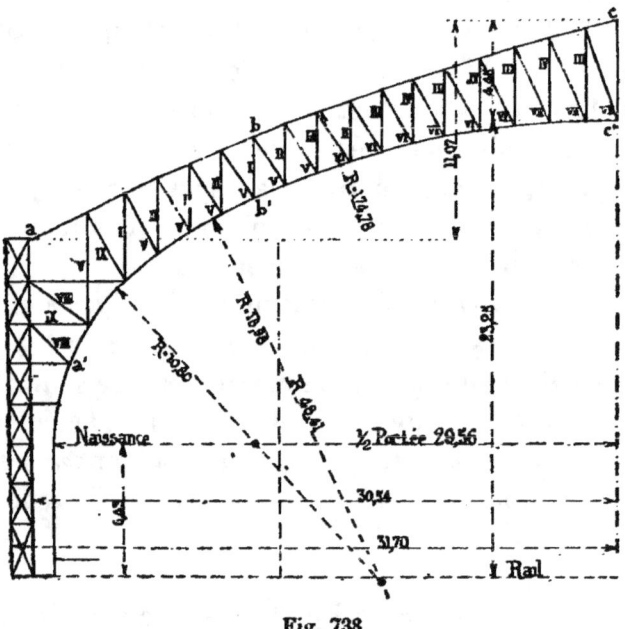

Fig. 738

et qu'au-dessus des fermes on retrouve la couverture courante jusqu'au faîtage. Cette même coupe montre l'assemblage des pannes, et les consoles qui maintiennent droit l'angle qu'elles font avec le plan de chaque ferme. On voit aussi, dans la *fig.* 739, la disposition d'un pied de poteau, avec les boulons d'ancrage qui les fixent solidement à leur fondation.

La coupe du pied de poteau suivant CD est donnée par le premier croquis de la *fig.* 740 ; on voit que le poteau est simple, à treillis, tandis que le prolongement de l'arc prend la forme d'un caisson.

La section des membrures est indiquée dans les deux

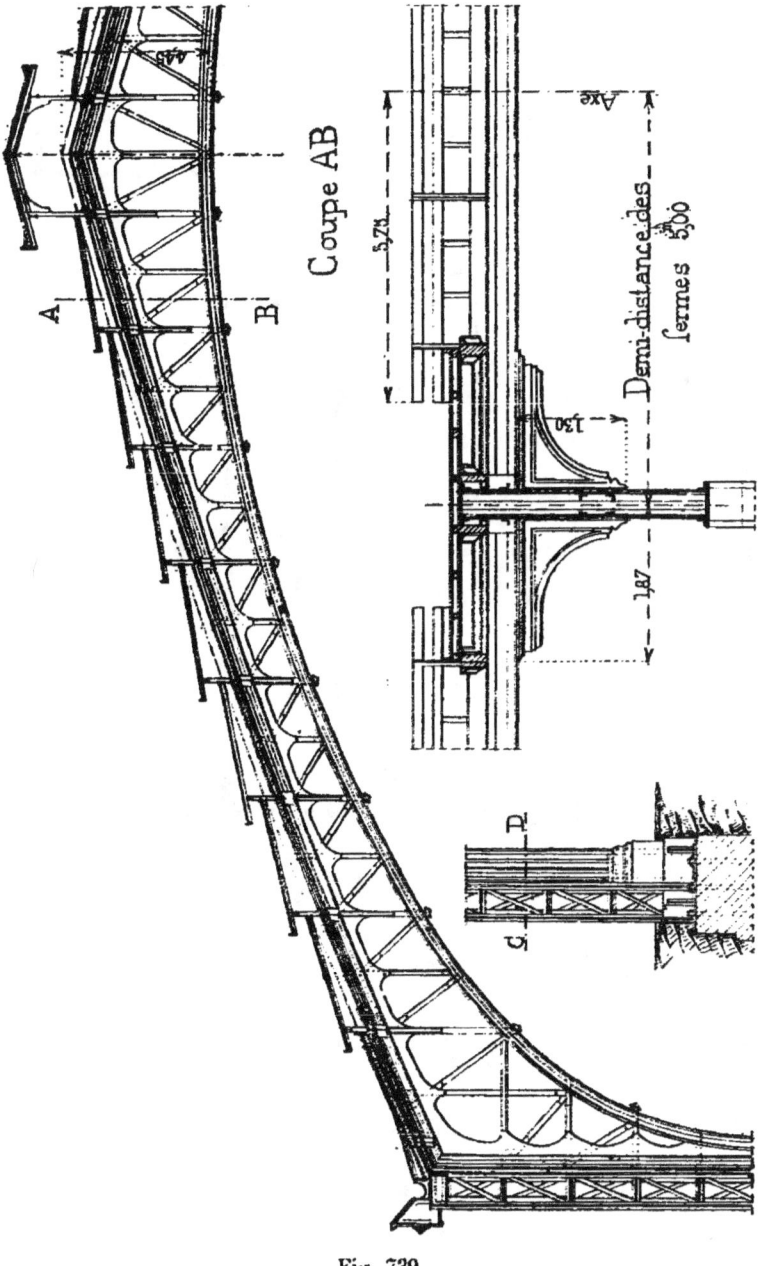

Fig. 739

croquis suivants. Le premier correpond à la partie *ab* de

l'arbalétrier; il contient plus de tables que le second qui

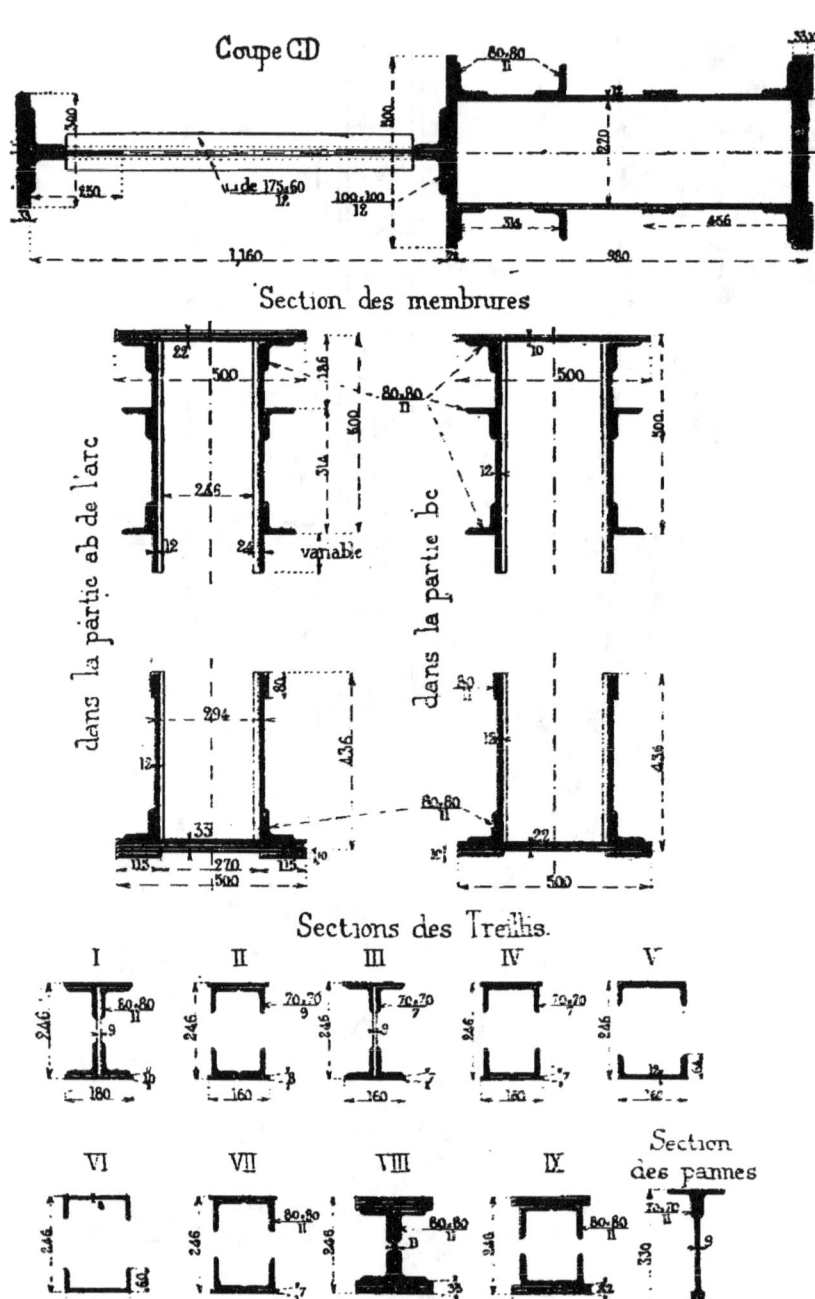

Fig. 740

se rapporte à la partie milieu de l'arc.

Quant aux différentes sections des treillis, elles sont indiquées sous les numéros qui correspondent au croquis de l'ensemble schématique de la *fig*. 738. Les uns sont en I, les autres en caisson plus ou moins ouvert, et ils sont formés par de nombreuses combinaisons de fers plats de cornières et de fers en U.

Enfin, le dernier croquis de la *fig*. 740 donne la section des pannes, qui ont à franchir l'écartement de 10 mètres de deux fermes successives.

353. Combles en arc avec rotules. Comble du Palais des Beaux-Arts à l'Exposition de 1889. — Dans les bâtiments de l'Exposition universelle de 1889 à Paris,

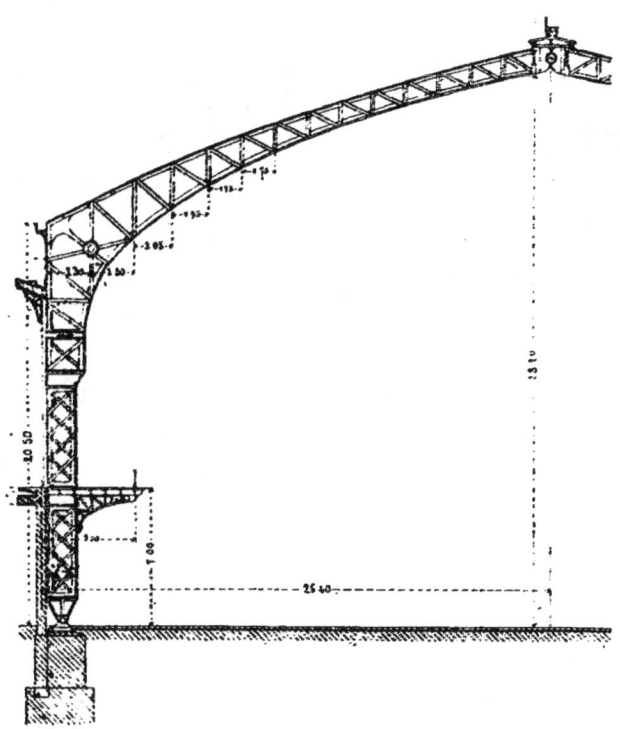

Fig. 741

on a beaucoup employé les combles en arc de la forme imaginée par de Dion. Seulement, on y a ajouté, comme innovation, l'application de rotules au faîtage, pour relier les deux moitiés de chaque ferme, et au pied des poteaux inférieurs, à leur point de repos sur la fondation.

Ces rotules, dont l'emploi tend plutôt à augmenter le poids des fers, a pour avantage de préciser le point exact d'application de l'action d'une pièce sur l'autre, s'il s'agit du faîtage, ou celui de la réaction du sol, s'il s'agit des pieds des poteaux. Cette précision permet de déduire des calculs des dimensions dont on soit plus sûr, et, par suite, d'obtenir pour les pièces des fermes une résistance d'une sécurité plus absolue. Un autre avantage de cette disposition est de parer facilement à la dilatation, lorsqu'il s'agit de fermes de grande portée.

La *fig.* 742 donne le demi plan du palais des Arts Libéraux, construit identiquement à celui des Beaux-Arts,

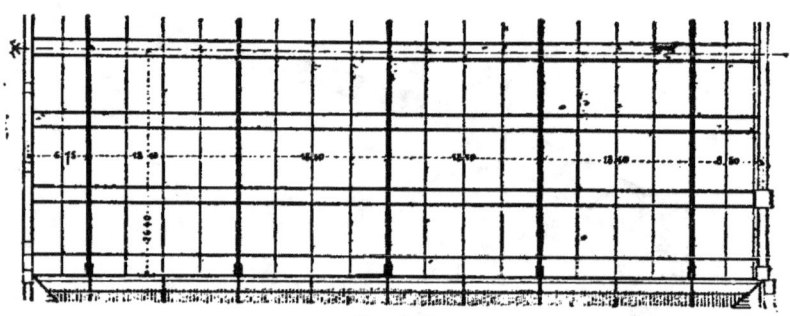

Fig. 742

qui lui est symétrique de l'autre côté du Champ de Mars. La largeur est de 53 mètres. La longueur est divisée en travées de $18^m,10$ d'écartement, sauf aux extrémités, où elles sont bien réduites, afin de permettre la liaison avec les bâtiments adjacents.

Les fermes sont faites d'un arc en treillis, dont la membrure supérieure, légèrement cintrée jusqu'au pied du rampant, se coude verticalement sur une faible hauteur, tandis que celles dont la membrure inférieure forme plus franchement une courbe accentuée, par deux arcs d'ellipse se raccordant.

Chaque demi-ferme est indépendante ; elle se termine au faîtage par des demi coussinets en fonte s'appuyant sur un axe en acier de 0,25 de diamètre.

Les arbalétriers, ainsi constitués, sont assemblés chacun sur la tête d'un pilier vertical terminé par un demi-coussinet en fonte. Un autre demi-coussinet fait corps avec la plaque de fondation et entre les deux se trouve une nouvelle rotule cylindrique de 0,25, formant articulation. Les fondations, dans un terrain de remblai, demandant une trop grande importance pour pouvoir résister à une poussée horizontale considérable, on a annulé cette poussée par un tirant en fer rond, de 0,080 de diamètre, placé sous le sol, réunissant les pieds des deux piliers opposés d'une même ferme.

La *fig.* 741 représente la section transversale du bâtiment et donne la forme de la ferme. Le pilier, d'abord triangulaire, pour se raccorder avec le coussinet, monte verticalement avec des parois droites jusqu'à une sorte de chapiteau évasé intérieurement ; puis, un peu plus haut, il se raccorde avec la base de l'arc.

Chaque pilier est composé de deux pièces jumelées à I en tôles et cornières avec âme en treillis. Leur écartement d'axe en axe est de 0,442 ; leurs tables sont indépendantes et l'entretoisement est fait par des traverses communes qui les rendent solidaires. Les membrures sont composées chacune, d'une tôle de 0,300 × 0,008, de doubles cornières de $\frac{80-80}{9}$, et de tables de 350 × 7. Le treillis est en X successifs et fait de barres plates de 120. La hauteur des pièces jumelées est de 1^m,52. La hauteur des piliers 20^m,00. A une hauteur de 7^m,00 au-dessus du sol, le pilier porte une galerie en porte à faux de 3^m,50.

La ferme qui surmonte le chapiteau du pilier comprend deux fermes partielles jumelées, écartées, comme les pièces du pilier, de 0,442 d'axe en axe. Des entretoises transversales, en prolongement des lignes de pannes, les relient l'une à l'autre. L'arc part de la tête du pilier dont il a la largeur, augmente de hauteur et de solidité pour former un tympan de résistance suffisante, puis se rétrécit lentement pour arriver à une hauteur réduite de 1ᵐ,35 au faîtage. Le treillis est en N, et un certain nombre des montants verticaux sont disposés de manière à recevoir les lignes de pannes.

Les pannes sont à croisillon ; elles ont une portée de 17ᵐ,65. Leur hauteur est de 0,75 sauf aux extrémités où des retombées circulaires les raccordent avec les membrures inférieures du support. Les pannes sont au nombre de 12 entre les fermes. Elles sont rapprochées par couples, ce qui donne une ossature plus franche, et présente un meilleur aspect pour cette grande nef qu'une répartition uniforme. Les pannes de faîtage sont écartées de 0ᵐ,85 du sommet, et les autres couples sont à la distance de 1ᵐ,70.

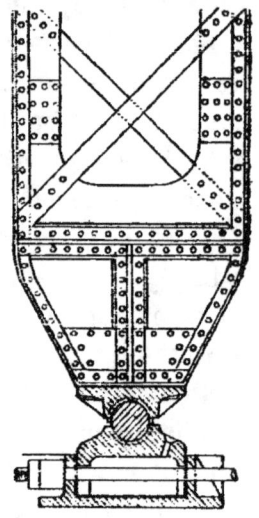

Fig. 743

Le contreventement a été obtenu par des goussets triangulaires en tôle, placés à toutes les rencontres des arbalétriers et des pannes, et aussi aux croisements des chevrons avec chaque panne de faîtage. En outre, dans les bas côtés du comble, on a établi des chaînages en fer rond, avec moufles

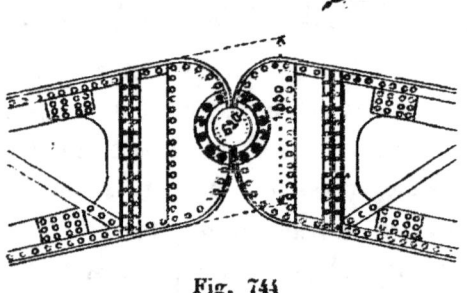

Fig. 744

de tension, entre les naissances des arbalétriers et les extrémités des pannes n° 4.

La *fig.* 743 montre la vue latérale du pied d'un pilier et le raccord triangulaire de son fût avec le coussinet inférieur. Elle donne aussi la disposition de la plaque de fondation, du coussinet qu'elle porte et de l'attache du tirant qui maintient l'écartement du pied des piliers.

La *fig.* 744 donne la rotule du haut qui sert d'articulation au faîtage.

Enfin, la *fig.* 745 indique la manière dont a été établi le terrasson supérieur, tout en maintenant le principe de

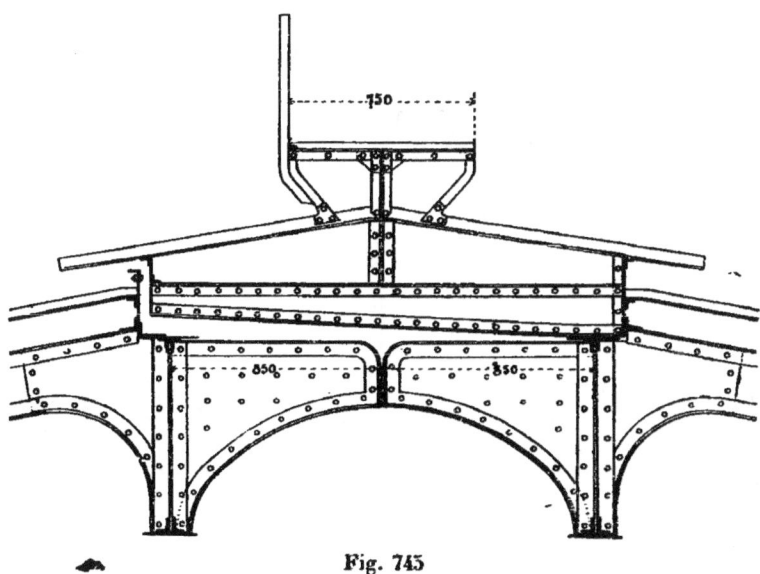

Fig. 745

l'indépendance des arbalétriers. Le terrasson est formé de poutres de $2^m,00$ environ placées dans la largeur de l'espace des deux pannes. Ces poutres sont fixées à l'une de leurs extrémités seulement; de l'autre, elles supportent toute la charpente du terrasson, suspendue à une certaine hauteur au-dessus des pièces du pan opposé, qui reste complètement libre et indépendant.

354. Comble de la galerie des machines. — Le palais des Machines, conçu et exécuté par MM. Dutert, architecte, et Contamin, ingénieur, nous offre, pour clore la série des combles en arc, ses magnifiques fermes de $115^m,00$ de portée. L'arc qu'elles présentent est établi en deux pièces distinctes et symétriques ; chaque pièce, continue du sol au faîtage, fait à la fois arbalétrier et poteau. Les deux extrémités de faîtage se rencontrent sous un angle de 145° par l'intermédiaire d'une rotule placée à 43^m,50 du sol. Les pieds des arcs reposent au niveau du rez-de-chaussée sur des massifs de fondation fortement établis, et de nouvelles rotules forment des articulations

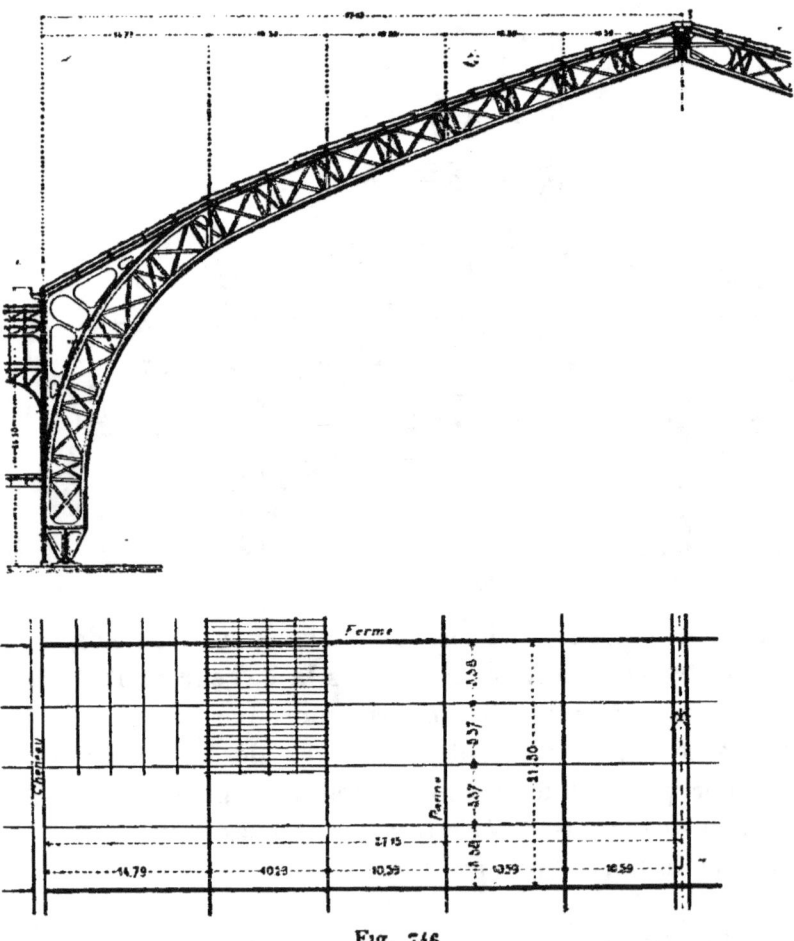

Fig. 746

comme dans le comble précédent. La poussée horizontale des arcs est contrebutée par la résistance des massifs; elle est évaluée d'après le calcul à environ 115 000 kilos.

Les fermes, telles que le représente en élévation et en plan la *fig*. 746, sont écartées l'une de l'autre de 21^m,50 d'axe en axe. Elles sont réunies par les deux sablières extrêmes, les deux pannes rapprochées de faîtage, et huit pannes intermédiaires.

Chaque arc est composé de deux pièces parallèles jumelées, établies à 0,540 l'une de l'autre. Les membrures, faites de grandes tôles et de fortes cornières, reçoivent des tables communes, dont l'épaisseur est variable suivant les points. Les treillis sont formés de panneaux inégaux, alternativement grands et petits, séparés par des montants normaux et reliés par des croisillons. Cette disposition a permis d'avoir certaines de ces barres de croisillons verticales, afin de servir d'attache aux pannes.

Le terrasson supérieur, disposé sur le même principe que celui du comble du Palais des Arts, permet d'obtenir une indépendance complète des deux pans.

355. Sheds en fer. Disposition avec fermes. — On a vu dans notre ouvrage sur la Charpente en bois, les principes généraux d'établissement des combles à pentes

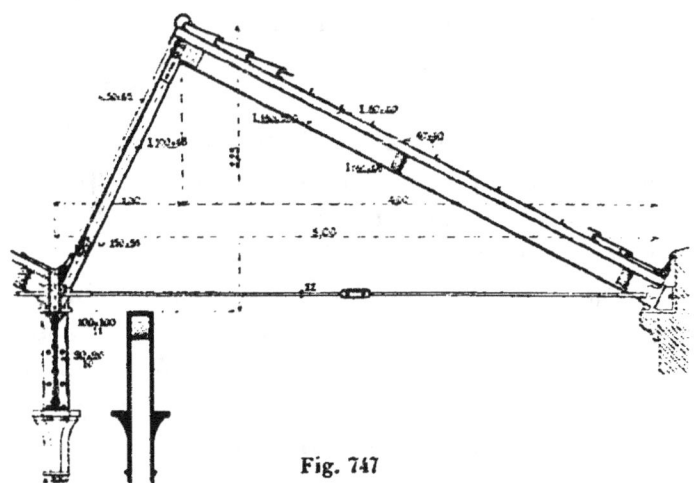

Fig. 747

inégale, sdits en *dents de scie,* dits *Sheds* ; nous ne reviendrons pas sur les grands avantages qu'ils présentent dans l'industrie, toutes les fois qu'il s'agit d'ateliers à un seul rez-de-chaussée. La construction des sheds en fer est d'une grande simplicité, en raison de la faible portée qu'exige la régularité de l'éclairage. Cette portée varie, en général, de 4 à 10 mètres. L'entraxe est réglé par la dimension des outils ou des métiers que doit contenir l'atelier. Dans le sens perpendiculaire, la distance des points d'appui est excessivement variable; on la fixe d'après la gêne plus ou moins grande qu'ils peuvent présenter. Ordinairement, on se contente de la même distance de 4 à 10 mètres, de manière à avoir des pièces fléchies de dimensions pratiques.

Après avoir établi le quadrillage des axes d'après les dimensions du programme et avoir choisi le sens des lignes de chéneaux, la première étude consiste à déterminer les pièces qui doivent former les fermes de ces combles. Ordinairement, les fers à I du commerce sont seuls mis à contribution pour former les arbalétriers, et les entraits sont en fers à I ou en U, ou bien en cornières légères, ou simplement en fer rond. Les dimensions de ces pièces dépendent de la charge du comble et de la surface de toiture qui incombe à chaque travée de comble.

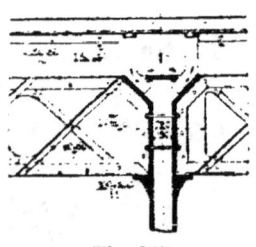

Fig. 748

Cette charge est très variable; dans chaque cas, il faut se rendre compte du poids propre du comble, qui sera bien différente s'il est hourdé ou non, et si le hourdis est mince et léger, ou épais et lourd.

La *fig*. 749 donne, comme exemple d'un shed établi dans les conditions les plus ordinaires, le comble qui couvre les ateliers de M. Mors à Grenelle. La portée des fermes est de $5^m,00$ et leur distance dans l'autre sens de $4^m,00$. Seulement, afin d'éviter la répétition des colonnes tous les $4^m,00$, on a préféré établir, sous les chéneaux, une grande sablière, dont la longueur, $12^m,00$, correspond à 3 entraxes. On a donc supprimé deux colonnes sur trois, et les fermes correspondantes sont portées sur cette sablière. L'ensemble se présente alors dans les conditions de la figure.

Quant au détail de la ferme, il est indiqué dans le croquis 747. Les arbalétriers longs sont en fer à I de 180 × 100. Ils portent trois pannes, deux en I de 0,160 × 48, celle du sommet en U de même hauteur, et les chevrons, ainsi que le lattis, sont disposés à la manière ordinaire.

L'arbalétrier court est un fer à I de 100 × 48. Il est reçu, comme le précédent, dans un sabot posé soit sur la colonne, soit sur la sablière. Il ne sert qu'à porter l'extré-

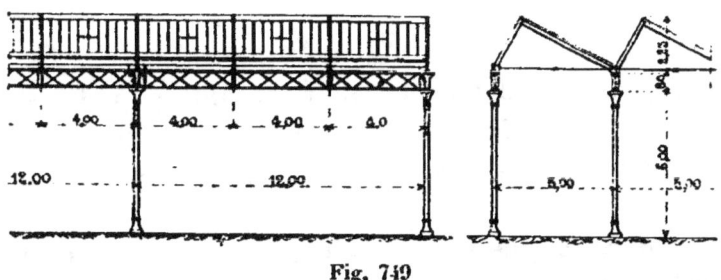

Fig. 749

mité du premier, ainsi qu'une panne en U, près du chéneau à la partie basse.

Sur les deux pannes du pan raide, dont les parties lisses sont dans un même plan, on vient fixer les chevrons, en interposant entre eux et le chéneau une bavette de batellement en zinc ou en plomb. Des supports en fer, en forme d'étriers, appuyés sur les deux pannes les plus voisines de l'axe, servent à porter le chéneau.

Les colonnes peuvent servir de tuyaux d'écoulement d'eau; on dispose alors leur tête ainsi qu'il est figuré dans le croquis 748.

356. Sheds avec double plafonnage. — La ferme peut se modifier pour le cas où l'on a besoin de conserver le plus possible la chaleur dans l'atelier couvert. Non seulement il est indispensable de prévoir un hourdis pour la surface pleine, mais encore, on trouve utile de tout disposer pour la construction d'un second plancher maçonné, établi à une petite distance du premier, et emprisonnant une certaine quantité d'air formant matelas isolant. On soutient le double système de pannes, qui devient alors

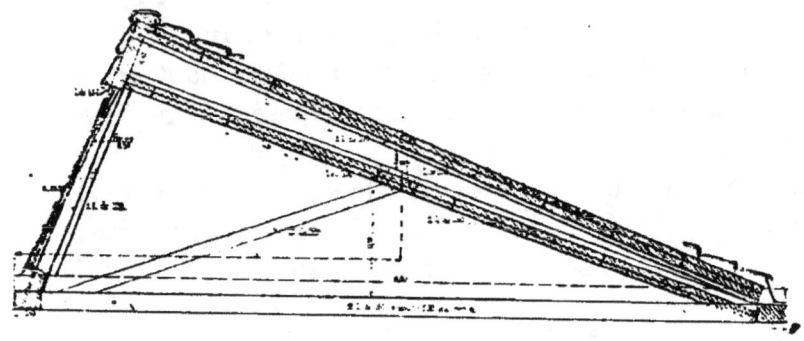

Fig. 750

nécessaire, par un double arbalétrier, ainsi qu'il est dessiné dans la *fig.* 750. On complète souvent l'isolement au moyen d'un double vitrage sur la partie raide.

357. Autres dispositions des fermes. — Lorsqu'on prend cette disposition d'un pan hourdé, soit en simple, soit en double épaisseur, on peut avoir à soutenir le milieu du ou des arbalétriers. On le fait facilement au moyen d'une contrefiche inclinée, partant du pied du pan de vitrage.

Un autre moyen, que l'on emploie aussi pour soutenir l'arbalétrier du pan plein, consiste à joindre le faîtage au milieu de l'entrait et à faire partir de cette liaison une contrefiche qui sert de support. On prend cette dernière disposition, soit en cas de hourdis lourd, soit lorsque la portée est plus grande. On en a un exemple dans le shed dont l'ensemble est représenté par un plan et deux coupes dans la *fig.* 751; la portée de chaque travée est de 8^m,00 et, dans chaque file sous chéneau, les colonnes sont distantes l'une de l'autre de 4^m,90.

Le détail d'une ferme de ce comble est donné dans la *fig.* 752 La sablière sous chéneau est formée de deux fers I de 0^m,260. *a. o.* jumelés et hourdés. L'entrait est de même jumelé et hourdé, ainsi que la bielle et la pièce inclinée faisant tendeur, allant au faîtage. Toutes ces barres sont

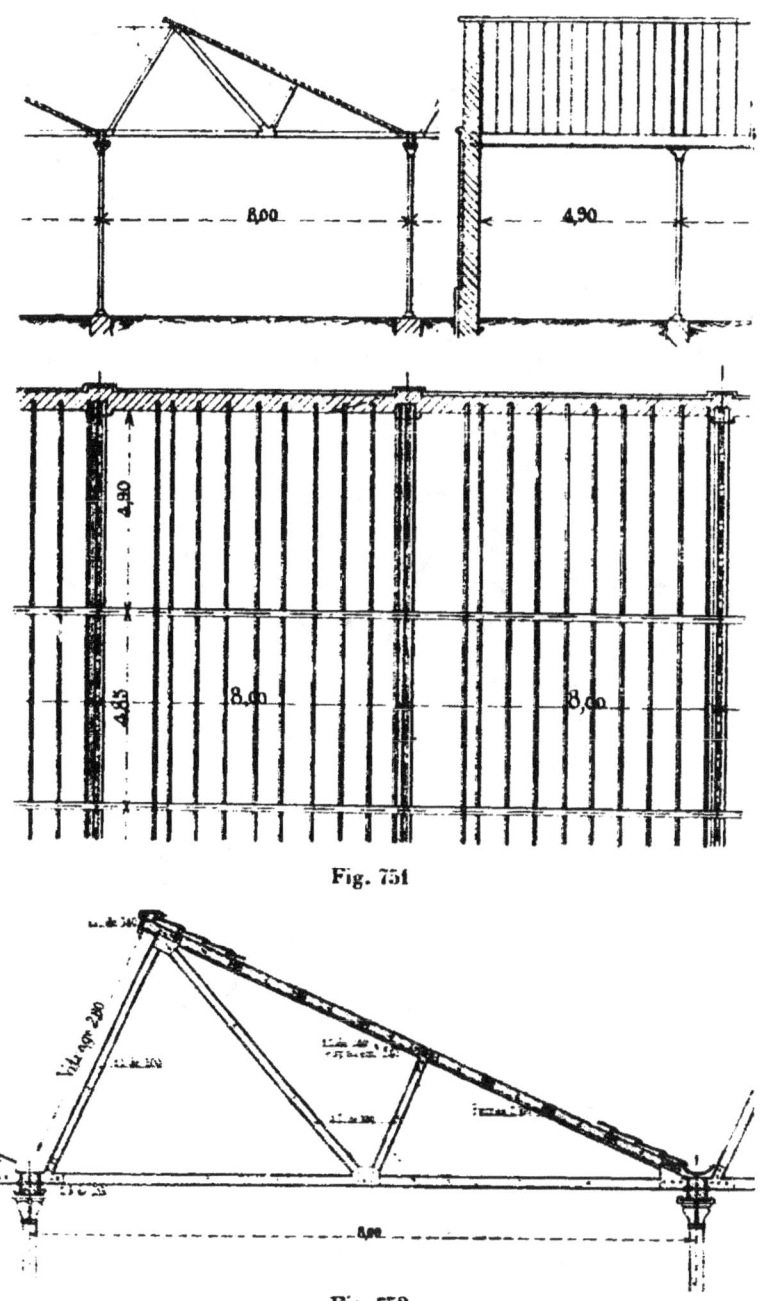

Fig. 751

Fig. 752

en I *a. o.* de 0^m,100. L'arbalétrier du rampant plein est fait par deux I de 0,140 a. o., et l'arbalétrier du pan raide, de deux I de 0,100. Toutes ces pièces sont assemblées par éclisses. Le premier arbalétrier dépasse le second, afin de former un léger recouvrement ; il reçoit des pannes en I de 0,100, entretoisées par des boulons à 4 écrous et hourdés. Le pan reçoit les chevrons de vitrage au moyen de deux pannes disposées comme dans le comble qui précède.

358. Fermes posées sur chéneaux. — Une disposition très économique que l'on emploie lorsque les points d'appui sont très rapprochés, consiste à se servir du chéneau comme pièce rigide résistant à la flexion, et à

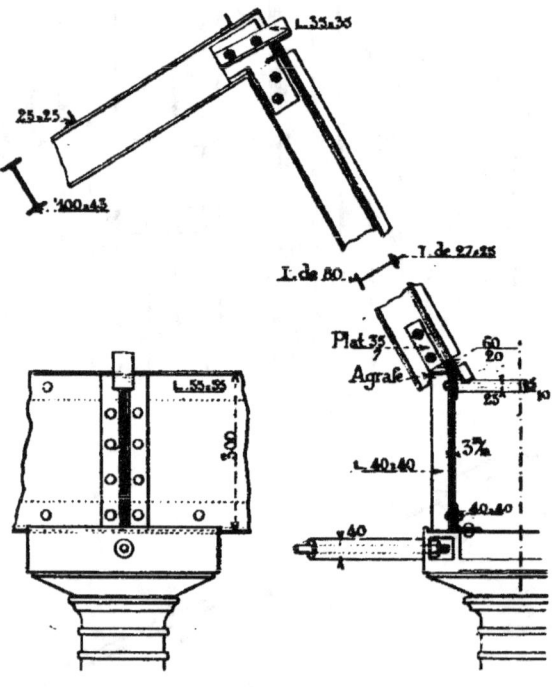

Fig. 753

lui faire porter, non seulement son propre poids, mais encore le poids du comble léger qui couvre chacune des travées voisines.

La *fig*. 753 donne le détail d'une construction ainsi comprise. Il s'agit d'un comble construit chez M. Varinet à Sédan (¹). L'ensemble est représenté par une coupe transversale aux sheds dans la *fig.* 754. Les supports sont espacés de 3,10 l un de l'autre et reçoivent les lignes d'arbres de la transmission de mouvement. Dans l'autre sens, suivant les lignes de chéneaux, l'espacement des colonnes est de 7^m,50. Ce sont les chéneaux qui franchissent cette distance; ils sont étanches, en tôle, avec rivets espacés de 0,045.

Les fermes sont distantes de 1^m,50 l'une de l'autre; elles reçoivent directement le lattis, fait de cornières $\frac{25 \times 25}{4}$. Les arbalétriers s'assemblent directement sur les bords des

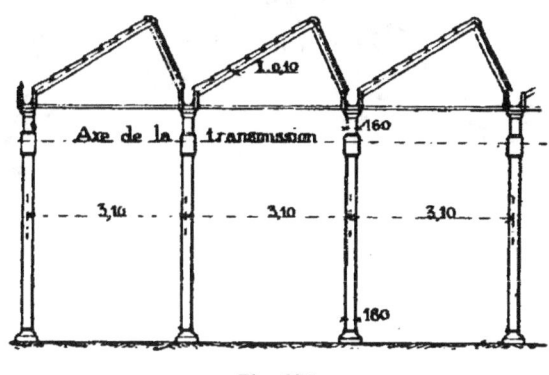

Fig. 754

chéneaux; la poussée qu'ils exercent est contrebutée par une entretoise, faite d'un boulon traversant un tube en fonte de longueur précise. Les entraits sont attachés aux colonnes. Ils sont faits d'un boulon et d'un tube. Ces assemblages ne sont possibles qu'en raison des faibles portées.

Les détails de la ferme, et des jonctions avec les pièces soutenues, sont indiqués au croquis 753.

359. Sheds avec fermes symétriques. — Une disposition que l'on a fréquemment adoptée, soit qu'on veuille

---

[1] M. Gosset, architecte. (Extrait des *Annales Industrielles*, 1874).

obtenir, pour des portées plus considérables, une certaine décoration, soit qu'on ait à utiliser des fermes symétriques existantes, est représentée dans la *fig.* 755.

Une ferme en arc sans entrait, dont la membrure supérieure affecte deux pentes égales, part de la partie supérieure de supports métalliques ; les fermes sont réunies par des pannes qui franchissent leur écartement de 4m20. Celles de gauche portent la couverture pleine ; celles de droite ne servent qu'à maintenir la distance des fermes.

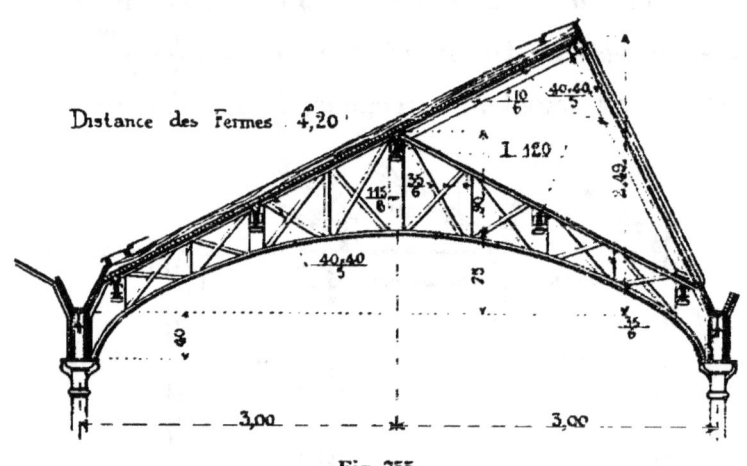

Fig. 755

A ce comble, exécuté comme s'il devait conserver cette forme, on a ajouté un prolongement d'arbalétrier pour le plan plein, et un arbalétrier raide pour le pan vitré. Ces deux pièces complètent la ferme et portent la panne de faîtage du shed. Le reste de la construction se termine comme précédemment.

Cet exemple donne le moyen facile de transformer en sheds une série de toitures égales existantes, ce qui se présente quelquefois dans la pratique.

360. Sheds sans fermes sur chéneaux en fonte. — Une autre disposition fréquemment employée dans le Nord de la France consiste à faire les chéneaux en fonte, à les faire travailler à la flexion et à leur faire supporter les combles en fers légers des travées. Les chéneaux en fonte s'établissent ainsi couramment jusqu'à 7^m,00 de

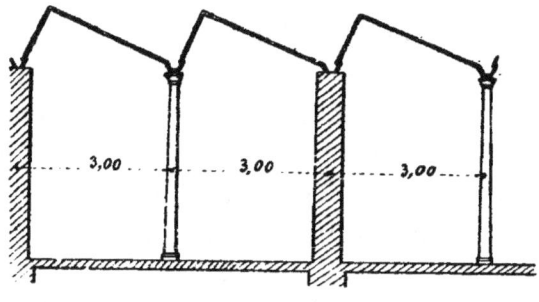

Fig. 755

portée sans nervures inférieures ; et des nervures permettraient même de dépasser ce chiffre.

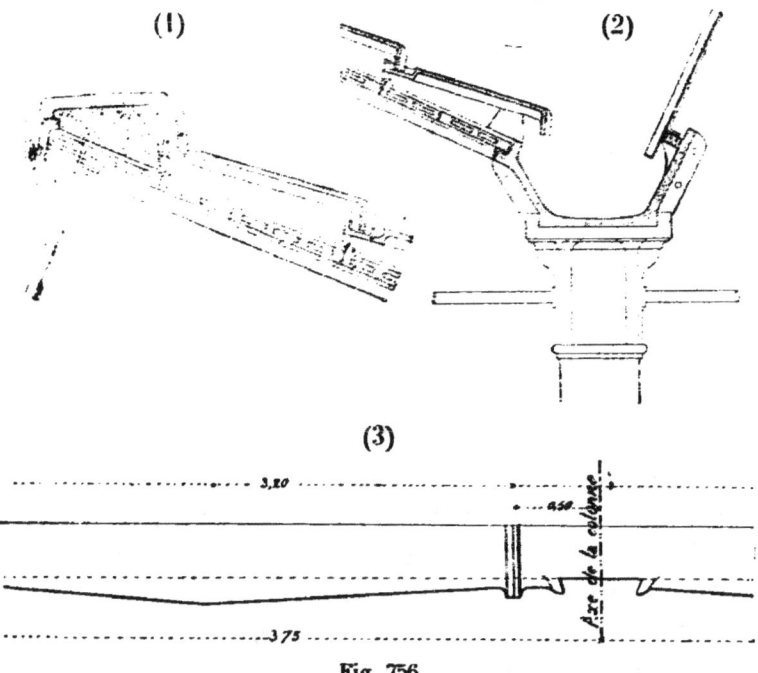

Fig. 756

La *fig.* 755 et celles qui suivent 756 et 757 donnent l'ensemble et les détails de construction de la filature que nous avons construite pour MM. Féray à Essonnes-Corbeil. Les entraxes sont différents dans les divers ateliers et les travées varient de 3^m,50 à 6^m,00. Les colonnes sont en fonte; elles sont reliées dans un sens par les chéneaux eux-mêmes, et dans l'autre par des boulons de chaînage.

La tête de colonne a la forme voulue pour recevoir le chéneau en fonte dont la section est indiquée dans le détail (2). Le joint des chéneaux successifs est fait au moyen d'une plaque de plomb, enduite de mastic de minium et céruse, et serrée entre deux brides dressées. Ce joint présente le grand avantage, s'il se produit plus tard une fuite, de permettre de l'étancher immédiatement au moyen d'un simple matage du plomb à l'extérieur.

La charpente, au lieu d'être faite de fermes établies de distance en distance, est simplement composée de chevrons en petits fers légers, espacés de 0^m,40 pour le ram-

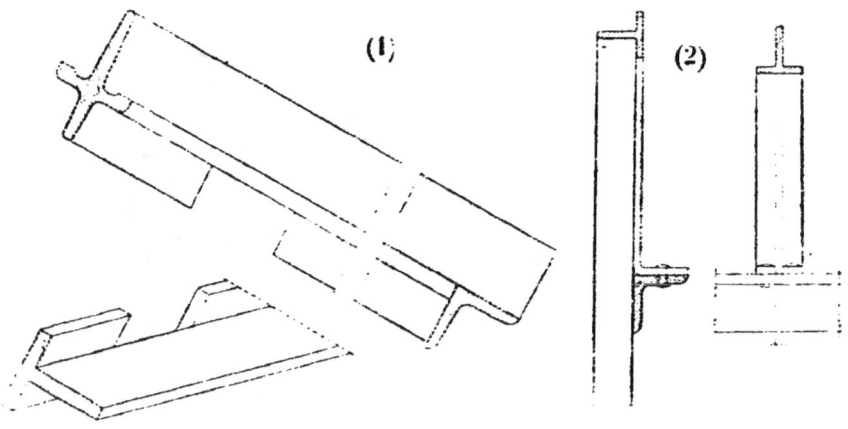

Fig. 757

pant plein et de 0,66 pour le rampant vitré.

Les fers du rampant plein sont à section en croix; ils sont réunis en bas par une cornière et en haut ils se trouvent libres et portent chacun une encoche.

Les chevrons de vitrage sont de simples fers à T. ils sont réunis en bas par une cornière, et en haut par un fer à T. Des encoches dans ce dernier précisent la place des chevrons en croix. Les assemblages sont donc très simples et très commodes à exécuter.

On voit dans le croquis (2) de la *fig.* 756, que le profil du chéneau est étudié pour recevoir les cornières du bas des pans, qui sont simplement posées. De plus, la condensation intérieure des vitrages, recueillie dans la rigole faite par la nervure de soutien, trouve directement son écoulement dans le chéneau par des trous percés de distance en distance. Le croquis (3) de la *fig.* 756 montre la vue latérale d'un chéneau dont le fond est armé de deux nervures, pour le cas où, soit l'écartement des colonnes, soit la charge du comble, nécessite cette consolidation.

La *fig.* 757 donne en (1) le détail des fers qui se rencontrent au faîtage et la manière dont les encoches d'assemblage sont pratiquées. En (2), elle montre le bas des fers à vitrages, et leur liaison au moyen d'une cornière longitudinale.

Le détail A de la même figure 756 montre l'avantage qu'il a à faire dépasser le rampant plein, afin de couvrir l'assemblage qui le lie au vitrage ; il donne aussi disposition des terres cuites servant à accrocher les tuiles, et à établir au faîtage un chemin de circulation, commode pour la surveillance et les réparations.

361. Sheds avec points d'appui écartés. — Lorsqu'on veut adopter les petites travées, qui donnent un éclairage plus régulier, et que, d'autre part, le grand nombre des piliers risque de gêner, on est conduit à écarter

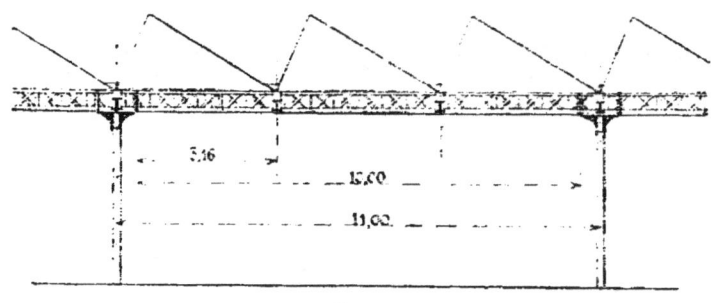

Fig. 758

ces derniers de 10 à 12 mètres, à les réunir par des poutres transversales pleines ou en treillis et à établir les chéneaux perpendiculairement sur ces poutres. La dimension en largeur des travées est alors un sous-multiple de la distance des points d'appui. La *fig.* 758 rend compte de la disposition dont nous venons de parler.

362. Dispositions spéciales. — Les combles de toutes sortes, dont nous avons donné jusqu'ici les différentes formes, se disposent d'une façon classique sur les façades opposées des bâtiments qu'ils couvrent. Les fermes s'établissent dans la plus petite dimension du rectangle formé par

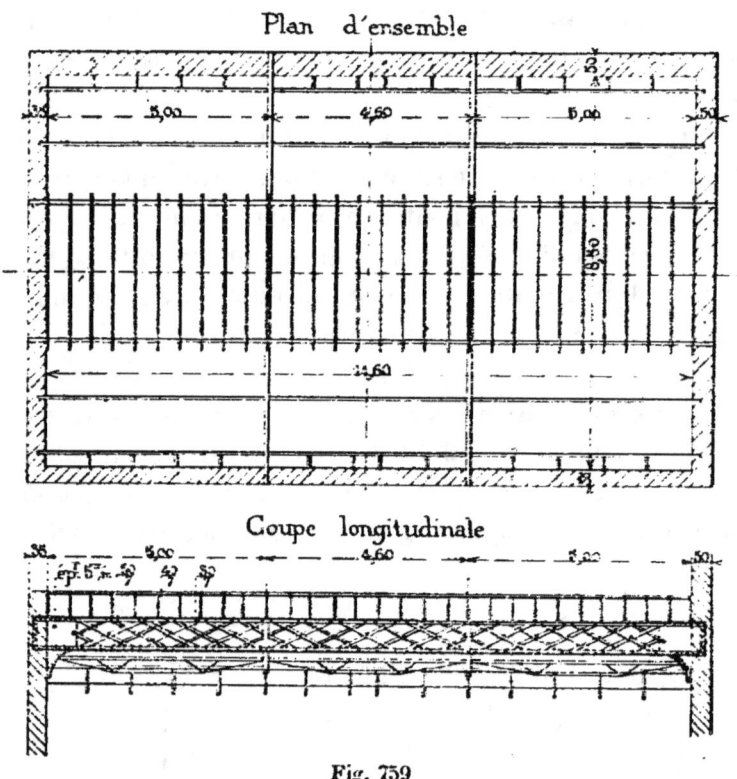

Fig. 759

les murs, c'est-à-dire transversalement à la construction. Cependant, dans chaque programme, il y a lieu de se rendre compte si les données du problème ne comportent pas de disposition spéciale plus économique.

Cela arrive dans quelques circonstances ; nous en donnons un exemple dans la *fig.* 759 ; celle-ci représente en plan et en coupe longitudinale un bâtiment de 14^m,60 sur 8^m,50 à recouvrir par un comble partie plein, partie vitré. Les vitrages, placés au milieu, doivent être soulevés pour permettre l'aération par les deux intervalles verticaux d'un lanternon. On aurait pu établir deux fermes intermédiaires dans la longueur, et s'en servir avec les murs pignons

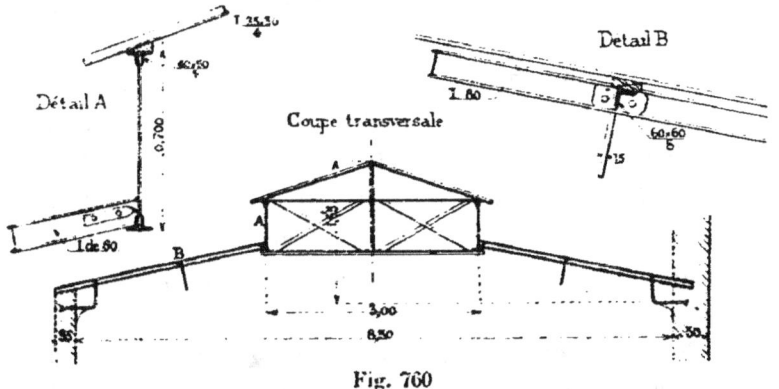

Fig. 760

pour porter les pannes. Une autre solution, plus élégante dans l'espèce, a été choisie. On a pris, pour faire les côtés du lanternon, deux poutres longitudinales de 14^m,60 de portée, très légères en raison de leur hauteur, et on leur a fait porter toute la charpente. Celle-ci alors s'est trouvée très simplifiée, ainsi que le montrent les détails de la *fig.* 760.

§ 4. — ROTONDES ET COUPOLES

363. Des Rotondes. — Les rotondes sont des combles en pavillon, exécutés sur un plan polygonal régulier, d'un nombre de côtés assez grand pour donner à peu près l'illusion d'un cercle.

Les rotondes sont couvertes par une série de pans de toiture, plans ou courbes, mais de profil identique, de telle sorte qu'en projection horizontale leurs intersections se présentent comme les rayons du cercle circonscrit.

Chaque pan de toiture correspondant à un côté du polygone se nomme un *onglet* et tous les onglets sont identiques.

Pour construire un tel comble, on établit les fermes à l'intersection des onglets, et ces fermes reçoivent, outre une sablière de rive, une série de pannes parallèles aux côtés du polygone. Il en résulte à chaque ligne de pannes un chaînage polygonal s'opposant à la déformation de l'ensemble, et notamment à l'écartement des arbalétriers opposés, de telle sorte que les entraits deviennent inutiles, si les pannes sont de sections suffisantes et convenablement attachées. On compte surtout sur la sablière de rive pour constituer le chaînage ; elle doit à elle seule cercler l'ensemble de l'ouvrage et assurer sa forme. Ces sortes de combles sont aussi facilement posés sur colonnes que sur murs.

364. Couverture d'un pavillon octogonal. — Comme exemple de construction d'une rotonde, voici *fig*. 761, le plan et la vue perspective d'un kiosque à musique, formant pavillon octogonal. Il est posé sur colonnes. Ces dernières sont placées aux angles du polygone ; elles sont en fonte ornée, reliées par une sablière qui suit les contours du plan, et dont les angles sont rendus invariables par des consoles en fer forgé. A chaque colonne correspond un arbalétrier, formant l'arête de rencontre des deux onglets voisins. Il est buté contre la colonne, et relié de plus avec elle par une console en tôle découpée garnie de cornières.

En dehors de la sablière de rive, un bout d'arbalétrier se relève pour former auvent extérieur ; il paraît soutenu par une console développée en fers forgés contournés. Sur la sablière est établi un chéneau, recevant les eaux à la fois de la toiture et de l'auvent ; l'un et l'autre sont couverts en zinc. Telle est la disposition générale de cette charpente, dont les détails de construction sont dessinés dans les *fig*. 762 à 766.

Le point de concours des arbalétriers, au faîtage, est particulièrement intéressant. Au lieu de multiplier au

292 CHAP. VIII. — DES COMBLES

Fig. 761

centre les assemblages de pièces nombreuses, ce qui ne laisserait pas que d'être difficultueux, on les écarte au moyen d'une pièce spéciale, une sorte de lanterne, ayant la forme d'un tube polygonal d'un même nombre

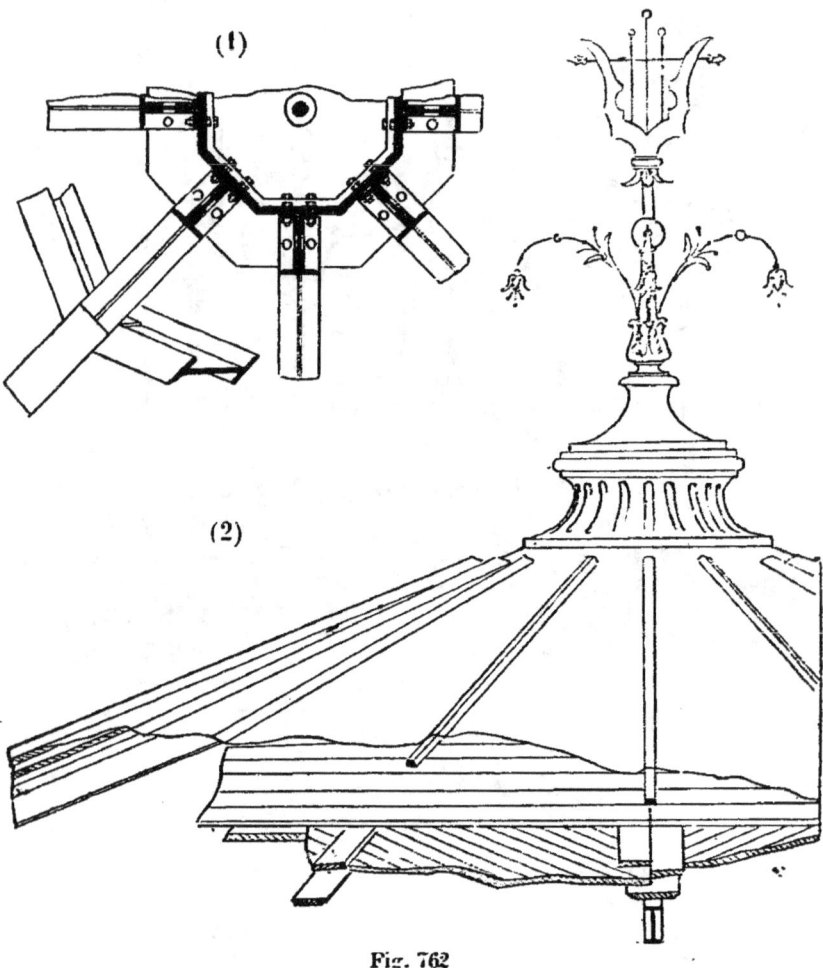

Fig. 762

côtés que le plan de la construction, et sur les faces duquel les arbalétriers viennent s'assembler à équerres.

La *fig.* 763 donne la coupe diamétrale de la lanterne, avec les assemblages des arbalétriers. Le tube polygonal, ayant à recevoir la pression des arbalétriers, est renforcé à la hauteur de leurs assemblages. Sa section est, soit une simple tôle, armée ou non de cornières, soit un fer à I ou en U. Il y a lieu, au point de vue de la résistance, de réduire la longueur du coté de cette lanterne au strict minimum nécessité par l'assemblage du haut de l'arbalétrier correspondant.

On donne à la lanterne une hauteur relativement considérable ; on y trouve l'avantage de pouvoir relever la couverture extérieurement, au point de faîtage, ce qui permet une silhouette agréable terminant heureusement ces sortes d'édifices. De plus, à la partie basse, au plafond de la pièce couverte, on obtient un culot pendant, qui est

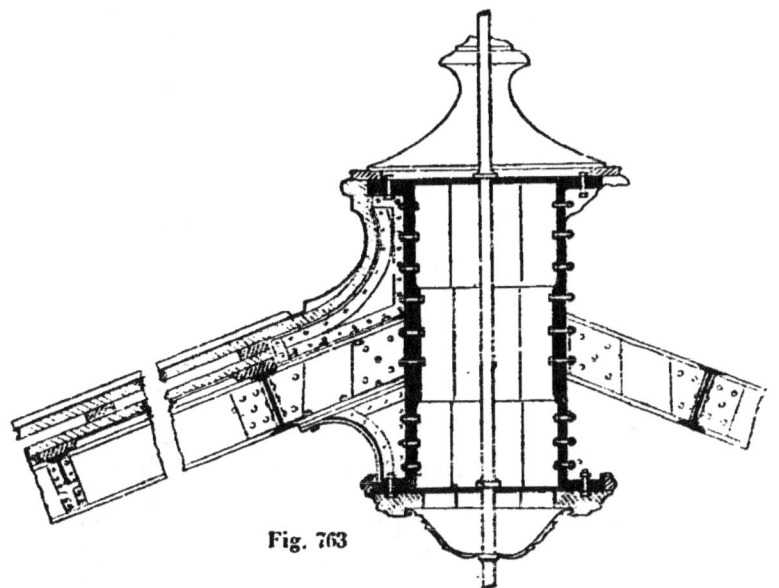

Fig. 763

également un motif de décoration. Enfin, au point de vue de la construction, cette disposition permet l'établissement de consoles de raccord, assurant mieux l'attache des arbalétriers.

Le tube polygonal de la lanterne est formé par deux fonds en tôles, assemblés par boulons, qui rendent indéformables les angles dièdres que font entre elles les différentes faces. Ces fonds servent en même temps à fixer le haut de la couverture, ainsi que l'ornementation.

La *fig.* 762 représente dans son croquis (1) la coupe

Fig. 764

horizontale de la lanterne, et dans son croquis (2) l'ensemble du faîtage terminé, lorsque la couverture est posée, ainsi que ses accessoires, pointe, épis, etc.

La *fig.* 764 donne la forme des colonnes en fonte, qui servent en même temps pour l'écoulement des eaux par l'intermédiaire d'un tuyau en zinc mis à l'intérieur. Ces colonnes sont ornées en raison de leur destination ; elles sont faites d'un fût avec chapiteau et base, faisant colonne proprement dite. Un soubassement mouluré et orné est fondu en même temps. Il donne de l'empatement, et se raccorde comme hauteur avec la balustrade ou garde-corps de la rive.

Le chapiteau de la colonne, rappelant l'ornementation corinthienne, est placée assez bas pour recevoir les retombées des consoles, et la colonne se prolonge au delà par une portion prismatique, de forme approprié aux assem-

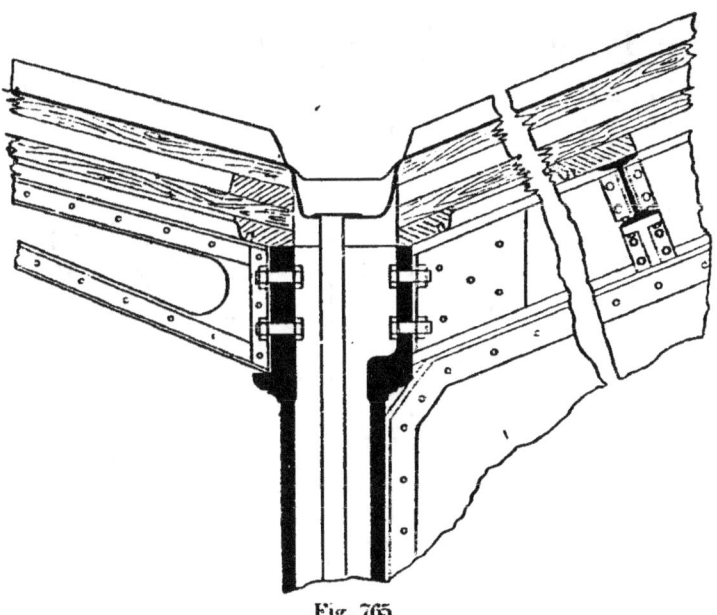

Fig. 765

blages de liaison avec la charpente supérieure. On voit également dans la *fig.* 764 le soubassement et le garde-corps métallique qui le surmonte. Dans les constructions qui demandent une certaine décoration, on rend ces garde-corps indépendants des colonnes ; et leur construction, ainsi que les scellements qu'ils trouvent dans le soubassement en maçonnerie, doivent leur donner toute fixité. La colonne, entièrement dégagée, ne présente alors aucune difficulté de décoration.

Lorsque cette raison n'existe pas, et que la construction est plus simple, on étudie le profil de la partie basse de la colonne en vue de la relier directement aux lisses de la balustrade, ce qui donne à cette dernière une bien plus grande stabilité.

Enfin, les assemblages de la tête de chaque colonne avec les sablières et les arbalétriers sont figurés dans le même croquis. La liaison se fait au moyen de joues venues de fonte avec la colonne, et sur lesquelles se boulonnent les tôles doubles de la sablière. Les arbalétriers s'assemblent

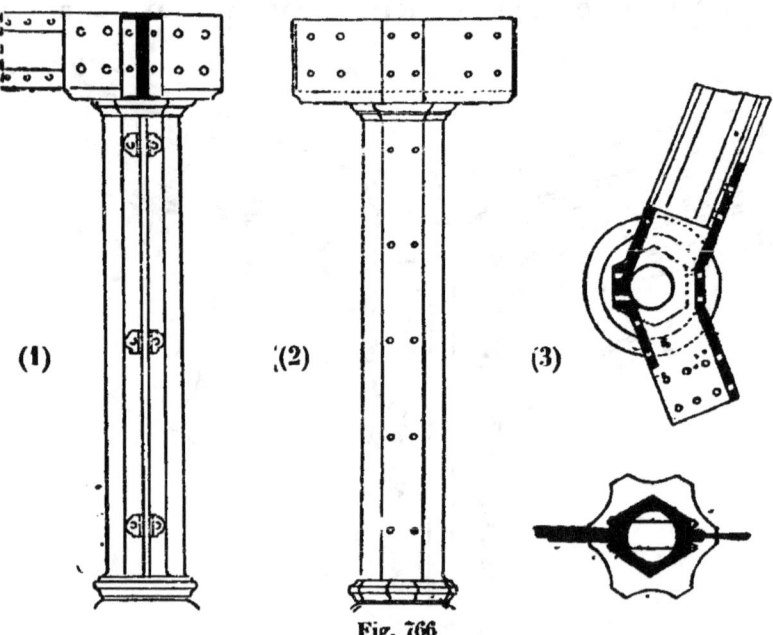

Fig. 766

à équerres. Toutes ces pièces sont accompagnées de consoles développées, simplement en tôles et cornières à l'intérieur, au contraire ornementées à l'extérieur, et faites alors de fers contournés à la forge.

La *fig.* 765 rend compte de la forme de la partie supérieure de la colonne, disposée pour recevoir les pieds des arbalétriers, ainsi que le chéneau encaissé qui récolte l'eau des rampants.

Le croquis 766 montre en (1) et (2) la disposition des faces de la partie de colonne qui surmonte le chapiteau. Ces faces doivent recevoir, l'une la console de liaison avec la sablière, la seconde la console qui réunit la colonne avec l'arbalétrier.

Dans le croquis (3), la même figure donne la coupe horizontale de cette partie de la colonne, et aussi une coupe horizontale, plus haut, à l'endroit où la fonte se jonctionne avec les fers qui constituent la sablière.

On voit par ces différents croquis avec quel soin il faut pousser l'étude d'une construction métallique pour que toutes les pièces, une fois posées, remplissent bien le but du programme.

365. Comble de l'Hippodrome. — Un exemple de rotonde d'un plus grand développement est donné par l'Hippodrome, construit à Paris par la Compagnie de Fives-Lille et démoli depuis. Au lieu d'être inscrit dans un cercle complet de $23^m,75$ de rayon, l'édifice était formé de deux demi-rotondes de cette dimension, séparées par des parties droites de $36^m,00$ de longueur.

Chaque demi-rotonde, portée sur colonnes, formait un demi-polygone avec 7 onglets. Un appentis extérieur venait encore augmenter les dimensions de la salle, en logeant et couvrant les gradins du public.

La construction de cette rotonde est indiquée dans la coupe longitudinale de la *fig.* 767 et dans le plan *fig.* 768.

La partie couverte par les onglets est comprise entre une sablière de rive extérieure, posée sur les colonnes, et une sablière haute, formant un demi cercle de 17^m00 de diamètre, et dont les extrémités sont portées sur deux colonnes spéciales. C'est entre ces deux sablières que se développent les arbalétriers, et une console, qui termine ces derniers à leur base, assure l'invariabilité de l'angle qu'ils font avec le support inférieur.

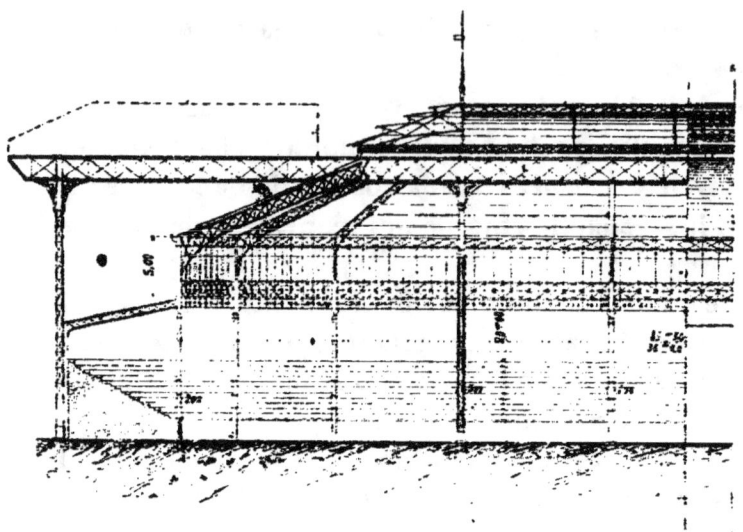

Fig. 667

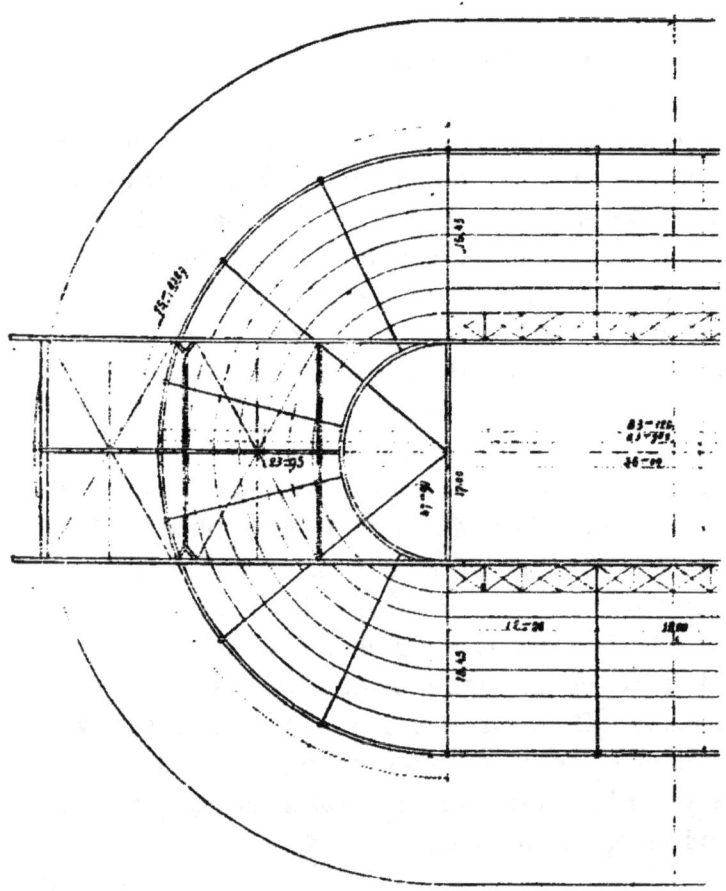

Fig. 768

La *fig*. 769 donne la coupe transversale de cette même construction, montrant la disposition de la demi-rotonde dont il vient d'être parlé.

L'espace libre du milieu, formé en plan d'un rectangle de $17^m,00$ sur $36^m,00$ et terminé par deux demi-cercles, est couvert par un terrasson spécial. Une disposition ingénieuse

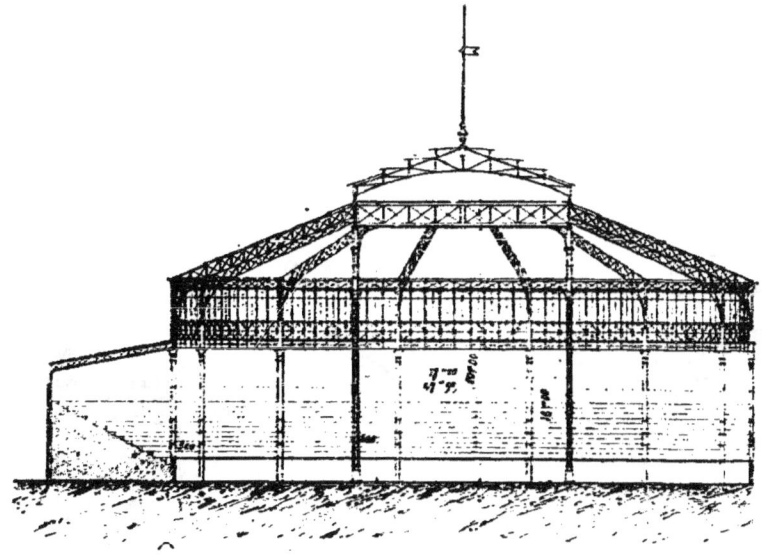

Fig. 769

permet, pour les jours de beau temps, de déplacer le comble en deux moitiés séparées, et de les faire rouler en dehors en découvrant l'espace entier. Ce terrasson est donc rigide, posé sur galets, et peut parcourir les grandes poutres extérieures, figurées aux croquis 767 et 768, et qui constituent des chemins de roulement Un mouvement de treuil actionne les galets et permet, en un très court instant, de couvrir ou de découvrir l'espace milieu.

366. Plazza de toros ([1]). — La rotonde qu'on avait élevée en 1889 à Paris, rue Pergolèse, pour les courses de taureaux, et qui a été démolie depuis, présente quelques différences avec les constructions précédentes. Les onglets au lieu d'être plans sont composés de faces cylindriques, et les

---

([1]) MM. Moisant, Laurent, Savey, constructeurs.

arbalétriers sont placés suivant leurs lignes d'intersection. La *fig*. 770 donne la coupe transversale de l'édifice.

Il se compose d'une grande salle polygonale servant de piste, inscrite dans un cercle de 29^m,85 de rayon et présentant 14 côtés. Elle est portée par une série de colonnes en fer, de 29^m,85 de haut, et se trouve couverte sur tout

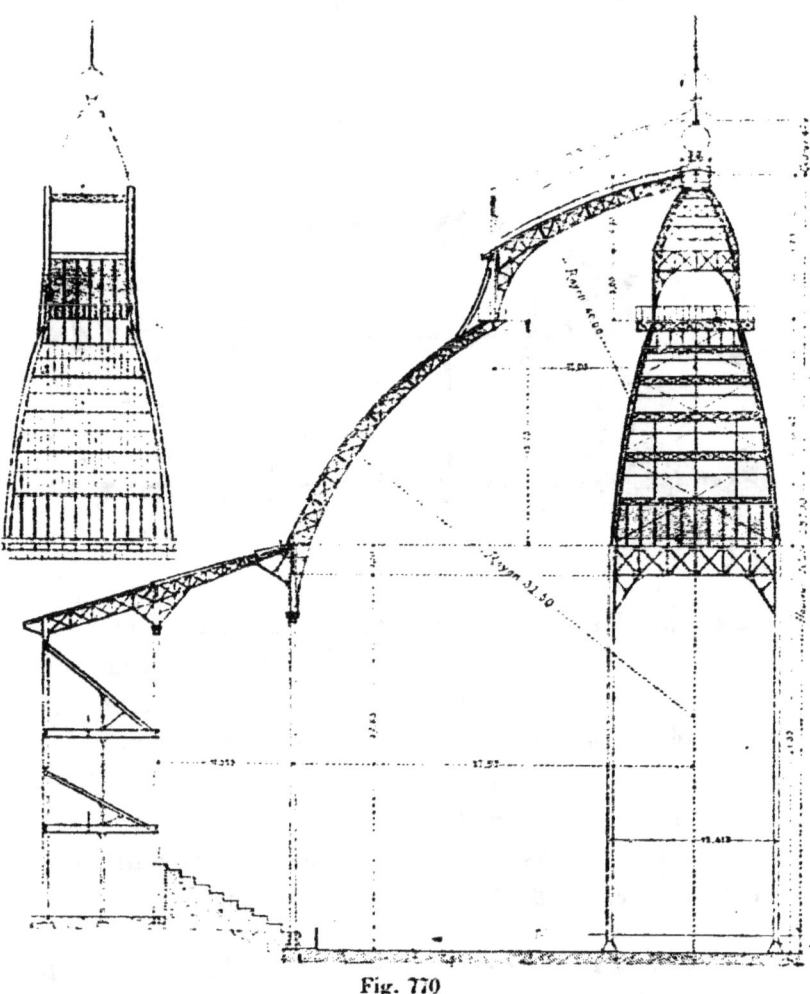

Fig. 770

le pourtour par une rotonde à onglets cylindriques d'un rayon de 32^m,50. Cette rotonde laisse libre un espace de 30^{m}00 de diamètre au milieu, qui est à son tour couvert par une seconde rotonde superposée, à onglets également courbes et décrits avec un rayon de 40^m,00. Cette rotonde était mobile verticalement, de manière à permettre une aération variable : elle pouvait, en se soulevant tout d'une pièce, prendre la position ponctuée sur le dessin ; elle avait, de bas, en haut, une course maximum de 4",00.

La hauteur totale de cette remarquable construction était de 58",00.

Autour de cette grande salle milieu, régnaient les gradins, couverts par un appentis extérieur. Ce dernier était porté par les colonnes précédentes, une rangée extérieure

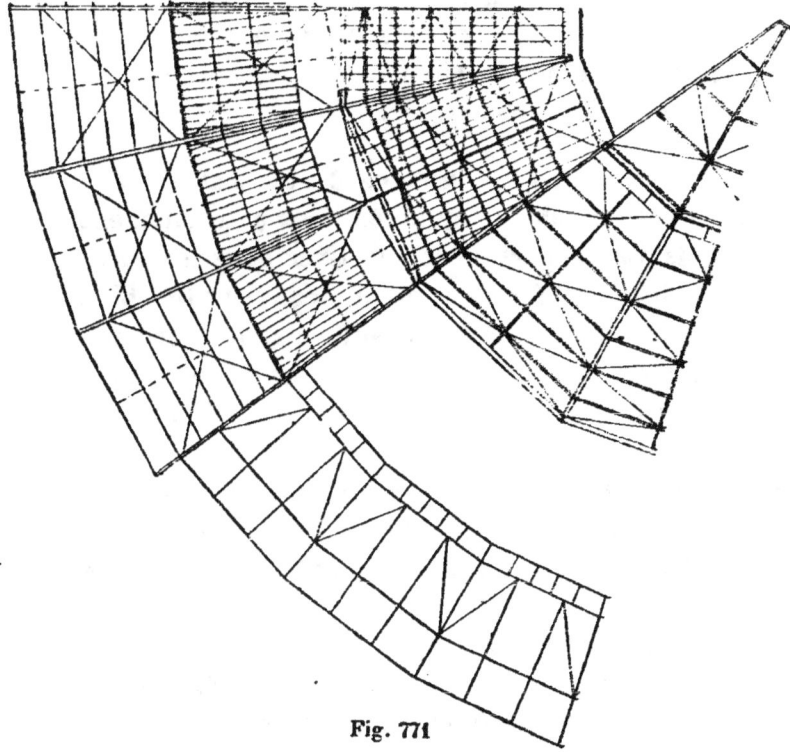

Fig. 771

et une autre intermédiaire. Entre ces deux derniers rangs étaient comprises et supportées des galeries avec gradins pour augmenter le nombre des spectateurs.

Dans cette même *fig.* 770 est représentée l'élévation de face d'un onglet, montrant le principe de sa construction. Les deux colonnes extérieures le comprennent ; elles sont reliées par une forte sablière en treillis et reçoivent dans l'autre sens les arbalétriers courbes, aussi en treillis. Entre ces arbalétriers sont les pannes, dont la dernière, formant sablière de rive intérieure, est distante de 15ᵐ,00 de l'axe. Puis vient la rotonde supérieure qui présente la même composition.

La vue extérieure de l'onglet, avec sa partie vitrée, est figurée dans le croquis séparé.

La *fig.* 771 donne le plan d'une partie de cet édifice, montrant la forme de la charpente des onglets, ainsi que la couverture. On voit également les contreventements qui assurent la stabilité et la fixité absolues de cette charpente.

Les rotondes à onglets courbes prennent souvent la dénomination de dômes, surtout lorsque la courbure est accentuée et la flèche considérable.

367. Rotonde pour locomotives du chemin de fer de Lyon. — Les rotondes s'appliquent tout naturellement aux bâtiments des remises de locomotives dans les gares des Chemins de fer. La forme circulaire convient très bien à ce remisage ; elle comporte une grande plaque tournante au milieu et une série de voies rayonnant au pourtour. Lorsque le nombre des locomotives devient considérable, la rotonde prend de l'importance. La *fig.* 772 représente un type de rotonde du chemin de fer de Paris-Lyon-Méditerranée, correspondant à 32 machines. Les angles sont au nombre de 16 et la coupe diamétrale montre les fermes de la charpente.

Une nef milieu de 40 mètres de diamètre et de 17 mètres environ de haut forme la salle principale. Les arbalétriers qui séparent les onglets sont en treillis ; ils sont posés sur une série de colonnes en fonte formant la rive. Ils sont terminés en haut par un lanternon surélevé, de six mètres de diamètre, donnant de l'aérage. Les arbalétriers sont réunis par des sablières extrêmes et par une série de pannes intermédiaires.

A cette nef est joint un bâtiment extérieur, de même forme polygonale, de 21 mètres de largeur et couvert par des fermes Polonceau, placées dans les mêmes plans

diamétraux que les arbalétriers de la rotonde.
Le tout est clos par un mur extérieur.

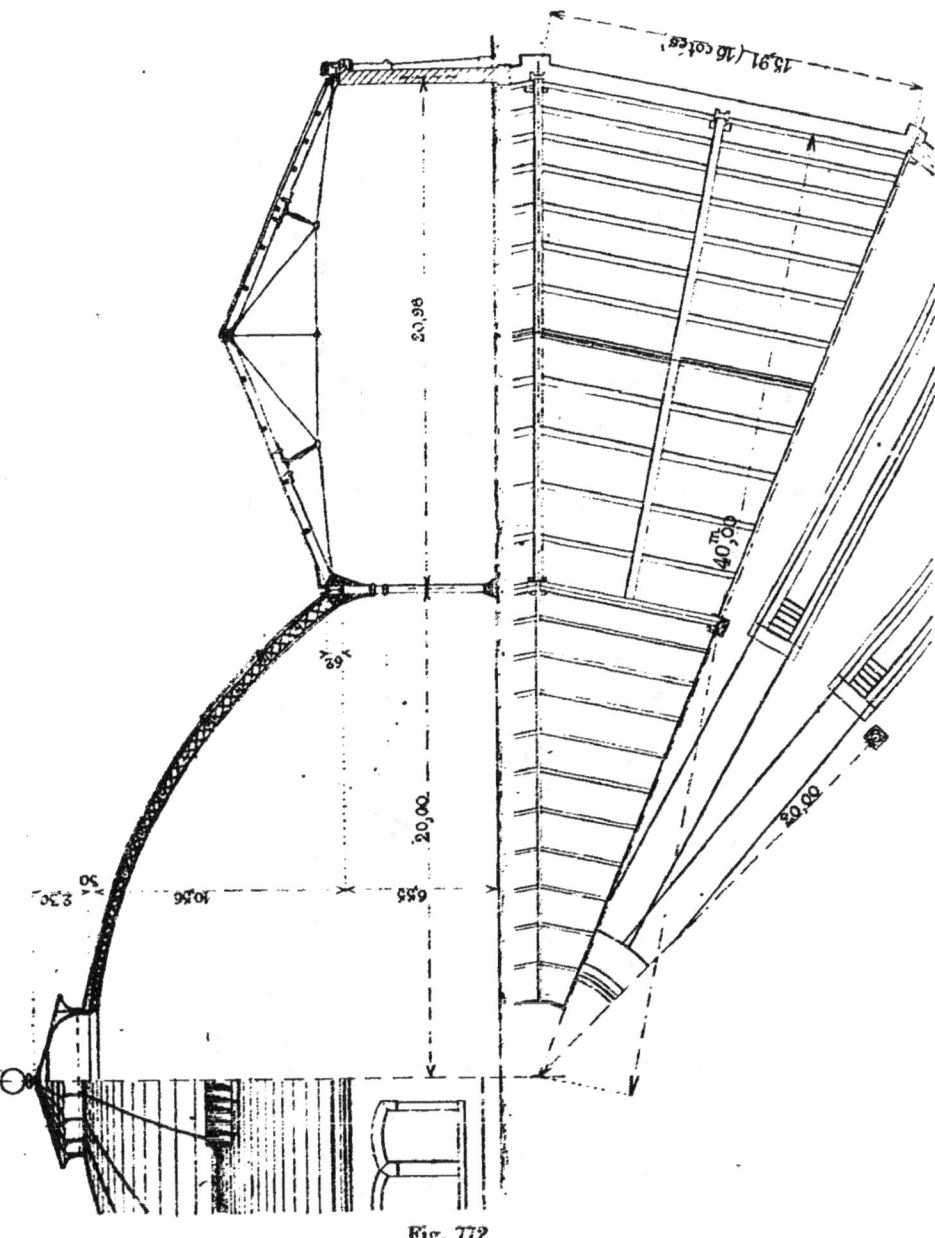

Fig. 772

La *fig.* 773 représente le haut d'un arbalétrier et sa jonction avec le lanternon. Ce dernier repose sur une ceinture polygonale contre laquelle vient buter le haut des arbalétriers. Cette ceinture travaille à la compression tandis que la sablière extérieure, correspondant à la rangée

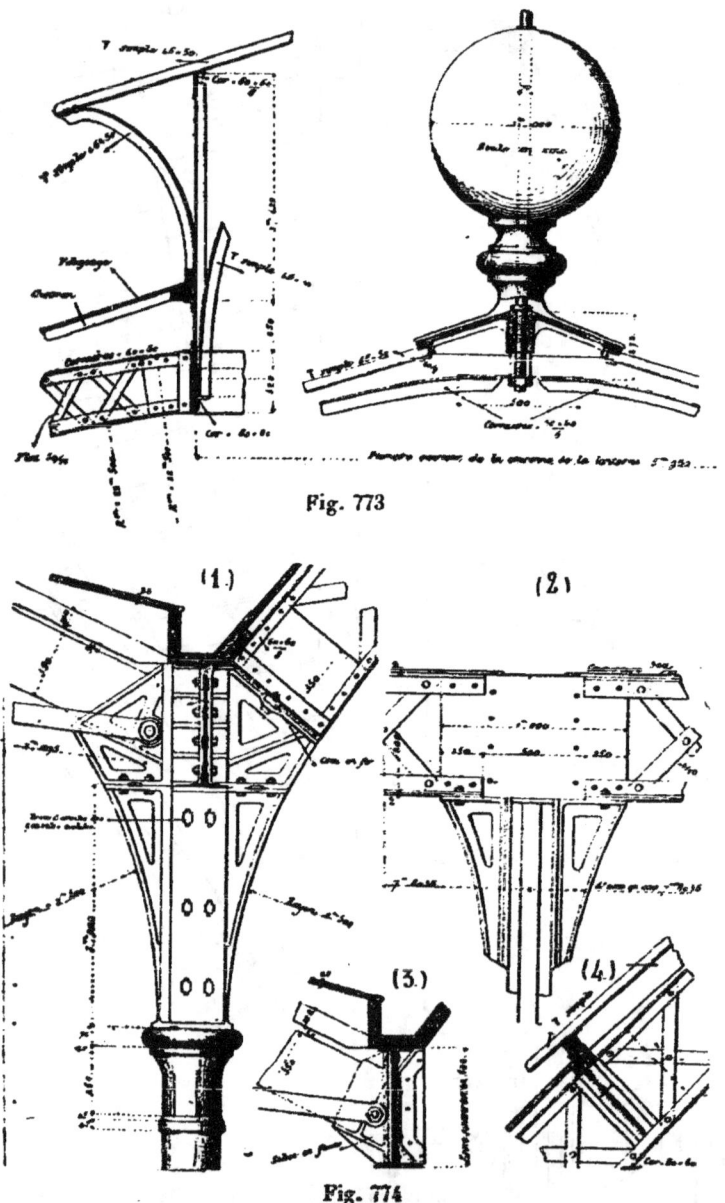

Fig. 773

Fig. 774

circulaire des colonnes, forme un chaînage tendu reliant les bases de tous les arbalétriers. Ces derniers, parfaitement maintenus, ne pouvant s'écarter, n'ont nullement besoin d'être réunis deux à deux par des entraits.

La *fig.* 774 montre la tête d'une colonne en fonte, ainsi que la jontion de toutes les pièces qui viennent s'y assembler; ces pièces sont : les deux arbalétriers et les deux sablières.

La tête de colonne est en deux morceaux, séparés par un joint horizontal. La pièce du haut est elle-même en deux morceaux : l'un contient un sabot pour recevoir l'arbalétrier en bois du comble Polonceau; l'autre continue la console de raccord avec la poutre courbe de la rotonde, et lui prépare un sommier de retombée. Le joint de ces deux morceaux est vertical et comprend dans la section du serrage une âme commune aux deux sablières. Cette âme et les abouts de ces sablières sont figurées dans le croquis (2).

La couverture du bâtiment de pourtour est portée sur les fermes correspondant aux colonnes et sur des fermes intermédiaires venant reposer sur les sablières; le croquis (3) donne l'assemblage de ce point de rencontre.

Enfin, le croquis (4) montre une portion de l'arbalétrier de rotonde à la partie basse d'un vitrage. Au-dessous est le voligeage recevant une couverture pleine.

368. Rotonde à locomotives de Noisy-le-Sec. — Les points d'appui intérieurs de la disposition précédente peuvent êtres supprimés, et d'autant plus facilement que les rotondes se tiennent très facilement d'elles-mêmes, par l'arrangement même de leurs pièces et que, sans grande dépense de fer, on peut leur faire franchir des espaces considérables d'une seule volée. La rotonde à locomotives de Noisy-le-Sec en est un exemple très intéressant [1]; elle est représentée par la *fig.* 775, tant en plan qu'en coupe diamétrale. L'espace couvert est encore un polygone de 16 côtés; la portée est de 70 mètres.

Elle se trouve franchie directement par 16 arbalétriers

---

[1] MM. Baudet et Donon, constructeurs.

courbes partant du sol et aboutissant en haut à une lanterne polygonale en tôles et cornières. Ces arbalétriers

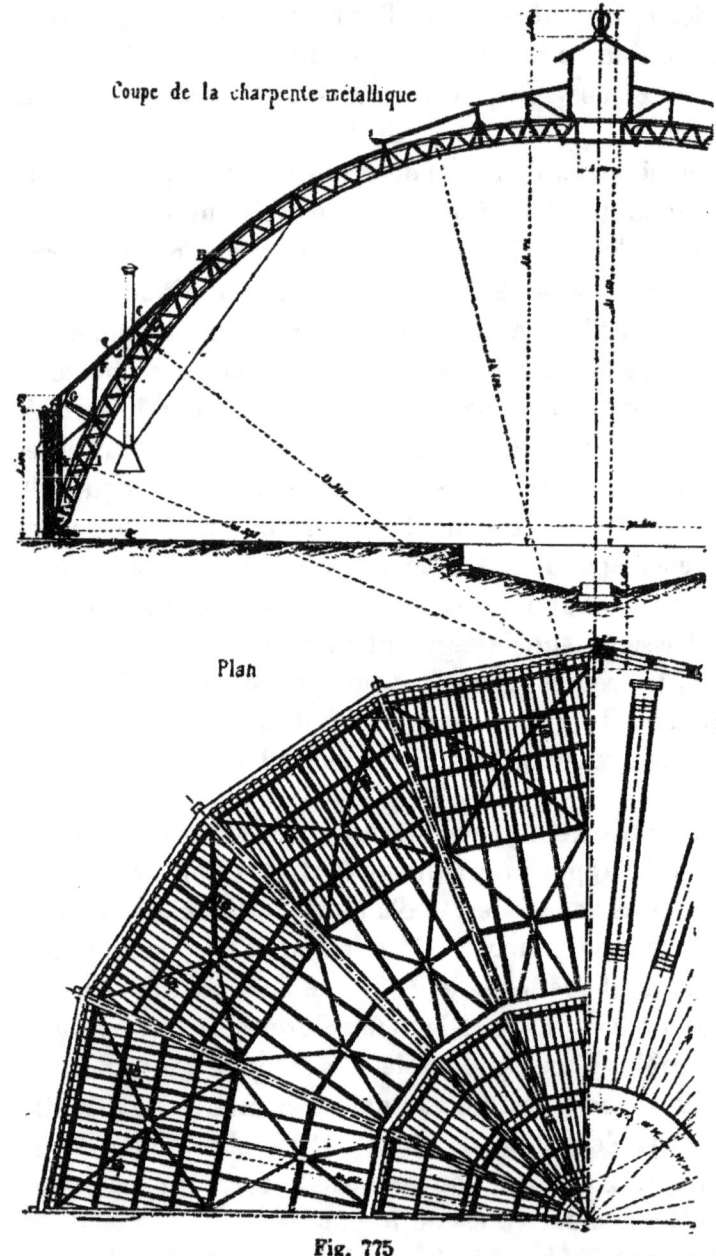

Fig. 775

sont en treillis avec nervures variables. Ils reçoivent directement la couverture sur leur partie médiane; en bas, la hauteur est rachetée par un poteau soutenant une sorte d'appentis, tandis qu'en haut, deux terrassons successifs vitrés prennent une pente suffisante que ne présenterait par la membrure de l'arc.

Un dernier lanternon milieu est surélevé suffisamment pour permettre une ventilation convenable de la re-

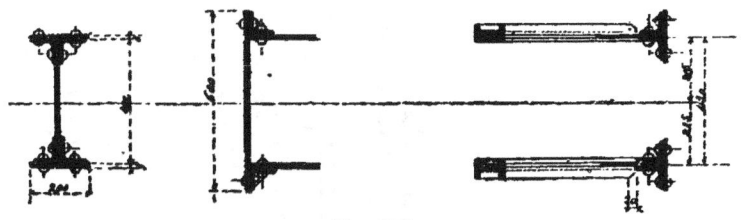

Fig. 776

mise. Le plan indique les parties pleines, les portions vitrées et les contreventements de la charpente.

La section des arcs est donnée dans la *fig.* 776 ; chacun d'eux est formé de deux poutres jumelées à treillis, de 0^m,80 environ de hauteur, dont les membrures inférieures sont distinctes, mais qui, en haut, sont recouvertes par une platebande commune de 0,600 de largeur.

Cette même figure complète la coupe suivant KI par la section du poteau montant qui redresse la couverture, en la portant indépendamment des murs.

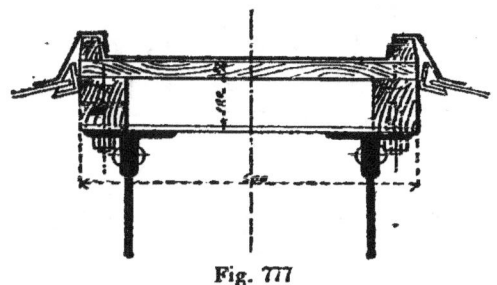

Fig. 777

Le pied de l'arc est figuré dans le croquis 778, il est porté sur une rotule inférieure facilitant la dilatation et permettant, par la fixation du point de passage de la résultante des réactions inférieures, d'obtenir plus exactement les efforts et les dimensions de l'arc.

La *fig.* 777 donne la coupe suivant *ab* de la rencontre

de deux onglets vitrés ; ils sont séparés par une couverture pleine en zinc qui recouvre l'arbalétrier.

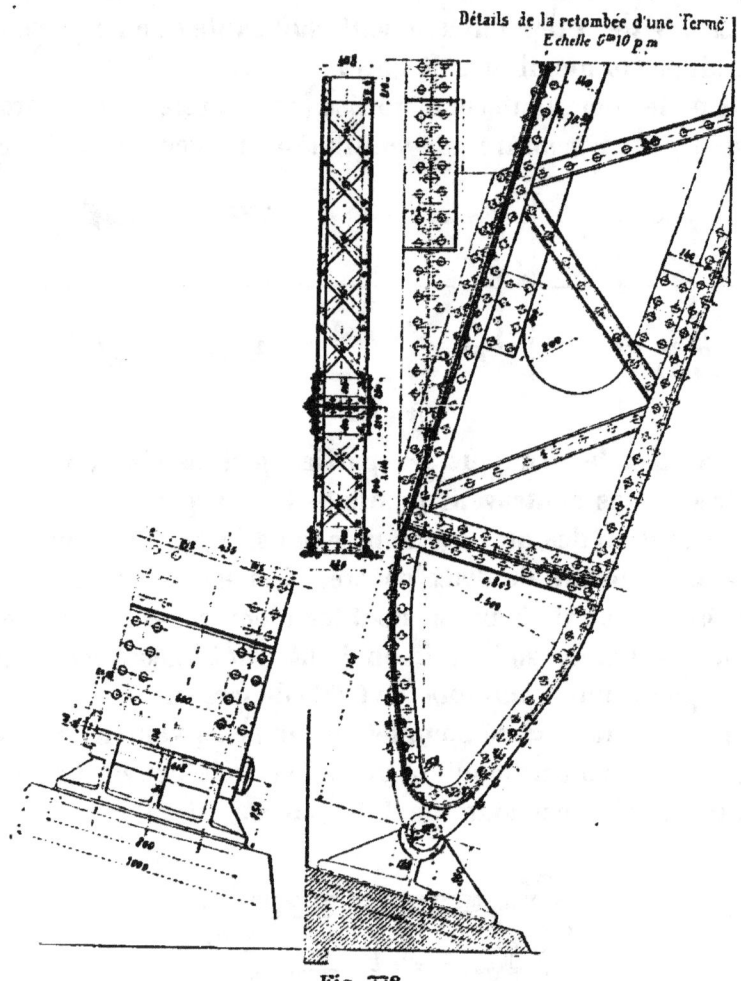

Fig. 778

369. Des coupoles sur plan circulaire. Val de Grâce. — On a vu, dans notre ouvrage sur la Charpente en bois, que les coupoles sur plan circulaire se construisaient facilement en charpente, au moyen de fermes diamétrales passant par l'axe vertical, et de lignes de pannes disposées suivant des parallèles. Le même principe est applicable à la construction en fer.

Le comble de la coupole du Val de Grâce à Paris, monté

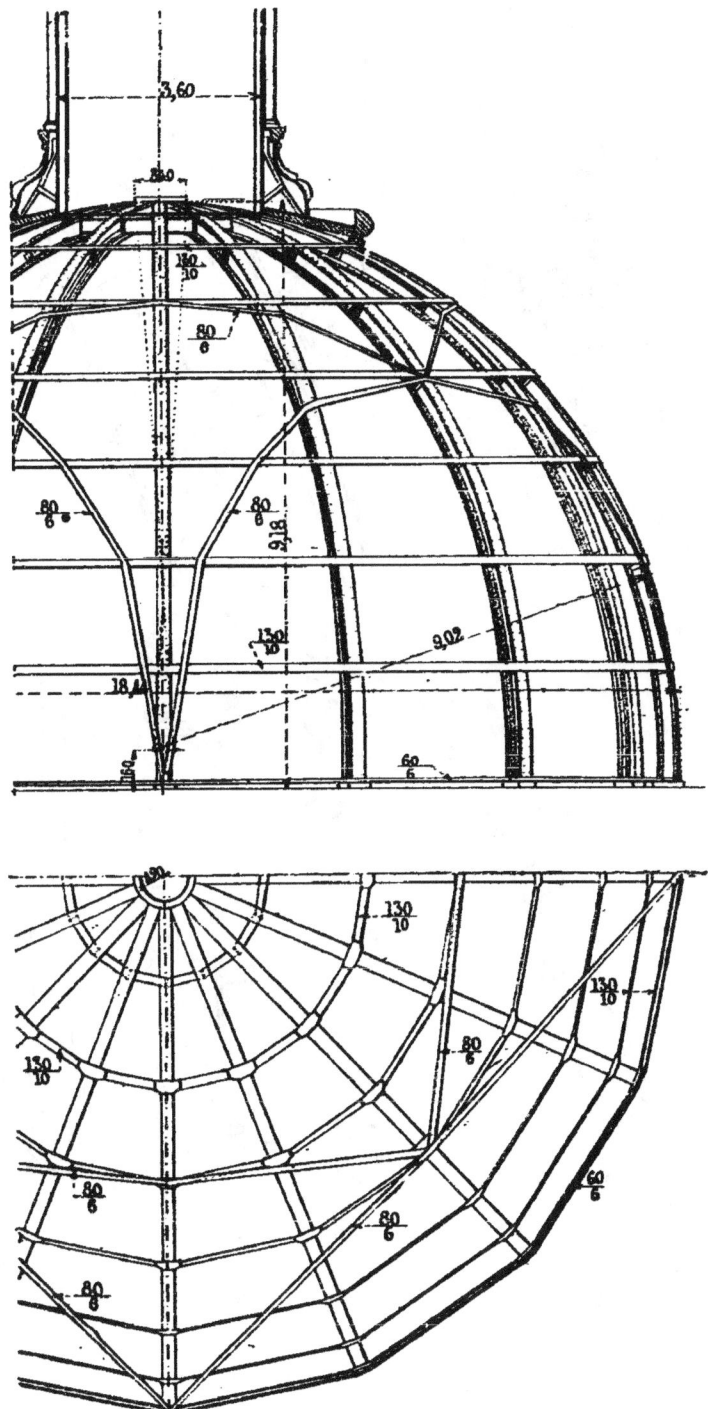

Fig. 779

COUPOLES

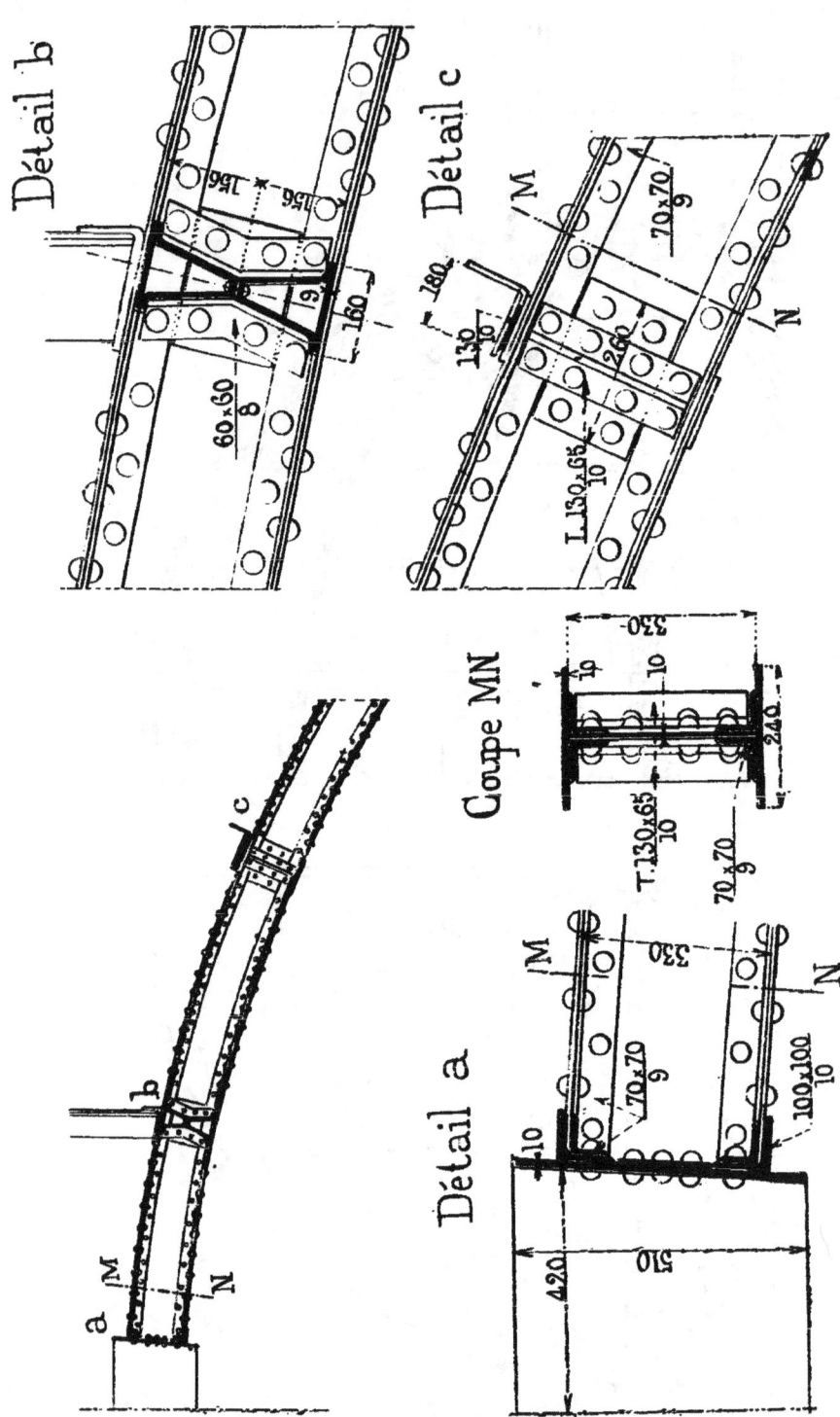

Fig. 780

sur plan circulaire, en est un exemple. Il est représenté en élévation et en plan dans la *fig.* 779. Il est composé de 16 arcs en fer, en tôles et cornières et âme pleine, s'appuyant à la naissance sur un chaînage polygonal posé sur le mur et, à la partie haute, sur une lanterne légèrement conique en tôle, afin d'éviter les assemblages difficiles de pièces nombreuses en un même point

Ces arcs sont réunis de distance en distance par des chaînages, disposés suivant les parallèles, qui maintiennent la forme de la charpente. Le diamètre est de 18^m,44 à la base, la hauteur de 9^m,18, c'est une demi-sphère exacte. D'autres chaînages sont établis suivant les intersections du comble avec des plans verticaux correspondant au carré inscrit, et à un second carré joignant les milieux des côtés du premier. Ces chaînages forment contreventement.

Une lanterne, de 3^m,60 de diamètre, surmonte la partie haute et sert par sa silhouette à la décoration de l'ensemble.

Les détails de construction sont donnés dans les différents croquis de la *fig.* 780. Le premier croquis représente une partie d'arc aboutissant à la lanterne conique, il reçoit en *b* une ligne circulaire de pannes formée de deux fers Zorès opposés, réunis par le sommet, qui sert de base au lanternon. Le détail *a* est donné dans un second croquis ainsi que la coupe MN de l'arc. Ce dernier a une hauteur 0^m,330 ; il est formé d'une âme de 10, de 4 cornières $\frac{70 \times 70}{9}$, et enfin de tables 240 × 10. Le détail *b* montre la base du lanternon et la manière dont sont fixés les fers Zorès. Enfin le détail *c* indique le croisement et l'attache du chaînage. Une équerre sert à fixer les lambourdes en bois qui portent directement la couverture.

370. Coupoles sur pendentifs. Saint-Augustin. —
La construction de la coupole de Saint Augustin à Paris est montée sur un plan carré à angles légèrement abattus.

Elle est établie en fer, de la façon très simple représentée par la *fig.* 781.

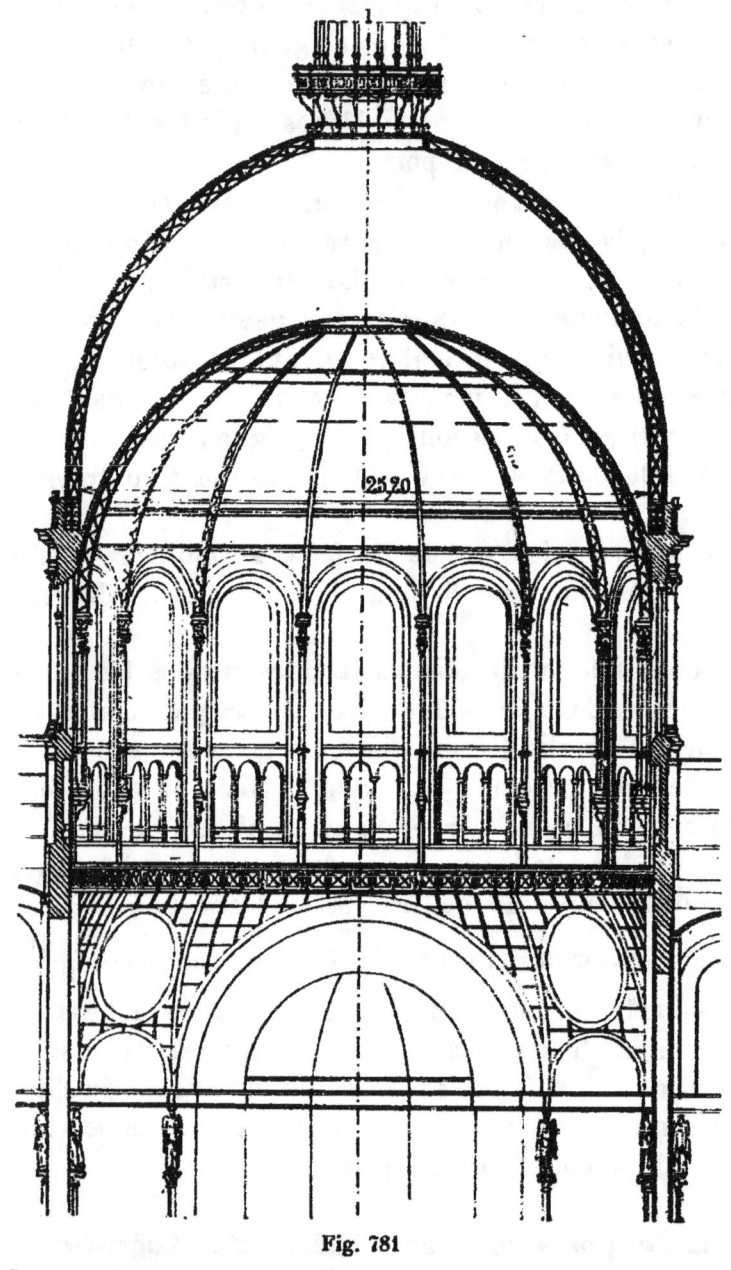

Fig. 781

Les pendentifs font partie d'une première sphère, et sont construits à l'aide d'une série de cercles diamétraux et de parallèles. Ils aboutissent dans le haut à une couronne circulaire en fer, sur laquelle on établit la construction supérieure.

L'ossature en fer de cette construction comprend une série de colonnes verticales formant tambour, et dont les intervalles sont remplis de murs dans lesquels sont percées les baies d'éclairage. Chaque colonne reçoit un arc en treillis, chaîné et cerclé à sa base. Dans les intervalles de ces méridiens on établit une série de pannes qui reçoivent le remplissage en maçonnerie. Tous les arcs aboutissent à un parallèle supérieur, formant sablière, et dont la forme est celle d'une poutre en treillis.

Le dôme supérieur, constituant la silhouette extérieure, est formé de 16 arcs en treillis, disposés en méridiens, partant d'une sablière inférieure posée sur le couronnement du mur, et aboutissant à un petit cercle supérieur sur lequel est montée le lanternon.

Le tout à 25^m,20 de diamètre intérieur.

371. Bibliothèque nationale. — La grande salle de

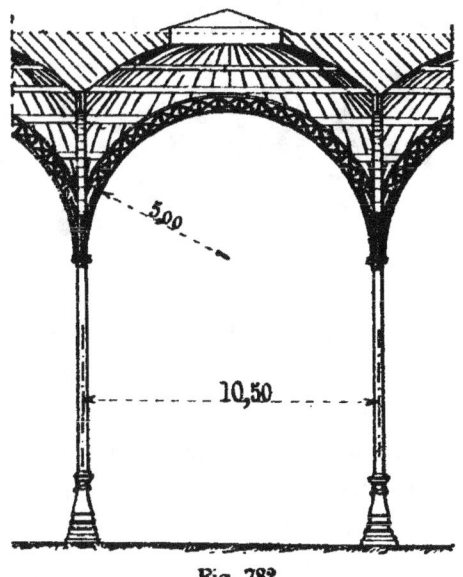

Fig. 782

lecture de la bibliothèque nationale est couverte de la

même manière au moyen de plusieurs coupoles contigües, élevées sur pendentifs, et ces derniers viennent, en fin de compte, reporter la charge sur les têtes de colonnes en fonte, espacées de 10^m,50 dans tous les sens.

Ces coupoles, d'excellent effet décoratif, sont figurées en coupe longitudinale par la *fig*. 782, et en plan dans le croquis suivant, n° 783.

Les pendentifs s'appuient sur les naissances des voûtes, qui sont des demi-cercles, et les pièces qui forment ces

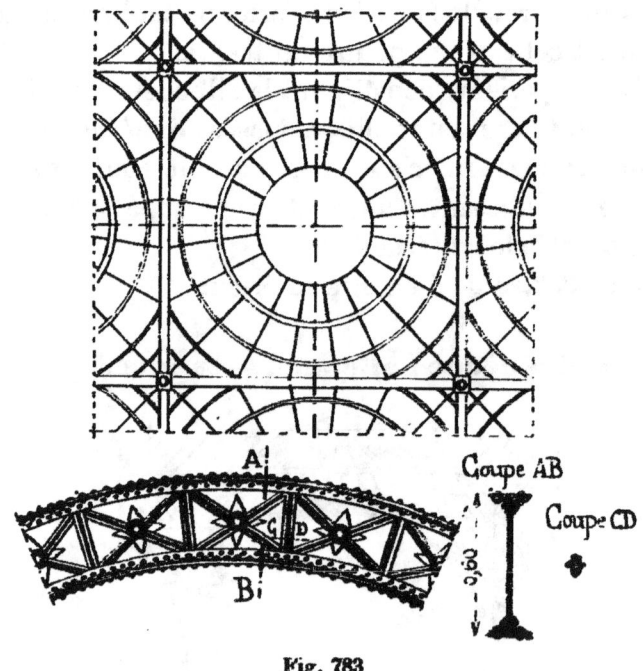

Fig. 783

arcs sont représentées en détail dans les croquis annexes de la *fig*. 783. Ils ont 0^m,600 de hauteur avec âme en treillis, croisillons, et montants interposés.

La coupole et le pendentif appartiennent ici à la même sphère ; ils participent à une construction commune, d'après le principe des méridiens et des parallèles, qu'il est si naturel d'employer pour les sphères. Quatre méridiens correspondent aux colonnes, et, dans chaque intervalle, il y en a quatre intermédiaires ; soit en tout 20 méridiens également espacés.

Quant aux parallèles, il y en a un qui est tout indiqué comme emplacement, c'est celui qui sépare le pendentif de la coupole proprement dite. Il est remonté un peu au-dessus de l'arc de naissance auquel il devrait être tangent.

Deux autres parallèles sont établis au-dessus ; ils sont complets, étant tout entiers compris dans la coupole. Deux autres en dessous font partie des pendentifs et ne sont que partiellement vus ; ils se terminent à l'extrados de l'arc de naissance et se joignent avec les extrémités des parallèles des pendentifs des compartiments voisins.

372. Grande coupole de l'Exposition. — Comme dernier exemple des coupoles, nous donnons dans les *fig.* 784 et suivantes la disposition de la grande coupole du palais de l'Exposition universelle de 1889. Le schéma de la coupole et de son plan est indiqué dans la *fig.* 784. Le diamètre de l'espace à couvrir est de 30 mètres, ce qui correspond pour l'intérieur à une surface de 700 mètres carrés.

La charpente supérieure est formée de 16 méridiens inégalement mais symétriquement disposés.

Ils sont réunis de distance en distance par des parallèles, qui découpent une série de caissons inégaux destinés à recevoir les uns une couverture pleine, les autres un vitrage. La moitié des arcs se continuent jusqu'au sol par des poteaux verticaux portant la charge ; les autres sont arrêtés à hauteur et reçus par des arcades reliant les premiers supports.

D'autres arcades en dessous, correspondant aux premières, portent des balcons inférieurs. Enfin, les raccords avec les bâtiments voisins sont représentés dans le schéma de la *fig.* 785.

Cette coupole, due à M. Bouvard architecte, a 30^m,00 de diamètre et 60^m,00 de haut. Un plan plus complet en est donné dans la *fig.* 786. La moitié de droite représente l'un des piliers et les murs de raccord avec les bâtiments adja-

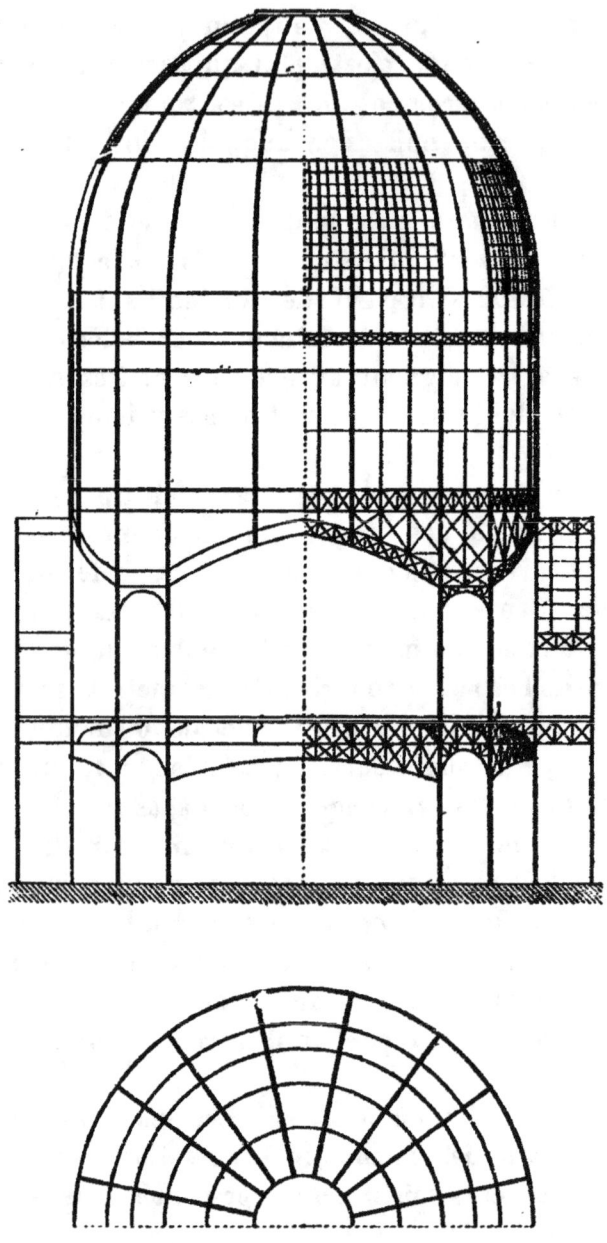

Fig. 784

cents. L'autre donne le plan au-dessus du balcon, avec les

318   CHAP. VIII. — DES COMBLES

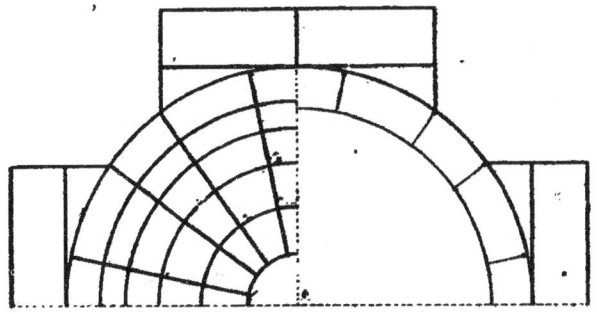

Fig. 785

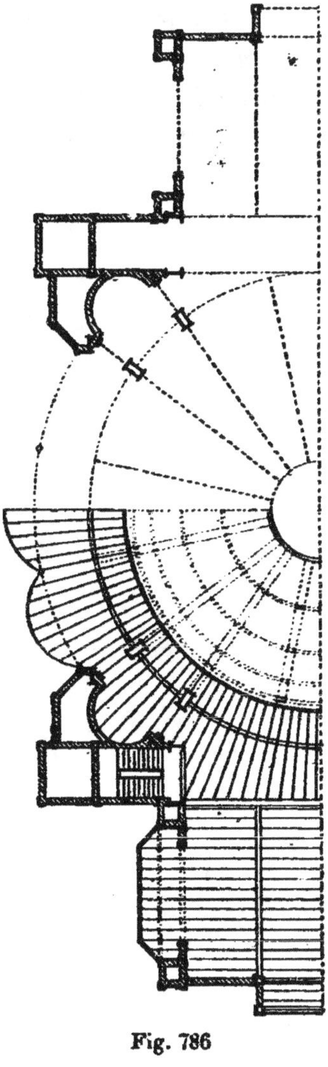

Fig. 786 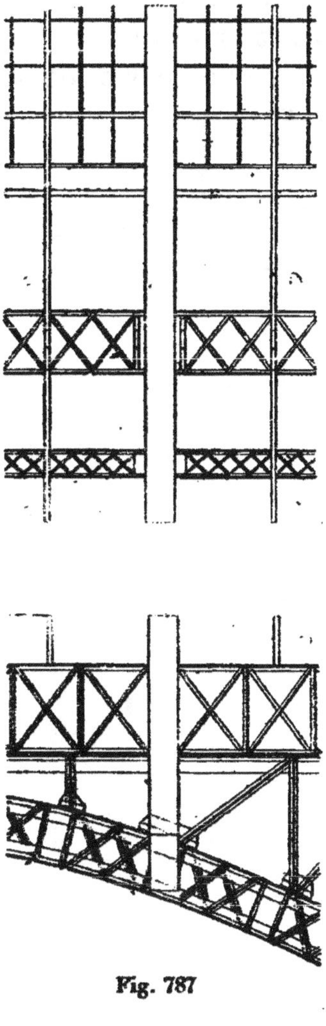   Fig. 787

planchers en fer qui forment ce balcon et viennent se relier avec le plancher correspondant des espaces voisins.

Quant à la construction de la coupole, les fermes méridiennes et les cercles parallèles sont indiqués en ponctué dans la même figure.

La *fig.* 787 rend compte de la construction du tambour qui forme le bas de la coupole, dans une partie où ce pan de fer vient reposer sur l'un des arcs et s'assembler avec lui.

Les gros montants sont le prolongement des arcs principaux du haut ; entre ces montants règnent des traverses circulaires horizontales, de hauteurs variables suivant l'ornementation à recevoir. Enfin, des divisions secondaires sont établies dans les deux sens, afin de recevoir les remplissages et la couverture.

CHAPITRE IX

PASSERELLES & PETITS PONTS

SOMMAIRE

373. Passerelles découvertes. — 374. Passerelles couvertes. — 375. Ponts à poutres droites pour routes, à une seule travée. — 376. Ponts droits avec points d'appui intermédiaires. — 377. Ponts droits en treillis. — 378. Ponts sous rails avec poutres en dessous. — 379. Ponts-rails, les rails portés sur entretoises. — 380. Ponts-rails, les rails portés sur longerons. — 381. Ponts rails avec poutres jumelées. — 382. Ponts droits démontables. — 383. Ponts et passerelles en arc, emploi des fers laminés. — 384. Ponts en arc avec poutres composées en tôles et cornières. — 385. Arcs en fonte. — 386. Règlements relatifs à la construction des ponts.

CHAPITRE IX

PASSERELLES ET PETITS PONTS

§ 373. Passerelles découvertes. — Les passerelles désignent plus particulièrement des ponts légers, affectés au service seul des piétons. Les passerelles franchissent des tranchées, des bras de rivière et ont dans les usines ou les

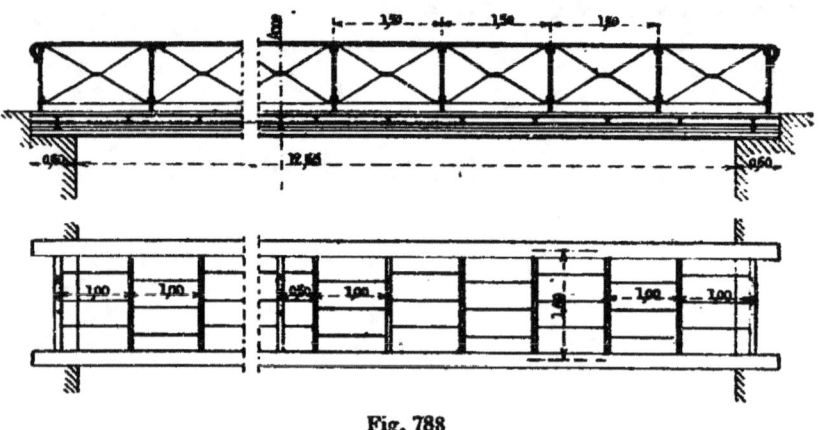

Fig. 788

grandes propriétés de nombreuses applications. On les construit, suivant la charge et la portée, soit avec deux fers à I laminés, soit avec deux pièces en tôles et cornières formant poutres, que l'on réunit par une série de solives transversales. Lorsqu'on le peut, on hourde en bonne maçonnerie de ciment les intervalles des solives, ce qui préserve les fers, tout en constituant, par l'addition d'un enduit de Portland, un sol excellent de toute durée.

La *fig.* 788 donne une passerelle de $12^m,55$ d'ouverture.

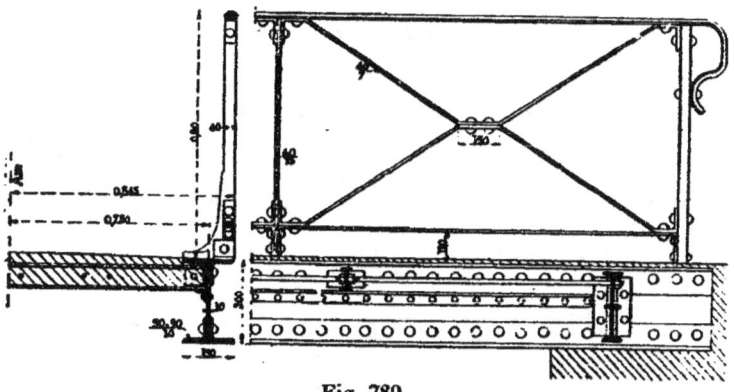

Fig. 789

Elle est faite de deux poutres de 0,300 de hauteur d'âme et de 4 cornières $\frac{90 \times 90}{10}$. Une petite cornière additionnelle, du côté de l'intérieur, reçoit les extrémités des solives remontées le plus possible, et ces dernières sont réunies par des boulons à 4 écrous. Les dernières solives sont de grands fers à triple T, qui contreventent les

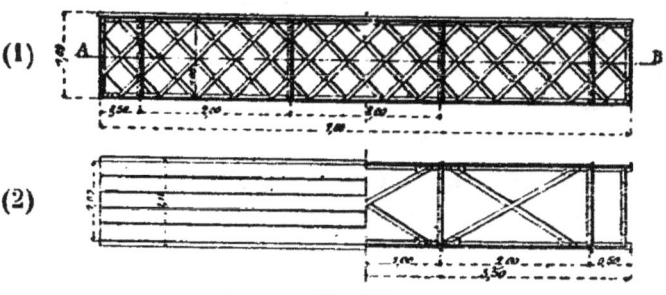

Fig. 790

poutres. Le solivage étant hourdé en bonne maçonnerie, cette dernière tient lieu de contreventement horizontal.

La *fig.* 789 donne une coupe longitudinale et une coupe transversale de ce même ouvrage; elle montre les pièces dont il vient d'être question, ainsi que la balustrade et ses moyens d'attache.

On peut encore faire une passerelle économique en profitant de la hauteur du gardecorps pour augmenter la hauteur de la poutre, qui alors en tient lieu.

La *fig.* 790 représente en (1) l'élévation et en (2) le plan d'une passerelle mobile des pontons des bateaux parisiens. Elle est formée de deux poutres en treillis de $1^m,09$ de hauteur, réunies par un plancher inférieur. Le treillis est en X croisés assez rapprochés. Les membrures sont faites d'une seule cornière $\dfrac{54 \times 40}{6}$, tournée en dehors à la partie haute, et en dedans à la partie basse. Cette der-

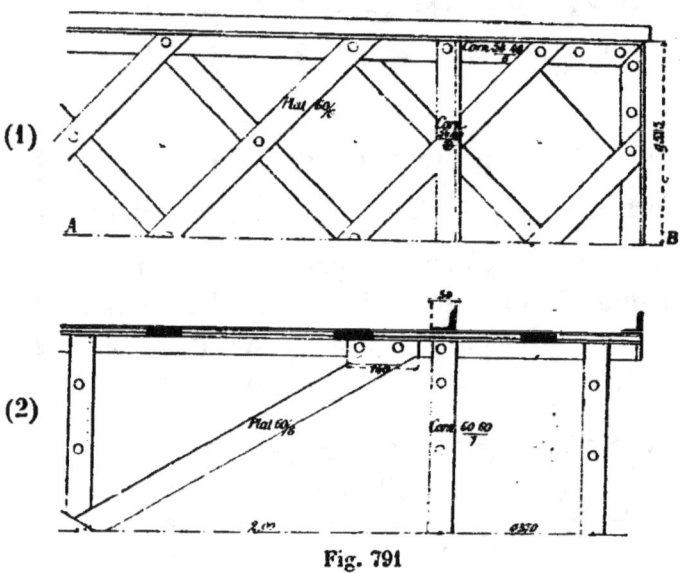

Fig. 791

nière porte des traverses espacées de $2^m,00$ et, dans les rectangles ainsi formés, on a établi des contreventements diagonaux.

Sur les traverses et les contreventements sont fixées les planches longitudinales, en bois de 34 millimètres, posées à jour, qui forment le plancher. La largeur totale est de $1^m,11$, soit $1^m,00$ de passage libre.

Une portion d'élévation de la partie haute d'une poutre, ainsi que la coupe correspondante suivant AB, sont représentées à plus grande échelle que ci-dessus dans les croquis (1) et (2) de la *fig.* 791 ; le détail montre qu'à chaque traverse de plancher correspond un renfort en cornières $\frac{54 \times 40}{6}$, qui relie les deux membrures de la poutre, et pour

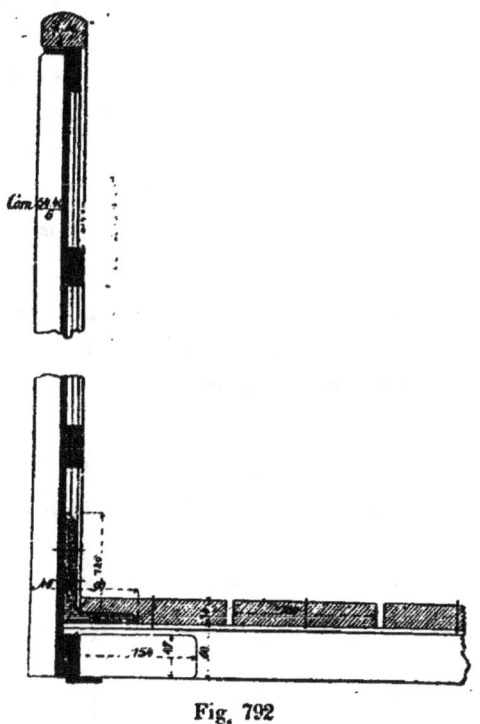

Fig. 792

raidir cette dernière et maintenir sa verticalité, on fixe une forte équerre en fer sur ces deux pièces. On voit cette équerre dans la coupe transversale *fig.* 792.

Un renfort analogue est placé à l'extrémité et vient consolider la poutre à l'endroit de sa portée.

Le treillis des poutres est formé par des barres en fer plat de 60/6, rivées avec les membrures ainsi qu'à chaque croisement. C'est avec ce même fer que sont établis les contreventements des planchers. Quant aux traverses, elles sont faites avec des cornières $\frac{60 \times 60}{7}$, présentant leur table en haut afin de permettre la fixation facile des planches, au moyen de boulons à têtes fraisées dans le bois.

La membrure supérieure des poutres est munie d'une lisse en bois faisant office de main courante.

M. Eiffel a construit, pour le matériel militaire applicable aux pays de montagne, une passerelle démontable dont

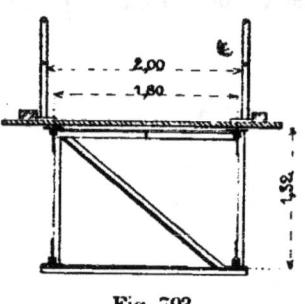

Fig. 793

la section est représentée dans la *fig.* 793. Elle est formée d'une série de rectangles contreventés par une diagonale et jonctionnés horizontalement et verticalement. Chaque élément ne pèse que 60 kilogrammes au plus.

Cette passerelle peut franchir une ouverture de 30 mètres avec une surchage de 150 kilogrammes par mètre carré, soit 300 kilogrammes par mètre courant. Son poids est de 220 kilogrammes par mètre courant.

374. Passerelles couvertes. — Les passerelles servent dans bien des cas à établir la communication en-

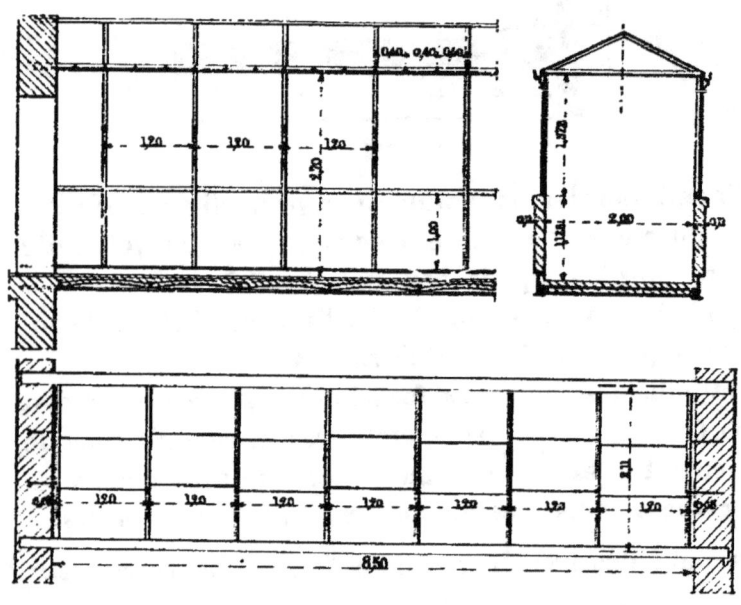

Fig. 794

tre deux planchers de bâtiments distincts, séparés par une voie ou par une cour. Dans ces circonstances, on les clôt latéralement et on les couvre par un comble léger. La *fig*. 794 donne la représentation d'une passerelle de ce genre réunissant deux bâtiments de la Filature de MM. Féray à Corbeil. La portée est de 8^m,50. Deux poutres à I de 0,300 constituent la charpente principale, avec les solives transversales en I de 0,120. Ces dernières

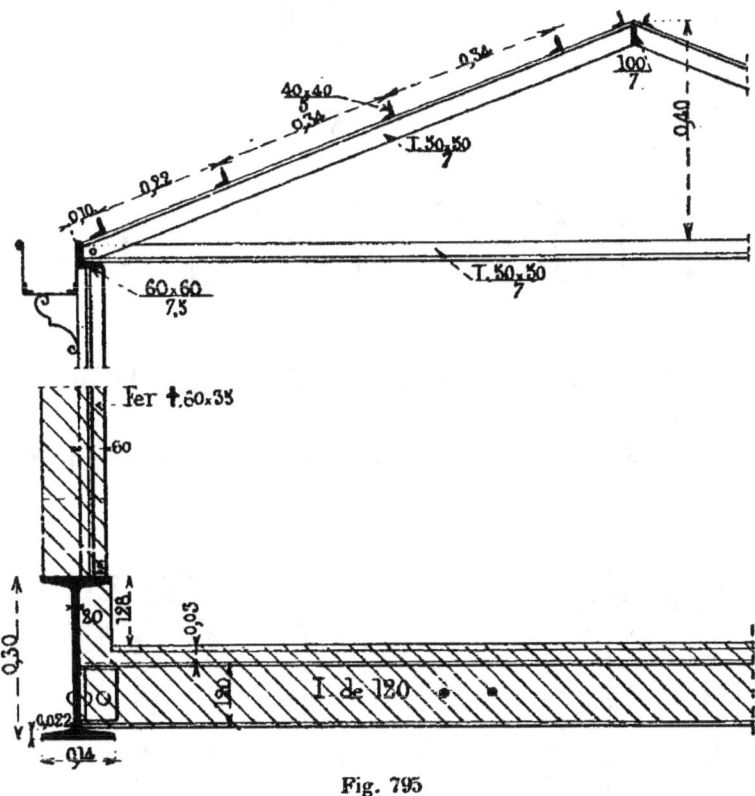

Fig. 795

sont boulonnées et la maçonnerie d'un hourdis en ciment forme le contreventement.

Des montants posés sur les poutres viennent aboutir à une sablière supérieure et forment un pan de fer de clôture. Il est divisé en deux par une lisse intermédiaire. La partie basse est remplie par une cloison en briques de 0,11, la partie haute par des vitrages.

Les deux sablières opposées, scellées dans les murs à leurs extrémités, sont réunies transversalement par des fermettes en fers légers, portant un lattis recevant les tuiles.

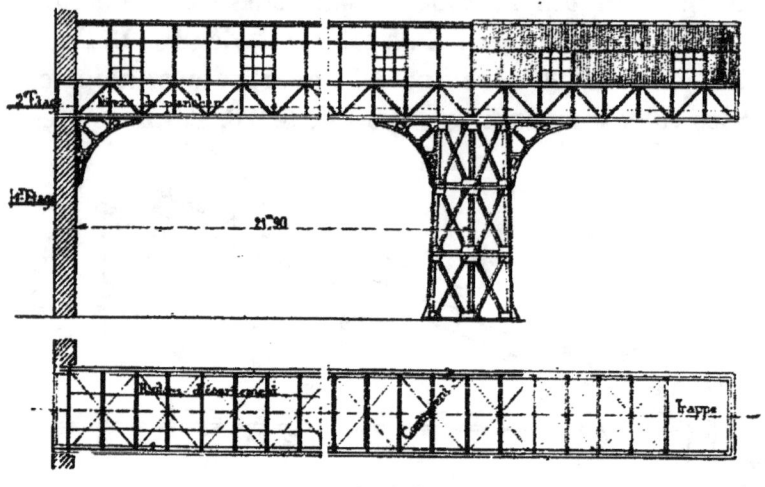

Fig. 796

De chaque côté un chéneau extérieur reçoit les eaux de la toiture.

Le détail à plus grande échelle de cette construction

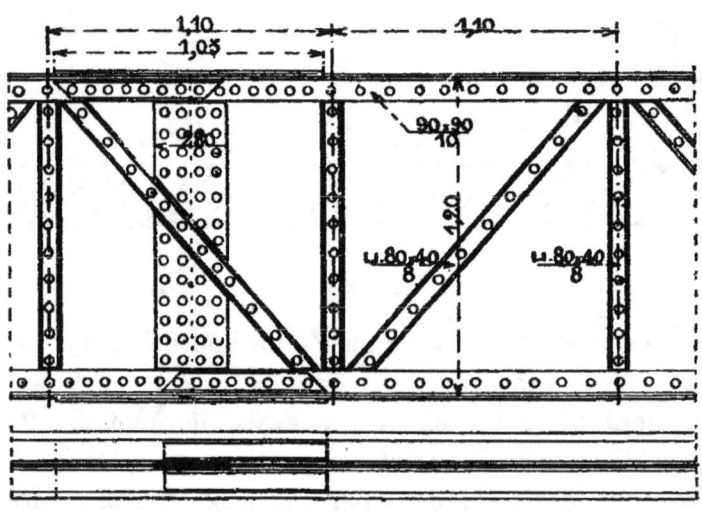

Fig. 797

est donné par le croquis n° 795. On voit que le sol est en Portland au-dessus du hourdis, que les montants des pans de fer sont des barres en croix de 60 × 35, et qu'ils s'assemblent sur la table supérieure de la poutre.

La sablière est une cornière de $\frac{60 \times 60}{7,5}$; elle reçoit les fermettes faites de fers à T de $\frac{50 \times 50}{7}$; un fer plat de 100 × 7 forme faîtage longitudinal.

Le lattis est en fers cornières de $\frac{40 \times 40}{5}$. Entre les fermes, espacées de 1,20, sont des fers horizontaux à I de $\frac{50 \times 50}{7}$ complétant le plafond et recevant des bardeaux de $0^m,40$ de portée.

Lorsque l'ouverture augmente, on peut augmenter aussi la hauteur de la poutre, qui forme alors soit une partie, soit la totalité des pans de fer des façades. On en voit un exemple dans la passerelle que nous avons établie pour faire communiquer les moulins du Havre avec la gare à marchandises du Chemin de fer, à l'effet de servir au déchargement et à l'emmagasinement direct des grains. La passerelle part du bâtiment, franchît une voie publique de $20^m,00$ de largeur, s'appuie sur un pylône à l'intérieur de la gare, et s'avance en porte à faux d'une quantité d'environ $8^m,00$. Elle est faite des deux grandes poutres en tôles et cornières, de $1^m,20$ de hauteur, composées d'une âme de 0,01, de 4 cornières $\frac{90 \times 90}{10}$, et de tables d'épaisseurs variables. Sur l'âme sont des renforts en fers en U, formés de montants et de barres inclinées, simulant un treillis. Ces poutres sont figurées dans le croquis 797. Les poutres sont espacées de $2^m,50$; elles sont reliées par un plancher inférieur porté sur des fers transversaux en U de 0,160 distants de $1^m,10$; (fig. 799). Le plancher est fait de bastaings longitudinaux de 17 × 7, recevant un plancher supérieur en peuplier, et un hourdis avec plafond inférieur en plâtre. Cette maçonnerie étant très insuffisante pour former contreventement, on a constitué celui-ci par des croix de Saint André en fer plat de 60 × 11 fixées aux poutres et logées sous les bois. La partie haute et la couverture de la passerelle sont détaillées dans la figure 798 ; les montants en fer

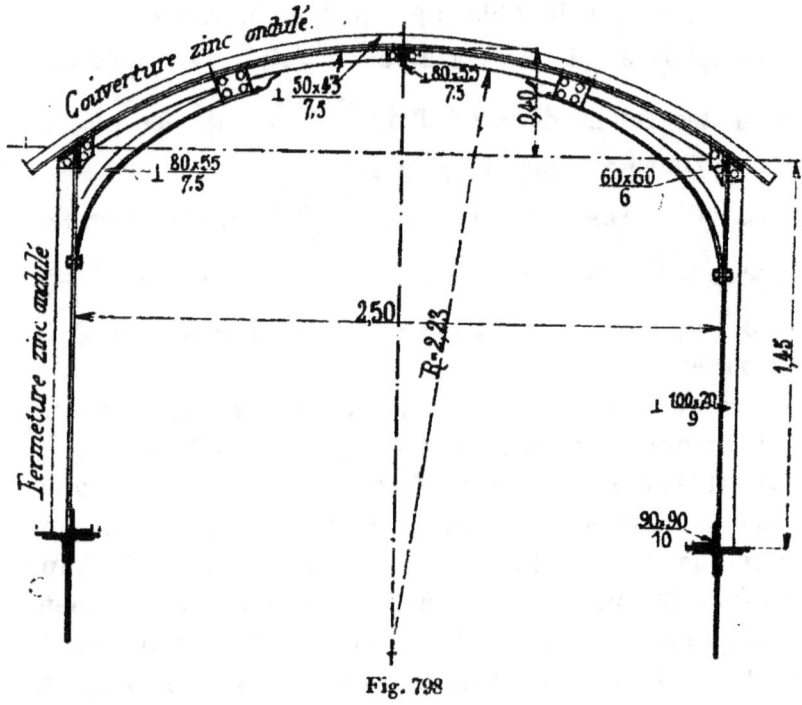

Fig. 798

à T de $\dfrac{100 \times 70}{9}$ sont posés sur la membrure haute de la

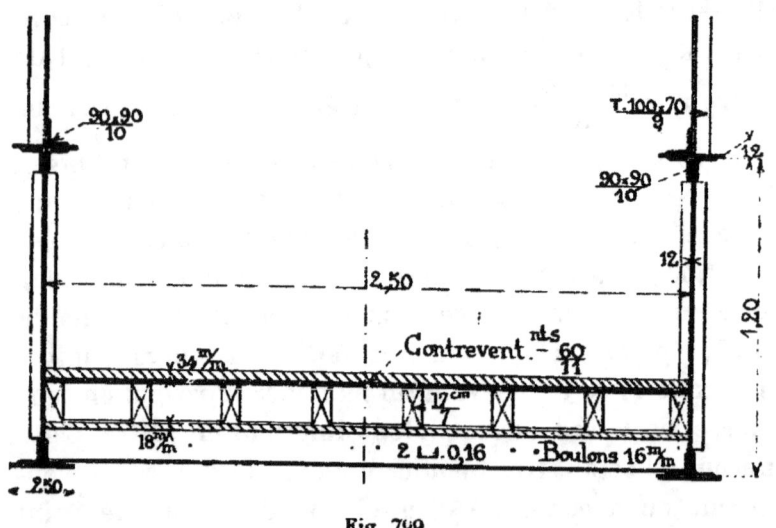

Fig. 799

poutre et assemblés avec elle par une cornière $\dfrac{90 \times 90}{10}$

Ils ont de 1^m,45 de haut et se terminent par une sablière haute, faite d'une cornière fermée de $\frac{60 \times 60}{6}$. D'une sablière à l'autre on a fixé des arcs en cornières $\frac{50 \times 43}{7,5}$, et les angles sont consolidés par des consoles en fers à T de $\frac{80 \times 55}{7,5}$. La flèche est de 0,40 et le faîtage en T de $\frac{80 \times 55}{7,5}$ maintient l'écartement des différentes fermes. L'éclairage se fait au moyen de chassis disposés de distance en distance dans les parois verticales des pans de fer, ainsi qu'on le voit dans l'ensemble. Le reste de la surface de ces pans, et aussi le comble, sont fermés au moyen de zinc ondulé, qui constitue un remplissage vivement fait et économique.

375. Ponts à poutres droites pour route à une seule travée. — Les ponts à petite portée peuvent s'établir sur culées verticales et être formés de poutres droites

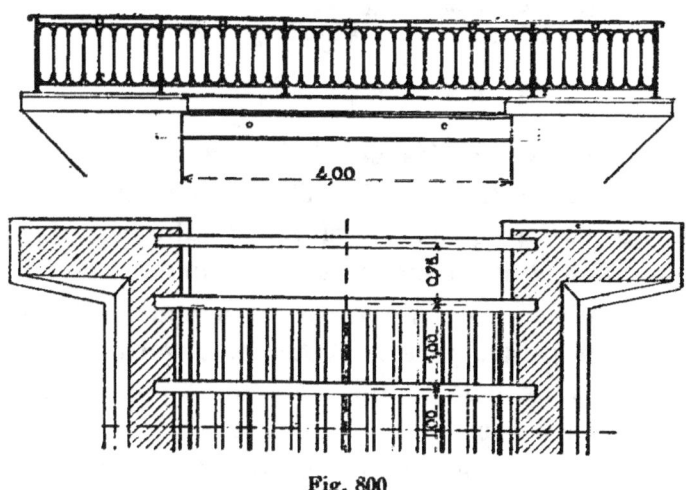

Fig. 800

disposées parallèlement. La *fig.* 800 en donne un exemple ; c'est un pont-route disposé pour une ouverture de 4^m,00. Ce pont livre passage à une voie de 2^m,50 de large et de chaque côté à un trottoir de 1^m,00. La voie est soutenue par 4 fers de 0,300, espacés de 1^m,00; une autre poutre de rive, de 0,200 LA, soutient à l'extérieur le bord du trottoir. Sa distance au fer le plus voisin est de 0,75.

Tous ces fers sont scellés dans la partie haute de la maçonnerie des culées.

Le remplissage des entrevous est fait au moyen d'une série de traverses en fers Zorès de 0,140, placés à 0,38 l'un de l'autre, et sur les ailes desquels on pose des briques à plat. Au-dessus, on fait un béton, et sur ce béton on étend une chape en asphalte ou en ciment. Les détails de cette construction sont figurés dans le croquis complémentaire de la *fig.* 801. Quant au trottoir, il est établi au moyen

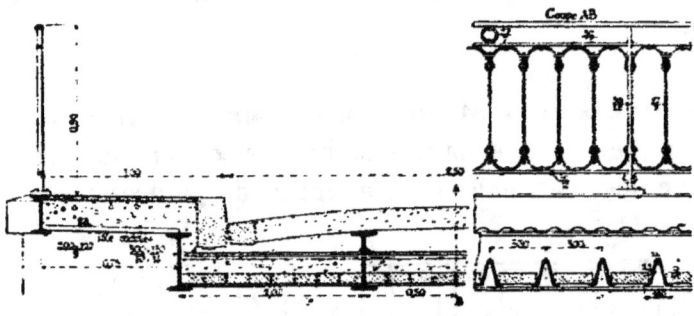

Fig. 801

de tôles ondulées, portées sur l'aile basse du fer de rive et sur l'aile haute du fer de 0,300. Au-dessus, on fait un béton encaissé jusqu'à la bordure, et enfin la surface supérieure est enduite de ciment ou d'asphalte.

Cette disposition très fréquemment adoptée est très stable pour les petites portées. Pour les ouvertures plus grandes, il serait bon de réunir les poutres par des files de boulons à 4 écrous, afin de bien fixer leur écartement. De même, des boulons noyés dans le trottoir maintiendraient en place le fer de rive, en s'accrochant à l'aile supérieure du fer de 30 le plus voisin. La même *fig.* 801 donne la composition de la balustrade, ainsi que son mode d'attache.

Un autre exemple, mais pour une portée de 7,^{m}00, est représenté dans les quatre croquis de la *fig.* 802. Le pont a 7 mètres de large, sans trottoirs. Il est formé de 7 poutres parallèles, composées chacune d'une âme de 40×9, de 4 cornières $\frac{80 \times 80}{9}$ et de tables de 180×10. Les poutres sont entretoisées par des solives transversales en fers à I de $0,180 \times 0,100$, assemblés à équerres et espacés de 1^m,00. Entre ces solives on jette des voûtes en briques et on re-

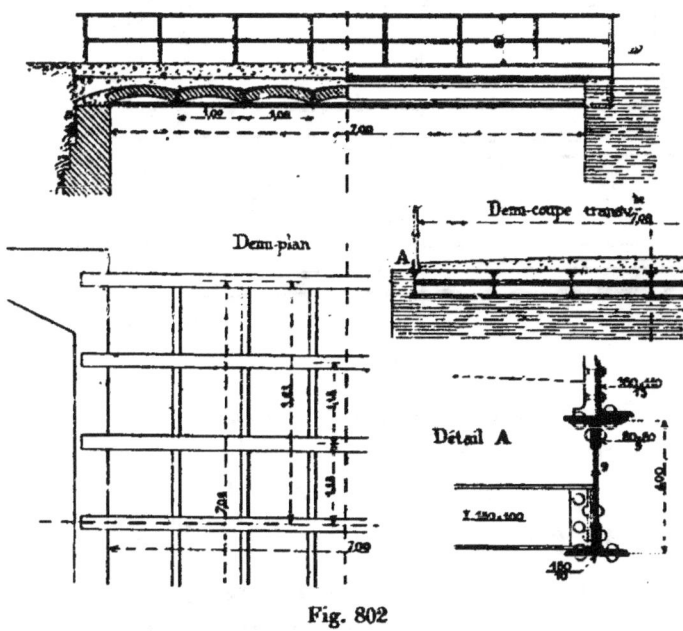

Fig. 802

couvre leur extrados d'une chape en ciment ou en bitume. Au-dessus un remblai de sable arase les fers et porte l'empierrement de la chaussée.

Toute cette construction est indiquée dans les divers croquis de la figure.

Le garde corps est très simple ; il est fait de montants espacés tous les mètres et de deux lisses longitudinales qui les croisent. Les montants sont fixés aux poutres de rive par deux grandes cornières de $\frac{160 \times 110}{13}$, qui retiennent en même temps l'empierrement.

Une disposition, qui paraît très convenable lorsqu'on n'est pas gêné par la hauteur à ménager sous le pont, consiste à réduire à deux le nombre des poutres et à les réunir par des traverses qui sont de véritables *pièces de pont*.

La *fig.* 803 en donne un exemple : il s'agit d'une ouver-

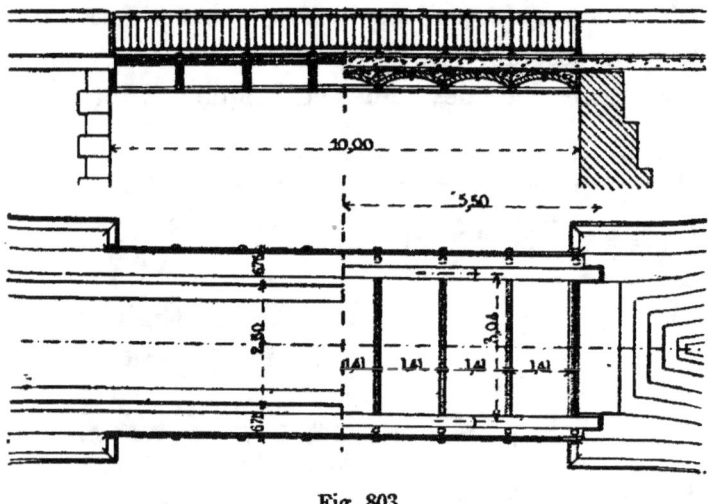

Fig. 803

ture de 10^m,00 ; au-dessus du vide doit passer une voie de 2^m,50 avec trottoir de 0,675 de chaque côté.

Le pont est formé de deux grosses poutres, composées d'une âme de 630 × 8, de 4 cornières $\frac{80 \times 80}{11}$, et de tables de 250 × 21 en deux feuilles. Ces poutres sont distantes de 3^m,14 ; elles portent des pièces de pont en tôles et cornières, formées d'une âme de 300 × 8 et de 4 cornières $\frac{60 \times 60}{8}$, espacées de 1^m,41. La jonction est faite au moyen de goussets en tôles reliant à la poutre, au moyen de cornières, les extrémités des pièces de pont.

Au moyen d'autres goussets triangulaires, formant consoles et portant une petite longrine de 0^m,125, on soutient le trottoir et la balustrade.

La maçonnerie du trottoir est établie sur une tôle de 0^m,006 d'épaisseur, assemblée avec la poutre d'une part, avec la longrine de l'autre. Quant à la balustrade, elle est portée sur la longrine, que des patte sinclinées empêchent de se déverser; les mêmes pattes montent le long des supports verticaux de la balustrade et les maintiennent verticaux. Le plan suivant A B est indiqué en haut de la *fig.* 804, dont le croquis principal donne le profil de la chaussée et du trottoir.

L'intervalle des pièces de pont est franchi par des voûtes en briques, dont les reins sont remplis, et qui sont recou-

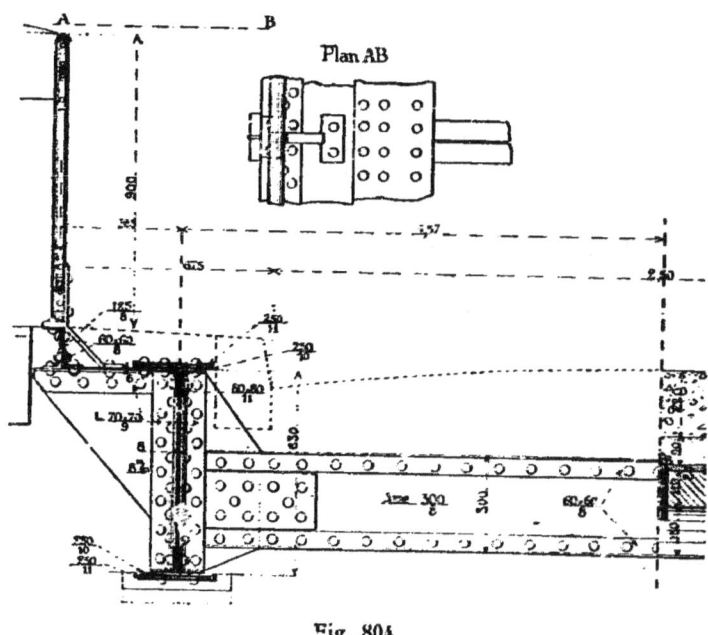

Fig. 804

vertes d'une chape supérieure, avec les dispositions convenables pour l'écoulement des eaux.

Une variante de cet arrangement est représentée dans la *fig.* 805. Il s'agit d'un pont sur un canal devant servir pour piétons ainsi que pour une locomotive sur rails. La portée est de 10^m,00 et la largeur de 2^m,96 seulement.

Le pont est formé de 4 poutres; les deux du milieu sont disposées pour recevoir les rails et mises suivant les axes de ces derniers. Les deux poutres de rive sont surélevées. Les détails de la construction sont figurés dans les croquis

806 et 807. Par la *fig.* 806, qui donne la coupe transversale du pont, on voit que les poutres milieu ont 0ᵐ,45 de

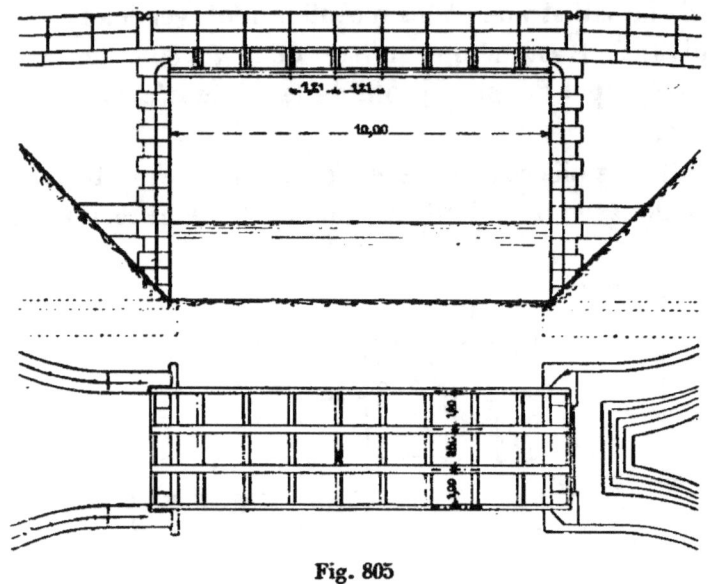

Fig. 805

hauteur ; elles sont formées d'une âme de 10, de 4 cor-

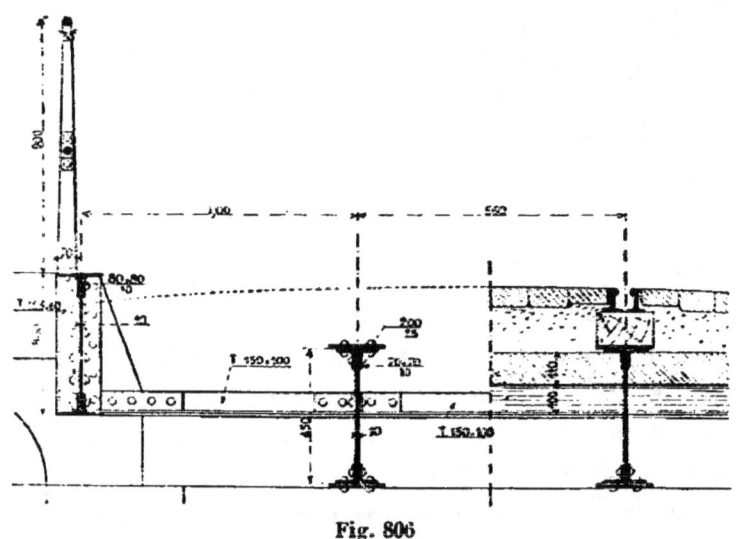

Fig. 806

nières $\frac{70 \times 70}{10}$ et de tables de $0,200 \times 25$. Les poutres de rives, surélevées d'environ 0ᵐ,22, sont plus fortes : elles ont

0,50 de haut, une âme de 10 et 4 cornières de $\frac{80 \times 80}{10}$.
Les traverses, espacées de 1^m,21, sont en fers à T de 0,150 × 0,100 ; elles portent sur la membrure inférieure des fers de rive, et sont assemblées au milieu de l'âme des fers milieu. Ces derniers dépassent donc en dessous de la moitié de leur hauteur. Le garde-corps est fixé à la membrure supérieure de la poutre de rive.

La *fig.* 807 donne une portion de coupe longitudinale ; on y voit la coupe des voutes en briques qui s'appuient sur les traverses, ainsi que la vue latérale des deux

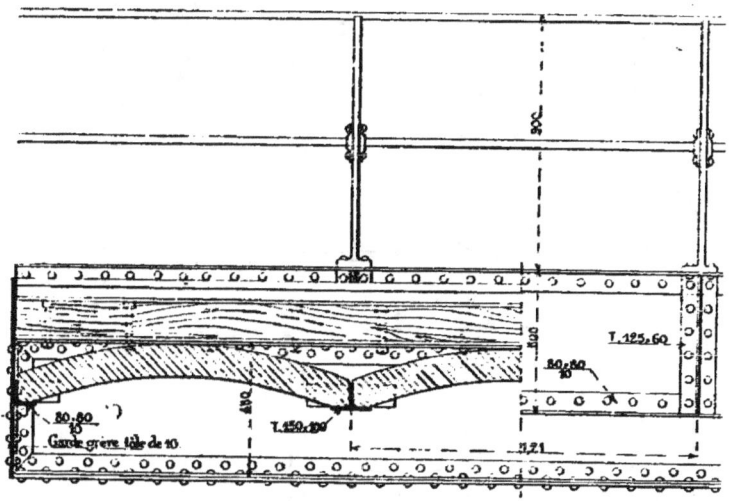

Fig. 807

systèmes de poutres. L'assemblage des fers du gardecorps-y est également indiqué.

Lorsque la largeur de la chaussée augmente, on prend souvent une disposition représentée dans la *fig.* 808. Elle consiste à rapprocher le plus possible les poutres de rives, à intercaler une poutre milieu parallèle, les aidant à porter les pièces de pont, et enfin à mettre les trottoirs en saillie sur des consoles. Il en résulte que les poutres sont inégalement chargées, celle du milieu, quoiqu'ayant à supporter deux demi-travées, a sa hauteur très restreinte, puisqu'elle doit être comprise sous la chaussée.

Dans l'application de la *fig.* 808, qui représente un pont en élévation, en coupe et en plan, la portée est de 8ᵐ,00, la largeur de voie de 6ᵐ,20. L'entraxe des 3 poutres est de 2ᵐ,53. Les pièces de pont sont espacées de 1ᵐ 57.

Le détail de la construction est donné dans la *fig.* 809. Les poutres de rives sont composées chacune d'une âme de 0,780 × 7, de 4 cornières $\frac{70 \times 70}{9}$ et de tables de 250 × 9. La poutre intermédiaire a 0ᵐ,60 seulement de

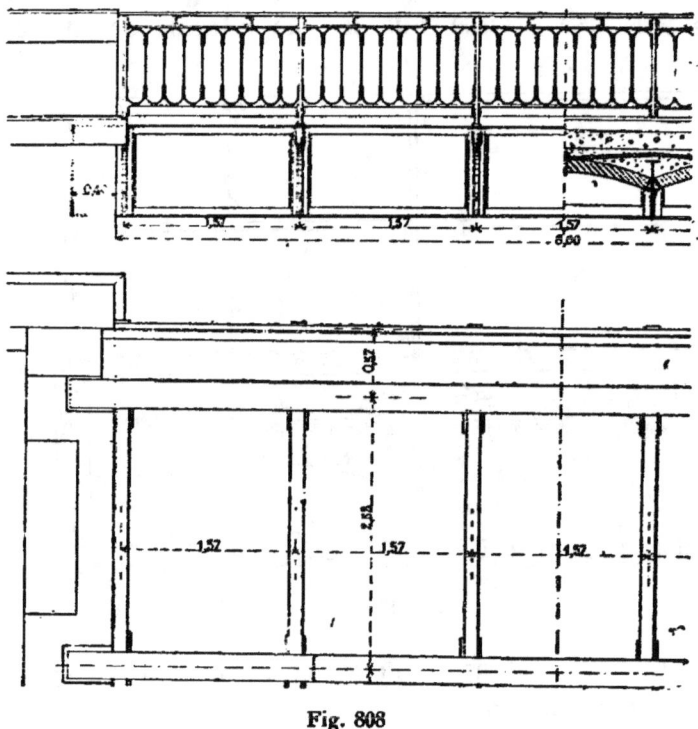

Fig. 808

hauteur ; elle est formée d'une âme de 10, de 4 cornières $\frac{90 \times 90}{10}$, et de tables de 300 × 22 en deux feuilles.

Les pièces de pont sont des fers à I. L. A. de 0ᵐ,260 ; elles sont réunies aux poutres par de fortes éclisses formant goussets, et maintenant les angles.

Les entrevous des pièces de pont sont remplis par des voûtes en briques de 0,11, au-dessus desquelles se trouve un remplissage en béton et le tout est couvert d'une chape. Au-dessus est l'empierrement.

Les consoles extérieures sont en fonte ; elles portent les montants des garde-corps, et en outre, une lisse de rive en

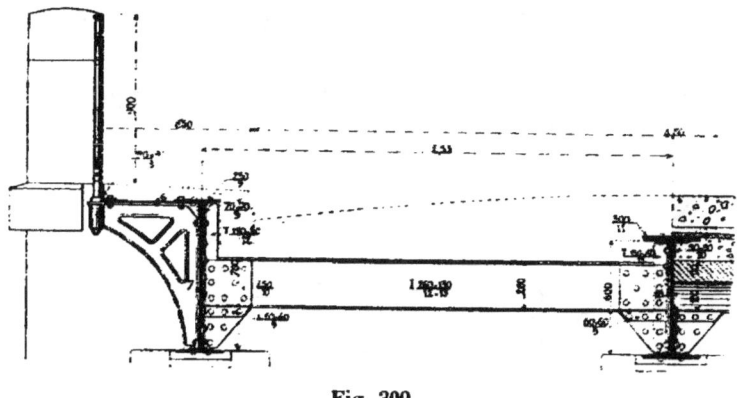

Fig. 309

cornière de $\frac{90 \times 90}{9}$; entre cette rive et la poutre, une tôle de 6 millimètres soutient le trottoir. Le profil de ce dernier et celui de la chaussée sont indiqués en ponctué.

376. Ponts à poutres droites avec points d'appui intermédiaires. — On peut avoir à franchir une portée considérable et trouver économiquement des points d'appui intermédiaires, tels que des colonnes ou des piliers; l'ouvrage prend alors l'aspect de la *fig.* 110. On trouve souvent cette application au-dessus des tranchées de chemins de fer; la vue est ici bien mieux dégagée qu'avec des culées venant jusqu'aux pieds des talus. Dans bien des cas aussi cette disposition est plus économique.

Dans l'exemple figuré, la portée est de 14ᵐ,00, la distance des supports de 5ᵐ,00, la largeur de la voie de 5ᵐ,00, trottoirs en plus. Le tablier du pont est sensiblement identique à celui du cas précédent ; il comprend trois poutres dont celles de rives plus hautes; en dehors de ces dernières, des consoles en porte à faux soutiennent le platelage en bois des trottoirs. Les poutres sont reliées des pièces de pont espacées d'axe en axe de 1^m,50.

Les supports intermédiaires sont constitués par des palées en fonte, formées chacune de 3 colonnes correspondant aux trois poutres du tablier. Ces colonnes, fondées

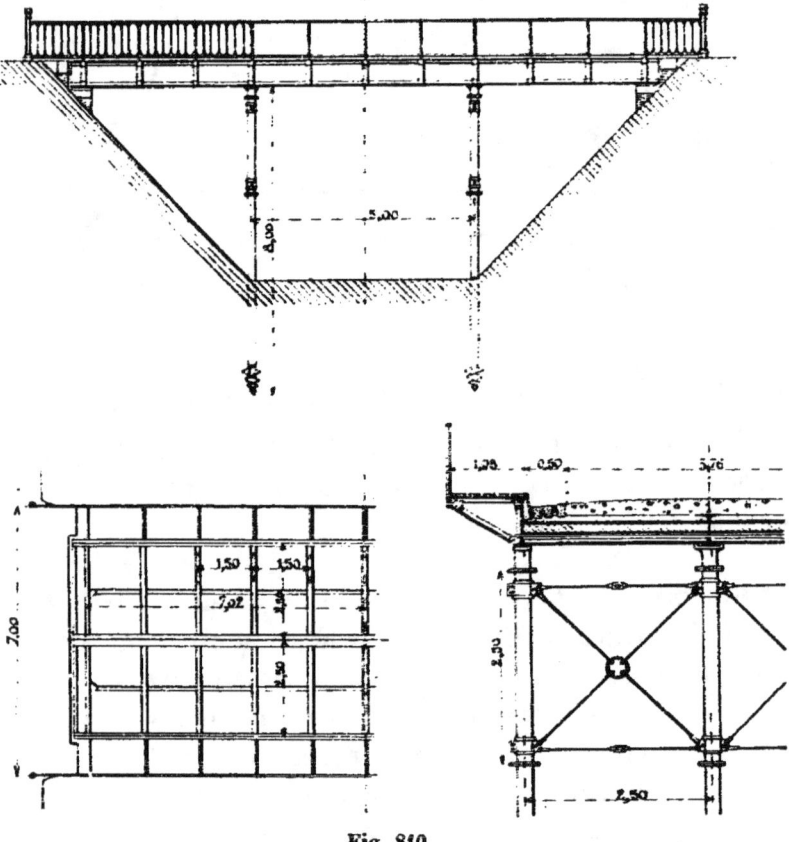

Fig. 810

sur pieux à vis, sont réunies par deux cours de traverses, avec contreventements diagonaux. Elles sont terminées par de larges tablettes que l'on boulonne avec les poutres.

Le détail de la construction de ce pont est représenté dans les divers croquis de la *fig*. 811. D'abord, la coupe transversale à grande échelle montre la composition de la charpente. Les poutres de rive ont 0,65 de hauteur, une

342 CHAP. IX. — PASSERELLES ET PETITS PONTS

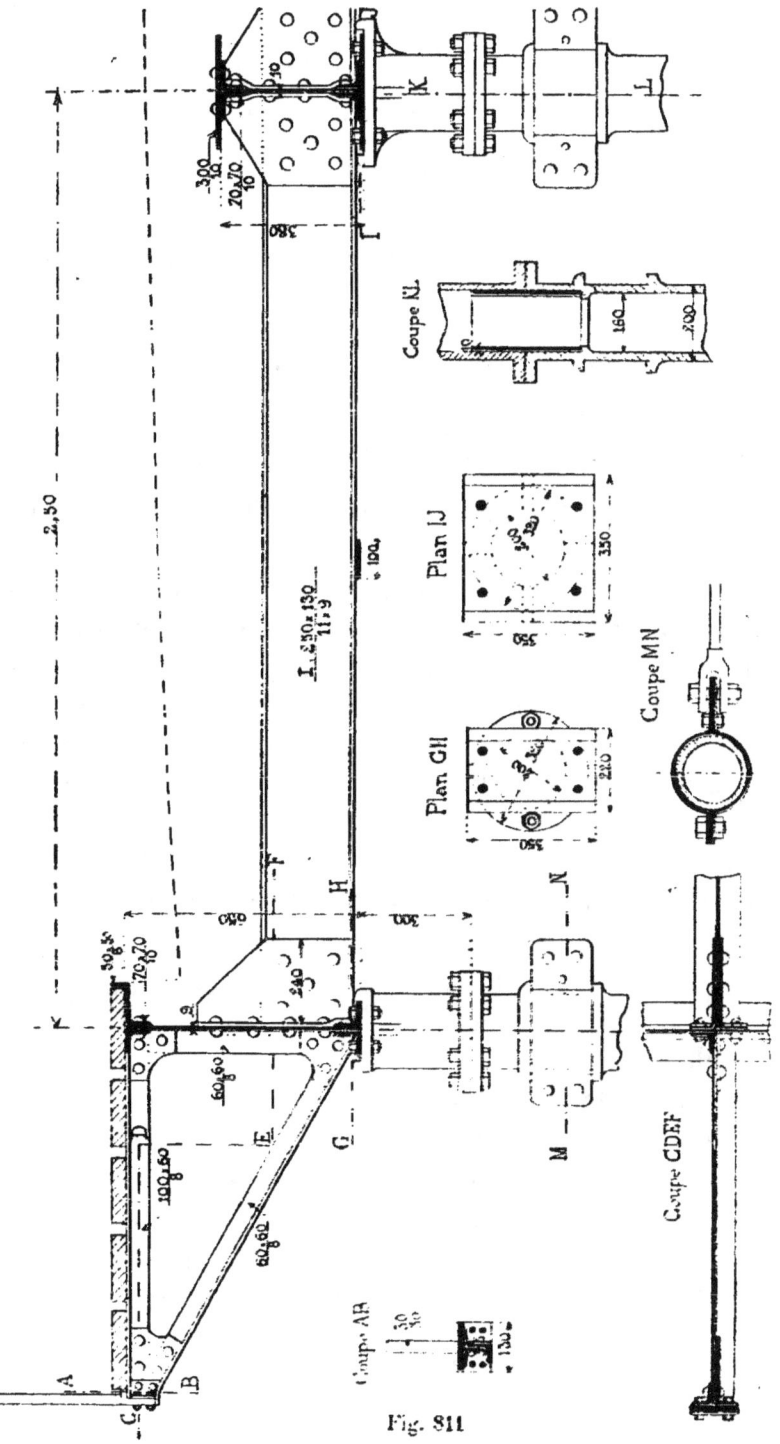

Fig. 811

âme de 0,009 d'épaisseur et 3 cornières $\frac{70 \times 70}{10}$. La poutre milieu n'a que 0,380; elle est établie avec une âme de 10, 4 cornières $\frac{70 \times 70}{10}$ et deux tables de 300×10.

Les pièces de pont sont en fers à I laminés de 0,250 LA.

Les consoles extérieures sont en doubles cornières $\frac{60 \times 60}{8}$, sauf la branche horizontale qui, pour travailler à la flexion avec sécurité, doit avoir $\frac{100 \times 60}{8}$.

Le platelage au-dessus est fait en chêne épais de 0,05 d'épaisseur; la dernière frise est bordée d'une cornière de $\frac{50 \times 50}{6}$, qui garantit du frottement des roues.

La forme du profil de la chaussée est tracée en ponctué.

377. Ponts à poutres droites en treillis. — Dans le même cas de ponts au-dessus des tranchées de chemins de fer, on trouve presque le même avantage comme économie à supprimer les points d'appui intermédiaires. On fait alors le pont d'une seule portée entre les culées, en le formant de grandes poutres hautes en treillis, faisant en même temps office de garde-corps.

Les pièces de pont prennent alors de l'importance, en raison de la plus grande portée qui atteint toute la largeur du pont.

On trouve dans cette nouvelle disposition l'avantage de dégager complètement la vue, dans toute la largeur de la tranchée.

Un exemple de pont de ce genre avec grandes poutres en treillis est donnée dans la *fig*. 812. La portée de ce pont est de 15^m,00 et la largeur de la voie de 6^m,00.

Les deux grandes poutres ont 1^m,60 de hauteur; elles sont écartées de 6^m,00 d'axe en axe; elles reçoivent une série de pièces de pont espacées de 1^m,68, entre lesquelles s'étendent des voûtes en briques. Ces dernières s'appuient sur les membrures inférieures dans la largeur de la chaussée, et, au contraire, sur les membrures supérieures dans la largeur du trottoir, ainsi que le montrent les coupes suivant GH et AB de la figure d'ensemble.

Le détail de cette construction est donné dans la coupe

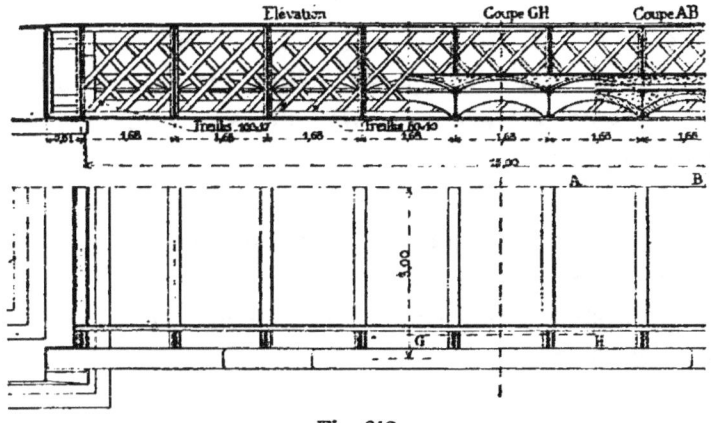

Fig. 812

transversale. Celle-ci montre la section des poutres, dont les membrures sont faites d'une âme de 300×7, de 4 cornières $\frac{90 \times 90}{11}$ et de 3 tables de 350×9. Le treillis est constitué par des barres de 100×10 et de 80×10. Des renforts, corres-

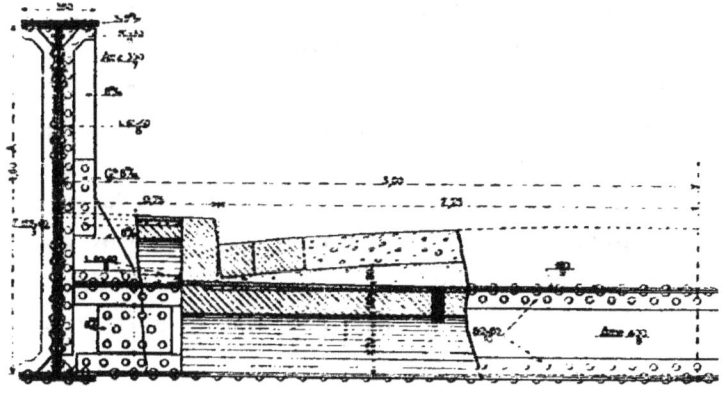

Fig. 813

pondant aux axes des pièces de pont, raidissent le treillis; ils sont formés, au dehors, d'un fer à T $\frac{125 \times 60}{9}$, et, en dedans, d'une tôle de 8 millimètres et de 2 cornières $\frac{60 \times 60}{8}$;

dans le bas, la tôle s'élargit en gousset afin de raidir l'angle avec la pièce de pont.

Les pièces de pont ont 0,400 de hauteur, elles sont formées d'une âme de 8, de 4 cornières $\frac{80 \times 80}{10}$; et de tables de 180 × 9. Les voûtes en briques ont leur extrados redressé par un remplissage en béton surmonté d'une chape. Au-dessus d'une couche de sable on étend l'empierrement de la chaussée.

Si on disposait d'une grande hauteur, on ferait une économie sur les pièces de pont en les montant à la partie haute des poutres et les posant par dessus; cela permettrait de rapprocher ces dernières et de soutenir les trottoirs en porte à faux.

378. Ponts sous rails avec poutres en dessous. — Les ponts *sous rails*, ou plus simplement *ponts-rails*, ont été exécutés en si grand nombre, dans des conditions si identiques, qu'il en est résulté un certain nombre de types très étudiés, répondant parfaitement aux programmes à remplir. Lorsque la hauteur dont on dispose ne fait pas défaut, et que la portée est faible, on établit le pont avec autant de poutres qu'il y a de files de rails, et chaque poutre porte directement le rail par l'intermédiaire d'une longrine en bois. C'est le cas du pont représenté par les 4 croquis de la *fig.* 814. Ce pont, de 4^m,00 d'ouverture, est du type de la Compagnie d'Orléans. Les poutres sont en tôles et cornières de 0,40 de la hauteur. (On donne à cette dimension le 1,10^e de la portée). Elles sont formées d'une âme de 8 millimètres, de 4 cornières $\frac{70 \times 70}{10}$, et de tables de 300 × 00. La vue latérale d'une de ces poutres est représentée dans le croquis (1). On voit qu'elles sont reliées par des entretoises transversales, sortes de pièces de pont incomplètes, faites de doubles cornières comme membrures et de tôles verticales isolées, aux points seuls où les assemblages le demandent. L'une de ces tôles existe à la portée, une autre sous chacun des fers à I de $\frac{100 \times 60}{8}$ qui, mis longitudinalement, servent à

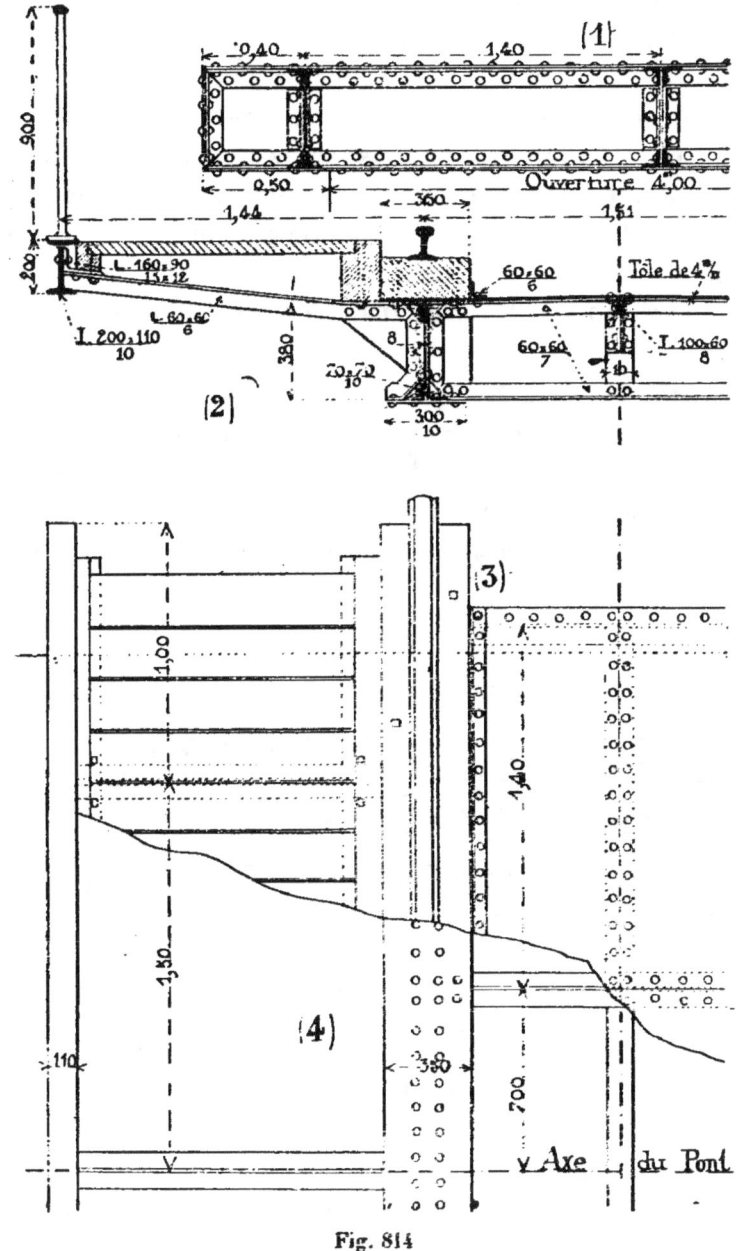

Fig. 814

soutenir le platelage. Ce dernier est en tôle de 4 millimètres d'épaisseur et on le fait ainsi pour qu'il soit incombustible ;

il occupe toute la surface comprise entre les poutres principales.

Le trottoir, vu dans la coupe tranversale du croquis (2), est établi très légèrement au moyen d'un fer à I de 200 LA formant rive extérieure, et de cornières perpendiculaires, rejoignant la grande poutre la plus voisine. Le plan de ce pont est représenté par les deux croquis (3) et (4). Le croquis (3) est une vue supérieure d'une partie du pont, montrant le platelage, l'un des rails et une portion de trottoir. Le croquis (4) continue le même plan, mais, le platelage étant enlevé, on voit les principales pièces de l'ossature.

379. Ponts-rails, les rails portés sur les entretoises. — Lorsque la portée augmente, la hauteur des poutres augmente dans le même sens, et on n'a plus toujours la possibilité d'établir ces poutres sous les rails. On prend alors la disposition de la *fig.* 815 qui représente

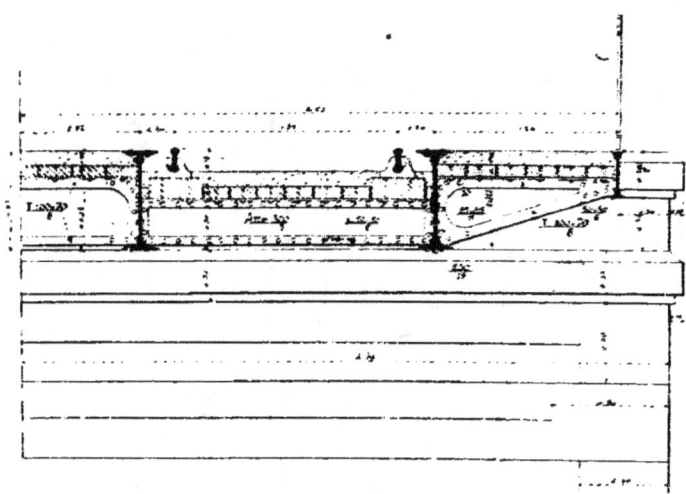

Fig. 815

un pont du type des Chemins de l'Ouest. La portée est de $10^m,00$ et il est à deux voies. Chaque voie est placée entre deux poutres longitudinales espacées de $1^m,99$ d'axe en axe. Ces poutres sont réunies tous les $1^m,10$ par des entretoises sur lesquelles on pose les rails par l'intermédiaire de longrines en bois. Le trottoir est porté par des consoles en fer à T dont les extrémités se relient à une lisse extérieure de 0^m,300. Les deux poutres d'entrevoie sont réunies par des entretoises simples en fers à T, formant par leur réunion une poutre sans âme de 0,45 de haut, et cette dernière porte le garde-corps.

Sur tous ces fers se fixe un platelage en bois, fait de madriers juxtaposés à joints ouverts; pour les garantir et les rendre incombustibles on les recouvre d'une couche de 0^m, 10 environ de ballast.

380. Ponts-rails, les rails portés sur longerons. — Un autre exemple de pont du même genre, mais avec longerons et platelage en tôle, est donné par les deux croquis de la *fig.* 816; ils représentent un pont sur la Corbionne, ligne d'Alençon à Condé, Chemins de fer de l'Ouest. Le pont est à une voie et l'ouverture est de 10^m,00. Cette ouverture est franchie par deux poutres longitudinales de 0,90 de hauteur d'âme, armées par des cornières et trois épaisseurs de tables; l'espacement entre ces poutres est de 2^m,80.

Tous les 2^m,16 est placée une pièce de pont, de 0^m,600 de hauteur, appuyée sur les ailes inférieures des poutres. L'écartement de 2^m,16 ne permet pas d'abandonner le rail en ne le soutenant que par une longrine en bois; on est obligé de faire intervenir une nouvelle pièce, le longeron, placé dans l'axe du rail, et porté par les pièces de pont. C'est également une poutre de 600 de hauteur, dont les membrures sont faites de doubles cornières en haut et en bas. Le platelage est en tôle de 8 millimètres rivée avec les membrures des pièces de soutien, et il concourt dans une certaine mesure à la rigidité de l'ossature.

Les trottoirs sont portés en encorbellement sur les faces extérieures des poutres par des consoles faites d'un gousset de 10 millimètres d'épaisseur, entouré d'un cadre en cornières. — Les têtes des consoles sont réunies par une rive en fer en U de 175 portant la balustrade. Le platelage du trottoir est également fait en tôle de 8 millimètres d'épaisseur. Il est rivé après les goussets, après

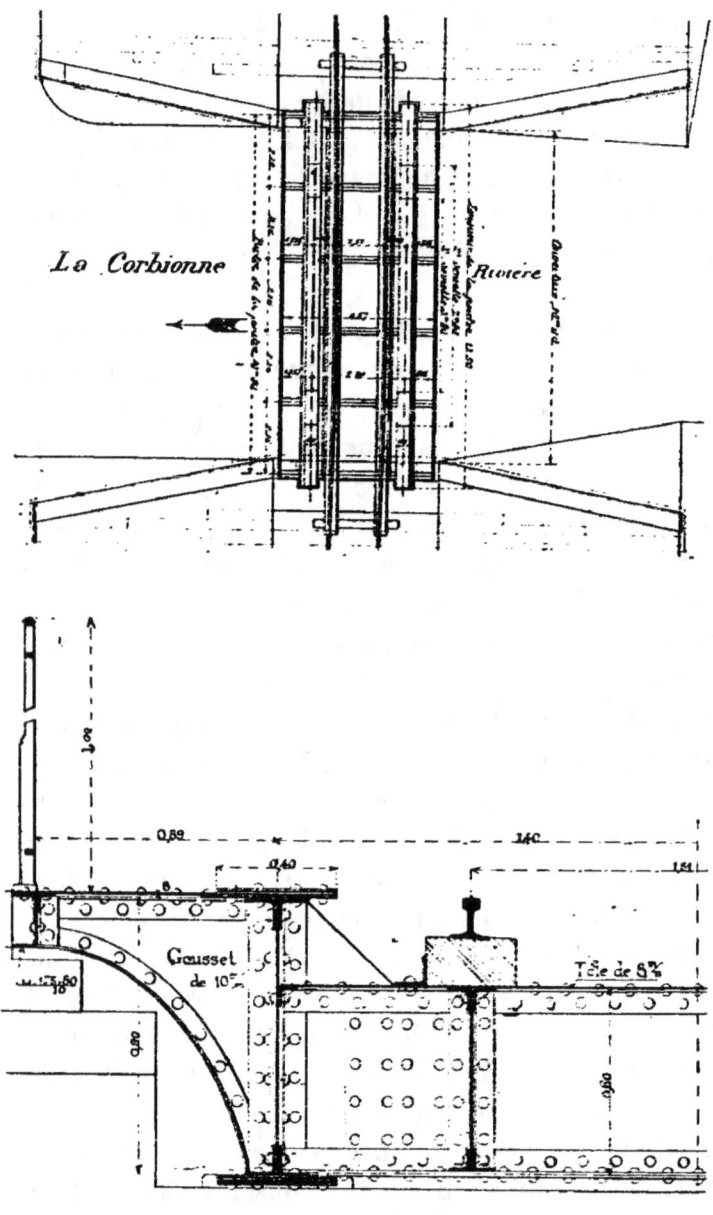

Fig. 816

le fer en U et aussi avec l'excédant de largeur d'une des semelles des poutres, disposée à cet effet.

381. Ponts rails avec poutres jumelées. — Lorsqu'on est très restreint pour la hauteur, on cherche à gagner sur la dimension de la poutre et pour cela on la

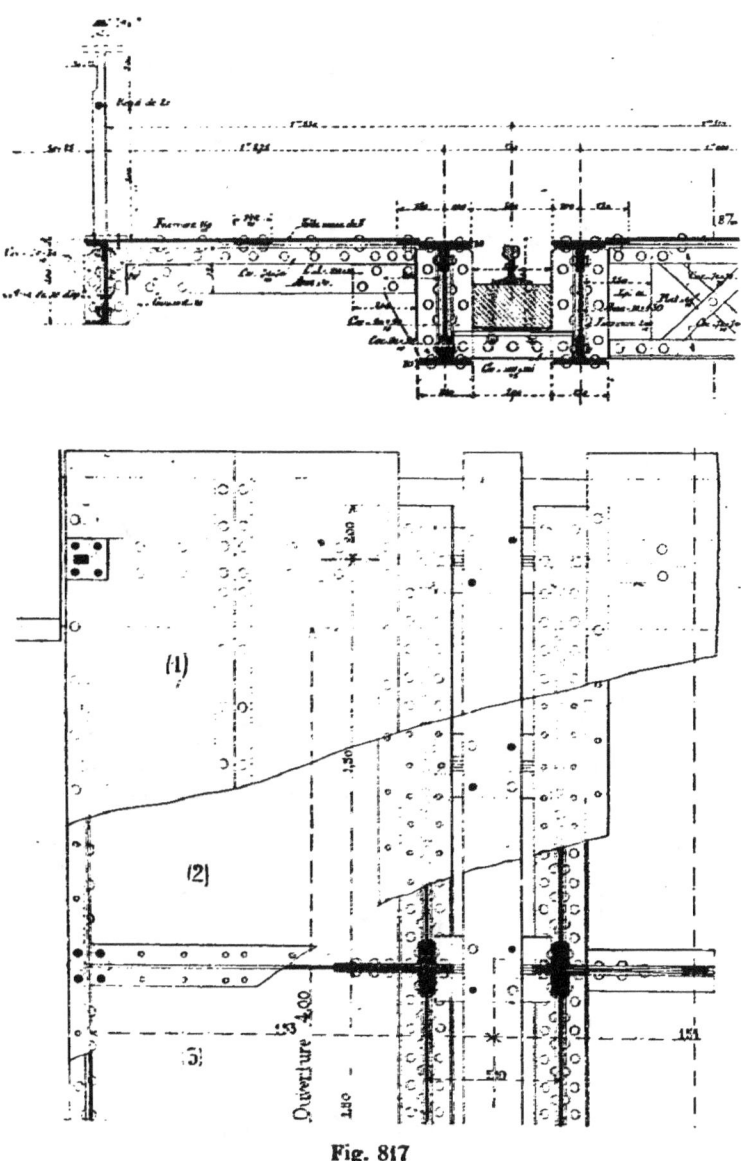

Fig. 817

dédouble en deux pièces, que l'on établit parallèlement, avec un intervalle libre d'environ 0^m,30; c'est dans cet intervalle qu'on place le rail, ainsi que ses pièces de soutien.

PONTS-RAILS

On peut ainsi réduire au minimum la hauteur des poutres et y comprendre la hauteur du rail lui-même.

La *fig.* 817 montre un viaduc de ce genre, à poutres jumelées, de 4^m,00 d'ouverture, type de la Cie des chemins de fer de l'Ouest.

Les poutres ont 0^m,45 de hauteur totale; elles sont fai-

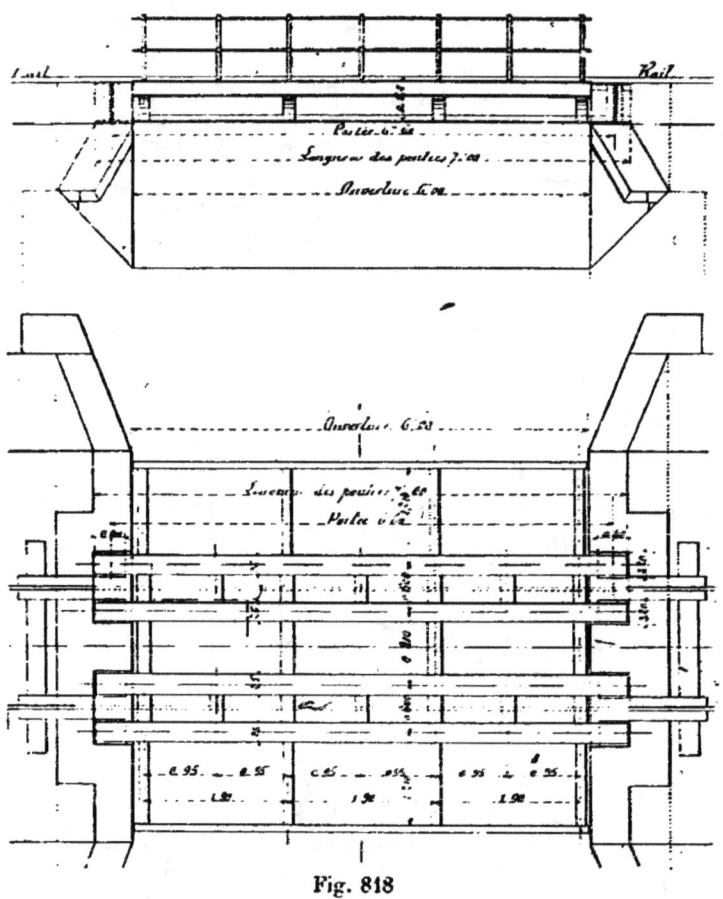

Fig. 818

tes d'une âme de 430×10, de 4 corn. $\frac{90 \times 90}{10}$ et d'une table de 220×10. L'écartement d'axe en axe est de 0,510; ce qui laisse un vide disponible de 290. Ces poutres jumelées sont réunies à leur partie basse par des cornières de $\frac{100 \times 100}{15}$ espacées de 0,750. Sur ces cornières on étend un fer plat de 22 × 10 et, par dessus, la longrine en bois à laquelle est fixé le rail. Chaque poutre double est réunie à la poutre correspondante de la même voie par une série d'entretoises en treillis espacés de 1ᵐ,50.

Le trottoir est soutenu par la poutre la plus voisine et une poutre extérieure de rive, faite d'un U composé de 0,300 de hauteur. Des traverses en fers à T composés, espacées de 1ᵐ,50, forment solives.

La surface totale du pont est recouverte d'un platelage en forte tôle de 8 millimètres d'épaisseur, rivé à toutes les pièces de support qu'il rencontre.

Un autre exemple de pont à poutres jumelées est figuré

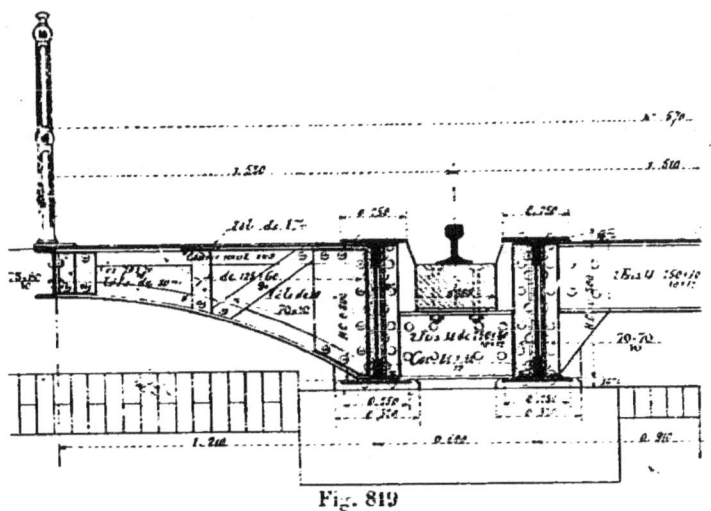

Fig. 819

dans les croquis 818 et 819. C'est la représentation d'un pont de la compagnie de l'Ouest, établi sur la ligne d'Alençon à Condé. L'ouverture est de 6ᵐ,00 ; elle est franchie par une seule voie au moyen de deux poutres doubles de 0ᵐ,52 de hauteur.

Chaque pièce a une âme de 500 × 10 ; elle est armée de 4 cornières $\frac{80 \times 80}{12}$ et de tables de 250 × 16. L'espacement des deux fers jumelés est de 0ᵐ,60. Les pièces de réunion sont des fers en U de 250 accolés dos à dos et fixés sur des goussets. Sur ces fers en U règne une tôle de 250 × 10, puis la longrine en bois soutenant le rail.

Avec cette construction l'épaisseur réelle du pont, du dessous des poutres au-dessus du rail, est réduite à 0^m,580.

Les poutres jumelées d'une même voie sont réunies par des traverses formées de 2 fers en U de 250, fixées sur goussets.

Le trottoir est établi en encorbellement sur des consoles en treillis, dont les têtes sont réunies par un U de 175 portant la balustrade. Le platelage est, comme le précédent, en tôle de 8 millimètres d'épaisseur.

382. Ponts droits démontables. — On désigne sous le nom de ponts démontables des ouvrages, faciles à transporter en petits éléments, faciles à monter, et permettant, au moyen d'un nombre restreint de pièces, de franchir des espaces variant dans des limites étendues, en présentant toute sécurité. Ils sont destinés à servir comme ponts militaires, ouvrages qui doivent être vivement montés.

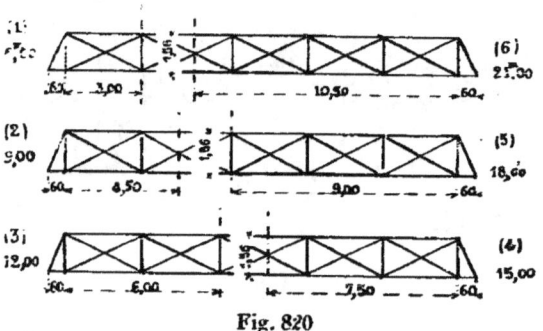

Fig. 820

D'autres applications intéressantes peuvent en être faites dans les pays d'émigration ou de montagnes, où les moyens de transport sont élémentaires.

Les premiers ponts de ce genre ont été étudiés par M. Eiffel. Son système permet de franchir à volonté des espaces de 6, 9, 12, 15, 18 ou 21 mètres, en n'employant que 7 formes différentes de pièces. Les poutres de ces différentes dimensions de ponts sont représentées par les croquis (1) à 16) de la *fig.* 820.

Ils sont faits de treillis en X séparés par des montants.

La hauteur uniforme est de 1^m,56. Chacune des divisions rectangulaires a 3^m,00 de long.

Les éléments portatifs invariables, préparés d'avance pour obtenir ce résultat, sont figurés sur le croquis n° 821. Le n° 1 est un triangle isoscèle avec montant vertical au milieu ; c'est l'élément courant qui constitue la partie principale du pont. Le n° 2 est l'élément d'extrémité. Il est formé

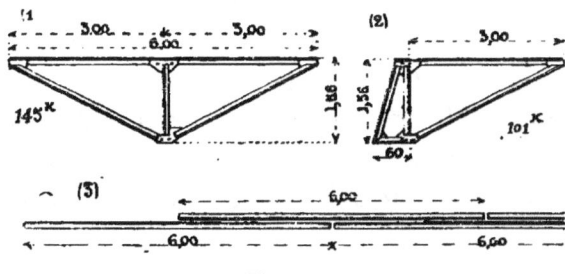

Fig. 821

d'un demi élément courant, auquel on a ajouté un petit triangle accessoire, de 0,60 de base, qui formera la portée sur la culée. Le n° 3 montre les tirants qui réuniront la base des éléments et qui sont faits de bouts de cornières de 6^m,00 de long, que l'on double en croisant les joints. Toutes ces pièces ont leurs extrémités disposées de telle

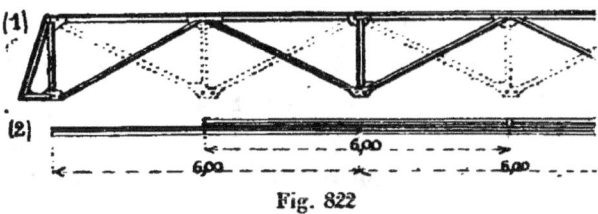

Fig. 822

sorte qu'en les présentant en place, leurs assemblages se correspondent et qu'il n'y ait qu'à les boulonner, ce que l'on fait avec des boulons tournés à la dimension précise des trous, et dont l'extrémité conique permet de rappeler les pièces exactement à leur place.

La *fig* 822 montre la manière dont les éléments s'assemblent pour former la poutre un pont. A une pièce d'extrémité viennent se joindre des pièces courantes qui se croisent comme l'indique le tracé ponctué; il ne reste plus qu'à les réunir par les tirants horizontaux qui constituent la membrure inférieure. Cette opération de montage peut s'exécuter en quelques instants, quand on dispose de plusieurs équipes, entre lesquelles on répartit judicieusement le travail. Quand on est moins pressé, on diminue le personnel, et, malgré cela, on peut en quelques heures, avec 4 hommes, mettre en place un pont de 21^m,00.

Les poutres sont mises à l'écartement de 3^m,00 : elles sont réunies par des pièces de pont de 4^m,10 de long, et la saillie extérieure de 0^m,55 sert à fixer des contrefiches, qui rejoignent les montants des poutres et assurent leur verticalité, *fig.* 823. Le contreventement est fait au moyen

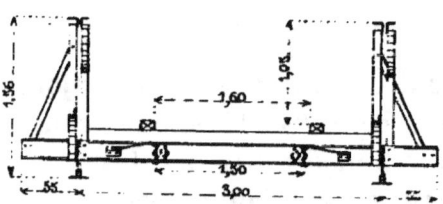

Fig. 823

de fers plats, disposés en croix de Saint André entre deux pièces de pont consécutives.

Pour porter le plancher en bois, on pose sur les pièces de pont des longerons intermédiaires, écartés de 1,50, doublés de bois, sur lesquels on fixe des madriers transversaux. On force les voitures à passer dans le milieu du pont au moyen de deux pièces longitudinales saillantes formant bordures, qui laissent libre un intervalle de 1^m,60.

Ces ponts sont établis en acier, ce qui permet de faire travailler le métal à 12 kilogrammes par millimètre carré.

Pour l'ouverture la plus grande de 21 mètres, ces ponts peuvent porter 250 kilogrammes par mètre carré, soit 750 kilogrammes par mètre courant.

Pour une ouverture de 18 mètres, ils peuvent porter

300 kilogrammes par mètre carré, soit 900 kilogrammes par mètre courant.

Pour une ouverture de 15 mètres ils peuvent porter 400 kilogrammes par mètre carré, soit 1.200 par mètre courant.

M. Eiffel a encore créé deux autres types de ponts du même genre : l'un de $2^m,00$ de hauteur de poutre, dont le maximum d'ouverture est de $27^m,00$; l'autre, qui s'applique spécialement aux ponts militaires, ne diffère du premier type que parce qu'il y a 5 longerons dans la largeur, et que le passage des chariots est élargi à $1^m,800$. Enfin, ces types ont été modifiés pour le cas de chaussées empierrées, ce qui restreint dans chaque cas l'ouverture maximum.

Le montage de ces ponts peut se faire de deux façons :

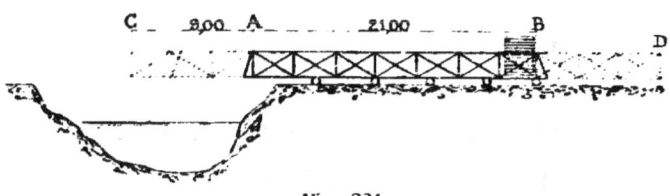

Fig. 824

soit sur place, en les soutenant sur des chevalets posés à la demande en rivière, soit en les assemblant d'abord sur la rive, en vue d'un lançage tout d'une pièce, ainsi que le montre la figure 824. Dans le dernier cas, le pont AB est mis sur rouleaux ; on le munit d'un avant bec AC et d'un lest en B et on le fait avancer jusqu'à ce que l'avant-bec s'appuie sur la rive opposée. On remplace volontiers le lest B par une portion du pont additionnel BD, lorsqu'on dispose d'un excédent de matériel.

On a fait plusieurs autres systèmes de ponts démontables, la forme seule des éléments diffère. Quelques-uns sont des rectangles contreventés par leurs diagonales, mais le principe de la jonction et des combinaisons reste le même.

383. Ponts et passerelles en arc. Emploi des fers laminés. — Les ponts en arc sont particulièrement avantageux toutes les fois que l'on a à sa disposition, ou que l'on peut établir facilement des culées solides. La quantité de fer employée diminue alors dans de très notables proportions pour franchir une ouverture donnée.

Pour de très petites portées et jusqu'à 12 à 14 mètres, on peut faire très économiquement des ponts et passerelles en se servant des fers à I laminés à larges ailes du com-

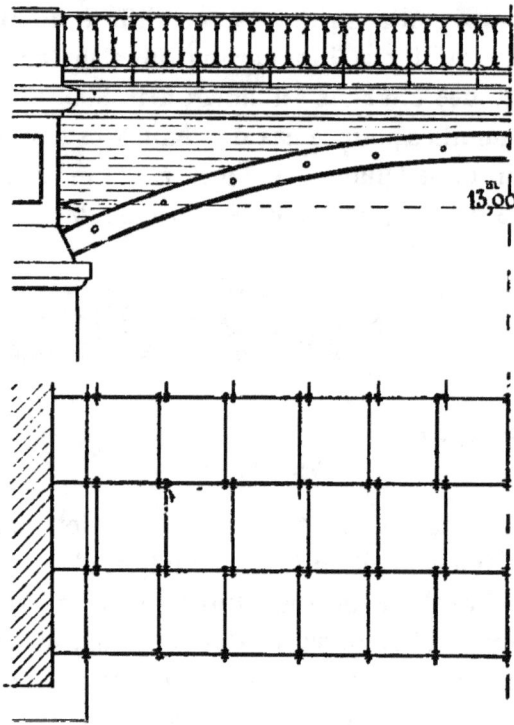

Fig. 825

merce, cintrés en forge à la flèche voulue. C'est ainsi que nous avons exécuté à Corbeil le pont qui se trouve en avant du moulin et qui a 13^m,00 d'ouverture. Il a été formé de fers de 0,260, LA. (45 kilos le mètre), espacés à 1^m,20 et cintrées à 0,90 de flèche. Les culées sont établies sur les bajoyers d'une ancienne écluse très solide, capable de contrebuter la poussée du pont; elles reçoivent les arcs par l'intermédiaire de sabots en fonte.

Les arcs sont entretoisés à la manière des planchers, au

moyen de files de boulons de 0,020. Ce pont est hourdé entre les fers, et la maçonnerie remplit les tympans jusqu'à la chaussée. Cette dernière a été exécutée avec un macadam fait en pierres cassées et mortier de ciment de Portland. Exécuté en 1864, ce pont a depuis livré passage aux plus fortes charges.

384. Ponts en arc avec poutres composées en tôles et cornières. On ne dispose pas toujours de culées d'une résistance pour ainsi dire presque indéfinie, et on est amené à composer les ponts et les passerelles de la façon la plus légère possible, afin de réduire aux plus faibles valeurs les poussées horizontales. On abandonne alors le hourdis de remplissage plein en maçonnerie. La manière la plus légère de faire alors le remplissage est de l'exécuter au moyen d'un platelage en bois. Ce platelage est formé de deux couches : l'une, inférieure, posée sur les traverses, et qui porte la charge ; l'autre, superficielle, croisée avec la première, qui résiste à l'usure due au roulement et à la circulation, et que l'on change seule lorsqu'elle est suffisamment amincie par l'usage.

Comme exemple d'un pont en arc avec platelage en bois, à usage de piétons seuls, nous donnons dans la *fig.* 826, le dessin de la passerelle dite de Bacchus, à Viroflay, sur la ligne du Mans (Ouest).

Cette passerelle a une portée de $14^m,50$ et sa largeur est de $2^m,00$. Elle est légèrement bombée à sa partie supérieure afin d'augmenter la hauteur sous clef. L'ossature est formée de deux arcs de tête parallèles, de $0^m,40$ d'épaisseur à la clef et de $1^m,64$ aux naissances. L'extrados est tracé suivant un arc de parabole, l'intrados est un arc de cercle de $13^m,32$ de rayon. Ces arcs sont maintenus verticaux l'un par l'autre au moyen d'entretoises transversales et de contreventements obliques. Chacun des arcs est formé de deux membrures courbes faites d'une portion d'âme de 300×10 et de deux cornières de $\frac{70 \times 70}{10}$. A la clef, sur une longueur de près de $6^m,00$, les deux âmes sont réunies

DISPOSITIONS EN ARC

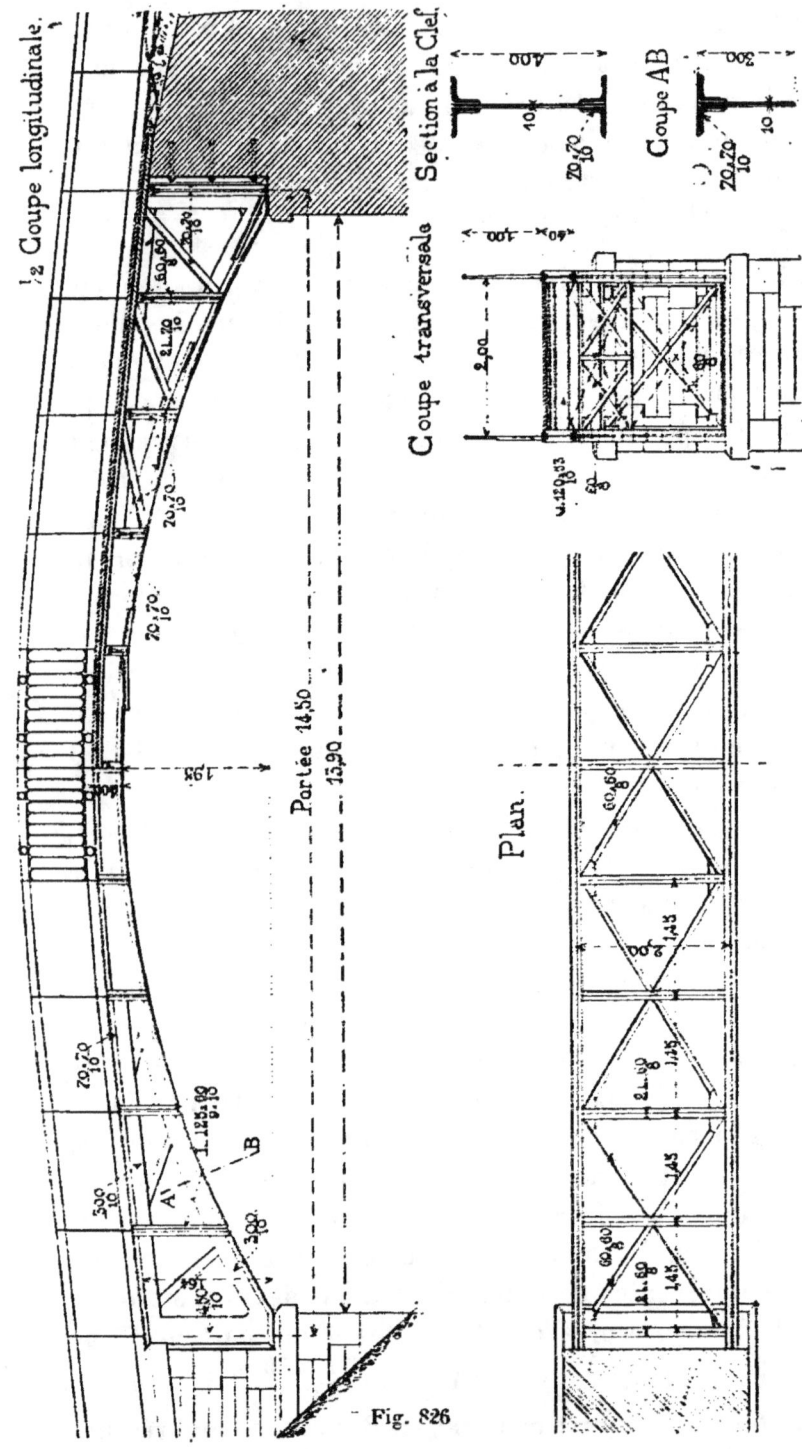

Fig. 826

en une seule. Des treillis en fers à T complètent les arcs.

Les entretoises, espacées de 1^m,45, sont des fers en U doublés chacun d'une cornière. La première, près de la portée, est formée de deux membrures horizontales, écartées à 1^m,64 réunies par deux montants et une croix de Saint André, tandis que la troisième, vue dans la coupe transversale, est formée d'une poutre en treillis de 700 de hauteur.

Toutes ces entretoises sont surmontées chacune d'une lambourde et les lambourdes portent le platelage en bois et permettent de le fixer.

Entre les entretoises existent de grands contreventements en croix de Saint André, dont le tracé est indiqué dans les trois coupes.

Nous figurons dans le chapitre des escaliers, croquis 847, une passerelle en arc comme il en existe souvent au-dessus des canaux ou des tranchées de chemins de fer. La portée est de 13^m,00; le bombement de l'arc exige que le chemin qu'il porte soit composé de degrés successifs au lieu de former une surface continue.

La passerelle est faite de deux arcs en tôles et cornières à membrures concentriques de 0,25 de hauteur. Au-dessus de l'extrados se trouve un prolongement de la poutre, muni d'une membrure rectiligne, horizontale au milieu, inclinée de chaque côté. C'est sur cette membrure que sont attachés les fers à crémaillère qui supporteront les marches. Les deux arcs sont maintenus verticaux, à 2^m,00 l'un de l'autre, 1° par des entretoises en fers à I, réunissant les axes, et 2° par des contreventements en croix de Saint André.

Un exemple de pont-route en arc exécuté en fer est donné comme disposition d'ensemble en élévation, plan et coupe dans la *fig.* 827. Il s'agit d'un pont construit à Chelles, d'une portée de 23^m,50 et d'une largeur entre garde-corps de 4 mètres.

Il se compose de deux arcs parallèles, butant sur des culées en maçonnerie et contreventés par des traverses d'une part et des croix de Saint André dans les intervalles. Les arcs une fois établis reçoivent des solives en bois perpendiculaires. Sur les solives est un platelage en chêne, et enfin, au-dessus, le macadam de la chaussée et les trottoirs.

On eût pu remplacer avantageusement les parties en bois par un plancher en fer hourdé composé de solives parallèles reliées par des boulons à 4 écrous. La maçonnerie voûtée en briques, ou simplement exécutée en petits matériaux plus communs reliés par du mortier de ciment, eût présenté une durée plus grande.

Chacun des arcs se compose de deux membrures. Celle du bas est la plus importante, elle est exécutée en arc très surbaissé ; elle est faite d'une portion d'âme, de deux doubles cornières et de tables. La membrure haute est droite,

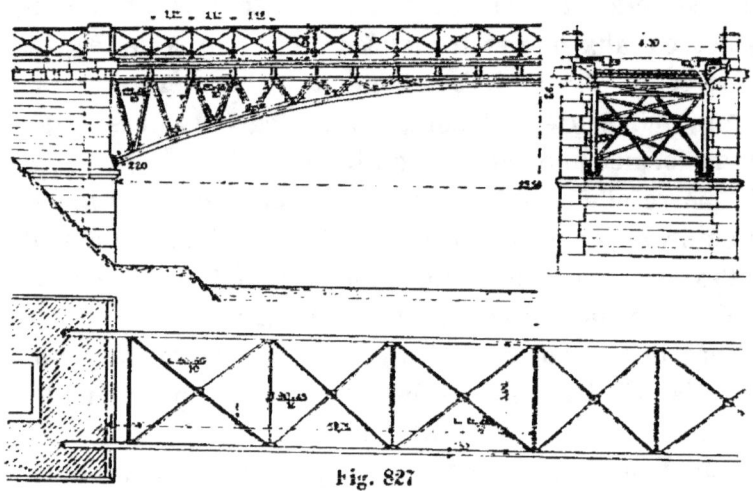

Fig. 827

horizontale et présente une section de même forme. Les deux se trouvent réunies dans les tympans par un treillis en V dont les sommets correspondent aux poutrelles, espacées de 1^m,12 l'une de l'autre. Dans la partie milieu les membrures sont réunies et forment une section en I. Le garde-corps est arrangé suivant la même division.

Le contreventement figuré est celui qui relie les membrures basses. Un autre identique est établi sous les pièces de pont et maintient le haut des fermes bien en place. Quant au treillis, il est en fers à T de $\frac{125 \times 65}{10}$, près de la culée, et de $\frac{90 \times 45}{10}$, plus loin vers le centre.

385. Ponts avec arcs en fonte. — L'emploi de la fonte dans la construction des ponts est tout indiqué, toutes les fois que la forme de la courbe est telle que le métal y travaille à la compression dans la totalité de ses points. Quoique

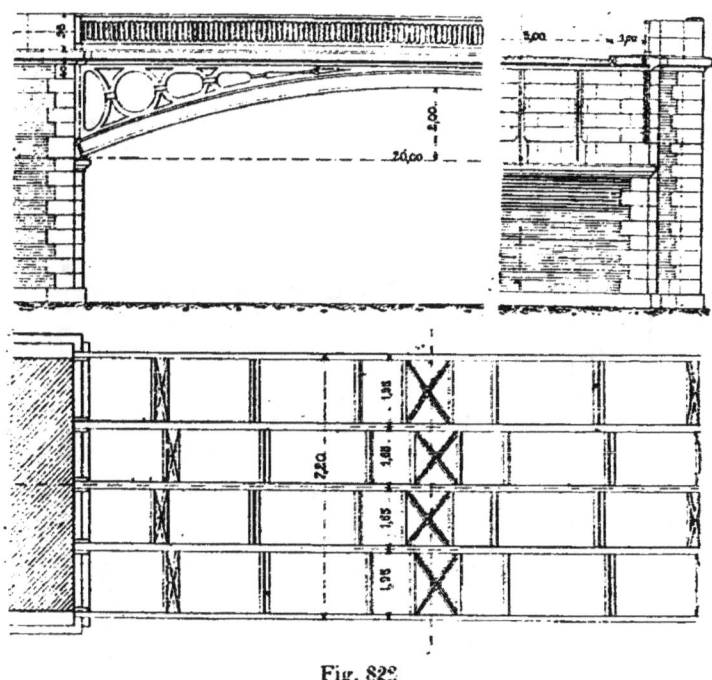

Fig. 828.

la fonte soit particulièrement apte à ce genre de travail, elle est inférieure au fer; son application est moins facile, moins commode, l'exécution demande des études préalables plus longues et plus complètes; elle-même exige des délais plus longs. Aussi fait-on de moins en moins de ponts en fonte.

Cependant, la fonte étant plus décorative, convient souvent mieux dans les villes et nous allons donner la description d'un pont qui peut servir de type pour les applications restreintes qui rentrent dans le cadre de cet ouvrage. Nous représentons, dans les trois croquis de la *fig.* 828, l'ensemble du pont du chemin de Frémur, à Angers, au-dessus du chemin de fer de Tours à Nantes. Ce pont a 20 mètres d'ou-

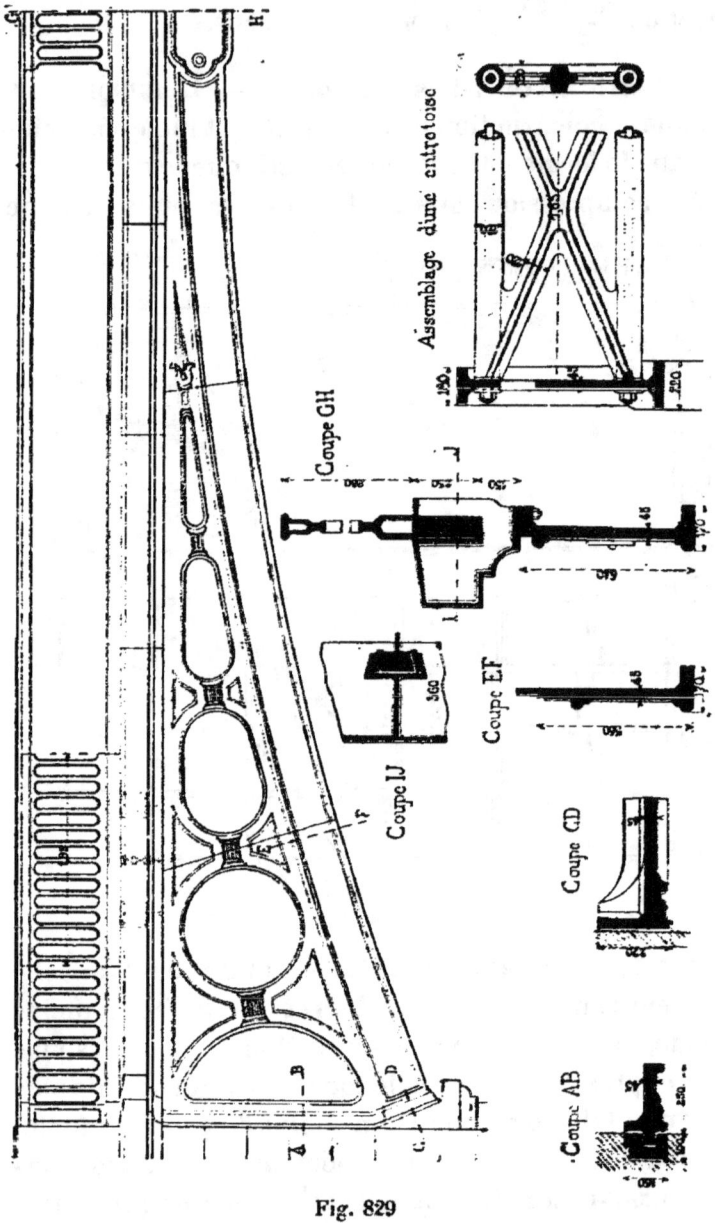

Fig. 829

verture et ces 20 mètres sont franchis par cinq arcs en fonte de 2 mètres de flèche. Les trois arcs milieu sont distants de 1m,65 et l'intervalle des arcs de rive aux voisins est de 1m,95, ce qui fait 7m,20 de largeur totale, soit 5 mètres pour la chaussée et le reste pour les trottoirs. Les arcs sont entretoisés par des pièces spéciales en fonte, formées de 2 tubes parallèles, réunis par deux montants et des traverses en croix de Saint André ; les tubes sont traversés par des boulons d'assemblage. Il y a trois séries de ces entretoises, l'une au faîtage mise horizontalement, les deux autres dans les tympans et placés en biais.

La *fig.* 829 donne la demi-élévation d'un arc de tête. Il est formé de cinq pièces réunies par des joints à brides, ces dernières tournées vers l'intérieur du pont. Dans chacune de ces pièces, l'arc proprement dit est fondu avec des tympans évidés, allant jusqu'à une horizontale au-dessous de la corniche du pont.

Les coupes suivant GH et celle suivant EF, *fig.* 829, montrent la forme qu'affectent les principales parties de cet arc. La retombée se fait sur la face inclinée du sommier en

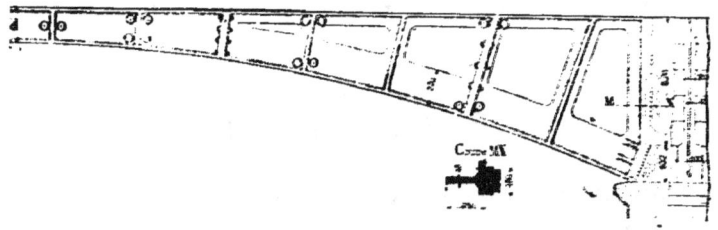

Fig 830

pierre par une base élargie renforcée par des nervures, et la coupe CD rend compte de cette disposition. Au-dessus, la coupe AB montre que le tympan est retenu dans une rainure en fonte logée dans la face de la culée en maçonnerie.

L'arc ainsi disposé est coiffé par une corniche en fonte composée de pièces successives assemblées à brides et recevant dans des alvéoles appropriées les poteaux principaux de la balustrade. On se rend compte de cet arrangement en examinant les coupes GH et IJ.

Enfin, il reste à voir la construction des trois arcs du milieu : L'un de ces arcs est représenté par la *fig.* 830. Il est exécuté d'une façon beaucoup plus simple, n'étant pas vu en façade. Il est composé du même nombre de pièces que l'arc de tête et les assemblages se font de la même manière au moyen de brides. Des évidements existent dans les tympans, et le dernier tronçon s'engage dans la maçonnerie au moyen d'une rainure en fonte qu'on y a préalablement logée, ainsi que le montre la coupe suivant MN et l'élévation latérale de la culée en ce point.

Les arcs sont réunis par des traverses en bois, recevant un platelage en même matière, sur lequel on a étendu le macadam de la chaussée. Il eût été meilleur de proscrire le bois. La liaison supérieure des arcs eût été établie en fers Zorès, avec une légère distance entre les cours voisins. Le macadam se serait trouvé dans d'excellentes conditions, étant drainé par dessous.

Les ponts en fonte exigent, plus que les ponts en fer, que l'on soit absolument sûr de la fixité des fondations. On conçoit, en effet, que le moindre tassement peut changer la nature et le sens des efforts exercés aux différents points, et déterminer par suite de l'inégale aptitude de la fonte à l'extension ou à la compression, des ruptures dangereuses.

386. Règlements relatifs à la construction des ponts. — Les ponts métalliques soutenant des voies publiques, routes ou chemins de fer sont soumis à des règlements qui régissent leur construction et le travail des matériaux qu'on y emploie.

Le dernier règlement du Ministère des travaux publics est du 20 août 1891 ; il est relatif à la construction des ponts pour chemins de fer et des ponts-routes de toutes dimensions.

Le Chap. I, spécial aux ponts-rails, règle les limites de travail du métal, les qualités qu'il doit présenter, la composition des trains types qui doivent former la charge hypothétique des calculs, la composition des trains d'épreuves, les épreuves par poids mort, les mesures des flèches, les limites de poids des machines qui pourront circuler sur les ouvrages.

Le Chap. II est applicable aux voies de terre. Il détaille les limites de travail du métal, les surcharges à adopter pour le calcul, les épreuves par poids mort et par poids roulant, la limite des charges qui pourront franchir les ponts.

Le Chap. III est spécial aux ponts-canaux.

D'autre part, le Ministère de l'Intérieur, dans une circulaire aux Préfets en date du 31 mai 1892, détermine les conditions que doivent remplir les ponts à travées métalliques dépendant des chemins vicinaux. Elle fixe de même la limite de travail du métal, les qualités qu'il doit avoir, les charges et surcharges qui serviront de base aux calculs, enfin les épreuves auxquelles le pont sera soumis.

Le cadre de cet ouvrage ne nous permet pas de donner ces règlements *in extenso*. On les trouvera dans l'*Encyclopédie des Travaux publics*, ouvrage intitulé : *Formules, Barèmes et Tableaux pour ponts sous rails et ponts-routes* par Ernest Henry, Inspecteur général des Ponts et Chaussées, ouvrage auquel nous renvoyons le lecteur.

CHAPITRE X

ESCALIERS EN FER

SOMMAIRE

387. Des escaliers en fer. — 388. Marches en fer et maçonnerie, escaliers de caves, perrons. — 389. Echelles en fer. — 390. Echelles de meunier. — 391. Escaliers à crémaillères pour habitations. — 392. Escaliers à marches en bois. — 393. Marches démontables. — 394. Escaliers à crémaillères à marches en bois pour l'extérieur. — 395. Crémaillères avec semelles en pierre. — 396. Renforcement des crémaillères. — 397. Départ d'un escalier à crémaillère en fer. — 398. Arrivée à un palier. — 399. Escaliers à vis en fonte. — 400. Escaliers à limons. — 401. Escaliers d'usines à limons en fers à I. — 402. Escaliers extérieurs avec limons en I composés. — 403. Limons avec marches en bois. — 404. Limons avec marches en pierre. 405. Départ des escaliers à limons en fer. — 406. Escaliers à limons bois et fer. — 407. Escaliers des magasins du Printemps. — 408. Escaliers à limons en fer et stuc. — 409. Rampes et leurs assemblages avec les échiffres en fer.

CHAPITRE X

ESCALIERS EN FER

387. — Des escaliers en fer. — Nous ne reviendrons pas sur les généralités que nous avons données sur les escaliers dans nos traités de la *Maçonnerie et de la Charpente en bois* (¹). Nous y renverrons les lecteurs et ne donnerons ici que les détails de construction qui se rapportent à la construction spéciale en fer de ces ouvrages.

Dans les escaliers en fer, toutes les pièces ne sont pas nécessairement métalliques. Il peut y entrer de la maçonnerie pour les hourdis, de la pierre de taille pour les semelles des marches, du bois pour les semelles et les mains courantes.

La partie principalement exécutée en métal, fer ou fonte, est l'échiffre, qu'il soit en forme de crémaillère, ou disposé en limon. C'est là que le fer présente sur le bois de très grands avantages. Il est plus résistant, peut être fait de plus grands morceaux, se prête à des assemblages bien plus solides, ne se fend pas par dessiccation, et enfin est incombustible.

Les escaliers en fer sont d'un prix plus élevé que les

(¹) *Architecture et constructions civiles. Maçonnerie*, 1891. *Charpente en bois*, 1892. Baudry et Cⁱᵉ, éditeur.

mêmes ouvrages tout en bois, mais les avantages ci-dessus compensent et au-delà l'excédent de dépense.

388. Marches en fer et maçonnerie. Escaliers de caves. Perrons. — On remplace quelquefois les degrés en pierre de taille des escaliers, lorsqu'il s'agit de communs ou de caves, par des marches en maçonnerie enduites de ciment ; pour consolider l'arête, qui est la partie la plus fragile, on la garnit d'un fer présentant la forme d'une cornière. On a alors une arête vive dangereuse en cas de chute. Il est préférable de composer un fer présentant la forme d'une astragale de marche, au

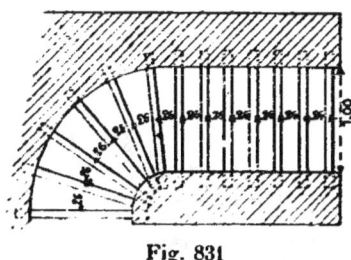

Fig. 831

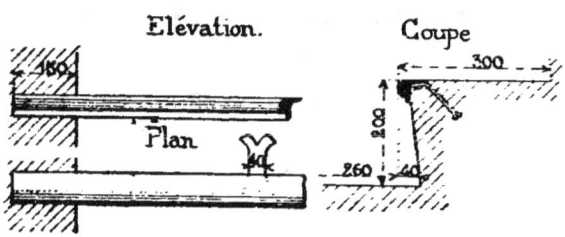

Fig. 832

moyen d'une cornière de 0,040 sur laquelle on rive un fer 1/2 rond de 0,030. *fig.* 833 (1). C'est ainsi qu'on a exécuté les nez de marches de l'escalier précédent. Comme le montrent les détails de la *fig.* 832 les barres de fer tiennent par le scellement de leurs extrémités,

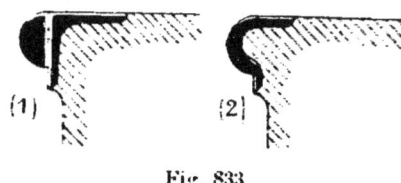

Fig. 833

d'une part, et de l'autre par des pattes à scellement rivées sur la branche haute de la cornière.

Ce procédé permet de réparer de vieux escaliers dont les marches sont usées. On enlève la pierre sur $0^m,03$, on met les nez en fer et on rétablit le vrai profil par un enduit de ciment de Portland.

Le seul inconvénient de ce système est qu'à la longue, l'humidité passant entre la cornière et le fer demi rond y produit de la rouille, qui arrive à arracher la rivûre. Nous avons fait établir un fer à nez de marches d'une seule pièce,

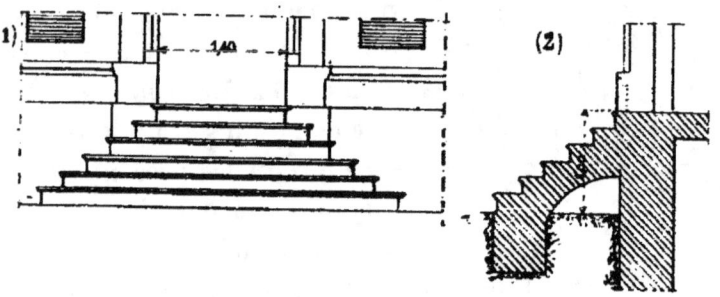

Fig. 834

dont le croquis (2) de la *fig.* 833 donne la forme et qui ne présente plus cette cause de destruction ; il se trouve aux Forges de Châtillon et Commentry.

On peut, avec les devants de marches en fer, composer

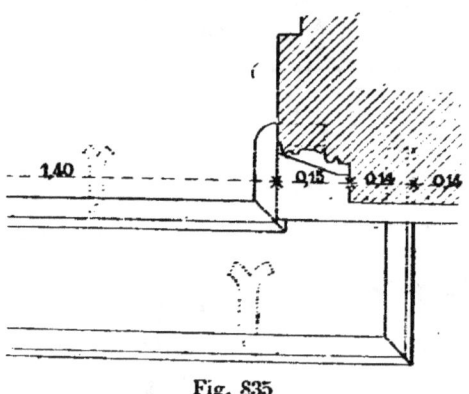

Fig. 835

des perrons économiques, applicables surtout aux bâtiments de communs et aux usines. Le perron figuré dans le croquis 834 en élévation et en coupe, exécuté avec nez de marches en fer se présente suivant le détail de la figure 835. Les fers qui forment le devant des marches sont coupés d'onglet, soudés et retournés d'équerre, pour faire les côtés du perron. On multiplie les pattes afin de faire bien adhérer le fer avec la maçonnerie, ce qui permet aux marches de recevoir sans disjonction les chocs inévitables. La figure indique deux fers, parce que ce perron a été exécuté en cornières et fers 1/2 ronds. Aujourd'hui on l'exécuterait avec le fer spécial.

Un autre exemple de perron d'une autre forme est figurée dans le croquis 836; il est construit à l'entrée de la salle de machine de la filature de Corbeil à laquelle il donne accès. Il est composé de deux montées opposées, établies sur massifs et dont les marches sont perpendiculaires à la façade. Chaque montée a 15 marches. Ces der-

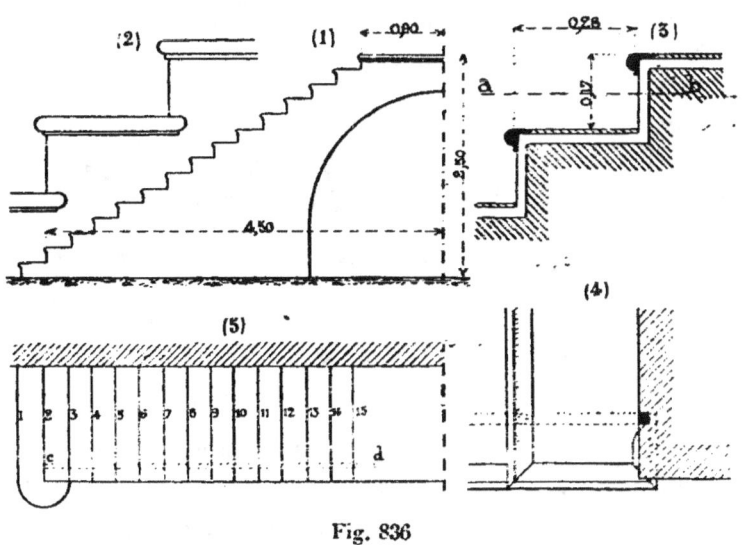

Fig. 836

nières sont astragalées avec nez en fer. Comme pour tous ces exemples, il est commode de commencer par établir en plan les nez de marches avant la confection du massif, qu'elles servent alors à régler. Or, ici on a trouvé utile de relier tous ces nez de marches par une crémaillère *c. d.* en fer carré, tracée sur épure exacte, ce qui a permis de régulariser les distances, d'éviter les erreurs et d'avoir des marches bien parallèles. Le croquis (1) donne la façade du perron et en (5) est le plan correspondant. En (2) on voit la forme des marches avec leurs faces et leurs retours astragalés. Les croquis (3) et (4) donnent en coupe et en plan la forme de la crémaillère exécutée spécialement pour faciliter le montage.

389. Echelles en fer. — Les échelles en fer sont formées de barreaux horizontaux, nommés *échelons*, exécutés ordinairement en fer rond, disposés les uns au-dessus des autres, soit suivant une verticale absolue, soit suivant une inclinaison très raide. La distance verticale de deux échelons successifs est de 0,30 à 0,32, s'ils sont mis d'aplomb au-dessus l'un de l'autre, et un peu moins s'ils sont inclinés.

Ils sont quelquefois portés par la maçonnerie même d'un mur qu'ils doivent longer ; on les fixe alors par un ou plusieurs scellements soignés dans le mur.

La *fig*. 837 représente dans ses croquis (1) et (2) les deux

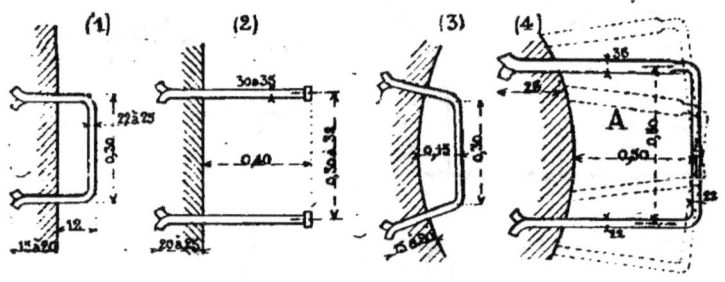

Fig. 837

dispositions qu'on adopte pour un mur plan, suivant que l'on veut monter face au mur ou sur le côté ; dans le premier cas l'échelon est deux fois coudé, fait en fer de 0,022 à 0,025 ; dans le second, le fer est plus fort ; il a de 0,030 à 0,035, car il fatigue plus, et fait une saillie plus considérable ; dans ce cas, il n'a qu'un scellement. Il est bon d'arrêter le pied par une saillie d'extrémité. On emploie cette disposition dans les angles rentrants de deux murs.

Le croquis (3) donne la disposition à prendre dans les murs concaves, tours, cheminées d'usines. C'est la même forme que celle du croquis (1) avec les branches normales à la surface.

Dans certaines usines où les produits délétères empêchent une ascension intérieure d'une tour ou d'une cheminée, il faut monter en dehors. Il n'est pas prudent d'adopter alors la disposition du croquis (2) à cause de l'effet produit par le vide et du vertige qui s'en suit Nous avons quelquefois appliqué, dans ce cas, la disposition du croquis (4), où chaque échelon forme un rectangle de 0,50 × 0,50 dans l'intérieur duquel se fait la circulation. On fait tourner les échelons suivant les spires d'une hélice, et on renforce la branche sur laquelle on monte. On prend de plus la précaution d'entourer le tout d'un grillage à mailles larges ; dans ces conditions, on se sent protégé, soutenu, et le vertige est bien atténué ; on peut de plus, si besoin est se reposer en s'appuyant sur la paroi arrière.

Les scellements de la *fig.* 837 sont indiqués pour une limousinerie de moellons ou de meulière. Dans la maçonnerie de briques on leur donne une forme un peu différente qui évite une taille spéciale. (*fig.* 838). On aplatit la branche dans la partie scellée ; on la loge dans un joint et on la termine par un talon qui pénètre dans le joint vertical au-dessus ou en-dessous, et retient le scellement. Ce dernier a alors soit 0,12 soit 0,23 de longueur. La première de ces dimensions suffit dans la plupart des cas.

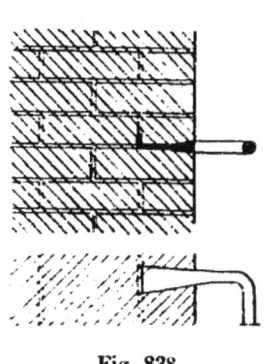

Fig. 838

Ces échelons se posent ordinairement à mesure de la confection de la maçonnerie du mur.

Lorsqu'on ne veut pas multiplier les scellements, ou que l'on désire s'écarter davantage du parement des murs, ou encore quand il n'y a pas de murs à proximité, on supporte les échelons par deux montants en fer, dans lesquels ils s'assemblent par un tenon rivé au dehors, ainsi qu'on le voit dans les croquis (1) et (2) de la *fig.* 839.

Dans le croquis (1), le haut de l'échelle a ses montants recourbés et scellés dans de la maçonnerie, à une distance suffisante de l'arête pour que la jonction soit solide. On facilite singulièrement l'arrivée à la plateforme supérieure en scellant dans le mur deux supports destinés à recevoir une crosse en fer servant de rampe, le long de laquelle la main glisse en y trouvant appui. Cette crosse

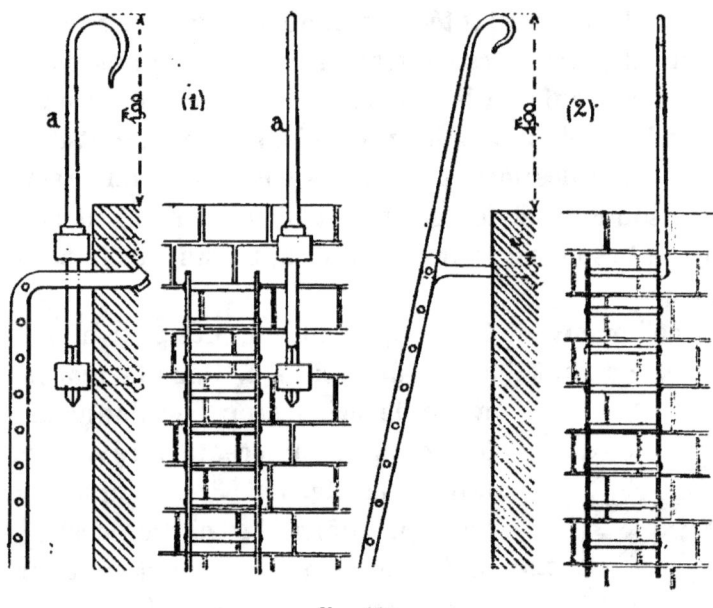

Fig. 839

ne doit pas pouvoir tourner, et elle peut être fixe ou amovible suivant les besoins.

Le croquis (2), applicable aux cas où la crosse doit être fixe, est plus simple encore et un peu moins commode. C'est l'un des montants, celui de droite, qui est prolongé en forme de crosse.

390. Echelles de meunier. — Les échelons ronds en fer, surtout dans les ateliers où de l'huile est répandue, sont très glissants au pied. On les remplace souvent par des cornières, ou mieux par des marches plates en tôle, et la tôle striée convient particulièrement bien pour cet usage.

Les escaliers à marches plates en tôle deviennent de véritables échelles de meunier. On les construit comme l'indique la *fig.* 840. Les deux montants se font en larges plats, en fers en U, ou même en fers à I; ils deviennent de véritables limons. Des cornières assemblent les marches par dessous au moyen de boulons, et on prévoit l'assemblage des barreaux de rampe qui se fixent, soit à col de cygne sur le côté des limons, ou directement, avec des embases et des boulons sur l'aile supérieure, comme le montre le croquis (2). Le départ et l'arrivée se font à la demande. On arrondit le devant de la marche, à la lime,

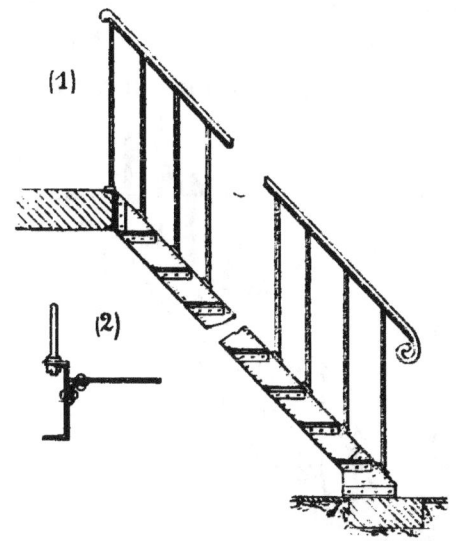

Fig. 840

afin de supprimer les angles trop vifs, et on raidit la tôle s'il est besoin avec une cornière inférieure rivée. *fig.* 841 (1).

Malgré cela, ils sont dangereux en cas de chutes. On les rend moins nuisibles en terminant la tôle par une cornière de 0,025 et un fer demi-rond, le tout rivé. On obtient ainsi un fort arrondi, très régulier qui présente l'apparence et l'inocuité d'une marche ordinaire en bois ou en pierre. Cette disposition est représentée en (2) dans la même *fig.* 841.

Les échelles de meunier sont plus commodes que les échelles ordinaires ; mais, en raison de leur inclinaison généralement très forte, elles sont d'un parcours difficile, surtout en descendant.

On peut les améliorer en les exécutant de la façon ingénieuse figurée dans le croquis 842. Chaque marche est composée de deux parties : une portion étroite d'un côté, faisant suite à une partie plus large. En mettant la portion élargie alternativement à droite ou à gauche, ainsi que le montre le plan, on peut donner une très forte in-

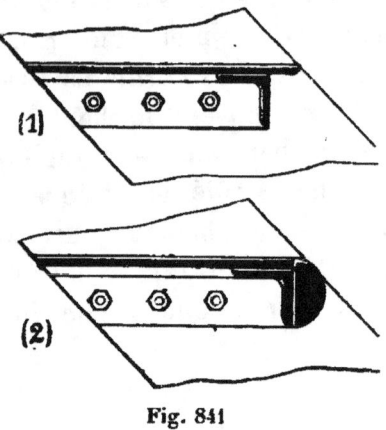

Fig. 841

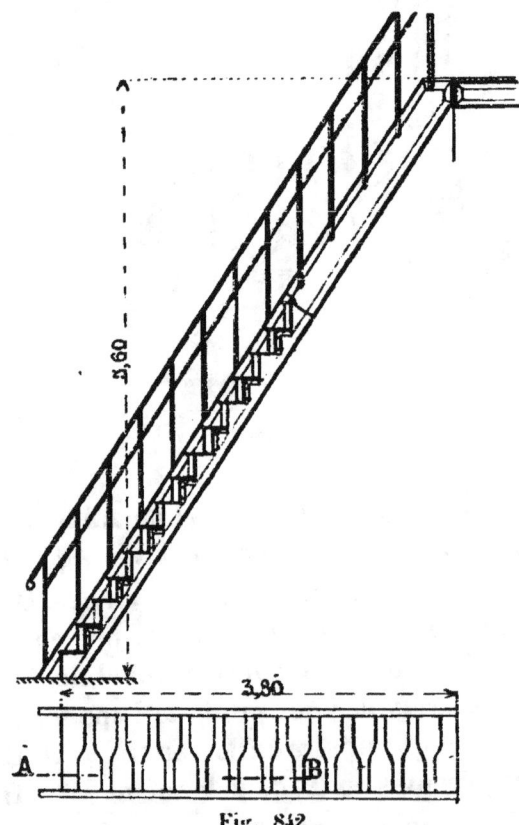

Fig. 842

clinaison et avoir une grande facilité pour parcourir les

degrés, on a seulement la sujétion de choisir le pied qui doit au départ se poser sur la première marche.

Lorsque l'inclinaison le permet, on découpe les montants dans des tôles larges e^t on les taille suivant la forme même des marches qui alors recouvrent ces sortes de crémaillères. La *fig.* 843 représente une coupe longitudinale d'une telle échelle, qui ne diffère d'un escalier à crémaillère que par l'absence de contremarches.

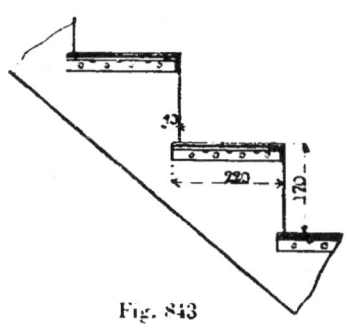

Fig. 843

391. Escaliers à crémaillères pour habitations. — La tôle s'applique particulièrement bien à l'établissement des échiffres des escaliers d'habitation. On la taille, on la cintre bien régulièrement, et elle présente une bien meilleure apparence que le bois, ne se fendant pas par la dessication. La construction varie suivant que l'échiffre est une crémaillère ou un limon, suivant aussi que les semelles des marches sont en bois ou en pierre. Ces dernières exigent un hourdis et, étant elles-mêmes plus lourdes, demandent des échiffres plus forts.

392. Escaliers à crémaillères avec semelles en bois. — La *fig.* 844 donne le plan d'un escalier qu'il s'agit de construire avec une crémaillère en fer; les semelles sont en bois et il y aura à faire un plafond rampant inférieur. On ne prend plus de fers à I ou en U pour former la crémaillère; on trouve plus de facilité dans l'emploi d'une tôle, de 7 millimètres environ d'épaisseur, et dont la hauteur est suffisante pour porter en toute sécurité la charge et la surcharge des marches.

La figure 845 montre la vue latérale de cette crémaillère, en même temps que la coupe suivant AB d'une série de marches successives.

La contremarche est en tôle ou en fer plat de $0^m,003$ d'épaisseur; elle se visse à l'arrière des plateaux ou semelles des marches, tandis qu'à la partie supérieure elle vient s'engager dans une rainure pratiquée dans la semelle du haut. Cette contremarche s'assemble avec la crémaillère au moyen d'une équerre en fer fixée sur les deux pièces par des vis à têtes fraisées et affleurées. Par son autre extrémité, elle vient se sceller dans les murs de la cage.

Cette contremarche, travaillant de champ, va soutenir

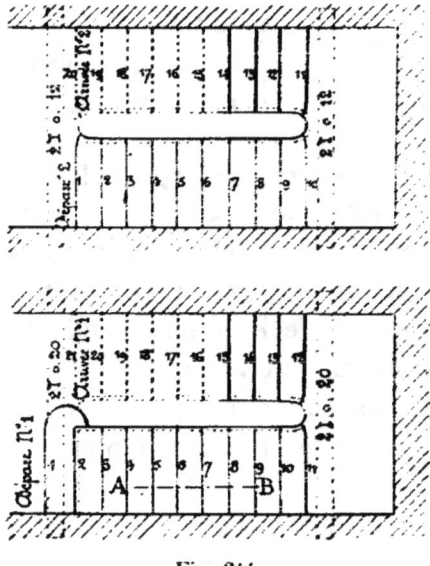

Fig. 844

le devant de la marche du haut et l'arrière de la marche du bas. Chaque semelle de marche est fixée, tant à la crémaillère qu'à la contremarche par le moyen de petites équerres en fer, indiquées dans les divers croquis de la *fig*. 845.

Il ne reste plus qu'à construire et à soutenir le plafond rampant. On forme avec des fentons une paillasse pour porter le plâtre, et on suspend cette paillasse aux contremarches à la hauteur voulue. La disposition est la suivante, représentée dans le croquis (!). Après chaque contremarche, et fixés par des vis, pendent deux ou trois feuillards contournés ou munis d'une encoche à la partie basse. Ils sont chargés de porter un carillon ou fenton transversal, parallèle à la contremarche. Tous les fentons ainsi disposés sont réglés suivant la surface rampante du gros œuvre du plafond. Sur ces traverses, on vient mettre,

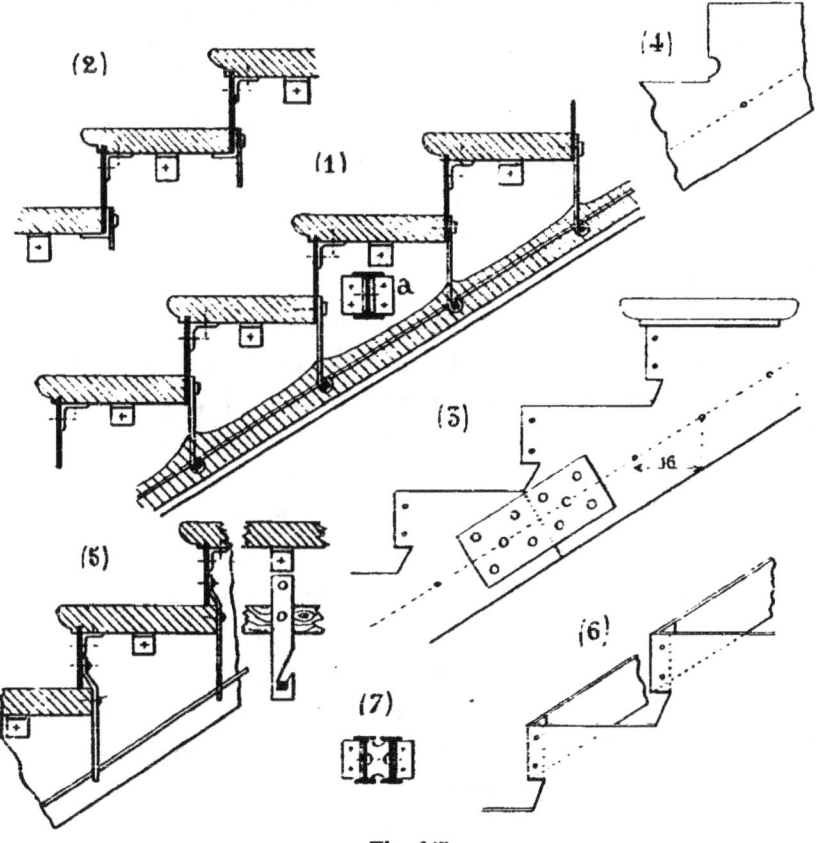

Fig. 845

en long cette fois, d'autres fentons, au nombre de 4, 5 ou 6, suivant l'emmarchement ; on les courbe convenablement pour les appliquer sur toutes les traverses, auxquelles on les fixe par des ligatures en fil de fer.

On empâte, de quelques platras et de plâtre, la paillasse ainsi formée, on fait un crépi donnant un plafond de forme acceptable, et on termine par un enduit.

Une variante est donnée par le croquis 5 : les feuillards

sont plus nombreux, espacés de 0^m,20 environ ; ils portent des encoches et y reçoivent des fentons longitudinaux. On supprime les traverses ou on n'en met que dans les endroits où il y a lieu de maintenir l'écartement.

Tel est l'escalier à crémaillère disposé comme on le fait généralement. Suivant la charge que porte l'échiffre, on lui donne une hauteur plus ou moins grande, mesurée du fond de l'encoche à la rive basse. Ordinairement on peut tailler la crémaillère dans un large plat de $0,300 \times 0,007$; il reste au fond des entailles une hauteur de 0,13 à 0,15, suffisante pour résister à la charge. D'autres fois, la travée ou la charge la font tailler dans une tôle plus large, dont on choisit les dimensions de telle sorte qu'on puisse utiliser aux mieux les déchets.

Les parties droites des crémaillères peuvent se faire d'une seule pièce ; il n'en est pas de même des portions tournantes qui sont débillardées à la demande ; on a avantage, pour restreindre le déchet, à les prendre dans des morceaux courts qu'il faut ensuite réunir aux autres. Le joint se fait à plat, au droit d'une encoche, d'une façon bien précise et on le consolide par un couvrejoint intérieur en tôle, fixé sur chaque morceau par cinq boulons à têtes extérieures fraisées et affleurées, *fig.* 845 croquis (3).

Ce même croquis (3) montre la forme que l'on donne au fond de l'encoche pour recevoir le retour d'astragale de la marche. C'est une forme trapézoïdale inscrite dans le profil ; d'autres fois, comme dans le croquis (4), on découpe l'encoche suivant le profil exact de la moulure de la semelle.

Il est important de maintenir l'échiffre à une distance constante des murs de la cage ; on obtient ce résultat au moyen de fers à I larges ailes, indiqués en *a* dans le croquis (1). On en dispose deux ou trois dans chaque hauteur d'étage ; on les assemble par équerres avec la crémaillère et de l'autre bout ils se scellent dans le mur. On peut les mettre simples, comme dans le croquis (1), ou doubles, comme dans le croquis (7).

393. Escaliers à marches en bois démontables.
— Il est quelquefois très intéressant d'avoir des marches démontables. Cela permet de ne les poser que lorsque les autres travaux sont terminés, et de les soustraire à la détérioration due à la circulation des ouvriers et des matériaux. On y trouve aussi l'avantage de remplacer ultérieurement avec facilité les marches voilées, fendues ou dégradées.

On a imaginé beaucoup de systèmes de marches démontables; l'un d'eux fera bien comprendre le principe; il est représenté dans la *fig.* 846 et s'applique à un escalier à crémaillère. La semelle est posée au fond sur une sous-marche et latéralement sur des équerres; elle porte en arrière un tasseau en chêne de $0^m,03$ à $0,04$ de côté, fixé à clous. En avant et en-dessous, le long de la rainure de la contremarche, elle présente

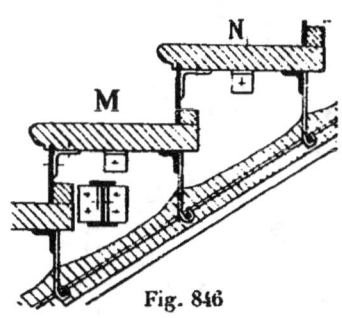

Fig. 846

3 équerres vissées. La contremarche est vissée, en haut sur ces trois équerres, en bas sur le liteau, et latéralement sur d'autres équerres fixées à la crémaillère.

L'escalier étant terminé, si on veut démonter une marche M, on dévisse la contremarche de N sur ses 4 rives et on la sort; on dévisse de même la rive haute de la contremarche de M; la marche M est alors libre et on peut l'enlever. Une manœuvre inverse permet, après réparation, de la remettre en place et de l'y fixer, sans autre dommage que le sacrifice de la peinture de la contremarche.

394. Escaliers à crémaillères en bois pour l'extérieur. — Une autre forme de crémaillère est figurée dans les croquis de la *fig.* 847; elle est surtout employée pour les escaliers extérieurs ou les constructions d'usines. Il s'agit ici d'une passerelle au-dessus d'une voie ferrée, de $1^m,50$ de largeur, établie pour piétons. La passerelle est formée d'un arc de près de 14^m,00 de portée, au-dessus duquel des membrures additionnelles permettent d'obtenir un palier droit et deux montants. Sur ces derniers sont étagées les marches. Pour les recevoir par dessus, à la façon des crémaillères, on a rivé sur la membrure un fer plat de 40 × 10 contourné de manière à former des faces

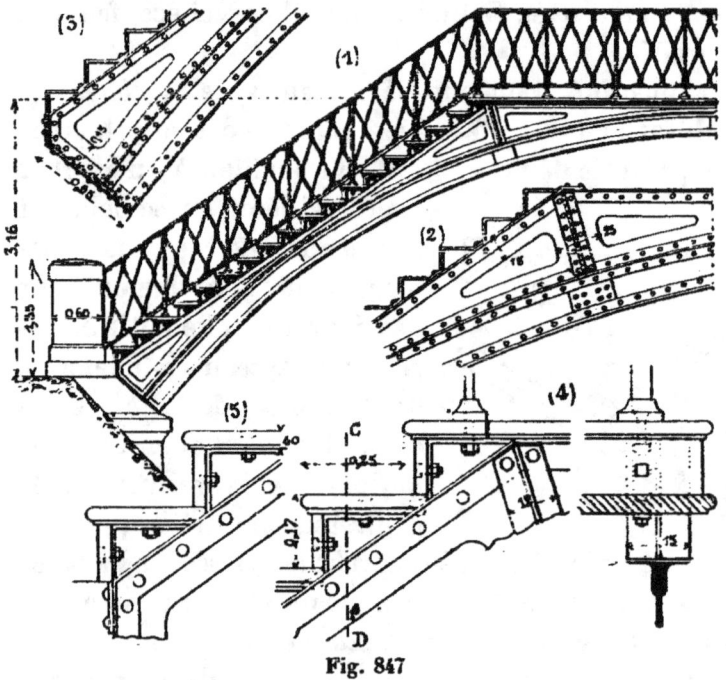

Fig. 847

horizontales pour recevoir les semelles et des faces verticales pour adosser les contremarches. Les cinq croquis de la *fig.* 847 rendent compte de cette disposition.

395. Escaliers à crémaillères avec semelles en pierre. — Les semelles en pierre ou en marbre formant les marches ont ordinairement, comme celles en bois, 6 à 8 centimètres d'épaisseur. Elles doivent être soutenues sur toute leur surface inférieure, ce qui exige un hourdis complètement plein, amène à un poids plus fort et à des dimensions de fers plus importantes. La crémaillère est plus haute et d'une épaisseur de 0,009 à 0,011. La contremarche est formée d'une cornière de $\dfrac{100 \times 47}{7}$ environ et sa hauteur est réduite d'après la hauteur de la marche. La branche verticale vient seulement poser sur la semelle inférieure sans y appuyer. A l'arrière de la marche se trouve une seconde cornière à laquelle on suspend la paillasse, qui est analogue à celle de l'exemple précédent, mais plus solidement soutenue.

Les semelles en pierre ne doivent être posées qu'à la fin

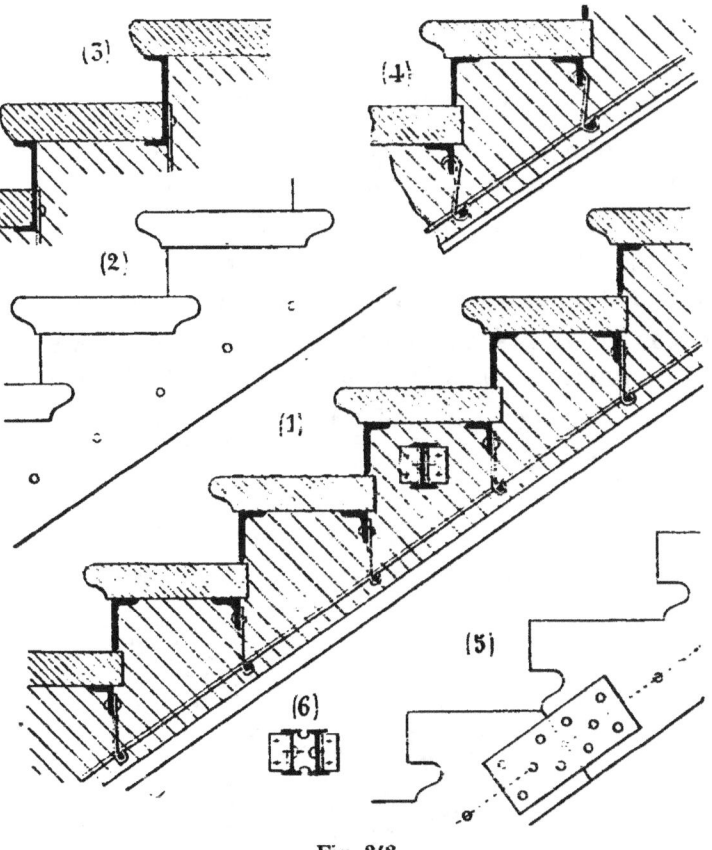

Fig. 848

de la construction, longtemps quelquefois après le montage de l'escalier. Mais celui-ci est hourdé d'avance et ce hourdis est fait par dessus. On pose des plâtras et du mortier de plâtre sur la paillasse; on continue la construction en la montant jusqu'au niveau supérieur des cornières sous marches et l'on affleure ces dernières au moyen d'un crépi dressé. Plus tard, il ne reste plus qu'à mettre les semelles en place sur un coulis de plâtre très clair. On est sûr, en opérant ainsi, que les semelles des marches se trouvent soutenues sur toute leur surface inférieure, ce qui est indispensable pour éviter la casse ultérieure sous la charge ou par l'effet de chocs. Toutes ces dispositions sont marquées dans le croquis (1) de la *fig.* 848. Le croquis (2) montre les retours astragalés des marches. Le n° (5) indique la coupe précise des entailles de la crémaillère suivant le profil des semelles, et aussi le joint de deux parties de la crémaillère, qui se fait comme on l'a vu précédemment. Le croquis (4) montre une variante de la suspension de la paillasse, enfin le n° (3) donne une autre forme de la contremarche et des supports de semelles, applicable aux escaliers moins importants. L'écartement des échiffres aux murs se fixe au moyen des mêmes entretoises en fers à I que l'on a vus précédemment, et on les compose, soit d'un seul fer comme dans le croquis (1), soit de deux fers jumelés comme en (6). On met ainsi deux ou trois de ces entretoises par étage.

378. Renforcement de la crémaillère pour grandes portées ou lourdes charges. — Lorsque la

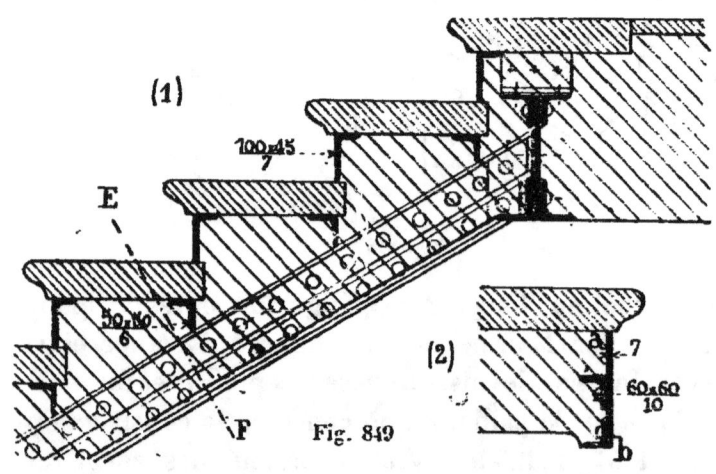

Fig. 849

portée est grande, ou la charge considérable par suite d'un

fort emmarchement, on consolide la crémaillère en adjoignant à la tôle qui en constitue l'âme deux cornières, de 50, 60 ou 70 de branches, plus ou moins écartées, comme il est indiqué dans la *fig*. 849. Ces cornières et la tôle interposée constituent une poutre de hauteur *ab*, dont on calcule la résistance en vue de la charge à porter ; on ne tient pas compte dans le calcul de la tôle supérieure qui forme les redans de l'échiffre. Les cornières de renfort sont fixées à la crémaillère par une ligne de rivets à têtes fraisées et affleurées du côté de l'extérieur, et par suites invisibles. Cette disposition ne s'applique économiquement qu'à des volées limitées et droites ; on a presque toujours avantage, dans le cas d'escaliers larges et développés, à recourir aux échiffres à limons, qui vont être décrits plus loin.

379. Départ d'un escalier à crémaillère en fer. — Le départ d'un escalier à crémaillère en fer se fait identiquement de la même manière que celui d'un escalier en bois. Les deux premières marches, comme toujours, sont massives en pierre, et de plus taillées en volutes afin de faciliter l'entrée de l'escalier. La crémaillère, légèrement arrondie en plan, est assemblée avec la contremarche également cintrée de la marche n° 3. Elle est affranchie bien horizontalement ; munie d'une cornière large qui augmente sa surface de base, elle vient se poser sur la pierre de la marche n° 2. On jonctionne la branche horizontale

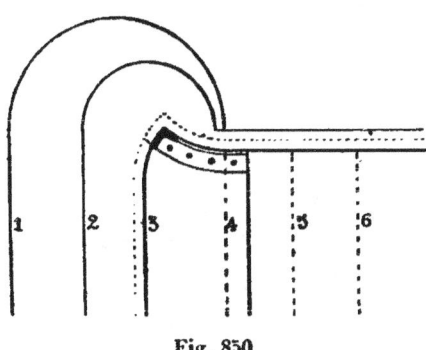

Fig. 850

de la cornière de base avec la pierre par deux, trois ou quatre boulons à scellement solidement établis. La *fig*. 850 représente en plan le départ dont il vient d'être question. Les deux traits forts indiquent, l'un la coupe horizontale de la crémaillère, l'autre celle de la contremarche n° 3 ; on voit dans le croquis l'équerre d'assemblage, ainsi que la cornière de base de l'échiffre. La ligne ponctuée donne la projection du nez de la 3ᵉ marche, ainsi que les retours des marches successives. Enfin, la ligne pleine qui reçoit l'amortissement des volutes représente le socle du muret correspondant aux deux premières marches et qui se continue sous l'échiffre.

On peut disposer un départ de crémaillère de bien d'autres façons; par exemple arrondir la membrure infé-

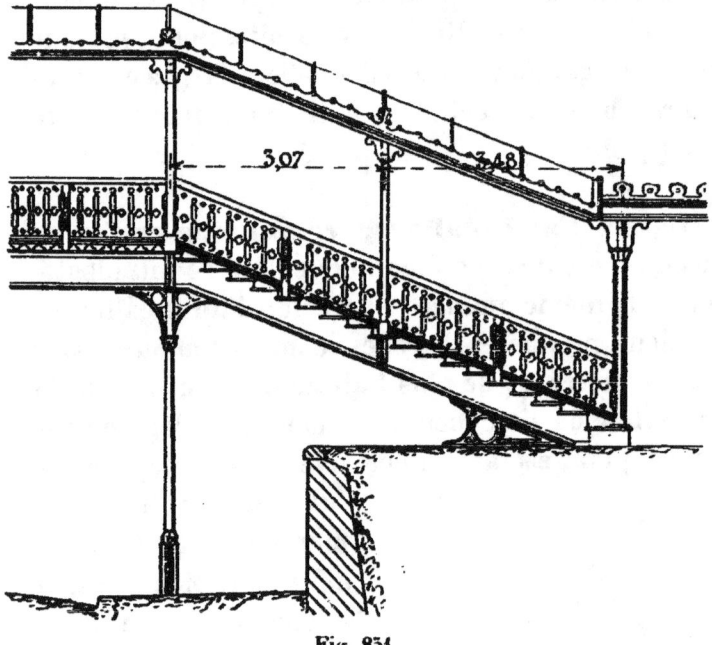

Fig. 851

rieure de manière à augmenter la surface de base sur la fondation. On peut encore ajouter à l'échiffre une pièce triangulaire, qui augmente la base en servant de liaison entre la crémaillère et la fondation. Cette pièce joue alors le rôle du patin et de la jambette employés dans les escaliers en bois.

Un départ de ce genre est représenté dans la *fig.* 851. L'escalier dont il s'agit fait partie d'une passerelle au-dessus d'une voie publique. La portée et la charge due à un fort emmarchement ont fait adopter pour l'échiffre une crémaillère composée en tôle et cornières. La membrure supérieure a la forme des encoches; celle du bas est droite. Les contremarches sont en cornières renversées et leur branche horizontale soutient la rive arrière des semelles en bois, tandis que le devant est porté sur la tranche verticale de la contremarche inférieure.

Entre la membrure inférieure et la fondation existe une grande pièce triangulaire en fonte, formant liaison,

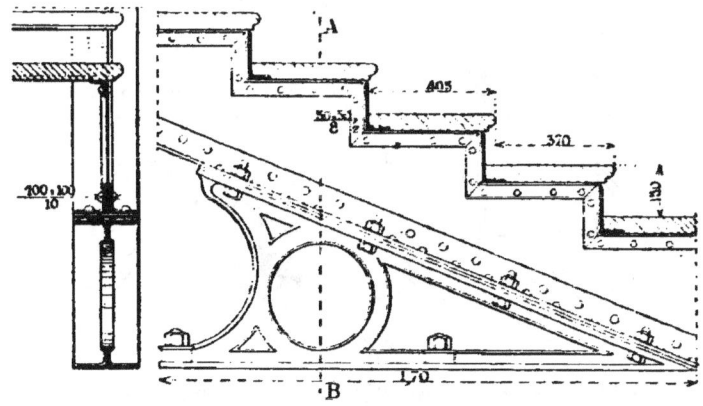

Fig. 852

augmentant l'empattement et la surface horizontale d'assiette. Cette pièce triangulaire est représentée à plus grande échelle dans la *fig*. 852.

380. Arrivée à un palier d'un escalier à crémaillère. — Les escaliers à crémaillère prennent leurs points d'appui d'abord sur le sol, au départ, et ensuite à chacun des paliers ou demi paliers qu'ils desservent. Lorsqu'une crémaillère arrive à un palier et doit se poursuivre à la révolution suivante, elle se recourbe en arrondi, avec ou sans partie droite, pour repartir parallèlement en plan à la première direction, mais en sens inverse. C'est la portion qui fait face au palier que l'on doit soutenir. Pour cela, à une petite distance en arrière, on établit une marche palière. On se rappelle qu'on nomme ainsi une maîtresse poutre, soutenant le palier et en reportant la charge sur les murs latéraux. Cette poutre est faite d'ordinaire de

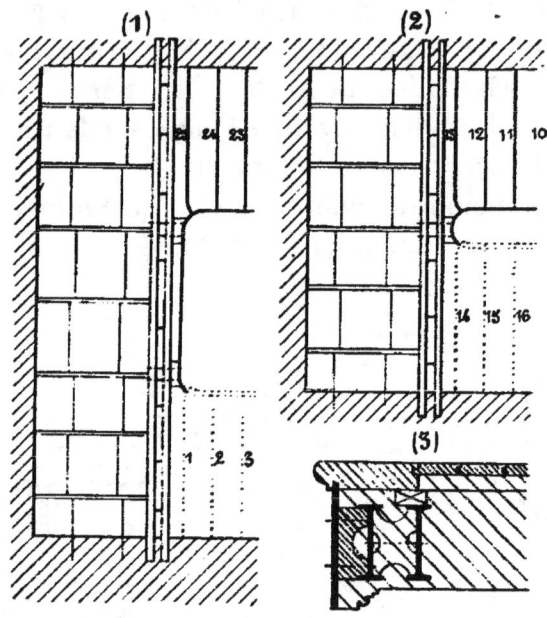

Fig. 853

deux pièces jumelées, maintenues à écartement constant. On relie la crémaillère à cette poutre, au moyen d'une cale

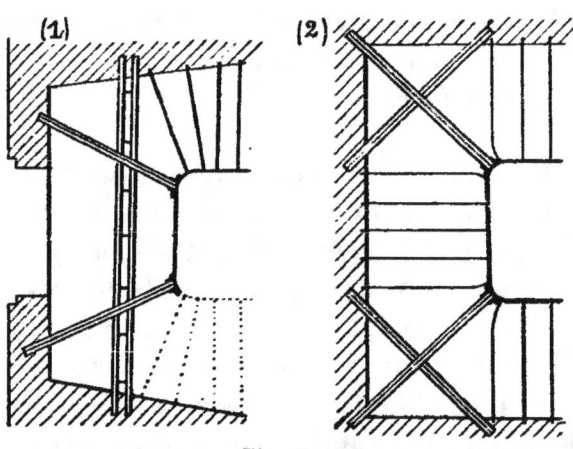

Fig. 854

en fonte et de boulons, comme le montre le détail (3) de la *fig.* 853, ainsi que le plan (2) de la même figure.

Si le jour de l'escalier est large, on double les attaches, ou même on les multiplie davantage (1). Cette poutre palière porte d'ailleurs les solives du palier.

Lorsque les marches sont biaises par rapport au palier, ou lorsqu'on a affaire à un palier d'angle ou demi-palier, *fig.* 854 croquis (1) et (2), on a recours aux bascules.

Ici elles sont plus faciles à établir que dans les escaliers en bois; en raison du peu de hauteur nécessaire aux fers qui la composent, ces derniers peuvent se superposer et néanmoins se loger très bien dans l'épaisseur disponible du palier.

On établit la bascule et le levier de la même manière; ce sont des filets en fers de 0,08, 0,10, 0,12, à ailes ordinaires ou à larges ailes, maintenus par des frettes et des croisillons. Du côté de la maçonnerie, leurs extrémités sont solidement scellées. Le bout du levier qui doit supporter la crémaillère est assemblé avec elle par des équerres fixées avec des boulons. Ceux-ci ont au dehors leurs têtes fraisées et affleurées, de manière à être invisibles.

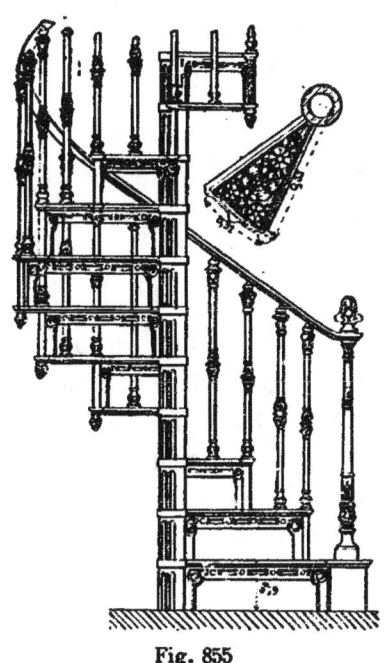

Fig. 855

381. Escaliers à vis, en fonte. — On a fait quelquefois des escaliers en fonte, mais le poids et le prix les ont fait restreindre aux petites dimensions, notamment aux escaliers à vis à noyau plein.

Le dessin ci-contre représente un escalier en fonte construit par les Forges du Val d'Osne. La marche et la contre-marche partielle ou totale sont fondues ensemble liées à un noyau creux correspondant à la hauteur d'un degré.

Les marches se recouvrent légèrement, et des oreilles, ménagées dans le joint, permettent de les réunir.

D'autres fois, les barreaux de rampe eux-mêmes servent à la liaison ; ils sont terminés par une vis à écrou et serrent ensemble les tablettes des deux marches superposées. Tous les vides des noyaux, d'autre part, sont traversés par un arbre en fer terminé par un pas de vis, et un écrou qui serre le tout rend les marches parfaitement solidaires. Les marches sont pleines et striées, ou ajourées suivant des dessins très variés. Il en est de même des contremarches.

Les usages de ces escaliers sont peu étendus.

382. Des escaliers à limons. — L'échiffre dite à limon diffère de la crémaillère en ce que les encoches des marches n'existent pas. Ces dernières, au lieu de poser sur une assiette horizontale, s'assemblent avec la partie latérale de l'échiffre. Le limon est donc formé d'une pièce de hauteur constante, dont les deux rives inclinées sont parallèles. Il est donc bien plus solide que la crémaillère, puisque la hauteur totale est disponible pour la résistance.

On peut donc songer à employer pour faire les limons des fers à I ou à U, (croquis 1, 2 et 3 *fig.* 856). Ils pré-

Fig. 856

sentent, en raison de leur moment d'inertie, une grande résistance pour une faible hauteur. On en fait usage en effet dans certains escaliers d'usines, où ils rendent des services appréciés ; mais ils ne conviennent que pour des parties droites, ne se cintrent pas facilement, et leurs assemblages, toujours rustiques, les font rejeter des ouvrages dont il est important de ménager l'aspect.

La vraie forme pratique du limon est une simple tôle de 5 à 10 millimètres d'épaisseur, que l'on cintre, que l'on débillarde facilement, et qui présente toute la solidité désirable ; on lui adjoint des fers de petit échantillon, afin de lui donner un aspect en rapport avec la destination de l'escalier (Croquis 4, 5 et 6).

Malgré cela, son apparence est toujours grêle, et on est arrivé à faire des limons plus étoffés en les formant de 2 tôles parallèles réunies par deux bois moulurés. Ils ont alors l'aspect des limons des escaliers en bois (croquis 7 et 8).

Enfin, on peut reprendre les formes en U, à I, ou en T, exécutées en tôles et cornières et les entourer complètement de stuc imitant la pierre de taille, croquis 9; on obtient ainsi des escaliers en similipierre, de meilleur aspect, et de bien plus grande résistance que les escaliers appareillés.

On va voir successivement des applications de ces différentes formes.

383. Escaliers d'usines à limons en fers à I. — Les escaliers d'usines affectent presque toujours des formes simples : ce sont des montées droites réunissant les paliers

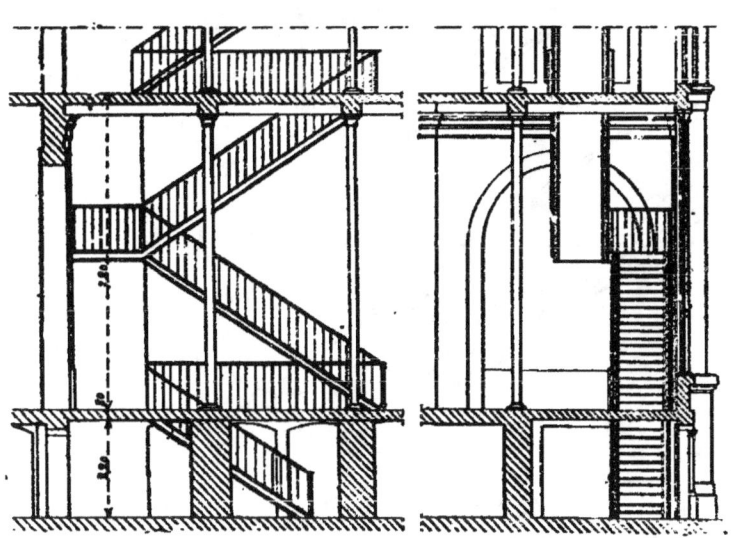

Fig. 857

d'étages, soit directement, soit avec paliers secondaires interposés.

La *fig.* 857 représente par deux coupes un escalier de la

Papeterie d'Essonnes ; le rez-de-chaussée très bas est franchi d'une volée, le premier étage, très élevé, a demandé deux volées, et chacun des étages suivants est pareil à l'étage du rez-de-chaussée.

Le type que nous avons créé pour satisfaire à ce programme se déduit de la simplicité de la forme elle-même ;

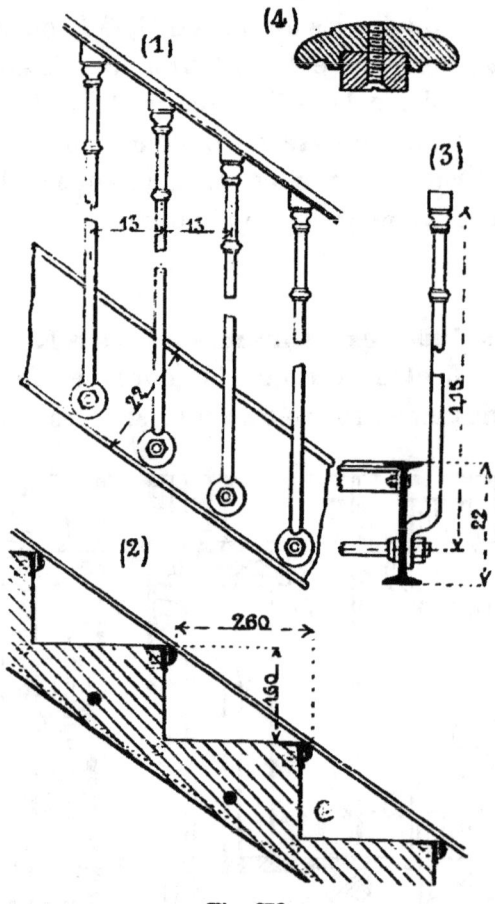

Fig. 853

les limons droits à grande portée ont été choisis en fers à I et le profil adopté a 0^m,22 de haut. Cette hauteur est suffisante pour loger dans l'intervalle des tables des marches maçonnées avec nez en fer, analogues à celles du type du n° 370, *fig.* 834.

Les deux limons parallèles sont écartés d'un emmarchement de 1ᵐ,10. Ils sont maintenus à cet écartement par

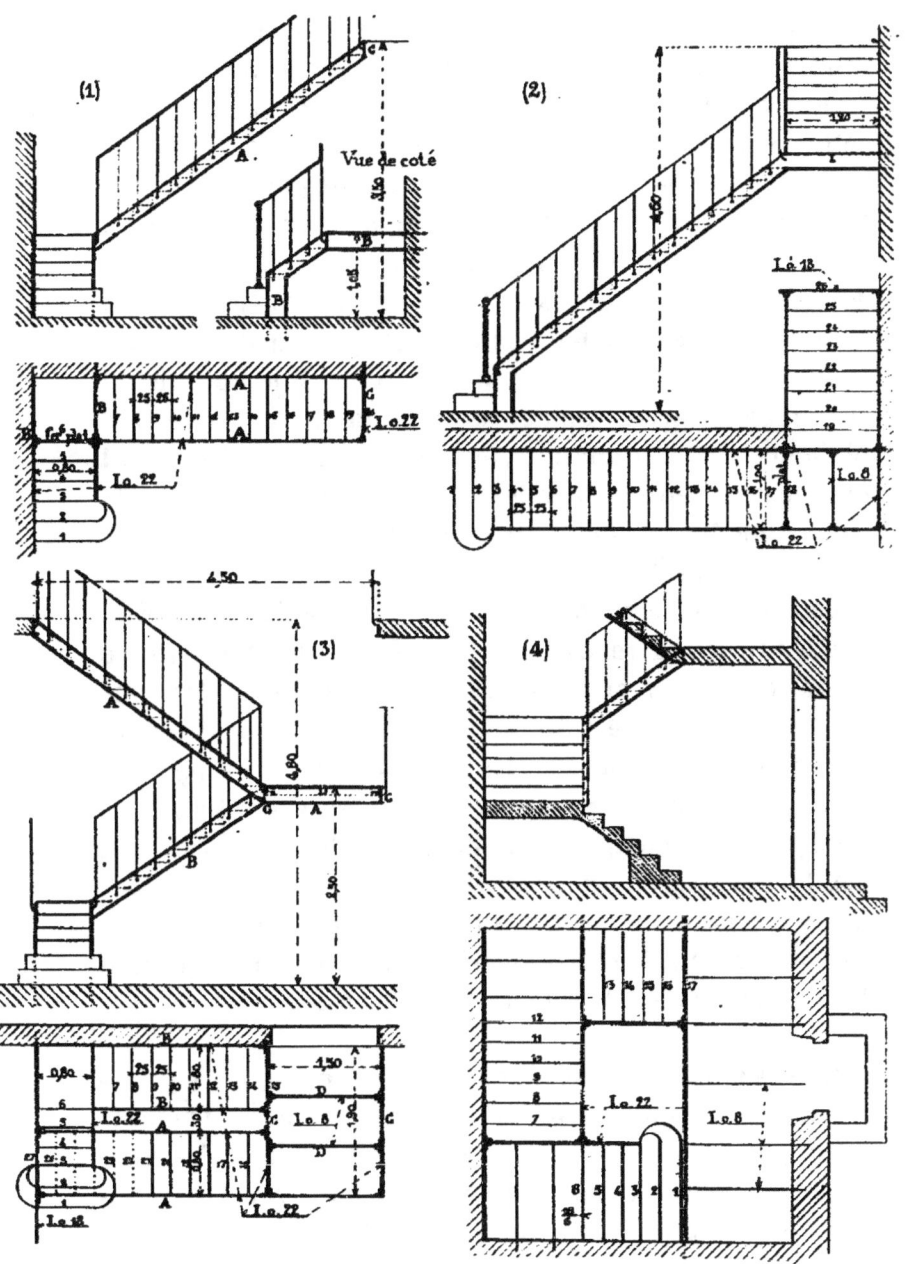

Fig. 859

des boulons à 4 écrous, ou à 2 embases et 2 écrous, espacés

de telle sorte qu'il s'en trouve toujours un pour traverser la maçonnerie de chaque marche.

On place les différents nez et on les assemble à leurs extrémités avec les limons au moyen d'équerres; ensuite on fait la maçonnerie. Malgré l'inégalité de son épaisseur, cette dernière, retenue tant par les ailes des fers que par les nez et les boulons d'entretoise, tient très bien. On l'exécute avec soin en meulière ou briqueteaux et ciment, à prise rapide ou mieux lente, et on réserve les épaisseurs des enduits, que l'on exécute ensuite en Portland, aussi bien pour faire le plafond en dessous, que par dessus pour former la marche et la contremarche. Si le hourdis est en ciment à prise rapide, on fait en même ciment le plafond et la contremarche, le dessus de la marche seul est en Portland; enfin, dans les usines mouillées, on exécute ce dernier en asphalte. Ordinairement on quadrille le dessus des marches.

La rampe est à col de cygne et on profite des entretoises pour tenir les barreaux, ce qui les écarte de la valeur du giron soit 0,26. Si on les veut plus rapprochés, on les double, ce qui les met à 0,13. Tous ces détails de construction sont donnés en détail dans les quatre croquis de la *fig*. 858.

On peut construire ainsi très avantageusement les escaliers d'usines composés uniquement de parties droites combinées. On en voit quatre exemples dans la *fig*. 859. Les trois premiers sont des escaliers construits à la filature de Corbeil, le n° 4 a été étudié par nous pour la filature de coton de MM. Joly à Saint-Quentin.

384. Escaliers extérieurs avec limons en I composés. — Les limons en tôles et cornières formant poutres à I apparentes ne sont guère employés que pour des escaliers extérieurs ou des escaliers d'usines. Nous en donnons un exemple dans la *fig*. 860. Il s'agit d'une passerelle destinée à franchir une voie ferrée. L'emmarchement est considérable; aussi a-t-on soutenu les semelles, non plus seulement par leurs rives extrêmes, mais encore par leurs bords longitudinaux. La portée du bois est très

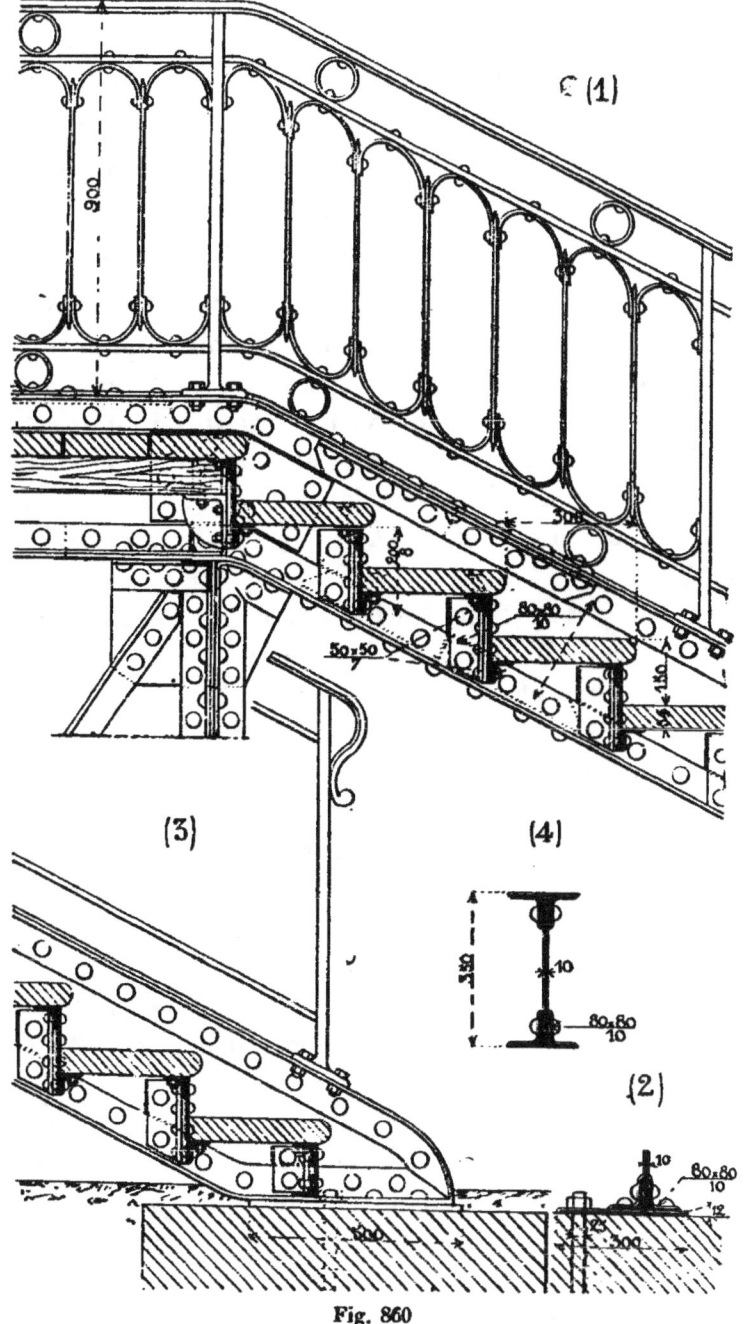

Fig. 860

faible, et l'épaisseur de 0,054 qu'on lui donne bien

suffisante. L'ensemble de cet escalier se juge d'après la portion de coupe longitudinale du croquis (1), et aussi d'après le pied de l'escalier représenté dans le croquis (3).

Le limon est formé d'une poutre à I de 0,350 de hauteur (4), composée d'une âme de 10 et de quatre cornières $\frac{80 \times 80}{10}$. Les deux limons opposés sont réunis par les contremarches, et ce sont ces dernières qui sont chargées de recevoir les semelles. A cet effet, elles sont faites d'une âme verticale de 200×8 et de deux cornières de $\frac{50 \times 50}{7}$ La membrure du haut a sa table horizontale disposée pour recevoir l'avant de la semelle supérieure, tandis que celle du bas a sa table tournée convenablement, afin de soutenir l'arrière de la semelle inférieure à la hauteur voulue. La hauteur des degrés est ici de $0^m,15$; le giron est de 0,30 ; la pente du limon est donc de 2 de base pour 1 de hauteur.

Le limon pose à sa partie basse sur une fondation ; il présente à cet effet un patin horizontal, accompagné des cornières de la table inférieure ; de plus, il est fixé à la maçonnerie par un boulon de fondation traversant le patin.

En haut, le limon se recourbe horizontalement pour former palier au niveau de l'arrivée; au point de brisure, il est porté sur une palée de soutien en fer, dont on voit l'amorce dans le croquis n° 1. Un gardecorps, fixé sur la table de l'échiffre, borde l'escalier de chaque côté.

Le dessous de cet escalier n'est pas plafonné; la face inférieure des semelles est apparente, de telle sorte qu'il est toujours aisé de les démonter séparément pour les réparations.

385. Limons avec semelles en bois. — Dans les escaliers à limons avec semelles en bois, on assemble ces dernières avec la face latérale de l'échiffre au moyen de cornières rivées d'avance. La fixation du bois se fait par des vis ou des tirefonds mis par dessous. La *fig.* 861 rend compte de cette disposition.

Le croquis (1) montre la coupe longitudinale de l'escalier. Les marches ont leur section hachée. Au dessous, on voit la cornière d'assemblage avec le limon, ainsi que celle, retournée d'onglet verticalement, qui fera la jonction de la contremarche. La paillasse est soutenue par des feuillards pendants, exactement comme on l'a vu pour les crémaillères, afin de permettre de faire le plafond.

La coupe EF (2) montre la manière d'accompagner le li-

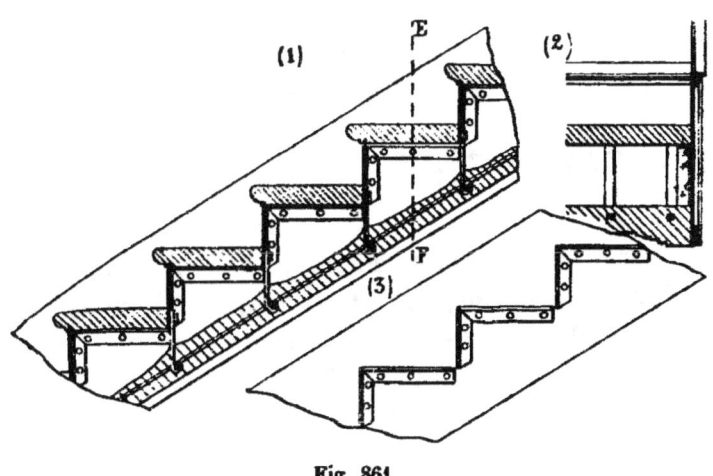

Fig. 861

mon par une moulure inférieure, pour lui donner du corps et le faire ressembler à un limon en bois. Quant à la partie supérieure, rarement on la laisse nue avec sa faible épaisseur; on lui ajoute extérieurement un fer épais ou une moulure chargée d'améliorer son aspect.

Le croquis (3) indique un limon seul, avant la pose des marches et garni des cornières préparées pour les recevoir.

386. Escaliers à limons avec semelles en pierre.
— Comme exemple d'escaliers à limons avec semelles en pierre, nous donnons ci-dessous le plan et les détails d'un des petits escaliers de la nouvelle Ecole Centrale. L'ensemble de la révolution du rez-de-chaussée est représenté en plan dans la *fig.* 862.

La hauteur à monter est de 5ᵐ,60, le nombre de marches est de 35. Ces dernières ont 0,25 de giron et 0,16 de hauteur. Les semelles sont en pierre de Comblanchien et ont

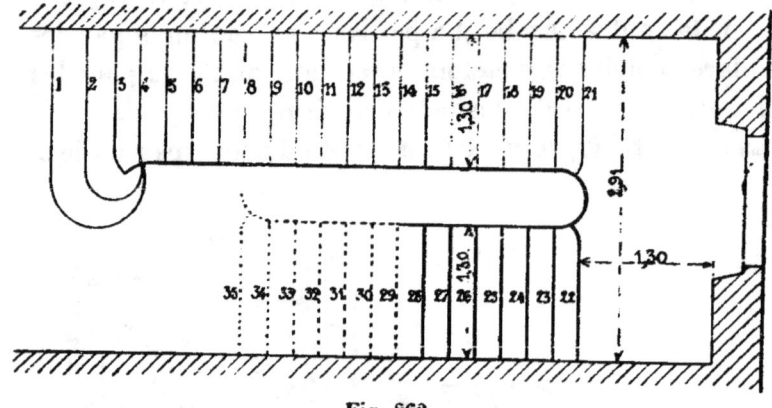

Fig. 862

0ᵐ,075 d'épaisseur; l'emmarchement est de 1ᵐ,30, et la cage a 2ᵐ,91 de largeur, de telle sorte que le jour de l'escalier est de 0ᵐ,31. Les deux premières marches sont à volutes et ont respectivement 0,30 et 0,28 de largeur; la

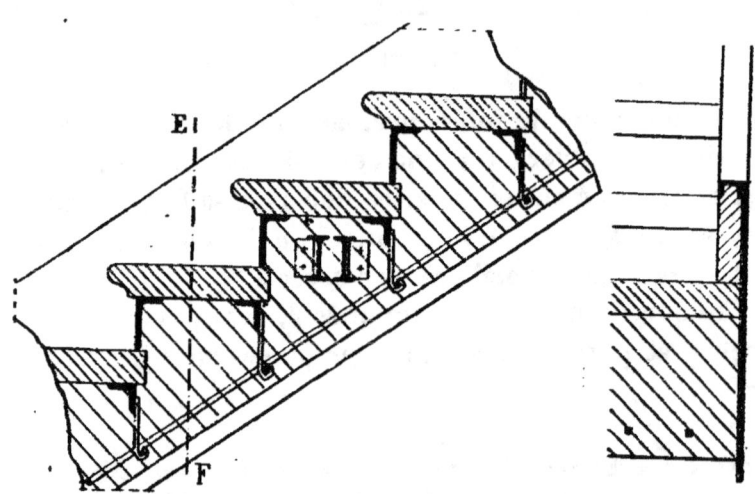

Fig. 863

troisième a 0,26, les autres 0,25. La révolution est formée de deux volées ou montées : la première, de 21 marches, amène à un palier intermédiaire le long de la façade extérieure ; la seconde volée, de 14 marches, ramène vers l'intérieur.

387. Départ des escaliers à limons de fer. Arrivée aux paliers. — Le départ, à niveau du rez-de-chaussée, des escaliers à limons ne varie guère que par l'ornementation qu'ils reçoivent. On a déjà vu, dans les escaliers d'usines, la forme la plus simple employée : Les exemples de la *fig.* 859 montrent les fers à I faisant échiffre, coudés verticalement dans le sol, derrière les deux premières marches à volutes, et trouvant un scellement solide dans une fondation appropriée.

L'escalier extérieur du croquis 860 se termine par un

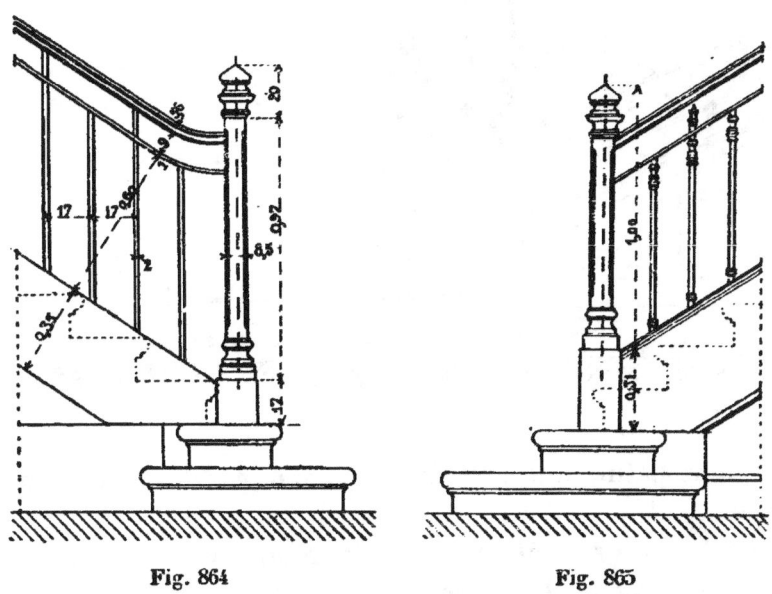

Fig. 864   Fig. 865

patin à l'extrémité de chaque échiffre, et ce patin trouve, sur une fondation avec laquelle on le boulonne, un point d'appui suffisant.

Les escaliers à limons des maisons d'habitation sont plus soignés. Ils commencent toujours par plusieurs marches massives à volutes, et c'est sur la plus haute de ces marches que l'échiffre s'appuie. Ce dernier se termine presque toujours par un socle horizontal, contre lequel il paraît buter, et qui est tantôt la continuation même du limon, et tantôt la base d'un pilastre de rampe.

La *fig.* 864 en donne un premier exemple. Les deux marches à volutes forment une assise horizontale, qui se continue en un muret sous la cloison d'échiffre. C'est sur cette arase que vient poser le limon, et, pour donner de l'assiette à ce dernier, on le garnit d'une large cornière

Fig. 866

formant patin, que l'on fixe au besoin par des boulons à scellement.

Le devant de la tôle a son angle tronqué verticalement ; il vient buter contre le socle d'un pilastre qui sert également à l'amortissement de la rampe.

La *fig.* 865 représente le départ de l'escalier figuré plus loin, dans le croquis 867. Ici le limon est plus important, mais la disposition est entièrement semblable.

La *fig.* 866 indique un départ plus décoratif établi sur le même principe. C'est la vue latérale du grand escalier de l'Ecole Centrale des Arts et Manufactures.

Les marches de départ, à volutes très développées, sont au nombre de trois ; elles se relient au socle d'une cloison d'échiffre en pierre, décorée de moulures et de refends. Cette cloison, qui s'étend sous les deux premières montées, est couronnée par le limon mouluré en fer et stuc. Ce dernier se termine par un socle d'extrémité, arrondi en plan, et dont la face supérieure est horizontale.

Le fer, étant caché, peut avoir dans l'épaisseur même de la maçonnerie tous les prolongements possibles, pour le scellement dans le massif.

Au dessus du socle est placé un pilastre métallique orné, solidement fixé en scellement. Au dessus du limon on met la rampe, et la figure montre comment rampe et pilastre se raccordent.

L'arrivée des limons aux paliers présente exactement la même disposition que l'on a vue pour les crémaillères. Soit au moyen de marches palières, soit par des bascules, on crée des points solides, et sur ces points on fixe l'échiffre. L'assemblage est le même que celui qui a été décrit plus haut ; il se fait au moyen de boulons et d'une pièce interposée de forme convenable, faisant office de fourrure et que l'on exécute soit en fonte soit en fer.

388. Escaliers à limons bois et fer. — Les limons bois et fer sont composés de deux tôles d'épaisseurs inégales, réunies par des extrémités moulurées en bois. La tôle qui reçoit les marches travaille à la flexion, et, pour la détermination de ses dimensions, on suppose qu'elle travaille seule, parce que la liaison des deux tôles, par les bois avec lesquels elles sont vissées, n'est pas assez intime pour les rendre solidaires.

Les assemblages des marches avec la tôle épaisse sont les mêmes que dans l'exemple précédent. Les bois et la seconde tôle sont seulement en plus.

Ces sortes de limons ne se courbent pas facilement ; on les réserve pour les escaliers faits de parties droites que l'on nomme *à la française*. D'ordinaire on les assemble, soit au départ, soit aux paliers, par le moyen de potelets en fonte, qui servent en même temps de supports principaux pour les rampes.

Un exemple de ces escaliers est donné par les *fig.* 867 et 868. Elles représentent un escalier de l'Ecole Centrale des Arts et Manufactures, l'un de ceux des salles d'élèves. Ils ont été établis sous notre direction par M. Roussel, constructeur à Paris. Les limons sont en bois et fer, les semelles en pierre.

La *fig.* 867 donne en plan et en élévation la révolution du rez-de-chaussée. La hauteur d'étage franchie est de $5^m,60$; les marches sont au nombre de 35 et ont $0^m,16$ de hauteur. Le giron est de $0^m,26$ et l'emmarchement de $1^m,70$.

La révolution est composée de 3 montées successives ayant respectivement 16, 11 et 8 marches, séparées par des demi-paliers. Les deux premières marches sont massives et garnies de volutes ; les autres sont faites de semelles de 0,07 d'épaisseur, portées sur la charpente en fer de l'escalier. La pierre choisie vient des carrières de Comblanchien.

Le limon est composé, comme l'indique le croquis (3) de la *fig.* 869, d'une tôle de 350×8 qui est destinée à porter la charge, et d'une seconde tôle, parallèle, extérieure, de 350×4. Elles sont réunies par des fourrures en chêne moulurées.

Au départ, et aux angles du jour qui est rectangulaire à angles vifs, se trouvent des potelets en fonte qui forment la liaison entre le limon et les paliers. De telle sorte que l'ouvrage dont il s'agit n'est que la répétition en métal, des escaliers que nous avons étudiés à l'art. 259 de notre « *Charpente en bois et menuiserie* » *fig.* 547 et suivantes.

Deux autres potelets, dans l'ébrasement de la fenêtre, font face à ceux du jour ; c'est entre ces potelets que vont se développer les différentes portions de limons. L'assemblage de ces deux genres de pièces se fait au moyen d'une double équerre et de boulons à têtes fraisées et affleurées au dehors.

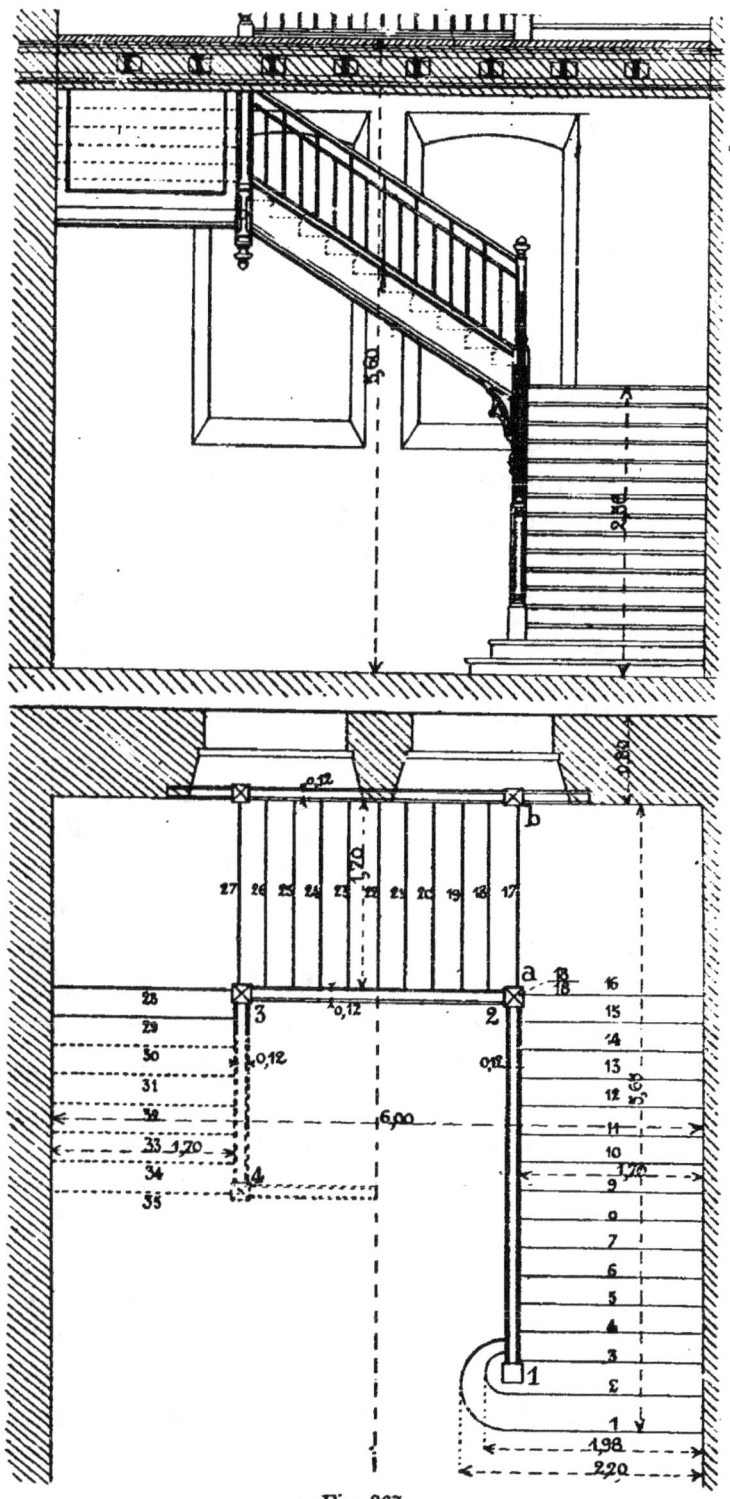

Fig. 867

Les deux limons qui aboutissent à un même potelet y arrivent à des niveaux différents, ce dont on se rend bien compte en examinant les niveaux des marches qu'ils portent. Le potelet doit avoir une section carrée de dimensions transversales suffisantes (0,18 de côté) et assez long pour les recevoir : au-dessus, il s'amincit afin de présenter la forme la meilleure pour accompagner la rampe. Il est terminé à sa partie supérieure par une tête moulurée. Au-dessous, il se finit par un culot dont le profil rappelle les moulures de la tête.

Les dimensions des pièces de cet escalier ont été calculées en supposant que chaque marche porte un homme, (70 kilogrammes) par chaque $0^m,50$ d'emmarchement. Ici 4 hommes pour l'emmarchement de $1^m,70$, soit 280 kilogrammes par marche, et cela, en plus du poids propre de l'ouvrage. On n'y a fait travailler le fer qu'à 5 kilogrammes par millimètre carré, tant à l'extension qu'à la compression.

Le limon de la première montée part des deux marches à volutes et va buter contre le potelet n° 2; ce dernier est contrebuté sur la façade par une pièce *ab*, faite d'un fer à I de 0,200 L. A, qui porte en même temps les solives en I de 0,14 du demi palier. Le potelet (2) étant fixé, on s'en sert pour porter le potelet (3). Les deux sont reliés par le limon de la 2e montée et ils se trouvent contrebutés sur les murs de la cage par des fers de 0,20 L. A. Le fer à I du second demi-palier porte, en même temps, les solives de son plancher. Il en est de même pour la 3e montée.

De plus, les assemblages sont établis pour qu'en cas de tassement, si les limons tiraient sur le palier d'arrivée au 1er étage, ils puissent sans se rompre porter la charge par extension.

La *fig*. 868 donne le plan et l'élévation de la révolution suivante, qui du 1er étage va au second; les autres sont identiques.

Le palier du 1er étage est porté par une pièce palière

406 CHAP. X. — ESCALIERS EN FER

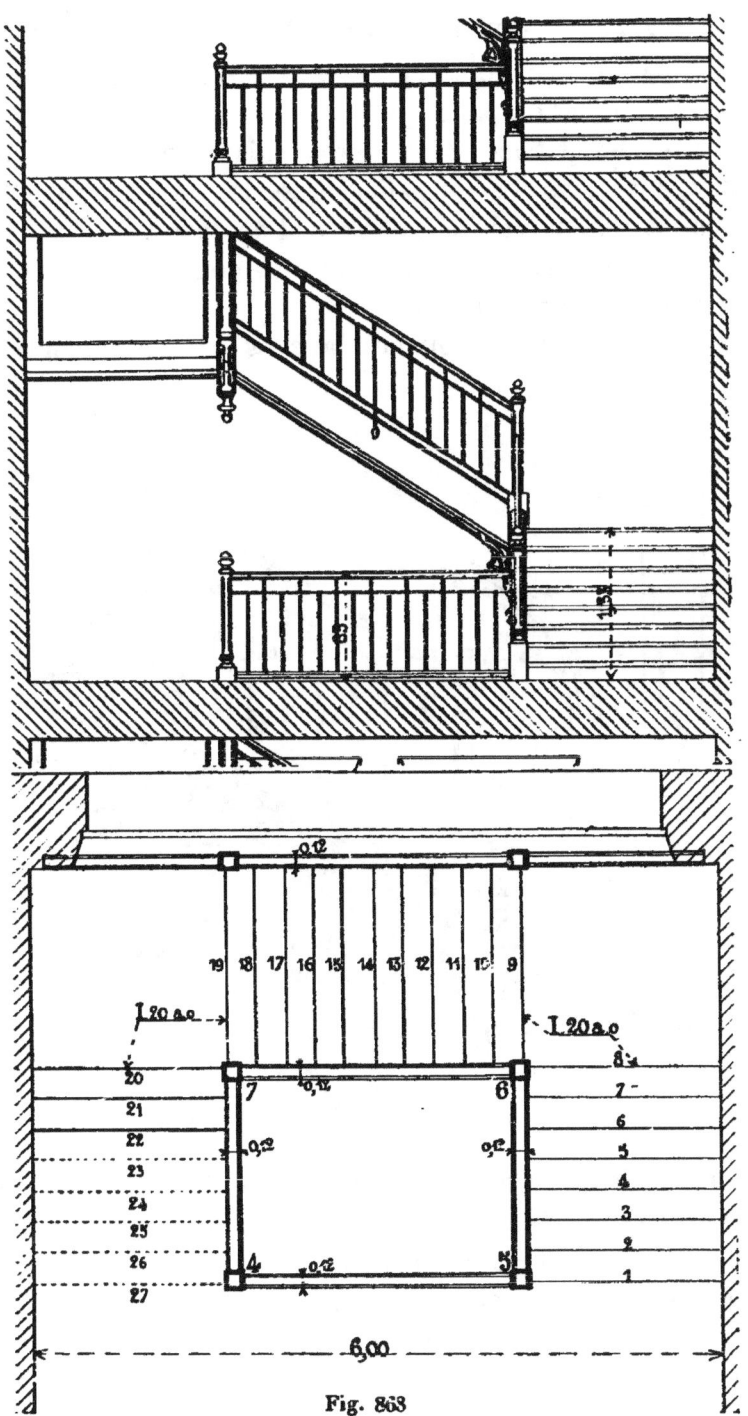

Fig. 863

principale, en tôles et cornières, composée d'une âme de 350 × 13, de 4 cornières $\frac{80 \times 80}{14}$ et de tables de 320 × 14. Cette poutre, porte d'une part les potelets 4 et 5, et d'autre part les solives du palier.

Entre les potelets 4 et 5 on a mis un bout de limon droit, qui forme rive du palier et se raccorde comme effet avec les limons voisins d'arrivée et de départ.

La construction se répète identique pour le reste à celle de la première révolution.

Les potelets qui se trouvent dans les baies reçoivent de

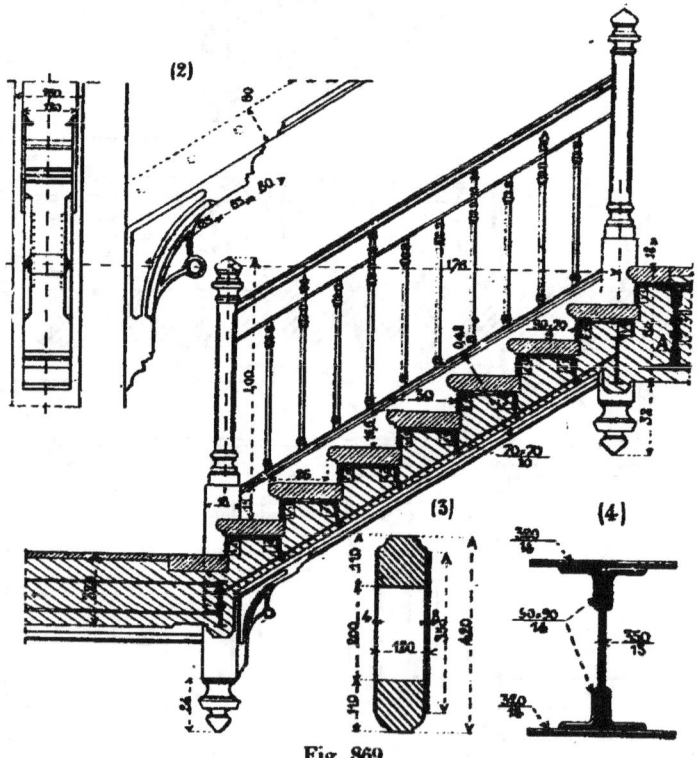

Fig. 869

faux limons de même section que ceux du jour, et dans lesquels s'assemblent les autres extrémités des marches.

Cette seconde révolution franchit une hauteur de 4",50 avec le même emmarchement de 1",70. Les marches sont au nombre de 27 et ont chacune 0",166. Le giron est de 0",26.

La *fig.* 869 donne dans son croquis (1) la coupe longitudinale d'une montée de cet escalier, celle de 8 marches, et elle s'applique à la seconde révolution. Le limon a 0,12 de haut, bois compris, et une largeur de 0,12. Il reçoit, au moyen de cornières transversales, les différentes semelles; l'une de ces cornières a $\frac{90 \times 70}{9}$ et sert de contre-marche, l'autre en arrière a $\frac{70 \times 70}{10}$. Toute l'épaisseur est hourdée et les semelles sont posées sur le hourdis avec coulis en mortier. Le hourdis est fait suivant la méthode générale qui a été indiquée. Cette coupe indique en même temps les fers qui forment l'ossature des paliers.

Le croquis n° 2 représente à plus grande échelle, suivant deux élévations d'équerre, l'assemblage d'un limon avec un potelet, ainsi que la console d'amortissement qui les raccorde.

389. Escaliers des Magasins du Printemps.

— Cette disposition des potelets de butée est très commode toutes les fois qu'on doit relier des portions de limons droits de directions différentes. Tantôt, comme dans l'exemple précédent ils se soutiennent en l'air, suspendus par la butée des charpentes. D'autres fois, ils trouvent sur le sol ou sur les planchers les points d'appui nécessaires pour la stabilité de l'ouvrage.

Nous donnons *fig.* 870, l'ensemble d'un escalier principal des magasins du Printemps, exécuté sous la direction M. Sédille, architecte.

La 1re révolution, qui dessert le sous-sol, franchit la hauteur d'une seule volée et le départ se fait au moyen de 3 marches massives, les deux inférieures avec volutes. La révolution qui va du rez-de-chaussée au 1er étage franchit la distance par quatre volées séparées par trois paliers. Sauf les marches de départ, tout est en ligne droite. Chaque changement de direction de l'échiffre a sa brisure arrêtée par un potelet, qui se continue au moyen d'un pilastre jusqu'au sol du rez-de-chaussée. De même que plus haut, les potelets servent en même temps d'arrêts et de

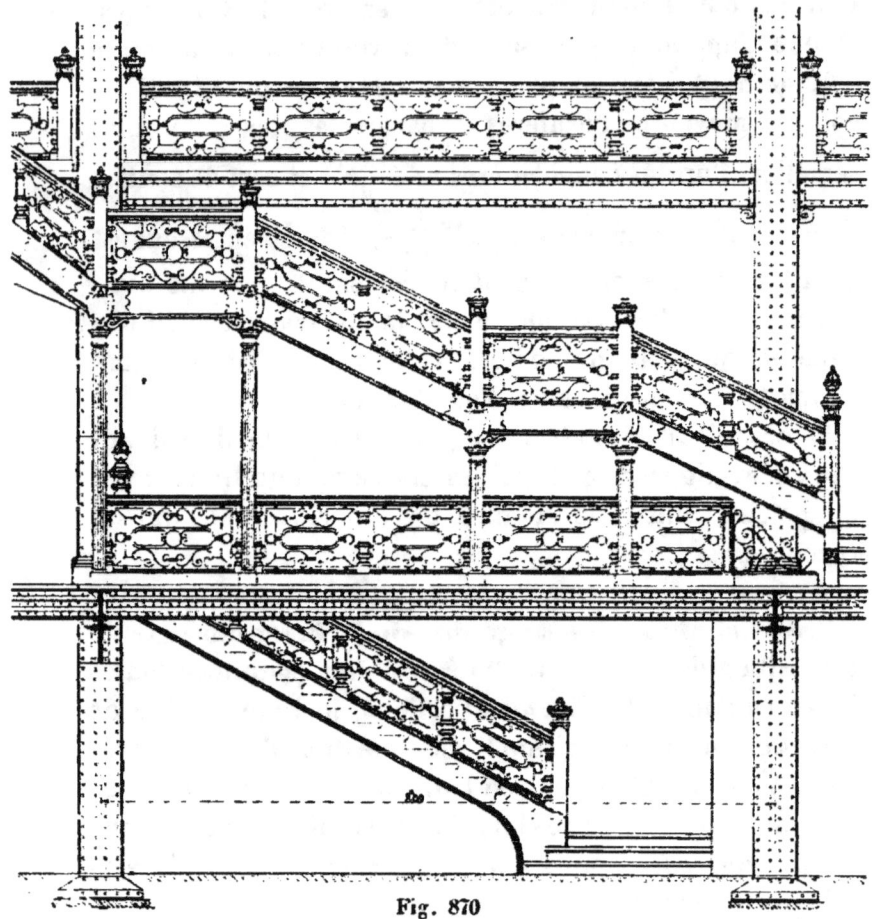

Fig. 870

supports pour la rampe. Cet escalier se raccorde bien avec les élégantes charpentes de cet établissement, et produit un effet très satisfaisant.

390. Escaliers à limons en fer et stuc. — Les escaliers à fort emmarchement et à grande portée de limons se font bien plus avantageusement en stuc qu'en pierre de taille et donnent une sécurité absolue. Aussi leur donne-t-on aujourd'hui la préférence. Le stuc bien fait peut imiter la pierre à s'y méprendre et il jouit d'une très grande dureté, pourvu qu'il soit protégé contre toute trace d'humidité permanente.

La combinaison stuc et fer consiste à porter les charges au moyen d'une ossature métallique suffisamment robuste, et à la revêtir de stuc à l'extérieur pour lui donner l'apparence d'une construction en pierre.

L'escalier représenté dans la *fig.* 871 est construit de cette façon. La 1ʳᵉ volée, de 21 marches de 2ᵐ,60 d'emmarche-

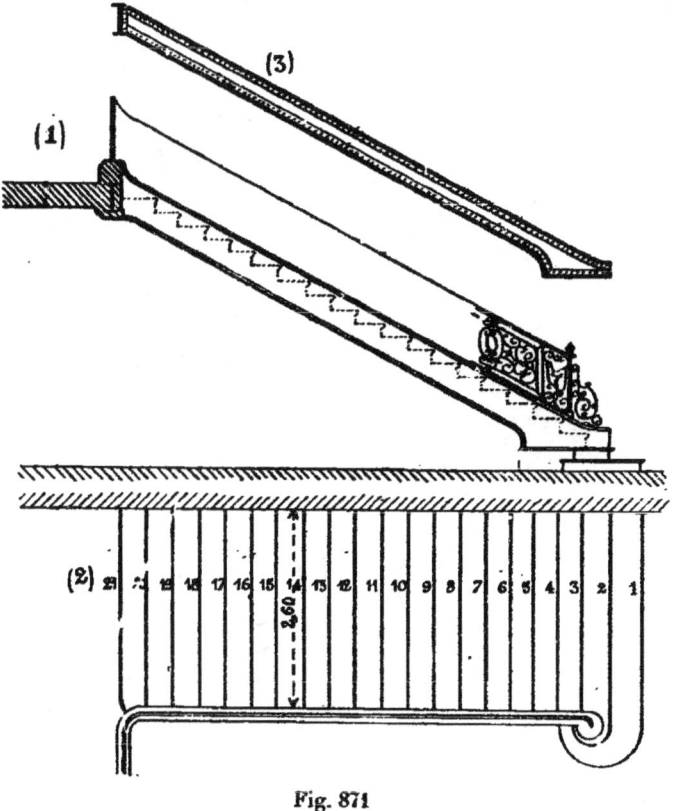

Fig. 871

ment, arrive à un palier intermédiaire. La pièce palière est une poutre composée de 0,35 de hauteur ; elle reçoit l'assemblage du limon en fer qui est également une poutre de 0,35, formée d'une âme, d'une forte cornière extérieure en haut et de deux cornières plus petites à la partie basse. Sur le limon portent à leur tour les fers transversaux qui soutiennent les semelles et le hourdis. Ce sont : une cornière formant contremarche, et un fer à I faisant office

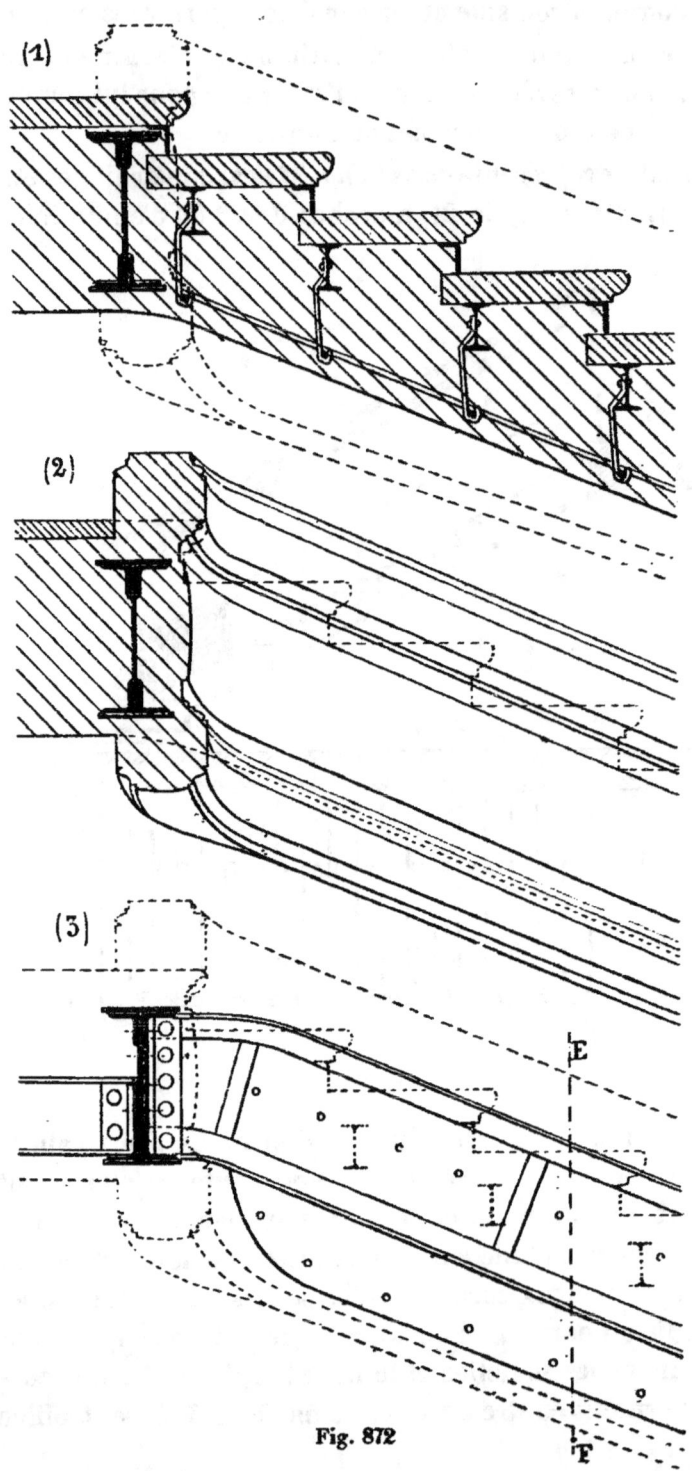

Fig. 872

de sous-marche. Les feuillards qui portent le hourdis sont attachés à la sous-marche et ont la forme déjà vue. Tous ces détails sont donnés dans le croquis n° 1 de la *fig.* 872.

Le croquis n° 2 indique le tracé du limon, tel qu'il résulte de l'étude et de son rapport avec les niveaux des marches et du palier.

Le limon ainsi disposé contourne le jour de l'escalier dans tout son développement, aussi bien dans les parties horizontales des paliers que dans les parties rampantes, et cela avec des sections très peu différentes, étudiées pour se raccorder convenablement. C'est ce que montre la coupe transversale du palier, représentée dans le croquis (2).

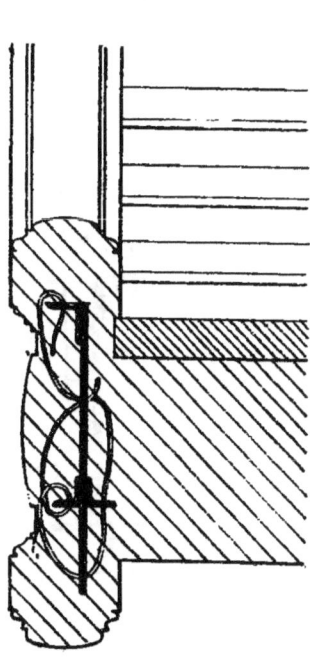

Fig. 873

Le croquis n° (3) donne la disposition de la poutre rampante qui doit former l'ossature de ce limon. Pour l'assemblage et la résistance, une poutre de 35 de hauteur, avec cornières comme membrures, suffit amplement dans l'exemple choisi ; de plus, elle est de hauteur très convenable pour s'assembler avec la marche palière ; mais, elle ne se trouve pas descendre assez bas pour porter la partie inférieure du limon. On prolonge alors son âme au-dessous des cornières de la membrure inférieure, de la quantité nécessaire. Les cornières et la tôle de l'âme, ainsi que le prolongement de cette dernière, sont percés de trous dans lesquels on fait passer en les tortillant irrégulièrement des fers fentons de 0,011, comme l'indique la coupe transversale *fig.* 873. Les saillies de ces fentons sont noyées dans la masse de stuc et servent à assurer l'adhérence parfaite avec le fer du limon.

391. Des rampes et de leur assemblage avec les échiffres en fer. — Des rampes dans les escaliers en fer présentent les mêmes formes que nous avons vu employer avec les escaliers en bois. Les barreaux verticaux successifs, qui composent les plus simples d'entre elles, peuvent s'établir à col de cygne et se monter à boulons avec la tôle de l'échiffre. Il est nécessaire, pour que le serrage ait lieu que chaque barreau porte une embase solide qui vienne s'appuyer sur la tôle, ce qui complique la façon.

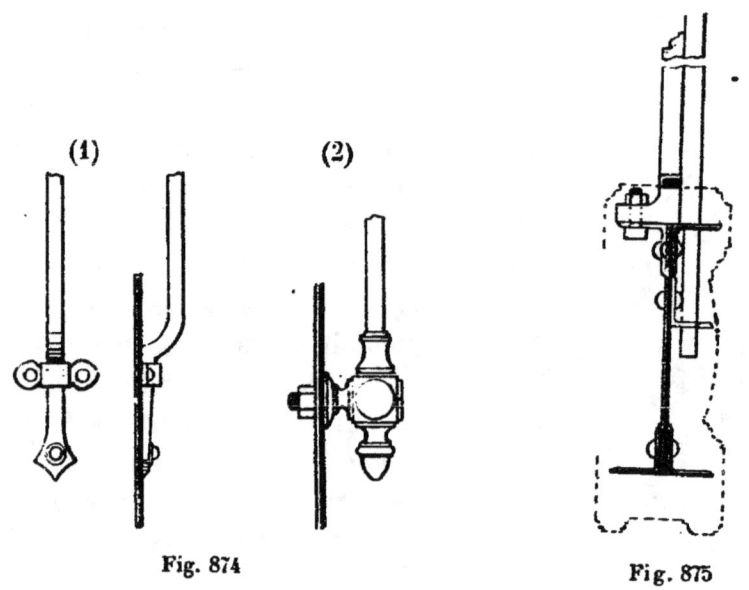

Fig. 874   Fig. 875

Aussi cette disposition, très simple pour le bois, est-elle peu usitée pour les escaliers en fer.

Les rampes à pitons sont plus décoratives et se prêtent mieux à l'assemblage du fer. Le culot inférieur, *fig.* 874 (2), est muni d'un support horizontal avec embase ; il est terminé par une tige filetée qui traverse la tôle de l'échiffre et reçoit l'écrou. La face supérieure du culot porte un tenon fileté correspondant à une mortaise du barreau, que l'on n'a plus qu'à visser.

Dans les deux systèmes, la partie supérieure de la rampe est terminée de même ; une bandelette en fer relie toutes les têtes de barreaux, et sur la bandelette on fixe la main courante en bois ou en fer.

On diminue souvent le nombre des attaches de la rampe avec les échiffres en fer en adoptant le principe de montants principaux solides reliés par des lisses, entre lesquelles on met des barreaux secondaires ou des panneaux de remplissage.

Les montants principaux peuvent s'assembler, soit sur la face latérale de l'échiffre, lorsqu'il s'agit de crémaillères ou de limons minces, soit sur le dessus, lorsque les limons sont épais.

L'assemblage d'un montant principal de rampe avec les côtés d'un échiffre en fer peut se faire comme celui d'un barreau à piton, mais avec des dimensions plus grandes. On peut également l'établir au moyen d'un collier en fer dans lequel il vient s'engaîner, ainsi que le montre la *fig.* 875 (1). On le fixe ensuite de l'extérieur par une vis qu'on affleure. Cela permet de préparer tout l'escalier à l'atelier, de le monter, d'exécuter la maçonnerie de remplissage et de plafond, sans avoir à poser la rampe, qu'on réserve pour l'achèvement de la construction.

On a modifié un peu cet assemblage en exécutant des attaches en fonte, ou en fonte malléable, rappelant l'assemblage précédent, et qui servent de fourreaux aux barreaux principaux.

Les deux escaliers de la *fig.* 876 en fournissent des exemples.

Le croquis n° (1) montre une rampe formée ainsi de montants d'attache espacés d'environ 1^m,25 et reliés par une lisse inférieure et deux autres lisses parallèles en haut. Les barreaux intermédiaires de remplissage sont placés entre les deux lisses inférieures. Le second intervalle, formant frise, est maintenu tous les cinq barreaux par un prolongement de l'un d'eux, se trouve est rempli par un ornement approprié.

La rampe du croquis n° (2) est une variante de la précédente, exécutée d'après les mêmes principes.

Dans les rampes à barreaux verticaux, les axes des pièces sont espacés de 0^m,16 au maximum. C'est la distance nécessaire pour qu'un enfant ne puisse passer. Dans tous les cas où les rampes doivent servir de protection publique, on pourrait encourir, en cas d'accident, des responsabilités sérieuses en exécutant des rampes avec des intervalles plus grands.

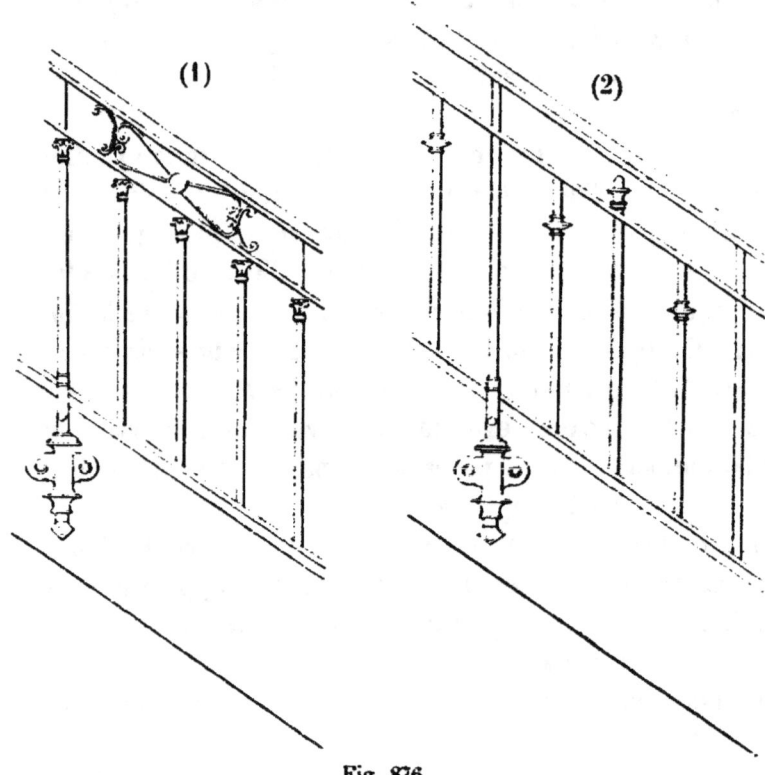

Fig. 876

Les remplissages des rampes peuvent s'exécuter au moyen de panneaux en fer forgé ou en fonte, plus décoratifs que les barreaux précédents, mais il faut toujours disposer les jours de manière à rendre effective la protection de la rampe.

La *fig.* 877 donne le départ d'un escalier à crémaillère en fer avec la rampe qui l'accompagne. Cette rampe établie sur montants à pitons, distants de 1 mètre environ, est formé de panneaux de remplissage en fer forgé, compris entre deux lisses espacées verticalement d'environ 0^m,90. La rampe s'amortit contre un pilastre en fonte, et les fers se poursuivent au-delà, en épaulant ce dernier et en s'appuyant sur les marches à volutes.

La *fig.* 878 montre une portion de la rampe du grand escalier de l'hôtel de Juigné, rue de Thorigny; elle est établie sur limon en pierre, mais conviendrait également

Fig. 877

bien, et avec les mêmes assemblages, sur limons en fer et stuc. De distance en distance, de gros montants prenant attache à scellement sur le limon, et qui pourraient se faire au moyen de l'assemblage de la *fig.* 875, par exemple, sont solidement établis et destinés à porter la rampe; ils reçoivent une lisse supérieure, une lisse basse, et une lisse intermédiaire, à hauteur de frise. Les intervalles des deux montants sont divisés en un certain nombre de rectangles par des fers secondaires, et les vides partiels ainsi formés reçoivent des panneaux décoratifs en fer forgé. Ici les panneaux ont la forme de balustres, richement exécutés en métal. Les vides des frises reçoivent également des ornements forgés.

Quelquefois il est important de clore partiellement les

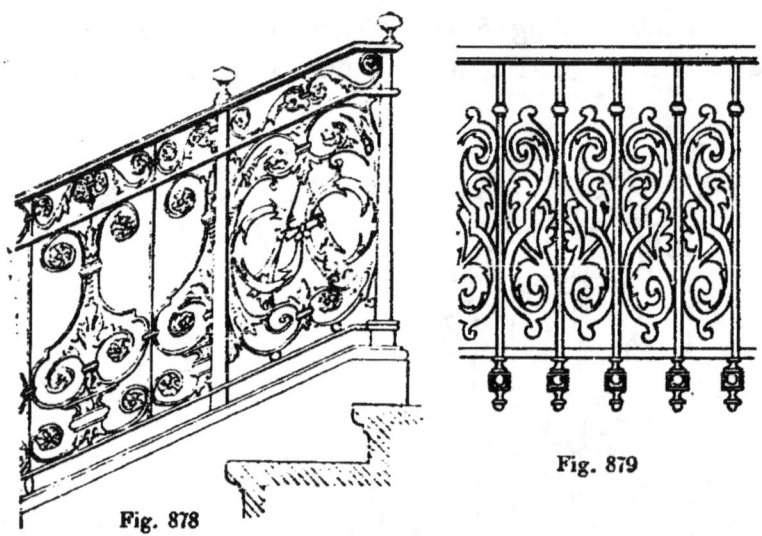

Fig. 878

Fig. 879

intervalles des barreaux de rampes, soit au moment de l'exécution primitive, soit après coup. On le fait au moyen de panneaux découpés dans une feuille de métal, tôle ou zinc, et on les attache aux barreaux par des demi-colliers. La *fig*. 879 rend compte de cette disposition.

CHAPITRE XI

SERRURERIE

§ 1. — *Ferrements des bois employés dans le bâtiment.*
§ 2. — *Paratonnerres.*
§ 3. — *Clôtures métalliques.*
§ 4. — *Menuiseries métalliques.*
§ 5. — *Serres et Verandas.*

SOMMAIRE :

§ 1. — *Ferrements des bois employés dans le bâtiment :* 392. De la serrurerie en général. — 393. Ferrements des grosses pièces de charpente, Ferrements de maçonnerie. — 394. Ferrements de menuiserie. — 395. Portes de caves. Pentures, gonds. — 396. Portes de fermes ou d'usines. Pentures à équerres, pivots. — 397. Portes roulantes. — 398. Portes d'armoires. Charnières. — 399. Portes de communs, paumelles, verrous. — 400. Portes d'appartement, broches, paumelles, verrous. — 401. Portes extérieures, crémones, vasistas. — 402. Ferrements d'une porte cochère. — 403. Fermetures des portes, fléaux, loquets, targettes. — 404. Serrures, différentes formes. — 405. Mécanisme des serrures. — 406. Becs de canes. Gollots. — 407. Serrures à pènes dormants. — 408. Serrures d'armoires. — 409. Serrures à tour et demi. — 410. — Serrures à deux pènes. — 411. Serrures de sûreté, boutons de coulisse. — 412. Autres systèmes. serrures à pompe. — 413. Verrous de sûreté. — 414. Ferrements des croisées. Crémones, espagnolettes. — 415. Appuis métalliques. — 416. Ferrements des persiennes. — 417. Série des vis de jonction, tirefonds, pitons, gonds, etc.

§ 2. — *Des Paratonnerres.* — 418. Théorie du paratonnerre. — 419. Protection exercée par les tiges de paratonnerres. — 420. Disposition des tiges et de leurs pointes. — 421. Conducteurs, tiges et cables, mode d'installation. — 422. Liaison des différentes tiges d'un même bâtiment, circuit de faîte. — 423. Dispersion de l'électricité dans le sol. Prise de terre. Perd-fluide. — 424. Masses métalliques d'une construction reliées aux conducteurs. Tuyaux d'eau et de gaz. — 425. Dangers d'un paratonnerre mal établi. — 426. Essai de la conductibilité d'un Paratonnerre.

§ 3. — *Clôtures métalliques.* — 427. Clôtures agricoles en fil de fer. Ronces, supports. — 428. Grillages, diverses sortes, grillages mécaniques, clôtures grillagées — 429. Clôtures fer et bois. — 430. Clôtures pleines en tôle ondulée. — 431. Portes pleines pour clôtures, portillons, portes charretières. — 432. Cloisons et clôtures en fer et maçonnerie. — 433. Grilles en fil de fer. — 434. Grilles en fers marchands. Grilles dormantes. — 435. Grilles ouvrantes. — 436. Exemples de grilles ouvrantes. — 437. Garde-corps en fer et en fonte. — 438 Barres d'appui de fenêtres. — 439. Petits balcons. — 440. Grands balcons, monture en fer.

§ 4. — *Menuiserie métallique.* — 441. Lambris fer et bois. — 442. Croisées en fer. — 443. Châssis verticaux dormants. — 444. Châssis ouvrants. — 445. Châssis de toits ou de sheds. — 446. Vitrages d'usines. — 447 Croisées d'habitation. — 448. Portes en fer. Portes d'usines. — 449. Portes d'entrée d'édifices. — 450. Portes vitrées. — 451. Jalousies en fer. — 452. Persiennes fer et bois, divers systèmes. — 453. Persiennes en fer. — 454. Fermetures de boutiques à rideaux. — 455. Fermetures enroulées.

§ 5. — *Serres et Vérandas.* — 456. Différentes sortes de serres. — 457. Serres à vignes. Construction. — 458. Serres adossées. — 459. Bâches hollandaises. — 460. Jardins d'hiver. — 461. Vérandas. Windows.

CHAPITRE XI

SERRURERIE

§ 1. — FERREMENTS DES BOIS DANS LE BATIMENT

392. De la serrurerie en général. — La *serrurerie* ne se rapporte pas uniquement, comme son nom semblerait l'indiquer, à la construction et à la pose des serrures ; elle est à la charpente en fer ce que la *menuiserie* est à la charpente en bois. Elle comprend tous les détails des travaux métalliques qui assemblent, fixent, lient ou supportent les ouvrages des autres corps d'état, et on pourrait très judicieusement l'appeler également menuiserie, l'art des menus ouvrages, si l'usage n'avait adopté exclusivement le mot pour le détail des constructions en bois. De même que la menuiserie, la serrurerie traite de l'exécution, mais avec des matériaux métalliques, des portes, des fenêtres, des persiennes, des clôtures de toutes sortes. De même aussi que la menuiserie s'applique à des ensembles de constructions légères, de même la serrurerie comportera les serres, vérandas, etc.

La serrurerie emploie comme matériaux non seulement le fer brut, mais encore des métaux déjà travaillés, ou même assemblés, complètement prêts pour la pose, et que l'on groupe sous la dénomination générale de *quincaillerie*. Ces objets sont exécutés en grand dans des usines spéciales, qui les fabriquent mécaniquement, avec une perfection souvent très remarquable et à des prix très réduits; le serrurier ne pourrait faire ces mêmes objets ni aussi bien ni aussi économiquement. D'autres fois, les objets du commerce sont établis pour une qualité ordinaire à bas prix, et le serrurier, sur commande, peut faire mieux, mais plus cher, des objets similaires dit *de façon*, par opposition à ceux que produit la fabrication mécanique de la quincaillerie.

393. Ferrements des grosses pièces de charpente. Ferrements de maçonnerie. — C'est au serrurier que l'on a recours pour forger, aux dimensions voulues dans chaque cas particulier, les ferrements qui doivent consolider les grosses pièces de la charpente en bois et qui ont été passées en revue dans notre ouvrage sur *la charpente en bois*, tels que platebandes, harpons, étriers, bandes de trémie, etc. De même les ancres, chaînes et linteaux de toutes sortes qui se logent dans les maçonneries et sont chargés de les porter ou de les jonctionner. Par extension, les serruriers exécutent des travaux importants de charpente en fer, suivant leurs moyens d'exécution. Presque tous font les planchers en fer, non assemblés et assemblés; quelques-uns, se faisant véritables charpentiers en fer, abordent l'entreprise des ouvrages les plus difficiles de la charpenterie.

394. Ferrements des menuiseries. — Les ouvrages de menuiserie sont, comme on l'a vu, ou fixes ou mobiles. Dans les deux cas, mais surtout quand ils sont mobiles, ils demandent pour se compléter l'assistance du serrurier, qui vient leur appliquer des ferrements spéciaux.

Les premiers de ces ferrements ont pour but, les uns de consolider les assemblages et d'empêcher leur déformation; ils produisent un effet de contreventement; telles sont les équerres; les autres permettent une liaison plus intime avec les maçonneries, comme les pattes à scellement. Une seconde catégorie de ferrements comprend ceux qui servent d'axes aux parties mobiles: Pentures, charnières, [paumelles, pivots. Enfin une troisième sorte de pièces servent à fermer les parties mobiles, ce sont les serrures, targettes, crémones, espagnolettes, etc. Nous allons passer en revue les principaux de ces ferrements dans leurs applications les plus usuelles.

395. Portes de caves. Pentures, gonds. — Les portes de caves s'établissent soit dans des murs, soit dans des cloisons. Dans les murs, elles se posent dans des feuillures

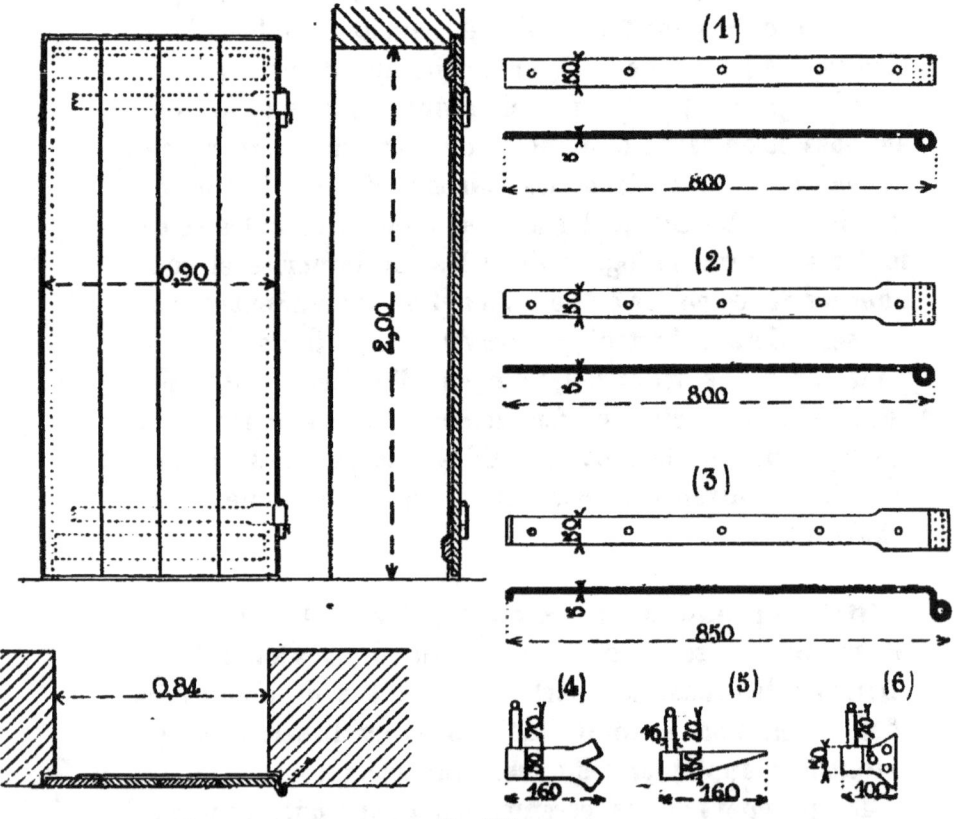

Fig. 880

ménagées dans la maçonnerie, sans interposition de dormants. Elles ont pour axes des ferrements que l'on nomme des *pentures*. Les pentures sont au nombre de deux au moins, l'une en haut l'autre en bas, comme l'indique l'ensemble de la *fig.* 880. Ce sont des platebandes en fer, prenant toute la largeur de la porte, et enroulées sur elles-mêmes à une extrémité pour former un œil ou nœud. Elles peuvent être *simples* comme en (1), à *collet élargi* comme en (2), à *collet élargi d'un bout et talon de l'autre*, comme en (3).

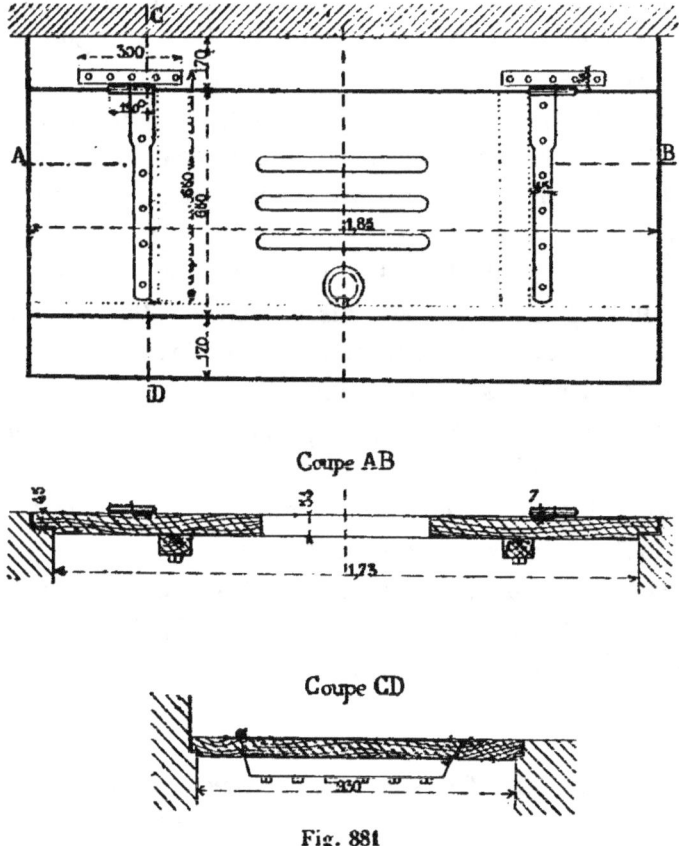

Fig. 881

Les dimensions des fers sont environ celles des croquis; elles dépendent du poids et de la grandeur de la porte. On fixe les pentures avec des vis à bois à têtes fraisées et on prépare des trous fraisés également pour les recevoir. Ordinairement le premier trou près de l'œil, non fraisé, reçoit un rivet en fer doux, qui serre fortement le bois et donne de la solidité à l'ensemble.

D'autre part, on loge dans la maçonnerie, et on fixe par un scellement solide, ce que l'on nomme un *gond*. C'est une patte à scellement, croquis (4), terminée par un culot portant un axe en fer. La penture s'engage autour de l'axe du gond, autour duquel elle doit tourner.

On fait encore des gonds *à pointe*, croquis (5), ou à *patte* croquis(6), applicables aux cas où la porte se loge dans des cloisons. La baie est alors limitée par une huisserie à feuillures, et ces gonds s'ajustent sur l'un des poteaux de l'huisserie.

La *fig*. 881 représente une seconde application des pentures. C'est une trappe horizontale ménagée dans un plancher afin d'établir une communication avec un sous-sol ou une cave de service restreint.

Deux pièces de bois de 170 × 54, dormantes, limitent les longs côtés de la baie; elles laissent entre elles un vide de $0^m,65$ de largeur, qui est fermé par la trappe. Celle-ci est formée d'un certain nombre de planches de 54, rainées et barrées en dessous. Elles reposent en bout sur les feuillures ménagées dans le plancher le long des petits côtés du rectangle, et la trappe vient battre sur une rive biaise de l'une des pièces longitudinales.

L'autre rive est droite, c'est la rive d'axe. Les ferrements sont deux pentures entaillées à collet élargi, et les gonds sont à platebandes, également entaillées sur la pièce dormante.

396. Portes de fermes ou d'usines. Pentures à équerres, pivots. — Les portes de fermes, bien des portes d'usines s'établissent, de même que les précédentes, directement dans la maçonnerie, sans emploi de bâti dormant. Il y a lieu : 1° de consolider leurs assemblages par des équerres, et 2° de leur appliquer des pentures dont les gonds se scellent dans un des piédroits de la baie.

Equerres et pentures étant apparentes doivent être établies avec soin à arêtes vives bien droites et à surfaces blanchies à la lime. On trouve avantage, dans bien des cas, à combiner ensemble ces deux sortes de ferrements, ainsi que le montre dans ses différents croquis la *fig.* 882. On forme ainsi la *penture à équerres*. Le nœud de la penture est soudé à une platebande droite, ayant un retour d'équerre

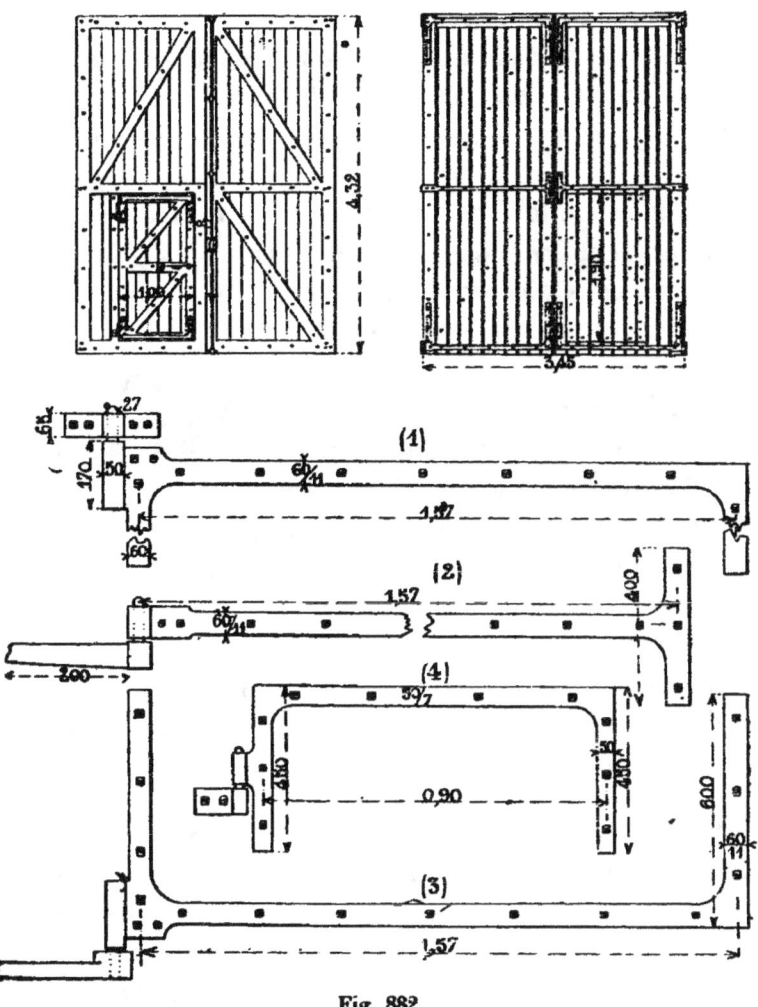

Fig. 882

à chacune de ses extrémités. La penture du haut, croquis (1), présente un axe faisant corps avec le nœud et qui s'engage dans un collier à scellement ou à pattes, suivant qu'il se fixe dans la maçonnerie ou sur un poteau.

Le ferrement milieu est une penture dont l'extrémité libre

se divise en T afin de se relier avec le montant milieu du vantail. C'est une *penture à* T. Le nœud de la penture vient porter sur un gond ordinaire à scellement.

Le croquis du bas (3) représente encore une penture à équerres, dont le nœud porte un axe retenu par un collier scellé dans la maçonnerie.

Enfin le croquis (4) montre l'une des pentures à équerres appliquées sur la petite porte de piétons, que l'on nomme le *guichet*, qui s'ouvre dans l'un des vantaux de la grande porte.

L'axe du bas de la figure précédente peut être avantageusement remplacé par ce que l'on nomme un *pivot*. Ce ferrement consiste en un axe vertical noyé dans une masse cubique en fonte, que l'on scelle dans le seuil de la porte, *fig.* 883.

Le pivot est coiffé par la *bourdonnière*, qui n'est autre que le nœud de l'équerre du bas percé seulement sur une partie de sa hauteur.

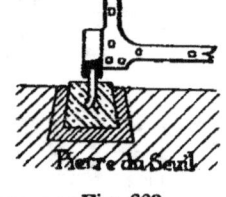

Fig. 883

Le frottement se fait sur la tête du pivot. Pour rendre le frottement plus doux, on interpose souvent un grain en acier arrondi des deux bouts entre les deux surfaces frottantes, aciérées elles-mêmes. Il a pour but de réduire le diamètre de la surface frottante et de diminuer l'effort à vaincre pour manœuvrer la porte.

397. Portes roulantes. — Les portes roulantes présentent l'avantage de ne perdre aucune place pour le développement de leurs vantaux ; elle se déplacent dans leur plan, et se logent derrière les piédroits de la baie, dans un espace égal à leur largeur et qu'il faut leur ménager. Elles ont l'inconvénient de ne pas joindre hermétiquement et conviennent cependant pour beaucoup d'ateliers et de magasins.

Pour les déplacer, on les fait rouler au moyen de galets, sur l'une de leurs rives horizontales, et on les guide sur la seconde.

La *fig*. 884 représente une porte à deux vantaux, de 2ᵐ,64 de largeur, se déplaçant ainsi latéralement au moyen du roulement de quatre galets. Ces derniers sont établis à la partie haute des vantaux, et leur chape est soudée avec les équerres de contreventement des angles.

Le chemin de roulement est un fer plat, ayant comme longueur le double de l'ouverture de la porte et terminé par des crosses d'arrêt. Il est maintenu à distance convenable du parement du linteau par des cales et des boulons.

Il est indispensable de retenir les portes par un point au moins de leur rive inférieure, et ce point est l'angle externe de chaque vantail. On le garnit d'un crochet, qui se trouve guidé par un fer plat placé près du sol

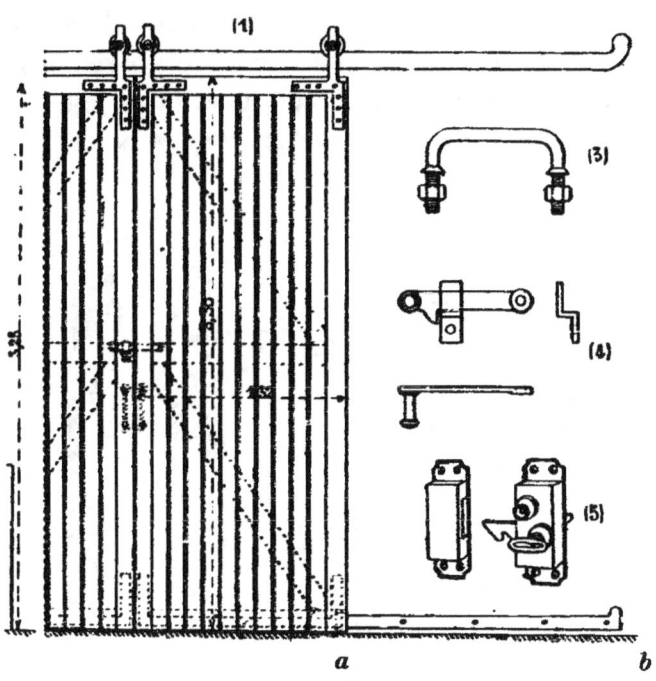

Fig. 884

en *ab*, derrière le piédroit, sur une longueur égale à la moitié de l'ouverture. Un arrêt *b* limite la course de la porte ; un autre arrêt en *a* fait arrêter le vantail juste à l'axe de la baie. La manœuvre des portes se fait par le moyen de poignées de tirage (3), munies d'embases et d'écrous pour l'assemblage.

La fermeture faite du dedans est très simple : L'un des vantaux porte une gâche, l'autre une sorte de fléau muni d'un arrêt d'équerre. Le fléau rabattu dans la gâche, il est impossible d'ouvrir la porte du dehors (4). On remplace souvent cette disposition par d'autres fermetures, telles par exemple que le loqueteau encloisonné (5) manœuvré par une clef à carré.

Malgré le jeu des galets, lorsque les portes sont développées et lourdes, il faut un certain effort pour déplacer les vantaux, avec le système qui vient d'être décrit et qui est le plus communément employé ; de plus, les axes frottant dans la chape demandent un graissage fréquent.

La maison Fontaine a créé un modèle de galets représentés par la *fig.* 885, où le frottement de glissement est remplacé par un roulement. L'axe du galet se meut sur un plan horizontal, en même temps que la porte se dé-

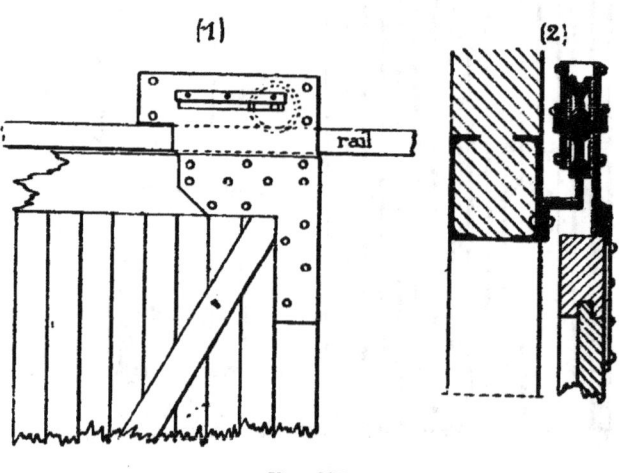

Fig. 885

place et le mouvement est beaucoup plus doux. Le croquis (1) de la *fig.* 885 représente la vue de l'angle extérieur d'un vantail de porte ; le croquis (2) montre une coupe verticale de la chape par l'axe du galet ; on voit le linteau, le rail, le galet, et enfin la chape et son mode d'attache au bâti de la porte.

La *fig.* 886 est la représentation de l'ensemble d'une porte roulante à un seul vantail, fermant une baie de hangar à marchandises du chemin de fer du Nord. Elle a

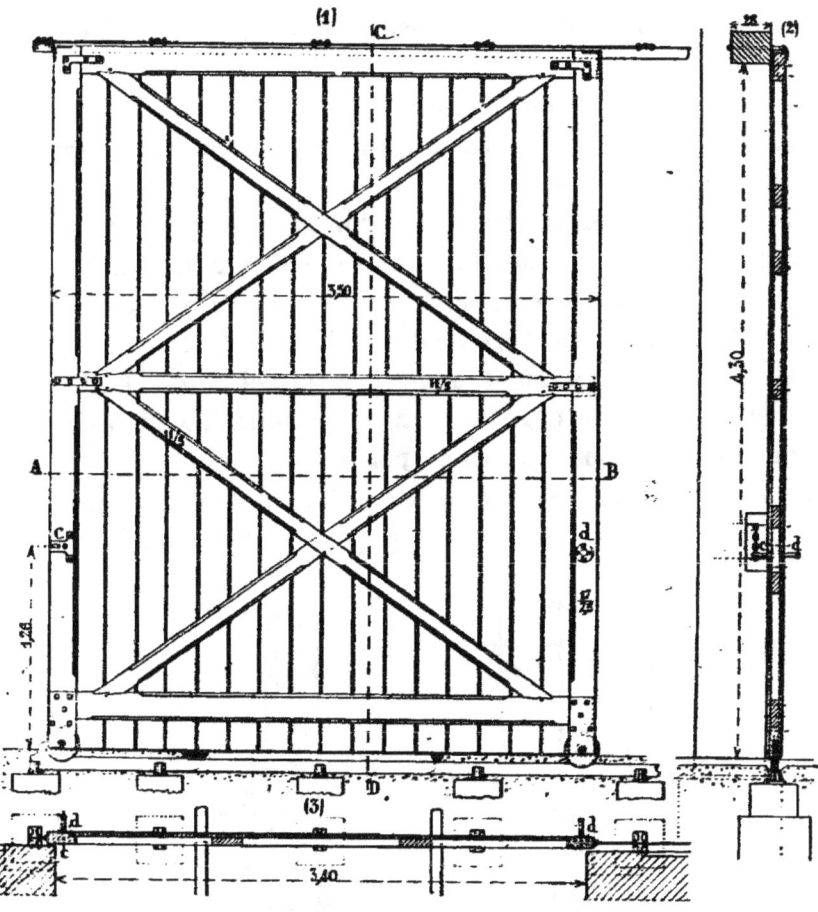

Fig. 886

$3^m,50$ de large et $4^m,36$ de haut. Les montants ont 170×75 ainsi que la traverse haute. Les deux autres traverses et les écharpes diagonales ont 110×50, les frises ont $0,025$ d'épaisseur.

Cette porte roule sur un rail inférieur en fer plat, posé de champ, tenu entre les mâchoires de coussinets spéciaux. Ce rail est placé un peu en dessous des rails de la voie et ces derniers sont entaillés à la demande au passage. Le chemin de roulement de la porte est relevé en crosse aux extrémités pour limiter la course du vantail.

Les galets sont placés au bas des montants, et l'assemblage de ces derniers avec la traverse inférieure est assez relevé pour que l'encoche nécessaire aux galets, ne l'affaiblisse pas.

A la partie supérieure la porte est guidée par un rail formant coulisse, maintenu au linteau de la baie par des ferrements appropriés.

Toutes ces portes ont besoin de poignées pour aider la manœuvre ; ici les poignées sont de simples manettes, sortes de broches perpendiculaires au plan de la menuiserie ; elles sont au nombre de deux : l'une simple placée en d ; la seconde formant heurtoir est fixée en c. Cette dernière est accompagnée d'un œil, dans lequel une broche s'engage pour fermer la porte.

Le galet et la manière dont il est fixé sont représentés dans la *fig.* 887. La chape qui le porte est formée de deux

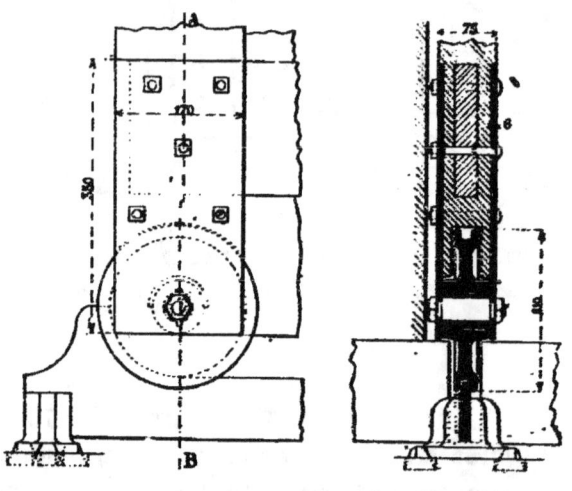

Fig. 887

platebandes parallèles, boulonnées sur les faces du bois ; elles ont 170 × 6. Le diamètre du galet est de 0,21. Celui-ci est muni d'une gorge et cette dernière a la dimension nécessaire pour rouler sur le rail, dont la section est de 80 × 14.

Quand aux manettes de manœuvre, elles sont représentées dans les deux croquis de la *fig.* 888. Le premier montre

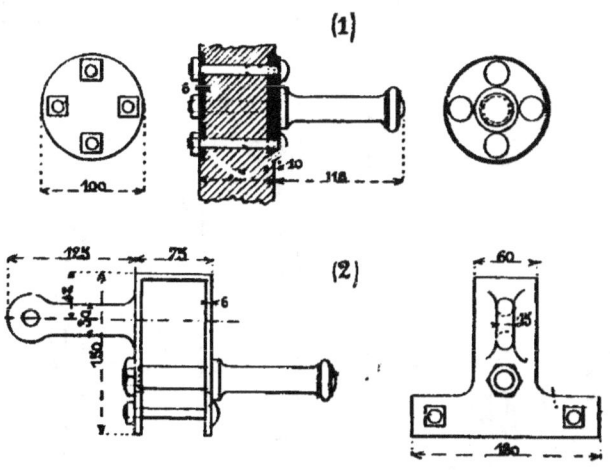

Fig. 888

une manette simple, ainsi que son mode d'attache. Le bois est d'abord serré entre deux rondelles par quatre boulons ; la manette est une simple broche à embase, de 25 de diamètre, prolongée par une tige filetée et on la serre au moyen d'un écrou.

Le croquis n° 2, représente un ferrement qui sert à la fois de manette, de heurtoir et de fermeture. Le tout est fixé sur une platebande deux fois coudée, qui s'applique sur les deux faces du montant. L'une des branches reçoit une manette, la seconde forme contreplaque pour le serrage de l'écrou. A cette seconde branche est soudée une tige à œil qui sert à la fermeture. Enfin, la traverse de la platebande vient buter contre un ferrement fixé au piédroit de la baie. Ce dernier porte une tige à œil correspondant à la première, et une simple broche, attachée par une chaînette, sert à fixer les deux ferrements.

398. Portes d'armoires. Charnières. — Les portes d'armoires se ferrent un peu différemment. Elles ont un dormant et ce dormant doit être d'abord tenu dans la maçonnerie. On l'y fixe au moyen de pattes à scellements (4) réparties au mieux : trois pour chaque montant par exemple, et un ou deux pour les traverses, ainsi qu'on le voit dans l'ensemble de la *fig.* 889. L'une de ces pattes

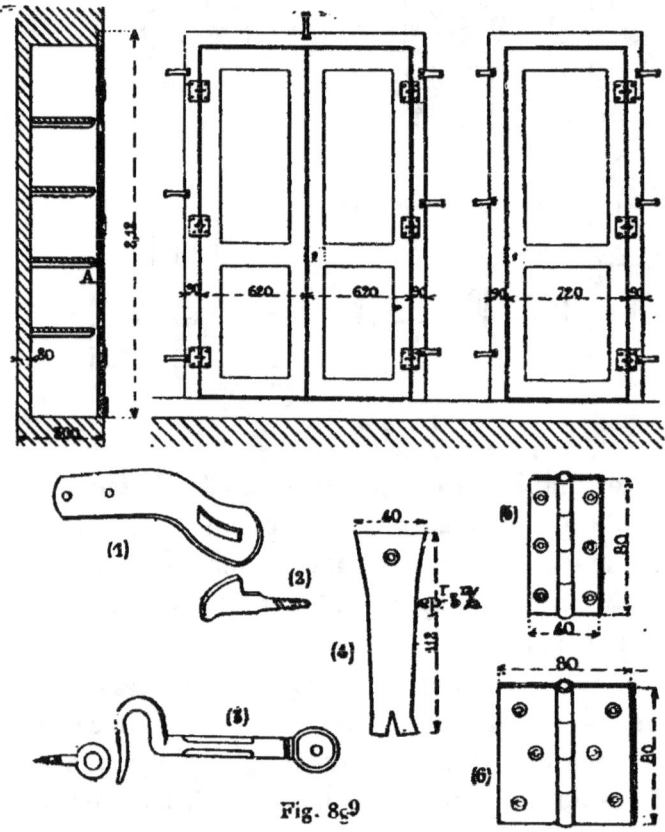

Fig. 889.

est figurée dans le croquis (4); c'est un morceau de fer de deux à trois millimètres d'épaisseur, plus large d'un bout, où il est taillé à queue d'hirondelle avec un trou de vis pour former tête; cette tête est entaillée dans le bois. Le reste de la tige est coudé à plat, en biais, afin de trouver un scellement solide dans la maçonnerie, et l'extrémité est refendue.

Les ferrements d'axe sont des *charnières*, figurées dans les croquis (5) et (6). Il y en a de larges et d'étroites. Ce sont des charnières larges que l'on emploie pour les armoires. Lorsqu'il n'y a qu'un vantail il ne reste plus qu'à garnir la porte d'une serrure pour pouvoir la fermer.

Lorsqu'il y a deux vantaux, il faut pouvoir fixer l'un d'eux avant de fermer l'autre. La fixation se fait en A, à l'une des tablettes intérieures, soit au moyen d'un crochet et d'un piton croquis (3), soit avec un arrêt à ressort (1) et un mentonnet à vis (2).

Dans le premier cas, le crochet se fixe dans la tablette qui se trouve plus à portée de la main, et le piton au point correspondant du vantail. Dans le second, l'arrêt forme ressort et se fixe de même sous la tablette; le mentonnet se visse vis-à-vis dans le montant du vantail. En poussant ce vantail le mentonnet soulève l'arrêt qui fait ressort et s'accroche de lui-même, ce qui rend ce second moyen plus commode que le crochet.

399. Portes de communs. Paumelles. Verrous. — Les portes de communs, telles que la porte d'écurie représentée en ensemble et détails dans la *fig.* 890, sont ordinairement placées en feuillures dans un dormant en bois, fixé par des pattes (1) dans la maçonnerie. On les munit d'équerres en fer (2) entaillées dans le bois et fixées par des vis. Il est utile de faire les entailles bien exactement à la demande, avec la profondeur strictement nécessaire. Il faut peindre les équerres, comme tous les ferrements, au moins avec une couche de minium et laisser sécher la peinture avant la pose; enfin, il faut peindre l'entaille, la garnir de mastic de minium et de céruse, et poser l'équerre avec des vis. La pression des vis doit faire refluer au dehors le mastic excédant. Le même procédé doit être pris pour tous les ferrements dont on évite ainsi l'oxydation.

Au lieu de mettre une équerre à chaque angle, on les réunit souvent deux par deux. On forme ainsi ce que l'on nomme des *équerres doubles*, plus solides que deux pièces séparées et préférables.

Les ferrements d'axe doivent être plus robustes que les précédents et en même temps, étant visibles, doivent être de meilleur aspect. On choisit pour former ces axes des pièces que l'on nomme *Paumelles*, représentées dans le croquis (3). Ces paumelles sont en deux pièces et cha-

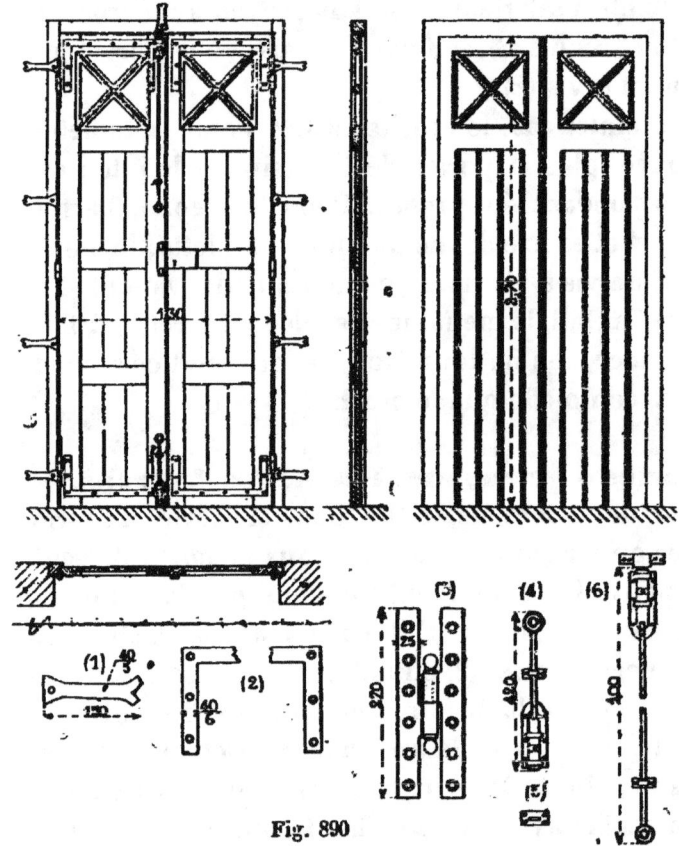

Fig. 890

cune est faite d'un *nœud* soudé à une platebande ou *lame* percée de trous fraisés. Les deux pièces similaires mais inverses se superposent. Dans le nœud du bas est fixé un axe vertical que vient coiffer le nœud de la seconde pièce. Les branches se correspondent comme hauteur. Elles sont entaillées dans le bois et posées comme l'on dit *en feuillure*; l'une est en effet placée dans la feuillure du dormant, l'autre sur l'épaisseur du vantail, de telle sorte que, la porte étant fermée, on ne voit que la saillie des nœuds.

Les paumelles sont dites à droite ou à gauche suivant que la porte, ferrée de telle sorte que le nœud soit mis en avant, se trouve à droite ou à gauche de son axe de rota-

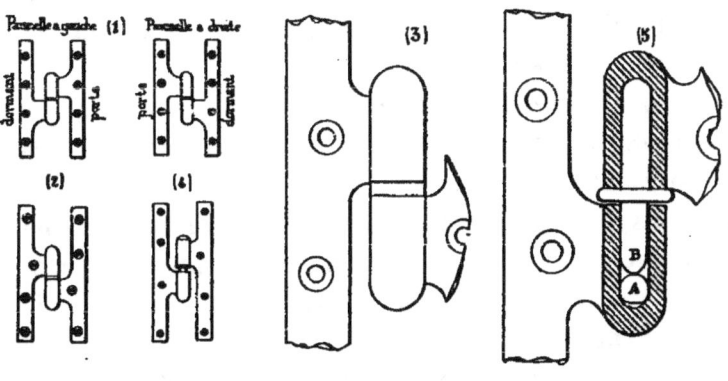

Fig. 891

tion. La *fig.* 891 montre ainsi dans son croquis (1), une paumelle à droite et une paumelle à gauche.

Il y a un grand nombre de modèles de paumelles, dont chacun porte un nom spécial, et qui sont construites suivant le même principe, sauf quelques dispositions de détail : les croquis (2) et (3) montrent une paumelle dans laquelle le frottement se fait d'un nœud sur l'autre par l'intermédiaire d'une rondelle en cuivre, qui permet de régler le niveau de la porte, et que l'on remplace après usure.

D'autres fois, on suspend l'un des nœuds, solidement bouché au préalable, sur l'extrémité de la broche, qui sert d'axe, et que l'on peut même arrondir à cet effet. On diminue ainsi le bras de levier de la résistance, c'est-à-dire du frottement, le mouvement en est plus doux.

Les croquis (4) et (5) montrent une paumelle dans laquelle la broche appartient à la branche mobile, et vient, par son extrémité arrondie et aciérée B, porter sur le fond de l'autre nœud par l'intermédiaire d'une bille d'acier A. Le roulement de ces pièces peut se faire ainsi dans un bain d'huile qui lubréfie constamment les surfaces frottantes.

Il existe enfin des paumelles à trois lames, montées sur le même axe, qui trouvent leur application dans la fixation des vantaux de croisées munies de volets intérieurs; elles remplacent avantageusement deux paumelles et simplifient singulièrement la mise en ligne des pièces qui forment un seul et même axe.

On met ordinairement trois paumelles dans la hauteur d'un montant de vantail, ainsi qu'on le voit dans le croquis d'ensemble de la *fig*. 890.

Ces portes sont souvent disposées à deux vantaux. Dans ce cas, il est nécessaire, lorsqu'on veut fermer la porte, de fixer d'abord, par dedans, l'un des vantaux. On le fait par le moyen de verrous.

Un verrou est figuré dans les croquis 4, 5 et 6. Il est formé d'une plaque en tôle (4) portant deux *colliers* ou *conduits*; dans ces colliers glisse un *pène*, prolongé par une tige terminée par un bouton que l'on manœuvre à la main; la tige est guidée dans un ou plusieurs conduits supplémentaires.

Le pène, lorsqu'on le pousse, fait saillie en contrebas de la porte et s'engage dans un trou percé dans le seuil en pierre. Ce dernier est régularisé par une plaque de tôle percée d'un trou exact à la dimension du pène et fixée par quatre vis. Cette plaque porte le nom de *gâche platine* (5).

On met ainsi deux verrous par vantail à fixer. Celui du bas a une tige courte, parce qu'il est à portée de la main. Celui du haut a une tige plus longue, que l'on dispose pour pouvoir la manœuvrer facilement (6).

Le premier vantail une fois fixé pourra à son tour retenir le second, par le moyen de la serrure que portera ce dernier.

La *fig*. 892 représente une porte large de remise, présentant quelques variantes dans ses ferrements : Les équerres ne sont plus doubles. Celles qui aboutissent aux montants d'axe se relient aux paumelles, et la seconde pièce de la paumelle est remplacée par un gond, dont la tige, entaillée au passage dans le dormant, est fixée par

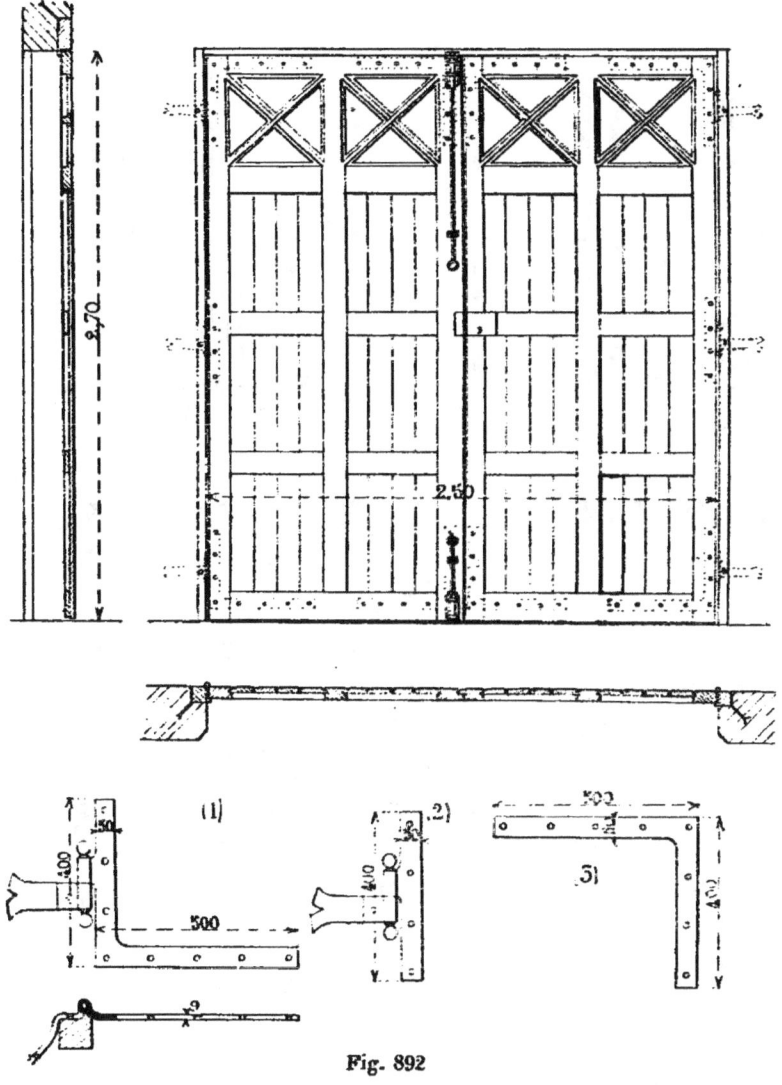

Fig. 892

une forte vis avant d'aller trouver son scellement dans la maçonnerie.

400. Portes d'appartements, broches, paumelles, verrous. — Les portes d'appartements sont toujours encadrées dans une huisserie ou munies d'un bâti dormant, et ce dernier est fixé solidement dans la maçonnerie par des pattes à scellement, *fig.* 893. Les

Fig. 893

ferrements d'axe sont des paumelles de 0",14 à 0",16 de branches, posées avec soin, à raison de trois dans la hauteur d'un montant. Autrefois, on employait comme axes des charnières étroites établies solidement et dont l'axe était muni d'un bouton supérieur avec embase, de manière à pouvoir s'enlever facilement lorsqu'on voulait déposer la porte. Ces sortes de charnières se nommaient des *broches* (1) *fig.* 894. Les paumelles ont remplacé les broches avec avantage ; elles permettent de *dégonder* les portes bien plus facilement encore, au moyen d'un simple soulèvement.

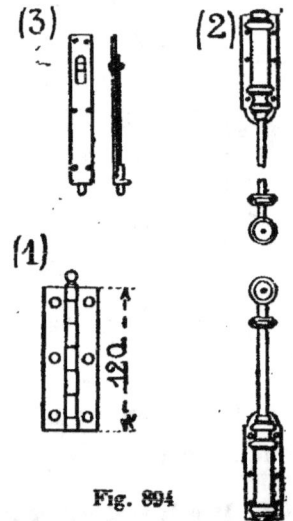

Fig. 894

Le croquis (2) de la *fig.* 894 montre la disposition des

verrous qui fixent le premier vantail, dans les portes à deux vantaux. On a vu précédemment leur mode de fonctionnement. On a quelquefois remplacé dans les portes ces verrous saillants par des verrous entièrement cachés dans

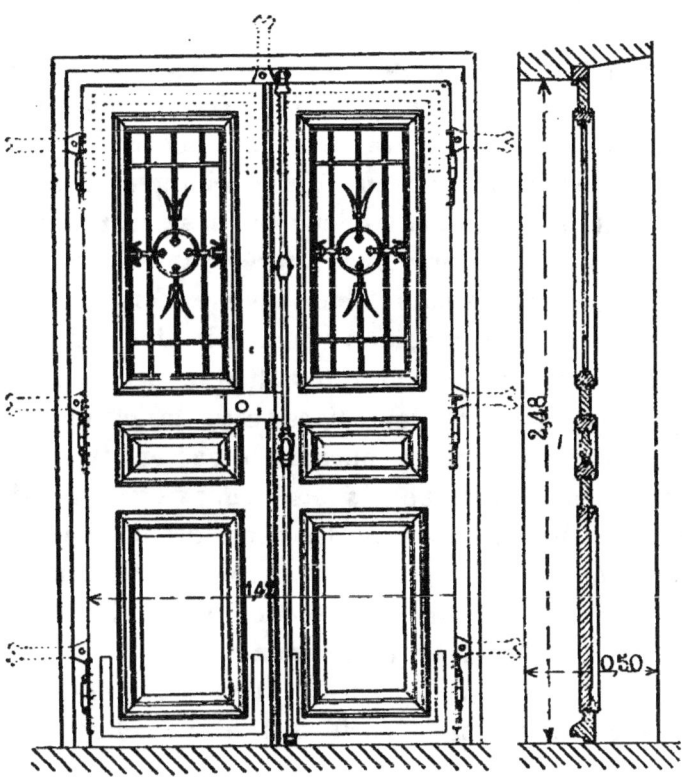

Fig. 895

le bois et représentés par le croquis (3). Ce sont les *verrous entaillés*. Ils sont loin d'être aussi solides que les autres et la longue entaille qu'ils exigent, profonde à l'endroit du pène, présente l'inconvénient de couper fortement la porte près de ses assemblages et d'en détériorer le bâti. Les verrous ordinaires sont de beaucoup préférables.

On remplace à leur tour très avantageusement les deux verrous par une *crémone* de fenêtre dont on verra plus loin la disposition, *fig.* 895.

401. Portes extérieures — Crémones — Vasistas. — Les portes de vestibules et d'entrées de maisons se fixent comme les précédentes, peut-être encore avec plus de soin, puisqu'elles doivent former clôtures. Les paumelles sont plus fortes, et les deux verrous sont remplacés par une *crémone*. La crémone, figurée par le croquis (5) de la *fig.* 896, se compose : d'une boîte en fonte C, de laquelle sort en saillie un bouton ovale. Ce bouton manœuvre un arbre court horizontal, qui actionne par le moyen d'une came intérieure deux tiges verticales en fer, ordinairement demi-rond. En tournant le bouton, on éloigne à la fois, ou on rapproche à la fois les deux tiges. Ces dernières agissent donc comme les pênes des deux verrous qu'elles remplacent et que l'on manœuvrerait simultanément. Les tiges passent dans des conduits *bb* vissés sur la porte et qui guident leurs mouvements.

Les extrémités, taillées légèrement coniques, s'engagent lorsqu'elles dépassent la porte dans des gâches appropriées.

L'une *a*, en haut, en fonte ou en fonte malléable, est fixée par deux vis à la traverse du dormant, l'autre est une gâche platine, représentée en (3), recouvrant un trou foré dans le seuil en pierre ; elle est entaillée et fixée par quatre vis.

Voici *fig.* 897, à plus grande échelle, le mécanisme de manœuvre d'une crémone.

C est un plateau circulaire, solidaire avec la poignée de la crémone. R une petite rondelle formant ressort. E et F deux taquets fixés sur le plateau C et qui sont chargés de jouer le rôle de cames. Elles engrènent avec les encoches IJ pratiquées l'une dans la tige A, et l'autre dans la tige B.

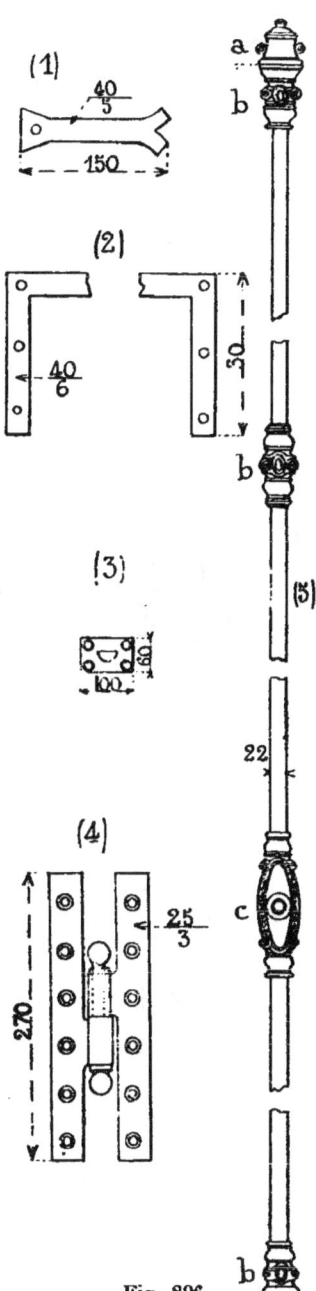

Fig. 896

Des encoches demi-cylindriques servent à compléter le logement des taquets aux extrémités de courses, lorsqu'ils sont dans la position verticale.

D est le prolongement du taquet E. Il vient buter aux extrémités de courses des tiges de la crémone contre les saillies G et H venues de fonte avec la boîte en fonte, ou *coquille*, comme on l'appelle souvent. On fait des crémones plus fortes dont la tige est à section complètement ronde ; on en fait également qui peuvent se fermer du dedans au moyen d'une clef spéciale qui empêche tout fonctionnement. On les nomme *crémones à clef*.

Lorsque ces portes donnent accès dans des vestibules non munis de fenêtres, on les dispose pour permettre l'éclairage. A cet effet le panneau supérieur de chaque vantail est remplacé par un panneau de grille en fonte ou en fer forgé. Ce panneau se loge dans la rainure du bâti ou du cadre, de dimensions appropriées.

Quand on prend cette disposition, il faut, ou que les jours du panneau métallique soient très étroits, afin qu'on ne puisse passer le bras dans les intervalles et manœuvrer la crémone du dehors, ou que cette crémone soit munie d'une fermeture à clef, qu'on ajoute au mécanisme, ainsi qu'on l'a vu plus haut.

Dans la plupart des cas aussi, l'éclairage ne doit pas supprimer la clôture. On met, derrière la grille de chaque vantail, un châssis vitré de petites dimensions que l'on nomme un *vasistas*. Ce châssis doit pouvoir s'ouvrir afin de permettre le nettoyage de la face extérieure du verre. Une coupe verticale de la porte se présente alors suivant la

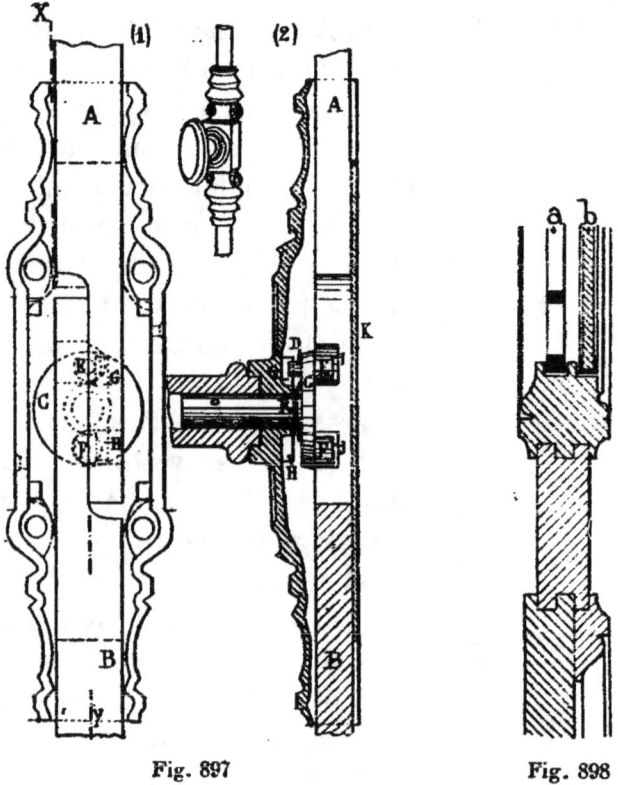

Fig. 897   Fig. 898

fig. 898 : *a* est le panneau de grille, *b* est le vasistas et les hachures indiquent le verre qu'il contient.

Le vasistas est formé d'un rectangle en fer spécial en U de très petite dimension, nommé *fer à vasistas*. L'un des montants est brasé avec les deux traverses, et de plus il porte deux petites paumelles pour servir d'axe.

Le second montant est mobile ; il se fixe aux traverses par tenons et mortaises, et les assemblages sont maintenus par des goupilles. Cette disposition est prise afin de placer commodément la vitre ou de la remplacer facilement.

Une targette à ressort en fait la fermeture.

Ce vasistas est logé dans une feuillure ménagée dans le bâti ou le grand cadre de la porte, comme le montre la *fig.* 898.

402. Ferrements d'une porte cochère. — Les portes cochères demandent des ferrements spéciaux, en raison du poids considérable de leurs vantaux ; mais, à part leurs proportions, les dispositions des pièces suivent les mêmes principes que pour les portes ordinaires. Il y a

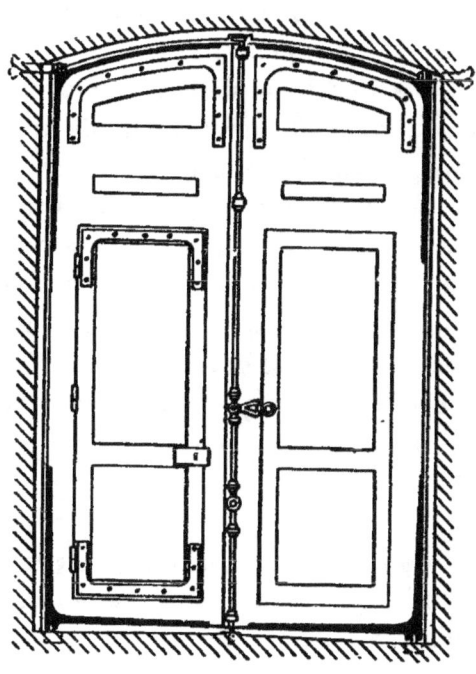

Fig. 899

d'abord les ferrements de consolidation. Ce sont des équerres à plat à la partie haute des grands vantaux et en haut en même temps qu'en bas du guichet.

En second lieu, viennent les ferrements d'axe. Ils consistent en grandes équerres extérieures, de façon, renforcées dans les angles, et entaillées sur la tranche des montants, ainsi que les représente en noir la figure d'ensemble 899. Les équerres du bas portent un orifice alésé, peu profond, qui vient coiffer un pivot noyé dans une masse en fonte scellée dans le seuil.

A leur partie haute, les vantaux portent de même de grandes équerres, mais garnies de pivots, et ces derniers sont engagés dans des colliers solides à scellement, fortement assujétis dans la maçonnerie.

Quant au guichet, il est ferré de trois grosses paumelles, à bain d'huile afin de rendre le mouvement plus doux.

Il ne reste plus qu'à fermer la porte. Les deux vantaux, engrenés à noix, se tiennent mutuellement et il suffit de fermer l'un d'eux ; on y arrive soit au moyen de deux gros verrous, soit avec une crémone de forte dimension à tige ronde, soit enfin par une espagnolette, (voir n° 414) fermant par un crochet tournant la partie haute du vantail. Pour le bas l'espagnolette se continue par un verrou à tige ronde qui s'engage, quand il descend, dans un trou pratiqué dans le seuil et garni d'une gâche platine.

La fermeture du guichet a lieu au moyen d'une serrure, à clef ou non, actionnée souvent à distance par un cordon et des mouvements dits *de sonnette*. La *fig.* 899 représente la face arrière d'une porte cochère, vue d'ensemble, avec l'indication des divers ferrements dont il vient d'être parlé.

403. Fermetures des portes, fléaux, loquets, targettes. — On a vu jusqu'ici comment on consolidait les angles des menuiseries en bois, les portes notamment, comment on constituait des axes pour les parties mobiles, et enfin comment on arrêtait certaines d'entre elles. Il reste à voir comment on les ferme.

On emploie pour cela une série d'appareils nommés fléaux, targettes, loquets, serrures. Nous allons passer en revue un certain nombre d'entre eux, les principaux.

Lorsqu'il n'est nécessaire de fermer les portes que pour

l'extérieur, et qu'elles sont à deux vantaux, on peut fermer le second vantail sur le premier au moyen d'un fléau. C'est une barre de fer plat, *fig*. 900, tournant autour de son centre, et munie à ses deux extrémités de crochets. On la fixe au montant d'un des vantaux par l'intermédiaire d'une platine en tôle sur laquelle est monté son axe, et d'une contre-platine sur la seconde face du bois.

Les extrémités viennent s'engager dans deux gâches appropriées, une par vantail, et tournées en sens contraire. Les deux vantaux mis en place et la barre du fléau abaissée, la porte est complètement fermée, sans qu'on puisse l'ouvrir du dehors. Quant au vantail fixe, on l'a

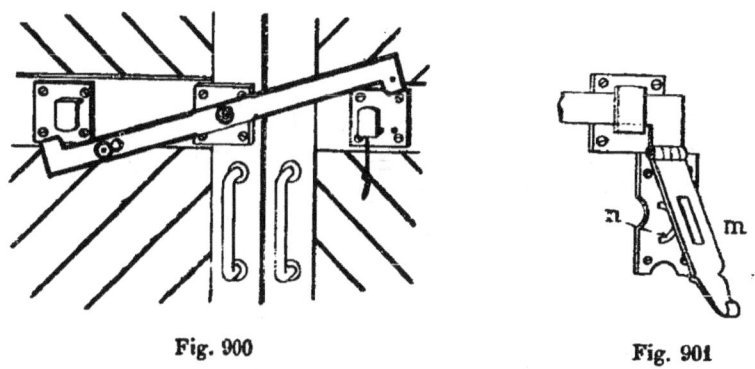

Fig. 900   Fig. 901

préalablement arrêté par des verrous, des barres à crochets ou une crémone. On a déjà vu une autre forme de fléau dans la *fig*. 884.

On peut arrêter plus complètement encore la rotation de la barre au moyen d'une goupille ou d'un cadenas, il suffit dans ce dernier cas de munir l'une des extrémités de la barre d'un *moraillon* articulé *m*, *fig*. 901, muni d'une fente rectangulaire dans laquelle passe, lorsqu'il s'abaisse, un *auberon n* fixé par une platine et des vis. Dans l'auberon, on passe le cadenas. La porte est alors fermée aussi bien pour l'intérieur que pour l'extérieur.

Les *targettes*, (1) et (2) *fig*. 902, sont des verrous courts, placés horizontalement, servant à fermer, mais pour le dehors seulement, soit les portes à un vantail, la gâche étant fixée au piédroit de la baie, soit le second vantail d'une porte double, la gâche étant portée sur le premier.

Le pène des targettes glisse entre deux *picolets*, sortes de crampons rivés sur une platine en fer et qui limitent sa course. L'extrémité s'engage dans une gâche. Quelquefois les picolets sont remplacés par une seule et même boîte (3). Le tout est fixé à vis sur le montant de la porte mobile.

La gâche a la forme d'un crampon et les pattes qui la terminent se posent à vis dans la partie fixe qui doit servir d'appui.

Les *loquets*, très répandus autrefois, bien délaissés depuis que les serrures sont à bas prix, étaient employés

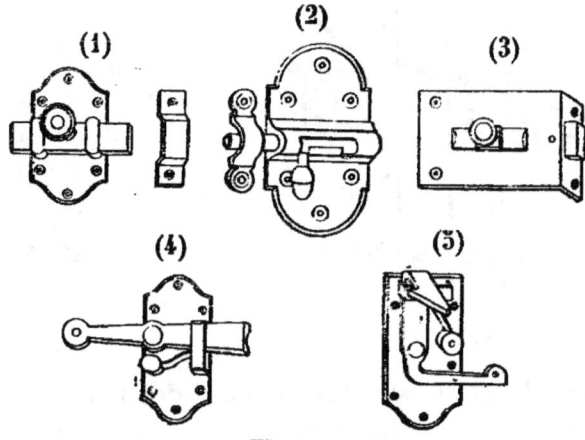

Fig. 902

pour permettre d'ouvrir la porte du dedans et du dehors. Ils sont formés *fig*. 903 : 1° d'un *battant a*, tournant autour d'un axe horizontal c, dont la course est limitée par un crampon qui le guide. On l'ouvre de l'intérieur par un petit bouton e, et de l'extérieur par la pièce ci-après.

2° d'un *bouton b* dont la tige, tournant autour de l'axe i, manœuvre une bascule m, qui actionne le battant.

3° d'un *mentonnet d* dans une encoche duquel entre la tige mobile du battant et qui joue le rôle de gâche ; la face du mentonnet est inclinée, afin de permettre au battant d'engrener de lui-même dès qu'on pousse la porte. Ces fermetures sont remplacées aujourd'hui par les *becs de cane*. D'autres fermétures spéciales intermédiaires entre les

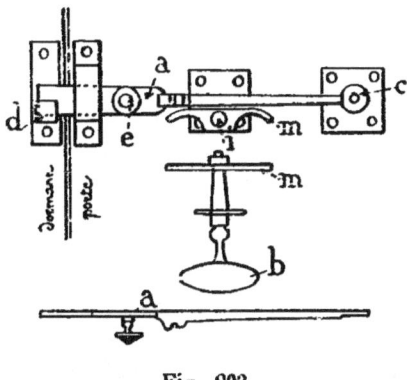

Fig. 903

targettes et les loquets sont représentées dans les croquis (4) et (5) de la *fig.* 902. Ce sont les *loqueteaux*. Leurs pènes sont maintenus fermés par un ressort et engrènent avec un mentonnet. On les actionne par une corde de tirage.

404. Serrures, différentes formes. — Les serrures sont composées d'une boîte métallique de laquelle peuvent sortir partiellement, à volonté, des tiges en fer que l'on nomme des *pènes*. Elles se fixent d'ordinaire aux montants des menuiseries mobiles. D'autres boîtes plus petites, encloisonnées afin de présenter des ouvertures correspondant aux pènes, se fixent aux dormants en regard des serrures, ce sont les *gâches*. Chaque serrure a donc sa gâche correspondante. Il y a plusieurs sortes de pènes suivant la manière dont ils sont actionnés, les uns sont dits *dormants*; ils sont rectangulaires à leur tête, c'est-à-dire à la partie extérieure qui sort de la boîte; ils sont manœuvrés au moyen d'une clef et restent toujours dans la position où la clef les a mis. D'autres sont appelés *pènes à demi-tour*; ils sont poussés par un ressort, et n'ont qu'un mouvement produit soit par une clef, soit par un bouton double. Dès que l'effort n'agit plus, ils reviennent d'eux-mêmes à la position première. Il y a les pènes dits *tour et demi*, qui ont d'abord le mouvement du demi-tour, et peuvent ensuite sortir d'une quantité supplémentaire au moyen d'un tour nouveau de la clef qui les

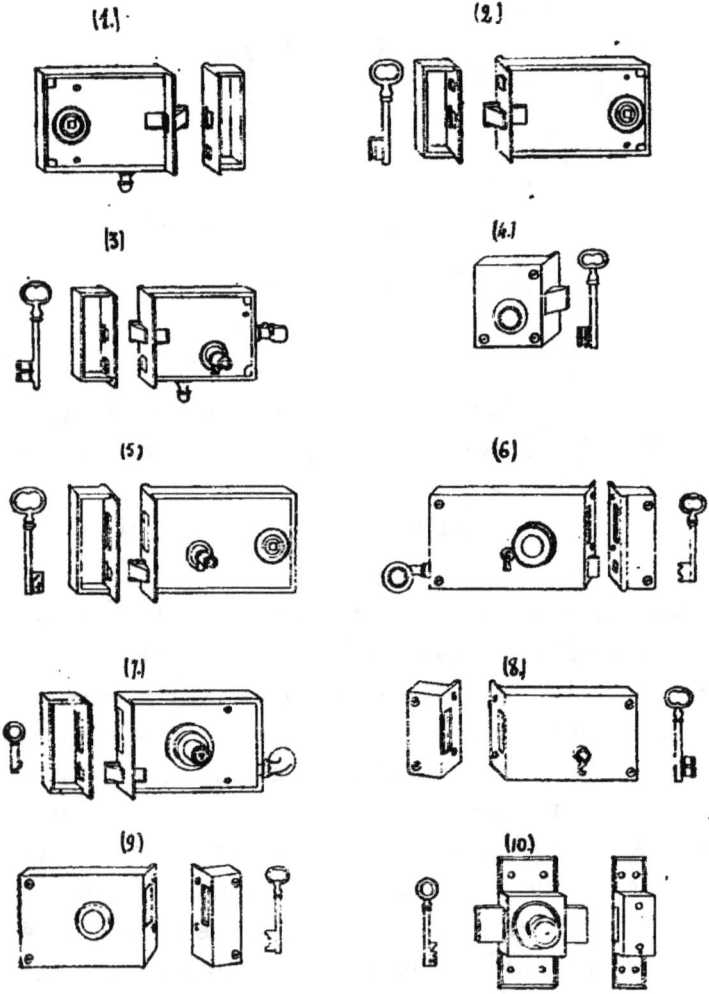

Fig. 904.

actionne. On a encore le *pène à verrou de nuit* qui joue le rôle de targette et se loge ordinairement à la partie basse des serrures ; il se trouve manœuvré d'une façon indépendante au moyen d'un bouton de coulisse.

Un second organe d'une serrure est la *clef*. Dans une

clef on distingue trois parties : l'*anneau*, la *tige* et le *panneton*.

L'anneau sert de poignée pour la manœuvre, il se relie à la tige au moyen d'une moulure appelée *embase*.

La tige est ronde extérieurement ; elle peut être complètement pleine ; on dit alors que la clef est *bénarde*. D'autres fois la clef est creuse au diamètre d'une broche fixée dans la serrure. On la dit *forée*.

Le panneton est une saillie plate soudée à l'extrémité de la tige. Il entre dans la serrure dont il a pour mission de faire mouvoir le mécanisme. Sa forme est très variable : tantôt il est plat avec de simples nervures, *à museau* comme l'on dit ; d'autres fois, il est tourmenté en forme de chiffres ou de lettres, c'est le panneton *en chiffre* ; enfin, il peut être fendu d'ouvertures ou traits chargés de singulariser sa forme et de correspondre à des garnitures appelées *gardes*, placées dans l'intérieur de la serrure ; on dit alors qu'il est *baroque*.

On nomme clef *passe-partout* une clef dont la forme est telle qu'elle puisse ouvrir une série de serrures différentes ayant chacune d'ailleurs sa clef particulière.

Dans certaines serrures, les mouvements des pènes peuvent être partiellement ou totalement produits par l'action de boutons doubles remplaçant les clefs.

Si maintenant nous examinons les serrures d'après leur forme extérieure et les usages pour lesquels elles sont faites, nous trouverons les appellations suivantes :

La serrure *Bec de cane*, n° (1) de la *fig*. 904. Elle a un pène à demi-tour, actionné par un bouton double.

La serrure d'*armoire*, dite aussi *à canon*, est de dimensions restreintes, n° (4) ; elle est munie d'un pène à tour et demi, actionné du dehors par une clef.

La serrure *à pène dormant*, n° (8), est de plus grandes dimensions, 0,14 à 0,16 ; elle est munie d'un pène rectangulaire dormant, ainsi que son nom l'indique et qui est manœuvré par la clef en deux tours, ou deux mouvements. On l'applique notamment aux portes de caves, et, dans ce cas spécial, l'extérieur de la boîte est brut et noir. Aussi ces serrures sont-elles alors nommées *pènes dormants noirs*.

La serrure *tour et demi* s'applique à des locaux secondaires, des logements de communs ; elle répète en plus grand la disposition des serrures d'armoires ; le pène est manœuvré par une clef, du dehors ou du dedans, et le demi-tour marche du dedans par l'aide d'un bouton de coulisse intérieur, n° (3) de la figure.

La serrure à *deux pènes*, dite encore *à pène dormant et demi-tour*, est représentée dans le croquis (2). C'est un bec de cane dont le pène est actionné par un bouton double, auquel on aurait ajouté un second pène dormant, manœuvré par une clef bénarde à museau ou à chiffre.

Les *serrures de sûreté* viennent ensuite, et sont de plusieurs catégories : celle représentée par le croquis n° (5) a un pène demi-tour actionné par un bouton double ou un bouton de coulisse, et un second pène, dormant, peut faire double mouvement, ou double tour, sous l'effort d'une clef à panneton de forme spéciale. Cette clef est forée, fendue de traits, compliqués comme les gardes intérieures de la serrure.

La serrure du croquis n° (6) présente le même aspect extérieur que la précédente ; la clef seule diffère, elle est bénarde ; la rive extérieure du panneton est entaillée d'encoches en redans plus ou moins profondes et en nombre plus ou moins grand. Ces encoches sont chargées de correspondre à des pièces intérieures de la serrure, qui commandent le pène dormant et que l'on nomme des *gorges*. Ce genre de serrures prend pour cela la dénomination de *serrures à gorges*.

La serrure n° (7) a une clef beaucoup plus petite, avec un panneton minuscule et des entailles à l'extrémité de la tige. C'est la serrure dite *à pompe*.

Dans toutes ces serrures de sûreté, la clef manœuvrée du dehors ouvre d'abord le pène dormant, puis actionne directement le demi tour pour achever de dégager la gâche.

Le croquis n° (9) de la *fig.* 904 représente une serrure *pène dormant à gorges*, et le n° (10), un verrou de sûreté, dont le pène est actionné du dedans par la simple rotation d'un bouton, et du dehors par une clef de dimensions réduites, soit à panneton entaillé, soit à gorges.

Dans ces différentes serrures, le pène demi-tour est chanfreiné afin de pouvoir, lorsqu'on pousse la porte, rentrer en dedans sous la pression de la gâche qu'il rencontre momentanément; la porte alors se ferme seule.

L'inclinaison du pène est ordinairement de 35 à 40°. On est obligé de prendre cette inclinaison, afin d'avoir avec

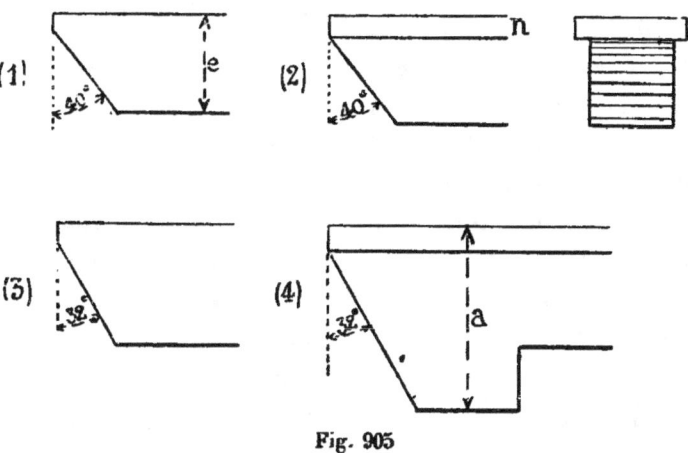

Fig. 905

la faible épaisseur *e* disponible la saillie nécessaire pour engrener avec la gâche; mais c'est une inclinaison limite au delà de laquelle le pène ne rentre plus de lui-même.

Dans quelques serrures soignées, on adopte l'inclinaison de 32°. Comme dans le croquis (3) de la *fig.* 905, on a des serrures plus épaisses, ou bien quelquefois on fait comme en (4) le pène plus épais que la boîte de la serrure; il dépasse alors dans une encoche faite au *foncet* et à la *têtière.* (Voir le n° 405).

On fait souvent des pènes munis de nervures latétérales (2), qui passent dans une entaille appropriée de la têtière, ce qui assure le guidage d'une façon précise.

405. Mécanisme des serrures. — Le mécanisme des serrures est ordinairement enfermé dans une boîte en tôle et quelquefois en cuivre. La boîte est formée d'un fond, P, *fig.* 906, rectangulaire, appelé *palastre*, et de 4 côtés C faisant *cloison*, dont l'un T, plus large que les autres, dit *têtière* ou *rebord*, porte les trous par lesquels passent les pênes. La boîte est fermée par un second fond mobile F nommée *foncet*.

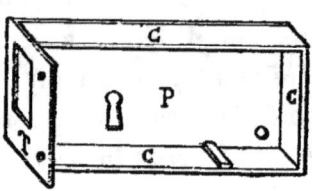

La plupart des pièces du mécanisme sont fixées au palastre ; le foncet ne porte que l'*entrée* ; il est muni en outre, dans les

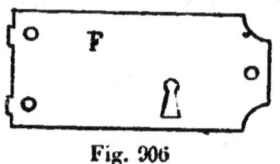

Fig. 906

serrures qui le comportent, d'un conduit extérieur de la clef, qui s'appelle le *canon*.

Extérieurement, le palastre porte quelquefois une pièce fixe appelée *faux fond*, et une pièce mobile, le *cache-entrée*. Le faux fond est une embase circulaire, vissée du dedans, qui guide l'extrémité de la clef et lui sert d'axe. C'est à cette pièce que se trouve rivée la broche qui correspond aux clefs forées. Le cache-entrée est une embase mobile, tournant autour d'un axe placé sur un point de sa rive extérieure ; il est chargé de cacher à l'intérieur le trou de la clef lorsque cette dernière n'est pas dans la serrure.

C'est dans la boîte ainsi disposée que se logent les mécanismes si divers des serrures des différents genres ; pour que l'on puisse se rendre compte de leur fonctionnement, nous allons décrire les dispositions de quelques-uns d'entre eux.

Les serrures du commerce se divisent en trois séries : les serrures ordinaires, celles de bonne fabrication, et enfin les serrures spéciales de qualités supérieures. Les serrures ordinaires n'ont aucune marque. Celles de bonne fabrication, par suite d'une entente des producteurs, sont munies d'une estampille spéciale avec lettres différentes, suivant le fabricant, et indication générale de « l'*Union des Quincailliers* ». Ce genre de serrures, dans les séries qui règlent la valeur des travaux, est groupé sous le même numéro et affecté d'un même prix. L'estampille de l'Union est représentée par le croquis (1) de la *fig.* 907.

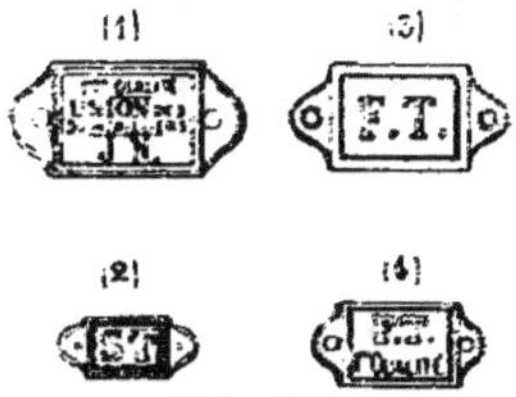

Quant aux serrures spéciales de qualité supérieure, chaque fabricant a sa marque propre, telle que celle des croquis 2, 3 et 4 de la même figure.

ST est par exemple la marque de la maison Bricard (anciennement Sterlin), FT, celle de la maison Fontaine.

Fig. 907

Un même fabricant a souvent plusieurs marques de fabrique applicables chacune à des produits d'une qualité spéciale de fabrication ; telles les marques des croquis (3) et (4).

406. Becs de cane. Gollois. — On donne le nom de *bec de cane* à toute serrure sans clef, qui fonctionne

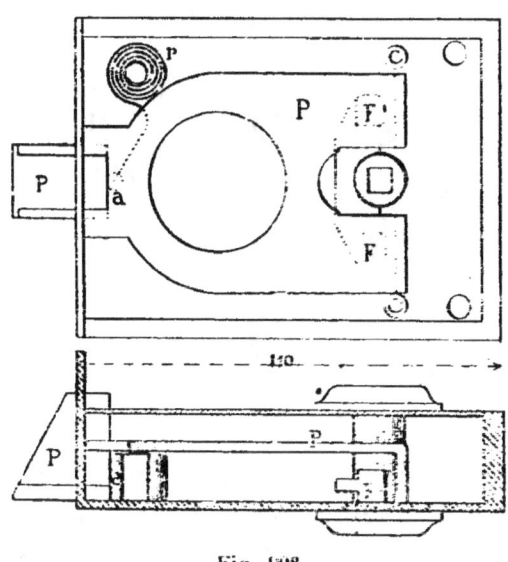

Fig. 908

au moyen d'un bouton double, d'une béquille ou d'un moyen analogue. La *fig.* 908 donne la vue de la boîte avec le mécanisme, le foncet étant enlevé et une coupe horizontale en dessous.

P est le pène ; sa tête est épaisse, chanfreinée et l'inclinaison de la face descend jusqu'à 32 degrés, afin que, la porte se refermant, le pène puisse facilement rentrer dans la boîte par la seule rencontre de la gâche. Dans l'intérieur, le corps du pène est large, plat, quelquefois évidé, et il se termine par un talon d'équerre.

Un ressort r appuie constamment sur la tête en a, agissant pour la faire sortir au dehors, dès qu'il n'y a pas d'action contraire.

Le pène est actionné par une pièce F qui a nom *foliot*. C'est une sorte de double came, faisant corps avec un axe évidé suivant une section carrée; le foliot prend pour points d'appui dans sa rotation deux faux fonds fixés, l'un au palastre, l'autre au foncet.

Dans le carré de l'axe on passe un bouton double dont la tige est carrée et qui au moyen de cette forme entraîne le mouvement du foliot. La tige fait corps avec l'une des têtes du bouton ; l'autre tête est amovible ; elle se fixe sur l'extrémité de la tige au moyen d'une goupille, comme on le voit

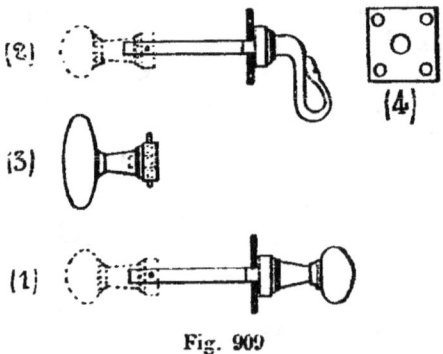

Fig. 909

en (1) et en (3) dans la *fig.* 909 ; le croquis 2 montre à droite la forme de tête que l'on nomme une *béquille;* elle est renvoyée de côté et s'emploie avec les serrures étroites, dans les cas où un bouton double est incommode. La tige traverse le bois, et elle est ronde près de la tête fixe ; elle passe dans une plaque de tôle ou de cuivre (4) nommée *entrée* ou *rosette,* fixée sur le bois par quatre vis et qui lui sert de soutien dans sa rotation, son second point d'appui étant le foliot de la serrure.

Les boutons doubles qui viennent d'être figurés présentent une certaine difficulté à être montés exactement à la dimension voulue, et rarement ils sont bien ajustés. M. Deny a construit un bouton double qui au moyen d'un filet de vis se rappelle à la dimension précise dont on a besoin dans chaque cas ; il est représenté par la *fig.* 910.

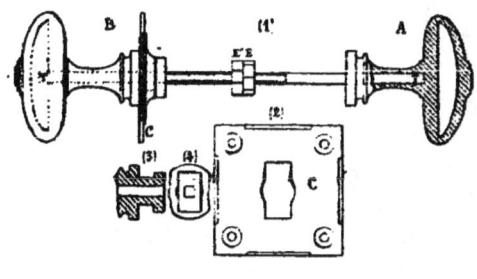

Fig. 910

La tête A fait corps avec la tige T au moyen d'une liaison solide. Celle-ci est carrée, mais filetée sur les angles seulement, et sur ce filetage se promènent deux écrous E et E'. La tête mobile est creusée à la dimension du carré de la tige, mais sans être taraudée, et elle porte un col figuré dans les croquis (3) et (4). Le croquis (2) donne la forme de l'entrée.

Toutes les pièces étant disjointes, et la serrure fixée sur la porte, on y introduit la tige du bouton, le trou fait dans le bois étant assez grand pour faire glisser les écrous jusqu'au foncet. On passe l'écrou E de manière qu'il touche juste la serrure, mais sans pression ; on le fixe en place par le contre-écrou E'. Il ne reste plus qu'à mettre la rosette en même temps que la tête mobile, en fixant la première de telle sorte que la tête, dans la rotation limitée que lui permet le mouvement de la serrure, ne puisse se dégager.

Un bec de cane, de forme très différente, a été inventé depuis peu d'années et s'est fort répandu sous le nom de *Gollot*, son inventeur. Il est représenté dans la *fig.* 911 : comme ensemble dans les croquis (4) et (5), et comme détails dans les croquis (1) (2) et (3).

La boîte est en fonte malléable et d'une seule pièce ; elle

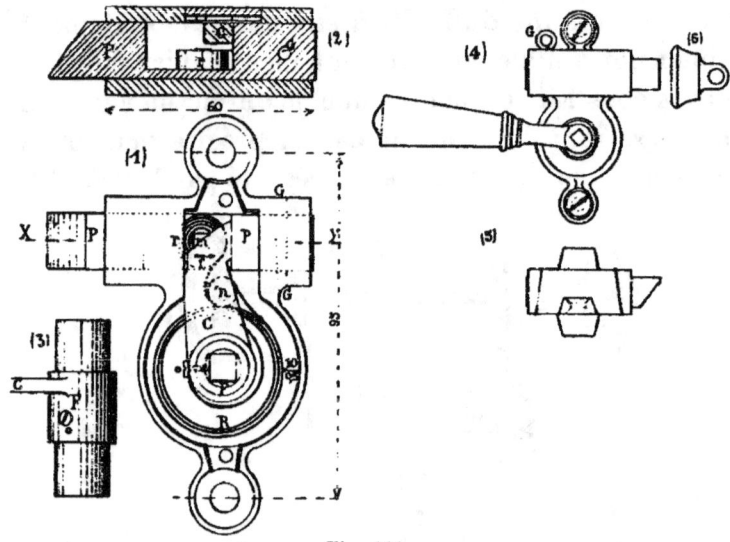

Fig. 911

est réduite aux dimensions strictement nécessaires pour loger le mécanisme, très simple par lui-même. Elle se compose d'un conduit rectangulaire servant à guider le pène, et, en-dessous, d'une annexe circulaire logeant l'axe et les spires d'un ressort. Le tout est fixé par deux fortes vis à la menuiserie qu'il s'agit de fermer. Une gâche également très simple forme le complément du Gollot et est attachée à vis sur le dormant. Une goupille G arrête le pène à volonté et ferme la serrure.

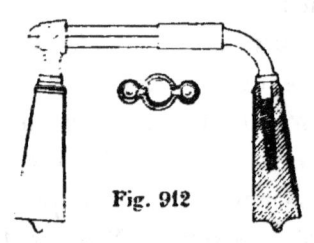

Fig. 912

En raison de la petite dimension de la boîte et de la force considérable du ressort employé, l'axe est actionné par une béquille spéciale, très développée pour la commodité de la manœuvre et représentée par la *fig.* 912. Si on passe aux croquis de détail, on voit le pène P évidé partiellement au milieu pour recevoir l'action du foliot F, (3) *fig.* 911. Ce dernier est foré d'un trou carré suivant son axe de rotation, afin de laisser passer la tige carrée de la béquille ; il porte une came, venue de fonte, qui va retrouver le pène.

R est un fort ressort fixé sur l'axe *n* et aboutissant sur le foliot F, où il est arrêté par la vis *o*. Ce ressort tend à pousser la came dans la position de la figure. Un second ressort *r*, actionne le pène et tend constamment à le faire sortir au dehors. Il en résulte que la came n'agit jamais sur le pène que par une seule face.

Une disposition souvent commode remplace avantageu-

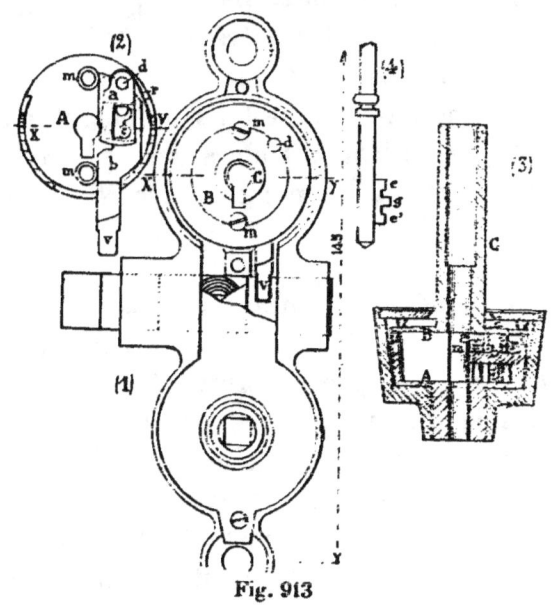

Fig. 913

sement la goupille et permet de fermer la serrure aussi bien pour l'intérieur que pour l'extérieur et de la transformer en serrure de sûreté ; il s'agit de l'adjonction par dessus d'une véritable serrure, contenue dans une annexe circulaire symétrique de la première, et comportant un mécanisme à clef. Cette nouvelle forme est dessinée en détail dans les 4 croquis de la *fig.* 913 ; on la nomme Gollot à *clef* ou à *verrou de sûreté*. Le pène formant verrou est intérieur, il est indiqué par la lettre V ; il a un mouvement vertical et peut pénétrer dans une mortaise du pène demi tour lorsqu'il s'agit de le fixer ; il remplace la goupille du cas précédent. Le mécanisme est très simple : le verrou fait partie du petit pène *b* qui est actionné par une clef particulière (4). Celle-ci pour lui donner son mouvement doit soulever une pièce spéciale *a* nommée gorge, et qui d'autre part est constamment repoussée par le ressort *r*.

La plupart des serrures se fixent sur les portes en menuiserie à l'endroit où le montant rencontre une traverse ; au croisement de ces deux bois on trouve l'emplacement voulu ; les serrures s'étalent *en long*, ce qui est commode pour loger le mécanisme. Dans d'autres cas, celui des portes vitrées par exemple, on n'a plus la ressource

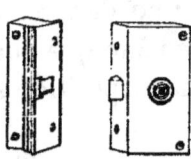

Fig. 914

de la traverse ; le montant seul est disponible, et la boîte doit changer de forme. On fait alors des serrures spéciales pour ce cas et on les nomme serrures *en large*, *fig.* 914.

407. Serrures à pènes dormants. — Les serrures à pènes dormants sont employées toutes les fois que, la porte étant ouverte, les pènes doivent être tout à fait rentrés dans les boîtes des serrures. Ainsi le demandent les portes de caves, pour ne citer qu'un exemple.

Le mécanisme d'une de ces serrures est représenté dans la *fig*. 915, en vue directe, le foncet étant enlevé, et en coupe suivant XY, vu de dessus. P est le pène, dans sa position rentrée. Il est rectangulaire dans toute la portion destinée à saillir au dehors. Il s'amincit ensuite en forme de plaque avec surépaisseur de *a* à *b* à l'endroit des barbes ; enfin, une saillie *ef* s'appuie sur le palastre et sert à le guider dans son mouvement, en même temps qu'un étoquiau fixe C, le long duquel glisse une rainure.

La clef est bénarde, à chiffre, entaillée d'un trait *tt*, qui correspond à une cloison en tôle TT, formant garniture dans la boîte et fixée au palastre. Les barbes du pène sont disposées pour produire deux mouvements d'avancement successifs du pène pour deux tours consécutifs de la clef. F est une gorge de forme spéciale, articulée en O par le moyen d'un levier terminé par un appendice *r*. Un ressort R maintient toujours la gorge appuyée sur le pène; l'appendice *r*, fixe le pène dans chacune de ses positions,

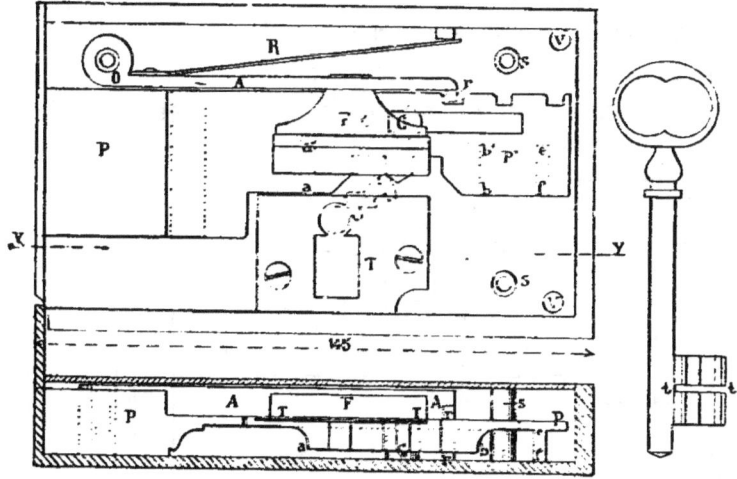

Fig. 915

en occupant une série de crans successifs. A chaque tour, la clef soulève la gorge, dégage le pène et le conduit dans la position convenable. SS sont des supports servant à recevoir le foncet et à le maintenir par des vis. VV sont des passages des vis servant à fixer la serrure sur la porte.

Un autre modèle de serrure à pène dormant, est représenté par la *fig.* 916; son mécanisme diffère complètement du précédent, et offre une sûreté bien plus grande : c'est le *système dit à gorges*.

Le pène a sa tête rectangulaire; pour le restant de sa longueur, il est fait d'une plaque mince; il est muni à la partie inférieure de barbes convenables pour l'action des deux tours de la clef.

Un étoquiau C, sur lequel glisse une rainure, guide son mouvement et le rend bien horizontal. C sert en même temps d'axe à un certain nombre de gorges parallèles, entaillées intérieurement de trois encoches rectangulaires reliées par une rainure milieu de largeur constante et rappelées chacune par un ressort. Il en résulte une série de dents SS opposées deux à deux et séparées par un vide, et ces dents SS ont dans chaque gorge une saillie différente. D'autre part, après le pène est fixé un étoquiau D. Pour que le pène puisse se mouvoir en entraînant ce dernier, il faut que les vides des gorges soient à même hauteur, il faut que les gorges soient soulevées par la clef de quantités différentes. A cet effet la clef des serrures à gorges est entaillée

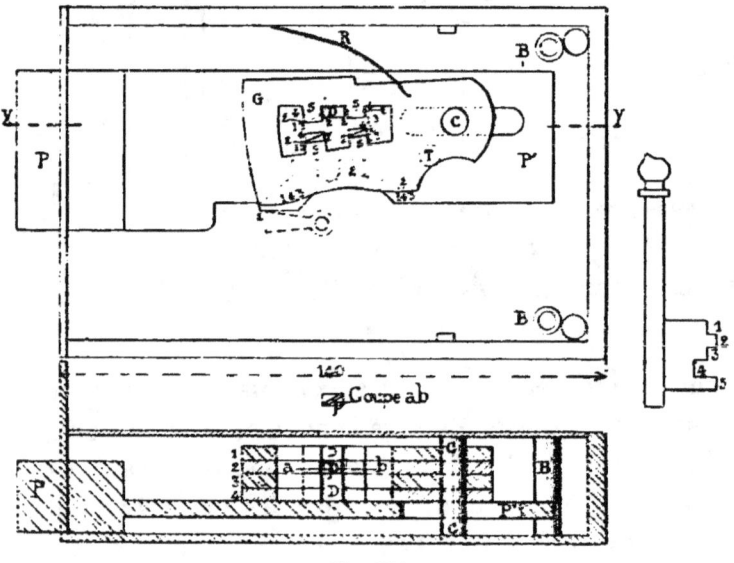

Fig. 916

suivant une série de redans étagés formant dents, et correspondant aux gorges. Dans l'exemple figuré il y a quatre gorges, et la clef présente cinq dents; la cinquième forme la saillie qui actionnera le pène.

Une quelconque des gorges, ici la gorge n° 2, est dite *gorge de garde*. Elle présente seule une saillie de dents en plan incliné et son vide est oblique. Mais elle ne s'oppose pas au mouvement du pène, car l'étoquiau présente, dans l'épaisseur de la gorge de garde, un plan incliné correspondant. Il en résulte un engrènement qui maintient bien le pêne dans son mouvement, lorsque celui-ci reçoit l'action de la clef.

Ici le pêne est en cuivre, ainsi que les gorges; BB' sont, comme dans l'exemple précédent, des bornes destinées à fixer le foncet.

C'est dans la catégorie des serrures à pêne dormant que se rangent les serrures de meubles dites *à entailler*, dont le mécanisme est fixé à une boîte rudimentaire réduite à un palastre et une têtière, ainsi que le représente la *fig.* 917.

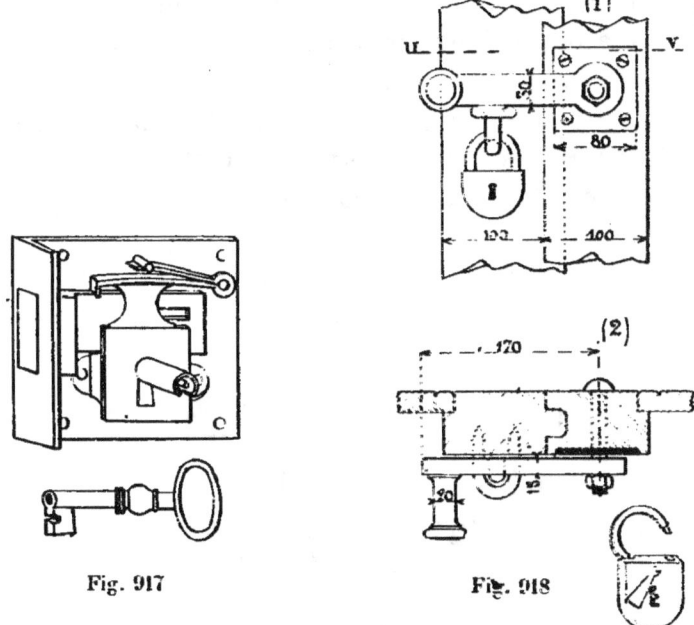

Fig. 917   Fig. 918

Le pêne dans ces serrures est dormant et fait double mouvement sous l'action de deux tours de clef successifs ; le mécanisme est identique à celui des serrures qui viennent d'être décrites.

C'est encore à ces serrures à pênes dormants qu'il convient de rattacher les serrures mobiles que l'on nomme des *cadenas*. On en fait de différentes formes ; la plus répandue est représentée par la *fig.* 918 (3). Elle se compose d'une boîte faite d'un *palastre*, d'une *couverture* et d'une *cloison* qui les réunit.

A la boîte est fixée par articulation une anse terminée par une encoche pratiquée dans une partie amincie. Cette dernière entre dans la boîte et se trouve prise par le pêne manœuvré par une clef. Le cadenas sert à joindre deux pitons, ou un moraillon et un piton.

Les croquis (1) et (2) montrent en élévation et en plan l'application d'un cadenas à la fermeture d'un fléau de porte roulante de magasin.

408. Serrures d'armoires. — Le croquis 919 représente le mécanisme d'une serrure d'armoire de la maison Fontaine. Il se compose, comme pièces principales, d'un pêne et d'une gorge. Le pêne P à une tête chanfreinée, prolongée intérieurement par une tige rectangulaire ; il est aminci ensuite et guidé convenablement, dans son

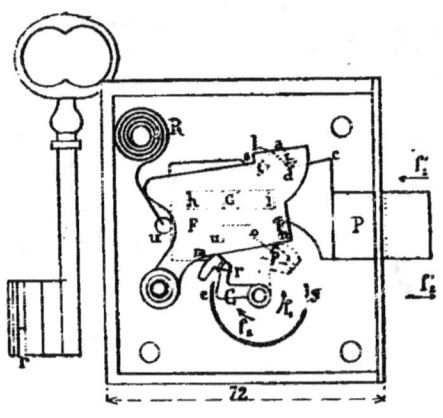

Fig. 919

mouvement de va-et-vient, au moyen d'une encoche h glissant sur un étoquiau fixe C, rivé au palastre.

En bas, il porte des entailles avec saillies, dites *barbes*, destinées à engrener avec la clef et à être conduites par elle. Un ressort R appuie constamment sur l'arrière du pêne pour tendre à le faire sortir.

Une seconde plaque métallique F, dite *gorge*, est indispensable pour régler et fixer la position du pène ; elle est articulée sur un axe fixe et porte à sa partie haute une saillie rectangulaire *ab* inclinée, appuyée sur le pène de manière à l'arrêter et à empêcher le ressort de le pousser plus que le demi tour.

Pour fermer à un tour et demi, on tourne la clef dans le sens f_2 ; elle soulève la gorge, actionne les barbes du pène et le fait sortir totalement. A ce moment l'appendice *ab* de la gorge tombe dans l'échancrure *st* du pène et rend impossible tout mouvement de ce dernier. Une garniture circulaire *eg*, en tôle, rivée au palastre, s'engage dans la rainure *r* de la clef, ce qui constitue une sûreté. Pour ouvrir,

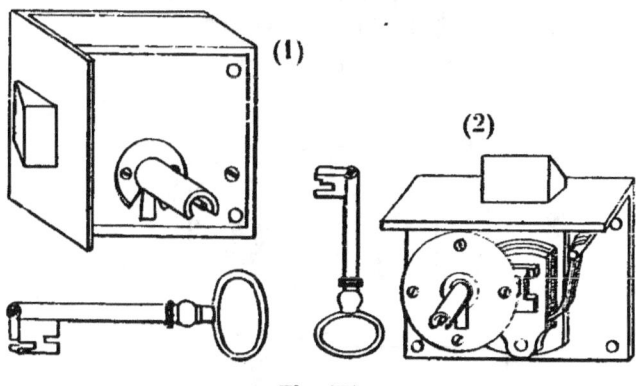

Fig. 920

la clef tournant dans le sens f_1 soulève la gorge, dégage le pène en faisant sortir l'appendice de l'échancrure, puis agit sur l'arête *mu* du pène et le repousse. Le pène se fixe sur la position de la figure. Au demi tour suivant, la clef soulève de nouveau la gorge et pousse encore le pène, qui rentre totalement dans la boîte.

Les foncets des serrures d'armoires sont presque toujours munis d'un canon qui sert à guider la clef, et que représente le croquis (1) de la *fig.* 920. Le croquis (2) montre une autre forme de ces serrures, dites *à entailler*, parce qu'elles se logent tout entières dans une encoche faite au bois. Le mécanisme est le même, mais la boîte se réduit aux seules parties vues, le palastre et la têtière.

409. Serrure tour et demi. — On donne particulièrement le nom de *serrure tour et demi* à des serrures économiques que l'on emploie pour fermer des cabinets, des chambres de communs ou de débarras. Elles ont une boîte de dimension ordinaire, 0^m,14 à 0^m,16 de longueur, de laquelle sort un seul pêne. Ce dernier est actionné du dehors par une clef, et du dedans par un bouton de coulisse et par la clef.

Le bouton de coulisse peut se trouver en saillie soit sur le palastre comme dans le croquis (3) de la *fig.* 921, soit sur

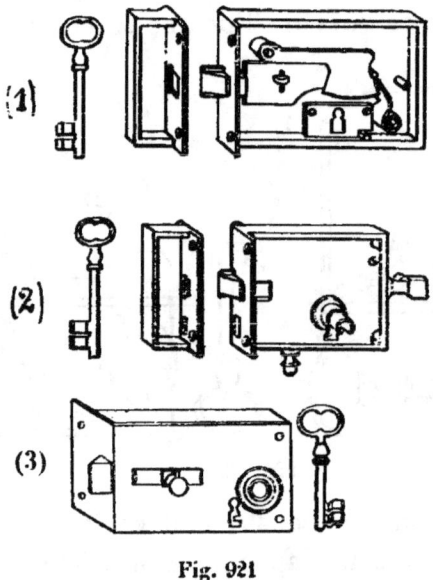

Fig. 921

la cloison arrière attaché à une queue du pêne (2). Ce dernier est chanfreiné et revient par l'effet d'un ressort comme celui d'un bec de cane.

La clef l'actionne du dedans au moyen d'un tour qui le fait sortir davantage et l'immobilise.

Du dehors la clef fait un tour et demi pour ouvrir la porte.

Le mécanisme est entièrement identique à celui des serrures d'armoires dont il a été question à l'article précédent.

Quelquefois à ces serrures on ajoute à la partie basse ce que l'on nomme un verrou de nuit (2).

410. Serrures à deux pènes. — On se sert, pour fermer la plupart des portes intérieures de nos appartements, d'une sorte de serrures connues sous le nom de *serrures à deux pènes* ou encore serrures *à pène dormant et demi tour*. Ainsi que l'indique leur nom, elles sont munies de deux pènes : l'un, à demi tour, est actionné uniquement par un bouton double, ou moyen à demeure analogue ; l'autre pène est dormant et maneuvré par une clef, soit du dedans soit du dehors.

C'est en somme la combinaison d'un bec de cane et d'une serrure à pène dormant. Si l'on examine le méca-

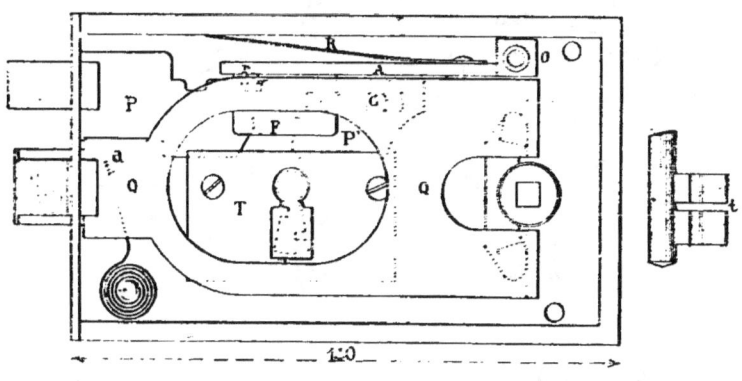

Fig. 922

nisme que représente la *fig.* 922, on voit que les deux serrures sont comprises dans la même boîte et fonctionnent d'une façon indépendante.

Q est le pène demi tour, commandé par le foliot sur lequel se monte le bouton double, et pressé par un ressort. La plaque du pène est largement évidée au milieu pour le fonctionnement de la clef de l'autre mouvement.

P est le pène dormant, guidé par le coulisseau C. Ses barbes sont simplifiées, car il ne fait qu'un tour. La gorge F, faisant suite au levier A articulé en O, et pressée par le ressort R, fixe au moyen du talon *r* le pène dans chacune de ses positions de repos. La tôle T sert de garniture et la clef porte l'entaille *t* correspondante.

Les serrures à pêne dormant et demi-tour se placent de plusieurs façons différentes sur les portes qu'elles ont mission de fermer.

Elles peuvent se trouver sur l'une ou l'autre face des portes, qui elles-mêmes sont susceptibles de s'ouvrir sur l'une ou l'autre de leurs rives verticales. Enfin, les serrures peuvent se fermer en tirant ou en poussant. Pour répondre à ces différentes circonstances, elles ont été établies suivant plusieurs modèles, à droite ou à gauche, en tirant ou en poussant.

Pour bien établir les commandes, et ne pas faire d'er-

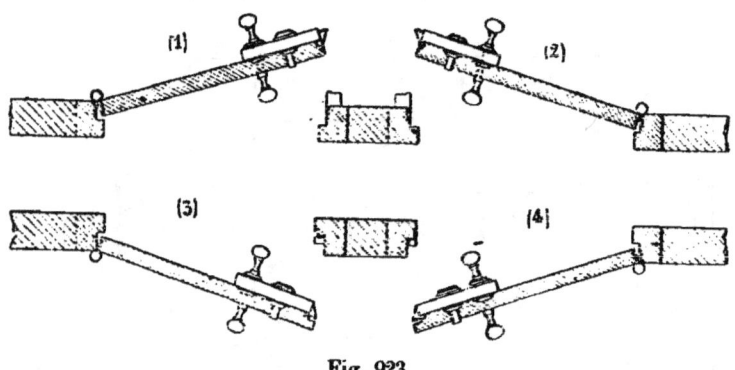

Fig. 923

reurs dans les désignations admises, la *fig.* 923 représente en plan une porte d'appartement coupée horizontalement à hauteur de la traverse de bâti qui porte la serrure. La *main* de la porte, c'est-à-dire le sens dans lequel elle tourne, est marquée par l'ouverture même.

Le croquis (1) montre une porte qui s'ouvre en tirant lorsqu'on tient le bouton du côté de la serrure, et le pène est à gauche. Pour cette raison la serrure est à *gauche* et le chanfrein en *tirant*.

Le croquis (2) correspond à une serrure à *droite*, le pène ayant de même son chanfrein en *tirant*.

Le croquis (3) a sa serrure à *gauche* et le chanfrein est en *poussant*.

Le croquis (4) a sa serrure à *droite* et le chanfrein en *poussant*.

Dans certains modèles de serrures à pène dormant demi-tour, le pène demi-tour présente dans sa forme un axe de symétrie qui permet de le retourner ; la même serrure peut servir alors soit en tirant, soit en poussant.

Dans les décorations d'appartement, on a cherché à avoir pour les portes à deux vantaux une certaine symétrie d'aspect et de décoration, et on a donné à la gâche du vantail fixe la forme et les dimensions de la serrure qui garnit l'autre vantail. On a fait ainsi ce que l'on nomme les *serrures à répétition*. Quand il y a des verrous, la boîte de la gâche est vide. D'autres fois on la garnit intérieure-

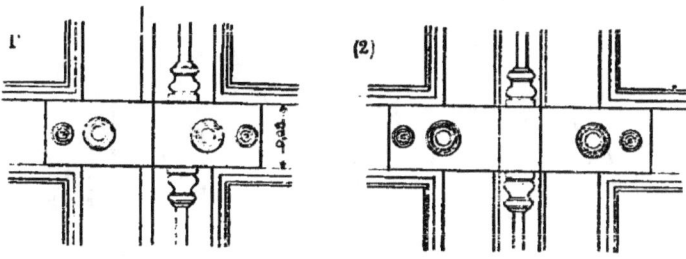

Fig. 924

ment du mécanisme d'une crémone, dont les deux tiges émergent en haut et en bas, ainsi qu'il est indiqué dans le croquis (1) de la *fig.* 924.

D'autres fois enfin, on garnit les vantaux de larges battements sur l'un desquels on pose la crémone ; la gâche comprend alors non seulement la répétition de la boîte de la serrure mais encore une portion de boîte supplémentaire formant motif milieu et duquel émergent les tiges de la crémone, croquis (2).

On met alors deux boutons, et celui qui actionne la crémone est commandé par un arrêt, caché de telle sorte qu'il n'obéisse pas à la main si on se trompe ; il ne s'ouvre que lorsqu'on a déclanché par dessous le petit verrou qui la fixe.

411. Serrures de sûreté ; boutons de coulisse. — Les serrures des portes extérieures doivent satisfaire à des exigences spéciales. Il faut qu'elles ne s'ouvrent du dehors qu'au moyen d'une clef, tandis que du dedans on doit les manœuvrer au moyen d'un bouton tournant ou d'un tirage. Il est nécessaire, de plus, que la clef soit assez spéciale, et le mécanisme composé de telle manière que la serrure soit difficile, pour ne pas dire impossible, à ouvrir avec une autre clef, ce qui constitue la sûreté.

Ces sortes de serrures se nomment pour cela *serrures*

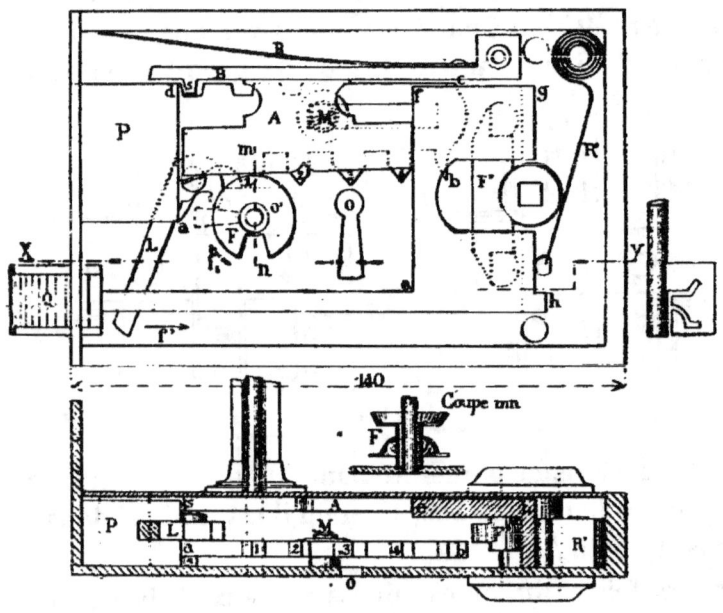

Fig. 925

de sûreté. On les classe en deux catégories principales bien distinctes, les serrures à clef forée et à garnitures baroques, et les serrures à gorges.

La *fig.* 925 représente, en élévation et en coupe, le mécanisme d'une serrure de sûreté à bouton. Elle est munie de deux pènes : 1° Un demi-tour, Q, *e, f, g, h*, actionné par un foliot à talon F', et ramené par un ressort R'; 2° un second pène dormant P *a b c d*, guidé par le coulisseau M, et fixé à chacune de ses positions de repos par le talon *s* de la gorge A. Ce dernier porte 4 barbes pour engrener avec la clef dans les deux positions possibles de cette dernière.

Du dedans, la clef prend la position de droite, tourne autour du point O et actionne les dents 3 et 4 du pène dormant comme à l'ordinaire. Du dehors, la clef est mise à gauche, tourne autour du point O' et actionne les barbes 1. et 2. Mais ici, ce qui singularise la clef et constitue la sûreté, ce sont des traits tracés et évidés dans le panneton suivant un dessin spécial, et qui correspondent à des garnitures en tôle de même forme, rivées après le palastre de la boîte autour de la broche fixe. Ces garnitures, qui

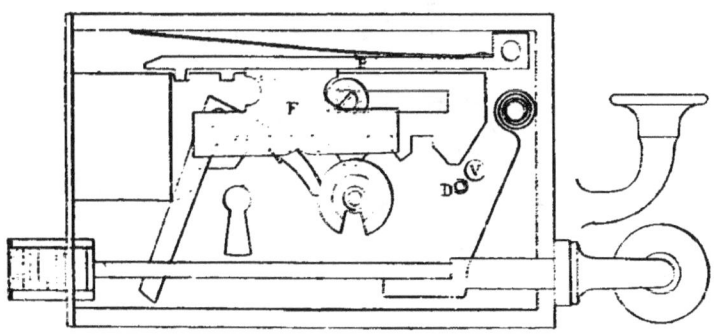

Fig. 926

portent les noms de *Rouets* et de *Bouterolles*, comme les entailles qui leur correspondent, sont représentées en F dans l'élévation et le détail donne leur coupe suivant *m n*.

Ces garnitures, en raison de leur forme, sont dites *droites, demi baroques, baroques, baroques à l'infini*, suivant leur degré de complication.

La clef, du dehors, après avoir ouvert le pène dormant, doit ouvrir aussi le pène demi-tour. Elle le fait au moyen d'un levier coudé L, articulé sur le pène dormant, et qu'elle ne rencontre que lorsque ce dernier est ouvert.

La *fig.* 926 donne l'élévation d'une serrure du même genre, d'un emploi plus général, et qui ne diffère de la précédente qu'en ce que le pène demi-tour est ici actionné par un bouton de tirage. La serrure en est très simplifiée, le bouton étant en prolongement de la tige du pène. Un ressort ramène le pène demi-tour à sa position de saillie normale.

Les serrures de sûreté à gorges ont remplacé dans bien des applications les serrures précédentes à garnitures baroques. Elles se composent d'un mouvement à pène dormant manœuvré par la clef, doublé d'un pène demi-tour, actionné directement par un bouton de tirage, et dans certains cas par la clef.

La *fig.* 927 donne l'élévation et la coupe d'un de ces mé-

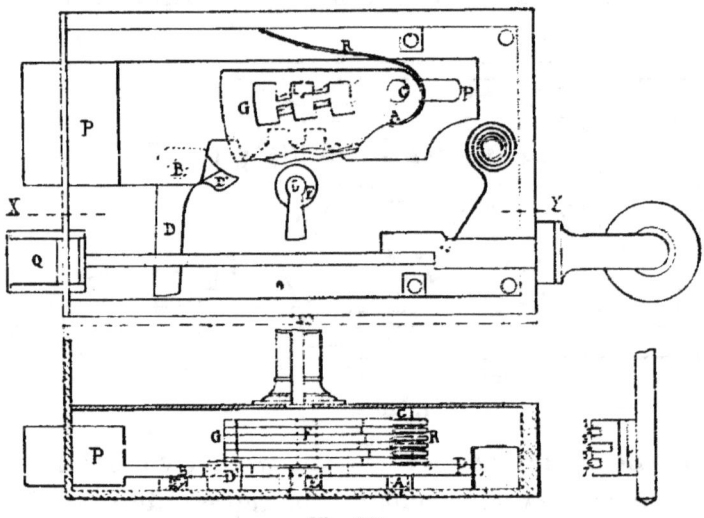

Fig. 927

canismes qui rappellent ceux qui ont été déjà vus. Le pène P est guidé par le coulisseau C. Il a des barbes qui servent à engrener avec la clef tournant autour du même point O, qu'on la mette du dedans ou du dehors. Enfin, il porte le taquet ou étoquiau F, qui doit passer entre les dents des gorges, afin de permettre le mouvement. Les gorges G sont au nombre de six, et la troisième est celle de garde. Elles sont toutes munies de ressorts R les ramenant à leur place. Ces gorges sont articulées autour de l'axe C.

Du dehors, la clef, après avoir manœuvré les deux

tours du pène dormant doit pouvoir ouvrir le pène demi-tour. Elle le fait par l'intermédiaire du levier coudé DD', qui peut tourner autour du point B du pène dormant.

La clef est bénarde; son panneton est représenté à la droite et en bas du croquis. Il est muni de 7 portées ; les 6 premières correspondent aux gorges et la 7ᵉ actionne le pène.

412. Autres systèmes, serrure à pompe. — Parmi les autres systèmes de serrures de sûreté, nous citerons seulement un type, la *serrure à pompe*, qui a eu un certain succès et dont l'emploi est aujourd'hui moins fréquent.

Le grand avantage de cette serrure consistait dans la petite dimension de la clef. L'inconvénient est une cer-

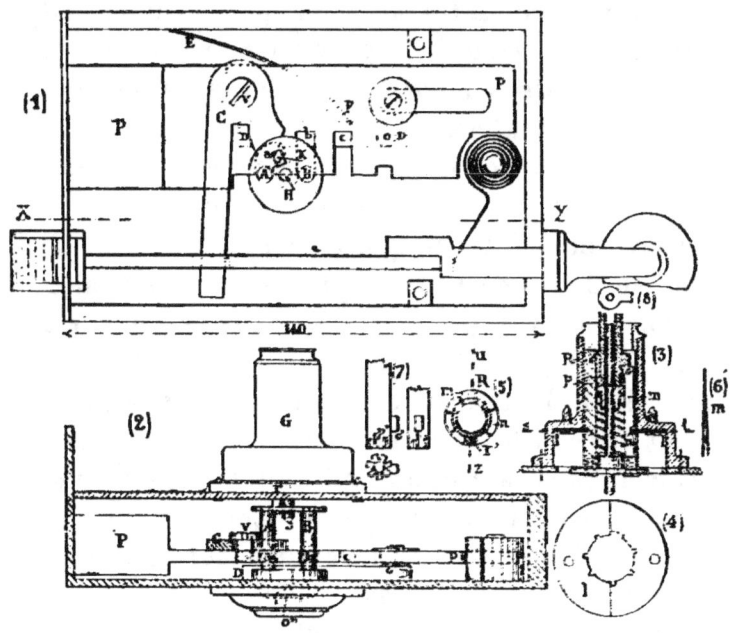

Fig. 928

taine complication et une sûreté peut être moins grande.

Le mécanisme de cette serrure est dessiné en élévation, plan et détails dans les divers croquis de la *fig.* 928. Le principe consiste à manœuvrer les pènes par le moyen d'une lanterne AB actionnée par la clef. Les fuseaux A et B de cette lanterne entraînent par leur déplacement le pène demi-tour, en agissant sur le levier coudé C, et le pène dormant, directement, en engrenant avec les encoches $a\ b\ c$.

Dans les positions de repos, la lanterne est maintenue en place par un levier DD articulé en O, pressé par le ressort EF et appuyé sur un plat ménagé à la circonférence de son plateau arrière. Voici comment on met la lanterne en mouvement :

1° de l'intérieur : on introduit la clef, le panneton O' (7) s'engage dans une encoche O' (2) réservée dans un prolongement du plateau arrière de la lanterne. En tournant la clef, la lanterne est entraînée, il n'y a dans ce cas aucune complication au point de vue de la sûreté.

2° de l'extérieur : on introduit la clef par le canon ; elle fait sortir une tige r (2) qui s'engage dans le trou rectangulaire k (1) du plateau avant de la lanterne ; on entraîne celle-ci en tournant la clef.

Il y a sûreté parce qu'il n'y a qu'une clef qui puisse faire sortir la tige r, et cela au moyen du mécanisme suivant représenté par les croquis (3) à (8) :

A l'intérieur du canon G sont deux pièces principales : 1° un cylindre creux R, présentant à l'extérieur une rainure circulaire n (3) et (5) (coupe $s\ t$). Dans ce cylindre sont ménagés, à l'intérieur, des rainures verticales, en nombre égal à celui des encoches faites à l'extrémité de la tige de la clef. Dans ces rainures glissent de petites lames m, formées de deux brins de ressort (6) et présentant chacune un petit talon p et o (3) à leur partie supérieure. Un ressort à boudin tient les talons constamment remontés jusqu'à une saillie que présente le cylindre R à sa partie supérieure. Chaque lame, en un point convenable de sa hauteur, est entaillée d'une encoche rectangulaire qui peut venir coïncider avec la rainure n du cylindre R ; l'une des lames m est remplacée par une tige plus forte r' (5 dont le prolongement est justement la tige r de tout à l'heure.

2° Un petit disque en deux pièces I, I (3) et (4), présentant des encoches correspondantes aux rainures du cylindre R. Il est vissé dans le canon.

A l'état normal, les tiges, repoussées par le ressort, engrènent dans les encoches du disque LL, et empêchent absolument le cylindre R de tourner et par conséquent ne lui permettent pas d'entraîner la lanterne AB, même si la tige R se trouvait saillante par accident. On obtient la rotation en introduisant la clef, dont les encoches mettent les lames au point voulu pour que le fontionnement ait lieu.

413. Verrous de sûreté. — Les verrous de sûreté sont de véritables serrures que l'on manœuvre du dedans au moyen d'un bouton, et du dehors avec une clef. Nous

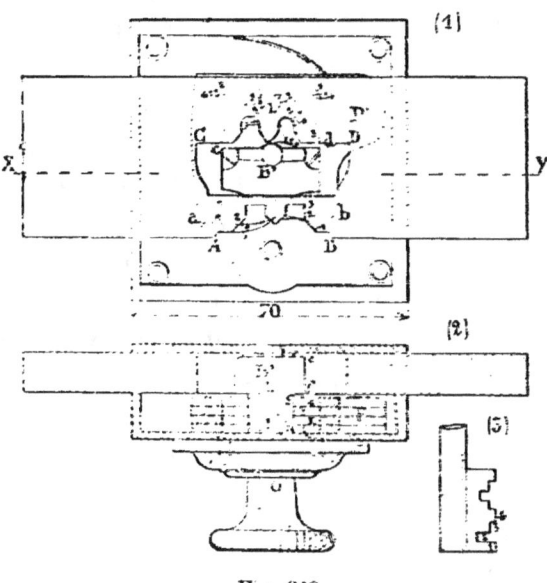

Fig. 929

donnons dans la *fig.* 929, le dessin de l'un d'eux, en élévation et en plan. C'est un verrou à 4 gorges de la maison Fontaine. Le pêne est une tige de fer plat, évidée en son milieu et présentant des barbes, tant dans l'évidement que sur sa rive basse.

Les gorges, au nombre de quatre, sont articulées en P. Comme le pène, elles sont évidées et présentent des courbes tracées à la demande pour leur soulèvement à hauteur, tant à la rive de l'évidement qu'à leur rive basse, de telle sorte qu'elles peuvent être soulevées soit par les dents de la clef que l'on manœuvre de l'extérieur, soit par les dents d'un panneton intérieur, placé à demeure sur l'axe du bouton.

Par l'une ou l'autre de ces manœuvres, les vides montent au niveau du taquet L et le laissent passer, accompagnant le pène dans sa translation.

414. Ferrements des croisées. Crémones, espagnolettes. — Les croisées sont toujours montées sur bâtis dormants et ces derniers sont assujétis dans la maçonnerie par le moyen de pattes à scellement, analogues à celles que nous avons vues pour fixer les bâtis de portes. Les vantaux mobiles sont quelquefois ferrés sur le dormant par des *broches* comme celle de la *fig.* 931 (1), les mêmes dont nous avons parlé pour les portes. Pour des raisons déjà vues, les broches sont remplacées maintenant, la plupart du temps, par des paumelles (2) de 0,10 ou 0,12, plus solides et permettant en cas de réparation de dégonder plus facilement le vantail. Les angles des vantaux risquant de se déformer sous leur propre poids, on les consolide par des équerres, soit simples, soit doubles, entaillées dans le bois. En haut, on les place au parement extérieur du vantail ; en bas ou les applique au parement intérieur à cause du jet d'eau, qui à l'extérieur présente une surface courbe.

Les deux vantaux d'une même croisée se ferment en même temps à cause de l'emboîtage des deux rives milieu à noix et gueule de loup qui les relie ; il n'y a donc pas lieu de fixer l'un des vantaux, *fig.* 931, avant l'autre. Celui qui est taillé en gueule de loup porte une crémone, dont les extrémités s'engagent dans des gâches fixées au dormant. Les crémones sont fréquemment très dûres à manœuvrer, surtout lorsqu'il y a à rappeler les vantaux où le jeu manque.

On les remplace avantageusement par les *Espagnolettes*.

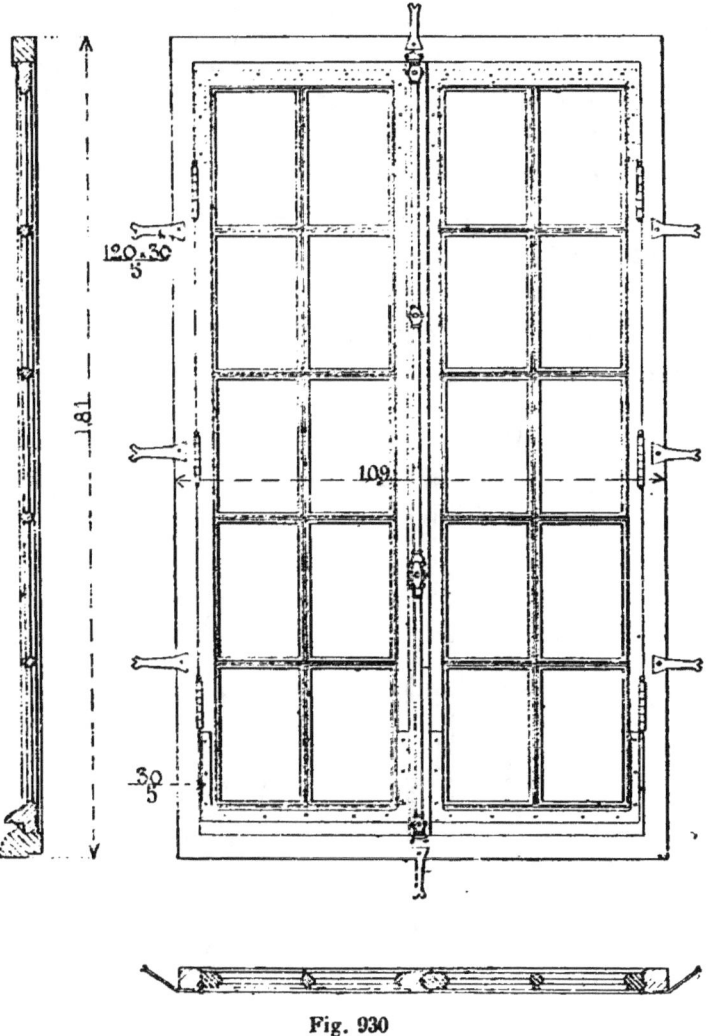

Fig. 930

Ces appareils viennent, dit-on, d'Espagne, d'où leur nom. Une espagnolette se compose d'une tige verticale T en fer rond, d'environ deux centimètres de diamètre, munie de crochets à ses deux bouts et, à hauteur convenable, d'une poignée.

On la fixe sur le montant gueule de loup, au moyen de ferrements *a* qui servent de collier et lui permettent de tourner ; on les nomme *lacets*. La poignée P est elle-même mobile, et elle engrène avec une gâche, ou support, articulée G, fixée au battant mouton.

Enfin, en haut et en bas dans les traverses du dormant, sont des entailles avec gâches platines solidement fixées qui reçoivent les crochets d'extrémités pour fermer la croisée.

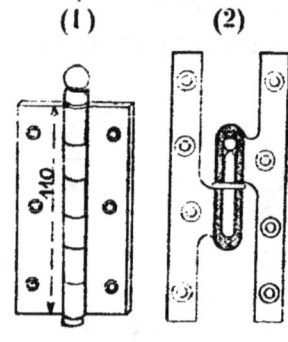

Fig. 931

Les espagnolettes, abandonnées par suite de l'emploi économique des crémones, reviennent maintenant en

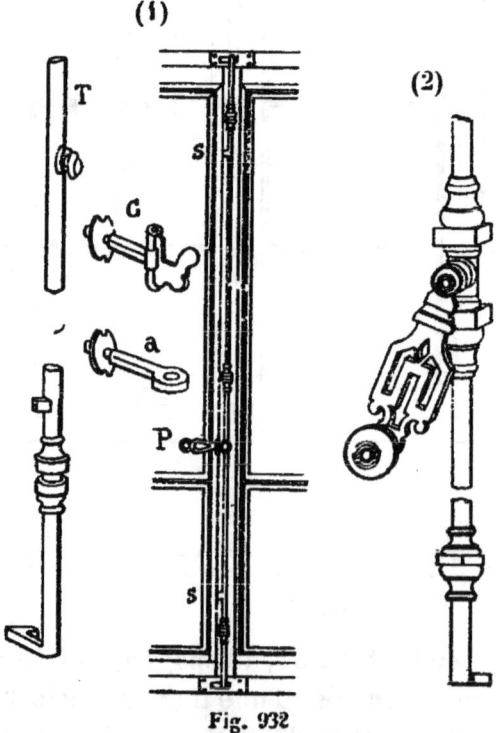

Fig. 932

usage, surtout pour les fermetures de luxe. Elles sont en effet d'un service plus commode ; par suite du grand bras de levier dont on dispose pour rappeler la croisée bien à sa place, le mouvement est bien plus doux à la main que celui de la crémone.

115. Appuis métalliques. — On a quelquefois à disposer des fenêtres au droit de balcons extérieurs, et on doit circuler à travers la baie. On marche donc sur l'appui dormant pour le franchir. Lorsqu'il est en bois, on abîme les arêtes, les moulures et il ne tarde pas à perdre sa forme primitive. On évite cet inconvénient en remplaçant la traverse d'appui en bois du dormant par une pièce métallique qui en tient lieu. Le croquis (1), *fig.* 933, donne la

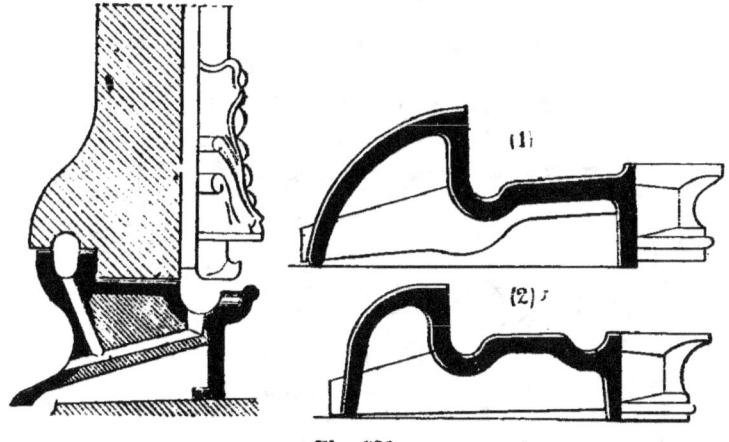

Fig. 933

section de l'appui Guipet, du nom de son inventeur, qui est fait en fonte avec les formes voulues pour recevoir les vantaux mobiles et leur fermeture en même temps. Ils doivent recueillir la condensation qui peut se faire sur leur surface interne et l'envoyer au dehors.

Le croquis (2) donne le profil d'un autre appui, exécuté en fer laminé, et qui concourt exactement au même résultat.

116. Fermeture des persiennes. — Les persiennes n'ont pas de bâtis dormants ; leurs gonds sont scellés dans la maçonnerie directement. Ces derniers reçoivent des demi-paumelles, ainsi qu'on le voit dans le croquis (*d*) de la *fig.* 934. Les bâtis sont consolidés en haut et en bas par des équerres à plat, entaillées et posées avec vis.

Chaque persienne est à deux vantaux et les vantaux s'appliquent l'un sur l'autre à feuillure quand on veut les fermer. Le vantail fermant le premier vient battre, lorsqu'il

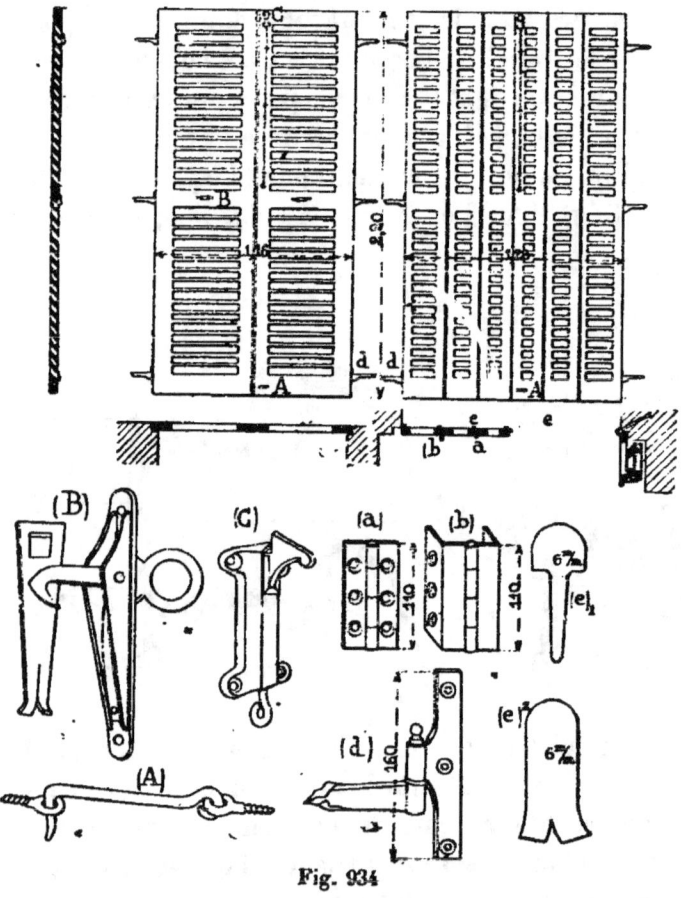

Fig. 934

n'y a pas de feuillure contre des arrêts en fer, appelés *battements*, scellés ou tamponnés dans la maçonnerie, $(e)_1$, $(e)_2$. Le second vantail se trouve de même arrêté contre deux autres battements. Sa feuillure maintient le premier et on le ferme au moyen d'un loqueteau avec mentonnet à ressort C, placé dans le haut en C, manœuvré par un fil de fer ou de cuivre terminé par un anneau et guidé par des conduits. Le mentonnet s'accroche sur le battement de ce vantail,

nis en bonne place. En bas, le mode d'attache est différent : c'est souvent un simple crochet vissé dans l'appui du dormant et actionnant un piton fixé à la persienne en A.

Les persiennes se développant au dehors doivent s'accrocher au mur, on munit à cet effet chaque vantail

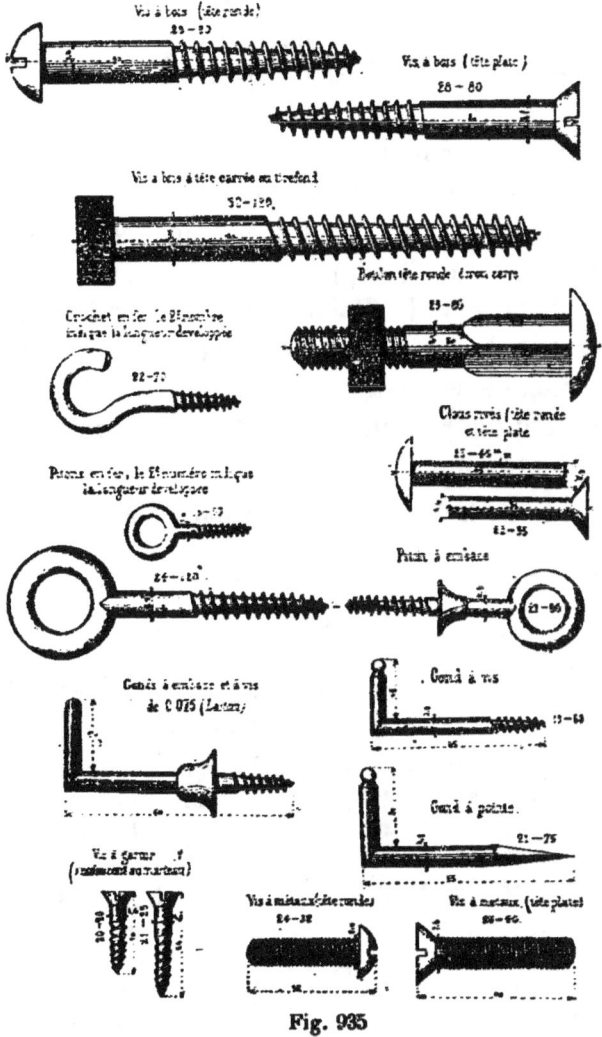

Fig. 935

d'un arrêt à paillette B, fixé dans un trou du vantail et s'accrochant à une gâche scellée en place convenable dans le mur. La persienne, en se développant sur le mur, s'accroche seule ; pour la décrocher, on tire à soi le crochet de l'arrêt qui se déclanche.

Les persiennes brisées en tableau se ferrent d'une façon analogue; il n'y a de spéciales que les charnières a et b, qui ont la forme voulue pour le développement des feuilles d'un même vantail.

417. Série des vis de jonction, tirefonds, pitons, gonds, etc. — La *fig.* 935 représente les vis et tirefonds qui servent à fixer les divers assemblages, et, en même temps, les pitons, gonds et clous à river, le tout à demi-grandeur d'exécution. Toutes ces pièces sont exécutées en fils de fer de diamètres appropriés.

De son côté, le fil de fer a sa dimension désignée par un numéro commercial, rapporté à une jauge que l'on nomme la jauge décimale. Voici, dans le tableau ci-après, la série des fils de fer et leur correspondance avec la jauge décimale. Le même tableau donne, pour chaque fil, le poids des cent mètres ainsi que la longueur qui correspond à un kilogramme.

Série des fils de fer et leur correspondance avec la jauge décimale.

Numéros de la jauge décimale	Diamètres en 10mes de millimèt.	Longueur de 1kg	Poids de 100 mètres	Numéros de la jauge décimale	Diamètres en 10mes de millimèt.	Longueur de 1kg	Poids de 100 mètres
0	5	657m,89	0k,152	16	27	22m,72	4k,400
1	6	456, 62	0, 219	17	30	18, 51	5, 400
2	7	335, 57	0, 298	18	34	14, 28	7, 000
3	8	256, 41	0, 390	19	39	11, 11	9, 000
4	9	202, 42	0, 494	20	44	8, 46	11, 800
5	10	189, 32	0, 610	21	49	6, 85	14, 600
6	11	135, 50	0, 738	22	54	5, 65	17, 700
7	12	115, 00	0, 878	23	59	4, 71	21, 200
8	13	100, 00	1, 000	24	64	4, 01	24, 900
9	14	83, 33	1, 200	25	70	3, 35	29, 800
10	15	71, 41	1, 400	26	76	2, 84	35, 200
11	16	62, 47	1, 600	27	82	2, 19	41, 000
12	18	50, 00	2, 000	28	88	2, 11	47, 200
13	20	41, 66	2, 400	29	94	1, 85	53, 800
14	22	34, 48	2, 900	30	100	1, 51	66, 000
15	24	28, 58	3, 500				

On mesure la grosseur du fil de fer au moyen d'un disque en acier appelé *jauge*, sur la circonférence duquel sont des encoches correspondant exactement aux diamètres des divers numéros de la jauge décimale.

Les diverses vis, les gonds, les tirefonds, etc., figurés au croquis ont leurs dimensions marquées par deux chiffres ; l'un, le premier, est le numéro de la jauge décimale du fil de fer avec lequel ils sont fabriqués; le second est leur longueur, soit réelle, soit développée suivant les cas ; c'est par ces deux numéros qu'on les désigne dans la pratique.

§ 2. — DES PARATONNERRES

418. Théorie du Paratonnerre. — Le *Paratonnerre*, créé par Franklin en 1752, a pour but de protéger l'édifice qu'il surmonte contre les accidents que peut causer la foudre.

L'électricité des nuages et celle du sol arrivent pendant les orages à avoir une tension considérable, au point, lorsqu'elles sont de signes contraires, de se réunir par étincelles. Ces étincelles sont la foudre, et les effets de cette dernière sur les objets animés ou inanimés qu'elle rencontre sur son passage se traduisent par des morts, des bris, ou des incendies.

Les pointes ont la propriété remarquable de laisser écouler l'électricité d'une façon continue, et en grande quantité, sans provoquer l'étincelle. Ce sont les agents les plus actifs propres à écouler l'électricité du sol, du moment qu'elles sont mises convenablement en relation avec les sources de cette électricité. C'est sur ce pouvoir des pointes qu'est fondé le paratonnerre.

La disposition générale d'un paratonnerre comprend :

1° *Une tige métallique*, de hauteur appropriée aux circonstances, surmontée d'une pointe aiguë. On l'établit d'ordinaire à la partie haute des objets à protéger.

2° Un *conducteur métallique*, reliant la tige au sol.

3° Un *perd-fluide* ou *prise de terre*, en communication aussi parfaite que possible avec le sol et les sources d'électricité qui l'alimentent.

Ainsi composé, le paratonnerre agit à la fois de deux façons distinctes ; son action est simultanément *préventive* et *préservatrice* : *Préventive* parce qu'il prévient les coups de foudre, en écoulant le fluide au fur et à mesure de sa formation, et l'empêche d'arriver à la tension suffisante pour produire l'étincelle ; *préservatrice*, parce qu'en cas de tension considérable brusque suivie d'étincelle, il reçoit la foudre, mais préserve de ses effets les constructions sur lesquelles il est établi. Il doit donc être capable d'écouler brusquement, au profit de la sécurité des objets à protéger, et sans en être altéré lui-même, le torrent électrique provenant de la décharge, quelle que soit l'origine de celui-ci, terre ou nuage.

Un paratonnerre *n'est jamais inactif*. On ne saurait trop prendre de soins pour son parfait établissement. Nombre de physiciens se sont occupés de la question et ont cherché à déterminer les meilleures dispositions : elles se trouvent, en l'état de la science à ce jour, résumées dans les dernières instructions de l'Académie des Sciences (1867), et dans celles de la Préfecture de la Seine (1875).

419. Protection exercée par les tiges de Paratonnerres. Emploi des boules. — La pratique semble indiquer que la tige d'un paratonnerre bien établi, protège efficacement autour d'elle tous les objets compris dans un cône de révolution à axe vertical, dont le sommet est la pointe même de l'aiguille, et le rayon de la base, pris au pied de la tige, égal à deux fois la hauteur de celle-ci. Cette donnée est considérée comme bonne par l'Académie des Sciences. Les instructions de la Préfecture, tout en adoptant le même principe, limitent le rayon pratique de base à 1,75 de la hauteur de la tige.

Au moyen d'un tracé, et en prenant l'un ou l'autre de

ces chiffres, on se rend compte de la hauteur de tige qu'il est nécessaire d'adopter pour avoir une protection efficace.

Tantôt avec une seule tige dans l'axe du bâtiment, *a* (*fig*. 936), on obtient le maximum d'économie. D'autres fois il y a plus d'avantages à employer, soit deux tiges plus petites, *bb*, soit un plus grand nombre même, disposées convenablement.

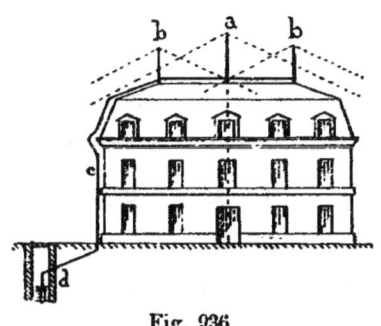

Fig. 936

Quelques physiciens ont préconisé l'emploi de boules métalliques, remplaçant les tiges dont il vient d'être question. Ils n'attachaient d'importance qu'à l'action *préservatrice* du paratonnerre. Il est évident que, dans le cas d'étincelle, si la boule est bien reliée aux sources électriques du sol, le bâtiment se trouve préservé. Cette disposition, très discutée dans les ouvrages spéciaux sur la matière, est surtout admise en Angleterre. En France on préfère les tiges, qui présentent en plus une protection préventive, qui diminue, certainement dans une grande proportion, les chances de décharges directes.

On a bien discuté aussi les avantages des grandes tiges élevées, comparées à l'emploi de tiges beaucoup plus nombreuses, très petites, réduites à des aigrettes, hérissant pour ainsi dire les bâtiments de leurs pointes multiples. L'effet étant le même, au point de vue de la protection, le choix se réduit à une question de dépense et de commodité d'entretien. De grandes tiges demandent des conducteurs d'une grande simplicité dont l'installation est facile. Leur section est assez forte pour résister aux dégradations des couvreurs, lors des réparations de toitures. Les tiges multiples exigent au contraire des conducteurs divisés, de faible section, et qui seront coupés par le premier ouvrier venu, dès qu'ils seront gênants. Ils risquent d'être en mauvais état constant, à cause de la difficulté de surveillance. Les grandes tiges paraissent donc avoir la supériorité sur les petites.

420. Disposition des tiges et de leurs pointes, modes d'attaches. — Les tiges de paratonnerres sont exécutées en fer forgé, étampées coniquement de la base au sommet. On les garantit de la rouille, soit en les galvanisant au zinc, soit en les recouvrant d'une peinture. Leur diamètre à la base, au faîtage du bâtiment, doit être environ du $\frac{1}{100^e}$ au $\frac{1}{120^e}$ de la hauteur, afin de résister à la flexion sous l'effort du vent. Au sommet, ils se terminent au diamètre de 0,020 et reçoivent une pointe en métal plus conducteur.

La manière dont ils se terminent à la partie basse dé-

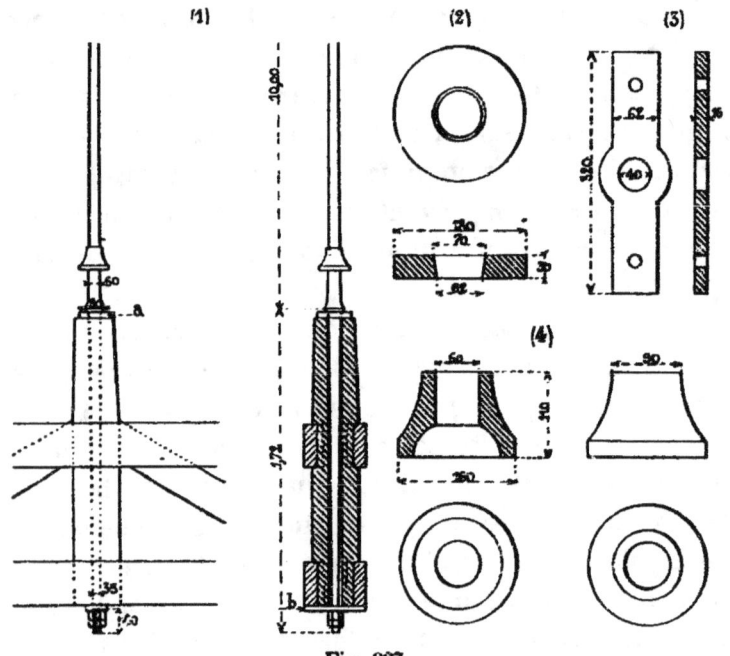

Fig. 937

pend du point de support dont on dispose. D'ordinaire, on choisit les points les plus solides de la charpente, les fermes par exemple. On leur fait venir de forge des attaches multiples, s'allongeant en platebandes sur les arbalétriers et les pannes de faîtage, et on les fixe de manière à obtenir une stabilité parfaite.

Lorsque les fermes sont en bois, on les dispose avec avantage comme l'a fait M. Borrel, constructeur spécial, dans l'établissement des paratonnerres de l'hospice des Incurables d'Ivry, et comme l'indiquent les croquis de la *fig.* 937.

On munit le paratonnerre d'une embase élargie terminée par une queue conique de la hauteur du poinçon, filetée à son extrémité. On prolonge extérieurement le poinçon notablement au-dessus de la couverture ; on le perce de part en part à la tarière, suivant son axe, on le recouvre d'une rondelle supérieure *a* à trou conique (2) et on le traverse par la queue du paratonnerre. On met en dessous une platebande (3) recouvrant le bois, et on serre le tout par un écrou que l'on arrête par un contre-écrou. On obtient ainsi une jonction très solide.

Si la charpente est en fer, on soude à la base du paratonnerre, renflée à cet effet, des branches dans quatre sens différents, conformées de manière à s'assembler, les unes avec les arbalétriers, les autres avec les pannes de faîtage, ainsi que le montre la *fig.* 938. Si les fers sont à larges ailes, on assemble les branches avec les tables ; s'ils sont à ailes ordinaires, on chantourne les branches pour les assembler avec les âmes par l'intermédiaire de fourrures. Si, à une petite distance en contrebas du faîtage, se trouve un faux entrait solide, ou un faux plancher, on termine la base du paratonnerre par une fourche à quatre branches passant dans les 4 angles dièdres formés par la rencontre de la ferme et du faîtage et on les réunit en dessous en une seule tige allant se sceller au point solide inférieur. On cherche ainsi à faire varier au mieux l'assemblage, suivant les circonstances spéciales de chaque cas particulier.

Pour maintenir toujours au sec le pied des paratonnerres on les munit *d'embases-larmiers*, en fonte galvanisée, que l'on ajuste avec soin. On les voit indiquées *fig.* 937 en (1) et en détails dans le croquis (4). Ces embases sont nécessaires pour éviter les infiltrations d'eaux pluviales au raccord avec la couverture, et l'on fait monter cette dernière jusque sous la saillie.

Les pointes qui terminent les tiges s'exécutent de deux façons différentes :

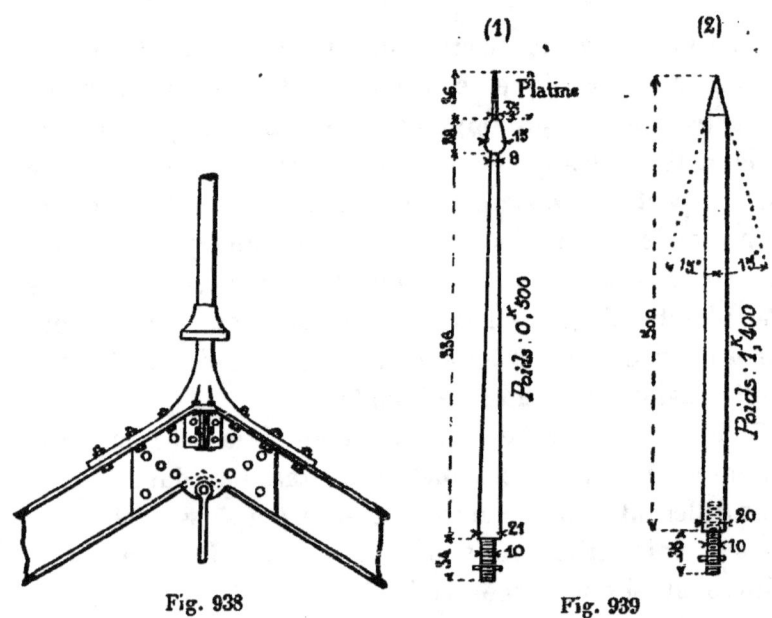

Fig. 938   Fig. 939

1° en platine avec corps de flèche en cuivre jaune, *fig.* 939 (1). Dans ce cas, le cône de platine est relié à la flèche par un manchon olive en cuivre, qui les fixe ensemble au moyen d'un joint à la soudure forte.

2° en cuivre rouge pur, en barre cylindrique de 0^{m}50 de long, terminée par un cône aigu, à l'inclinaison de 30 degrés (2).

Dans les deux cas, l'assemblage de la pointe avec la tige a lieu par un tenon en fer taraudé. Les deux pièces vissées sont arrêtées par une goupille et le joint doit être recouvert d'un nœud de soudure à l'étain, qui assure le contact métallique parfait des deux parties, tout en empêchant pour l'avenir l'oxydation.

421. Conducteurs, tiges, cables, mode d'instal-

lation et de fixation. — Les conducteurs s'exécutent en barres de fer doux galvanisées, ou en fils de cuivre rouge câblés. Quelquefois on a employé des rubans de cuivre rouge ; mais ils sont trop faciles à détruire et peuvent tenter les ouvriers, qui les enlèvent soit pour la valeur du métal, soit même pour faciliter une réparation de couverture. Les premiers, plus robustes, sont donc préférables.

Le fer galvanisé doit, d'après les instructions de l'Académie et de la Préfecture, avoir 400 ^{mm}. de section, c'est-à-dire présenter $0^m,020$ de côté s'il est à profil carré, et 0^m023 de diamètre s'il est à profil rond. Le mode d'assemblage pour l'un et l'autre profil est le même ; ils consiste en

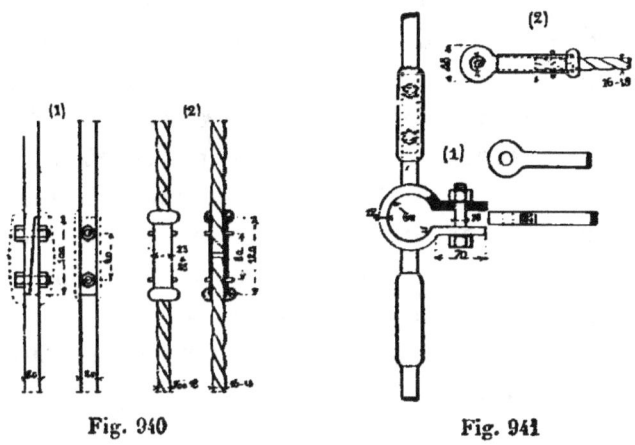

Fig. 940   Fig. 941

une jonction à mi-joint avec crossettes, les deux parties réunies par deux boulons. Le tout doit être empâté dans un nœud de soudure à l'étain, noyant les boulons et s'opposant à toute oxydation. L'assemblage est représenté en (1) *fig.* 940 et le contour ponctué y indique l'extérieur du nœud de soudure.

Le conducteur, lorsqu'il est composé de fils de cuivre rouge câblés, doit mesurer $0^m,016$ à $0^m,018$ de diamètre et être d'une seule longueur de la tige à la terre. Lorsque les exigences de l'installation nécessitent des raccordements, ceux-ci doivent être exécutés au moyen de manchons en cuivre étamé de $0^m,120$ de longueur, et d'un diamètre extérieur plus grand de 0,001 à 0,002 que le diamètre du câble, afin de permettre un bon joint de soudure à l'étain dans toute l'étendue de la jonction.

L'attache des conducteurs sur les tiges s'effectue au moyen d'une pièce en fer galvanisé, ou mieux en cuivre étamé, qu'on nomme un *collier de prise*, et qui est représentée par la *fig.* 941. C'est en effet un collier cylindrique de $0^m,06$ à $0^m,08$ de haut, ouvert, terminé par deux brides serrées par un boulon. Entre ces deux brides vient se placer l'extrémité du conducteur, terminée par un élargissement et un œil. Le tout se trouve empâté dans un nœud de soudure.

Quelquefois, et c'est le cas de la figure, le collier est disposé pour permettre la jonction avec plusieurs conducteurs, ainsi qu'on doit le faire lorsqu'il y a à raccorder la tige avec des circuits de faîte complémentaires.

Dans le cas où le conducteur employé est un câble en cuivre, le joint avec le collier de prise s'effectue de la même façon, au moyen d'un disque en cuivre étamé, (2) *fig.* 941, terminé par une douille de raccordement, et le joint se termine comme un joint courant ordinaire.

Les conducteurs, partant du collier de prise, descendent le long de la couverture en suivant soit les couvrejoints, soit les arêtiers. Ils ne s'appliquent pas sur les

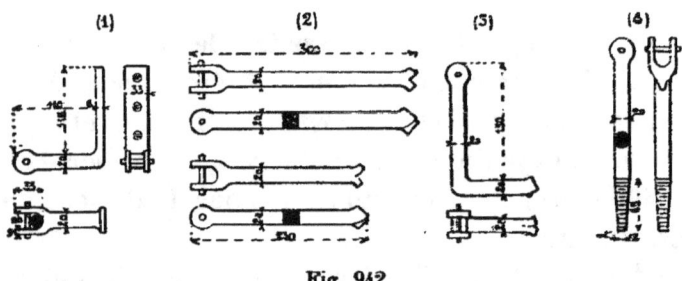

Fig. 942

surfaces, mais sont maintenus à une distance de $0^m,10$ environ de la couverture et redeviennent ensuite parallèles à la façade en la suivant verticalement à distance jusqu'au sol. Pour les maintenir dans ces différentes positions, on se sert de supports très variés suivant les circonstances comme formes et comme assemblages ; les plus employés sont ceux que représente la *fig.* 942. En (1) est un support de couverture, à patte, qu'on fixe avec des vis sur un couvrejoint ou un arêtier. En (2) sont dessinés des supports droits à scellement de deux longueurs différentes. En (3) sont d'autres supports aussi à scellement, mais coudés. En (4) sont des supports ronds à vis. Ces pièces sont de longueurs variables suivant les cas. Tous les supports sont terminés par une fourchette dans laquelle le conducteur est retenu au moyen d'une goupille. Il doit être est posé sans isolateur, et assez libre pour permettre la libre dilatation ou contraction du métal.

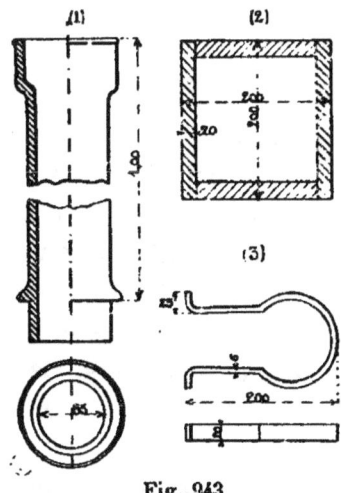

Fig. 943

A leur arrivée près du sol, les conducteurs demandent à être préservés des dégradations et des chocs. Au point d'atterrissement, jusqu'à $2^m,00$ au-dessus du sol, on renferme le conducteur dans une conduite en fonte, formée de deux tuyaux superposés, du modèle de ceux en usage pour les descentes d'eaux pluviales, *fig.* 943 (1). On les fixe au moyen de colliers en fer (3) et on ferme leurs extrémités par des tampons en bois coaltaré.

Dans le parcours souterrain que le conducteur accomplit depuis le pied du bâtiment jusqu'au point définitif de son atterrissement, il doit être enfermé dans une gaîne en bois coaltaré, dont la section est représentée en (2), soit, mieux, dans des tuyaux en poterie ou en fonte. Il est encore préférable de construire pour le loger un véritable caniveau, avec dessus mobile permettant de visiter le conducteur, et au besoin de le réparer.

422. Liaison des différentes tiges d'un même bâtiment. Circuit de faîte. — Dans le cas où plusieurs tiges sont nécessaires pour assurer la protection d'un établissement, elles doivent être toutes reliées, indépendamment du conducteur spécial à chacune d'elles, par un conducteur général, dit *circuit de faîte* en raison de sa circulation horizontale sur le faîtage. Les colliers dans ce cas, sont disposés à deux, trois ou quatre directions, suivant les besoins. Pour maintenir la forme de ces circuits de faîtes souvent très longs et assurer leur conser-

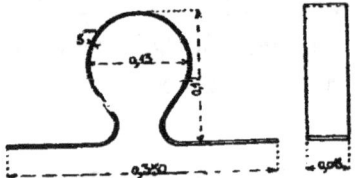

Fig. 944.

vation, il est nécessaire de faciliter leur dilatation sous l'influence des variations de la température extérieure. On obtient ce résultat au moyen de *compensateurs de dilatation*, dont l'un est représenté *fig.* 944. Ce sont des bandes de cuivre rouge, de 50 × 5, et de $0^m,700$ de long, repliés suivant la forme représentée. On les ajuste aux extrémités des conducteurs au moyen d'un joint ordinaire à deux boulons. Ces compensateurs plient facilement et permettent le jeu libre des conducteurs, sans compromettre la qualité de leurs assemblages. Il faut les répartir judicieusement sur les longs parcours.

423. Dispersion de l'Électricité dans le sol. Prise de terre. Perd-fluide. — La terre sèche est mauvaise conductrice de l'électricité. Il en est de même des glaises et des argiles, et de la plupart des bancs calcaires crayeux. L'eau la conduit médiocrement. La terre humide, au contraire, se laisse traverser facilement par les courants.

Dans bien des cas, les zones de terrains aquifères que l'on rencontre dans le sol à une profondeur plus ou moins grande conviennent très bien pour perdre l'électricité du paratonnerre, ou pour recueillir l'électricité du sol à laquelle ils doivent donner écoulement.

C'est donc avec ces zones qu'il y a lieu de mettre en

contact l'extrémité du conducteur. On fait pour cela des puits allant rejoindre les terrains aquifères ; dans ces puits on fait descendre le conducteur, et on le termine par une surface métallique aussi grande que possible que l'on nomme *le perd-fluide*, ou la *prise de terre*. La forme la plus convenable à lui donner consiste en une feuille de tôle de fer doux, galvanisée, de 0^m,002 d'épaisseur, et d'au moins un mètre carré de surface. Pour faciliter la pose, on l'enroule en cylindre *fig*. 945. On la relie au conducteur par le moyen d'un empattement avec joint, semblable à ceux employés pour le conducteur.

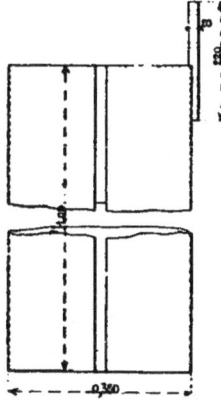

Fig. 945

Dans le cas de puits, le perd-fluide ne doit pas seulement être suspendu dans l'eau, mais être enfoui le plus possible dans le fond, afin d'être en contact avec la terre.

On doit toujours s'assurer que le fond du puits communique absolument avec une couche souterraine aquifère étendue, et ne forme pas, ainsi que le cas se présente parfois, une poche au fond de laquelle le perd-fluide risquerait d'être isolé, en temps de sécheresse notamment, c'est-à-dire pendant la période correspondant aux orages. Les canaux à fond maçonné, ainsi que les citernes, ne doivent jamais être utilisés comme prises de terre ; ils ne donnent que des conductibilités nulles.

Lorsque la couche aquifère paraît éloignée profondément dans le sol, on remplace avantageusement le puits par un forage, avec un tubage métallique dont les parois sont reliées métalliquement au conducteur.

En dehors des puits à eau, lorsque la nature du terrain rend ce moyen impraticable, les instructions spéciales recommandent d'établir la prise de terre dans un terrain naturellement humide.

Les terrains argileux ou marneux remplissent bien cette dernière condition, mais leur qualité de conductibilité électrique est insuffisante. On cherche donc à les éviter et à allonger le conducteur pour aller trouver plus loin un meilleur terrain.

La terre végétale gazonnée ou plantée d'arbres est excellente au point de vue électrique, dès qu'elle est dans un état suffisant d'humidité.

Si l'on ne trouve que de mauvais terrains au point de vue électrique, on multiplie les prises de terre, afin de diminuer la résistance totale au passage du courant. On fait des puits peu profonds, on y loge les perd-fluide et on les entoure de coke de gaz concassé, bien mouillé. Un hectolitre par puits est suffisant. Dans ces conditions, si le sol n'est pas suffisamment humide, on dirige vers le point d'atterrissement les eaux pluviales, qui y entretiendront, grâce à la présence du coke, une humidité favorable à l'écoulement du fluide.

Mais on comprend que ce n'est pas à simple vue que l'on peut juger de la conductibilité d'une prise de terre ainsi établie. Comme de cette conductibilité dépend absolument la qualité d'un paratonnerre, et par suite la sécurité qu'il peut offrir, on conçoit qu'il devienne indispensable de consulter un praticien sérieux, qui puisse, avec des appareils *ad hoc*, mesurer exactement la résistance électrique du terrain. Nous reviendrons sur ce sujet au n° 426.

424. Masses métalliques d'une construction reliées aux conducteurs. Tuyaux d'eau et de gaz. — Dans le cas où la charpente d'un bâtiment est exécutée en métal, et présente un ensemble bien relié par les poteaux et supports jusqu'au comble, il est utile de la mettre, sans solution de continuité, en rapport avec les paratonnerres ou leurs conducteurs. L'ossature métallique peut alors tenir lieu des circuits de faîte qui deviennent inutiles.

Il est bon également que le ou les conducteurs de mise

à terre soient fixés ou reliés aux pièces principales de la charpente, qui concourera ainsi à l'écoulement général du fluide.

Toute partie isolée de couverture ou de charpente, partie de comble, lanternon, cheminée de ventilation, doit être reliée aux conducteurs par des bandes de cuivre rouge étamé de 20 × 5 soudées à l'étain aux extrémités.

Dans les constructions entièrement métalliques telles que hangars, ateliers, magasins, gares, etc., dont les combles portant paratonnerres reposent sur des colonnes en fer ou en fonte, l'emploi des conducteurs n'est indispensable que pour les mises à terre, que l'on établit en un ou plusieurs points suivant les cas. On les fait partir des pieds des colonnes aux environs du sol, mais il est nécessaire de s'assurer, en la mesurant, de la conductibilité entre les différentes parties. De plus, on relie leurs pièces principales aux points d'assemblage au moyen de bandes en cuivre rouge, analogues, à celles dont il a été parlé plus haut.

Les conduites d'eau et de gaz, qui sillonnent les villes en tous sens en traversant tous les terrains, constituent une canalisation très conductrice, qui recueille instantanément dans le sol une quantité énorme d'électricité à laquelle elle fournit un chemin et qu'elle amène dans tous les points de nos demeures. Ce sont autant d'éléments qui augmentent les risques de foudroiement, s'ils ne se trouvent pas reliés aux tiges des paratonnerres.

Au contraire, s'ils se trouvent en communication avec eux, ils constituent, sans aucun danger pour personne, et sans aucun dommage possible pour les canalisations elles-mêmes, la meilleure des prises de terre. Il y a donc lieu de chercher à les relier aux conducteurs par tous les moyens possibles.

425. Danger d'un paratonnerre mal établi. — Le paratonnerre, tant qu'il est bon conducteur du fluide, est comme on l'a vu préventif et préservateur; mais pour peu que sa communication électrique avec le sol vienne à être interrompue, même partiellement, et qu'il ne puisse écouler le fluide convenablement par le chemin prévu, le fluide, en cas de foudroiement, peut l'abandonner pour se jeter dans un chemin meilleur, de préférence sur un tuyau d'eau ou de gaz, qu'il foudroiera en même temps. Il peut y avoir alors fusion du plomb, incendie, et accidents de tous genres.

Les exemples de pareils foudroiements ne sont pas rares malheureusement, et l'étincelle électrique peut franchir dans ce cas des murs de $0^m,50$, et même plus, d'épaisseur.

L'état défectueux d'un joint de conducteur ou de la prise de terre peut également amener, ainsi que l'expérience le prouve, la fusion partielle de la pointe, mettant ainsi le paratonnerre hors d'état d'exercer son action préventive dans l'avenir.

On ne saurait donc trop insister pour recommander les soins les plus minutieux dans l'installation de ces appareils, afin d'assurer leur fonctionnement normal. Dans ce but on devra se garder d'employer dans leur construction des éléments facilement destructibles. La surveillance la plus attentive est de rigueur dans le détail de leur exécution.

426. Essai de la conductibilité d'un paratonnerre. Mesure de la résistance. — On fait quelquefois l'essai de la conductibilité d'un paratonnerre assez simplement, mais ce procédé ne donne que des renseignements approximatifs très incomplets : On prend une pile de deux éléments Leclanché ; au moyen de deux fils partant des pôles on va joindre avec l'un la tige du paratonnerre, avec l'autre la partie basse du conducteur, et dans le circuit on interpose un galvanomètre ou une sonnerie. Si le courant passe, l'aiguille est déviée ou la sonnerie marche.

De même, on peut établir le circuit en faisant aboutir l'un des fils à la partie basse du conducteur, l'autre à la terre au moyen d'un piquet, et on fait alors l'essai de la prise de terre.

Le courant de la pile est suffisant pour démontrer dans la plupart des cas l'état moyen de la conductibilité et indiquer, lorsqu'il ne passe pas, l'altération d'un contact ou du conducteur, mais sans fixer la valeur de cet état qu'il est intéressant de connaître. En effet, le conducteur peut être rongé par la rouille en un point invisible et être réduit à quelques millimètres de section sans que la vérification précédente le signale, le courant de la pile pouvant encore circuler.

Il est donc infiniment préférable, pour s'assurer de l'état réel, de *mesurer* d'une façon précise la résistance électrique : 1° du circuit métallique; 2° de la ou de chacune des prises de terre.

Pour établir ces mesures, on peut faire usage de l'appareil employé dans un but analogue par les télégraphistes, et qui se compose d'un pont de Wheatstone avec inverseur de courant, galvanomètre, clef de contact et fils auxiliaires, ou mieux encore des appareils perfectionnés spéciaux imaginés dans ce but par le commandant Guérin et construits par M. Borrel.

Il s'agit de mesurer exactement la résistance en ohms, (l'ohm est une unité équivalant à la résistance de 990 mètres de fil de fer télégraphique de $0^m,004$ de diamètre).

Voici le principe de l'appareil : Soient $abcd$ des tiges métalliques égales de même composition formant un losange, *fig.* 946 (1), et supposons que les points b et d soient réunis par un fil, avec un galvanomètre interposé. Si on fait passer un courant de a en c, les deux chemins étant identiques et présentant la même résistance, l'électricité se partage également entre les deux chemins et l'aiguille du galvanomètre reste immobile, car il ne passe aucun courant dans le fil bd. La moindre résistance supplémentaire que l'on ajoute en un point m détruit l'équilibre ; une partie du courant passe alors en bd et fait dévier l'aiguille du galvanomètre.

Cela posé, reprenons cet appareil et disposons en AB, croquis (2), des fils comprenant le conducteur OP d'un paratonnerre. Mettons en outre en N sur la branche CD une boîte contenant un certain nombre de résistances connues, que l'on puisse facilement interposer une à une dans le courant; l'appareil se trouve prêt pour la mesure. En effet, nous avons mis en M la résistance R dont il s'agit de mesurer la valeur. En raison de cette résistance, l'aiguille du galvanomètre est déviée et elle restera déviée tant que nous n'aurons pas introduit dans le courant assez de bobines de résistance pour équivaloir à R. Or, par le nombre

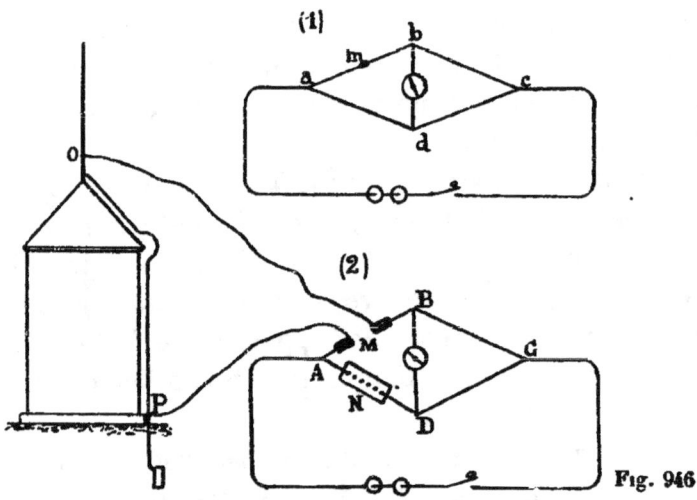

Fig. 946

de ces bobines ajoutées, et la résistance connue de chacune d'elles, nous avons de suite la valeur de R.

Pour la mesure de la prise de terre, on fait aboutir à un piquet en fer, fiché à quelque distance dans la terre humide, le fil qui dans l'expérience précédente aboutissait en O, et on mesure une certaine résistance S, qui est celle de la prise de terre x augmentée d'une résistance B de transmission au sol du piquet, proportionnelle à la résistance de ce dernier, on a :

$$S = x + B.$$

Avec un second piquet planté à un autre point, on trouve une résistance T, qui est celle de la prise de terre augmentée de la résistance de transmission à ce second sol C.

$$T = x + C.$$

Si maintenant on fait l'expérience une troisième fois, en établissant le circuit entre les deux prises auxiliaires et que, pour cela, on fasse aboutir à ces deux piquets les deux fils de l'appareil, on trouve une résistance U qui est la somme de B et de C.

$$U = B + C.$$

Ces trois équations à trois inconnues donneront x, la résistance cherchée de la prise de terre. On peut choisir également comme prise de terre auxiliaire tout autre objet, puits, canalisation métallique, etc.

Si l'on se sert d'un appareil simplement construit comme il vient d'être dit, pour la mesure de cette dernière résistance, les courants terrestres font dévier naturellement et par soubresauts l'aiguille du galvanomètre et ne permettent pas d'opérer avec précision; mais, dans les appareils de M. Borrel, une disposition ingénieuse permet d'annuler les effets de ces courants; la marche du galvanomètre est franche, et ses indications y sont très faciles à apprécier.

Si un paratonnerre est en bon état, on doit trouver au plus 1 ohm pour la résistance du circuit, et au plus 10 ohms pour celle de la prise de terre.

Lorsque plusieurs tiges, comportant un nombre égal de prises de terre, sont reliées ensemble par un circuit de faîte, il n'est pas possible d'utiliser ces prises comme auxiliaires. Il faut, ou mesurer la conductibilité générale de l'ensemble du système au moyen de deux autres terres, ou bien établir sur les circuits de faîte des raccords mobiles, permettant d'isoler chaque tige pendant la durée de l'expérience seulement.

Ces opérations un peu délicates sont sans doute spéciales, mais elles montrent l'importance qu'il y a de pouvoir apprécier exactement la conductibilité d'un paratonnerre et par suite la sécurité qu'il peut offrir.

§ 3. — CLOTURES MÉTALLIQUES

427. Clôtures agricoles en fil de fer, ronces, supports. — L'une des clôtures les plus élémentaires, employées dans les fermes et les cultures, est faite d'un certain nombre de fils de fer tendus horizontalement sur des supports convenablement disposés. On en met deux, trois, ou un plus grand nombre de rangs, d'après la hauteur de clôture dont on a besoin; l'espacement des rangs varie de 0,30 à 0,40. Les supports sont de deux sortes : ceux qui ont à subir la traction souvent considérable des fils, et ceux qui n'ont à supporter aucun effort latéral.

Les premiers sont ceux qui se trouvent placés aux ex-

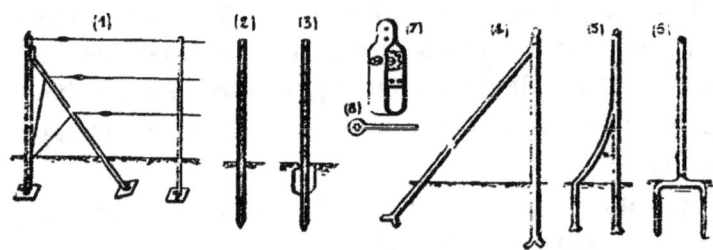

Fig. 947

trémités ou aux angles des limites, aux points où les fils changent de direction. On les établit presque toujours avec des arcs-boutants. Les autres ne sont que de simples supports verticaux. Tous ces supports peuvent être faits en fer carré et disposés à scellement, tels sont les modèles (4), (5) et (6) de la *fig.* 947. Leurs tiges sont percées de trous pour l'attache ou le passage des fils. Souvent on simplifie les attaches d'extrémité en faisant converger les fils sur un gros piton fixé à vis au pied du montant vertical du poteau d'extrémité (1).

D'autres fois on les établit en fer à T, ce qui diminue le poids et on supprime les scellements en les rempla_ çant par de larges pieds (1) qui, une fois mis en terre et cette dernière foulée, arrivent à présenter une résistance suffisante. Les poteaux intermédiaires sont à pointes, (2) enfoncés à la masse, et quelquefois munis d'une palette (3), qui les empêche de dévier sous une traction accidentelle du fil, en intéressant à la résistance une certaine surface de sol.

Pour établir de cette façon une clôture convenable, il est nécessaire que les fils soient très fortement tendus. On obtient cette tension au moyen d'appareils spéciaux, nommés *raidisseurs*, que le commerce fournit à très bas prix, et dont l'un est représenté en (7) dans la *fig.* 947.

Le raidisseur s'établit entre deux bouts de fils, l'un s'attache à la chape, l'autre se fixe à un tambour muni d'un cliquet. En tournant le tambour au moyen de la clef (8), on tend le fil très facilement, sans qu'un mouvement arrière soit possible. Les fils employés sont de 2 à 4 millimètres, suivant les cas ; on prend du fil galvanisé. Pour

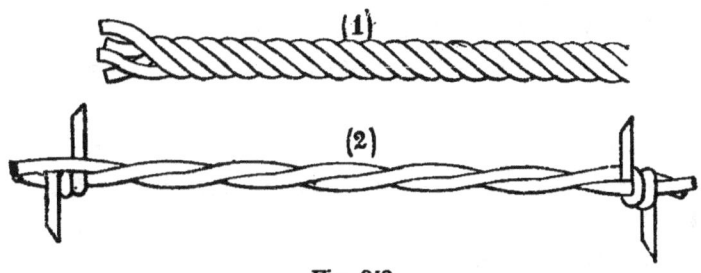

Fig. 948

faire une clôture plus efficace, on remplace souvent les fils par des ronces (*fig.* 948) (2). Ce sont des fils tordus ensemble, avec des picots de défense tous les 0^m,11. D'autres fois, dans les enclos des animaux de fermes, on emploie des câbles, formés de plusieurs fils tordus ensemble, comme le montre le croquis (1) de la même figure.

428. Grillages, diverses sortes. Grillages mécaniques, clôtures grillagées. — L'on exécute en fil de fer une sorte de treillis à jour que l'on nomme grillage, et qui dans nombre de circonstances rend de grands services.

Pour le tenir, on commence par établir un bâti en fer, ordinairement en fer rond, chargé de donner des rives solides; puis on attache à la main une série de fils équidistants, que l'on tord ensemble deux à deux, de manière à former des mailles hexagonales, ainsi que le représente la *fig.* 950. Ce genre de grillages se nomme à double torsion par rapport à celui de la *fig.* 949 qui est à simple torsion. Ce dernier convient mieux pour certains usages tels que l'entourage de certaines volières; il est plus souple et moins dangereux pour les animaux qui viennent se jeter contre ses mailles.

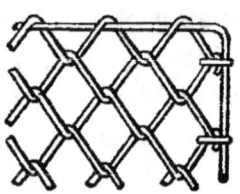

Fig. 949

On fait ces grillages à la main et ils coûtent toujours un certain prix. On les désigne par la largeur de la maille et le numéro du fil qu'on y emploie. (Voir la série des fils au n° 417 p. 481).

On exécute maintenant dans de grandes usines et par des moyens mécaniques, des grillages de grande largeur, et à des prix excessivement réduits. On les livre au commerce en rouleaux, dont les bords sont terminés régulièrement le long d'une lisière droite, en double fil de fer tordu. On les galvanise une fois faits, de telle sorte que le zinc empâte souvent les torsions.

Ces grillages sont moins réguliers et donnent un travail bien moins soigné que les grillages à la main, mais ils sont suffisants pour bien des applications et notamment pour les clôtures agricoles ou de chasse. Pour cet usage ils se répandent partout, en raison de leur bas prix.

Pour les employer, on les prend de largeur égale à la hauteur de clôture dont on a besoin, et on les étend sur toute la longueur des rives à protéger. Ces grillages peuvent être soutenus, soit par la clôture précédente qu'ils complètent, soit sur des bâtis en fer disposés spécialement comme dans le croquis (1) de la *fig.* 950. Ces bâtis sont faits de poteaux en fers à T, espacés d'environ

1ᵐ,50 à 2ᵐ,00, et de deux ou trois lisses en fer plat vissées. Les jonctions sont faites par des attaches continues

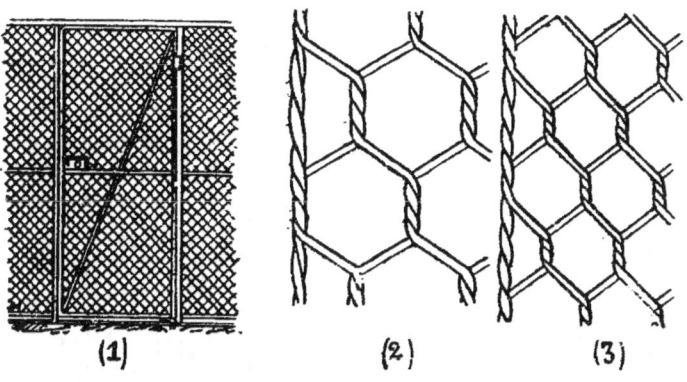

Fig. 950

en fil de fer plus fin entourant les supports et passé dans toutes les mailles de la rive.

D'autres fois, on fait, au moyen d'une tringle en fer rond, une rive plus solide à la bordure d'extrémité du grillage, et c'est cette tringle que l'on fixe par quelques attaches au montant qui commence ou termine la clôture.

On exécute également des grillages rigides en petit fer carillon, dévié aux croisements. Ces grillages, dont la

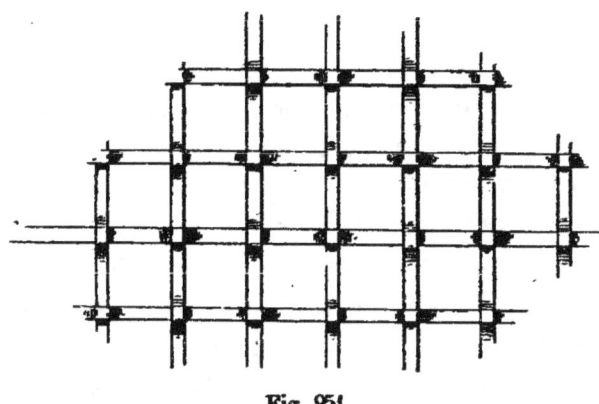

Fig. 951

fig. 951 donne un spécimen, portent le nom de grillages Rodes, du nom de leur inventeur. Ils sont très rigides et conviennent aux clôtures restreintes qui doivent présenter une sécurité sérieuse.

429. Clôtures fer et bois. — Les clôtures fer et bois sont assez rarement employées. Il y a cependant des cas où elles sont préférables à un mur au point de vue de l'as-

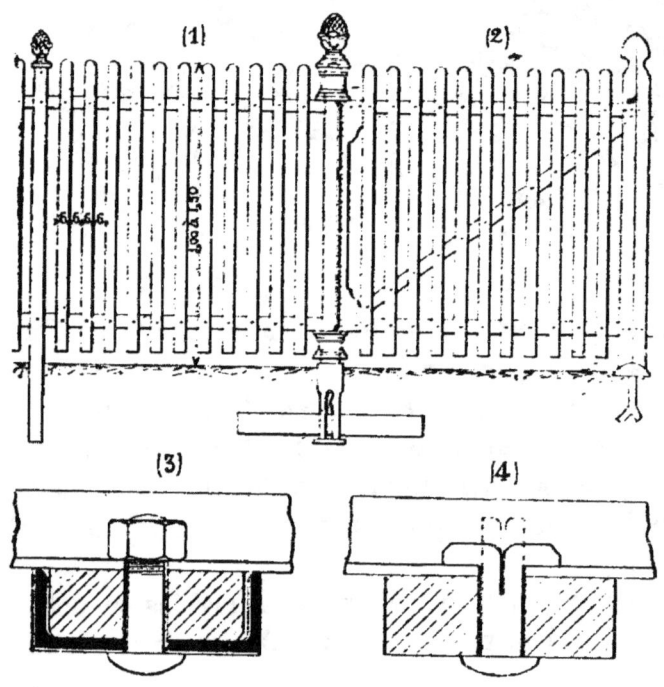

Fig. 952

pect. Une société (¹) vient de proposer une diposition de clôture fer et bois, intéressante comme composition, et la *fig*. 952 en représente un spécimen.

Ces clôtures se composent de poteaux en fer à U de 0,08, à ailes larges, scellés dans le sol. Des lisses en même fer ou en cornières sont établies sur deux ou trois rangs suivant la hauteur de la clôture, et boulonnées sur les poteaux. Enfin, des frises de bois garnissent les intervalles ; elles sont fixées par des sortes de grosses gou-

---

(¹) **Voutenay (Yonne).**

pilles à tête en goutte de suif, dont l'extrémité refendue s'écarte derrière la lisse.

Les portes sont également bien étudiées ; le poteau fixe est scellé dans le sol, et, au-dessus, formé d'une simple broche. Le montant de porte est muni à sa partie basse d'un collier fondu et à la partie haute d'un chapeau. De telle sorte qu'il n'y a aucune pose spéciale : on coiffe le poteau du vantail de la porte qui de suite peut fonctionner.

430. Clôtures pleines en tôles ondulées. — Les clôtures pleines ne s'établissent jamais en tôle plane, en raison de l'épaisseur qu'il serait nécessaire de lui donner et du poids qui en résulterait. Mais elles peuvent être faites,

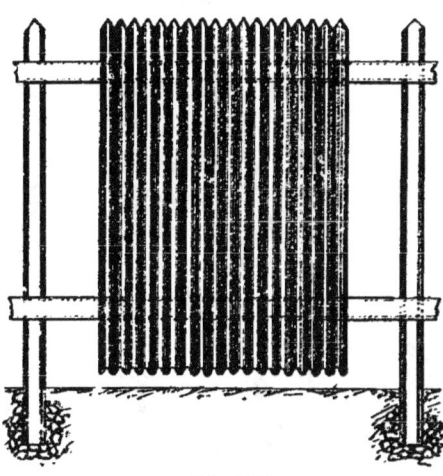

Fig. 953

dans certains cas spéciaux, en tôle ondulée. Le raide donné par les ondulations permet d'employer alors de faibles épaisseurs, et on arrive à un poids et à un prix abordables.

Ces tôles ondulées peuvent être montées sur bois ou sur fer. Il leur faut des lisses horizontales assemblées sur poteaux de distance en distance. Les lisses peuvent être en fer à U et les poteaux en fers à I.

L'assemblage des tôles avec les lisses se fait à boulons, la tête en goutte de suif posée en dehors. Les feuilles sont en bas bien affranchies horizontalement ou découpées suivant un dessin en rapport avec les ondes. Le haut est de même taillé en pointes successives, une à chaque pli.

Ces sortes de clôtures reviennent à un prix élevé, tout en n'ayant que le caractère d'une construction provisoire; aussi les emploie-t-on peu. Elles peuvent rendre des services dans des usines, pour certains cas spéciaux où l'adoption du métal se trouve indiquée.

431. Portes pleines pour clôtures, portillons, portes charretières. — Les clôtures pleines demandent des portes pleines, de construction simple et économique. On les exécute souvent en fer et on prend pour cela des feuilles de tôle raidies par des armatures. La tôle peut être

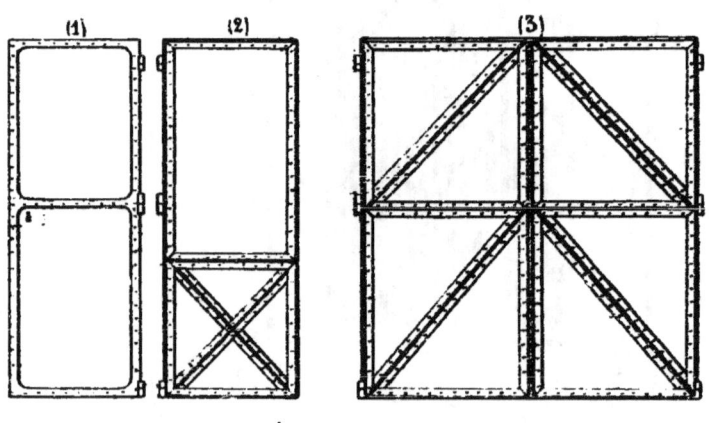

Fig. 954

épaisse, 4 à 5 millimètres; on la plane avec soin, et on la raidit par un encadrement de fer plat en un, deux ou trois panneaux, rivé sur sa surface. On arrondit les angles par un congé afin de résister davantage à leur déformation; c'est le cas du croquis (1) de la *fig.* 954.

Si la tôle est moins épaisse, 2 à 3 millimètres, on augmente les armatures, on les compose de cadres en cornières, avec traverses les divisant en deux ou plusieurs panneaux. Dans l'un d'eux au moins on contrevente par une croix de Saint-André, croquis (2).

Enfin, une porte à deux vantaux peut être exécutée comme le montre le croquis (3) : chaque vantail est formé d'une tôle de 3 millimètres, encadrée de cornières de 40 ou de 50, avec une ou plusieurs traverses. Une double cornière diagonale dans chaque panneau raidit la tôle, contrevente les angles et reporte la charge sur les points de support. L'un des vantaux doit de plus avoir, rivé sur le montant milieu, un battement en fer plat servant à recevoir le vantail symétrique. Les fermetures peuvent être des verrous ou des barres à crochet pour le vantail fixe et un fléau pour l'autre.

432. Cloisons et clôtures fer et maçonnerie. — Dans les usines d'où l'on proscrit le bois, afin d'éviter les chances d'incendie, les cloisons légères qui forment les divisions ou les enveloppes d'appareils sont en carreaux de plâtre ou en briques, de 0,06 à 0,08 d'épaisseur. Ces maçonneries ont besoin d'être soutenues par des poteaux de remplissage, espacés de 1^m,50 à 2 mètres. On fait alors les poteaux en fer et on les compose de fers à I de 0,08 ou de 2 fers en U de 0,08 par couples, qui présentent les nervures convenables pour recevoir les matériaux solides de la cloison. Il est bon de les réunir tous les mètres par une file de boulons à 4 écrous, qui les maintient bien en place et qui fixe leur position. Si dans ces cloisons il y a des baies, on les encadre par une huisserie en fer à U ou en tôle et cornières, qui reçoit la porte également en fer.

Depuis une dizaine d'années, on emploie, pour exécuter les clôtures de propriétés rurales, des murs minces en briques ou en carreaux de plâtre, raidis de distance en distance par des fers à I verticaux, scellés avec soin à leur pied. On réduit alors l'épaisseur à 0,11 ou 0,16, et en somme on a une clôture économique. Elle est durable si l'on a pris la brique bien cuite, hourdée en mortier de chaux ou ciment.

Il est bon, comme précédemment, de relier les poteaux par une file ou deux de boulons à 4 écrous, afin de bien fixer la position des fers, On complète par une couverture étanche, abritant le corps du mur, et débordant suffi-

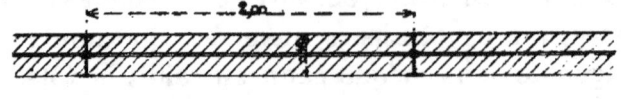

Fig. 955

samment pour protéger les parois. La *fig.* 955 montre une coupe horizontale d'un mur ainsi disposé.

433. Grilles en fil de fer. — On remplace souvent les clôtures pleines par des grilles, exécutées mécaniquement avec régularité, en fil de fer de plus gros diamètre, bien dressé et qui a une certaine raideur. Ces grilles ont de $1^m,00$ à $1^m,50$ de haut; on les établit sur un léger soubassement en maçonnerie, qui retient par scellement les poteaux montants chargés de les maintenir.

Ces grilles dont les croquis (1), (2) et (3) de la *fig.* 956

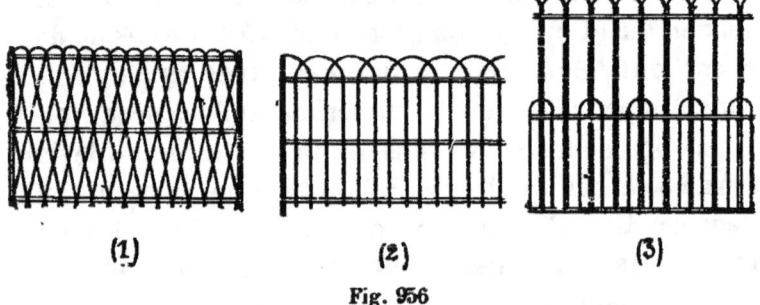

Fig. 956

donnent des exemples, s'appliquent aux enclos de communs : poulaillers, chenils, etc.

434. Grilles en fers marchands. Grilles dormantes.
— Les grilles en fers marchands, carrés, plats ou ronds s'appliquent plutôt aux clôtures de propriétés. On peut les faire très légères et économiques, ou de dimensions plus sérieuses pour des ouvrages durables. Un premier exemple de grilles de clôture légères est figuré dans le croquis 957. Ces grilles se composent de deux lisses horizontales

en fer plat mince et de barreaux montants également en fer plat mais plus léger.

De distance en distance, un barreau un peu plus fort sert de poteau et va trouver son scellement dans le soubassement en maçonnerie.

Des c en fer forment liaison entre tous les barreaux et servent d'ornement. Ces grilles sont faites à bas prix, en raison de la petite quantité de métal qu'elles emploient. Les lisses sont en 22×10, les poteaux montants en 25×14, et les barreaux verticaux en 20×4 par exemple.

Lorsqu'on doit ouvrir une porte dans une clôture de ce genre, on la compose d'un soubassement plein correspon-

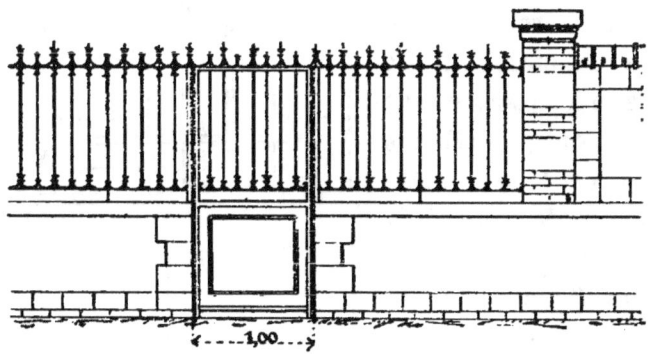

Fig. 957

dant comme hauteur à la maçonnerie, et d'une partie à jour qui continue la grille à la partie haute. C'est la disposition indiquée dans la *fig.* 957.

Lorsque l'on veut des clôtures sérieuses, on compose les grilles fixes ou dormantes avec des fers marchands de plus fort échantillon.

La *fig.* 958 donne l'élévation d'une portion de la grille de clôture des Moulins de Corbeil. Le soubassement en maçonnerie a 0,76 de haut, et il est surmonté d'une grille de $2^m,08$.

Les barreaux sont en fer carré de 0,025 espacés de $0^m,20$ d'axe en axe. Ils sont reçus dans deux lisses haute et basse, qui les maintiennent; le fer des lisses a 25 de haut et 50 de largeur. Il est renflé à chaque passage de barreau pour ne pas perdre sa solidité, et le croisement est fixé par une goupille.

Les barreaux sont terminés en pointe à la partie haute et les pointes sont alternativement droites et ondulées.

Les traverses ou lisses à trous renflés peuvent se faire de plusieurs manières, représentées dans la *fig.* 959. Les barreaux peuvent être disposés de face comme en (1), les traverses sont renflées au carré bien exactement. Ils peuvent se présenter suivant la diagonale, croquis (2), les lisses les suivent dans cette forme et les angles sont légèrement abattus.

Le croquis (3) montre des barreaux ronds et cette forme courbe s'applique parallèlement à la paroi de la traverse.

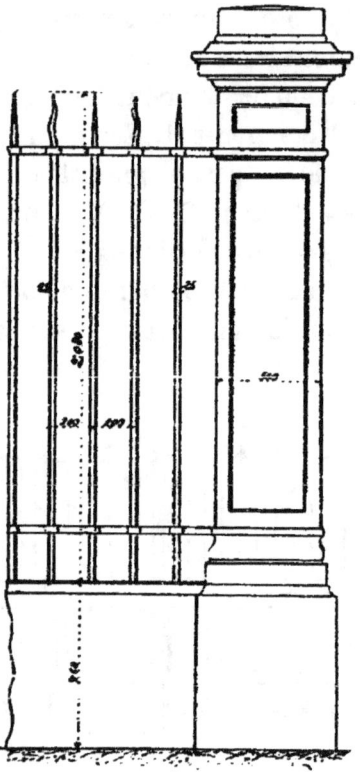

Fig. 958

Mais les grilles n'ont pas toujours des traverses renflées, le croquis (4) montre des barreaux ronds de 25 millimètres de diamètre traversant une lisse de 35 de large sans aucun renflement. L'effet est moins satisfaisant, mais le prix de façon est plus faible.

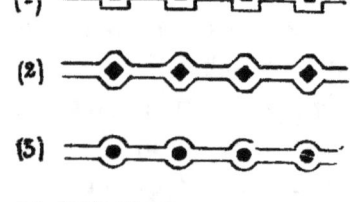

Fig. 959

Bien que deux traverses soient suffisantes pour la solidité d'une grille, on ajoute souvent des traverses supplémentaires afin de produire un effet décoratif plus satisfaisant. La grille présente alors une double traverse, soit en haut, soit en bas soit en haut et en bas à la fois. La grille représentée dans la *fig.* 960 en donne un exemple. Chacune des lisses est composée de deux fers parallèles espacés de 0^m,14 et les intervalles sont remplis par des cercles en fer plat.

Fig. 960

On peut encore y ajouter des *c* à la partie haute, entre les fleurons qui terminent les barreaux.

Dans les grilles on espace ordinairement les barreaux de 0,14 à 0,20 d'axe en axe. Quant à la hauteur, elle varie suivant les exigences de chaque programme et aussi suivant la hauteur que l'on réserve pour le socle en maçonnerie.

Ce dernier a presque toujours 0,80 à 1 mètre, et les grilles ouvrantes ont un soubassement plein qui correspond à la hauteur du socle.

Toutes les grilles dormantes ne sont pas portées sur un soubassement en maçonnerie (que l'on nomme souvent un *bahut*). La grille de la *fig.* 961, par exemple, part directement du sol du trottoir sur lequel elle est posée ; elle a 2^m,60 de haut.

Elle est formée de deux lisses à la partie haute et d'une seule lisse à la partie basse. Ces lisses se scellent dans le mur d'un bâtiment d'un bout, et de l'autre dans une série de montants espacés de 2^m,15 d'axe en axe.

Ces montants tiennent par leur scellement dans le sol. Ils ont une section variable : 40×80 près du sol et 40×40 en haut. Ils sont terminés par un fleuron en fer.

Les barreaux, espacés de 0,16, ont 25×25 ; ils se présentent en diagonales, et les lisses sont renflées pour les recevoir. Ces lisses ont 25×40 de section.

434. Grilles ouvrantes. — Les portes dans les clôtures en grilles sont elles-mêmes formées de grilles. Elles constituent soit des portes de piétons à un vantail, nom-

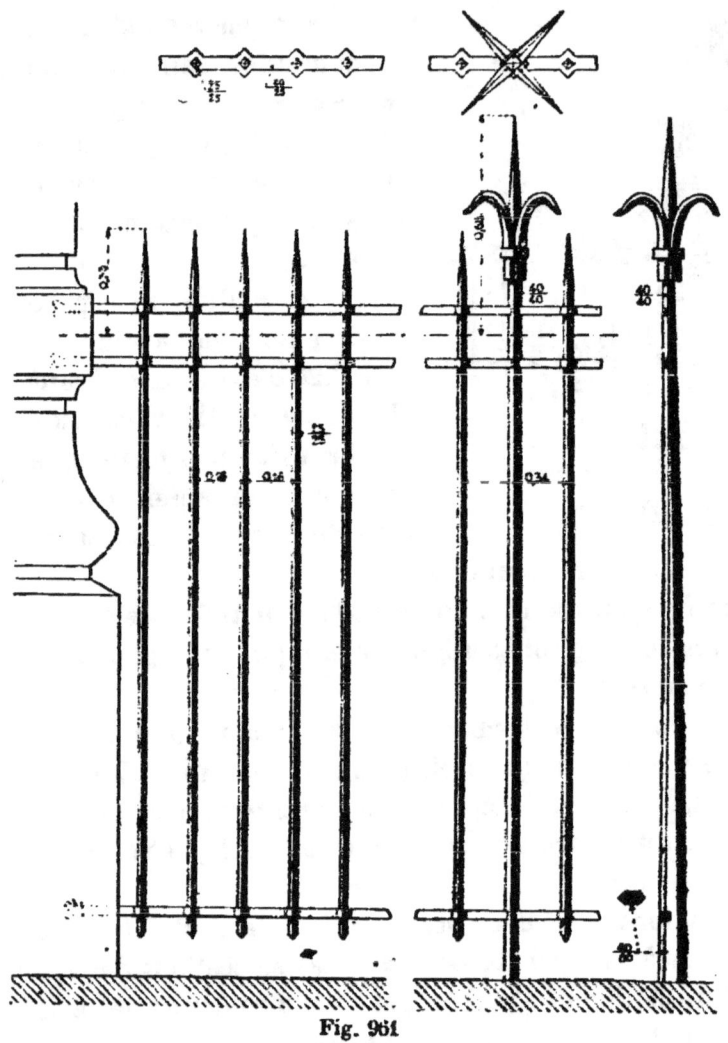

Fig. 961

mées souvent *portillons*, soit des portes cochères à deux vantaux.

Les portillons sont à jour dans toute leur hauteur, comme en (1) dans la *fig.* 962, ou munis d'un soubassement en tôle (2). Quand ils sont à jour, on ne compte pour maintenir droits les angles des traverses et des montants, que sur la rigidité de leurs assemblages. Quand il y a un soubassement plein, on peut profiter de la tôle de ce soubassement pour contreventer la porte, ou pour cacher

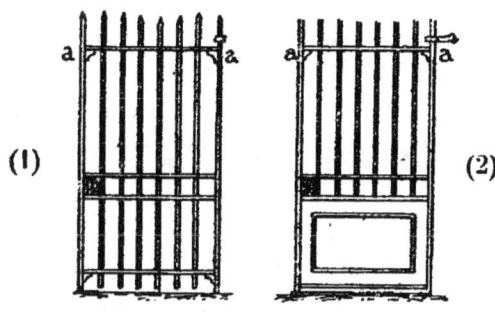

Fig. 962

un contreventement arrière fait d'une croix de Saint André.

L'assemblage des traverses avec les montants se fait à tenons et mortaises ; les montants portent les mortaises, et les deux pièces sont goupillées. D'autres fois les deux pièces portent mortaises et les tenons sont rapportés.

On augmente le raide de la porte et on la contrevente dans son plan en terminant une ou deux traverses par de petites consoles a, bien d'équerre, forgées à leurs extrémités.

Les grilles ouvrantes donnant passage aux voitures sont à deux vantaux ; elles sont exécutées suivant les mêmes principes que les portillons ; la forme seule diffère, ainsi que les supports des vantaux.

La grille représentée dans la *fig.* 963 est de petites dimensions ; elle a 2^m,60 de largeur. Elle est composée d'un soubassement plein de 0,66, surmonté d'une partie à jour de 2^m,00.

Au milieu, la porte est creusée légèrement, et les traverses sont cintrées. Les barreaux sont alternativement ronds et carrés. Ceux qui sont à section ronde sont les plus petits, ils n'ont que 20 de diamètre. Ceux qui sont carrés ont 25. Les traverses ne sont renflées que pour ces derniers, qui se présentent de face.

Les traverses sont au nombre de deux à la partie haute

et de deux au niveau du bahut; enfin une cinquième traverse termine la porte à la partie basse. Les deux dernières sont en fer carré sans renflement. Deux colliers et un pivot servent d'axe à la porte ; les colliers se trouvent fixés à un montant solide dont la coupe trans-

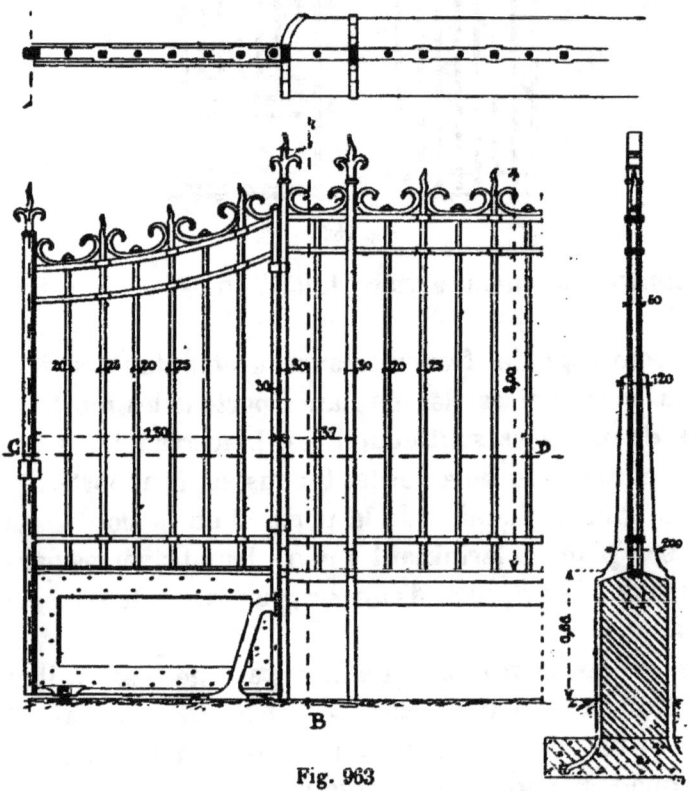

Fig. 963

versale donne la forme. Un second montant identique au premier se trouve à une distance de 0,34, mesurée d'axe en axe, et forme avec le précédent, et un barreau interposé un pilastre solide. Plus loin est la grille dormante, s'appuyant tous les 2 à 3^m sur un montant identique.

La *fig.* 964 représente dans ses six croquis l'ensemble et les détails de la grille ouvrante du Moulin de Corbeil, dont nous avons déjà donné la partie dormante dans la *fig.* 958. Le bâti extérieur de chaque vantail est en fer carré de 40, les traverses en fer de 30 × 40. Ces dernières sont au nombre de quatre : une à chaque extrémité et deux rapprochées au niveau du bahut. Les deux supérieures seules sont renflées. Les barreaux de remplissage sont iden-

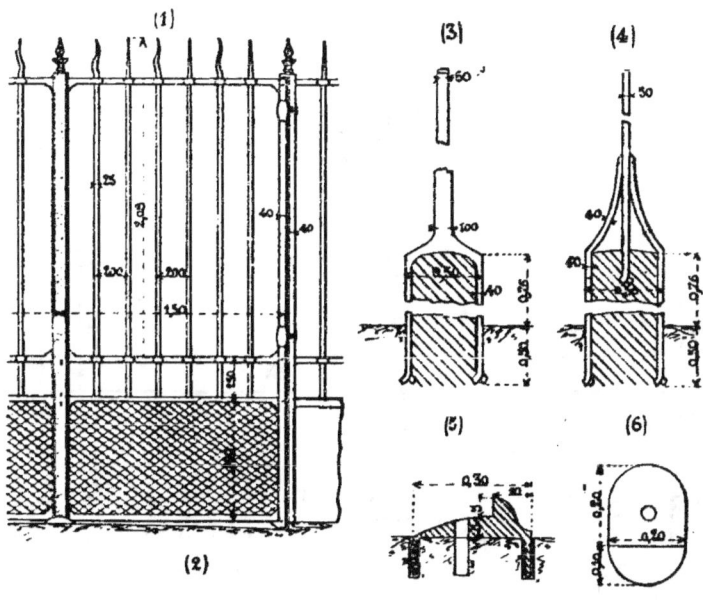

Fig. 964

tiques à ceux de la partie dormante, en fer carré de 25, se présentant de face.

Le soubassement de la grille est fait d'un panneau en tôle striée.

Le croquis (2) donne le plan de la grille.

Les croquis (3) et (4) montrent les montants principaux; le premier termine le bahut et sert d'attache à la porte. Le second ne soutient que la grille dormante tous les deux mètres; il est retenu par deux arcs-boutants.

Enfin les croquis (5) et (6) représentent l'arrêt à scellement, formant butoir pour le premier vantail à fermer.

La grille dont il vient d'être question donne une excellente clôture d'usine, tout en étant de construction solide, simple et économique. La grille dormante avec ses traverses à trous renflés pèse environ 90 kilogs le mètre courant, et la grille ouvrante pèse environ 1000 kilogs.

435. Détails d'assemblages des grilles ouvrantes.

— Les assemblages des différentes barres de fer qui com-

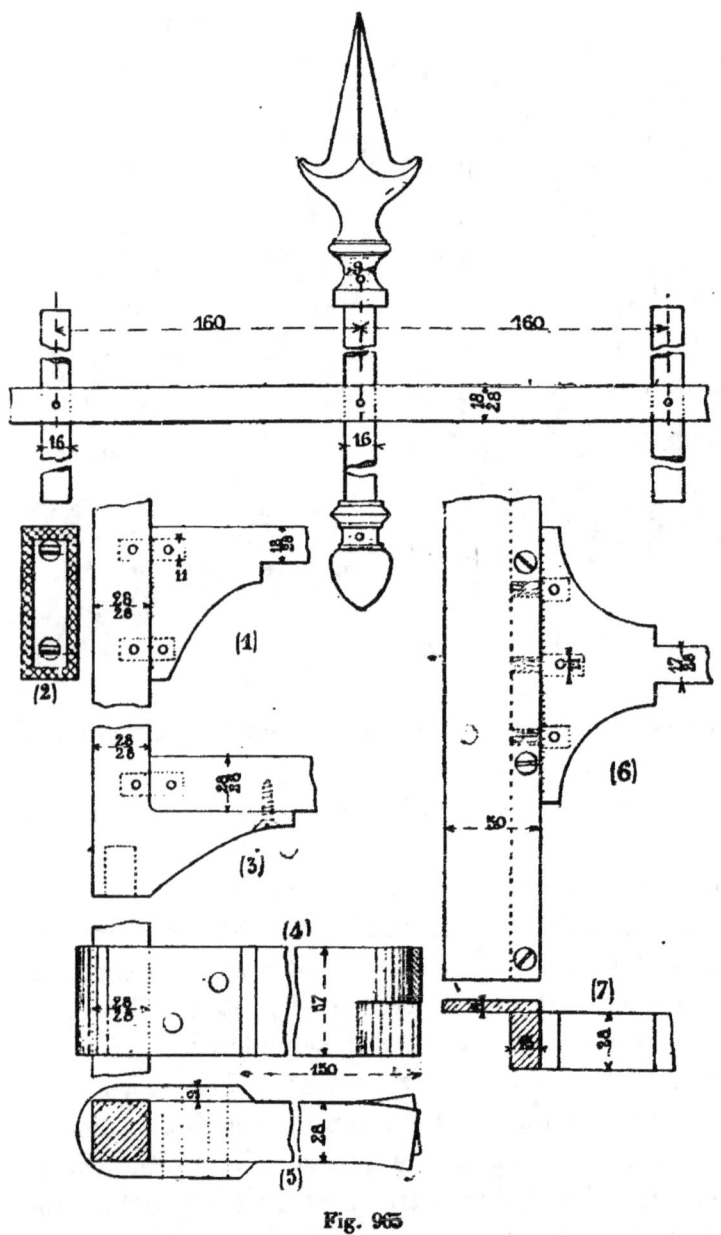

Fig. 965

posent un vantail de grille ouvrante se font d'ordinaire comme l'indiquent les divers croquis de la *fig.* 965. En haut, le croquis représente plusieurs barreaux et la traverse qu'ils rencontrent. Que celle-ci soit ou non avec renflements, elle est percée à la dimension de la section des barreaux, d'une façon très exacte. On passe ceux-ci et on traverse l'assemblage par une goupille.

Les barreaux sont souvent étirés en pointe ou même ondulés, ainsi qu'on l'a vu pour les grilles dormantes. D'autres fois on les termine en haut et en bas par des ornements rapportés, fers de lance, culots, etc., alésés à la dimension des barreaux et fixés par des goupilles; On peut aussi visser ces ornements sur un tenon rapporté à l'extrémité des barreaux.

Le croquis (1) donne l'assemblage d'un montant de rive et d'une traverse. Les deux sont en fer à section carrée ou rectangulaire et ont la même épaisseur; on termine souvent la traverse en forme de console afin d'obtenir une plus grande hauteur de joint.

Pour assurer et augmenter la précision de l'assemblage, on évide quelquefois la portée afin que les deux fers soient bien en contact sur tout le pourtour de la jonction.

On fixe les deux pièces au moyen de deux tenons rapportés, goupillés de part et d'autre.

Le croquis (2) montre l'évidement de la portée de la traverse.

Le croquis (3) représente l'assemblage du montant de rive avec la traverse basse. C'est avec le montant, cette fois, que la console fait corps, en composant une sorte de talon. Les deux pièces sont réunies soit par deux tenons rapportés, soit par un tenon et une vis.

Le montant est évidé en dessous pour venir coiffer le pivot qui sera fixé dans la crapaudine scellée dans le seuil; il constitue ainsi une articulation convenable.

Les autres articulations se font très simplement de la façon représentée dans le croquis (4) : sur la hauteur de 57 millimètres le montant a sa section arrondie; contre cet arrondi vient porter une tige à scellement, de 57×28 creusée à la demande à son extrémité, là où elle s'applique contre le montant. Par dessus, emprisonnant ce dernier, on vient mettre une chape de 57 × 9, fortement goupillée. On a ainsi formé un axe très solide et facilement démontable au besoin pour les réparations.

Le croquis (6) est l'assemblage du montant avec une traverse milieu. Cette dernière porte deux consoles symétriques. Le croquis suppose ici qu'il s'agit d'un montant milieu. Il est garni sur toute sa hauteur d'une platebande en fer vissée formant battement.

Le croquis (7) donne le profil du montant et du battement qui lui est joint.

Un autre assemblage, qui fournit une excellente articulation et qui est réservé, en raison de son prix, aux ouvrages très soignés, est représenté dans la *fig.* 966 (a).

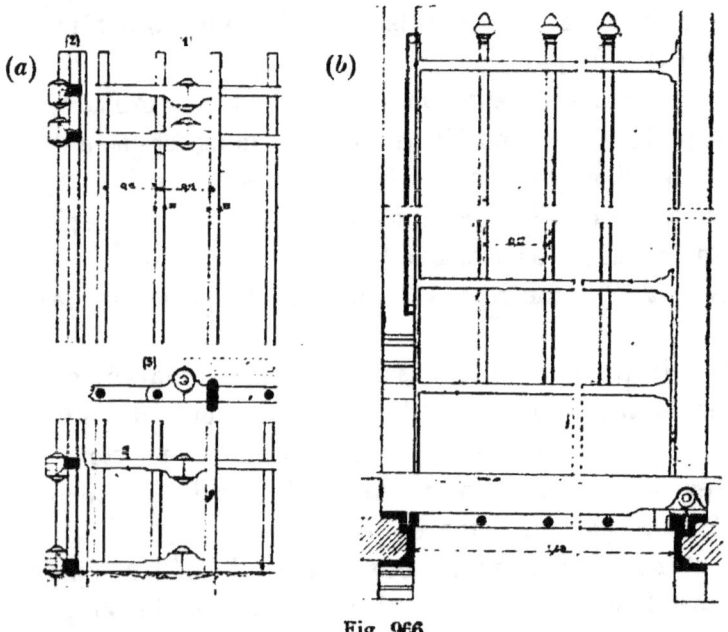

Fig. 966

C'est l'assemblage dit à *têtes de compas*; c'est en effet en grand l'assemblage de la tête des compas à dessiner qui est employé.

Chaque traverse est déviée et épaissie à son extrémité, et élargie en un ou deux disques superposés. Les disques engrènent ensemble et reçoivent un axe vertical autour duquel ils tournent. Cet assemblage permet souvent de briser les traverses par un axe en un point où l'on ne veut pas mettre de montant vertical.

Le croquis (1) représente l'élévation d'une partie de grille ouvrante, montée ainsi à l'extrémité d'une grille fixe; le croquis (2) donne la coupe verticale indiquant la vue des articulations déviées. Enfin le croquis (3) est le

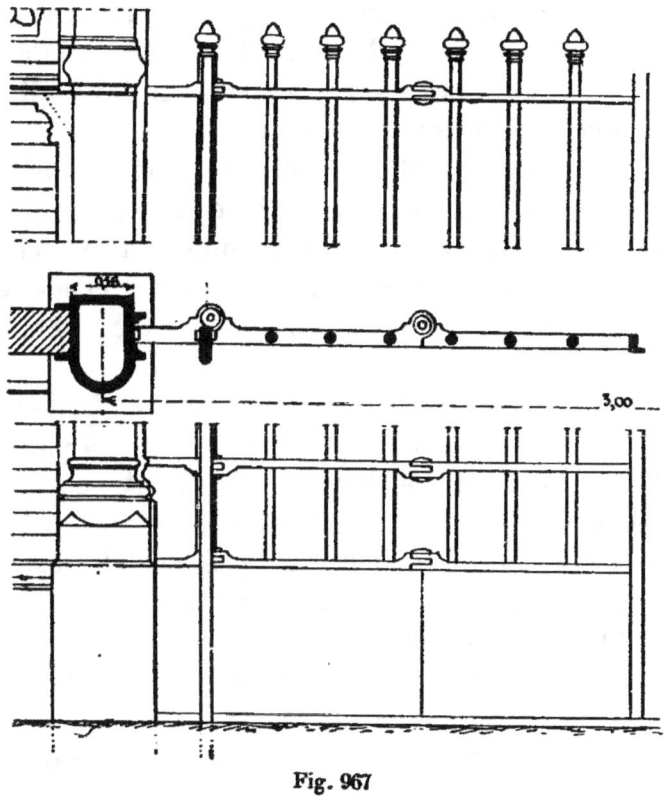

Fig. 967

plan d'une traverse et donne la position en ponctué de la partie mobile de la porte lorsqu'elle est ouverte.

La même figure montre en (*b*) l'élévation d'une grille à un seul vantail, de $1^m,40$ d'ouverture, établie au moyen de ces articulations à tête de compas. Ici la partie qui soutient la porte est jonctionnée avec le montant en fonte qui forme le piédroit de la baie. Elle se termine par un tenon de forte dimension, reçu dans une mortaise convenable pratiquée dans la fonte, et une goupille réunit le tout d'une façon très solide.

Cet assemblage s'applique exactement de même aux grilles à deux vantaux. Le seul inconvénient qu'il présente, lorsque les grilles sont lourdes, est de donner un frottement considérable, en raison de la plus grande valeur du bras de levier de la résistance.

Un dernier exemple de ces sortes de grilles nous est fourni par la *fig.* 967. Il s'agit d'une grille dont les vantaux se replient chacun en deux feuilles, et les articulations de la rive du vantail, de même que celles des feuilles entre elles sont exécutées à tête de compas.

La grille dont il s'agit est plus petite d'ouverture que la largeur entre les piédroits de la baie ; à une faible distance de chacun de ces derniers, est un montant en fer relié par des traverses avec la colonne du piédroit ; chacune de ces traverses se dévie en arrière et forme un demi-compas.

Les traverses, disposées toutes de même, sont au nombre de quatre : une en haut, une en bas et deux intermédiaires. Entre les deux du bas se trouve un soubassement plein. Le vantail est plié en deux, sans qu'il ait été nécessaire de mettre deux montants juxtaposés au point de pliure, de telle sorte que chaque vantail brisé conserve l'aspect d'un vantail ordinaire d'une seule feuille.

L'élévation est interrompue afin de laisser la place du plan correspondant, sur lequel on voit très clairement la forme et l'arrangement des articulations d'une même traverse.

436. Exemples de grilles ouvrantes. — Les grilles des exemples qui précèdent se fixent dans des montants en fer ; mais, dans bien des cas, on établit leurs ferrements d'axes à scellement dans des pilastres en maçonnerie, soit de pierre de taille, soit de petits matériaux.

La porte prend alors l'aspect de la *fig.* 968. De gros pilastres, d'une stabilité offrant toute sécurité, soutiennent à scellement les colliers de la grande porte, et des contre-pilastres plus petits servent de support au portillon d'un côté, à la grille dormante, de l'autre.

Lorsqu'on ne veut pas que la vue des passants puisse se porter dans l'intérieur de la propriété close, on visse sur la partie arrière des barreaux une tôle mince découpée à

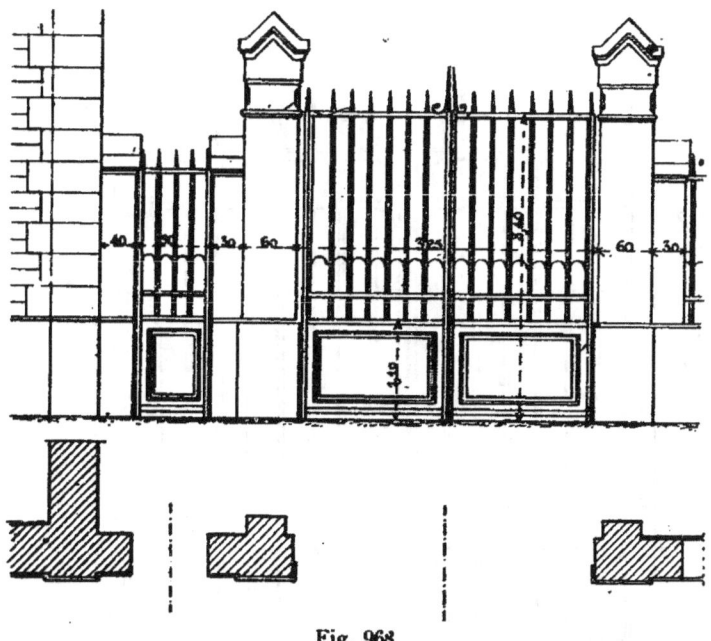

Fig. 968

sa partie supérieure et remontant la partie pleine à la hauteur nécessaire. La *fig.* 968 en donne un exemple.

La *fig.* 969 représente une grille établie avec de très fortes dimensions de fers, servant d'entrée au Moulin du Caire. Elle est comprise entre pilastres, et a 3^m,80 d'ouverture dans œuvre d'un pilastre à l'autre; sa hauteur est de 3^m,47.

Chaque vantail est formé d'un bâti dont les montants ont 54 de côté, ainsi que les cinq traverses à trous renflés qui les réunissent; celles-ci ont fleurs extrémités munies de doubles consoles forgées, assez étendues pour se joindre lorsque les traverses sont doubles.

Les montants de rive sont maintenus par deux colliers à scellement et, en bas, posent sur un pivot.

Les colliers à scellement sont à chapes, représentés par le croquis (2). La tige qui porte la queue de carpe à 110 × 22 de section et une longueur de 0,45 ; elle s'avance jusqu'au montant de grille, réduit en ce point à une tige ronde de $0^m,022$, dans la hauteur de $0^m,135$, et elle épouse

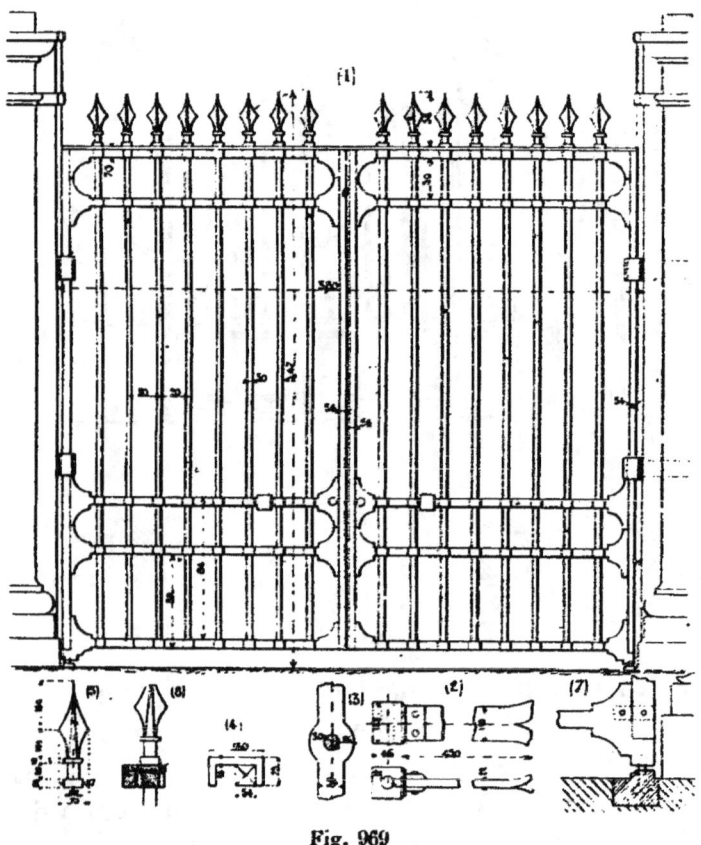

Fig. 969

sa forme en s'élargissant à cette hauteur. Le montant est alors coiffé d'une chape, creusée à 0,022 de diamètre, qui vient embrasser le scellement et se fixe à lui par deux rivets.

Le pivot est établi d'après le croquis (7). La traverse passe sous le montant de rive avec lequel elle est jonctionnée à tenon et mortaise, et elle est creusée en dessous d'une cavité peu profonde, de 0^m,020 environ de diamètre; le creux vient reposer sur la tête aciérée d'un pivot, dont le pied, noyé dans une masse de fonte, est scellé dans le seuil de la porte.

Le croquis (3) indique le renflement d'une traverse, au droit d'un barreau rond.

Les deux pilastres sont réunis à leur partie haute par une traverse en fer de 60 × 51, croquis (8), sur laquelle est vissé un large fer plat complétant une feuillure.

Sur la traverse ainsi composée sont fixées une série de piques, correspondant aux barreaux lorsque la grille est fermée.

Les *fig.* 970 et 971 représentent d'autres exemples de

Fig. 970

grilles offrant un certain aspect décoratif. Dans la première, on a cherché l'effet dans une large ouverture à jour, entre des pilastres très écartés : 6^m,85 d'axe en axe. Dans l'intervalle sont deux pilastres en fer, scellés dans le sol, composés chacun de deux montants, de traverses et de deux barreaux interposés. Ces pilastres sont accusés, à la partie haute, par une ornementation en fer forgé, contourné et faisant saillie. Ces deux pilastres servent d'appui à la grille ouvrante qu'ils bordent. Cette dernière, construite comme les précédentes, est garnie d'une ornementation en saillie très développée formant en haut un motif milieu. Enfin, entre les pilastres en fer et les pilastres en maçonnerie sont les portillons.

CLÔTURES MÉTALLIQUES 523

Fig. 971

La *fig.* 971 donne l'exemple d'une grille moins large

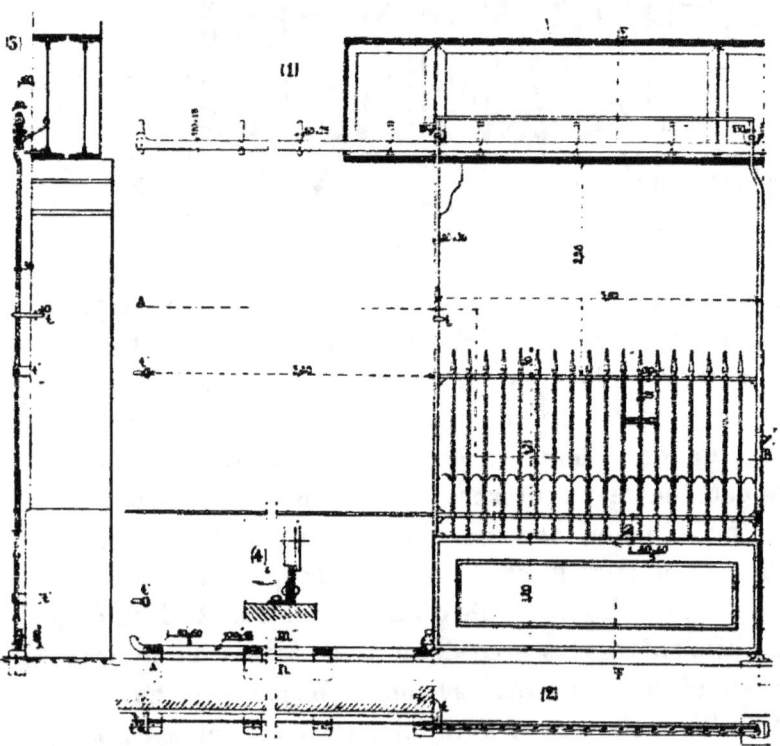

Fig. 972

mais également bien étudiée, dans laquelle on a trouvé la décoration dans le contournement même des fers qui forment les montants et les barreaux de remplissage.

Lorsque les grilles sont très larges, elles deviennent d'un maniement difficile et leur développement occupe une place considérable. On est quelquefois amené à prendre des dispositions spéciales qui rendent la manœuvre plus commode. La *fig.* 972 représente une grille du Moulin de Corbeil destinée à fermer une baie de 7^m,20. Chaque vantail a 3^m,60 et devient encombrant. On aurait pu le briser en plusieurs feuilles ou le supporter à son extrémité au moyen d'un galet roulant sur un rail circulaire. On a préféré prolonger les montants jusqu'au linteau et les terminer par des chapes et des galets. On a suspendu ainsi chaque vantail sur un chemin de roulement, à la façon des portes roulantes qui ont été décrites au commencement de ce chapitre.

437. Garde-corps en fer, en fonte. — Nous avons déjà donné bien des exemples de garde-corps dans les ponts, dans les charpentes, et les rampes d'escalier nous en ont fourni encore des spécimens. La composition de ces ouvrages prend presque toujours comme principe l'établissement de poteaux solidement fixés aux ouvrages adjacents, de lisses montées sur les poteaux et de remplissages; c'est le mode de construction adopté généralement lorsqu'on les exécute en fer. La *fig.* 973 représente un garde-corps employé au chemin de fer de l'Ouest et très répandu dans les ouvrages de cette Compagnie. Tous les 1^m,50 à 2 mètres, suivant la division qu'on est amené à adopter, on établit des montants en fer de 30 × 30 dans le haut, méplats dans le bas, ayant alors 30 × 50, et terminés par des patins que l'on boulonne sur la charpente. Entre ces poteaux, des lisses de 30 × 15 règnent sur trois rangs.

Deux en haut forment frise, une en bas termine le garde-corps à 0^m,10 du support. Dans le grand vide que laissent les deux lisses inférieures, on pose des remplissages en fer plat de 30 × 8 ou 30 × 10 contournés en forme de 8 et constituant une série de motifs adossés. Chaque motif a 0^m,19 de large dans l'exemple ci-dessus et les divisions du garde-corps sont un multiple de ce nombre.

Dans la frise on répartit quelques cercles en fer plat, et, lorsque l'ensemble est fixé à une poutre, on en met aussi dans l'intervalle du bas. Quelquefois même on fait courir sur la poutre une 4e lisse pour faciliter les assemblages,

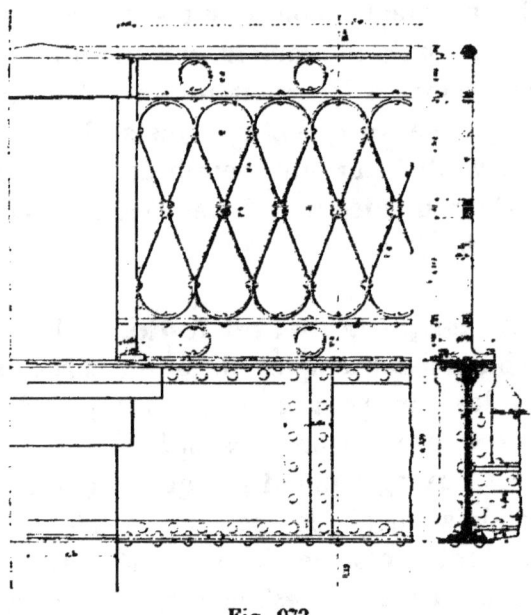

Fig. 973

mais elle est loin d'être indispensable. Sur la lisse du haut on pose une main courante en fer pour compléter l'ouvrage.

Lorsqu'on établit des garde-corps complètement en fonte, la construction suit un principe différent ; on les compose de panneaux successifs, fondus d'une pièce dans toute la hauteur, et ayant environ 1 mètre de largeur. Ils sont tracés de manière à présenter dans le haut une frise avec main courante, dans le bas un socle avec patin, et, dans l'intervalle, des éléments de jonction à jour jouant l'aspect de remplissages. Ces panneaux se posent les uns au bout des autres, avec un léger emboîtement des parties creuses en contact.

D'autres fois, lorsque la fonte est pleine, il y a simple juxtaposition, et la main courante, exécutée en fer, est alors chargée de la liaison des divers éléments successifs. Chaque panneau est fixé aux ouvrages inférieurs par de gros boulons passant dans des trous ménagés dans le patin. La *fig.* 974 montre deux modèles de balustrades en fonte ainsi construites. Celle qui porte le n° 1 a une apparence solide et ses frise et socle sont creux ; elle est fondue

Fig. 974

d'une seule pièce dans la hauteur. La balustrade n° 2, plus grêle, est pleine dans toutes ses parties. Elle reçoit à sa partie supérieure une main courante en fer qui sert de liaison aux panneaux successifs.

On n'a pas toujours besoin de clôtures aussi pleines. Dans les clôtures basses formant de simples séparations, on se contente d'une ossature solide. Nous donnons, *fig.* 975, l'élévation et une portion de coupe d'une séparation des Abattoirs de la Villette. Cette séparation est faite de montants en fonte, ayant la forme de bornes, espacés de 1^m,50 à 2 mètres. Leur base forme un gros tube à parois évidées, terminé par une bride faisant patin, qui se prête à un scellement très solide. Entre les bornes sont deux lisses parallèles, faites de barres de fer rond, pleines ou mieux creuses qui pénètrent dans les bornes et y sont goupillées. On obtient ainsi une clôture basse très suffisante pour parquer les animaux.

Des garde-corps du même genre s'établissent fréquemment tout autour des grosses machines à vapeur pour préserver des accidents : on y prend un point d'appui pour le graissage, et, en cas de glissement sur le sol gras des salles, ils évitent de graves conséquences.

Les poteaux sont moins massifs, et ils satisfont à une

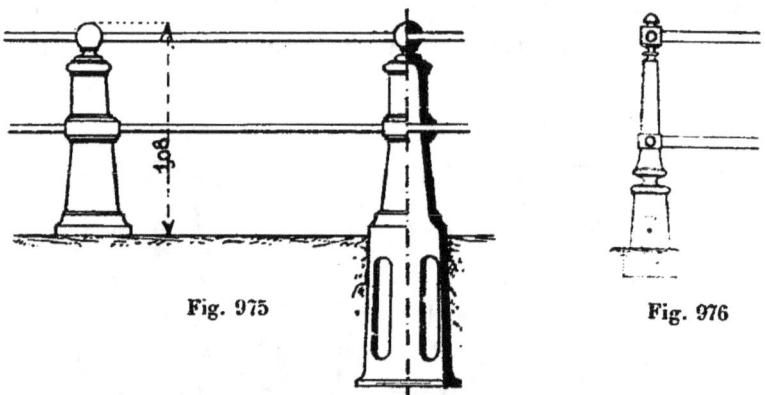

Fig. 975   Fig. 976

nouvelle condition, celle d'être facilement amovibles, afin de permettre, sans gêner, les réparations des machines.

Voici l'assemblage qui paraît le meilleur pour la jonction démontable de ces poteaux. On scelle, dans le sol, des axes en fer de 4 à 5 centimètres de diamètre et on les fait saillir d'environ 0^m,08. Le socle du poteau est alésé à la dimension exacte des axes, et on passe dans les deux une goupille à anneau après avoir mis les lisses en place. Pour le démontage, il n'y a qu'à enlever les goupilles et soulever les poteaux.

438. Barres d'appui de fenêtres. — On nomme *barre d'appui* d'une fenêtre une traverse solide, allant d'un tableau à l'autre, y trouvant scellement, et établie à hauteur d'appui (1^m,00 au-dessus du sol de la pièce).

La plus simple barre d'appui est une barre en fer carré

de 20, 22, 25 ou plus, suivant la portée, et sur laquelle ou met une *main courante* en bois, *fig.* 977.

Cette dernière est en chêne, d'environ 0^m,060 de large sur 0,040 de haut ; elle est creusée en dessous d'une rainure pour recevoir une partie de la barre d'appui. Elle a une section arrondie, que l'on nomme *profil à gorge*, représenté dans la figure.

Fig. 977

D'autres fois, on remplace la barre de bois par une main courante en fer, faite d'un fer demi rond, ou mieux de l'un des profils spéciaux indiqués en haut et à gauche de la *fig.* 9 (Tome 1).

Dans les habitations, on emploie souvent des barres d'appui ornées, en fonte, que l'on trouve à très bon compte dans le commerce et dont les trois croquis de la *fig.* 978,

Fig. 978

donnent des spécimens. Elles présentent l'avantage de remplir assez l'intervalle entre la main courante et l'appui de la fenêtre pour éviter tout accident.

Ces barres sont extrêmement légères ; elles n'offrent aucune résistance sérieuse, de telle sorte que toute la sécurité réside dans le raide de la main courante, presque toujours en bois. Il est prudent d'interposer toujours entre le bois et la fonte une barre de fer plat de 20 à 25 sur 16 qui peut résister à la flexion sans risquer de casser brusquement. On évite ainsi pour plus tard de graves accidents.

Il est indispensable aussi, dans la hauteur de la partie de protection que doivent donner les appuis, balcons, balustrades, qu'il n'y ait aucun vide plus large que 0,15 entre les parties métalliques, ou dans les intervalles avec la maçonnerie, de telle sorte qu'un enfant n'y puisse passer. On n'emploiera donc les barres d'appui que lorsqu'il n'y aura qu'une petite distance entre la hauteur d'appui et la pierre de seuil de la fenêtre à garnir.

439. Petits balcons. — Quand la hauteur à garnir augmente, on remplace les barres d'appui par les *petits balcons*. Ceux-ci sont composés de lisses horizontales dont les deux extrêmes les limitent et de montants verticaux. Les lisses sont terminées par des scellements, et les montants extérieurs doivent être distants des tableaux de la baie d'un peu plus que la profondeur des scellements, afin qu'on puisse les *dévêtir* à la pose. Les compartiments sont remplis par des ornements en fonte.

Les dispositions possibles des lisses et des montants sont représentées par les six croquis de la *fig.* 979. Pour les petites

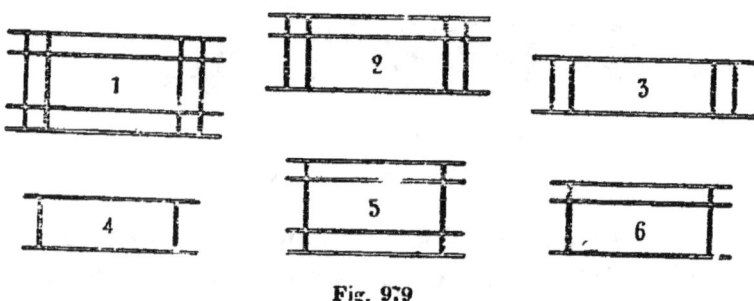

Fig. 979.

hauteurs, on se contente de deux lisses, pour des hauteurs plus grandes on met deux lisses à la partie supérieure. Enfin, pour des hauteurs plus grandes encore, on met deux lisses en haut et deux autres en bas.

On laisse toujours au moins $0^m,12$ de distance entre la

lisse inférieure et le dessus de l'appui de la baie, afin de rendre facile le nettoyage de ce dernier.

Dans les constructions économiques les balcons se posent en tableau et se font tout en fonte, lisses, montants et remplissages. C'est par milliers que l'on peut compter les modèles fournis par les fonderies; les croquis (1) et (2) de la *fig.* 980 montrent leur composition.

Le premier est du type (4) de la figure précédente, tandis que le second est du type (1). Les balcons en fonte ne présentent pas plus de garantie que les barres d'appui ; aussi est-il d'une construction soignée, lorsqu'on emploie une

Fig. 980

main courante en bois, d'interposer toujours entre cette dernière et la fonte une barre de fer, qui puisse donner indéfiniment toute sécurité.

Dans les constructions plus importantes, on fait les lisses en fer ainsi que les montants, et on ajoute les remplissages soit en fonte soit en fer forgé; on a alors ce que l'on appelle des *balcons montés sur fer*. En même temps, lorsque les persiennes se replient en tableau, on recule le balcon au dehors, afin de laisser la place nécessaire à leur développement. Cette double disposition est figurée dans le croquis 981. La lisse supérieure, et quelquefois plusieurs autres se retournent d'équerre au-delà des arêtes verticales de la fenêtre, et trouvent leur scellement en pleine maçonnerie de la façade.

Sur ces balcons extérieurs, la main courante en bois serait trop exposée aux intempéries, on la remplace par une main courante en fer.

Il y a encore une précaution à prendre pour ces sortes

Fig. 981

de balcons, c'est de les faire assez hauts. La hauteur de $1^m,00$, qu'ils doivent avoir au-dessus du sol, est à mesurer en effet, non plus du plancher de la pièce correspondante, mais du dessus de l'appui de la croisée sur lequel il faut monter pour pouvoir s'accouder.

440. Grands balcons, monture en fer. — Au-dessus et sur la rive des balcons en pierre, ménagés en saillie dans les façades des bâtiments, il est indispensable de mettre un garde-corps. On le fait quelquefois en pierre ; mais, le plus souvent, il est établi en métal, en raison de l'économie de place qui en résulte. Ces garde-corps prennent, alors, le nom de *grands balcons.* On les compose d'une ossature solide et d'un remplissage.

L'ossature solide est elle-même formée de montants, espacés de 1ᵐ00, à 1ᵐ,50, et de lisses qui les réunissent. Ces dernières sont au moins au nombre de deux. Quelquefois on double celle du haut ; enfin dans quelques cas on double également celle du bas. Les rectangles formés par les intersections de ces pièces portent les remplissages exécutés soit en fer soit en fonte ornée.

La lisse extrême du haut est à hauteur d'appui, c'est-à-dire à 1ᵐ,00 au-dessus du sol de la dalle ; la lisse du bas en est distante de 0ᵐ,12, pour faciliter les nettoyages. Les lisses sont en fer carré de 20 à 25 ; elles s'assemblent à tenons avec les montants. Ceux-ci doivent donner par

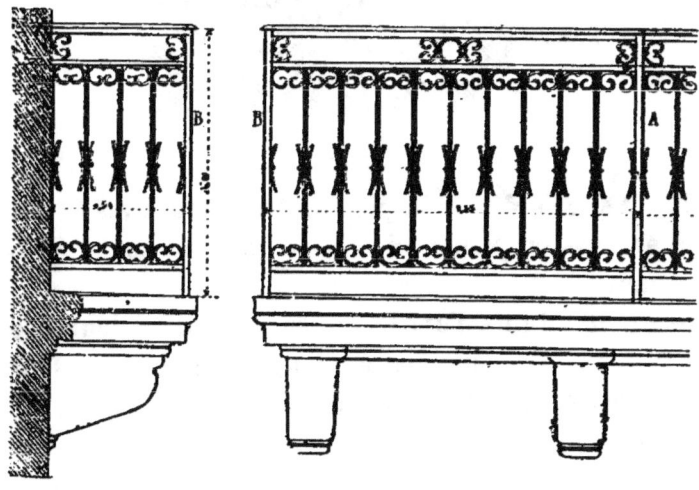

Fig. 982

leur résistance toute stabilité à l'ensemble et ils ne la trouvent que dans leur raide et dans leur scellement, *fig.* 982. On leur donne du raide en les composant dans le haut d'un fer carré, puis plus bas d'un fer méplat, une des dimensions seule augmentant. La *fig.* 983 donne la forme d'un des montants du grand balcon précédent. La section carrée de 21 × 21 passe à la dimension rectangulaire de 21 × 40. Quant au scellement, il n'aurait aucune solidité

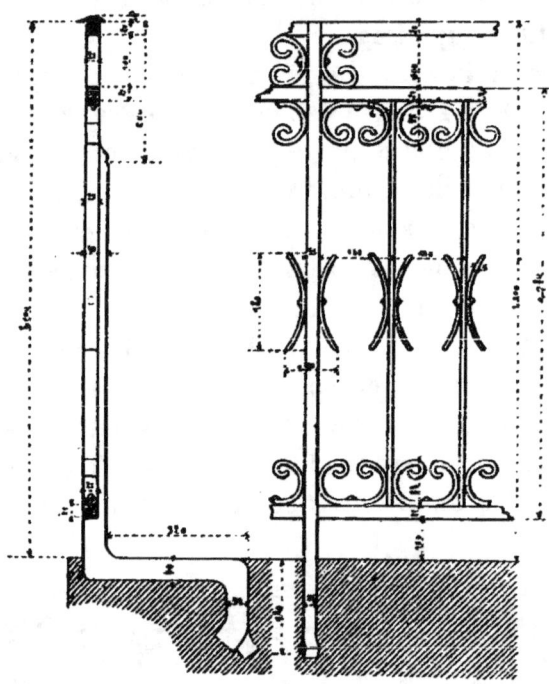

Fig. 983

s'il était fait sur l'arête de la pierre, on le renvoie à 0^m, 25 ou 30 en arrière, en pleine pierre, en coudant le fer convenablement.

Quant aux montants d'angle, on les coude dans leur pied à 45°, en plan, de manière à éloigner également leur scellement des deux rives d'équerre de la pierre.

D'autres fois on les fait simplement poser sur la pierre sans les sceller et on les consolide au moyen des lisses en retour, qui se trouvent scellées dans les façades et que l'on jonctionne avec soin. La main courante elle-même est brasée d'onglet dans les angles et concourt à la stabilité de l'ensemble.

Les remplissages des grands balcons peuvent se faire, soit au moyen de panneaux en fonte, soit au moyen de fers forgés. Les remplissages en fonte sont de beaucoup les plus économiques et on en trouve dans le commerce de nombreux modèles. L'un d'eux est donné comme spécimen dans les 4 croquis de la *fig.* 984. Chaque balcon

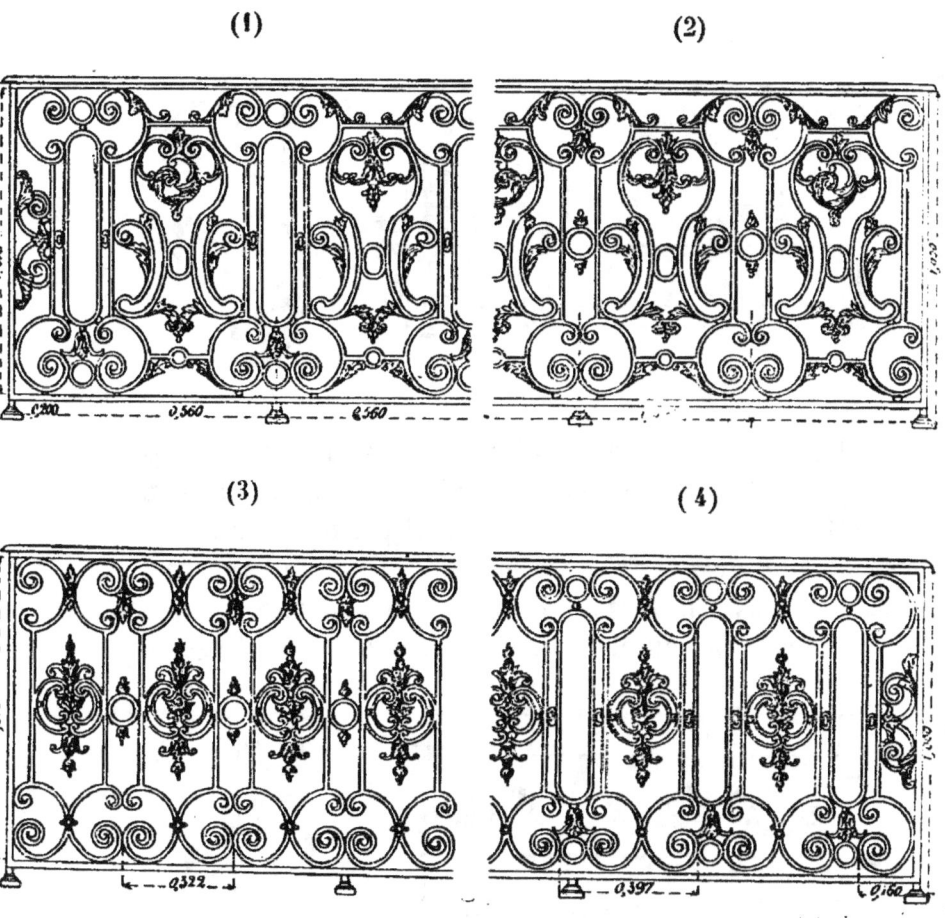

Fig. 817

d'une dimension déterminée est formé de la combinaison d'un certain nombre de panneaux faisant motif principal et de motifs secondaires appelés *raccords*, de largeurs variées, et dont les dessins s'harmonisent avec le motif principal. Le panneau du balcon figuré a $0^m,560$ de largeur, et les raccords des croquis (2) (3) et (4) ont $0^m,490$ $0^m,322$, $0,397$, $0^m,160$, de telle sorte qu'en les combinant on arrive à très peu près à la longueur dont on a besoin.

D'autres fois, comme dans l'exemple de la *fig.* 985, l'intervalle des montants est réglé sur la largeur du motif

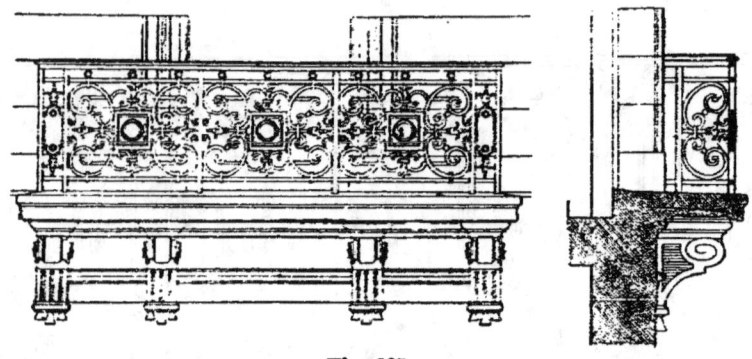

Fig. 985

adopté, et les excédents sont formés par les intervalles plus petits de montants plus rapprochés, pour lesquels on cherche un motif approprié. Cette disposition donne des aspects plus nets que dans le cas précédent. On l'applique fréquemment à la fonte et il est surtout à adopter lorsque les panneaux de remplissage sont exécutés en fer forgé.

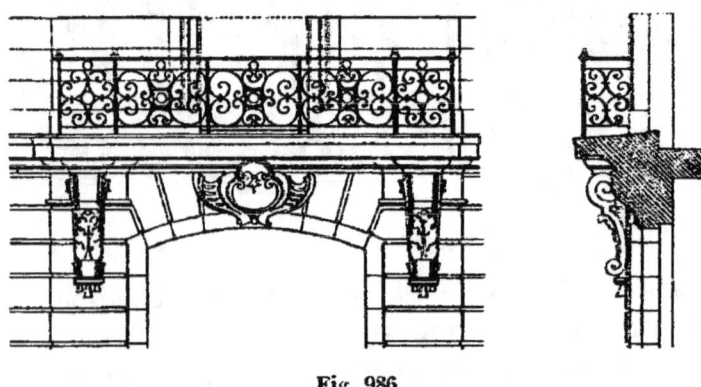

Fig. 986

Souvent, quand on étudie les balcons, on fait en sorte d'axer les motifs avec les décorations de la maçonnerie. Il en résulte une bien plus grande régularité et un aspect d'unité très appréciable. Voici *fig.* 986, un balcon qui surmonte la porte d'entrée d'une maison d'habitation. L'entablement de la porte forme en même temps balcon saillant, et un grand balcon en métal accompagne cette saillie. Ce grand balcon est composé d'un motif principal, posé entre montants, qui se repète trois fois. Il est accompagné de raccords latéraux dont les axes coïncident avec ceux des consoles situées en dessous, ce qui ne manque pas de produire un très bon effet.

Lorsqu'on emploie le fer forgé pour les remplissages, on les compose souvent par économie de barreaux verticaux régulièrement espacés, comme le montre la *fig.* 982 ; on dit alors qu'ils sont disposés *en ratelier* ; on les accompagne volontiers de C et de cercles dans la frise. Lorsqu'on peut aborder des prix plus élevés, on prend des fers contournés à la forge et on en compose des panneaux qui du reste se disposent comme les panneaux en fonte.

Dans tous ces balcons, il y a lieu d'adopter des formes qui ne puissent en aucun cas accrocher les vêtements, lorsqu'on est obligé de se serrer le long de leur parement pour pouvoir passer dans les espaces rétrécis qu'ils bordent.

§ 4. — MENUISERIE MÉTALLIQUE

441. Lambris fer et bois. — Les lambris fer et bois s'emploient dans quelques cas spéciaux. On peut les composer de deux façons inverses, en prenant le bâti en fer et les panneaux en bois, ou réciproquement en faisant les bâtis en bois encadrant des panneaux en tôle.

Le premier cas se rencontre dans les séparations des stalles des marchés publics par exemple, et la *fig.* 987 en fournit un exemple.

Les bâtis sont faits de petits fers en U de 25 à 27 millimètres de hauteur assemblés aux angles. Ils comprennent des panneaux formés de frises en sapin rainées, collées, ayant baguettes sur joint.

S'il y a des panneaux juxtaposés, la traverse qui les sépare est faite d'un petit fer à I de même hauteur que

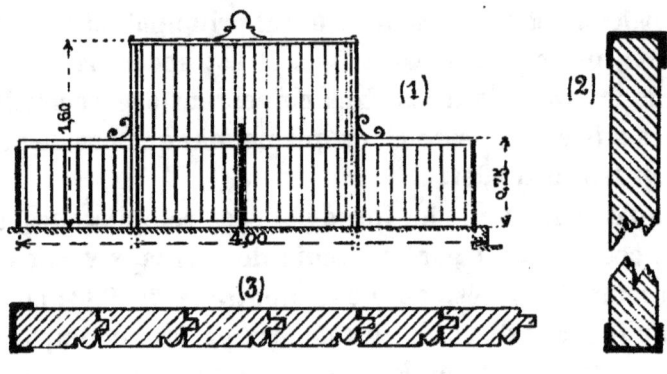

Fig. 987

les fers en U, et présentant ainsi les deux rainures adjacentes nécessaires.

Dans bien des cas, on peut avoir avantage à appliquer ce genre de lambris.

On prend aussi la disposition inverse, *fig.* 988; on exécute les bâtis en bois et on interpose des panneaux faits d'une feuille métallique mince. Ces lambris sont applicables dans les cas où on a besoin d'étanchéité ;

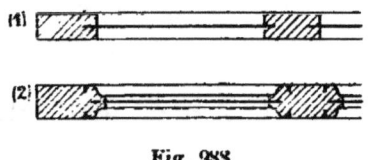

Fig. 988

pour former par exemple les caisses de bluteries dans les usines à pulvérisation. On n'a pas à craindre alors que par la sécheresse le panneau ne se fende et ne laisse passer la matière en poudre.

On peut les employer également pour les larges panneaux que l'humidité ferait fendre.

Enfin, lorsqu'une porte doit être fermée, tout en laissant possible une certaine ventilation, on remplace le panneau de bois par un panneau métallique, ajouré au moyen de découpures sciées suivant un dessin régulier.

Les lambris avec panneaux en tôle peuvent être à glace aux deux parements, (1) *fig.* 988, ou à petits cadres aux deux parements (2), ou enfin à glace à l'un des parements et à petits cadres de l'autre.

442. Croisées en fer. — Depuis longtemps on a cherché à remplacer le bois par le fer dans l'exécution des menuiseries vitrées. Les avantages de cette substitution sont :

1° Une augmentation de la surface éclairante pour une surface déterminée de vitrage, en raison de la plus faible largeur des montants et traverses ;

2° une fixité absolue dans les dimensions, à part une dilatation toujours faible, vu la petite dimension des ouvrages. On évite tous les gonflements et gauchissements du bois ;

3° une fermeture plus hermétique, en raison du faible jeu que l'on peut laisser autour des pièces mobiles ;

4° une fermeture de toute sécurité dans certains cas ; les montants pouvant être rapprochés à la distance des barreaux de grilles et pouvant en tenir lieu ;

5° l'incombustibilité de la matière ;

6° enfin la plus grande durée, si l'ouvrage est soustrait à l'action de l'humidité par le bon entretien de la peinture.

Les premières applications ont été faites aux usines, pour l'exécution tant de châssis fixes que des parties ouvrantes ; on s'est servi de fers cornières, de fers à T et de fers à T moulurés, dits fers à vitrages.

Mais, avec ces fers, il était impossible d'obtenir des surfaces assez propres d'aspect et assez hermétiques pour les croisées d'habitation. On n'a pu résoudre la question qu'en établissant des profils spéciaux pour chacune des pièces des croisées, et on a cherché à reproduire l'apparence des croisées en bois, qui sont arrivées à une si grande perfection de formes.

Maintenant, on construit des croisées en fer d'une façon très remarquable. Pour les grandes surfaces, elles rivalisent de prix avec les croisées en bois bien établies ;

pour les petites dimensions, elles sont plus chères, mais les avantages ci-dessus les font encore rechercher.

Une des conditions absolues de l'emploi des croisées en fer est de les appliquer à des constructions dont le gros œuvre ne soit pas susceptible de tasser ; car, ici, on n'a pas la même facilité qu'avec le bois de rogner et de donner du jeu dans tous les sens, afin faire prêter la croisée aux variations de la fenêtre.

Les parties mobiles sont montées sur paumelles, et ces dernières, faites exprès pour la jonction avec le métal, ont leurs lames bien plus étroites. Lorsqu'il s'agit de croisées pour habitation, il est bon de disposer ces paumelles de manière à pouvoir rappeler les vantaux et les mettre exactement à la hauteur voulue. La *fig.* 989 représente la forme d'une de ces paumelles appliquées spécialement aux ouvrages en fer : les nœuds sont d'un plus petit diamètre et allongés ; ils sont soudés à des lames très restreintes qui ne se correspondent plus comme hauteur. Le nœud supérieur a son fond épais traversé par une vis dont l'extrémité arrondie porte sur le bout de l'axe ; en serrant ou desserrant la vis, on peut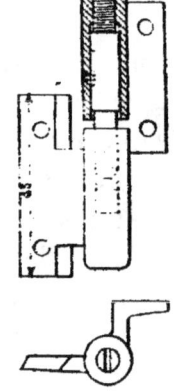

Fig. 989

monter ou descendre le châssis. Il est par suite facile de le régler exactement à sa place.

Quant à la direction des lames, elle s'établit à la demande, suivant la forme des montants de croisées et celle des dormants qui leur correspondent.

443. Châssis verticaux dormants. — Les châssis dormants peuvent s'exécuter en bois et fer ; le bois constituant le dormant et le fer les séparations de vitres.

Le moyen le plus économique consiste à n'avoir que des séparations verticales en fers à T.

Le dormant porte une feuillure à verres, et la feuillure du fer à T lui correspond. On coupe les tables du T, comme le montrent les croquis (1) et (2) de la *fig.* 990, de manière à ne les entailler que très légèrement dans le bois ; l'âme se prolonge plus loin, et se termine par une *patte en* T, fixée à tenon, brasée, et percée de deux trous de vis, de

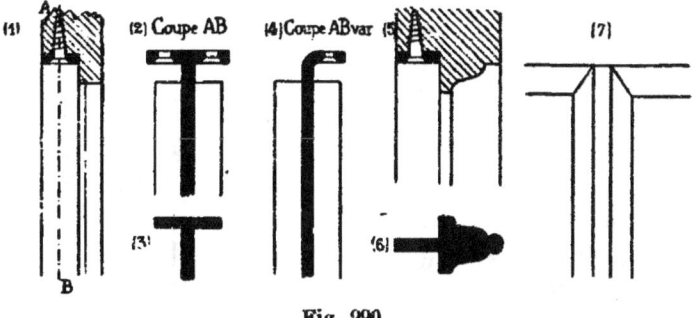

Fig. 990

telle sorte que l'assemblage avec le bois se fait très simplement par une entaille convenable au fond de la feuillure. En (3) on voit le profil du fer.

Pour les travaux moins soignés, on remplace quelquefois la patte en T par un pli d'équerre de l'âme du fer, ainsi que le montre le croquis (4).

Pour les séparations qui demandent plus de solidité ou un meilleur aspect extérieur, on remplace le fer à T par un fer à vitrages, tel que celui du croquis 6. On choisit d'abord le profil du fer, on répète sur la rive du bois la moulure même du fer et on fait d'onglet l'assemblage des deux profils. Quant à l'âme, on la prolonge au fond de la feuillure du bois, et on l'y termine par une patte en T fixée par deux vis.

Lorsque l'on veut que le vitrage forme en même temps clôture, on espace les fers de $0^m,16$ d'axe en axe et on choisit un échantillon assez rigide pour faire office de barreau de grille.

Dans les travaux d'usines, on simplifie l'assemblage, en supprimant la moulure du bois et amortissant contre le listel rectangulaire qui la remplace toutes les moulures des fers de séparation, entaillées seulement dans le bois de $0^m,01$ à $0,02$.

Dans les cloisons intérieures de distributions d'appartements, on établit quelquefois des parties de vitrages dormants pour éclairer certains espaces en second jour ; on peut simplifier les assemblages précédents de la manière suivante :

Le dormant est un bâti de $0^m,08 \times 0,08$, portant une large feuillure avec un listel de $0^m,02$ à 0,03 au moins. C'est sur ce listel que de l'intérieur on vient visser les tables des fers à T entaillées à la demande, ainsi que le montre la *fig.* 991. Cette disposition, très économique de façon, est applicable seulement aux locaux secondaires des habitations.

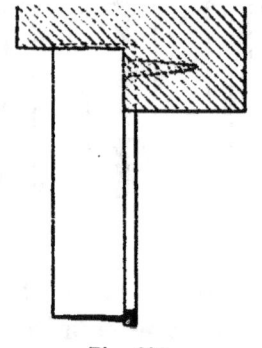

Fig. 991

On peut également avec avantage étendre son emploi aux constructions d'usines.

Les châssis dormants, au lieu de se construire sur place dans les feuillures en bois des grosses pièces de la construction, se préparent fréquemment d'avance, d'une seule pièce, et se posent dans les feuillures qui leur sont préparées dans le gros œuvre ; si on fait les bâtis en bois, rien n'est changé dans la manière d'y poser les séparations en fer ; mais, la plupart du temps, on les exécute tout en fer.

Le bâti qui fait encadrement est alors formé d'une cornière sur tous les sens, constituant feuillure à verre. Les angles de rencontre sont coupés d'onglet et brasés. D'autres fois, ils sont assemblés par une petite équerre *a*, mise en feuillure, et fixée avec des vis, *fig.* 992.

Les fers à T, formant les divisions verticales, ont leur table coupée presque au niveau de la table de la cornière avec une légère entaille seulement ; l'âme se prolonge jusqu'à l'extérieur du cadre en se terminant par un assemblage à tenon et mortaise, le tenon rivé du dehors.

L'assemblage est représenté par les croquis (1) et (2) de la *fig.* 992.

Enfin, il peut y avoir besoin d'établir des séparations dans les deux sens pour diviser la baie en un plus grand nombre de pièces de verre; celles-ci, plus restreintes, coûtent moins à remplacer. Les montants et les traverses s'assemblent toujours de la même manière avec le cadre; pour leurs croisements, on les jonctionne comme l'indique le croquis (3) : l'un des fers à T a son âme entaillée, l'autre sa table, et ils s'enchevêtrent à force; on rive même les lèvres des entailles afin de serrer les jonctions.

D'autres fois, on entaille les tables et les âmes, et on remplace la table enlevée de l'un des fers par une plate-

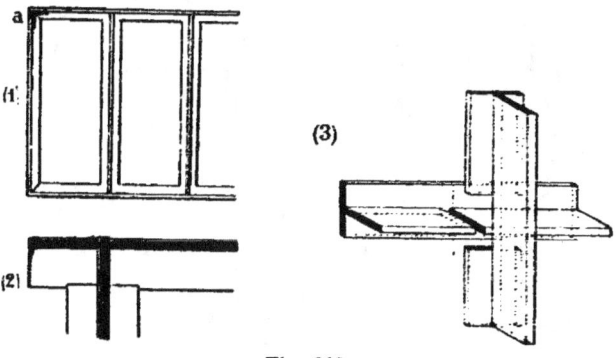

Fig. 992

bande vissée, passant sur la table du second, et la retenant dans l'entaille. Souvent enfin, la platebande se transforme en disque découpé et s'assemble à vis avec les deux fers à leur point de croisement.

Lorsque les fers qui se rencontrent ainsi sont des fers à vitrages, on fait à onglets les assemblages des moulures, et on entaille les âmes en les consolidant par de petites équerres posées en feuillures. C'est ainsi que se trouvent établis les vitrages dormants qui forment la clôture des baies de la gare de Paris du Chemin de fer d'Orléans.

La *fig.* 993 donne l'élévation d'une partie de ces vitrages. Ils remplissent une série de rectangles de $1^m,50 \times 4^m,75$.

Chacun d'eux est divisé en quatre carreaux dans la largeur, et verticalement en sept carreaux rectangulaires, surmontés d'un demi-cercle également divisé.

Les montants de rives ou de milieu, comme aussi les

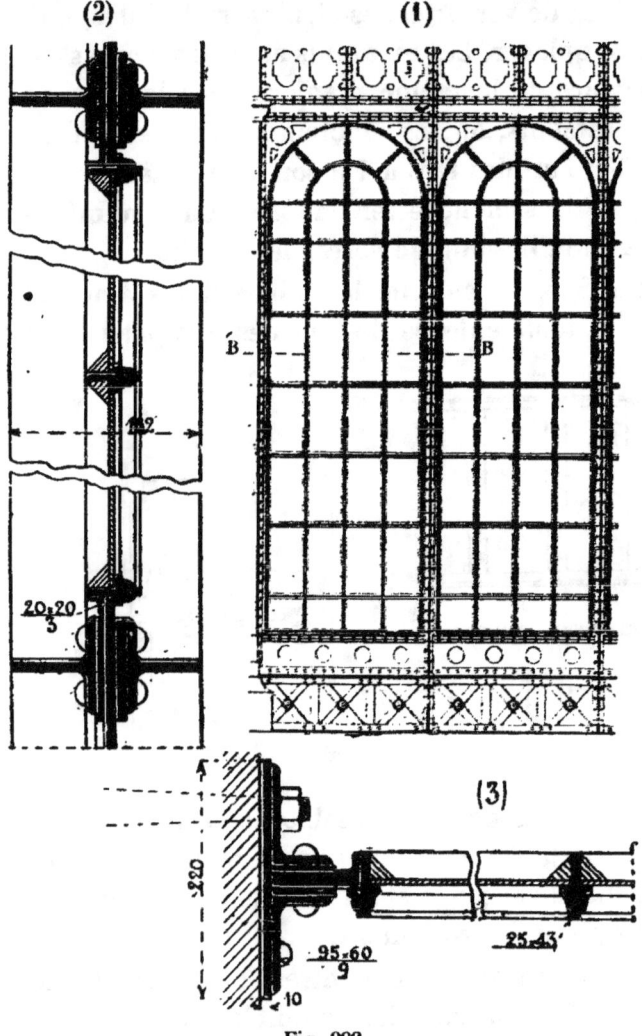

Fig. 993

traverses droites ou cintrées, sont en un même profil de fer à vitrage, celui de 25 × 43.

Le côté de chaque panneau dormant s'applique partout à plat sur l'une des branches d'une cornière rivée à l'ossature principale du pan de fer qui ferme la baie, et dont les dessins (2) et (3) de la *fig.* 993 donnent la disposition, en coupe verticale comme en coupe horizontale.

444. Châssis ouvrants. — Les châssis ouvrants tout en fer s'exécutent comme des panneaux dormants, en soignant bien les assemblages, et prenant toutes les dispositions possibles pour les empêcher de se déformer, de *baisser du nez,* pour rendre invariables les angles de leurs pièces. On n'a plus qu'à les garnir de ferrements d'axes et de fermetures convenables, et à les poser dans les feuillures des pièces fixes qui doivent les recevoir.

On peut rendre les angles invariables de plusieurs façons : 1° en choisissant des profils des fers de bâtis et de séparations assez fortes pour présenter dans leurs assemblages la rigidité nécessaire; 2° en assemblant les cornières du cadre d'onglet comme précédemment, et ajoutant une tôle découpée dans chaque angle faisant équerre

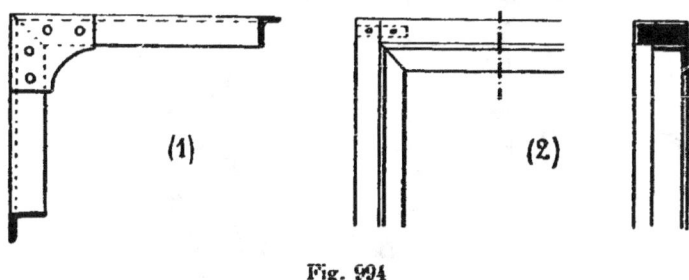

Fig. 994

de champ, et accentuant le raide, croquis (1) de la *fig.* 994; 3° en constituant le bâti au moyen de montants et de traverses composés, formés chacun d'un fer méplat de 0,025 × 14 à 16, et d'une cornière de 20 × 20 ou de 25 × 25, les deux fortement liaisonnés par des vis, croquis (2); 4° enfin, quand on le peut, en établissant des pièces diagonales qui, en somme, fournissent toujours le meilleur mode de contreventement.

Les châssis peuvent s'ouvrir en tournant autour de l'une ou de l'autre de leurs arêtes. Lorsque l'arête d'axe est verticale, on les fixe au moyen de paumelles. Lorsque l'arête est horizontale, on se sert encore de paumelles, au nombre de deux généralement ; seulement, on en met une à droite, l'autre à gauche, afin d'éviter tout déplacement latéral.

Ces sortes de châssis présentent l'inconvénient d'être influencés par le vent, qui les fait battre et produit des bris de vitrages. On peut le prévenir en disposant les châssis de manière à pouvoir les ouvrir de 180° et les appliquer

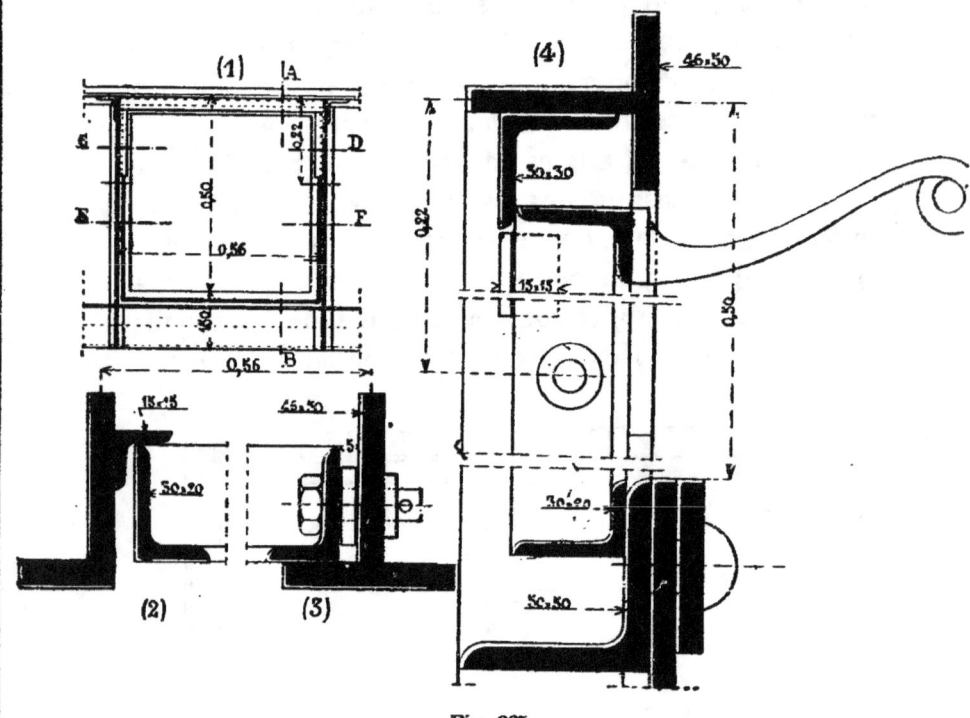

Fig. 995

contre la face intérieure des vitrages dormants qui les accompagnent.

On adopte souvent dans les usines une disposition qui pare aux accidents causés par la fermeture brusque due aux courants d'air. Elle consiste à établir l'axe de rotation suivant l'un des axes de figure du châssis, soit l'axe vertical si la pluie n'est pas à craindre, soit l'axe horizontal dans le cas contraire. Le châssis ainsi disposé est équilibré, quels que soient le sens et l'intensité des courants d'air.

La *fig.* 995 représente un châssis vertical disposé ainsi : la baie qu'il ferme a 0ᵐ,50 × 0ᵐ,56 ; elle est limitée par des fers à T sur trois côtés et par une cornière sur la rive basse. Au fer à T du haut est rivé une cornière de 30 × 30 qui sert de battement à la partie mobile.

Celle-ci est faite d'un encadrement, comprenant un seul verre, en cornière de 30 × 20 sur tout le pourtour. L'axe horizontal est établi un peu plus haut que l'axe de figure afin de lester le châssis, qui se ferme ainsi sous son propre poids. On le manœuvre facilement alors au moyen d'un levier fixé à la traverse supérieure et terminé par un anneau muni d'une cordelette. C'est ce que montre le croquis (4), tandis que les croquis (2) et 3 donnent les coupes horizontales en CD au-dessus, et en EF au-dessous de l'axe.

445. Châssis de toits ou de sheds. — Les châssis de toits sont construits tout d'une pièce lorsqu'ils sont petits, et il en a été donné des exemples dans la *Couverture des*

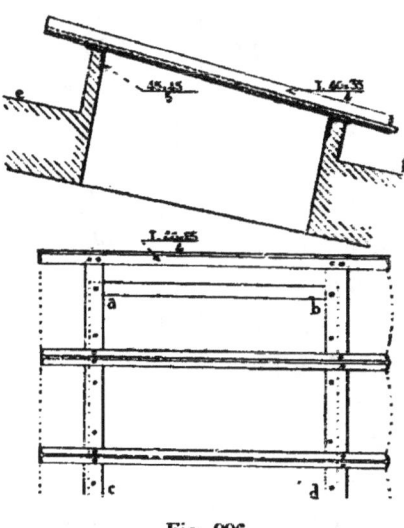

Fig. 996

Edifices. Lorsqu'ils ont de plus grandes dimensions, on les construit économiquement sur place de la manière suivante, indiquée en coupe verticale et en plan par la *fig.* 996 :

ef est la surface extérieure de la couverture et la baie à couvrir est représentée partiellement par le rectangle *abcd*. Au-desssus, on établit un coffrage en bois de 41 millimètres d'épaisseur, et on le prolonge d'ordinaire dans l'épaisseur de la paroi du comble pour former l'ébrasement de la baie. On l'arase en haut suivant une pente convenable, et, sur les deux côtés horizontaux opposés, on établit des cornières qui dépassent le coffre latéralement de 0^m,20 à 0,30. Sur ces cornières on visse des fers à vitrages parallèles, suivant une division régulière dépassant des deux bouts les rives de la baie, et on vitre. On éclaire souvent ainsi du haut, par des châssis de grande surface, des cages d'escaliers.

Pour des courettes qui ont besoin d'être aérées, on adopte une disposition identique, sauf que le coffrage est réduit à une rive saillante protégeant contre l'eau, et que les cornières, surélevées de 0^m,60 à 0,70 et renforcées au besoin, sont portées sur la charpente du comble par une série de pieds appropriés.

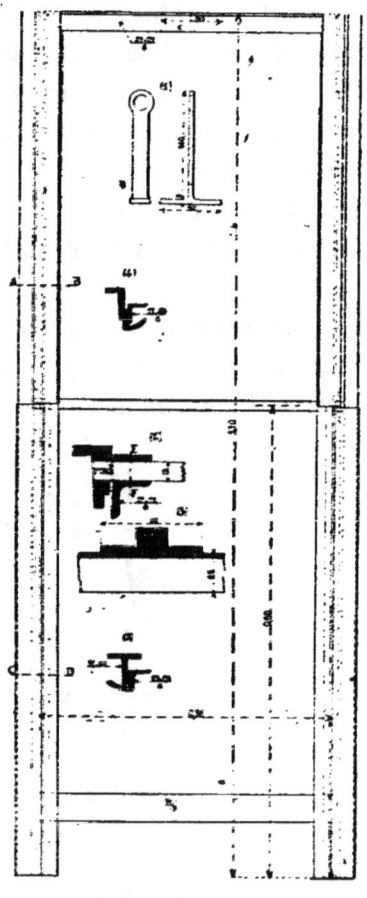

Fig. 997

Les châssis de sheds se disposent de bien des façons différentes, suivant la hauteur de la portion que l'on veut rendre mobile et suivant aussi la disposition des charpentes. Il est bon de s'arranger pour équilibrer les surfaces de manière à éviter l'action du vent et dans bien des cas la rotation du châssis autour d'un axe horizontal est tout indiquée.

La *fig.* 997 donne un exemple de cette sorte de châssis. Il appartient aux sheds de la filature de Corbeil, dont nous

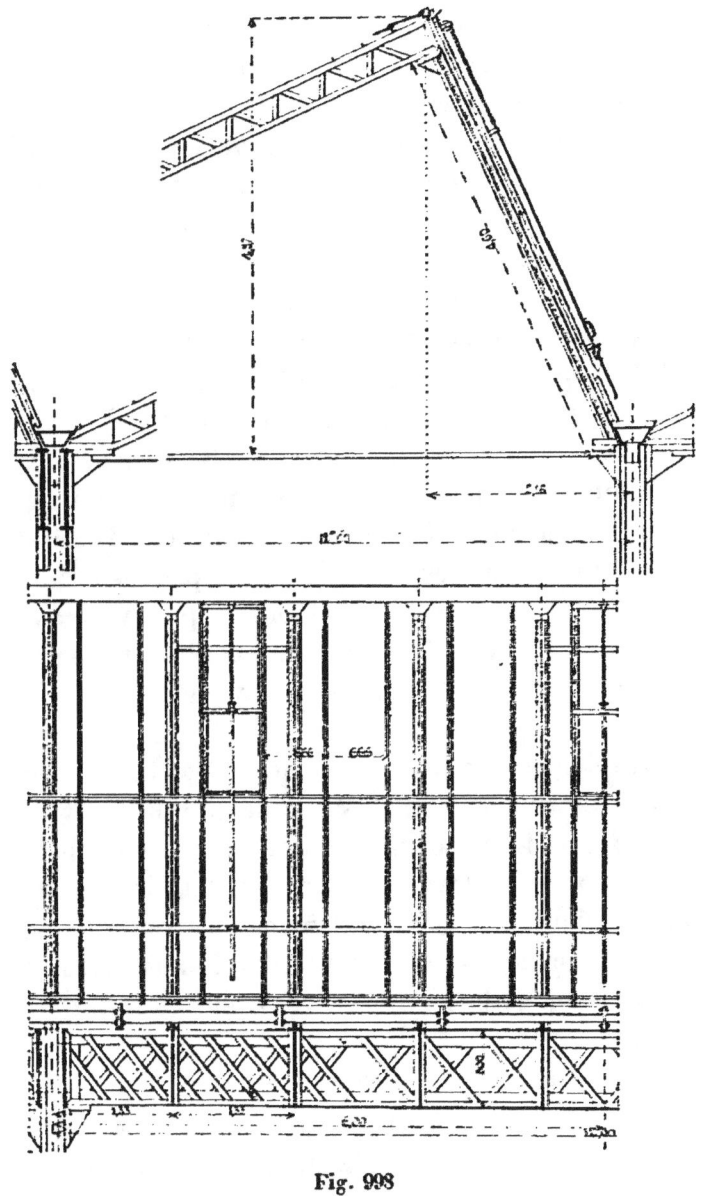

Fig. 998

avons donné la disposition d'ensemble dans les *fig.* 755, 756 et 757. Dans chaque entraxe du bâtiment, une travée de vitrage peut s'ouvrir dans toute sa hauteur, et c'est cette travée, vue de face, qui est représentée dans l'ensemble de la *fig*. 997. Le châssis mobile est formé de deux montants et d'une traverse haute, en cornières de $25 \times 25 \times 4$. Quant à la traverse basse, elle est faite d'une platebande de 38×9. Ainsi composé, ce rectangle est articulé autour d'un axe horizontal passant sensiblement en son milieu, laissant cependant en bas un excédent de poids, afin que le châssis tende toujours à se fermer. L'axe est une barre de fer carrée, vissé au moyen de crampons aux montants, et dont une partie extérieure saillante, arrondie, vient tourner dans les montants fixes des vitrages dormants voisins, renforcés au besoin par un morceau de fer plat. En haut, le mouvement de bascule fait rentrer le châssis à l'intérieur; un fer à jet d'eau, rivé au montant dormant, empêche l'eau de passer par le joint. Au-dessous de l'axe, la disposition est inverse; la partie mobile s'avance à l'extérieur et c'est elle qui porte le jet d'eau. Les détails de construction sont donnés dans la figure par les croquis (2), (3), (4) et (5). Le croquis (1) montre un levier avec anneau, fixé à vis à la traverse du châssis, qui sert à manœuvrer ce dernier par la simple traction d'une cordelette.

Une autre disposition a été prise aux sheds des ateliers de Romilly, construits par MM. Baudet, Donon et Cie. La *fig*. 998 donne la disposition d'ensemble de ces sheds. Chacun d'eux a 12 mètres de largeur, et les files de supports perpendiculaires ont également des entraxes de 12 mètres. Dans chaque entraxe sont trois châssis ouvrants, de $2^m,20 \times 0,66$, établis en haut des vitrages qui ont $4^m,60$ suivant la pente.

Le rectangle mobile est représenté en ensemble et détails dans les divers croquis de la *fig*. 999. Il est fait de deux montants en T de $\frac{35 \times 45}{4,5}$, et de deux traverses; celle du haut est une cornière de $\frac{45 \times 30}{4,5}$, celle du bas est en même cornière, doublée d'une seconde en sens inverse formant larmier. Le tout est articulé autour d'un axe inférieur avec une amplitude limitée. Le mouvement est

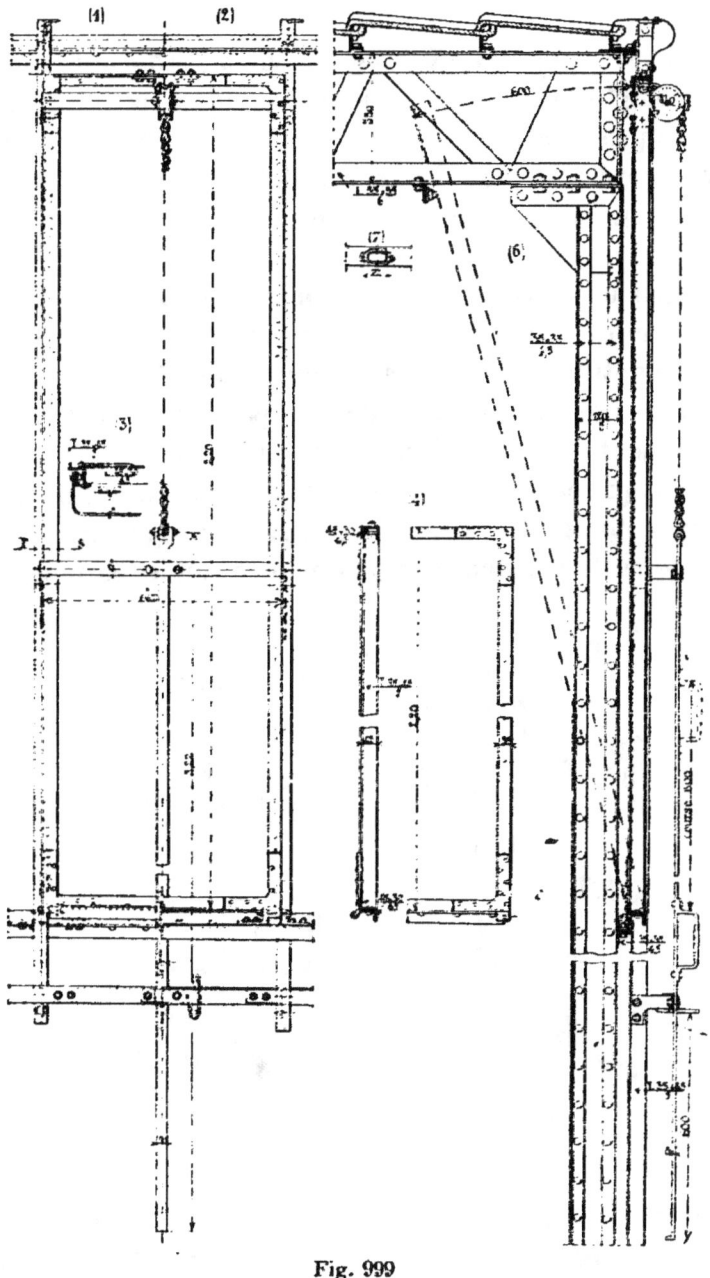

Fig. 999

donné du dehors par une tringle à poignée, terminée en haut par une chaîne passant sur une poulie, et dont la course maximum est de 0^m,60. La tringle est guidée par des traverses convenablement établies.

446. Vitrages d'usines. — Les vitrages d'usines doivent remplir comme première condition celle d'être économiques. On combinera donc l'ossature des baies pour recevoir le plus de parties dormantes possible, et strictement les portions ouvrantes que nécessite l'aération.

Les parties dormantes sont composées, comme celles étudiées ci-dessus, au moyen de cornières et de fers à T de petit échantillon. Ces derniers ordinairement de 25 × 25, suffisent pour la résistance avec les portées ordinaires et conviennent aussi pour former feuillures à verres.

Autant que possible, on forme des châssis à un seul vantail, se repliant intérieurement contre le vitrage dormant; on les ferre de deux ou trois paumelles et on les ferme par

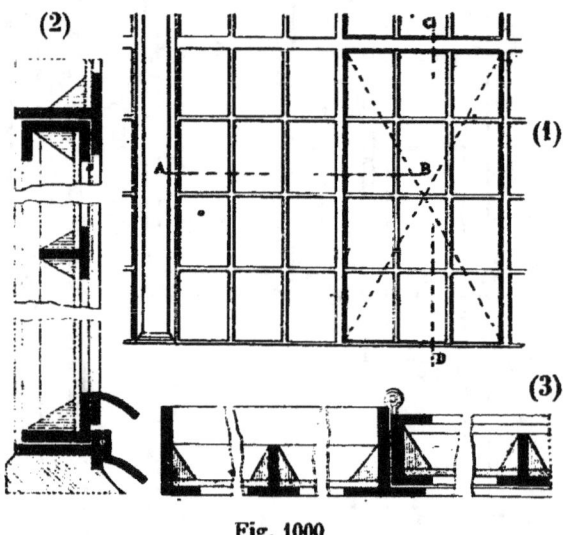

Fig. 1000

une targette ou un loqueteau. La *fig.* 1000 donne une portion de vitrage exécutée ainsi; c'est un détail de la fermeture de la grande baie représentée *fig.* 487. La presque totalité de la surface est dormante; quelques châssis à un vantail donnent l'aération nécessaire ; l'un d'eux est figuré par deux diagonales en ponctué et l'ouverture se fait en faisant tourner le vantail autour d'une rive verticale.

La coupe horizontale suivant AB est représentée par le croquis (2).

L'ossature forme en même temps les côtés des vitrages dormants ; elle est faite de cornières inégales $\frac{45 \times 20}{4}$ ou de fers à T de $\frac{45 \times 40}{4}$, suivant les feuillures dont on a besoin. Les divisions intérieures sont toutes faites en fer à T de $\frac{25 \times 25}{4}$ dans les deux sens. C'est en fer à T que l'on encadre la partie ouvrante, afin de lui constituer une feuillure pour la loger et la faire battre.

Le chassis ouvrant est composé d'un fer en U de $\frac{35 \times 20}{4}$ comme encadrement et de fers à T de remplissage ayant 25×25. Il est ferré de deux paumelles de 130 de haut et fermé par une simple targette ordinaire. Les parties hachées en biais représentent le verre, sans que le contremasticage obligatoire ait été indiqué. Les hachures droites indiquent les solins en mastic.

La coupe verticale suivant CD est donnée par le croquis (2). Le fer d'appui est encore à T, mais à ailes réduites, il est posé sur un remplissage en maçonnerie formant appui, avec pente extérieure, et il est garni d'un jet d'eau vissé ou rivé, qui chasse l'eau en dehors.

La traverse de la partie mobile est cette fois en cornière de $\frac{35 \times 25}{4}$, de manière à ne pas arrêter les eaux de la condensation intérieure. Au dehors elle porte un fer à jet d'eau, vissé ou rivé, qui empêche l'eau de pluie, poussée par le vent, d'entrer dans la feuillure ; le reste de la coupe verticale est simplement la répétition de la section horizontale.

C'est encore dans le même genre que sont exécutés les vitrages de la *fig.* 1001 établis à l'Imprimerie Chaix. L'ensemble de la baie est divisé en trois bandes horizontales par deux traverses. Le milieu de l'espace intermédiaire seul est ouvrant à deux vantaux sur une largeur de 1m,14, laissant de chaque côté une partie dormante de 0m,55.

Si maintenant on passe à l'exécution, on voit que les traverses sont en fer à T de $\frac{40 \times 35}{5}$. Les feuillures qu'elles

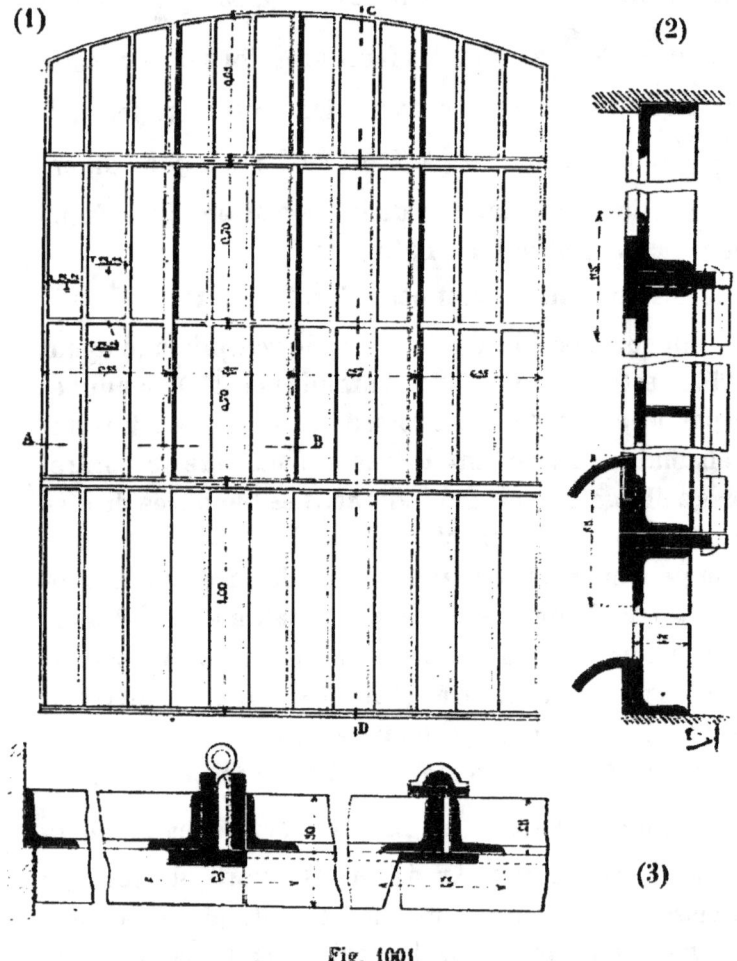

Fig. 1001

présentent concordent avec celles qui sont réservées dans la maçonnerie de la baie.

Des montants en même fer bordent verticalement les rives de la baie ouvrante du milieu et se prolongent jusqu'au cintre.

Quant aux remplissages, ils sont composés de la manière suivante : chaque panneau dormant est formé d'un encadrement en cornières de 25 × 25 et de divisions au moyen de fers à T également de 25 × 25. Des fers verticaux sont espacés de 0^m,18 afin de former clôture en même temps. Le panneau du bas, posé sur l'appui de la fe-

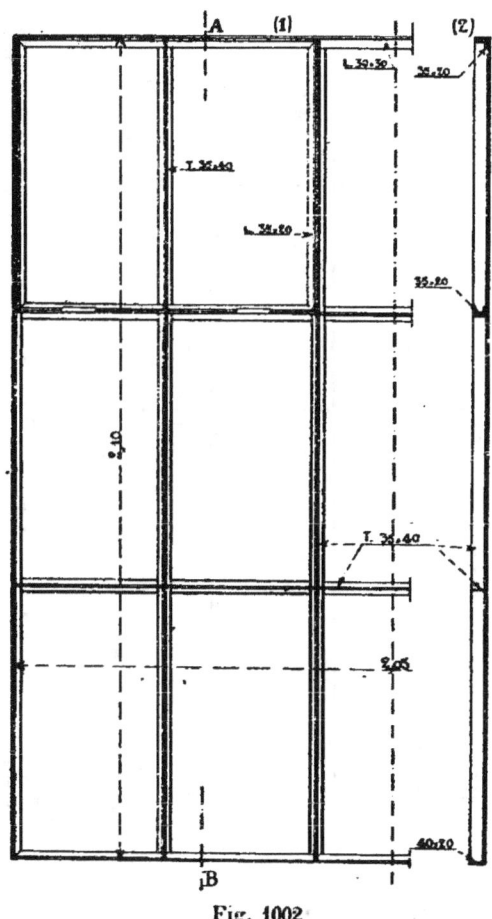

Fig. 1002

nêtre, a de plus sa rive inférieure garnie d'un fer à jet d'eau, qui éloigne les eaux et les verse sur la pente au delà du joint du châssis.

Quant aux vantaux ouvrants, ils sont garnis sur leur rive d'axe d'un fer plat vertical de 35 × 5 servant à attacher les lames des paumelles. Le reste a la composition des panneaux dormants. Le cadre est fait d'une cornière de 25 de branches ; les divisions sont en fer à T de 25 × 25. L'un des vantaux, pour former noix, est de plus garni d'un fer à T et d'un fer plat, disposés comme l'indique la coupe horizontale suivant AB. Sur la table du fer à T est fixée la crémone de fermeture, dont les bouts entrent dans des en-

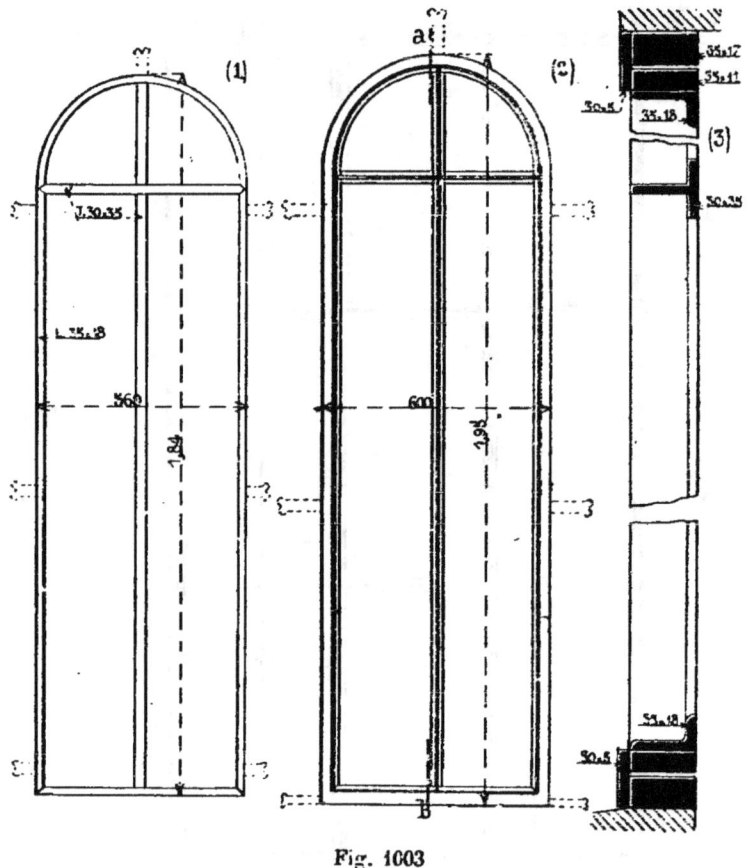

Fig. 1003

tailles ouvertes en un renflement des traverses dormantes.

Pour empêcher l'eau de pluie poussée par le vent d'entrer dans le joint du bas, on a garni la rive basse des parties mobiles d'un petit fer à jet d'eau, que l'on voit représenté dans la coupe verticale suivant CD.

Voici, *fig.* 1002, un autre châssis d'usine avec partie

ouvrante plus simple. La baie a 2,50 × 2,10 ; elle est divisée en cinq parties dans la largeur et en trois dans la hauteur.

Les deux carreaux de droite et les deux de gauche de la rangée supérieure sont seuls ouvrants ; ils tournent autour de leur arête horizontale inférieure. Le cadre est en fer cornière de 40 × 20, et les T de séparation ont 35 × 40.

Les parties ouvrantes sont composées d'un cadre en cornière de 35 × 20 avec montant milieu en T de 35 × 40. Le cadre d'entourage est scellé au pourtour au moyen de pattes en fer vissées à la cornière.

Enfin, la *fig.* 1003 montre deux fenêtres, l'une de 0,56 × 1,84, complètement fixe, la seconde de 0,60 × 1,95, ouvrant à deux vantaux.

La première (1) est composée d'un cadre en cornières 35 × 18, avec séparations en fer à T de 30 × 35.

La seconde (2) est formée d'un dormant en fer plat de 35 × 16, additionné pour former feuillure d'un autre plat de 30 × 5. Chaque vantail a un bâti en fer plat de 35 × 11 doublé d'une cornière de 35 × 18. La séparation d'imposte est en fer à T de 30 × 35.

447. Croisées d'habitation. — Les croisées d'édifices, plus soignées dans leur construction, comme par exemple celles des maisons d'habitation, demandent à remplir des conditions d'étanchéité spéciales à l'eau et à l'air.

Pour les obtenir plus hermétiques, on a cherché à faire des joints tout à fait précis, et on ne les a obtenus que par la fabrication de fers spéciaux pour les différentes pièces, établis en vue du fonctionnement particulier de chacune d'elles.

Bien des systèmes ont été étudiés et proposés pour la construction des croisées en fer. Nous en retiendrons seulement deux, qui nous paraissent remplir les conditions voulues.

Le premier est celui de MM. Moreau frères.

Pour l'étudier, nous en donnons l'application à une

baie de 4ᵐ,00 de large, sur 3ᵐ,50 de haut, divisée en trois dans le sens de la largeur et en deux dans la hauteur. Il

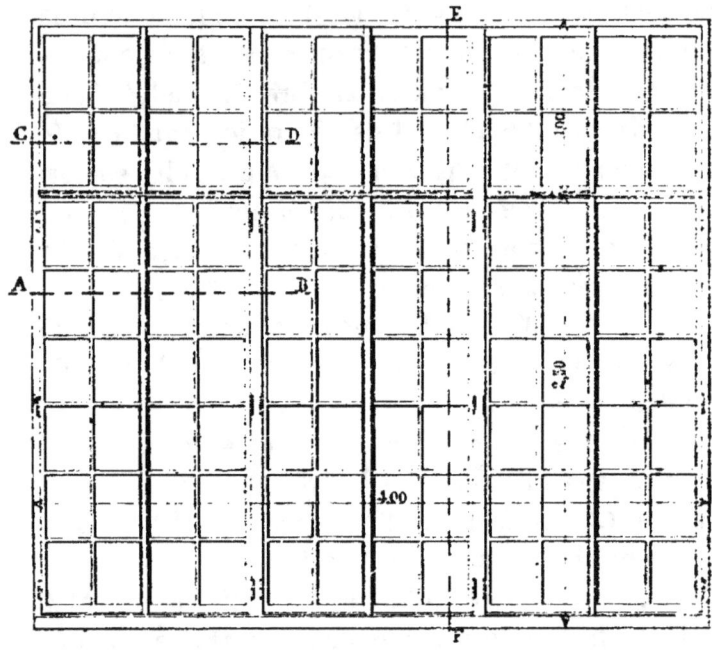

Fig. 1004

en résulte six compartiments dont les trois du bas seuls sont ouvrants. L'ensemble du châssis est dessiné *fig.* 1004.

La *fig.* 1005 donne trois coupes de ce vitrage, la première (1) est faite suivant AB dans la partie ouvrante, et

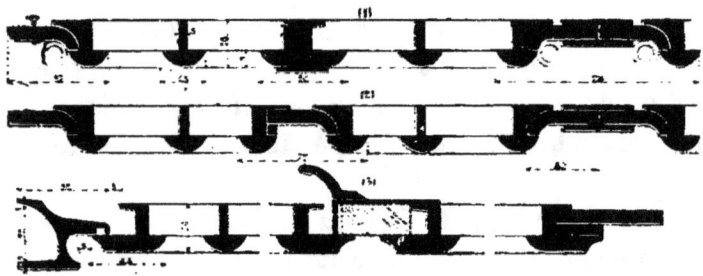

Fig. 1005

la seconde (2) suivant CD à travers la partie dormante. Le croquis n° (3) est une coupe verticale suivant EF, dans toute la hauteur de la baie.

Les constructeurs se sont d'abord attachés à obtenir une herméticité complète le long des rives d'axes ; ils l'ont obtenue au moyen de montants dont la section est donnée dans la *fig.* 1005.

L'extérieur des montants ouvrants est concave, et le profil est établi suivant un cylindre à section exactement circulaire, tandis que la rive du dormant est un fer convexe suivant le même profil. On s'arrange de manière que les paumelles qui servent d'articulation aient leurs nœuds placés, d'une façon bien précise, suivant l'axe commun des deux cylindres. Il y aura donc glissement de l'un sur l'autre, dans le mouvement d'ouverture de la croisée. Les deux montants milieu ont les profils, l'un d'un battant mouton, l'autre d'un battant gueule de loup, tels qu'on est habitué à les avoir dans les croisées en bois.

Les montants dormants de séparation sont indiqués dans le croquis par deux fers spéciaux cylindriques réunis par éclisses. Dans chaque cas particulier, on les consolide si besoin est par une pièce en fer de profil convenable, un fer à I, un rail, ou un petit Zorès suivant les cas, ou encore par un poteau vertical en fonte.

La seconde coupe, à travers la partie dormante, est composée de profils de fers, la plupart formés par le prolongement des précédents. Les profils à noix du milieu sont remplacés par des fers plus simples, ayant la section d'un dormant.

Quant à la coupe verticale, elle montre d'abord, en haut, la partie dormante au moyen d'un fer spécial à traverse, à feuillure d'un côté, à nervure extérieurement. La traverse basse est complétée par une tôle avec jet d'eau, en dehors, et par une doublure en bois, au dedans.

Pour la partie ouvrante, le dormant est constitué par une pièce d'appui en fer spécial à jet d'eau, présentant un plat vertical pour l'application du vantail mobile. Celui-ci, dont on voit la composition dans la coupe, ne fait que s'appuyer contre la face plane que présente chaque traverse de dormant; on complète le joint un peu élémentaire qui en résulte, par un bourrelet ordinaire dans le haut, et, à sa partie basse, par une bande en caoutchouc, logée et fixée dans une rainure à queue d'hironde, ménagée dans la pièce d'appui.

Le second système de croisées en fer est celui de MM. Mazellet et Pinget. Il est exécuté avec la dernière perfection, au moyen de fers très étudiés, et ces constructeurs se sont attachés à reproduire au dehors et au dedans exactement les formes ordinaires des croisées en bois, avec des dimensions réduites sur la largeur, permettant une plus grande surface relative d'éclairage.

La *fig.* 1006 représente l'ensemble d'une croisée ordinaire de $1^m,10$ de large sur $2^m,10$ de haut, et la manière dont elle est construite.

Le dormant, dans la coupe horizontale suivant AB dessinée dans le croquis (2), est formé d'un fer d'abord coudé, puis présentant un fort arrondi creux, dans lequel se loge le montant mobile. Celui-ci est creux et formé de deux pièces vissées ; l'une extérieure est arrondie,

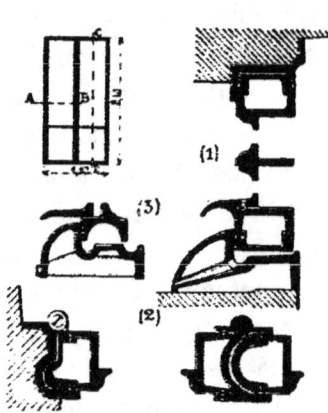

Fig. 1006

l'autre en dedans est en U, avec moulure et feuillure au dehors. Il ressemble, une fois en place à un montant en bois ordinaire. Il en est de même de l'assemblage des deux vantaux à mouton et gueule de loup de la même coupe. Si maintenant on passe à la coupe verticale, on trouve les mêmes dispositions : le dormant est en Z (1) et forme feuillure; la traverse ouvrante est creuse, formée de deux fers en U renversés. Les petits fers de division sont à profil mouluré, et la partie basse peut se faire de deux manières : suivant la coupe de droite du croquis (3), on voit la forme de la pièce d'appui dormante et la traverse mobile faite de deux fers en U et d'un jet d'eau ; dans le croquis de gauche, la partie mobile n'est composée que de deux pièces y compris le jet d'eau.

La précision des assemblages, qui est un des avantages du fer, assure une herméticité que ne peuvent donner les pièces en bois.

Ces croisées peuvent s'appliquer à des baies de dimensions quelconques, avec des variantes sans importance.

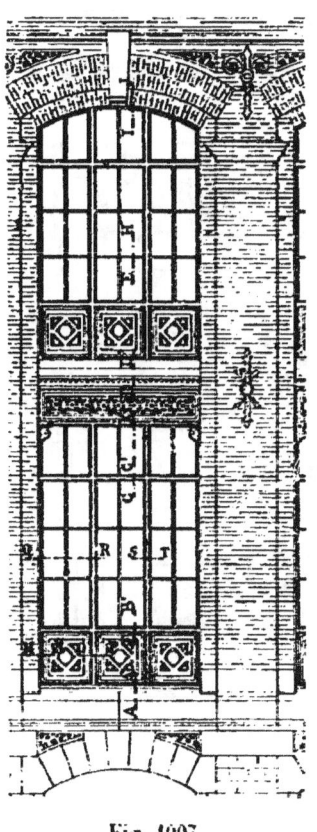

Fig. 1007

Voici l'application qui en a été faite au nouveau bâtiment d'administration du Chemin de fer de l'Est, faubourg Saint-Denis à Paris. La *fig.* 1007 donne l'ensemble de la baie et les détails sont dessinés dans les divers croquis de la *fig.* 1008.

La coupe verticale de la baie du bas, suivant ABCX, est donnée par le détail de gauche.

En AA', BB' sont les deux traverses du bas, entourant des panneaux remplis par des terres cuites. Il y a jet d'eau d'appui en bas, et feuillure à la partie haute; une traverse en fer à T sépare le dormant de la partie ouvrante. Enfin, on voit la traverse ouvrante avec son jet d'eau.

En CC' se trouve une traverse dormante en fer à T, séparant les deux compartiments mobiles. Celui du haut a son axe horizontal, tandis que celui du dessous s'ouvre en tournant autour de ses rives verticales.

En C'X, sont dessinés le dessous du linteau et la cornière additionnelle faisant feuillure.

La même coupe se prolonge par le croquis voisin qui montre en DD' une coupe du soubassement plein de la croisée supérieure. La partie ouvrante n'est pas reproduite dans sa partie basse qui est identique à celle ci-dessus. En EH est un fer mouluré à vitrages formant division, et enfin en IJ est la coupe de la partie haute.

En haut de la figure sont deux coupes horizontales. La première est faite suivant QT à travers la partie ouvrante;

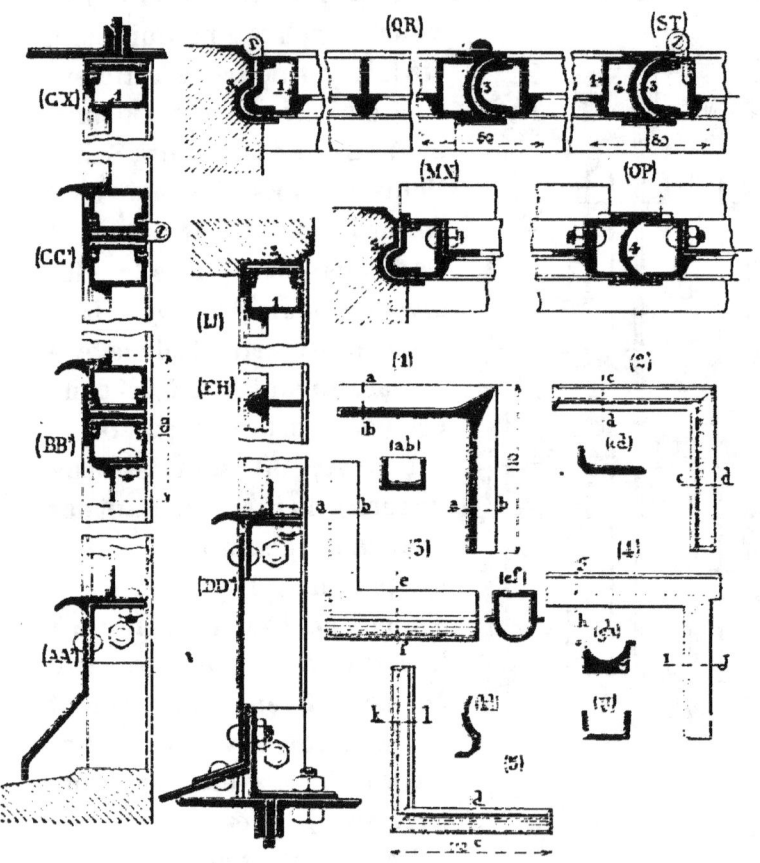

Fig. 1008

elle reproduit les mêmes pièces que dans une croisée ordinaire. La seconde est faite à travers le soubassement en MP. On voit qu'en ce point on a prolongé les mêmes fers que plus haut, sauf les montants milieu, qui se trouvent un peu simplifiés, n'ayant pas à s'ouvrir.

Les montants et traverses sont assemblés au moyen

d'équerres spéciales très solides et précises, en fonte malléable, représentées par les croquis (1), (2), (3), (4) et (5) ; leurs sections sont appropriées aux pièces sur lesquelles elles doivent s'appliquer. L'équerre (1) sert à réunir un montant d'axe avec la traverse du haut du vantail ; également, le battant milieu avec la même traverse. L'équerre (2) jonctionne les dormants. La pièce (3) réunit les pièces numérotées (3), c'est-à-dire les montants et les traverses. l'équerre (4) assemble les gueules de loup et les traverses. Enfin la pièce 5 relie dans le dormant les montants et la pièce d'appui. L'élévation de chacune de ces équerres est accompagnée des coupes qui lui sont propres.

Pouvant présenter toutes les parties des croisées en bois, ces croisées peuvent donc les remplacer avantageusement dans toutes leurs applications.

118. Portes en fer. Portes d'usines. — Lorsque les portes sont de petites dimensions, on peut les faire d'une tôle suffisamment épaisse pour se passer d'armatures.

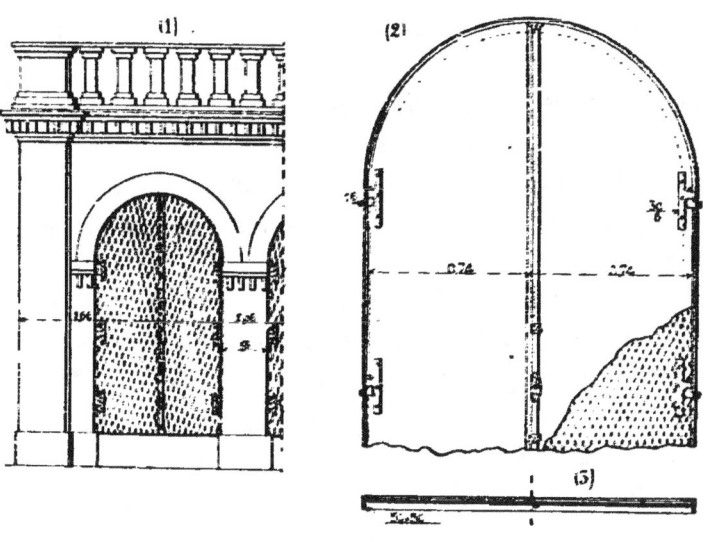

Fig. 1009

Les paumelles et fermetures se vissent alors sur la tôle elle-même.

Pour des dimensions plus fortes, on peut encore avec avantage prendre de la tôle striée, qui est très raide en raison de son épaisseur et convient dans nombre de circonstances. La *fig.* 1009 représente l'une des portes de nettoyage des chambres à fumée des chaudières à vapeur du Moulin de Corbeil. La baie à clore est de $2^m,70 \times 1^m,48$; elle est en plein cintre à sa partie haute. Un bâti dormant, en cornières de $\frac{50 \times 50}{5}$, l'encadre au pourtour ; il sert à l'attache des paumelles de $0^m,250$ de lames, qui au nombre de trois soutiennent chaque vantail de porte. Le dormant est fixé au moyen de pattes de $0^m,19$ dans la maçonnerie des piédroits.

Les vantaux mobiles sont faits de tôle striée de $0^m,008$ d'épaisseur, planée et découpée à la demande ; l'un des vantaux est muni sur sa face lisse intérieure d'un fer plat de 30×9 formant battement ; l'autre supporte une crémone de fermeture, qui les arrête tous deux à la fois.

Le plus souvent, dès que la surface des vantaux est un peu développée, on les exécute en tôle mince que l'on borde par un cadre, soit en fer demi rond, soit en fer plat rivé sur l'arête ; on renforce quelquefois la surface milieu au moyen de barres diagonales en mêmes fers, qui raidissent la tôle en tous ses points.

Fréquemment on adopte la construction, indiquée déjà pour les portes de clôtures, avec cadres, traverses et diagonales en cornières.

Enfin, une disposition très répandue est celle représentée par la portion de coupe de la *fig.* 1010. On fait un bâti avec un fer plat de 20×16, 25×20, 30×20 suivant les cas ; on le double intérieurement d'une cornière de 18 à 25 et on lui rive la tôle, qui affleure le fer plat à l'extérieur.

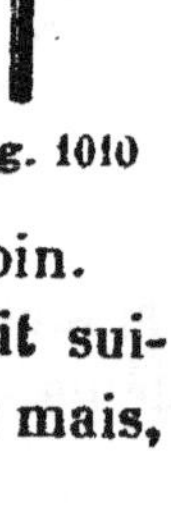

Fig. 1010

Avec l'une ou l'autre de ces dispositions, on exécute toutes les portes pleines dont on a besoin.

Pour les grandes portes cochères, on les construit suivant les mêmes principes et avec beaucoup de soin ; mais, d'ordinaire, on ne compte que sur le bâti pour tenir

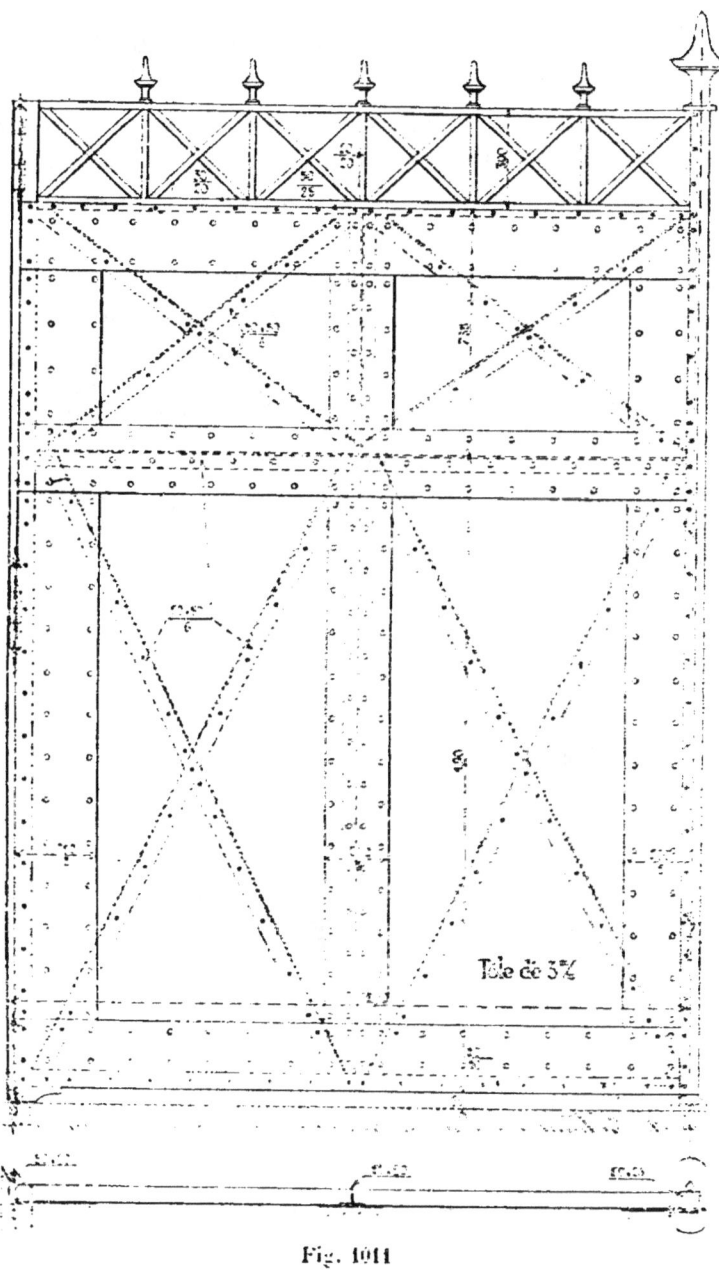

Fig. 1011

le raide nécessaire au maintien de la porte, et la tôle ne sert que de remplissage.

Voici, *fig.* 1011, l'ensemble de la porte d'entrée d'une brasserie, exécutée par M. Michelin.

Le vantail représenté est formé d'un bâti en fers carrés de 50 × 50 et plats de 50 × 30, dont les montants et traverses sont assemblés comme ceux d'une grille. Sur ce bâti s'étend une tôle bien planée, que l'on fixe au pourtour avec des vis. Par dessus, enfin, on place une série de bandes de tôle de 250 et de 200 × 5, formant des encadrements sur sa face extérieure.

A l'intérieur, le vantail est partagé en quatre divisions par un fer à T vertical et par une cornière horizontale.

Dans chacun des rectangles ainsi formés on met deux cornières croisées en diagonales, ces dernières de $\frac{50 \times 50}{6}$.

A la partie haute, on a établi, comme ornement, une petite grille de $0^m,30$ de hauteur. Toutes ces dispositions

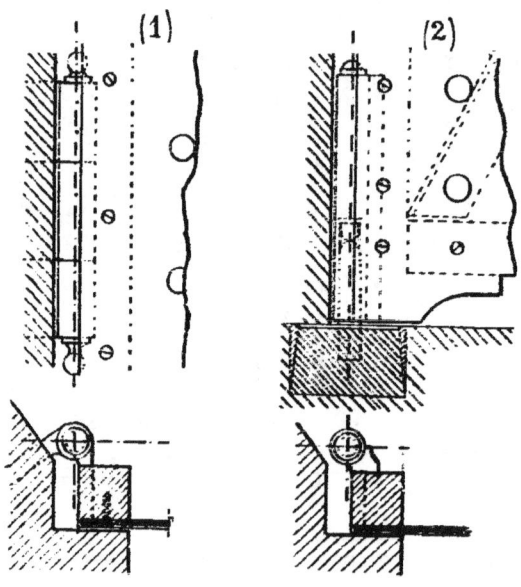

Fig. 1012

sont indiquées dans la *fig.* 1011. Le détail des paumelles et pivot est dessiné au croquis 1012.

Dans le dessin n° (1) est figurée une paumelle dont une des lames est transformée en scellement.

Dans le n° (2) est indiqué le pivot du bas et la manière dont il est fixé aux pièces principales du bâti de la porte.

Voici, *fig.* 1013, une autre porte d'entrée d'usine. Elle

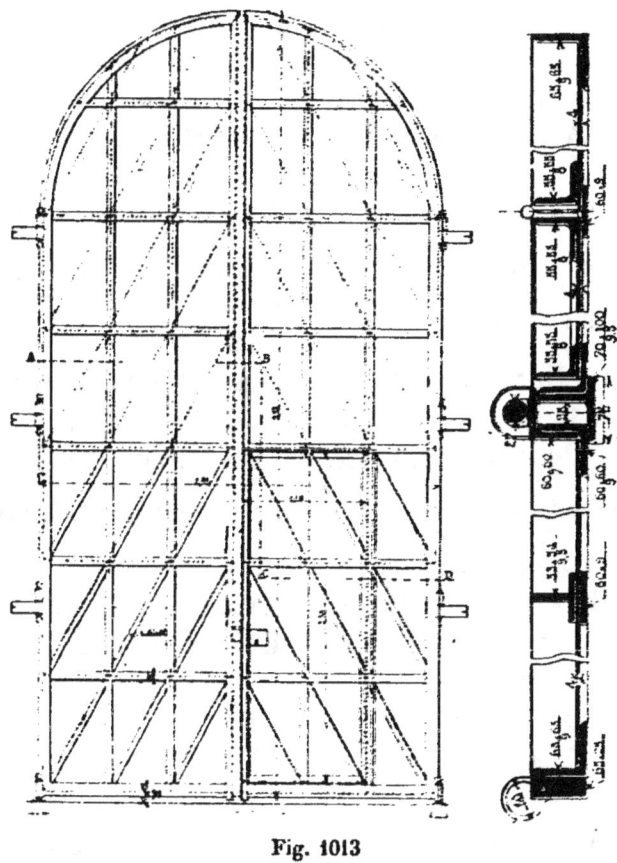

Fig. 1013

ferme une baie de $2^m,80 \times 5^m,50$ terminée en plein cintre à la partie haute. Elle est à deux vantaux et le vantail de droite est muni d'un guichet.

Chaque vantail est formé d'un cadre de rive. Le montant de feuillure, arrondi pour épouser le cintre, est fait d'un fer plat de 65×25 doublé d'une cornière $\frac{65 \times 65}{9}$.

Le battant milieu est formé de deux cornières inverses de $\frac{60 \times 60}{7}$ juxtaposées. Dans ce cadre vient se poser la tôle de 4 millimètres d'épaisseur qui forme le remplissage.

La tôle est raidie par une série de compartiments que font en se croisant des traverses et des montants en fer à T de $\frac{53 \times 54}{9,5}$; des couvrejoints extérieurs correspondent à ces montants et permettent de cacher, là où il s'en trouve, les joints des tôles. Ces dernières sont de plus raidies sur leurs faces arrières par une série de diagonales en cornières, disposées régulièrement.

Le vantail qui porte le guichet a sa rive milieu disposée un peu différemment, pour former feuillure au milieu. Il est formé d'une cornière de $\frac{60 \times 60}{9}$ arrondie extérieurement et juxtaposée à un fer à T de $\frac{70 \times 100}{9,5}$.

Quant au guichet, il a $2^m,37 \times 0^m,89$, et ces dimensions concordent avec les compartiments de l'ensemble. Il est fait d'une tôle de 4 millimètres bordée sur rive d'un cadre en cornières de $\frac{55 \times 55}{8}$ et raidie par les mêmes montants traverses et diagonales que le reste de la porte.

Pour établir les ferrements d'axe on a employé trois paumelles à gond et un pivot sur chaque rive, et la fermeture a lieu au moyen d'une crémone à clef en fer rond de 27. Le guichet est ferré de deux paumelles et fermé par une serrure de sûreté de 0,26.

449. Portes d'entrée d'édifices. — Les portes d'entrée des édifices, lorsqu'on les exécute en fer, se composent de la même façon et avec les mêmes éléments simples. On cherche à donner au parement vu les meilleures proportions, et on le décore de panneaux, produits d'ordinaire par des fers plats appliqués sur la tôle et vissés.

Quelquefois on accuse la liaison par des têtes saillantes de vis ou de rivets.

Enfin, on complète souvent la hauteur par des panneaux à jour obtenus par la disposition de la partie haute d'une grille.

Une porte de ce genre est représentée en (1) dans la *fig.* 1014. C'est un vantail de la porte de l'Ecole Centrale rue Conté. La baie à fermer a 4^m,46 de largeur ; la porte

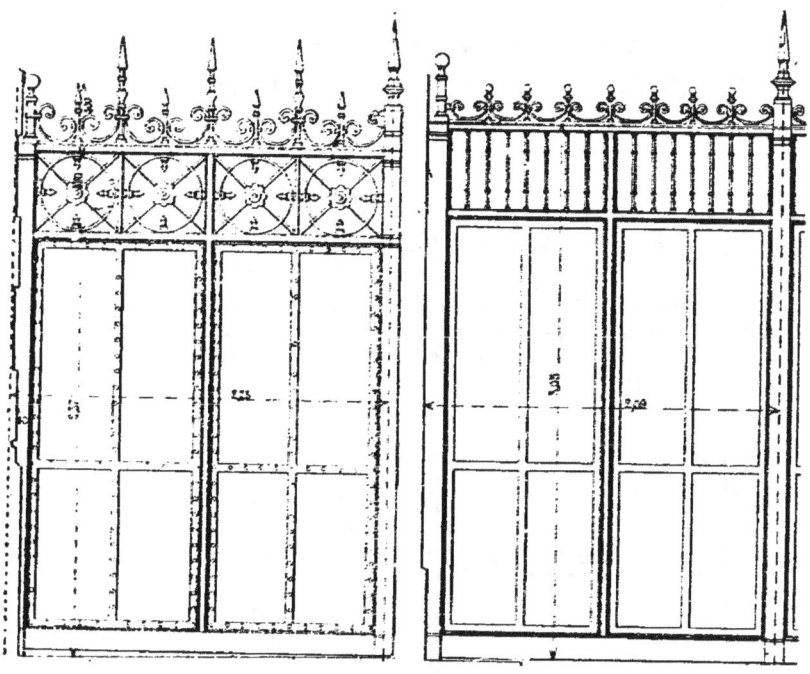

Fig. 1014

est à deux vantaux, séparés dans le sens de la largeur en quatre compartiments par des fers plats, avec têtes de rivets apparentes.

Dans le sens vertical, ils sont faits d'une partie pleine de 2^m,37 de hauteur et d'une partie ajourée en fer et fonte, sur 0^m,85, pointes en plus.

La partie pleine est divisée en deux compartiments inégaux ; la grille au-dessus est faite de divisions en largeur correspondant aux panneaux de tôle ; en hauteur, elle présente une frise de 0,45, avec cercles, ornements diagonaux et pontets saillants dans les vides. Au-dessus, se dressent des barreaux, alternativement grands et petits, terminés en pointe et reliés par des C.

Le croquis (2) représente la grille intérieure du même

passage. Elle est composée d'une façon identique, mais la grille du haut est plus simple, faite de barreaux parallèles dans la frise et de boules à la partie haute des barreaux ; ces derniers sont reliés par des C comme les précédents.

On peut accentuer la décoration des parements extérieurs des grilles d'édifices par la disposition indiquée

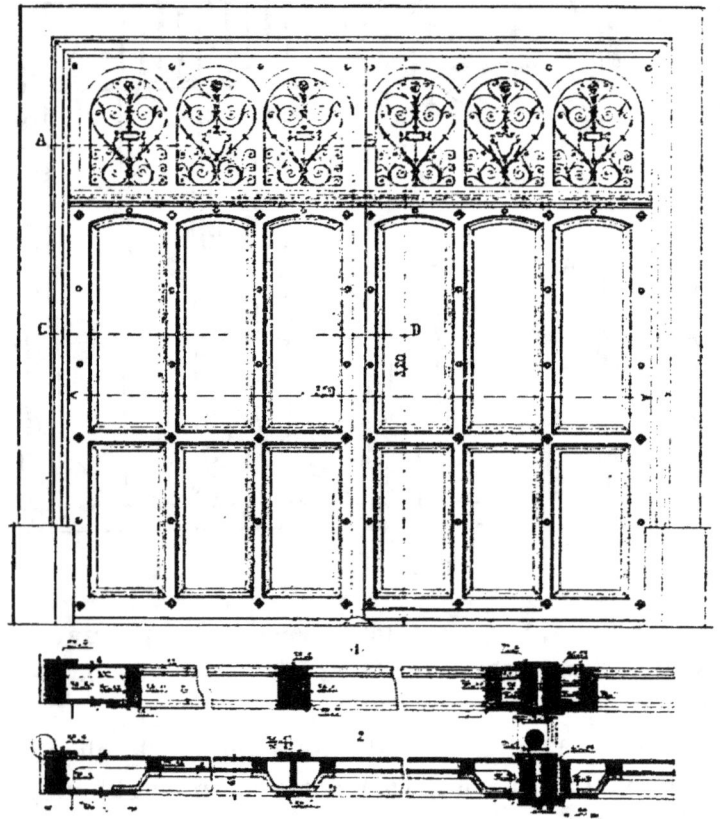

Fig. 1015

dans la *fig.* 1015. Elle représente une porte construite par M. Cochelin pour l'entrée de ses ateliers. Les panneaux, renfoncés par une construction très bien étudiée, y sont très décoratifs.

La baie à fermer est de $3^m,31 \times 3^m,20$ mesurée en fond de feuillure. La porte est à deux vantaux, et l'un d'eux comporte un guichet.

Chaque vantail est composé d'un cadre de rive en fer plat de 50 ; le montant de feuillure a 35 d'épaisseur ; le battant milieu a 25, ainsi que les traverses. Deux montants intermédiaires en fer à T de $\frac{54 \times 53}{9,5}$ divisent la largeur en trois panneaux. Du côté de l'intérieur, une tôle unie forme le remplissage, avec bordure en fer plat sur la rive. Du côté extérieur, les panneaux sont formés, d'abord par de petits fers plats de 25 × 14 recevant une tôle spéciale, puis par un cadre en fonte, en forme de V ou de large Zorès, qui les recouvre. Ce dernier forme comme une moulacion des panneaux adjacents, auxquels il donne une profondeur de quatre centimètres et demi environ. Du côté des rives les fontes sont réduites à la moitié du profil.

Des fers plats et des tôles en bandes complètent la partie pleine de la porte, qui de la sorte a ses panneaux en creux décorés au moyen des cadres biais bien accentués par leur saillie.

L'imposte est divisée comme la partie pleine et exécutée, ainsi que l'indique la coupe spéciale, au moyen de fers plats. Il reste des vides garnis de panneaux légers en fer forgé et fermés par des vasistas vitrés.

450. Portes vitrées. — Les portes vitrées s'exécutent en fer bien plus simplement qu'en bois, et le principe de construction est toujours le même : Un cadre en fer plat fait l'entourage de la porte ; une traverse en fer plat sépare la partie vitrée du soubassement plein. Chaque panneau est de plus **doublé d'une cornière, dont les dimensions et la position varient avec son usage**. Dans les rectangles du haut, elle sert à faire la feuillure à verre ; en bas, elle reçoit la tôle de remplissage.

La *fig.* 1016 représente une porte basse d'un bâtiment de la Papeterie d'Essonnes. La baie a 1^m,40 × 2,00. Le soubassement plein a 0,80 de haut. Le cadre de rive est en fer plat de 30 × 18 et la traverse de séparation est en même fer. La partie vitrée est doublée d'une cornière de 30 × 20 avec séparations en fers à T de 25 × 25.

Le rectangle de soubassement est doublé de la même cornière de 30 × 20, dans l'intérieur de laquelle est placée une tôle striée de 8 millimètres d'épaisseur totale.

Chaque vantail est articulé sur les piédroits métalliques

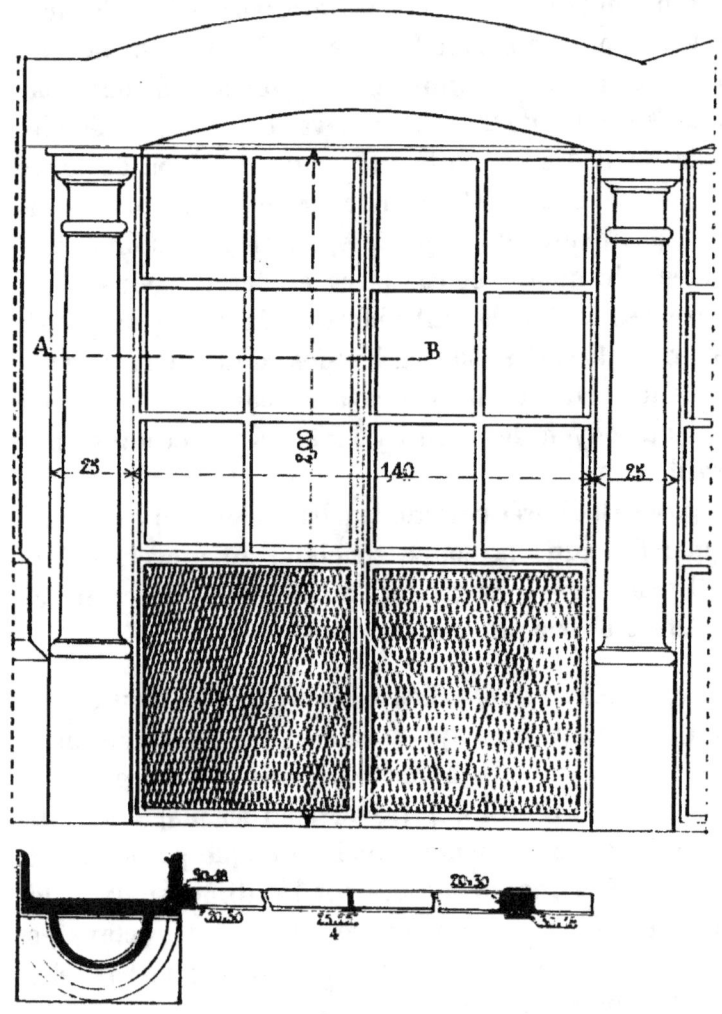

Fig. 1016

de la baie au moyen de 3 paumelles de 120 × 18; une crémone unie demi-ronde de 18 fixe le vantail dormant, et une serrure à deux pènes avec bouton double ferme le second vantail.

Une porte du même genre, mais placée au milieu de

vitrages dormants est représentée *fig*. 1017. La baie a 3 mètres de hauteur totale et 1,70 de largeur ; elle est en plein cintre à la partie haute. Dans le milieu, on a établi une

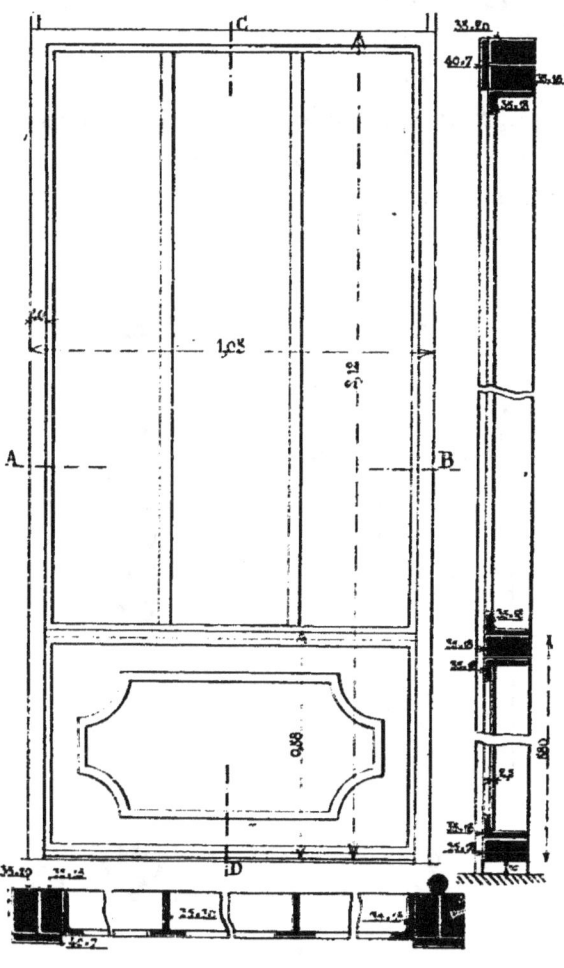

Fig. 1017

partie vitrée de $2^m,10 \times 1^m,00$ et le soubassement de $0^m,58$ règne avec la partie pleine de la porte.

De chaque côté de la partie ouvrante on a placé un poteau montant et ces deux pièces sont reliées comme une huisserie, de manière à encadrer la partie ouvrante par un dormant. Le profil du dormant comporte une feuillure ; il est formé d'un fer plat de 20×35 doublé d'un autre de

40 × 7, ce dernier n'existe que sur la rive de la baie. Dans chacun des vides du pourtour on place un châssis fait d'une cornière de 35 × 20, et dont les divisions sont en T de 35 × 30. Les rives de ces châssis dormants, qui se placent dans les feuillures de la maçonnerie, sont munies de pattes à scellement.

La porte ouvrante qui est la seule partie figurée, est faite d'un bâti en fer plat de 35 × 18, doublé d'une cornière dans chacun des compartiments. Les rectangles du vitrage

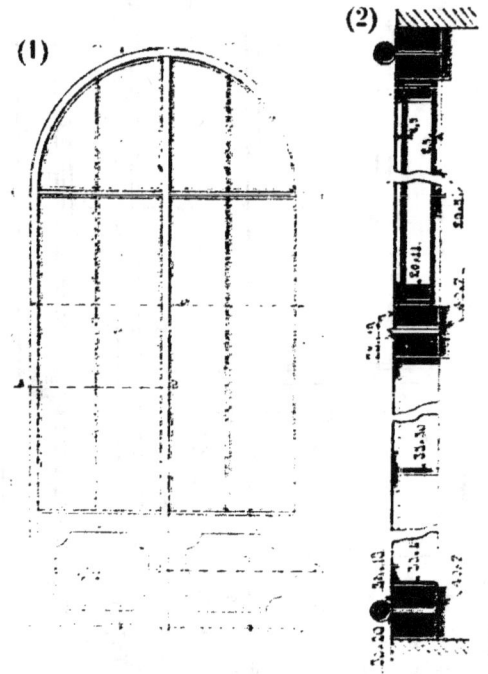

Fig. 1018

sont séparés par des T de 35 × 30. Le soubassement est en tôle de 2 millimètres et demi, présentant à ses deux parements un cadre rectangulaire à angles rentrants arrondis formé d'un fer plat de 23 × 3.

La porte vitrée à deux vantaux, représentée par la *fig*. 1018 (¹) est établie sur le même modèle et avec les

---

(¹) M. Cochelin, constructeur.

mêmes dimensions de fers; la seule différence réside dans la construction du soubassement, qui comporte double tôle : l'une mise à la façon ordinaire; la seconde, séparée de la première par un fer plat de 20×11, recouvrant non seule-

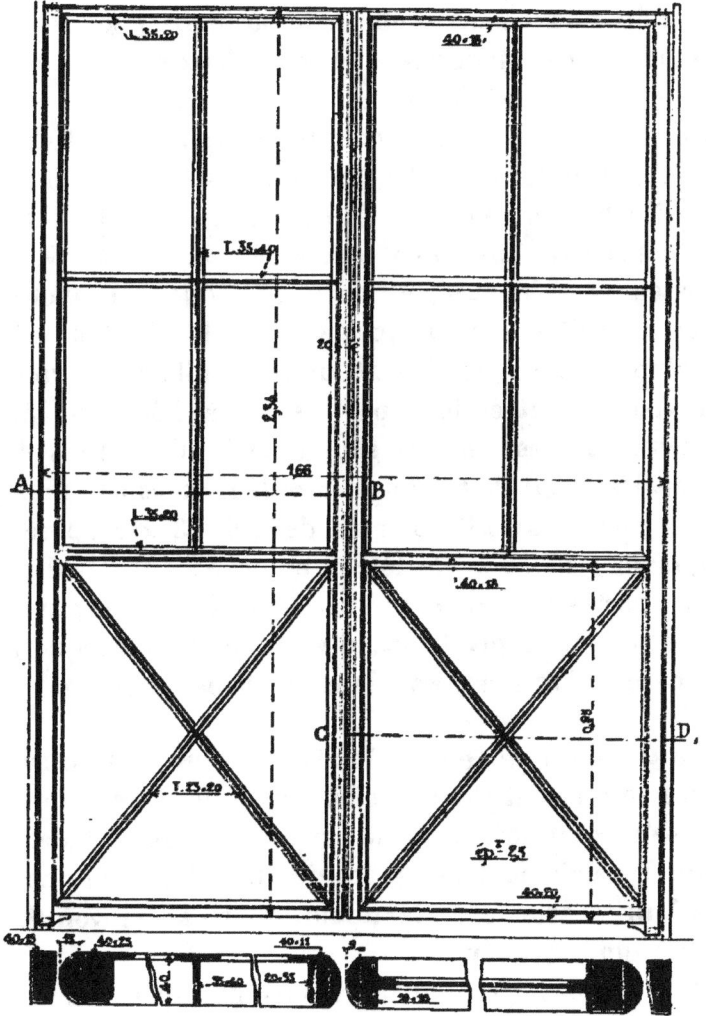

Fig. 1019

ment ce fer plat, mais encore la cornière qui reçoit la précédente. Ces deux tôles ont chacune $2^{mm},5$ d'épaisseur. Le plan donné dans le croquis (2) est une coupe horizontale suivant la ligne brisée ABCD.

La *fig.* 1019 donne l'exemple d'une porte en fer à deux

vantaux ouvrant en va-et-vient, c'est-à-dire dans les deux sens, et exécutée par le même constructeur. Une huisserie en fer plat de 40 × 18 encadre la baie et la sépare de parties dormantes qui l'entourent ; les montants sont légèrement chanfreinés d'un côté et il n'existe aucune feuillure, en raison du mouvement même de la porte. Les deux vantaux ouvrants sont identiques : chacun d'eux se compose d'un cadre en fer plat de 40, mais dont les dimensions en épaisseur sont inégales. Le montant d'axe a 25, le battant milieu 11 ; les traverses du bas ont 20 et les autres 18. Les rives verticales sont munies d'un fer arrondi de 40 × 15 pour le côté d'axe, et de 40 × 9 pour l'autre.

Les assemblages de ces pièces sont ceux que nous avons vus pour les grilles. Dans la partie vitrée, le montant est doublé d'une cornière de 35 × 20 faisant feuillure à verres et les divisions sont établies par des fers à T de 40 × 35. Le soubassement est en tôle simple de 2 millimètres et demi d'épaisseur ; il est retenu sur ses deux faces par deux cadres en cornières de 18. De plus, des T de 23 × 20, posés en diagonales, raidissent la tôle et empêchent tout voilement. Ces portes sont montées à pivot simple dans le haut, et dans le bas sur un pivot spécial va-et-vient, dit Jacquet, dont la description excéderait le cadre de cet ouvrage.

451. Jalousies en fer. — On abrite les croisées du soleil en les recouvrant par des jalousies ou des persiennes. Les jalousies sont des sortes de stores que l'on fait descendre de la partie haute, et qui sont faits de lames minces réunies à un écartement maximum, donné au moyen de chaînettes qui les relient.

D'autres chaînes, prenant la traverse du bas et passant sur des poulies supérieures, peuvent relever tout l'ensemble des lames et les monter à la partie haute où elles se réunissent en un paquet de $0^m,12$ à $0^m,15$ d'épaisseur.

D'autres fois, on enroule le tout sur un tambour supérieur, auquel on donne, par des chaînes convenablement disposées, un mouvement de rotation. Dans tous les cas, les lames, lorsqu'on les fait en tôle, sont légèrement cintrées et s'imbriquent en laissant du jour, tout en s'opposant au passage des rayons solaires.

Le mouvement ainsi que les paquets de lames relevées sont cachés en haut de la baie par une feuille de tôle raidie convenablement et découpée suivant des dessins étudiés; ces feuilles portent le nom de *Pavillons*.

On obtient une demi-clôture en guidant ces lames dans

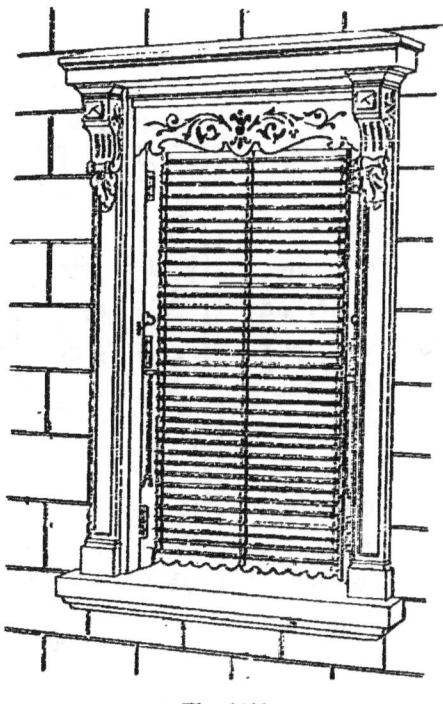

Fig. 1020

des coulisses latérales dont l'un des montants, mobile, peut les serrer au moyen d'un mécanisme simple et empêcher tout mouvement.

A ce dernier point de vue, celui de la sécurité, elles ne valent pas les persiennes, qui forment une clôture plus complète, et dont il va être parlé.

452. Persiennes fer et bois, divers systèmes. — Du moment que l'on rejette les persiennes en bois, et qu'à ce dernier on associe le fer, on adopte la fermeture en tableau, ainsi que la division de chaque vantail en un certain nombre de feuilles articulées se repliant sur elles-mêmes. On a déjà vu dans la « *Menuiserie* » ce genre de persiennes exécutées tout en bois ; mais l'emploi du fer réduit les épaisseurs et permet de prendre moins de place pour la persienne repliée.

L'aspect d'une baie garnie de ces sortes de persiennes est indiqué dans la *fig.* 1021. Chaque vantail est ainsi formé de 2, 3, 4 feuilles réunies entre elles par des paumelles, et se repliant suivant un arrangement déterminé.

Lorsque l'on veut construire une feuille de ces persiennes, on la compose d'un cadre en fer spécial élégi, formé de deux montants et de deux ou plusieurs traverses ; dans l'épaisseur du fer, muni d'une rainure de dimensions réduites, on loge les diverses lames en bois, avec des taquets dans les intervalles pour régler les écartements.

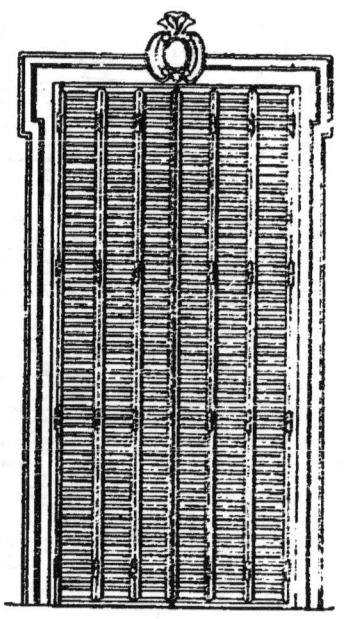

Fig. 1021

On obtient ainsi des feuilles n'ayant que 18 millimètres d'épaisseur, et, avec cette dimension réduite, présentant néanmoins une grande rigidité.

Un premier mode d'attache de ces persiennes consiste à les disposer de telle sorte que la première feuille soit ferrée sur la menuiserie dormante de la croisée. Pour éviter les saillies de cette dernière, en même temps que pour ne pas rétrécir trop la partie ouvrante, on rapporte, en dehors de chaque pièce de dormant, une *tapée* en bois, assez épaisse pour racheter l'avancement des appui et jet d'eau ; d'autre part, on la fait suffisamment large pour couvrir la tranche des persiennes lorsqu'elles sont ouvertes.

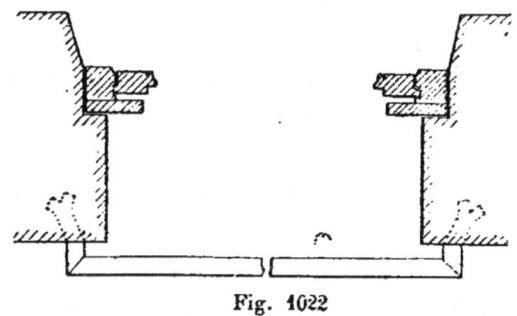

Fig. 1022

La *fig.* 1022 montre la coupe horizontale des do:mants de

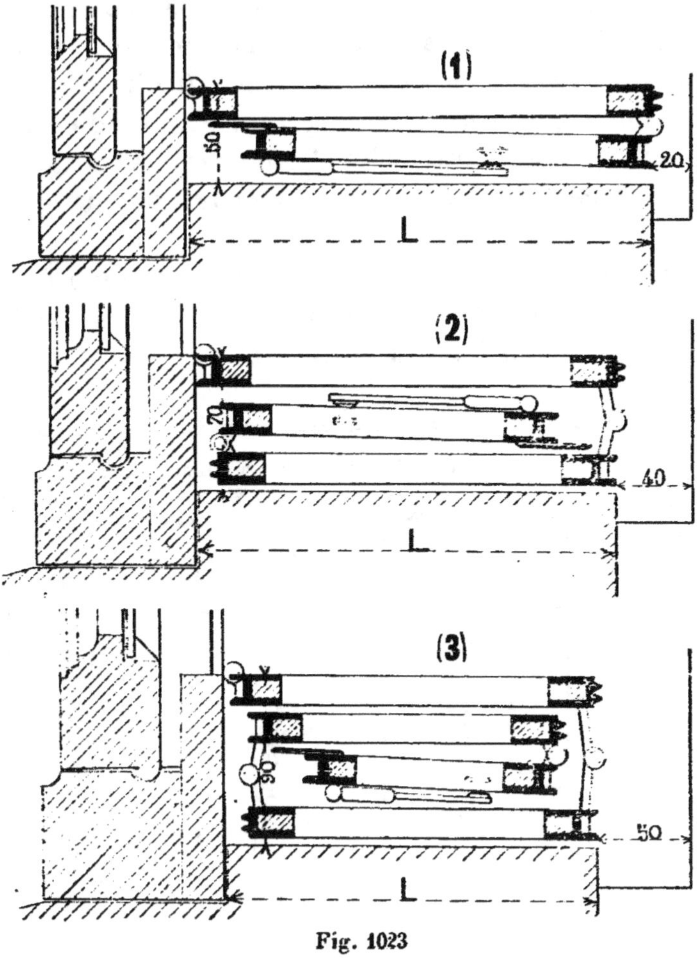

Fig. 1023

la croisée dans leur feuillure, avec l'addition de la tapée.

Elle indique aussi la forme qu'il est utile de donner au balcon, afin de laisser le tableau complètement libre pour le développement des persiennes.

Les trois croquis de la *fig.* 1023 représentent les feuilles d'un même vantail repliées en tableau dans trois cas différents, avec l'amorce de la croisée.

En (1) le vantail est en deux feuilles ; tout replié, il occupe une épaisseur de $0^m,05$ sur le tableau. On voit que, grâce à la tapée, la largeur de la croisée et celle du vitrage de cette croisée, n'en sont pas sensiblement modifiées.

En (2), la disposition est prise pour trois feuilles et l'épaisseur totale en tableau est de 70 millimètres. En (3) le vantail est en 4 feuilles, et replié prend 90 millimètres. C'est le vantail extérieur qui est ferré sur le bord de la tapée, ainsi que le montrent les 3 croquis ; les autres se rabattent successivement en se ramenant autour des premiers.

La largeur du tableau de la baie varie avec le nombre de feuilles. Les chiffres suivants donnent les dimensions à adopter pour pouvoir loger les persiennes.

Type n° 1

Largeur de la baie	Largeur L à donner au tableau de cette baie pour vantaux		
	à 2 feuilles (croq. 1)	à 3 feuilles (croq. 2)	à 4 feuilles (croq. 3)
$0^m,80$	$0^m,200$	»	»
0, 90	0, 225	»	»
1, 00	0, 250	»	»
1, 10	0, 275	$0^m,185$	»
1, 20	0, 300	0, 200	»
1, 30	0, 325	0, 220	»
1, 40	»	0, 235	»
1, 50	»	0, 250	$0^m,195$
1, 60	»	0, 270	0, 205
1, 70	»	»	0, 220
1, 80	»	»	0, 235
1, 90	»	»	0, 245
2, 00	»	»	0, 260

La coupe verticale d'une persienne fer et bois, ferrée sur tapée en bois et repliée pour fermer la baie, est donnée dans le croquis (1) de la *fig.* 1024.

On voit que la persienne vient battre à la partie haute

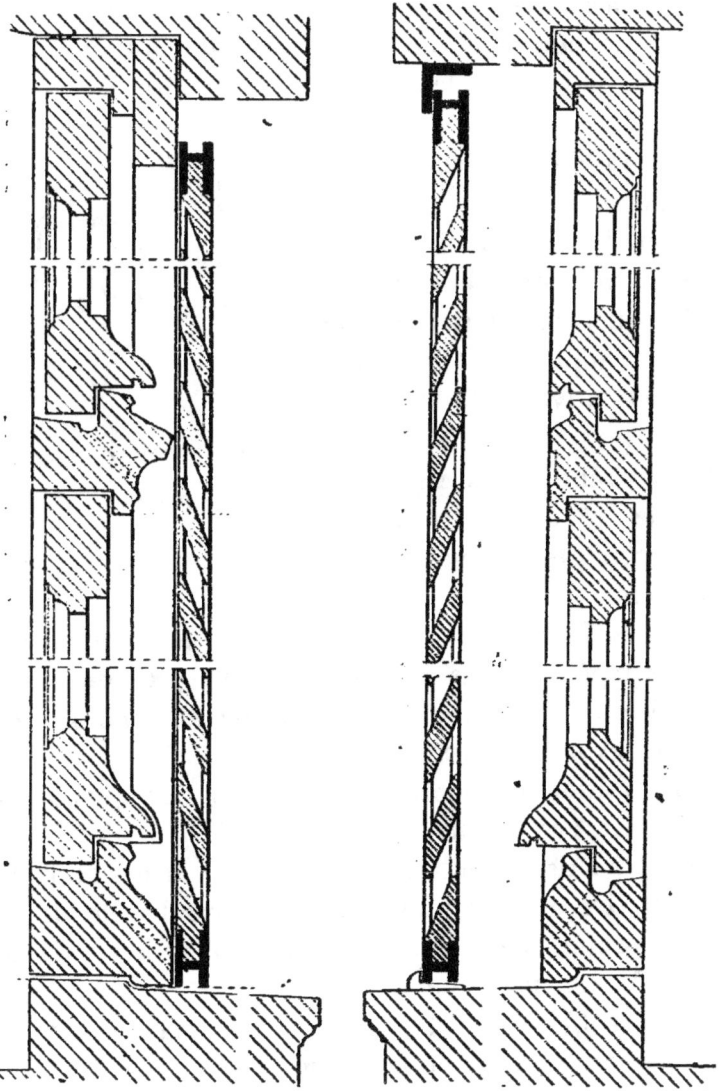

Fig. 1024

contre la traverse de la tapée et à la partie basse contre la pièce d'appui du dormant.

Cette coupe montre en même temps la forme de la partie en bois et notamment des lames.

Ces dernières se font, soit en pitchpin, soit en chêne. Ce dernier bois est d'un prix très approchant du précédent, mais plus élevé. On remplace quelquefois la tapée en bois de l'arrangement précédent, par une tapée en fer faite d'une cornière inégale, de 90 de branche pour 4 feuilles, par exemple, ainsi que le montre le croquis 1025.

Du dedans de la maison l'aspect est le même.

Le seul inconvénient de cette cornière, très faible du reste, est de nécessiter une entaille dans la pièce d'appui du dormant et du vantail ouvrant de la croisée.

La très grande proximité de la persienne et de la croisée est

Fig. 1025

souvent gênante ; la manœuvre elle-même exige un peu d'attention.

On a modifié la position de la persienne en remplaçant encore la tapée en bois de l'arrangement précédent par une tapée en fer, mais en la plaçant plus au dehors, près de l'arête extérieure du tableau.

La disposition est alors celle des trois croquis de la *fig*. 1026 ; c'est ce que nous appellerons *le type n° 2*.

En (1) il y a deux feuilles par vantail et l'articulation se fait de la rive de la feuille extérieure sur l'arête de la tapée ; le vantail se développe en poussant et il en est de même de la deuxième feuille.

En (2) et en (3) la disposition est la même, mais pour vantaux brisés en trois et en quatre feuilles.

La largeur du tableau, pour le second type, varie encore avec le nombre de feuilles. Les chiffres suivants, donnent les dimensions qu'il faut adopter pour pouvoir loger les persiennes.

Type n° 2

Largeur de la baie	Largeur L à donner au tableau de la baie pour vantaux		
	à 2 feuilles (croq. 1)	à 3 feuilles (croq. 2)	à 4 feuilles (croq. 3)
0m,80	0m,230	»	»
0, 90	0, 255	»	»
1, 00	0, 280	»	»
1, 10	0, 305	0m,230	»
1, 20	0, 330	0, 245	»
1, 30	0, 355	0, 265	»
1, 40	»	0, 280	»
1, 50	»	0, 295	0m,260
1, 60	»	0, 315	0, 270
1, 70	»	»	0, 285
1, 80	»	»	0, 300
1, 90	»	»	0, 310
2, 00	»	»	0, 325

Type n° 3

Largeur de la baie	Largeur L du refouillement à faire dans le tableau de la baie pour vantaux		
	à 2 feuilles (croq. 1)	à 3 feuilles (croq. 2)	à 4 feuilles (croq. 3)
0m,80	0m,210	»	»
0, 90	0, 235	»	»
1, 00	0, 260	»	»
1, 10	0, 285	0m,205	»
1, 20	0, 310	0, 220	»
1, 30	0, 335	0, 235	»
1, 40	»	0, 255	»
1, 50	»	0, 270	0m,235
1, 60	»	0, 285	0, 245
1, 70	»	»	0, 260
1, 80	»	»	0, 275
1, 90	»	»	0, 285
2, 00	»	»	0, 295

L'inconvénient du type que nous venons de décrire est la tapée extérieure très large pour les dispositions (2) et (3), dont l'apparence du dehors ne cadre pas toujours avec les façades. Il est parfois difficile en effet d'accepter l'aspect de ces larges bandes verticales. On est alors arrivé à diminuer la saillie en logeant toutes les lames, sauf une,

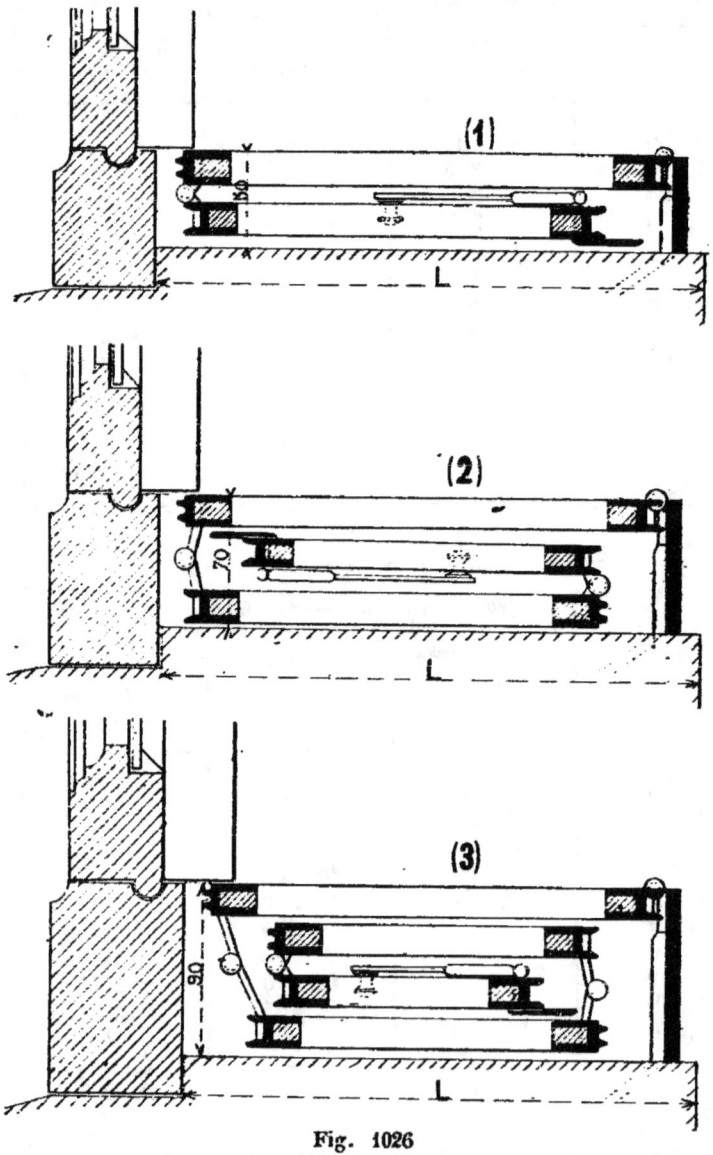

Fig. 1026

dans un refouillement ménagé dans la pierre des tableaux.

La saillie est alors réduite à $0^m,02$, c'est-à-dire à la proportion d'un petit listel.

Cette disposition constitue le type n° 3.

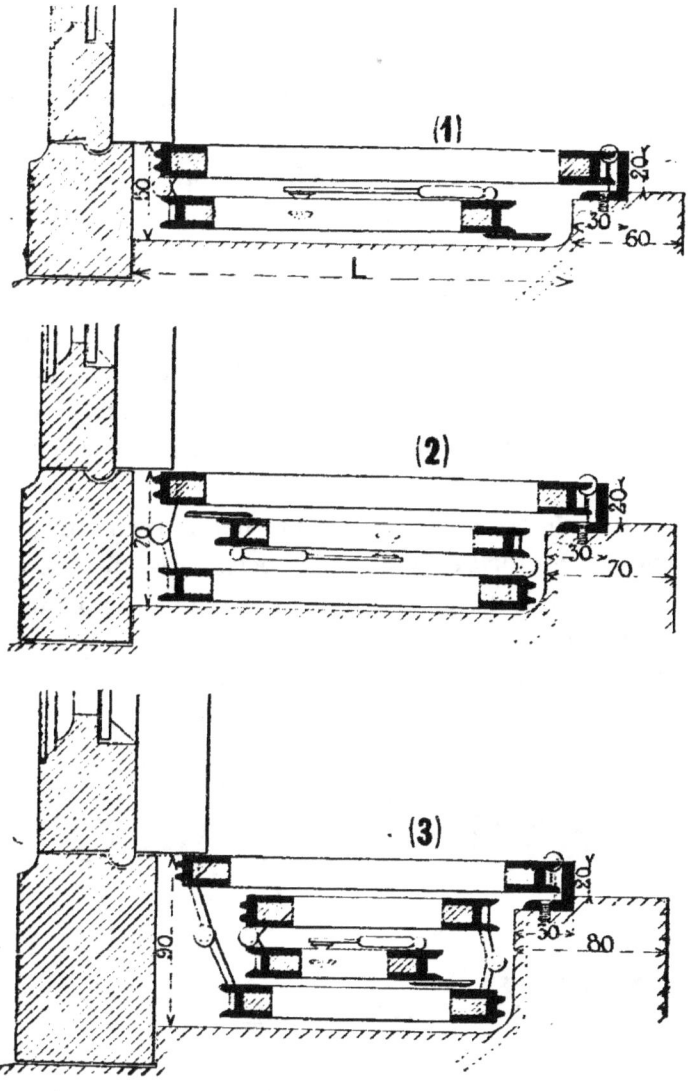

Fig. 1027

Les trois croquis de la *fig.* 1027 donnent la forme des encoches indispensables pour loger les feuilles, qu'elles soient au nombre de deux, trois, ou quatre par vantail.

La dimension en largeur du refouillement est donnée par les chiffres du tableau (p. 582, type n° 3).

A ces dimensions, il faut ajouter la saillie extérieure, de 60,70 ou 80 au moins, pour avoir la largeur totale du tableau.

La coupe verticale de la baie, pour les deux derniers cas figurés, est représentée par le croquis (2) de la *fig.* 1024.

On remarquera la forme des fers montants des feuilles adjacentes qui sont disposés de manière à faire une sorte d'assemblage à noix et à gueule de loup, ainsi que le montre le croquis (1) de la *fig.* 1028.

Quant aux paumelles, elles sont faites spécialement pour ces persiennes, et elles sont remarquables par les longueurs diverses qu'il faut donner aux branches afin d'obtenir le développement ou le repliement des feuilles.

153. Persiennes en fer. — Les persiennes tout en fer sont moins confortables que les persiennes fer et bois, mais elles sont d'un prix moins élevé et leur épaisseur est encore réduite ; elles se logent donc dans un espace plus restreint lorsqu'elles sont repliées en tableau.

La différence comparative d'épaisseur est rendue sensi-

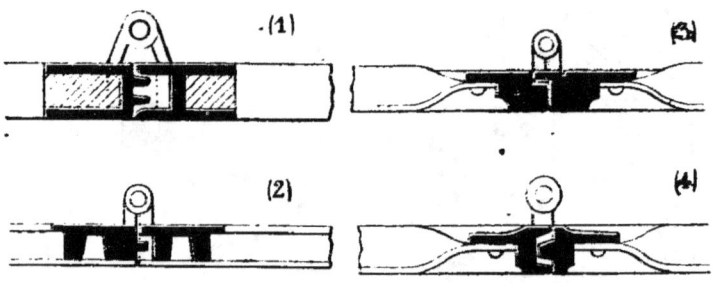

Fig. 1028

ble par les quatre croquis de la *fig.* 1028. Le croquis (1) donne la coupe horizontale de la persienne fer et bois, tandis que les trois autres sont les coupes analogues de trois types de persiennes tout en fer ([1]).

Dans le type n° 2, les bâtis sont en fers spéciaux ; ils

([1]) Ces types sont ceux de la maison Chedeville et Jaquemet. Ils varient d'ailleurs peu d'un constructeur à un autre.

s'emboitent à feuillure, et reçoivent des panneaux d'une seule pièce, en tôle découpée à angle vif et emboutie régulièrement pour simuler les lames et donner du jour.

Le croquis (3) est fait, comme bâti, d'un profil de fer dif-

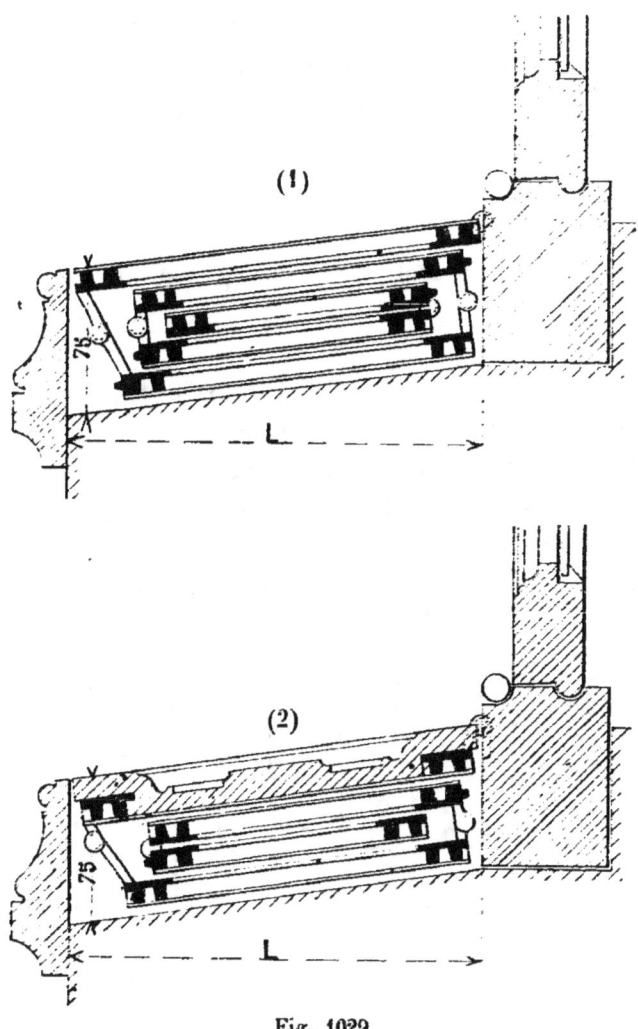

Fig. 1029

férent sur lequel on rive des panneaux en tôle d'une seule pièce, découpés et emboutis en arrondi; l'assemblage des feuilles adjacentes se fait à rainure.

Le croquis (4) ne diffère du précédent qu'en ce que le fer du bâti a un profil spécial, qui lui permet de se rapprocher, pour deux feuilles successives, des assemblages à noix.

Ces persiennes tout en fer se posent de la même manière que les persiennes fer et bois. On peut les ferrer sur une tapée en bois accompagnant le bâti dormant de la croisée. On peut également les articuler sur une tapée en fer scellée dans le tableau près de son arête extérieure. On peut enfin diminuer la largeur de cette tapée, en logeant toutes les feuilles moins une dans un refouillement pratiqué dans le tableau.

Il est à remarquer que :

    2 feuilles ne demandent plus qu'une épaisseur de 40
    3   »   55
    4   »   70

mais avec ces faibles épaisseurs, les feuilles tendent à se voiler lorsque la hauteur de la croisée devient grande.

La largeur nécessaire pour le tableau, dans chacun de ces trois types, est donnée dans le résumé suivant :

Largeur de la baie	Largeur du tableau en mètres, dans chacun des cas suivants :								
	avec tapée en bois			avec tapée en fer			avec tapée en fer et refouillement		
	vantail à			vantail à			refouillement pour vantail à		
	2 feuilles	3 feuilles	4 feuilles	2 feuilles	3 feuilles	4 feuilles	2 feuilles	3 feuilles	4 feuilles
0,80	0,200	»	»	0,230	»	»	0,220	»	»
0,90	0,225	»	»	0,255	»	»	0,235	»	»
1,00	0,250	»	»	0,280	»	»	0,260	»	»
1,10	0,275	0,185	»	0,305	0,230	»	0,285	0,210	»
1,20	0,300	0,200	»	0,330	0,245	»	0,310	0,220	»
1,30	0,325	0,220	»	0,355	0,265	»	0,335	0,235	»
1,40	»	0,235	»	»	0,280	»	»	0,255	»
1,50	»	0,245	0,195	»	0,295	0,260	»	0,270	0,235
1,60	»	0,260	0,205	»	0,315	0,270	»	0,285	0,245
1,70	»	»	0,220	»	»	0,285	»	»	0,260
1,80	»	»	0,235	»	»	0,300	»	»	0,275
1,90	»	»	0,245	»	»	0,310	»	»	0,285
2,00	»	»	0,260	»	»	0,325	»	»	0,295

(+ 0,050 pour la saillie — 2 feuilles ; + 0,070 pour la saillie — 3 feuilles ; + 0,080 pour la saillie — 4 feuilles)

On peut très bien appliquer les persiennes, fer et bois ou tout en fer, à l'intérieur des croisées et les replier dans l'ébrasement. Il est des cas où cette disposition peut rendre des services notables ; on peut alors prendre l'une ou l'autre des deux dispositions de la *fig.* 1029. En (1) les persiennes sont visibles à l'ébrasement, et leur tranche est seule cachée par un chambranle mouluré. La première feuille peut être en tôle lisse, les autres sont soit en tôle lisse, soit disposées avec des lames.

Dans le croquis (2) la première feuille est doublée d'un lambris en bois qui remplit l'ébrasement et forme sa paroi, exactement avec le même aspect que lorsqu'il s'agit de volets intérieurs en bois.

Enfin, la *fig.* 1030, donne la disposition des persiennes,

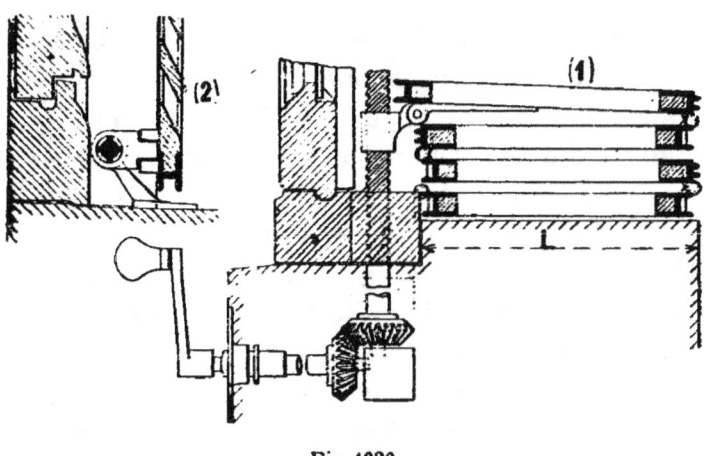

Fig 1030

bois et fer ou tout fer, qui s'appliquent à une baie que l'on doit fermer du dedans, sans qu'il soit possible, ou simplement commode, d'ouvrir la croisée.

On dispose, dans une cavité convenable du piédroit de la baie, une commande par manivelle et engrenages, qui actionne une vis à 2 filets inverses, symétriques par rapport à l'axe.

Sur cette vis glissent deux écrous qui, ne pouvant pas tourner, sont entraînés soit en convergeant, soit en divergeant. Chacun d'eux, lié à un vantail de persienne, l'entraîne.

Suivant le sens de la rotation, on arrivera donc par une simple manœuvre de l'intérieur, soit à fermer la persienne tout à fait, soit à l'ouvrir et à la replier en tableau.

454. Fermetures de boutiques à rideaux. — Les anciennes devantures de boutiques, formées de volets mobiles, sont remplacées avantageusement, depuis nombre d'années, par des fermetures en tôles, plus commodes et plus sûres. Ces dernières sont composées de feuilles métalliques, horizontales, imbriquées, guidées pour un mouvement vertical et se soulevant à la manière des rideaux de cheminée afin de se loger derrière *le tableau* de la devanture. Telles sont les fermetures *à rideau*.

La tôle a une épaisseur de deux à trois millimètres ; elle se meut dans des coulisses latérales en fer, et il y a une coulisse spéciale pour chaque feuille. La feuille du bas est munie d'une cornière inférieure saillante, les autres sont formées de même, et il suffit de soulever la feuille du bas bien également par ses deux extrémités. Lorsqu'elle s'est élevée de sa hauteur ; elle soulève la seconde, qui à son tour soulèvera la troisième, et ainsi de suite jusqu'à ouverture complète.

Les premières fermetures de ce genre ont été vulgarisées par M. Maillard. Ce constructeur donnait le mouvement à la première tôle au moyen de deux grandes vis verticales, placées dans les caissons de côté, soulevant deux écrous fixés aux extrémités de la feuille n° 1. Au moyen d'engrenages, les deux vis fonctionnaient ensemble et soulevaient bien également le rideau de tôles. On les actionnait par une manivelle convenablement placée et la transmission intermédiaire nécessaire.

Tel est le principe de construction des fermetures à vis. La *fig*. 1031 représente en élévation, en coupe et en plan, une fermeture de ce genre. La hauteur totale de la boutique se compose d'un soubassement plein, du vide de la baie que l'on doit fermer et enfin d'une partie supérieure formant entablement et composée d'une grande frise que l'on nomme le *tableau*, parce qu'on y inscrit les enseignes commerciales et d'une corniche au-dessus. Dans le sens de la largeur, la baie est limitée par des pilastres creux, nommés *caissons*, établis au nu du tableau

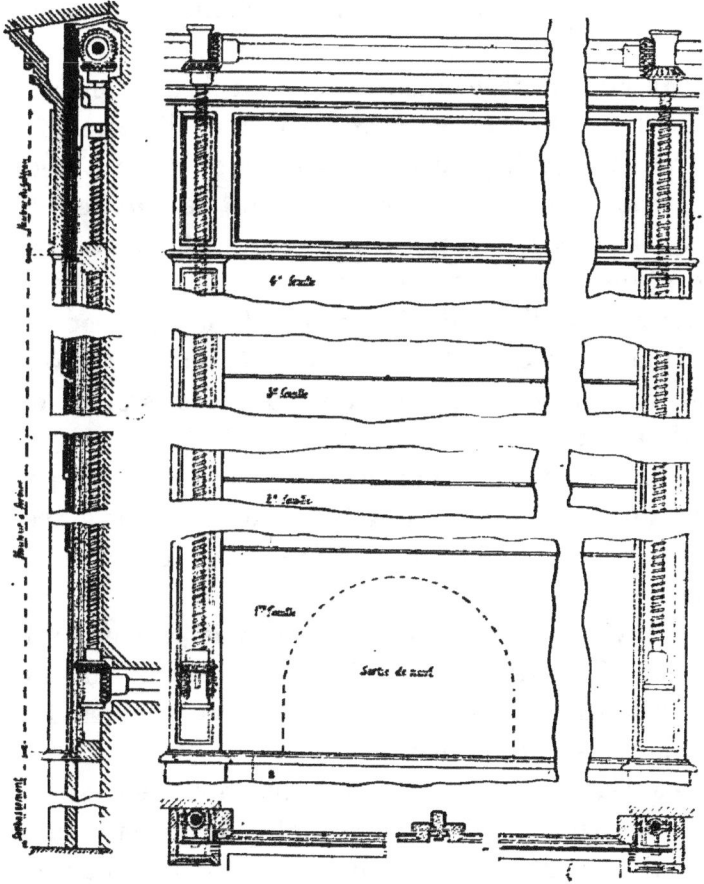

Fig. 1031

et dont la façade, exécutée en lambris de menuiserie, est ouvrante à charnières.

On combine la hauteur de l'entablement avec les feuilles de tôle pour que ces dernières, lorsqu'on ouvre la baie, puissent entièrement se loger derrière le tableau. Ce dernier se fait généralement en tôle; de cette façon il tient peu de place ; de plus il ne se fend ni ne se gauchit sous les influences extérieures du soleil et de la pluie. On profite, pour loger l'ensemble de la devanture, des 0^m,16 de saillie dont on peut disposer sur la voie publique en avant du nu du mur de face.

Le soubassement plein sert de clôture, et la porte dans cette hauteur est également pleine et donne toute sécurité.

Les caissons correspondent à une saillie du soubassement. Leur côté interne est formé par les coulisses en fer qui doivent servir de guides aux feuilles du rideau. Leur côté externe est plein en bois ; il rejoint le mur de face dans lequel il est retenu par des pattes à scellement.

Leur façade est ouvrante, comme on l'a vu, et le vide de leur intérieur est disponible pour loger le mécanisme.

Ce dernier se compose, de chaque côté, d'un arbre vertical fileté, supporté par une crapaudine basse, et un collier supérieur.

Les deux vis sont reliées dans la largeur de la baie par un arbre horizontal au moyen de pignons dentés, et cet arbre passe dans le tableau, derrière l'emplacement des feuilles.

Les deux vis sont donc solidaires ; elles ne peuvent tourner l'une sans l'autre, et il suffit de donner le mouvement à l'une d'elles par une commande à engrenages manœuvrée par une manivelle intérieure.

Sur les deux vis verticales se promènent, suivant le sens du mouvement, deux écrous attachés à la feuille du bas qui se trouve ainsi soulevée, et qui commande les autres feuilles en les enlevant à mesure qu'elle monte. Dans le mouvement inverse, toutes les feuilles tendent à descendre par leur propre poids ; la feuille du bas, régularise leur mouvement et les dépose, chacune à son emplacement spécial.

Lorsque la devanture est large et présente des divisions verticales en menuiserie, on en profite pour établir des guides intermédiaires pour la tôle du bas. Lorsque les poteaux manquent, on les remplace par des montants de vitrages plus forts que les autres, et disposés pour former

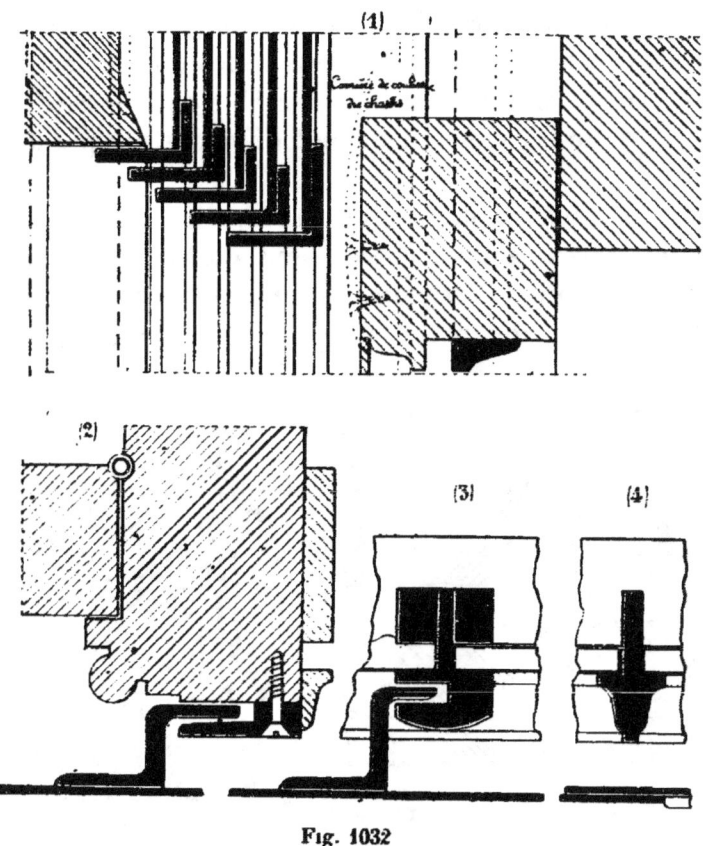

Fig. 1032

guides eux-mêmes. On voit cette disposition en plan dans les croquis (2) et (3) de la *fig.* 1032.

Le croquis (1) représente la coupe verticale des feuilles, lorsqu'elles se trouvent remontées complètement à la partie haute dans le tableau. Les feuilles, soulevées par celle du bas d'une façon légèrement excentrée, tendent à la pousser sur la devanture. Les guides dont il a été question la retiennent, en même temps que quelques platebandes arrondies, appliquées sur la traverse haute du châssis, indiquées en ponctué, et contre lesquelles la cornière inférieure vient glisser au besoin.

Les engrenages d'angle qui commandent les axes des

vis, sont soutenus par des boîtes en fonte, formant palier et crapaudine, armées de prolongements en fer trouvant un scellement solide dans la pierre.

On fait, soit dans les piédroits, soit dans le linteau, les entailles nécessaires pour la fixation des différents supports. Souvent même, il est indispensable de creuser dans la maçonnerie le logement de tout ou partie des pignons dentés.

Quant à la manivelle de commande, elle est amovible. Sa douille, creusée d'un carré, vient coiffer l'extrémité d'un bout d'arbre, qui traverse le mur en y trouvant ses points d'appui et qui porte le pignon du premier engre-

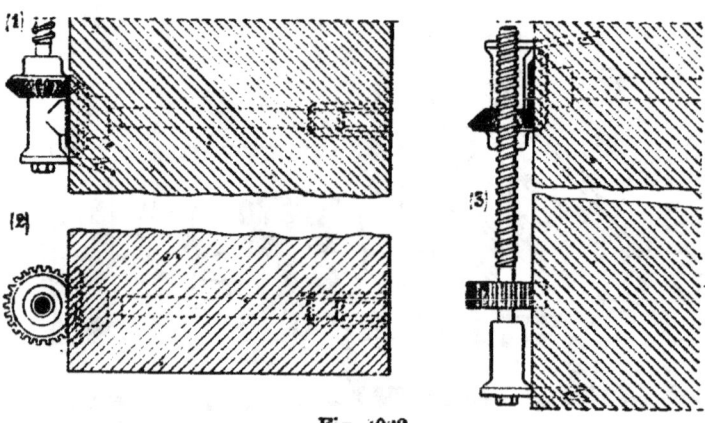

Fig. 1033

nage. Les croquis (1) et (2) de la *fig.* 1033 représente, l'un une vue de côté, l'autre le plan de la commande.

Quelquefois le soubassement est supprimé et la devanture doit se développer dans toute la hauteur de la baie jusqu'à venir appuyer sur le sol. La vis de commande doit descendre également à ce niveau, et elle reçoit alors le mouvement, par une paire de pignons droits, d'un contre-arbre vertical voisin, qui est actionné par l'arbre de la manivelle.

C'est cette disposition, vue de côté, que représente le croquis (3) de cette même figure.

Les fermetures à vis ont été remplacées depuis par des

fermetures à chaînes, plus simples de construction. Le principe consiste toujours à soulever bien horizontalement la feuille du bas, qui entraîne successivement toutes les autres. Seulement, le mouvement est donné par deux chaînes attachées aux bords de la tôle du bas, et la soulevant en engrenant avec des noix fixées sur un arbre horizontal supérieur. Les chaînes sont sans fin et le retour est guidé par un galet inférieur.

La *fig*. 1034 représente dans ses trois croquis le fonc-

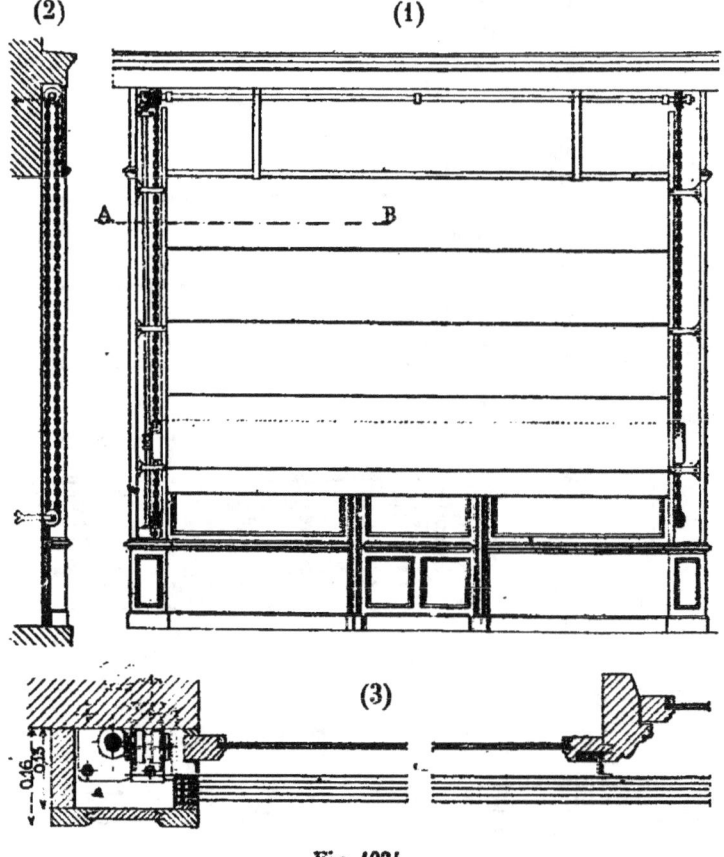

Fig. 1034

tionnement de ce genre de devantures. En (1) est l'élévation. Il s'agit d'une devanture ordinaire à cinq tôles. Le couvercle des caissons étant enlevé ainsi que le tableau, on voit l'arbre horizontal, les deux noix de commande des chaînes, leur attache sur la tôle n° 1, et enfin la transmission qui communique à l'arbre ci-dessus le mouvement de la manivelle.

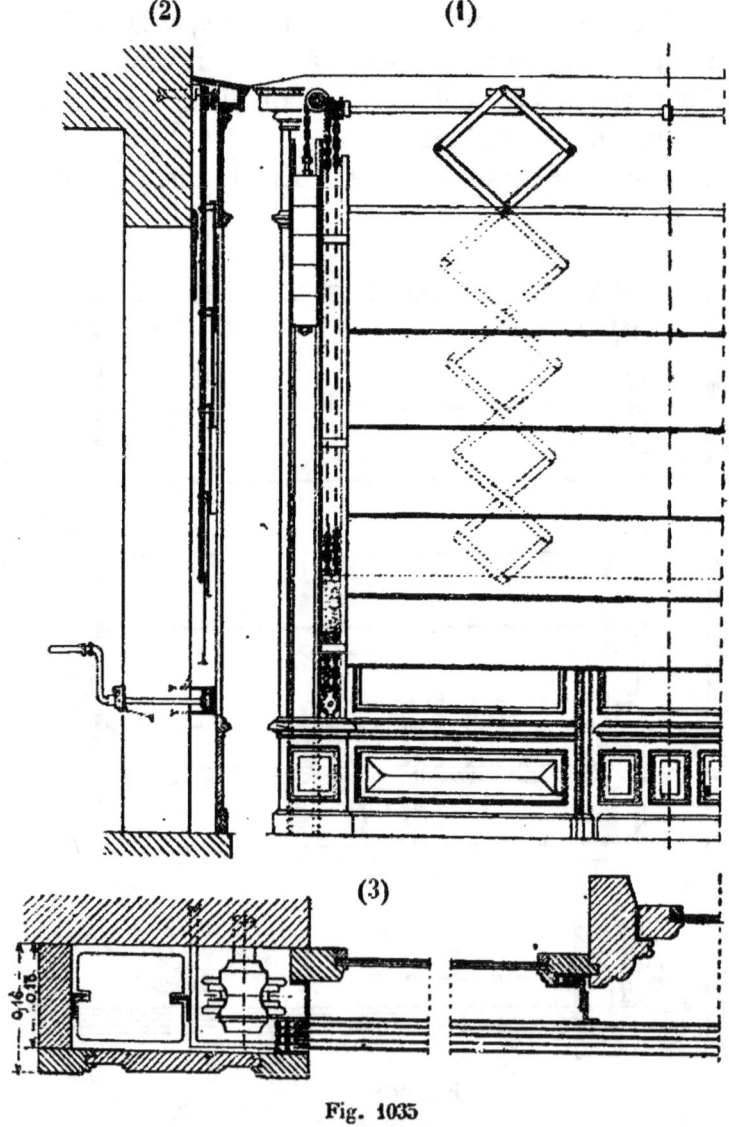

Fig. 1035

Le croquis (2) montre la coupe verticale d'un caisson et l'une des chaînes sans fin.

Le croquis (3) est une coupe horizontale suivant AB. Elle montre le caisson, la noix de la chaîne et la coupe de l'arbre de transmission ; puis les coulisses de guidage des tôles, et enfin une coulisse supplémentaire placée sur un poteau de la devanture, servant à guider les tôles en un ou plusieurs points intermédiaires de leur longueur avec l'aide de taquets appropriés.

Tel est le genre de devantures vulgarisées depuis une vingtaine d'années par MM. Jomain et Sarton, et un certain nombre d'autres constructeurs.

L'effort à exercer sur la manivelle dans les devantures dont il vient d'être question est très variable : faible au début lorsqu'il n'y a qu'une tôle à soulever, il augmente à mesure que de nouvelles tôles viennent s'ajouter à la première et il atteint son maximum à la fin de la course. L'effort augmente donc en même temps que la fatigue due à la manœuvre. Quant à la vitesse, elle est uniforme. MM. Chedeville et Dufrêne sont arrivés, par une disposition très ingénieuse représentée dans la *fig.* 1035, à ouvrir les devantures par un effort sensiblement constant. A cet effet, ils soulèvent toutes les tôles à la fois, tout en n'actionnant que la première feuille inférieure. Cela tient à ce que les feuilles successives sont reliées par une série de barres articulées en losanges, comme l'indique le croquis (1). Dès que la tôle n° 1 est soulevée, elle entraîne toutes les autres, et les dimensions sont calculées pour qu'elles arrivent simultanément en haut de la course. L'effort devient la moyenne des efforts développés dans les systèmes précédents. On diminue encore l'effort à développer en ajoutant au mécanisme un contrepoids, qui équilibre presque entièrement le poids des devantures. Il ne reste plus qu'à vaincre le frottement dû au mouvement des diverses pièces mobiles. Ces devantures, construites par MM. Dufrêne et Jaquemet, sont très appréciées et employées dans de nombreuses applications.

455. — Fermetures enroulées. — On fait aussi, pour les fermetures de boutiques un grand usage d'un système de devantures en tôle d'acier mince, ondulée, dont les premières applications ont été faites en Angleterre sous le nom de Clark l'inventeur.

Les ondulations sont assez petites (25 à 40 millimètres) et la tôle assez mince (1/3 à 1/2 millimètre) pour que les tôles, rivées l'une à l'autre et constituant une devanture d'une seule pièce, puissent s'enrouler autour d'un axe horizontal et se loger dans le tableau, dont la saillie est augmentée à

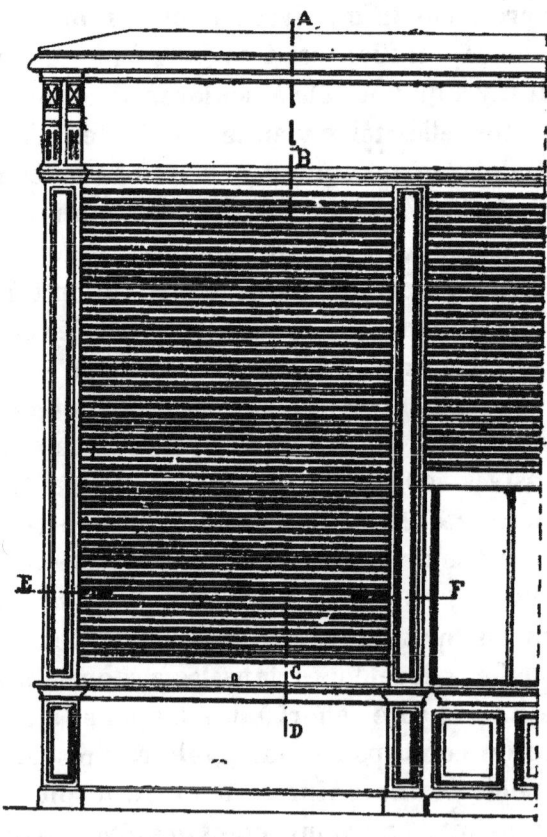

Fig. 1036

cet effet. Cette devanture est légère ; de plus le poids de la tôle est contrebalancé par des ressorts dont on règle la tension de manière que le rideau soit en équilibre et puisse s'arrêter en un point quelconque de sa course.

Dans ces conditions, il n'est plus besoin de manivelle ni de transmissions pour manœuvrer la tôle. On munit d'un piton la cornière qui la borde à la partie basse, et au moyen d'un crochet emmanché, on la soulève ou on

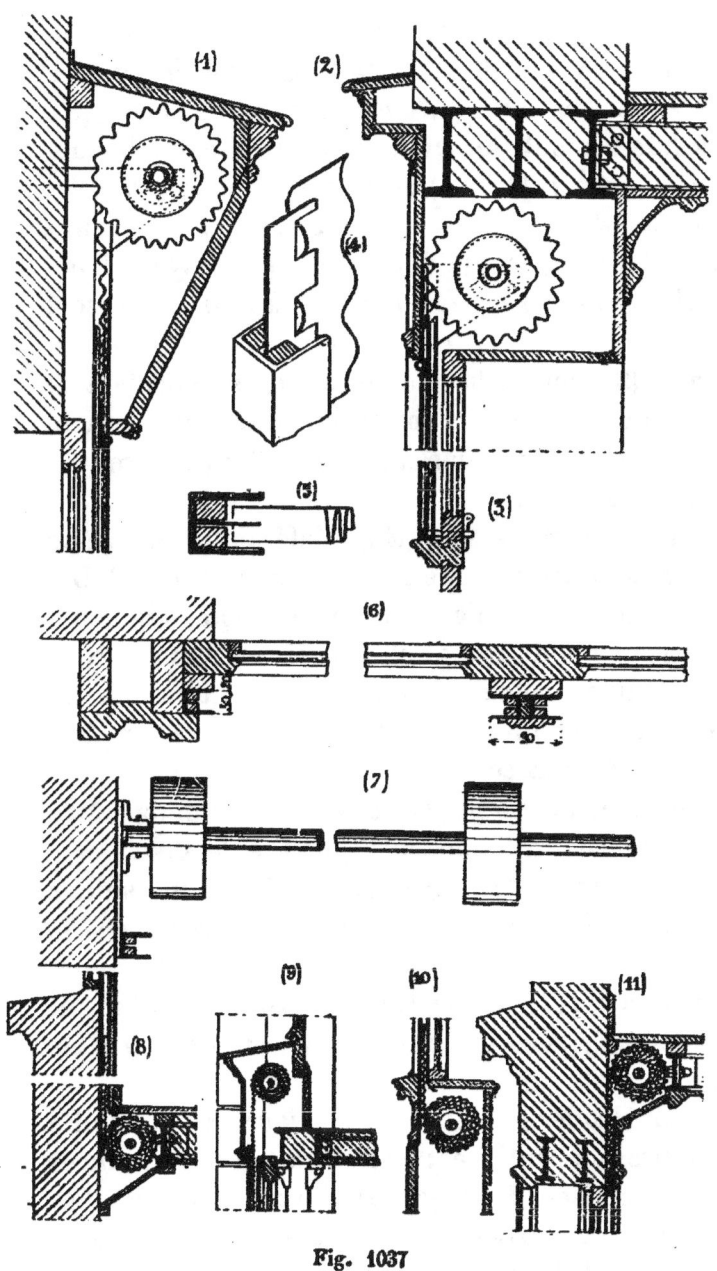

Fig. 1037

l'abaisse d'un seul coup dans la hauteur du vide. Il y a

donc là une grande facilité et une grande rapidité de manœuvre. Cette dernière est seulement un peu bruyante par suite de la forte vibration de la tôle.

Les détails de construction de cette devanture en tôle enroulée sont donnés dans la *fig.* 1037. Le croquis (1) donne la coupe du tableau, avec une des formes qu'il affecte ordinairement, lorsqu'il est en saillie sur le mur de face du bâtiment. On voit en même temps la première spire de la tôle s'enroulant sur l'axe. Le croquis (2) est une variante du tableau, lorsqu'il y a lieu de trouver le logement du rideau dans l'épaisseur même du mur, au-dessous du linteau.

Le croquis (3) montre la tôle, munie de sa cornière de rive, venant en se fermant s'appliquer sur le soubassement de la devanture, et la manière dont on la fixe par le moyen de boulons à clavettes.

En (4) on voit le mode de guidage latéral du rideau ; on peut prendre simplement une coulisse en fer à U. MM. Dufrêne et Jaquemet emploient une disposition ingénieuse qui évite une partie du bruit : elle consiste à munir le rideau d'une bande verticale d'acier, passant au milieu des ondulations, et glissant entre deux tasseaux fixes en bois disposés au fond de la coulisse.

Le croquis 5 complète par la vue en plan la perspective du croquis précédent. Le dessin (6) donne le plan de la devanture, montrant les caissons réduits à un simple cadre ornemental, en même temps que les coulisses de guidage.

Enfin, le croquis (7) montre l'arbre d'enroulement muni des boîtes cylindriques en fonte ou tôle où sont logés les ressorts.

Les rideaux d'acier ondulé n'ont pas leur emploi limité aux devantures de boutiques ; on s'en sert pour remplacer les portes de remises, de magasins, pour former des fermetures solides pour baies à rez-de-chaussée. Les croquis (9) et (11) donnent des dispositions possibles pour le logement du rouleau. Lorsqu'on ne peut mettre ce dernier à la partie haute de la baie, on le met en bas et on le manœuvre d'une façon inverse, de bas en haut, ainsi que le montrent les croquis (8) et (10).

§ 5. — SERRES ET VERANDAS

456. Différentes sortes de serres. — Les *châssis de couches* sont de simples vitrages faits d'un encadrement, sur trois côtés en cornières et sur le quatrième en fer plat ou cornière renversée, divisé par un certain nombre de chevrons intermédiaires en compartiments que l'on vitre; tous ces fers sont de très faible échantillon pour arriver au plus bas prix possible. Les châssis se posent sur des coffres généralement en planches, où l'on fait les cultures; on leur donne une inclinaison d'environ $0^m,10$ p. m.

On fait quelquefois des coffres ou bâches doubles, couverts à deux versants par deux châssis dans leur largeur. Ce sont les plus simples des serres.

Les bâches hollandaises sont des serres creusées dans le terrain, entourées de murs qui dépassent à peine le sol, et qui sont couvertes par des vitrages à deux versants.

Les serres à vigne se posent le long des murs à espaliers et tout le vitrage, amovible, peut se retirer lorsque la culture forcée a donné ses fruits.

Les serres adossées, appelées souvent *à multiplication*, peuvent avoir leurs vitrages droits et inclinés, aboutissant à un piédroit vertical fait d'un soubassement en maçonnerie surmonté d'un vitrage plus ou moins développé.

Elles peuvent également avoir leur dessus cintré; elles sont, comme les serres adossées droites, disposées le long d'un mur vertical convenablement orienté.

Les serres hollandaises sont des serres à deux versants, avec piédroits sur leurs deux faces longitudinales; elles ont leur comble soit droit soit cintré.

Les orangeries ne comprennent qu'une façade vitrée largement, verticale, et éclairant une pièce peu profonde où l'on doit conserver des plantes pendant le repos de leur végétation.

Les jardins d'hiver sont des serres de luxe, adossées souvent à des habitations, ne servant qu'à abriter des plantes. La forme nécessaire à la culture se modifie, les parties verticales se développent, et le profil des combles dépend de l'ornementation extérieure qui est la considération dominante.

Nous n'étudierons ici la construction des serres qu'au point de vue de la ferronnerie et nous passerons en revue sommairement les principales formes qui viennent d'être énumérées.

457. Serres à vignes. Construction. — On fait des serres adossées jusqu'à 5 et 6 mètres de largeur. Les plus petites sont les bâches à raisin, destinées à couvrir des espaliers pour les forcer et avancer la maturité des fruits. Voici *fig.* 1038 une petite serre de ce genre, de $2^m,00$ de largeur et de $2^m,75$ de hauteur totale. La partie fixe se com-

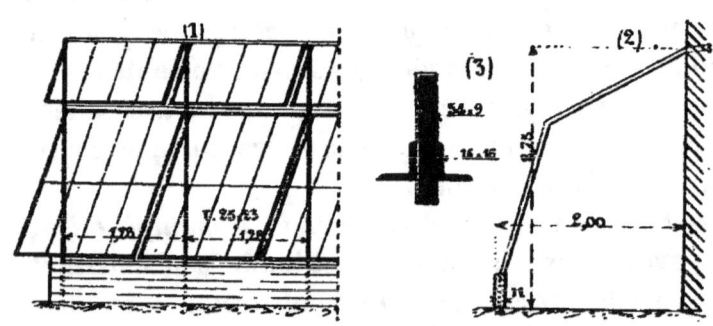

Fig. 1038

pose d'un muret bas, en briques de 0,11, noyant le pieds des fermes. Celles-ci, espacées de $1^m,28$, sont composées de deux parties droites formant brisure et sont scellées en haut dans le mur. La section de la ferme est celle d'un fer plat de 54×9 bordé de deux cornières de 16×16; elle est représentée par le croquis (3) de la figure, dont les deux autres croquis montrent l'un la facade de la bache et l'autre la coupe transversale. Comme l'indique le croquis (1) les panneaux de remplissage sont des châssis en fer vitrés et disposés pour être ouvrants sur toute la surface. Lorsqu'ils ne sont plus utiles, on les enlève totalement et on les remise à l'abri.

458. Serres adossées. — Les serres adossées les plus ordinaires, qui servent principalement pour la multiplication, ont la forme représentée par la *fig.* 1039. A part un soubassement en briques, de 0,60 à 0,70 de hauteur en avant et sur les côtés et le mur d'ados, tout le reste est à jour, construit en fer et vitré.

La partie verticale de la façade est plus ou moins élevée suivant les conditions à remplir; on l'abaisse le plus possible pour rapprocher le verre des cultures. Dans l'exemple choisi, elle a 0,60 de hauteur. La partie supérieure est cintrée de manière à avoir encore une légère pente, au faîtage le long du mur d'ados.

La construction est faite au moyen d'un certain nombre de fermes simples, espacées de 1^{m}25 et formées d'un seul fer plat forgé et cintré suivant le profil voulu, fortement arrondi en congé développé au point de brisure. Chaque ferme n'a que deux points d'appui; l'un, en bas de la partie verticale, est un scellement sur une fondation établie dans le sol; le second est un autre scellement à la partie haute du mur d'ados. La ferme doit être assez raide pour porter, sans autre support et sans la complication de pièces accessoires, la charge qui lui incombe, poids propre, neige, ouvriers, etc. On lui donne 54 × 9 pour les petites portées, 60 × 9 pour les largeurs de 4 et 5 mètres, 70 × 9 ou 80 × 11 pour des dimensions plus grandes.

Les fermes portent les fers à vitrages par l'intermédiaire de pannes. Ces dernières sont de simples fers plats de 23 × 11 qui suffisent pour l'intervalle de deux fermes.

On avait jusqu'ici l'habitude d'établir ces pannes, sous les vitrages et cela présentait l'inconvénient d'arrêter l'écoulement de l'eau provenant de la condensation de la buée sous les verres et glissant à leur face inférieure en raison de la pente. L'eau tombait alors goutte à goutte en des points déterminés, et y causait des dégats.

Dans la serre représentée par la *fig*. 1039 et qui est du modèle de M. Izambert, ce constructeur a adopté comme principe d'établir les pannes au-dessus du vitrage, à l'extérieur, et de suspendre les chevrons par dessous. L'inconvé-

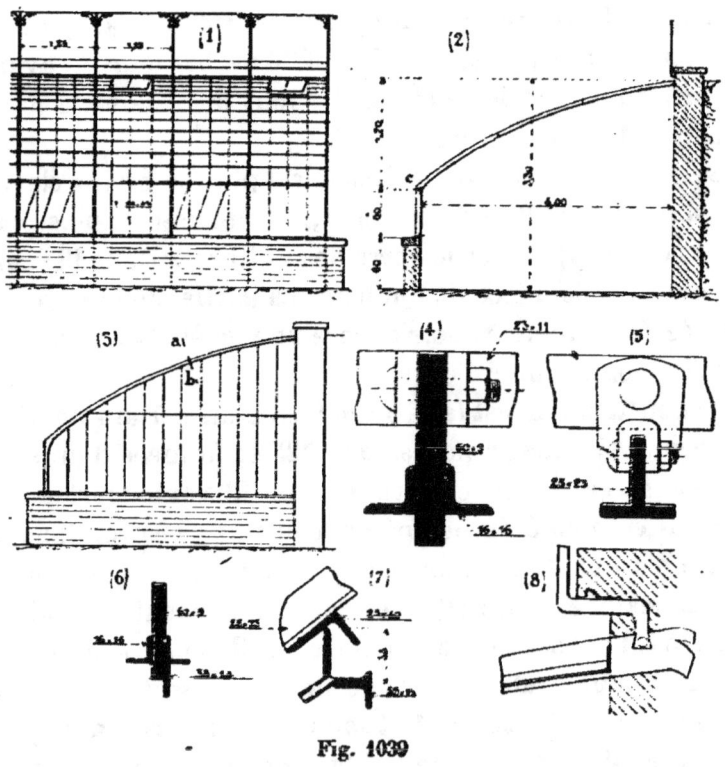

Fig. 1039

nient précité disparaît par cette disposition avantageuse.

La figure montre que l'intervalle de deux fermes est divisé en 4 travées de verres.

Les fermes servent de chevrons ; pour cela on leur ajoute deux cornières de 16 × 16 faisant feuillures, croquis (4). Les chevrons intermédiaires sont en T de 25 × 23 ; ils sont cintrés suivant le profil du vitrage. Tous les 1^m,25 à 1^m,50 ils sont soutenus, au moyen d'agrafes en fer ou en fonte malléable et d'un boulon, après la panne, croquis (4) et (5). Le croquis (3) montre la façade d'un pignon vitré et en (6) on voit la coupe suivant $a\ b$ de l'assemblage de rive.

Le croquis (7) indique la forme de la brisure : une sablière en cornière avec bord relevé constitue une gouttière intérieure pour recevoir l'eau de condensation venant du haut ; des ajutages d'écoulement assurent l'expulsion de cette eau au-dehors ; en dessous, une cornière de 25×16 forme feuillure et s'assemble avec les vitrages verticaux. L'extrémité des chevrons supérieurs est arrêtée

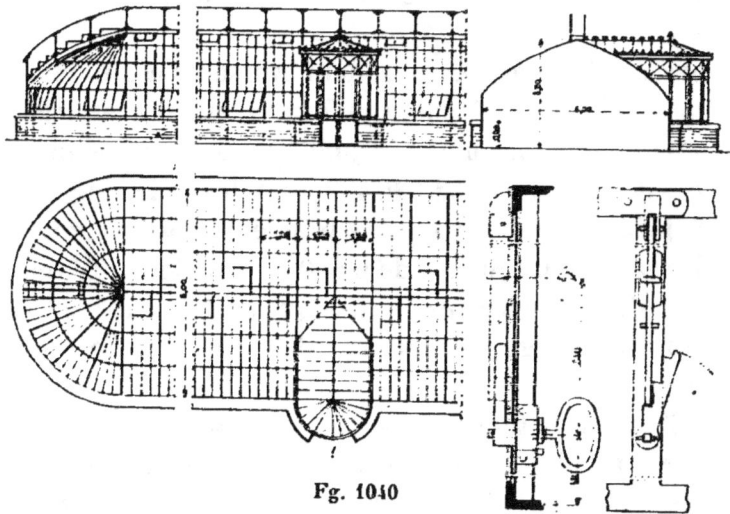

Fg. 1040

par une cornière renversée de 25×40 posée à cheval sur la branche verticale de la sablière.

Enfin, le mur d'ados forme chemin à la partie supérieure pour la manœuvre des claies dites *à ombrer*, qui doivent garantir les végétaux des rayons trop ardents du soleil ; le croquis (8) montre le pied d'un barreau de la rampe qui borde ce chemin.

Si le mur d'ados était mitoyen, il faudrait former un chemin en avant de ce mur au moyen d'une construction spéciale en fer portée par les pannes.

Quant aux parties ouvrantes nécessaires à l'aérage, on les compose d'ordinaire de châssis toutes les deux travées, l'un dans la partie verticale au-dessus du soubassement, l'autre à la partie haute. On les complète par des trappes d'aérage établies de distance en distance, près du sol, dans le soubassement lui-même.

Pour simplifier la construction, dans ces sortes de serres et les maintenir économiques, on dispose la porte toutes les fois qu'on le peut, dans l'un des pignons, en un point où la hauteur est assez grande.

459. Serres hollandaises. — Les serres hollandaises sont complètement isolées et non adossées à un mur; elles sont à deux versants ayant chacun la forme d'une serre adossée.

La construction des serres à deux versants est en tout identique à celle qui précède. Des fermes, en fer plat travaillant de champ fortement arrondi aux angles des brisures, sont établies tous les 1^m,10 à 1^m,20. Elles se terminent par deux piédroits verticaux qui se trouvent adossés contre un soubassement maçonné de 0^m,80 de hauteur. D'une ferme à l'autre on place des pannes qu'il est bon d'établir par dessus le vitrage et dont le rôle est de soutenir les chevrons.

Telle est la disposition de la serre, *fig.* 1040. Elle a 6^m,00 de largeur et une longueur considérable. Le dessin montre qu'elle est faite en plan d'un rectangle terminé par deux demi-cercles.

Les châssis d'aérage s'ouvrent d'une part dans le piédroit vitré de façade toutes les deux travées, et d'autre part dans la partie cintrée du dessus, également toutes les deux travées, mais en alternant avec les premiers.

Un chemin de circulation est ménagé sur le faîtage, pour permettre facilement la manœuvre des claies mobiles dont on a l'habitude de recouvrir les serres.

La construction est en tous points identique à celle de la serre qui précède et on y a adopté les mêmes profils de fers.

La porte d'entrée est nécessairement en façade. On prend alors une disposition spéciale que la figure représente en ensemble. On fait comme une pénétration de lucarne dans un comble : on établit un pavillon saillant, de hauteur convenable pour recevoir la porte, et on le couvre par un léger comble vitré.

Le détail du 4° croquis représente le mécanisme d'un châssis ouvrant du système de M. Izambert. Il s'ouvre en dehors, tourne autour de son arête supérieure à laquelle sont fixés des ferrements d'axe ordinaires. L'amplitude n'est pas réglée du dedans au moyen d'une platebande à crans permettant la manœuvre, mais dont la saillie peut gêner ; elle est obtenue par un loquet extérieur à anneau dont la tige porte des crans. Cette dernière engrène avec l'extrémité d'une tringle articulée en haut à la traverse fixe, et dont l'axe est excentré. Dans le mouvement de rotation la tringle glisse le long du châssis et est reçue par l'un ou l'autre des crans du loquet. La coupe verticale et la vue arrière du châssis rendent compte de cette disposition.

460. Jardins d'hiver. — Les jardins d'hiver sont ordinairement installés sur plans réguliers, avec des parois verticales élevées et un comble auquel on cherche à donner les plus heureuses proportions. Ce sont la plupart du temps des pièces de réception vitrées dans lesquelles on conserve des plantes pendant un temps assez restreint pour chacune d'elles. La *fig.* 1041 représente le jardin d'hiver de l'Exposition de 1889, où se tenait l'Exhibition coloniale. Il a été édifié par M. Izambert, en suivant les mêmes principes de construction que l'on a vus dans les serres précédentes. Les fermes, toujours en fer plat, prennent en haut la forme du comble, s'arrondissent en haut du pan vertical pour le suivre ensuite jusqu'au sol où elles trouvent les fondations nécessaires pour leur scellement. A part la hauteur du pan vertical tout est identique à la construction des exemples précédents.

Les extrémités, au lieu d'être arrondies, sont disposées en croupes, ainsi que le montrent les trois croquis en élévations et en plan.

Un faîtage avec escalier d'accès permet d'aller manœuvrer les claies. Quant à la porte, elle est établie dans un petit pavillon saillant, formant tambour, qui par une seconde porte permet de pouvoir entrer, sans laisser passer trop d'air froid venant de l'extérieur.

Le 4e croquis donne le détail d'établissement du chéneau en tôle qui reçoit les eaux du vitrage supérieur. Ces chéneaux s'établissent étanches avec rivure serrée ; ils ont

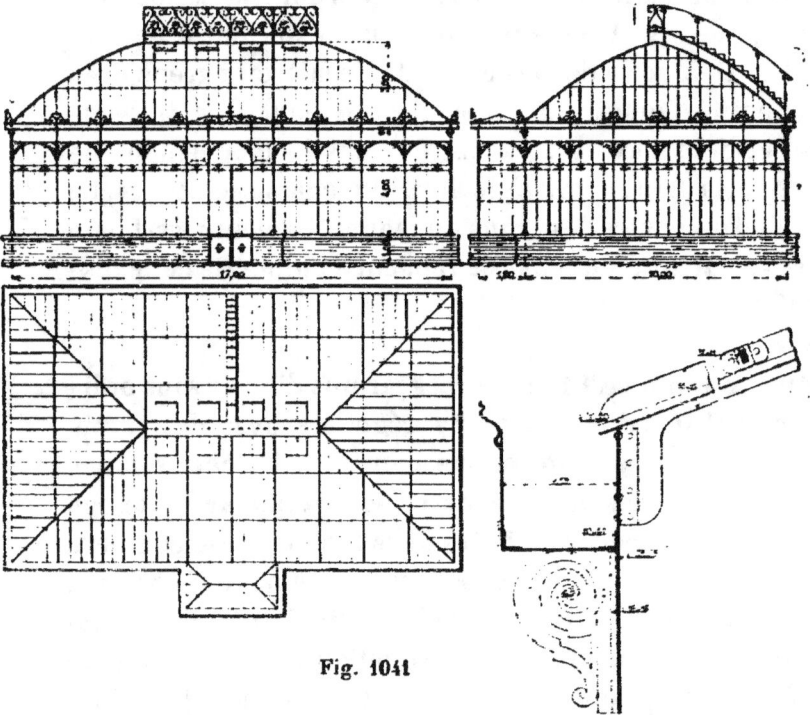

Fig. 1041

$0^m,25$ environ de largeur et une même dimension en hauteur. On les décore souvent d'une cymaise supérieure en fer mouluré, et on les supporte sur des consoles en fer ou en fonte fixées aux montants du pan de façade.

La tôle verticale intérieure reçoit quelquefois les extrémités des fermes du comble et sert d'intermédiaire entre elles et les montants de façade qui partent du fond du chéneau. Pour le reste de la construction, les détails sont les mêmes que ceux des serres précédemment décrites.

La *fig.* 1042 représente un jardin d'hiver adossé à la façade d'une maison, où il fait ainsi partie des pièces de réception. On s'arrange pour le profil de telle sorte que le faîtage arrive sous le bandeau qui couronne le rez-de-chaussée.

Ainsi que le plan l'indique, la forme est un rectangle terminé par deux quarts de cercle, et un pavillon saillant accuse et forme l'entrée.

La longueur totale est de 15^m,50 et la largeur de 4 mètres au milieu.

Les retombées des fermes sont accusées par des arcades

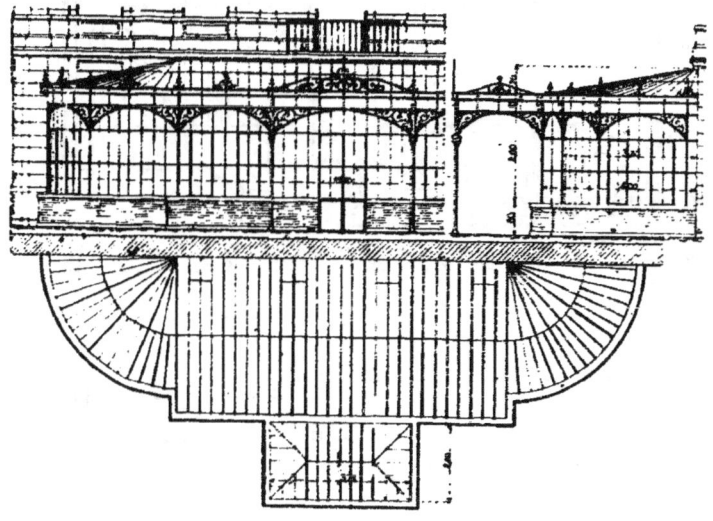

Fig. 1042

ajourées, et une sorte sorte de fronton en saillie au-dessus de la sablière haute du pan vertical montre de loin l'axe et l'entrée. La construction est toujours exécutée comme les précédentes.

La *fig.* 1043 donne le plan et les deux élévations d'un jardin d'hiver dont le programme est tout différent. Il s'agit d'un grand perron d'habitation ([1]) de campage, que l'on transforme pour la mauvaise saison en jardin d'hiver;

([1]) M. Navarre, architecte. M. Izambert, constructeur.

tout est amovible et se démonte entièrement. Il ne reste scellé au mur pendant l'été que de petites consoles peu apparentes, chargées de recevoir la partie haute des fermes. L'escalier du perron est recouvert de madriers au niveau du sol de manière à permettre le dépôt des plantes sans aucune dénivellation.

Les dimensions en plan sont de $12^m,25 \times 3^m.10$. La hauteur correspond sensiblement à celle du rez-de-chaussée, et le toit a son faîtage aboutissant sous le bandeau. Le pan de façade s'appuie sur la quatrième marche du perron ;

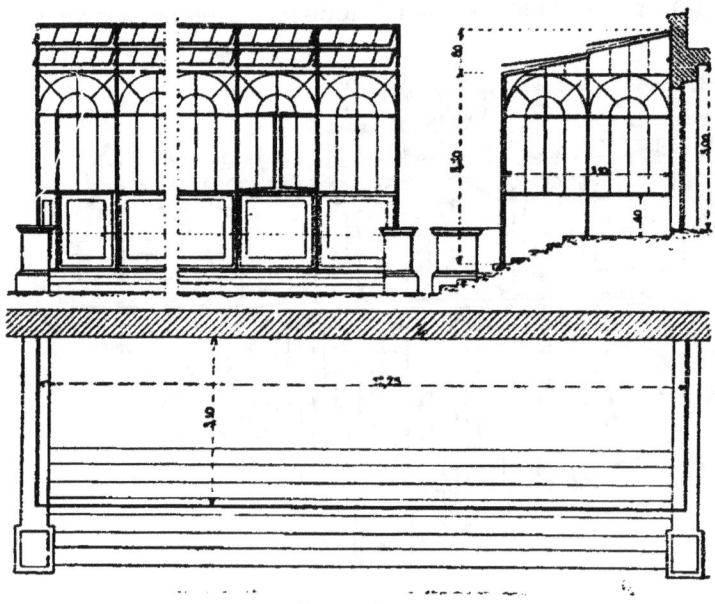

Fig. 1043

il a $3^m,50$ de haut. Il se composé des pieds verticaux de fermes, entre lesquels on dispose des remplissages formés d'un soubassement plein et de vitrages terminés en demi-cercles.

La brisure est vive et la couverture supérieure est faite de deux parties droites étagées.

Si maintenant on veut se rendre compte du mode de construction spéciale qui permet la liaison des pièces amovibles de toute la construction, on n'a qu'à examiner la *fig.* 1044, sur laquelle tous les assemblages sont représenéts.

Il n'y a de scellées sur la façade du bâtiment que de petites consoles en T qui reçoivent le haut des fermes au moyen de doubles équerres.

Les fermes sont faites d'un fer plat de 70 × 9, formant arbalétrier en même temps que poteau vertical de façade ; elles sont à l'espacement ordinaire. Les traverses qui les réunissent sont établies au nombre de trois pour la partie haute : 1° le long du mur du bâtiment une sablière faite d'une grande cornière doublée d'un fer en U ; 2° le long de la rive et formant le haut du pan de façade,

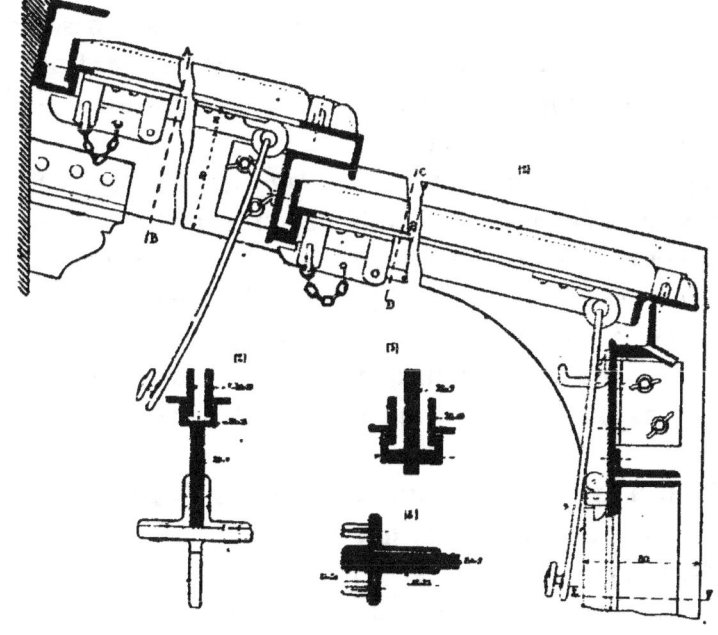

Fig. 1044

une autre sablière compliquée faite d'un fer à gouttière, d'une grande tôle d'équerre et d'une cornière, le tout disposé comme le montre la figure ; 3° une panne intermédiaire faite d'une grande cornière et d'une petite. Les vides sont recouverts par des châssis mobiles ressautés.

Le fer plat de la ferme, pour recevoir les chassis du haut, est coiffé d'un fer en U de 26 × 16, tandis que pour ceux du bas il est garni à sa partie inférieure de deux cornières.

On obtient ainsi des sortes de gouttières chargées de recevoir l'eau des châssis. Les détails sont représentés en section droite dans les croquis (2) et (3).

Toutes ces pièces sont réunies par des équerres et des écrous à oreilles faciles à manœuvrer à la main. Il en est de même du pan vertical et la coupe suivant EF donne la section de l'un des poteaux de façade.

461. Vérandas. Bow-windows. — Les vérandas sont des diminutifs de jardins d'hiver ; on les établit en saillie au devant des fenêtres d'un salon ou d'une salle à manger à rez-de-chaussée, avec une largeur généralement assez faible. On les construit en général comme les jardins d'hiver avec les simplifications que permettent les dimensions restreintes du programme.

On appelle *Windows* ou *Bow-Windows* des fenêtres en saillie, très ajourées, que l'on établit devant certaines baies pour permettre d'étendre facilement la vue de tous côtés.

Lorsqu'on les fait en fer, on applique les principes des constructions des jardins d'hiver, en prenant, en plus, les plus grandes précautions pour que l'eau ne puisse s'introduire dans les joints des parties fixes et surtout des parties ouvrantes.

Depuis quelques années dans les maisons à étages, on superpose ainsi des Windows, qui se correspondent bien verticalement, ce qui facilite la construction, tout en contribuant à assurer l'unité de l'ensemble. On les porte soit sur des balcons de pierre en saillie au devant des façades, soit sur des planchers en fer dont les extrémités se prolongent en encorbellement en avant des murs et qui reçoivent les assemblages de leurs principales pièces.

La *fig.* 1045 donne un exemple d'une de ces constructions en fer exécutée par M. Michelin. Elle est appliquée en avant d'une baie de $2^m,65$ de largeur. Les planchers passent sur les linteaux et se prolongent pour porter une sablière en tôle faisant le périmètre du Window. Cette tôle est armée en dedans de cornières hautes et basses qui la raidissent, et au dehors, elle est accompagnée de moulures. La même disposition se répète à la baie supérieure. Entre les deux

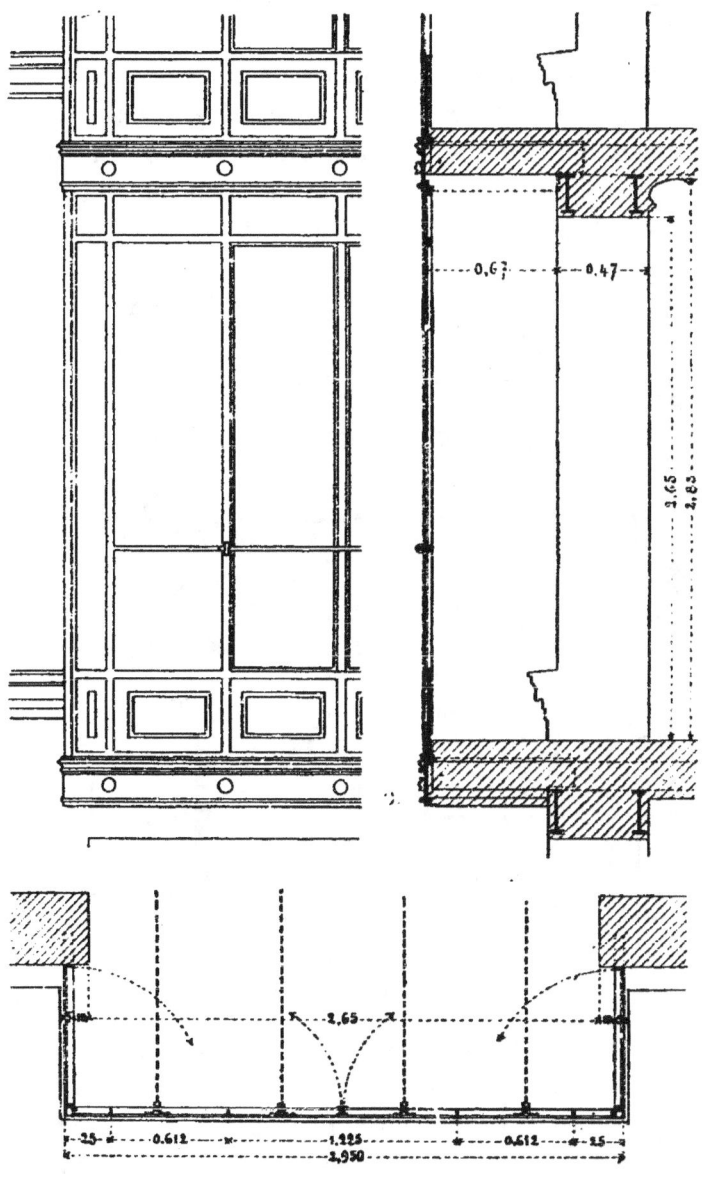

Fig. 1045

saillies il ne reste qu'à établir le pan de fer avec ses parties ouvrantes.

SERRES ET VÉRANDAS 613

La paroi verticale se compose d'un soubassement plein et d'une partie vitrée. L'ossature est faite d'un certain nombre de montants franchissant d'une pièce la hauteur de l'étage.

Les montants d'angles, sont formés d'un fer carré doublé de cornières sur les faces adjacentes. Les autres montants sont de simples fers à T. Des traverses en cornières et fers à T existent à toutes les divisions et permettent d'obtenir les compartiments indiqués en façade. Des

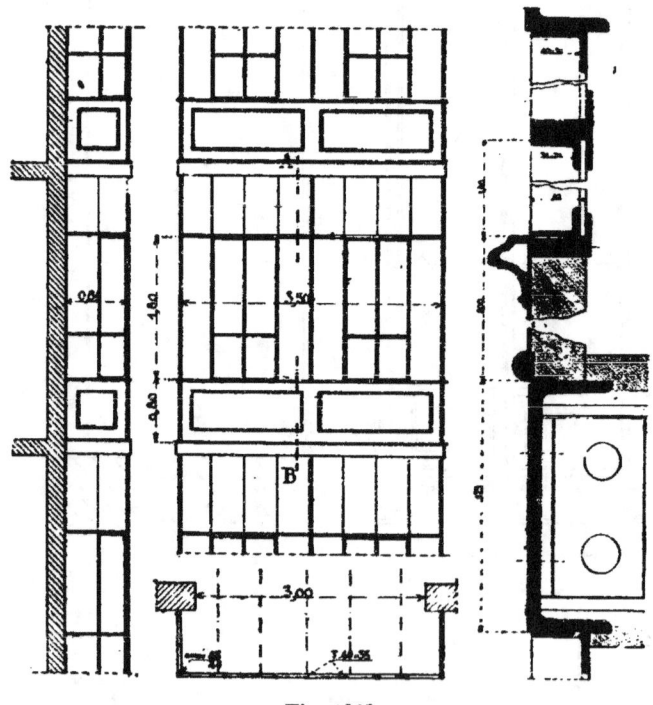

Fig. 1046

tôles pleines avec moulures rapportées forment les remplissages du soubassement, tandis qu'au-dessus toutes les pièces présentent les feuillures nécessaires au vitrage.

Les parties ouvrantes s'établissent avec les meilleures dispositions que nous avons vues et des jets d'eau en tôle abritent des infiltrations les joints horizontaux. Un balcon à hauteur porte la protection à 1 mètre du sol.

La *fig.* 1046 donne un autre exemple d'un Window d'étages de disposition analogue comme ensemble. La baie à 3 mètres; le Window de chaque étage a 0,84 de saillie et une largeur de 3^m,50. Il est porté par les extrémités des solives des planchers, s'assemblant au moyen d'équerres dans une ceinture en fer en U, dont les tables sont à l'intérieur. Ce fer en U porte à son tour le pan vitré de façade. Les montants sont analogues à ceux de l'exemple précédent; les poteaux d'angle sont en fer carré de 45 × 45 doublés de cornières, les autres montants sont faits en T de 40 × 35; ceux qui se trouvent le long de la façade en cornières de 25 × 35. La tôle des soubassements recouvre tous ces montants, sauf ceux d'angle qui sont seuls accusés; elle recouvre aussi d'environ 0,01 le haut du fer en U pour éviter le passage de l'eau en ce point. Cette tôle est portée en haut par un fer plat de 40 relevé par un autre fer plat vertical complétant une feuillure; elle est ornée à l'extérieur d'un fer demi rond à sa partie basse et d'une cymaise moulurée à la partie haute. Des panneaux en fer mouluré décorent les façades. Le vitrage au-dessus de ce soubassement est divisé à 1^m,80 de hauteur par une traverse en fer plat de 0,040 doublé d'un plat mince fixé d'équerre pour former double feuillure. C'est dans cette hauteur de 1^m,80 que se développent les parties ouvrantes, faites simplement de châssis en cornières. Au-dessus le vitrage est complètement fixe et dormant.

Lorsque le soubassement n'est pas monté à hauteur d'appui, on complète la protection par un balcon extérieur attaché aux montants de la croisée et qui peut se réduire à une ou plusieurs barres horizontales fortement fixées.

Dans ces sortes de Window il est bon de ne pas réduire le soubassement à une simple tôle, qui donne une trop faible protection contre le froid extérieur. On peut la doubler d'un revêtement intérieur soit en briques de champ soit en bois suivant les circonstances du programme.

La *fig.* 1046 représente les deux façades du Window que nous venons de décrire, et dans un troisième croquis, celui de droite, tous les détails de la coupe verticale d'un étage.

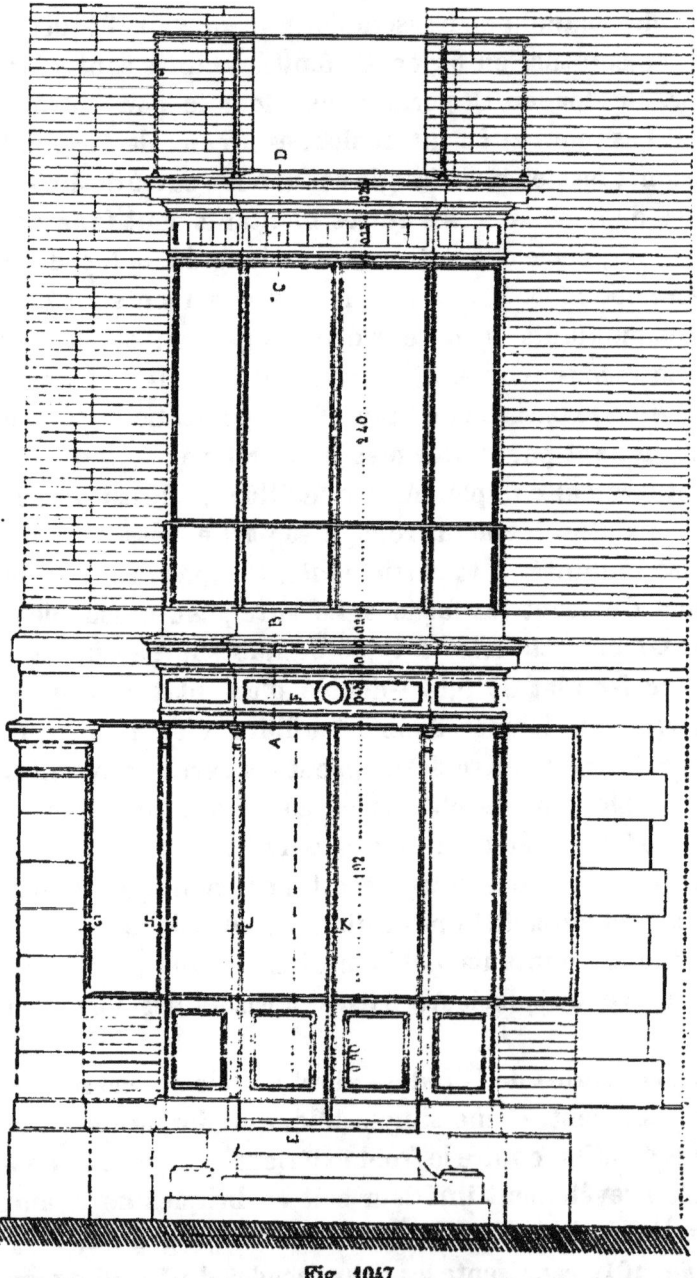

Fig. 1047

Dans les Windows qui viennent d'être étudiés, les

joints des parties ouvrantes laissent facilement passer l'air et il est indispensable de les compléter par des bourrelets collés en feuillure avec soin de manière à obtenir l'étanchéité convenable.

MM. Mazelet et Pinguet appliquent leur système de croisées à ces sortes de Windows ; ils arrivent à une

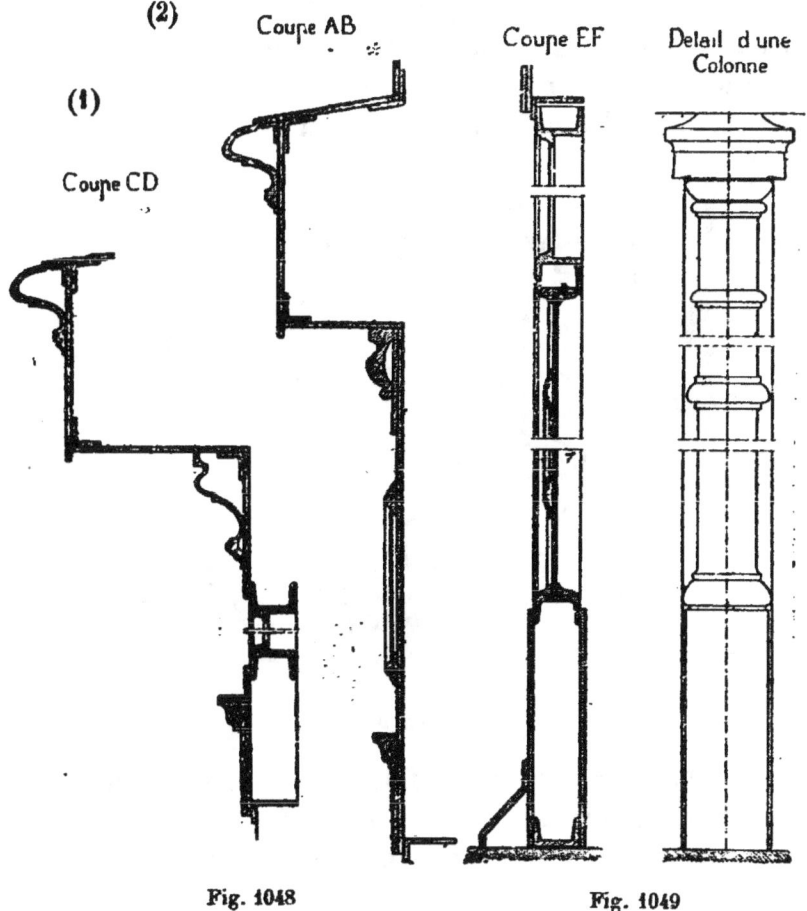

Fig. 1048   Fig. 1049

construction d'un prix plus élevé, mais obtiennent des surfaces parfaitement convenables pour l'habitation. Nous donnons dans la *fig.* 1047 une construction formée d'une veranda à rez-de-chaussée, surmontée d'un Window pour le 1ᵉʳ étage.

Le plan d'ensemble est représenté par le petit croquis

de la *fig.* 1050 avec ses dimensions principales ; c'est une coupe de la partie du-rez-de chaussée. Les arêtes sont formées de colonnettes supportant l'entablement ; elles sont réunies par un soubassement, et toutes les parties de vitrages sont amovibles. La coupe horizontale à plus grande échelle montre la composition de ces vitrages construits avec les mêmes pièces que nous avons vues à propos des croisées en fer. Quant au soubassement, il est en briques dans la partie qui suit l'alignement de la façade et en tôle dans les portions en saillie. La division du milieu correspond à une porte à deux vantaux ouvrant dans

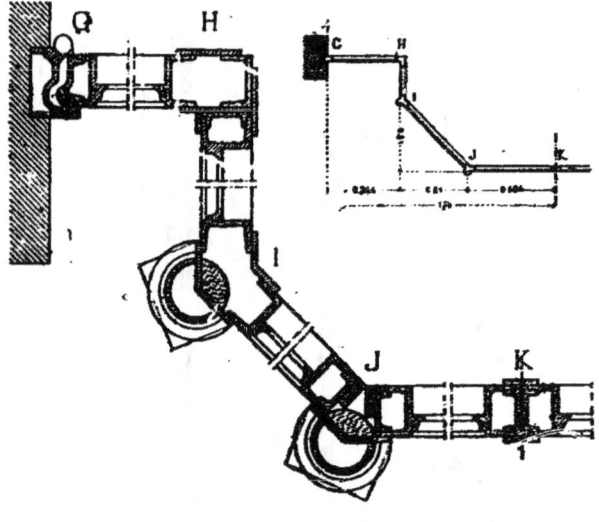

Fig. 1050

toute la hauteur jusqu'à l'entablement et correspondant à un perron. Quant aux vitrages, ils sont dans chaque division formés d'un seul panneau et remplis par des glaces.

Le détail d'une colonne est donné dans le 2e croquis de la *fig.* 1049, tandis que le 1er croquis donne la coupe verticale suivant EF de la porte d'entrée.

L'entablement a sa paroi extérieure exécutée tout en tôle, y compris toutes les parties moulurées, et la coupe suivant AB de cet entablement est dessiné dans le croquis n° 2 de la *fig.* 1048.

Le Window du 1ᵉʳ étage, qui surmonte la partie en saillie du rez-de-chaussée, est construit très simplement au moyen des mêmes fers que nous avons vus pour les croisées ; les montants eux-mêmes sont d'un profil simple ayant l'apparence extérieure de platebandes.

L'entablement qui termine le vitrage est en tôle comme le précédent ; seulement, il est disposé pour recevoir des ornements en terre cuite. La coupe suivant CD, montre la composition même de cet entablement ; elle est donné par le 1ᵉʳ croquis du dessin 1048.

Le dessus de cette construction, entouré d'un garde-corps, forme balcon pour la fenêtre du 2ᵉ étage ramenée aux proportions ordinaires.

TABLE DES MATIÈRES

CHAPITRE VII

PANS MÉTALLIQUES

	Pages
Des pans métalliques en général	3
Pans de fer avec consoles réunies aux poutres	8
Pans de fer de remplissage sans contreventements	9
Pans de fer à poteaux espacés	11
Contreventement par tirants diagonaux	17
Palée de pieux métalliques	18
Pans de fer de l'usine de Noisiel	20
Comparaison des pans de fer et des murs dans les bâtiments à étages	21
Pans de fer des magasins du Printemps	24
Pans de fer pour maisons d'habitation	28
Contreventement par chaînes diagonales sur planchers	36
Considérations sur les pans de fer des maisons d'habitation	37
Pans de fer de la Caserne de l'Ile Louviers	38
Pans de fonte et fers	41
Pans de fer hourdés à grandes surfaces	44
Pignon d'un hangar à marchandises des chemins de l'Ouest	44
Pans de fer des ateliers de Sotteville	47
Pans de fer de l'élévation d'eau de Bercy	50
Pans de supports. Palées	52
Piles métalliques et beffrois	55
Palées larges ou piliers	57
Beffroi en fer pour réservoir élevé	58
Beffrois en fonte et en fer. — Assemblages	65
Grands rideaux des halles de chemin de fer	66
Rideau de la gare de Calais	67
Rideau de la gare du chemin de fer d'Orléans à Paris	77
Pans métalliques à grande portée	85
Pans métalliques ornés. Façade de l'Hôtel des Téléphones à Paris	90

CHAPITRE VIII

DES COMBLES

§ 1. — *Des couvertures et de leurs soutiens*

	Pages
De la pente des toitures	105
Choix d'une pente pour une toiture. Poids des matériaux	108
Évaluation des surcharges de vent et de neige	108
Voligeage sur chevrons en bois	109
Voligeage sur pannes. Voligeage double	111
Voligeage sur chevrons en fer	112
Voligeage sur hourdis	113
Hourdis creux, double hourdis	114
Lattis sur chevrons en bois ou sur voligeage	115
Lattis en fer, différentes formes	117
Lattis hourdé	121
Lattis ménagé par la maçonnerie. Plâtre et bardeaux	123
Chevronnage, sections, mode de fixation sur les pannes	124
Surfaces vitrées des combles, qualités du verre qu'on y emploie	126
Pose des verres entre chevrons, masticage et contremasticage, coupes et joints, pentes	128
Grillages de protection en dessus et en dessous	131
Réparations, supports d'échelles, garanties	132
Récolte de la condensation intérieure	134
Pannes, portées, assemblages et formes diverses	135

§ 2. — *Appentis et marquises*

Appentis de faible portée	140
Modifications pour portées plus grandes	141
Exemple d'appentis sur colonnes	142
Appentis en porte à faux. Auvents et marquises	146
Auvents extérieurs des hangars	148
Appentis avec auvents relevés	150
Portique de départ de la gare d'Orléans à Paris	154

§ 3. — *Combles à deux pentes*

	Pages
Ferme simple à deux pentes	159
Combles simples fer et bois	161
Contreventement des fermes de combles	163
Repos des fermes sur leurs points d'appui	165
Hangars avec fermes simples. Portées.	166
Charpente du marché de la Villette	171
Comble des Docks du Hâvre	175
Combles avec arbalétriers réunis aux consoles	177
Fermes en trapèze	178
Fermes avec contrefiches	181
Fermes avec faux entraits	183
Combles relevés	184
Combles avec fermes anglaises	185
Fermes en treillis	190
Combles avec points d'appui intermédiaires	192
Combles des Magasins généraux de Bercy	197
Des croupes dans les combles en fer	198
Combles hourdés	201
Combles portant planchers	204
Combles portant de fortes charges	205
Combles à la Mansard	212
Comble Mansard à deux étages	216
Combles Mansard avec fermes	218
Combles Mansard à faces courbes	221
Comble Mansard, fer et bois	223
Même construction appliquée au comble d'un pavillon	224
Combles Polonceau	225
Comble Polonceau à une bielle, gare de Lorient	227
Combles des ateliers Joly à Argenteuil	230
Autre exemple d'un comble de 25 mètres de portée	235
Comble Polonceau de la gare Saint-Lazare	240
Comble de la gare de Vienne	241
Comble de la gare du chemin de fer d'Orléans	244
Combles Polonceau mixtes, fer et bois	248
Faux plafonds lumineux	249
Combles en arc	254
Combles en arc sans tirants	257
Comble de l'élévation d'eau de Bercy	260
Combles de Dion	262

	Pages
Fermes de la gare de Calais	265
Comble de la gare de Lille.	268
Combles en arc avec rotules. Comble du Palais des Beaux-Arts à l'Exposition de 1889.	272
Comble de la galerie des machines.	276
Sheds en fer. Disposition avec fermes.	278
Sheds avec double plafonnage	280
Autres dispositions des fermes	281
Fermes posées sur chéneaux.	283
Sheds avec fermes symétriques.	284
Sheds sans fermes sur chéneaux en fonte	285
Sheds avec points d'appui écartés	288
Dispositions spéciales	289

§ 4. — *Rotondes et coupoles*

Des rotondes	290
Couverture d'un pavillon octogonal.	291
Comble de l'Hippodrome	298
Plazza de toros.	300
Rotonde pour locomotives du chemin de fer de Lyon	303
Rotonde à locomotives de Noisy-le-Sec	306
Des coupoles sur plan circulaire. Val de Grâce.	309
Coupoles sur pendentifs.	312
Bibliothèque nationale.	314
Grande coupole de l'Exposition.	316

CHAPITRE IX

PASSERELLES & PETITS PONTS

Passerelles découvertes.	323
Passerelles couvertes.	327
Ponts à poutres droites pour route, à une seule travée.	332
Ponts à poutres droites avec points d'appui intermédiaires	340
Ponts à poutres droites en treillis.	343
Ponts sous rails avec poutres en dessous.	345
Ponts-rails, les rails portés sur les entretoises.	347
Ponts-rails, les rails portés sur les longerons	348

TABLE DES MATIÈRES 623

	Pages
Ponts-rails avec poutres jumelées	350
Ponts droits démontables	353
Ponts et passerelles en arc. Emploi des fers à I laminés	356
Ponts en arc avec poutres composées en tôles et cornières	358
Ponts avec arcs en fonte	363
Règlements relatifs à la construction des ponts	365

CHAPITRE X

ESCALIERS EN FER

Des escaliers en fer	369
Marches en fer et maçonnerie. Escaliers de caves. Perrons	370
Échelles en fer	373
Échelles de meunier	375
Escaliers à crémaillères pour habitations	378
Escaliers à crémaillères avec semelles en bois	378
Escaliers à marches en bois démontables	382
Escaliers à crémaillères en bois pour l'extérieur	382
Escaliers à crémaillères avec semelles en pierre	383
Renforcement de la crémaillère pour grandes portées ou lourdes charges	385
Départ d'un escalier à crémaillère en fer	386
Arrivée à un palier d'un escalier à crémaillère	388
Escaliers à vis, en fonte	390
Des escaliers à limons	391
Escaliers d'usines à limons en fers à I	392
Escaliers extérieurs avec limons en I composés	395
Limons avec semelles en bois	397
Escaliers à limons avec semelles en pierre	398
Départ des escaliers à limons de fer. Arrivée aux paliers	400
Escaliers à limons bois et fer	402
Escaliers des Magasins du Printemps	408
Escaliers à limons en fer et stuc	409
Des rampes et de leur assemblage avec les échiffres en fer	413

CHAPITRE XI

SERRURERIE

§ 1. — *Ferrements des bois employés dans le bâtiment*

De la serrurerie en général	421
Ferrements des grosses pièces de charpente. Ferrements de maçonnerie	422
Ferrements des menuiseries	422
Portes de caves. Pentures, gonds	423
Portes de fermes ou d'usines. Pentures à équerres, pivots.	425
Portes roulantes	427
Portes d'armoires. Charnières	433
Portes de communs. Paumelles, verrous.	434
Portes d'appartements. Broches, paumelles, verrous.	438
Portes extérieures. Crémones, vasistas	441
Ferrements d'une porte cochère.	444
Fermeture des portes. Fléaux, loquets, targettes	445
Serrures, différentes formes	448
Mécanisme des serrures.	453
Becs-de-cane. Gollots	454
Serrures à pènes dormants	459
Serrures d'armoires	463
Serrures à tour-et-demi.	465
Serrures à deux pènes, ou à pène dormant et demi-tour	466
Serrures de sûreté, bouton de coulisse	469
Autres systèmes. Serrures à pompe	472
Verrous de sûreté.	474
Ferrements des croisées, crémones, espagnolettes	475
Appuis métalliques	478
Fermeture des persiennes.	479
Série des fils de fer et leur correspondance avec la jauge décimale.	481
Série des vis de jonction, tirefonds, pitons, gonds, etc.	481

§ 2. — *Paratonnerres*

Théorie des paratonnerres.	482
Protection exercée par les tiges, emploi des boules	483
Conducteurs, tiges, cables, mode d'installation et de fixation.	487

	Pages
Liaison des différentes tiges d'un même bâtiment. Circuit de faîte	491
Dispersion de l'électricité dans le sol. Prise de terre. Perd-fluide	491
Masses métalliques d'une construction reliées aux conducteurs, tuyaux d'eau et de gaz	493
Danger d'un paratonnerre mal établi	494
Essai de la conductibilité d'un paratonnerre. Mesure de la résistance	495

§ 3. — *Clôtures métalliques*

Clôtures agricoles en fil de fer. Ronces. Supports	499
Grillages, diverses sortes. Grillages mécaniques. Clôtures grillagées	500
Clôtures fer et bois	503
Clôtures pleines en tôle ondulée	504
Portes pleines pour clôtures. Portillons. Portes charretières	505
Cloisons et clôtures en fer et maçonnerie	506
Grilles en fil de fer	507
Grilles en fers marchands. Grilles dormantes	507
Grilles ouvrantes	510
Détails d'assemblages des grilles ouvrantes	515
Exemples des grilles ouvrantes	519
Garde-corps en fer, en fonte	524
Barres d'appuis de fenêtres	527
Petits balcons	529
Grands balcons. Monture en fer	531

§ 4. — *Menuiserie métallique*

Lambris fer et bois	536
Croisées en fer	538
Chassis verticaux dormants	539
Chassis de toit ou de Sheds	546
Vitrages d'usines	551
Croisées d'habitation	556
Portes en fer, portes d'usines	562
Portes d'entrées d'édifices	567
Portes vitrées	570
Jalousies en fer	575

	Pages
Persiennes fer et bois. Divers systèmes	576
Persiennes en fer	585
Fermetures de boutiques à rideaux	589
Fermetures enroulées	596

§ 5. — *Serres et Verandas*

Différentes sortes de serres	600
Serres à vignes. Construction	601
Serres adossées	602
Bâches hollandaises	605
Jardins d'hiver	606
Vérandas. Windows	611

ST-AMAND (CHER). IMPRIMERIE DESTENAY, BUSSIÈRE FRÈRES

www.ingramcontent.com/pod-product-compliance
Lightning Source LLC
Chambersburg PA
CBHW051321230426
43668CB00010B/1103